水润滑轴承技术与应用

王家序　著

科学出版社

北　京

内 容 简 介

本书综合应用界面力学、摩擦学、表面工程、系统动力学、材料科学、先进制造等理论，系统论述了水润滑轴承及传动系统的润滑机理、摩擦学特性、振动噪声分析与试验方法、高效润滑结构设计方法、橡胶合金衬层配方设计与改性机理以及精密成形方法与技术等内容，深入总结了作者及其团队三十多年来在水润滑轴承技术方面的成果与创新。全书共15章，第1章为绪论，第2章论述水润滑轴承混合润滑原理，第3、4章介绍水润滑橡胶轴承设计理论与方法，第5～9章介绍水润滑橡胶轴承的摩擦学、振动噪声特性，第10～15章阐述水润滑轴承的精密成形和推广应用等内容。

本书可以作为高等院校机械工程、热能与动力工程等专业本科生和研究生的教学参考书，也可作为机械、船舶等工程领域相关学科专业的研究人员、技术人员和管理人员的科研参考书。

图书在版编目(CIP)数据

水润滑轴承技术与应用/王家序著. —北京：科学出版社，2018.7

ISBN 978-7-03-051966-5

Ⅰ.①水…　Ⅱ.①王…　Ⅲ.①水润滑轴承　Ⅳ.①TH133.3

中国版本图书馆CIP数据核字(2017)第042406号

责任编辑：裴　育　陈　婕　纪四稳 / 责任校对：桂伟利

责任印制：吴兆东 / 封面设计：蓝正设计

科学出版社 出版

北京东黄城根北街16号

邮政编码：100717

http://www.sciencep.com

北京凌奇印刷有限责任公司 印刷

科学出版社发行　各地新华书店经销

*

2018年7月第　一　版　开本：720×1000 1/16

2022年1月第三次印刷　印张：28

字数：550 000

定价：198.00元

(如有印装质量问题，我社负责调换)

作 者 简 介

王家序，1954 年 5 月生于重庆市，重庆大学教授、博士生导师，国务院学位委员会机械工程学科评议组成员，国务院政府特殊津贴专家，全国优秀科技工作者，教育部“长江学者和创新团队发展计划”创新团队和国防科技创新团队带头人，教育部跨世纪优秀人才，重庆市“两江学者”特聘教授。1977 年毕业于重庆大学机电专业，2010 年 5 月～2013 年 5 月在美国西北大学做高级访问学者。现任重庆市机电传动与智能控制工程技术研究中心主任、重庆大学机电传动与运载装备研究所所长，兼任四川大学空天科学与工程学院院长。

长期从事机械设计及理论、航空宇航科学与技术等学科领域的人才培养、科学研究和工程应用，主持国家自然科学基金重点项目、863 计划项目、国家科技攻关计划项目、国防军工项目和国家火炬计划项目等国家级重点科研及产业化工程项目 40 余项，主要针对先进制造、船舶海洋、航空航天、国防武器等工程领域重要装备迫切需要解决的共性关键科技难题，提出了基于啮合原理、界面力学、摩擦学、系统动力学、材料科学、可靠性工程等多学科的协同创新设计制造理论和方法，在高精度、高可靠、长寿命、高效率、无污染、低噪声、智能化、高功率密度等高性能机电传动与运载装备创新工程关键科技方面，取得了水润滑橡胶合金轴承及传动系统、高可靠精密滤波传动技术及系统、高性能复合材料传动件智能制造装备及系统等多项具有自主知识产权并达到国际先进水平的科技成果，申请国家发明专利 69 项，获国家授权发明专利 55 项，推广应用于机械、船舶、航空航天、武器装备等工程领域，并实现了产品商品化、产业化和国际化。作为第一完成人获得国家技术发明奖二等奖、三等奖各 1 项，国家科学技术进步奖二等奖 1 项，何梁何利基金科学与技术创新奖 1 项，省部级技术发明奖及科技进步奖一等奖 9 项；发表论文 218 篇，出版专著 2 部；获软件著作权 6 项；培养博士后 6 人、博士研究生 32 人、硕士研究生 102 人。

前　　言

滑动轴承是一种机械设备中不可或缺的核心基础零部件。它的主要功能是支撑机械旋转体，降低其动力传动与运动变换过程中的摩擦系数，并保证其回转精度与可靠性等性能要求。随着流体润滑理论的建立和相关技术的发展，滑动轴承已广泛应用于海洋、交通、航空航天、冶金、矿山、化工、水利和国防武器等工程领域各类设备的传动装置中。

据有关资料统计，目前世界上约有30%的能源消耗在不同形式的摩擦上，其中滑动轴承的摩擦消耗约占1/10。为了减少滑动轴承的摩擦损耗，设计者在轴承结构、润滑剂、减摩材料及制造加工工艺等方面进行了大量的改进工作。如何减少滑动轴承与轴之间的动摩擦，提高机械传动效率，特别是满足先进制造业和战略新兴产业的发展，实现高精度、高可靠、高效率、低能耗、无污染、长寿命、智能化等高性能动力传动与运动变换控制，一直是机械设计科技工作者期望解决的共性关键科技问题。

20世纪80年代以来，针对船舶推进系统润滑油泄漏污染水环境日趋严重的问题，以及机械传动系统在特殊与极端环境下难以克服的摩擦磨损、寿命较短、无功能耗等技术瓶颈，特别是舰船及水中兵器推进系统中迫切需要解决的减振、降噪、安全、可靠等重大难题，美国、英国、加拿大等工业发达国家有关企业在水润滑轴承技术与应用研究方面开展了大量工作。但由于其成果涉及商业利益，并可用于有关国防武器装备，所以基本上没有实质性的论文发表。1985年以来，本书作者及其领导的科研团队针对上述共性关键科技难题，开始水润滑轴承及传动系统的创新研究与应用开发工作，在国家自然科学基金、重点科技攻关、国防基础科研、国家军品配套、火炬计划、重点新产品试制计划、科技创新基金等多项国家级重点科研项目的资助下，通过长期潜心研究，从科学和技术层面揭示了材料、结构、工况、负载、环境与界面形变等对承载能力和摩擦学性能的综合影响规律，提出了用非金属材料替代传统金属材料作为传动件，用自然水替代矿物油作为润滑介质，基于资源节约与环境友好的水润滑轴承及传动系统创新设计制造理论、方法和技术，发明了一种纳米氧化锌晶须等材料与橡胶、塑料共混改性的橡胶合金材料，提出了该材料与金属或非金属轴套高强度黏结为一体的先进制造技术，研制出BTG水润滑橡胶合金轴承、动密封装置及传动系统600余种规格，该产品具有减振、降噪、耐磨、可靠、高效、节能、节材和环保等性能，攻克了机械传动特别是船舶推进系统高精度与高可靠的自适应变形协调、动力学与摩擦学性能优化、水润滑传动系统水膜形成困难、艉轴摩擦磨损严重等关键难题，实现了船舶、舰艇艉轴水润滑推进系统全面自主研制，打破了工业发达国家技术垄断和封锁，取得了多项具有自主知识产权并处于国际先进水平的成果，实现了商品化、产业化和国际化。

本书是作者及其领导的科研团队三十多年来在水润滑轴承及传动系统创新设计制造理论、方法和技术研究方向的工作成果总结，并汇集了近年来国内外公开发表的水润滑轴承最新研究进展，系统地论述了水润滑轴承及传动系统的润滑机理、摩擦学特性和振动噪声分析与试验方法、高效润滑结构设计方法、橡胶合金衬层配方设计及改性机理，以及精密成形方法与技术等内容。全书共 15 章，其中第 1 章概况性地介绍水润滑轴承的概念与发展史，并简单介绍 BTG 水润滑橡胶合金轴承；第 2 章阐述水润滑轴承的混合润滑机理；第 3 章系统介绍水润滑橡胶合金轴承润滑结构的设计方法；第 4 章对水润滑橡胶合金轴承材料设计进行讨论；第 5 章主要阐述水润滑橡胶轴承混合润滑分析方法与理论；第 6、7 章对水润滑橡胶轴承的动态特性与振动噪声进行阐述；第 8、9 章介绍水润滑橡胶轴承摩擦磨损试验研究方法与理论；第 10 章主要阐述水润滑橡胶合金轴承精密成形方法与工艺和智能制造装备系统；第 11 章详细介绍水润滑轴承系统；第 12 章系统地介绍硬质高分子复合材料水润滑轴承技术；第 13 章阐述氧化铝、氧化锆等氧化物陶瓷和四氮化三硅、碳化硅等非氧化物陶瓷的水润滑性能；第 14 章主要介绍水润滑轴承的试验方法和规范；第 15 章介绍水润滑轴承技术的工程应用。为了维护应用课题组专利技术成果有关企业的商业利益，在此未对涉及专利技术产品制造等有关核心技术进行详细介绍。

本书的出版对于广大工程技术人员如何利用水润滑轴承创新设计制造理论、方法和技术，解决机械、船舶、海洋、石油、化工及国防武器等工程领域重要装备的高可靠、长寿命、低噪声、无污染与高效节能等共性关键难题，具有重要的科学意义和工程实用价值。此外，本书也可作为机械、制造、国防武器等领域设计和研究工程技术人员的参考用书。

本书涉及的研究成果大部分来源于作者所主持的国家自然科学基金重点项目“新型高性能传动件及系统的可靠性设计理论与方法”(50735008)，国家自然科学基金面上项目“大尺寸高比压水润滑轴承系统的创新设计理论与方法”(50775230)和“高速重载和极端环境下非金属摩擦副承载与润滑机理”(50475065)，国家自然科学基金青年科学基金项目“基于界面超亲水改性的水润滑橡胶轴承摩擦学行为与噪声抑制机理研究”(51605053)和“计入真实粗糙表面形貌的水润滑橡胶轴承混合润滑行为与减摩降噪方法”(51605316)，国防基础科研项目“多场耦合条件下××水润滑橡胶合金轴承××理论与方法”(JG××)，教育部长江学者和创新团队发展计划项目“高性能机电传动系统的创新设计理论、方法和技术”(IRT0763)。可以说，本书凝聚了以作者为学术带头人的科研团队的集体创造和智慧。本书的出版得到了国家国防科技工业局国防基础科研项目的资助。在此，向国家自然科学基金委员会和所有资助部门表示深切的谢意。

2010 年 5 月～2013 年 5 月，本书作者在美国西北大学做访问学者期间，应 Q. Jane Wang 教授邀请撰写了由 Springer 出版的图书 *Encyclopedia of Tribology* 中的一章“Water-Lubricated Rubber Alloy Bearings and Transmission System”（水润滑橡胶合金轴承及传动系统）。该书出版后，国内外许多读者希望作者尽快撰写相关内容图书并出版。正是在他们的热情鼓励和大力支持下，作者从那时开始撰写本书。在撰写程中，韩彦峰博士参加了本书撰写并负责所有资料的整理工作。本书吸收了作者科研团队其他研究人员以及著者所指导的历届博士后、博士生和硕士生的有关研究成果，他们是韩彦峰、周广武、蒲伟、肖科、李俊阳、周青华、陈海周、张莹、余江波、彭晋民、陈战、丁行武、郭胤、潘阳、朱娟娟、华细金、李太福、陈敏、王海宝、张瑜、邓学平、邹丞、王定贤、苗亮亮、张文光、李杰、秦国强、卢磊、吴松、王少丽、刘静、李金明、刘文红、袁佳、彭向征、毕承俊、邓海峰、崔洪斌、邱茜等。此外，本书参考和引用了国内外诸多相关文献，在此一并感谢。

由于作者水平有限，加上本书所述内容至今还是发展中的高新技术，书中难免有疏漏或不足之处，恳请广大读者批评指正。

王家序

2017 年 12 月于重庆

目　录

前言
第 1 章　绪论 …… 1
1.1　水润滑轴承的发展历史与研究现状 …… 2
1.1.1　水润滑轴承的发展历史 …… 2
1.1.2　水润滑轴承的研究现状 …… 3
1.2　水润滑轴承的分类及特点 …… 4
1.2.1　铁梨木轴承 …… 4
1.2.2　夹布胶木轴承 …… 7
1.2.3　胶合层板轴承 …… 9
1.2.4　橡胶轴承 …… 16
1.2.5　硬质高分子复合材料轴承 …… 25
1.3　BTG 水润滑橡胶合金轴承简介 …… 26
1.3.1　BTG 水润滑橡胶合金轴承研发背景 …… 26
1.3.2　BTG 水润滑橡胶合金轴承橡胶衬层 …… 26
1.3.3　BTG 水润滑橡胶合金轴承基本结构 …… 29
1.4　BTG 水润滑橡胶合金轴承研究前沿 …… 31
1.4.1　船舶与海洋工程领域 …… 31
1.4.2　国防武器装备工程领域 …… 31
1.4.3　能源工程领域 …… 32
1.4.4　装备制造业工程领域 …… 33
参考文献 …… 35
第 2 章　水润滑轴承的润滑机理 …… 36
2.1　弹性流体动压润滑 …… 36
2.1.1　简化的雷诺方程 …… 36
2.1.2　全雷诺方程 …… 40
2.1.3　特殊工况下的雷诺方程 …… 42
2.2　混合润滑 …… 44
2.2.1　Stribeck 曲线 …… 44
2.2.2　水润滑橡胶轴承润滑状态的判定 …… 45
参考文献 …… 49

第 3 章 水润滑橡胶合金轴承的结构设计 ······ 50
3.1 水润滑橡胶合金轴承润滑结构设计 ······ 51
3.1.1 水润滑橡胶合金轴承基本结构 ······ 51
3.1.2 橡胶合金衬层设计 ······ 59
3.1.3 橡胶轴承的设计比压 ······ 66
3.1.4 轴承的速度 ······ 67
3.1.5 轴承的 pv 值 ······ 67
3.1.6 轴承的 pvT 值 ······ 67
3.1.7 长径比设计 ······ 69
3.1.8 润滑水量 ······ 70
3.1.9 轴承间隙 ······ 71
3.1.10 轴承相对运动面粗糙度 ······ 72
3.2 螺旋槽水润滑橡胶合金轴承设计 ······ 73
3.2.1 螺旋角度对流体动压性能的影响 ······ 73
3.2.2 沟槽数量对流体动压性能的影响 ······ 73
3.3 板条式水润滑橡胶合金轴承设计 ······ 74
3.3.1 板条形状对承载力的影响 ······ 74
3.3.2 板条形状对摩擦系数的影响 ······ 75
3.4 水润滑橡胶合金轴承微观织构优化设计 ······ 75
3.4.1 微凹坑表面织构设计与优化 ······ 75
3.4.2 微沟槽表面织构润滑性能设计 ······ 89
参考文献 ······ 108
第 4 章 水润滑橡胶合金轴承的材料设计 ······ 110
4.1 橡胶合金材料的配方设计 ······ 110
4.1.1 橡胶合金材料配方设计的原则 ······ 111
4.1.2 橡胶合金材料配方设计的程序 ······ 111
4.2 配方设计与橡胶合金力学性能的关系 ······ 112
4.2.1 橡胶材料相关标准 ······ 112
4.2.2 橡胶材料力学性能设计 ······ 113
4.3 水润滑轴承材料摩擦磨损性能改性 ······ 124
4.3.1 填料对摩擦系数和磨损量的影响 ······ 125
4.3.2 摩擦系数和磨损量的影响因素 ······ 126
4.3.3 填料对水润滑轴承材料的改性 ······ 129
4.3.4 玻璃纤维和碳纤维对橡胶合金材料力学性能的影响 ······ 137
4.3.5 玻璃纤维和碳纤维对橡胶合金材料摩擦磨损性能的影响 ······ 139

4.3.6　纳米级氧化锌晶须对橡胶合金材料的改性 …………………………… 140
4.4　水润滑橡胶材料长短链分子配比设计 ………………………………… 144
4.4.1　材料机体的选择 ………………………………………………………… 145
4.4.2　分子结构设计方法 ……………………………………………………… 146
4.4.3　材料物理化学性能分析 ………………………………………………… 149
4.4.4　新型弹性体轴瓦材料力学性能 ………………………………………… 153
参考文献 ……………………………………………………………………… 158
第5章　水润滑橡胶轴承的混合润滑分析方法 ……………………………… 160
5.1　水润滑橡胶轴承混合润滑模型 ………………………………………… 160
5.1.1　平均雷诺方程 …………………………………………………………… 160
5.1.2　微凸体接触模型 ………………………………………………………… 164
5.1.3　膜厚方程 ………………………………………………………………… 165
5.1.4　润滑介质热传递模型 …………………………………………………… 167
5.1.5　轴-轴承热传递模型 ……………………………………………………… 168
5.1.6　流固耦合热传递边界条件 ……………………………………………… 169
5.1.7　弹性变形方程 …………………………………………………………… 170
5.1.8　载荷平衡方程 …………………………………………………………… 170
5.1.9　摩擦力和摩擦系数 ……………………………………………………… 171
5.2　热/热变形影响系数快速算法 …………………………………………… 172
5.2.1　热影响系数快速算法 …………………………………………………… 172
5.2.2　热变形影响系数快速算法 ……………………………………………… 174
5.3　斜网格虚拟节点差分模型 ……………………………………………… 176
5.3.1　斜坐标系下的多工况平均雷诺方程 …………………………………… 176
5.3.2　虚拟节点模型 …………………………………………………………… 178
5.3.3　虚拟节点模型计算精度 ………………………………………………… 182
5.4　混合润滑并行计算模型 ………………………………………………… 183
5.4.1　OpenMP 多线程并行计算模型 ………………………………………… 183
5.4.2　并行速度与效率 ………………………………………………………… 186
5.5　数值计算方法 …………………………………………………………… 190
5.5.1　有限差分法 ……………………………………………………………… 190
5.5.2　多重网格法 ……………………………………………………………… 193
5.5.3　渐进网格加密法 ………………………………………………………… 198
5.5.4　空穴模型 ………………………………………………………………… 200
5.6　润滑特性影响因素分析 ………………………………………………… 202
5.6.1　橡胶衬层形变分布 ……………………………………………………… 205

5.6.2　载荷对润滑性能的影响 …… 207
5.6.3　转速对润滑性能的影响 …… 209
5.6.4　轴向倾斜度对润滑性能的影响 …… 211
5.6.5　沟槽数量对润滑性能的影响 …… 214
5.6.6　沟槽宽度对润滑性能的影响 …… 215
5.6.7　橡胶弹性模量对润滑性能的影响 …… 217
5.6.8　橡胶衬层厚度对润滑性能的影响 …… 219
参考文献 …… 221
第6章　水润滑橡胶轴承的动态特性分析方法 …… 224
6.1　动载荷下的水膜刚度和阻尼系数计算方法 …… 224
6.1.1　不定常雷诺方程 …… 224
6.1.2　膜厚方程 …… 225
6.1.3　弹性变形方程 …… 225
6.1.4　动态刚度和阻尼 …… 226
6.2　数值求解方法 …… 228
6.3　工况参数对动态刚度和阻尼系数的影响 …… 230
6.3.1　速度对动态刚度和阻尼系数的影响 …… 230
6.3.2　载荷对动态刚度和阻尼系数的影响 …… 231
6.3.3　供水压力对动态刚度和阻尼系数的影响 …… 232
6.4　结构参数对动态刚度和阻尼系数的影响 …… 233
6.4.1　沟槽结构对动态刚度和阻尼系数的影响 …… 233
6.4.2　长径比对动态刚度和阻尼系数的影响 …… 235
6.4.3　轴承间隙对动态刚度和阻尼系数的影响 …… 236
参考文献 …… 237
第7章　水润滑橡胶轴承的振动噪声分析 …… 239
7.1　振动噪声机理 …… 239
7.1.1　振动与噪声的关系 …… 239
7.1.2　摩擦引起的振动与噪声 …… 240
7.1.3　振动噪声动力学理论 …… 244
7.1.4　轴承动力学模型 …… 247
7.2　水润滑橡胶轴承摩擦噪声分析 …… 250
7.3　摩擦噪声影响因素分析 …… 251
7.3.1　摩擦系数对摩擦噪声的影响 …… 251
7.3.2　速度对摩擦噪声的影响 …… 252
7.3.3　载荷对摩擦噪声的影响 …… 253

7.3.4　橡胶硬度对摩擦噪声的影响……………………………………………… 253
7.3.5　几何结构对摩擦噪声的影响……………………………………………… 254
参考文献……………………………………………………………………………… 256
第8章　水润滑橡胶轴承的摩擦学性能试验研究…………………………… 258
8.1　湿磨粒磨损机理 ………………………………………………………… 258
8.1.1　湿磨粒磨损的物理过程 ………………………………………………… 258
8.1.2　磨损率的影响因素 ……………………………………………………… 263
8.2　水润滑橡胶轴承摩擦学性能试验标准 ………………………………… 266
8.2.1　试样 ……………………………………………………………………… 266
8.2.2　仪器 ……………………………………………………………………… 267
8.2.3　试验步骤 ………………………………………………………………… 267
8.2.4　计算结果 ………………………………………………………………… 268
8.3　水润滑橡胶轴承摩擦学性能试验 ……………………………………… 269
8.3.1　试验方法 ………………………………………………………………… 269
8.3.2　摩擦系数试验研究 ……………………………………………………… 270
8.3.3　磨损率试验研究 ………………………………………………………… 280
8.3.4　改性材料摩擦学性能 …………………………………………………… 284
8.3.5　沟槽结构摩擦学试验研究 ……………………………………………… 286
参考文献……………………………………………………………………………… 289
第9章　水润滑橡胶轴承试验平台设计……………………………………… 291
9.1　水润滑橡胶轴承综合性能试验系统研制 ……………………………… 291
9.1.1　系统总体方案设计 ……………………………………………………… 291
9.1.2　试验台结构设计 ………………………………………………………… 293
9.1.3　测试原理与数据处理方法 ……………………………………………… 295
9.2　试验内容及方法 ………………………………………………………… 300
9.2.1　试验对象 ………………………………………………………………… 300
9.2.2　试验内容 ………………………………………………………………… 301
9.2.3　试验方法及步骤 ………………………………………………………… 301
9.3　试验结果分析与讨论 …………………………………………………… 302
9.3.1　摩擦系数 ………………………………………………………………… 302
9.3.2　水膜压力 ………………………………………………………………… 304
9.3.3　轴心轨迹 ………………………………………………………………… 308
9.3.4　动态刚度和动态阻尼 …………………………………………………… 311
9.3.5　振动噪声 ………………………………………………………………… 313
参考文献……………………………………………………………………………… 316

第 10 章 水润滑橡胶合金轴承的精密成形方法 …… 317
10.1 水润滑橡胶合金轴承的成形工艺 …… 317
10.1.1 橡胶的硫化 …… 317
10.1.2 水润滑橡胶合金轴承的硫化工艺 …… 321
10.1.3 水润滑轴承橡胶合金材料与瓦背的黏结工艺 …… 325
10.2 水润滑橡胶合金轴承模具 …… 327
10.2.1 水润滑橡胶合金轴承精密成形模具的初步设计 …… 328
10.2.2 螺旋槽水润滑橡胶合金轴承脱模装置 …… 330
10.3 水润滑橡胶合金轴承精密成形数字制造装备 …… 331
10.3.1 精密成形数字制造装备简介 …… 331
10.3.2 工程复合材料精密成形电感应热压模具设计 …… 333
10.3.3 成形装备计算机控制 …… 334
参考文献 …… 335
第 11 章 水润滑轴承系统简介 …… 337
11.1 开式结构的水润滑轴承系统 …… 337
11.2 闭式结构的水润滑轴承系统 …… 338
11.3 闭式结构的水润滑轴承系统密封装置 …… 339
11.3.1 密封装置结构 …… 339
11.3.2 密封装置填料函安装要求 …… 340
11.3.3 试航验收要求 …… 340
11.4 水润滑动密封橡胶合金轴承简介 …… 341
11.4.1 水润滑动密封橡胶合金轴承基本结构 …… 341
11.4.2 水润滑动密封橡胶合金轴承工作原理 …… 342
参考文献 …… 342
第 12 章 硬质高分子复合材料水润滑轴承 …… 344
12.1 简介 …… 344
12.1.1 水润滑赛龙轴承 …… 344
12.1.2 水润滑飞龙轴承 …… 345
12.1.3 水润滑 Vesconite 轴承 …… 347
12.1.4 水润滑 Orkot 轴承 …… 347
12.1.5 水润滑 Railko 轴承 …… 348
12.2 轴承力学特性 …… 350
12.2.1 耐磨性 …… 350
12.2.2 热膨胀性 …… 350
12.2.3 吸水性 …… 351

12.2.4 物理力学性能 …… 351
12.3 轴承设计与分析 …… 355
12.3.1 *pvT* 曲线 …… 355
12.3.2 轴承壁厚设计 …… 357
12.3.3 轴承长径比设计 …… 359
12.3.4 槽结构设计 …… 360
12.4 成形工艺与方法 …… 361
12.4.1 轴承结构形式 …… 361
12.4.2 轴承的加工方法 …… 362
参考文献 …… 367
第 13 章　水润滑陶瓷轴承 …… 368
13.1 水润滑陶瓷轴承简介 …… 368
13.2 氧化物陶瓷材料的水润滑性能 …… 372
13.2.1 ZrO_2-Al_2O_3 陶瓷的水润滑性能 …… 372
13.2.2 Al_2O_3-TiO_2 复合陶瓷的水润滑性能 …… 375
13.2.3 Cr_2O_3 陶瓷的水润滑性能 …… 380
13.3 非氧化物陶瓷材料的水润滑性能 …… 382
13.3.1 Si_3N_4 陶瓷的力学性能 …… 382
13.3.2 温度与载荷对 Si_3N_4 陶瓷摩擦磨损的影响 …… 383
13.3.3 Si_3N_4 陶瓷的水润滑摩擦学性能 …… 383
13.3.4 Si_3N_4 陶瓷的超润滑现象 …… 390
13.3.5 SiC 陶瓷的水润滑性能 …… 391
参考文献 …… 394
第 14 章　水润滑轴承试验方法和规范 …… 397
14.1 水润滑轴承相关标准与规范 …… 397
14.1.1 适用范围与分类 …… 397
14.1.2 相关标准与规范 …… 397
14.1.3 相关要求 …… 399
14.1.4 检验 …… 401
14.1.5 轴承样品的选择和试样的准备 …… 402
14.1.6 检验实施 …… 406
14.1.7 试验方法 …… 407
14.2 海水配制方法和规范 …… 412
14.2.1 适用范围 …… 412
14.2.2 主要事项 …… 412

14.2.3 所需试剂 …… 412
14.2.4 海水配制 …… 414
14.2.5 含重金属的代用海水的配制 …… 414
14.2.6 配置海水的成分 …… 414
第 15 章 水润滑轴承在工程中的应用 …… 416
15.1 在船舶推进系统中的应用 …… 416
15.2 在机械装备系统中的应用 …… 419
15.2.1 在水轮机上的应用 …… 419
15.2.2 在水泵中的应用 …… 421
15.3 在工程中的应用前景 …… 424
15.4 水润滑轴承的工程应用指南 …… 425
15.4.1 工作环境 …… 425
15.4.2 轴承的装配 …… 427
15.4.3 尺寸公差 …… 429
参考文献 …… 430

第1章　绪　　论

长期以来,机械传动装置特别是船舶推进系统中的各种摩擦副,往往由金属构件组成,用矿物油作为润滑介质,因此,耗费了大量矿物油和贵重金属等战略资源。为了防止油泄漏,需要对传动构件进行密封,这使得其结构相当复杂,很难降低或减少各种机械传动中不可避免的摩擦、磨损、振动、冲击、噪声和无功能耗[1]。另外,在传动系统中仍然存在可靠性差和寿命较短等问题,特别是存在密封泄漏油污染江河湖海水资源环境日趋严重的状况。

我国船舶航运行业有关部门的统计资料表明,一艘功率为 880kW 的船舶,其推进系统每年因艉轴密封泄漏润滑油在 3t 以上。航行在三峡库区及长江水域采用油润滑轴承系统的船舶共有几十万艘,如果每艘船每年平均泄漏润滑油按 1.5t 计,每年船舶推进系统泄漏润滑油则高达几十万吨。三峡水利工程库区流域是世界最大的内湖之一,由于水的流速陡然减慢,长江自我净化能力大大减弱,船舶推进系统艉轴泄漏的润滑油对三峡库区水环境造成了严重的污染。国内各种船舶共计几百万艘(不含海军舰艇),国内内河航行的船只(除了少数进口的)基本上都采用油润滑,这些船只每年向江河湖海泄漏的润滑油高达几百万吨,给水资源造成了巨大污染,严重破坏了生态环境,并危及人类的生存条件。世界正面临前所未有的能源和资源危机,例如,已探明的石油可采储量只可开采 43 年,已探明的铜可采储量只可开采 26 年。美国政府以法律形式明确规定,禁止以油润滑推进系统的船舶在密西西比河等内陆河流中航行,否则一旦发现泄漏润滑油将处以 2.5 万美元以上的罚款。上海市人民政府也于 1997 年颁布禁止航行在上海港的船舶泄漏润滑油的有关规定,违者将处以 2 万元以上的罚款,甚至扣押违规船舶的处罚,以保护和净化水资源及环境[2,3]。因此,促使人们去研究开发无污染并具有减振、降噪、耐磨、可靠、高效、节能、高承载能力、长寿命等功效的新型轴承系统,并加以推广应用,以解决江河湖海环境严重污染问题,应该说这是船舶工业、内河航运的当务之急[4]。

水具有无污染、来源广泛、节省能源、安全性、难燃性等特性,是最具有发展潜力的润滑介质。因此,为了降低或减少各种摩擦副因运动而产生的摩擦、磨损、振动、冲击、噪声、无功能耗、可靠性差和寿命较短等问题,节省大量油料和贵重有色金属等战略资源,特别是为了净化和保护江河湖海水资源等人类赖以生存的环境,利用新型工程复合材料替代传统金属作为机械传动系统的摩擦副,用自然水替代矿物油作为机械传动系统的润滑介质,基于资源节约与环境友好的水润滑轴承、密封装置等非金属材料摩擦副的科学技术研究课题，引起人们的普遍关注，并已成为世界工业发达国家竞相研究的热点课题之一。

与油润滑技术相比，水润滑技术具有以下特点[5]：

(1) 水的黏度很低，通常在油的 1/20 以下，因此难以得到流体润滑，故负荷不能太大。但是，在流体润滑状态中，由于水的黏性阻力低，其摩擦系数比油润滑更小。

(2) 在流体润滑条件下，轴承负荷能力与黏度/润滑膜厚度成正比。因此，与油相比，最小水膜厚度变得很小。例如，400℃时相对于 ISOVG68 油，水的黏度约为其 1/100，因而在同一条件下，水的润滑膜厚度等于油的 1/10。

(3) 水的黏度低，且压黏效应、温黏效应都比油稳定，因此在给水压力高或水流速度快的情况下容易产生紊流。

(4) 在流体进行润滑时，固体表面与流体之间产生物理化学方面的作用很重要，但是，在水润滑的场合，很难得到具有有效润滑作用的表面吸附物。因此，轴承的材料应是与水的润滑很好匹配的材料。

(5) 轴承和轴颈都必须注意由水产生的腐蚀，特别是由于水中溶解各种盐而发生电离，必须注意电化腐蚀问题。

(6) 水的比热容大，对于摩擦发热的冷却效果比油好。

(7) 从水的沸点来看，水润滑轴承不能用于水温 100℃以上的环境，反之，也不能用于冰点以下的低温环境。

另外，由于油润滑系统需要配备密封装置，而水润滑系统则不需要，所以水润滑系统可能具有更低的设备成本和运转成本。

近年来，水润滑轴承的逐步推广应用改变了长期以来机械传动系统中往往是以金属构件组成摩擦副的传统观念，不仅节省了大量油料和贵重有色金属，而且简化了轴系结构，避免因使用油润滑金属轴承而泄漏污染水环境的状况。因而水润滑橡胶合金轴承的深入研究，对水润滑轴承的推广应用具有重要的实用意义，对丰富非金属摩擦副的润滑具有重要的理论意义。

1.1 水润滑轴承的发展历史与研究现状

1.1.1 水润滑轴承的发展历史

水润滑轴承的历史可以追溯到 19 世纪 40 年代，在使用蒸汽轮机驱动的螺旋桨作为船的推进系统时，就有了采用黄铜和白色金属材料的水润滑轴承[6]。由于金属价格昂贵和磨损较快，Penn 采用了以铁梨木为材料的水润滑轴承，明显地提高了在海水中使用的船舶艉轴轴承的耐磨性，但在污染的水质中使用，与黄铜及白色金属轴承相比,铁梨木水润滑轴承对轴颈的磨损更加严重。

20世纪初期,矿山工程师Sherwood在水泵中的轴承损坏、无法找到新轴承的紧急情况下,使用了临时用软管材料制成的水润滑轴承,令人惊讶的是,这个轴承不但能正常工作,而且磨损比金属轴承小得多,这个轴承以及后来的Sherwood轴承应当是水润滑橡胶轴承的雏形。1932年,Busse和Denton[7]正式发表了关于水润滑橡胶轴承的论文。他们在不同载荷和速度下对一些较小的柱状轴承进行了一些测试,发现橡胶轴承用到当时的英国快艇上,最大速率可以达到4330in/min(1321m/min)。1937年,Fogg和Hunwicks[8]也进行了大量类似Busse和Denton的试验,他们使用了更大的孔和更小的间隙。1963年,Schneider和Smith[9]报告了美国海军应用水润滑轴承的过程,并展示了大量摩擦系数测试结果图,讨论了支承轴承腔橡胶密封圈的自我调整效果,给出了不同的磨损测试结果,还讨论了影响船外螺旋桨轴承寿命的因素,包括载荷、摩擦移动速率,速率时间关系,轴颈和轴承的表面粗糙度,磨蚀类型和磨蚀量的大小,并规定了载荷、轴颈和轴承材料的形式。

1.1.2　水润滑轴承的研究现状

目前从事水润滑轴承研究工作的主要有美国、俄罗斯、英国、中国等,而真正形成生产能力的专业厂家,仅有美国的B. F. Goodrich公司、General Propeller公司、Duramax Marine LLC公司以及中国重庆奔腾科技发展有限公司等为数不多的几家公司。产品总体特性为:承载能力为0.25～1.86MPa、工作速度为0.25～35m/s、摩擦系数为0.01～0.18、使用寿命为9000多小时等,多用于船舶艉轴、水轮机、水泵以及农业机械和矿山机械等。

多年来,世界各国在水润滑橡胶轴承的研究应用方面做了大量工作,早在20世纪40年代,美国的船舶就有使用水润滑橡胶轴承的记载,在军用舰艇中艉轴橡胶轴承使用较多,它不仅用于海洋船舶,也广泛用于内河船舶;从20世纪80年代末期开始,苏联一直对采用水作为润滑液的流体静力轴承和流体动力轴承的特性和材料进行深入研究,英国、德国和日本等也在水润滑轴承方面进行了研究和应用。英国的海沃德-泰勒公司在无填料泵结构中采用了水润滑滑动轴承,其轴材料为马氏体不锈钢或在碳钢表面镀铬,而轴瓦材料为石棉填充酚醛树脂,使用效果较好[10]。德国的Vickers公司和Michell公司在深井泵和潜水泵中采用水润滑橡胶轴承,即以橡胶材料作为轴瓦[11]。加拿大的汤姆逊-戈尔登有限公司在船舶艉轴的支承中采用了水润滑系统,在不锈钢轴承上复合一层聚合材料作为轴瓦[12]。日本在离心泵和船用离心泵中广泛采用了水润滑轴承;在大型内燃机油轮用锅炉给水泵中采用了自给式的水润滑轴承,其轴瓦材料为渗碳合金[13]。东芝公司还在汽轮发电机和水轮发电机上开发了泵用水润滑轴承等[14]。

我国对水润滑橡胶轴承的理论探索和试验研究工作及应用开始较晚。例如，原第二机械工业部第一设计院设计的核泵水润滑轴承[15]、江都三站大型立式轴流泵上采用的酚酐塑料水润滑轴承、潜水电泵上采用的水润滑塑料推力轴承等[16]，大多是从国外引进技术，通过模型试验，对比和评价试验等总结出经验参数而加工制造的。目前，国内研究水润滑橡胶轴承的科研单位及生产厂家仍较少，其中，沈阳滑动轴承研究所与西安交通大学润滑理论及轴承研究所组成的联合体在这方面做过一些有益的探索[17]，重庆大学机械传动国家重点实验室与重庆奔腾科技发展有限公司在水润滑橡胶合金轴承的研制、开发和推广应用上较为成功，已开发了600多种规格的BTG水润滑橡胶合金轴承系列产品，其制造成本和性能与国内外同类轴承相比具有非常明显的优势。

1.2 水润滑轴承的分类及特点

1.2.1 铁梨木轴承

铁梨木是一种产于美洲热带和亚热带地区的阔叶树种，其木质为淡黄色的白木质层，其木质含有约69.4%的木质部分、26%的树脂、2.8%的树脂精汁、1%的硬树脂和0.8%的苦性精汁。由于铁梨木木质层有组织紧密、坚硬、非直纹等特征，它是一种高密度、高硬度、抗腐性和抗磨性工程材料。

铁梨木含有的树脂遇水能形成乳状液体，形成自润滑膜，因此曾被广泛应用于船舶艉管轴承。其基本特性如表1-1所示。

表1-1 铁梨木的基本特性

项目	参数	项目	参数
密度/(g/cm³)	1.28～1.32	抗拉强度(与纤维平行)/MPa	160～200
比热容/(J/(kg·℃))	0.029～0.035	抗拉强度(与纤维垂直)/MPa	8～20
导热性/(J /(m·℃))	0.16～0.26	弯曲强度(与纤维平行)/MPa	15～25
最高工作温度/℃	70～75	弯曲强度(与纤维垂直)/MPa	100～200
树脂含量(质量分数)/%	29～31	硬度(与纤维平行)(HB)	110～125
吸湿性(质量分数)/%	8～13	硬度(与纤维垂直)(HB)	75～105
纹理	互相交叉	压缩杨氏模量(与纤维平行)/MPa	500～800
正确压缩强度(与纤维平行)/MPa	90～105	压缩杨氏模量(与纤维垂直)/MPa	800～1500
正确压缩强度(与纤维垂直)/MPa	65～90	弯曲杨氏模量(与纤维平行)/MPa	2500～4500
		弯曲杨氏模量(与纤维垂直)/MPa	8000～15000

含水量为16%的铁梨木的物理力学性能如表1-2所示。

表1-2 铁梨木的物理力学性能

物理力学性能	数值
密度	≥1.30g/cm^3
抗压强度(顺纤维方向)	72.5MPa
端面硬度(HB)	15.2
径向硬度(HB)	13.4
在水内完全泡胀时体积增加的比例	10%~12%

铁梨木在水润滑状态下具有较低的摩擦系数。根据相关试验，当压力 $p=1.46\sim4.38$MPa、滑动速度 $v=1.2$m/s 时，摩擦系数 $f=0.007$；当 $p=10.9$MPa、润滑水温为15~18℃时，$f=0.003$；当 $p=1$MPa、$v=9.05$m/s、轴承进水温度27.20℃、出水温度44.70℃时，$f=0.033$。当润滑水温不超过50℃时，铁梨木能保持其抗磨性能；当润滑水温为60~70℃时，铁梨木的摩擦系数急剧升高。

铁梨木具有良好的抗磨性，主要是因为其存在黏液精汁。这种精汁遇水能够形成乳状液，并覆盖在铁梨木工作表面，使其具有一定的自润滑性能。相关研究表明，在水润滑状态下，铁梨木、铁桦树、柿树和铁树的摩擦系数主要取决于木材的硬度和木纹结构，而不是木材的化学成分。铁梨木具有较为特殊的木质结构和纹理，其横向切面的纹理与普通木材不同，表现出较低的摩擦系数。但铁梨木的纵向切面的摩擦系数高于横向切面的摩擦系数。

图1-1为铁梨木轴瓦的一种结构。套筒是由水平对接的两半部分组成，铁梨木块安装在燕尾槽内。这种结构的缺点是铁梨木块之间存在间隙，使轴瓦的支持面减少，降低了轴承的承载能力。其优点是冷却水和润滑水的通流量较大，散热效果和排沙性能较好。

图1-2为镶条结构轴瓦式铁梨木水润滑轴承。根据桨轴直径，铁梨木块的厚度一般为15~25mm，宽度为60~80mm。根据铁梨木的断裂强度，其最小厚度有所限制；铁梨木块越厚，其弹力压缩性越大，因此轴瓦艉部末端的边缘压力就会减少。

带铁梨木轴瓦的人字架和艉轴轴承，其径向间隙的大小可以按照公式 $D_1=1.004D+1$cm 计算，其中 D_1 为轴瓦镗孔的内径(cm)，D 为桨轴复套的外径(cm)。计算出的磨损极限值如表1-3所示。

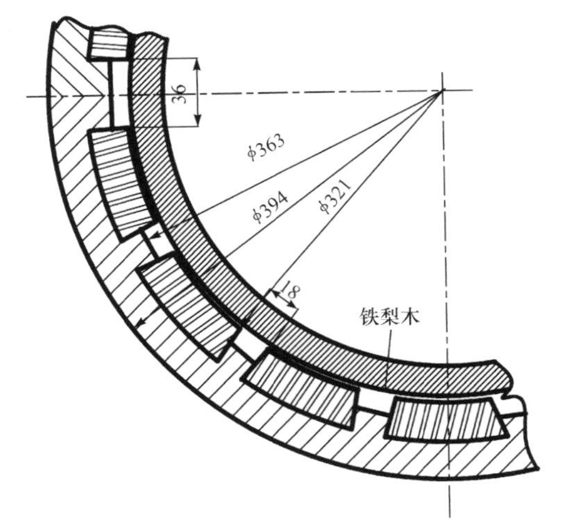

图 1-1 铁梨木轴瓦(单位:mm)

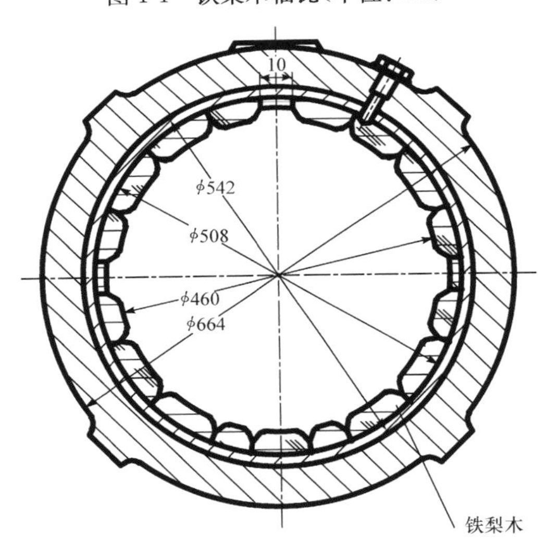

图 1-2 镶条结构轴瓦式铁梨木水润滑轴承(单位:mm)

表 1-3 镶条结构轴瓦式铁梨木轴承径向间隙和磨损极限

轴颈直径/cm	径向安装间隙/cm	间隙公差/cm	轴承应该调换时的磨损/cm
100	1.4	±0.05	3.00
150	1.6	±0.05	3.25
200	1.8	±0.05	3.50
250	2.0	±0.05	3.75
300	2.2	±0.10	4.00
400	2.6	±0.10	4.50
500	3.0	±0.15	5.00

我国舰船曾使用的铁梨木水润滑轴承标准如表1-4所示，与表1-3有所区别。

表1-4 我国常用的铁梨木轴承径向间隙和磨损极限

轴颈直径/cm	径向安装间隙/cm	间隙公差/cm	极限间隙/cm	备注
25	0.20	±(0.05～0.00)	1.00	桨轴复套的磨损不容许大于其原始厚度的50%
50	0.38	±(0.05～0.03)	1.45	
75	0.48	±(0.05～0.03)	1.95	
100	0.53	±0.05	2.25	
125	0.58	±0.05	2.25	
150	0.65	±0.05	2.90	
200	0.75	±0.05	3.25	
250	0.95	±0.05	3.60	
300	1.15	±0.10	4.00	
400	1.30	±0.13	4.50	
500	1.60	±0.13	5.20	

艉轴轴承有时以自由流通的舷外水来润滑，因此艉部轴承的润滑和冷却条件比艏部轴承较为良好，在艏部轴承内可能形成死角以致引起轴承的不正常发热和增加轴瓦的磨损。为了避免这种现象，可以稍微松开艉轴管填料函，使舷外水渡过轴承。用水泵注水是艏部轴承的最好润滑方法。其优点是当船舶在浅水处航行时，从水泵压进艉轴轴承里的水能防止含有悬浮杂质的舷外水流入艉轴管内。

商用轮船的铁梨木轴承的使用期限一般不超过五年。资料表明，铁梨木轴承以端面工作时的平均磨损是每年1.05cm。

铁梨木轴承的缺点是：

(1) 不适宜用于经常航行在含泥沙较多水域的船舶。

(2) 存在较大的水涨性。

(3) 由于其资源日渐缺乏，价格昂贵。

(4) 当干摩擦时，会强烈地裂开和扭曲。

(5) 由于紧密及不规则的组织而极难劈裂，不易加工和研磨。

因此，各国都在努力寻找其替代品。

1.2.2 夹布胶木轴承

夹布胶木是以热压织物的方法制造的层状塑料，通常为酚醛树脂和胶木树脂。夹布胶木的物理力学性能指标和抗磨性能取决于填料(织物)的种类、树脂的含量和质量，以及压制前的准备工作、压制和热处理用量。在其他条件相同的情况下，夹布胶木的抗磨性随着其内部树脂含量的增加而提高。

夹布胶木轴承可以由镶条式轴瓦组成，也可以由整块轴瓦组成。整块轴瓦常常是层状套筒的形式，这些套筒用织物控制并逐后压缩的方法制成，或者用织物碎片压制而成。在艉轴轴承内只采用层状塑料。

艉轴轴承的镶条式夹布胶木轴瓦的结构取用的是铁梨木轴瓦的结构。木条装在对开的艉轴管套筒的槽内，或者在整体套筒内彼此对头并接。

夹布胶木的最大泡胀性发生在压缩的相反方向。虽然这种泡胀是较小的，但是由于间隙的减小，以及当夹布胶木相对于轴的表面平着布置时，容易发生夹布胶木的分层，也可能引发卡住轴的危险。因此，织物的纤维应垂直于轴面布置。因为在横纤维层压缩时，夹布胶木的强度大于顺纤维层压缩时的强度，所以在镶嵌时，将嵌织物安置在纬线方向端面，纤维层是顺着轴心的(图 1-3)。

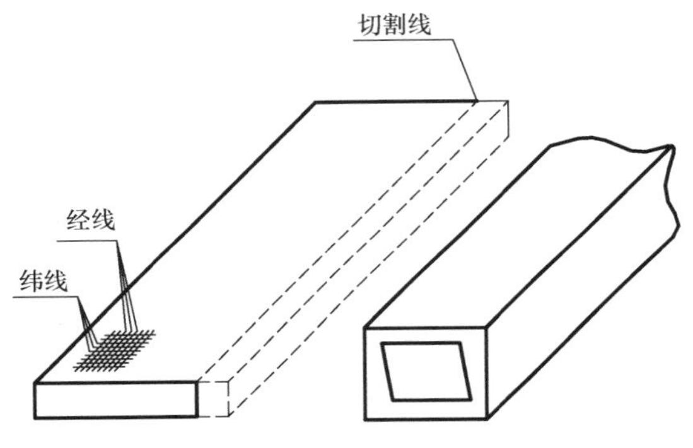

图 1-3　嵌织物的布置

当底板在经线方向和纬线方向有不同的紧密度时，为了在顺纤维层和横纤维层方向得到同样的强度，常常在制造底板时，以交叉十字形安置织物。在制造这种夹布胶木轴瓦时，可以顺纤维层，也可以横纤维层将底板割成木条。

图 1-4 为曾应用在桨轴转数达 78r/min 的破冰船的艉轴轴承的镶条式轴瓦。这种轴瓦具有矩形截面的纵向网状沟槽。从保证轴承内液体摩擦的观点来看，这些凹槽是不利的。但是，考虑到主机经常以低速运转的情况，这时形成液体薄膜的可能性是值得怀疑的，故存在这种润滑槽的形式可以认为是合理的，因为它能保证摩擦表面的可靠冷却。

夹布胶木的镶条轴瓦的加工与胶合层板轴瓦的加工相似，夹布胶木的镶条轴瓦的安装及制造工艺较为简单。对于直径小于 200mm 的桨轴，通常采用整块的夹布胶木层状轴瓦。试验证明，与轴心同心布置的纤维层压制成的轴瓦并不比镶条轴瓦的抗磨性小，轴瓦必须压入轴承体内。

最常用的结构是纬线端面向着轴表面卷制而成整块轴瓦，并装在桨轴人字架内，这种套筒结构如图 1-5 所示。轴承的轴瓦由四个套筒组成，每个套筒长 200mm。套筒压入人字架体内，为了防止其相对转动，应装上一个公用键。

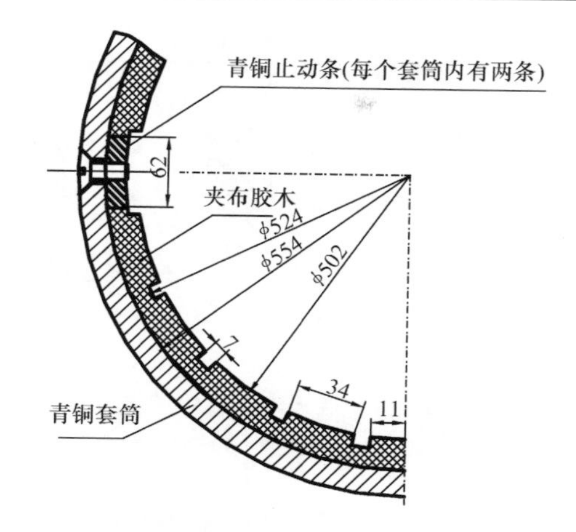

图 1-4 破冰船的艉轴轴承的镶条轴瓦(单位:mm)

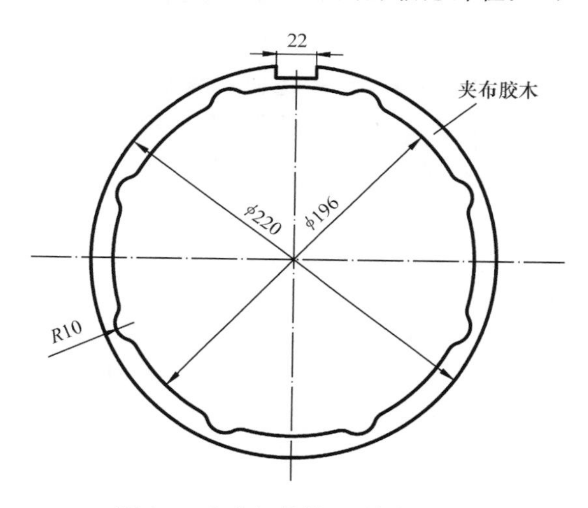

图 1-5 人字架的轴承(单位:mm)

对于艉轴管套筒的夹布胶木轴瓦的间隙量和公差数,可以按表 1-4 选用。

由于夹布胶木和青铜的磨损十分剧烈,特别是在含泥沙严重的江河湖海流域,所以夹布胶木一般不用于内河船艉轴轴承。

1.2.3 胶合层板轴承

胶合层板是将浸透过人造树脂的木板片热压制而成的层状木质塑料,其中树脂含量为 16%～25%。胶合层板的物理力学性能取决于木材种类,木板片厚度与胶合板中各层木板片的相互位置(纤维方向),黏合物的性质、数量以及压制和热加工条件有关(图 1-6)。桦树是制造胶合层板最常用的一种材料,其木板片厚度为 0.2～2.0mm。

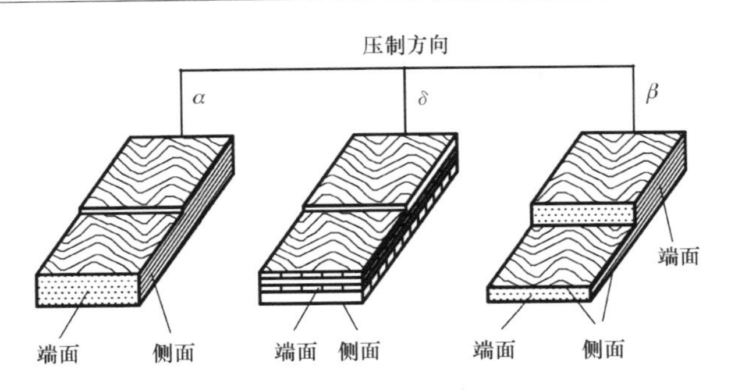

图 1-6 胶合层板内木板片的布置

α-A 型；δ-B 型；β-C 型

所有胶合层板压制成厚度为 15～50mm（以 5mm 进一级）的板料。B 型板料的尺寸：宽度为 900～1200mm，长板的长度为 2300mm、4800mm、5500mm 和 5700mm，短板的长度为 750～1500mm。

胶合层板是一种纤维性层状材料，因此它不是各向同性的，即其端面（顺着纤维）、侧面（横着纤维）和平面（在压制方向横着纤维）的性质是各不相同的。在其厚度方向具有保证周围存在几乎相同物理力学性能的结构，因此可以用它来制造齿轮和其他圆柱形零件。

胶合层板与钢或青铜配对摩擦时，不仅在水润滑的情况下具有高度的抗磨性能，即使在以润滑油润滑的某些情况下也是如此。相关试验表明，树脂含量 18% 的塑料，具有最短的磨顺时间，并且启动摩擦系数随树脂含量的增加而增大。

胶合层板很容易被磨顺，不易碎裂，易于机械加工，是一种比较便宜的材料，曾被广泛应用于制造船舶艉轴水润滑轴承。

除了导热性较差，胶合层板的主要缺点是由于吸水而引起的水胀。吸收了空气中的湿气（吸湿性）或滴水（吸水性）之后，胶合层板就会水胀，这就会改变制成品的尺寸。其物理力学性能如表 1-5 所示。

表 1-5 胶合层板的物理力学性能

指标	板料形式	
	短板	长板
拉伸强度（顺纤维方向）/MPa	≥260	≥220
常温时（温度变化小于 5%）抗压强度（顺纤维方向）/MPa	≥160	≥155
抗剪强度（胶合平面方向）/MPa	≥14	≥12
静弯曲强度/MPa	≥280	≥260
冲击强度/MPa	≥8	≥0.7
密度/(g/cm^3)	≥0.13	
24h 吸水膨胀性（质量分数）	≤5	

在结构方面，胶合层板轴承的轴瓦是用平板切割成的木条制成的。由于制造方法的不同，胶合层板轴承可以分为镶条直接镶在艉轴管套筒内或艉轴管内的轴瓦和由各木条胶合成套筒形的轴瓦。

由于夹布胶木轴瓦材料的耐热性较小，在设计结构形式时，应适当地将沟槽加宽，以保证水流量，从而加快散热，如图 1-7 所示。每对弧块之间的空隙，用比较薄的胶合层板条或青铜条填满。为了消除胶合层板边缘部分在负荷作用下发生分层现象，轴瓦工作部分（半部）的弧块的非接触边缘做成斜棱，斜棱的高度为 6～8mm，切割角为 30°～45°。这种结构的缺点是：

(1) 负荷区被纵向槽道分开，这会减弱流体动压润滑性能并降低轴承的承载能力。

(2) 在每对条块之间的间隙内，木质塑料具有较大的自由面，这些自由面会促使条块在斜棱高度上沿切线方向膨胀，也易于引起分层现象。

(3) 具有不同形式的镶条结构元件。

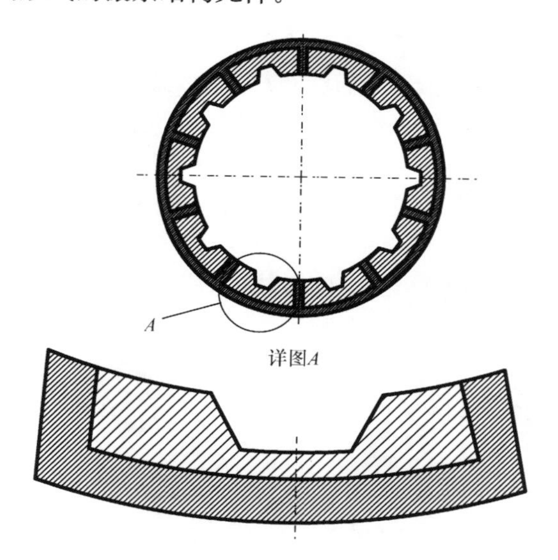

图 1-7 “燕尾式”镶条式轴瓦

图 1-8 为“桶形”镶条式胶合层板轴承轴瓦结构。在轴承下部与轴颈接触的 110°弧内，轴瓦镶条与镶条之间采用零间隔安装，从而提高轴承的承载能力；在其余部分，轴瓦镶条与镶条之间安装具有凹槽的间隔块，这些凹槽可以使水流（润滑介质）更好地流过轴承，改善润滑和散热性能。对于应用于重载工况下的轴承，轴瓦镶条承载面应当采用平面或曲率半径比轴大的曲面，并且轴瓦与轴颈接触的角度不应该大于 130°，这样可以有效地避免桨轴在重载工况下被轴瓦卡死。

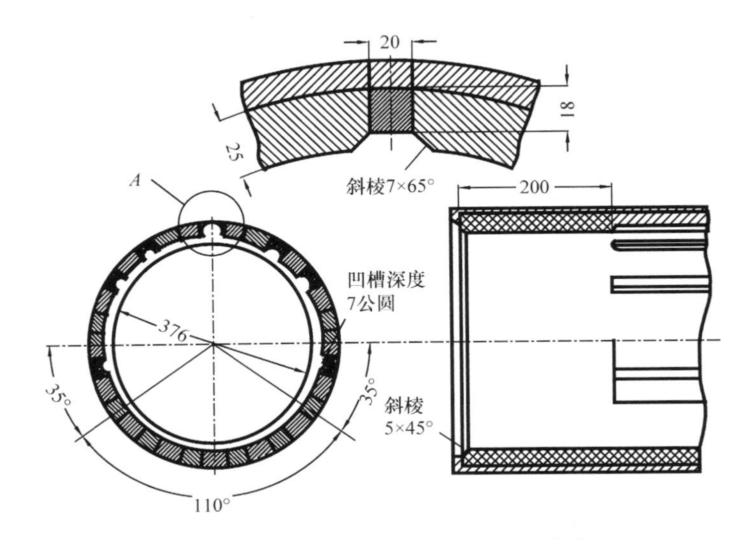

图 1-8　“桶形”镶条式胶合层板轴承轴瓦(单位:mm)

同“燕尾式”结构一样,“桶形”轴瓦与轴颈接触处的径向安装间隙取得与铁梨木轴瓦的间隙相同。当采用像水这种黏度小的润滑剂时,较大的间隙不利于改善轴承的动压润滑性能。

图 1-8 所示的轴瓦结构存在装配工艺复杂等缺点,因此为了保证良好的动压润滑效果,也会采用如图 1-9 所示的轴瓦结构。除了侧面凹槽,轴瓦内没有其他润滑槽,其轴颈的接触角取 120°。在装配弧块时,直接把两根青铜或黄铜止动条装入艉轴管套筒内(图 1-9(b)),以便将镶条固定在套筒内的位置。

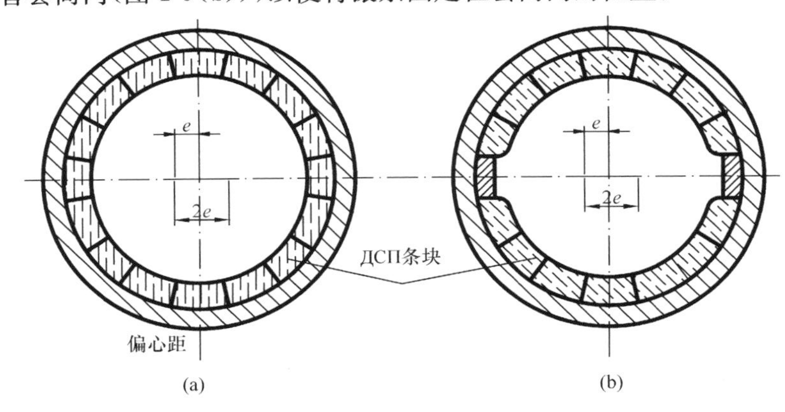

图 1-9　ДСП 条块制成的典型轴承

如果轴瓦在纵长内由一列以上的弧块组成,即由两段或两段以上弧块组成时,则为了避免降低轴承的承载能力,各段弧块的交接端不应做成圆角。

如果轴承采用动压润滑，则沿镶条长度方向的凹槽和止动条应当贯穿轴承；如果轴承采用动静压润滑，则艉部套筒内的凹槽和止动条应在 $0.5D_2$ 处截止。在艄部套筒内，轴瓦内凹槽和止动条的长度与镶条相同。

名义上的径向安装间隙取 $S=0.002D$（D 为轴颈的直径）。

轴颈按公差 C3 的量规来加工，而镶条的内径 D_1 按公差 A4 的量规来镗孔。胶合层板艉轴轴承中配合零件的径向间隙和偏差极限的数值见表 1-6。

表 1-6　胶合层板艉轴轴承中配合零件的径向间隙和偏差极限的数值

轴颈的直径			轴瓦的内径（艉轴管套筒的内径）		轴与轴瓦间隙/mm
名义直径/mm	上部偏差/μm	下部偏差/μm	上部偏差/μm	下部偏差/μm	
60	0	−60	+200	0	0.10
70	0	−60	+200(+230)	0	0.15
80	0	−60	+230	0	0.20
90	0	−70	+230	0	0.20
100	0	−70	+230(+280)	0	0.20
120	0	−70	+260	0	0.30
160	0	−80	+260(+300)	0	0.40
200	0	−90	+300	0	0.40
250	0	−90	+340	0	0.50
300	0	−100	+340	0	0.60
350	0	−100	+340(+380)	0	0.70
400	0	−120	+380	0	0.80
450	0	−120	+380	0	0.90
500	0	−120	+380	0	1.00

注：括号内的数字只适合于艉轴管套筒。

镶条式轴瓦内的弧块数 z 根据给定的轴瓦直径——内径 D_1 与外径 D_2 以及板料的厚度 δ 来决定，弧块的毛坯是由这些板料切成的。

这样，将存在下列关系式：

$$b=(D_2+2c)\tan\frac{\alpha}{2} \tag{1-1}$$

$$S'=\frac{D_1}{2}\left(1-\cos\frac{\alpha}{2}\right)$$

$$h=\frac{D_2-D_1}{2}+S'+2c \tag{1-2}$$

$$h=\frac{D_2-D_1\cos\dfrac{\alpha}{2}}{2}+2c \tag{1-3}$$

式中，α 为木条两侧面之间的夹角；b 为木条的大底面的宽度；c 为在木条每一圆柱表面上的最后加工余量；S'为夹角间弧的拱度。

假设 b 等于板料的厚度 δ（考虑到木条侧面的铣削余量），并将其代入式(1-1)，即可求得角 α，在必要的情况下，为了在整体镶条式轴瓦内得到整数的条块，可将角 α 修正。将修正过的角 α 代入式(1-1)和式(1-3)，即可求得毛坯的最后尺寸。根据直径大小，加工余量 c 可以取 2～3mm。

为了在制造弧块时节约材料，根据设计胶合层板的实际经验，确定了由不同厚度板料切成的木条的合理尺寸。根据桨轴轴颈的直径大小，条块横截面的合理尺寸和毛坯板料的推荐厚度见表 1-7。如果没有推荐的板料厚度或者套筒的内径与表内的内径不符合，那么条块的横截面尺寸按上面所给的公式计算。

表 1-7　镗孔半径和偏心距

轴直径/mm	内径/mm		凹槽半径 R/mm	双倍偏心距 $2e$/mm	轴瓦圆角半径/mm	条块数	条块截面尺寸			厚度 δ/mm
	轴瓦 D_1	艉轴管套筒					a/mm	b/mm	α/(°)	
60	60.10	80	27	7	4	10	27.9	17.5	36	30
70	70.15	90	31	9	4	12	25.6	10.9	30	30
0	80.20	100	36	11	4	12	28.2	17.10	30	35
90	90.20	110	40	12	4	15	24.5	17.25	24	30
100	100.20	130	45	12	5	15	28.7	22.4	24	35
120	120.30	150	53	17	5	18	27.3	21.54	20	30
160	160.40	195	71	21	6	20	31.3	24.1	18	35
200	200.40	240	90	25	6	24	32.2	26.3	15	35
250	250.50	290	112	32	6	24	33.8	27.0	15	45
300	300.60	345	34	39	8	30	36.8	23.95	12	40
350	350.70	400	155	48	8	30	42.8	31.53	12	45
400	400.80	455	179	51	8	30	48.5	34.10	12	55
450	450.90	505	200	60	8	36	44.9	34.20	10	50
500	501.00	555	224	63	8	40	43.8	34.25	9	50

根据凹槽的深度 H 和轴颈的接触角 β 决定侧面凹槽的镗孔半径 R 和偏心距 e（图 1-10）。

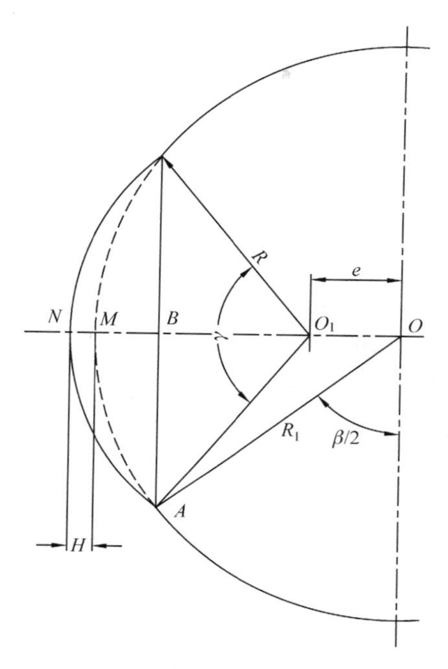

图 1-10　侧槽

从$\triangle OAO_1$ 中求得

$$R=R_1\cos\frac{\beta}{2}\cdot\left(\sin\frac{\gamma}{2}\right)^{-1} \tag{1-4}$$

凹槽的深度为

$$H=MN=BN-BM=R\left(1-\cos\frac{\gamma}{2}\right)-R_1\left(1-\sin\frac{\beta}{2}\right) \tag{1-5}$$

将 R 值代入后，得

$$H=R_1\left[\cos\frac{\beta}{2}\tan\frac{\gamma}{4}-\left(1-\sin\frac{\beta}{2}\right)\right] \tag{1-6}$$

在典型的轴瓦内 $\beta=120°$，所以

$$R=\frac{D_1}{4\sin\frac{\gamma}{2}} \tag{1-7}$$

$$\tan\frac{\gamma}{4}=\frac{4(0.067D_1+H)}{D_1} \tag{1-8}$$

偏心距为

$$e=\frac{D_1}{2}-R+H \tag{1-9}$$

凹槽的深度 $H=0.01D_1$，根据直径 D_1 计算出的 R 和 e 值见表 1-7。

1.2.4　橡胶轴承

在近代机械制造业内，由于橡胶具有很大的柔性和良好的弹性、较好的减振能力、各种物理作用和化学作用的抵抗性、液体和气体的不可渗透性、密度小以及良好的工艺性等优良的性能，已被广泛地用作结构材料。

虽然在干摩擦工况下，橡胶界面（与任何材料配对）具有较高的滑动摩擦系数，但在水润滑状态下，橡胶界面的摩擦系数会显著降低。这种橡胶特有的性质就是其被用作轴瓦材料的基础。

相关资料指出，橡胶轴承的使用寿命为其他水润滑轴承的 3～9 倍，因此，它已被广泛应用于船舶推进系统、航柱轴承、离心泵、水力透平、吸泥泵、挖泥船、洗砾机机械装备。

相关试验表明，在水润滑状态下，橡胶轴承具有较高的抗磨性。但由流体润滑理论可知，由于水的黏度很低，形成的水润滑水膜很薄，其厚度远小于桨轴和轴瓦的微观粗糙度，所以，水润滑橡胶轴承处于混合润滑状态。在混合润滑状态下，橡胶的弹性变形可以有效地促进动压润滑水膜的形成，从而降低橡胶界面的摩擦磨损。为了尽可能地降低橡胶表面与轴表面的粗糙磨损，水润滑橡胶轴承橡胶衬层的表面粗糙度应尽量小。此外，在能够满足承载能力的情况下，橡胶衬层的硬度越小、厚度越大，越有利于形成动压润滑水膜，减小摩擦磨损和振动噪声。但当负荷较大时，软橡胶轴承内的轴颈将大大下垂，从而形成负面的影响。因此，随着负荷的增加，必须提高橡胶的硬度，减小橡胶厚度。当轴承在污水中工作时，水内的硬质颗粒不断地在各点破坏润滑膜，所以应适当地采用抗磨性能较好的橡胶。图 1-11 为当轴颈的圆周速度 $v=2.5\text{m/s}$ 和平均单位压力 $p=0.2\text{MPa}$ 时，橡胶轴承长度方向的润滑（淡水）压力分布。

轴颈的圆周速度和单位压力是橡胶轴承设计的重要因素，常用的指标为：当 $p=0.35\text{MPa}$和自然水润滑时，轴颈的圆周速度应该不小于 0.5m/s，而压力供水时容许有更低的圆周速度。

在海水和淡水润滑工况下，在摩擦机上用牌号 1626、8075、NF-41 的橡胶与青铜和黄铜等配合进行的试验表明：

（1）当工况为 $v=2.0\text{m/s}$ 和 $p=0.2\text{MPa}$ 时，橡胶 1626 与最软金属和青铜配对的摩擦副摩擦磨损最小，而橡胶 1626 与黄铜配对的摩擦副摩擦磨损最大。

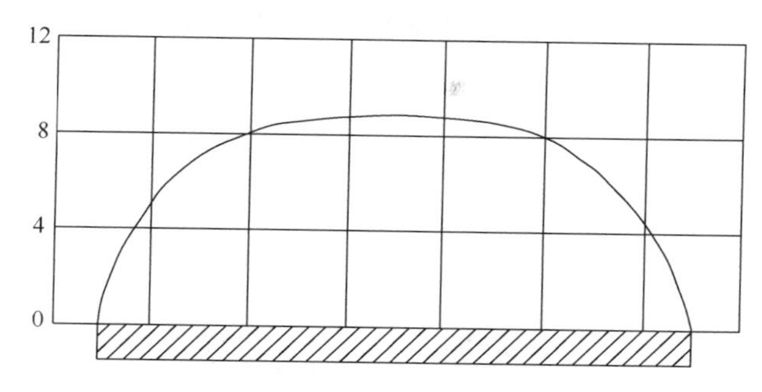

图 1-11　轴承长度方向的压力分布(单位:MPa)

(2) 摩擦系数与磨损量之间没有直接的关系。

(3) 金属摩擦表面的磨损与负荷之间的关系(当 v=2.0m/s 时)没有统一的规律,但各种橡胶及其配对的金属摩擦副都有自己的规律。

(4) 随着轴瓦橡胶硬度的提高,应该选用硬度较高的金属材料配对摩擦副。

(5) 最低工作速度取决于水温、单位负荷以及橡胶与轴颈材料的配合。

(6) 橡胶轴承圆周速度上限是很高的,在竞赛艇上,当圆周速度近于 21.0m/s 时,橡胶轴承仍能可靠地工作。

此外,对于橡胶轴承的许用压力,在水力透平内取 $p\leqslant$0.5MPa(橡胶牌号1626,德国标准)。而美国标准为单位压力 $p\leqslant$0.25MPa,因为在轴瓦的某些点上,单位压力可能会远远超过平均压力。我国的标准一般为:牌号 1626 的橡胶的许用压力 $p\leqslant$0.25MPa,牌号 8075 的橡胶许用压力 $p\leqslant$1.25MPa。这两种牌号的橡胶材料均可用来制造艉轴轴承。

牌号 8075 和 1626 的橡胶的物理力学性能的简单介绍列于表 1-8 中。

表 1-8　牌号 8075 和 1626 的橡胶的物理力学性能

特性	橡胶的牌号	
	8075	1626
抗拉强度/MPa	≤9	≤12.6
最大伸长率/%	150	400
硬度(HA)	70～80	50～65

橡胶的硫化温度一般为 120～130℃。

橡胶轴瓦有许多不同的结构形式,主要取决于制造工艺、加工性和装配维修性。橡胶轴瓦有整体式和镶条式两种,后一种又分成纵向组合式(以后称为组合式)和环形式。

整体式轴瓦由金属套和有螺旋通槽的橡胶板制成(图 1-12(a)),这是橡胶轴承最早的结构之一。另一种较新形式的轴承带有左右向交替的螺旋槽和隔在其中的环形槽(图 1-12(b))。

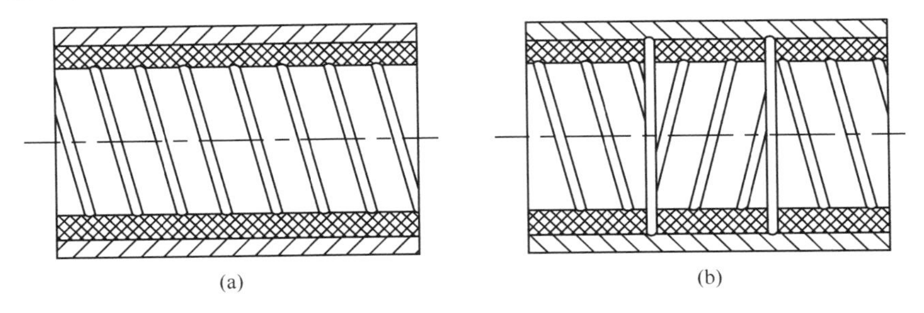

图 1-12　整体式橡胶轴瓦

根据水流特性,螺旋槽可以形成良好的水循环(由于按螺旋线旋转的桨轴所带入水流)。但是,实践证明,随着负荷的增加,无论是第 1 种形式还是第 2 种形式(特别是第 2 种形式),其螺旋槽轴承的润滑效果都不佳,因为螺旋槽有碍于形成完整的动压润滑薄膜。但是,螺旋槽有利于冲刷沟槽内的泥沙等,因此螺旋槽轴承被广泛应用于含泥沙较重的水域。

20 世纪 30 年代,出现了凸形工作表面的轴承(图 1-13),称为古德利奇型轴承。

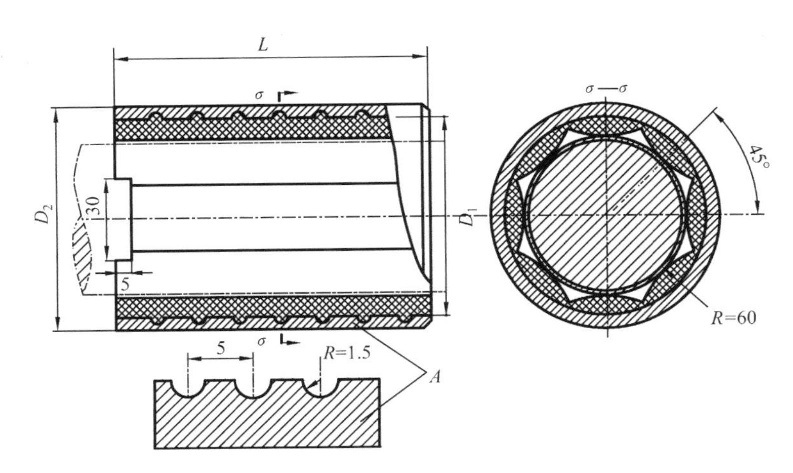

图 1-13　古德利奇型轴承(单位:mm)

工作表面呈凸起形状的轴承通常具有下述优点:

(1) 橡胶与轴颈表面的接触面积相对较小,这就促使摩擦力减小。

(2) 由于桨轴与水的接触面积大及存在楔形液体层,所以冷却及润滑条件良好,这种液体层是由橡胶内部轮廓的两个圆弧面和桨轴的圆柱面形成的。

(3) 由于槽道的纵向布置,硬质颗粒较容易冲出。

因此,这种轴承被应用在内河船和小型船的艉轴管结构内,轴的转速一般很高。

此外,由于凹形轴瓦工作表面工艺性好,因此采用轴向槽与凹形轴瓦相结合的轴承结构也具有较好的润滑与排污性能(图 1-14)。但无论橡胶轴承的表面是多角形、平面、凸还是凹,在重载工况下,橡胶轴承轴瓦与轴的接触表面都会因橡胶的高弹性而形成与轴曲率相同的形状。因此,在重载工况下,橡胶轴承轴瓦的形状对润滑性能影响很小。

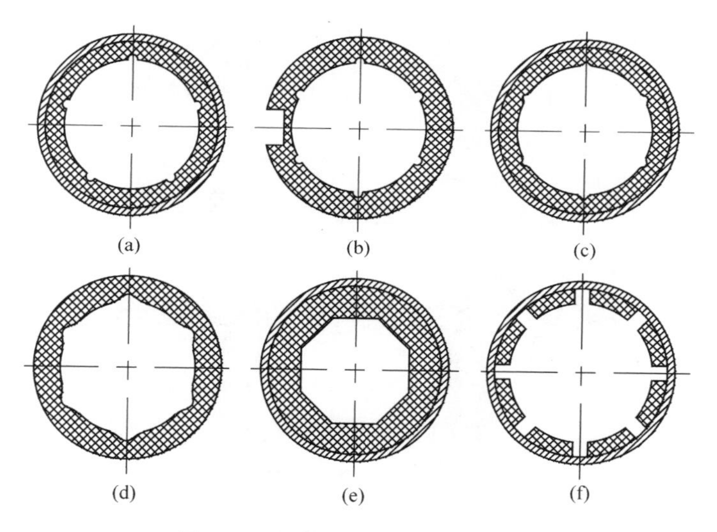

图 1-14 整体式轴承的各种形式

最常用的外套形式是由无缝管制成的无凸缘的圆柱形外套以三级滑配合或 H7/g6 配合装入艉轴管或人字架内。为了防止轴瓦转动,采用径向止动螺钉(图 1-15(a))、端面止动螺钉(图 1-15(b))或者将法兰上的凸起塞入外套端面上铣出的凹槽内(图 1-14)。

图 1-16 所示的小直径轴承采用铆接方式与外壳连接,其配合公差为 H8/f7。套筒 2 的外面为阶梯式圆柱形表面,其两端带配合区,另外用一个螺钉 3 固紧凸缘。在大直径的轴承内,用嵌在凸缘切口内的止动条(图 1-15)作为防止轴转动的附加定位器。

整体式橡胶轴瓦安装在镗削加工的外壳内,有时会用键固定(图 1-16)。用弹簧止动环或其他设备限制其轴向移动。

表 1-9 给出了曾经用于货轮和重型机械工业部 6 型快艇轴系的水润滑橡胶轴承工作表面尺寸。

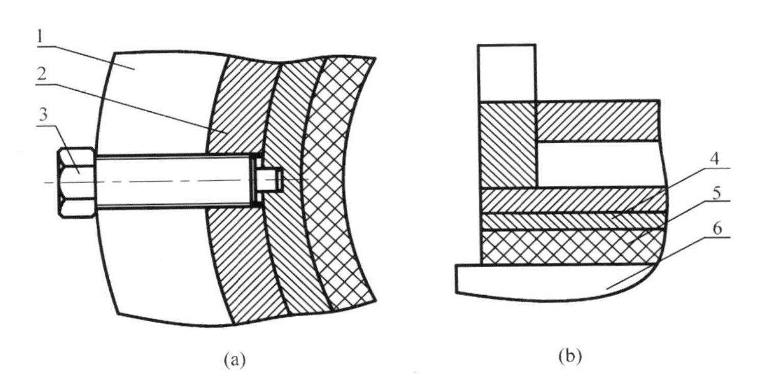

图 1-15 套筒的止动螺钉

1-艉轴管；2-套筒；3-止动螺钉；4-稳定器的管子；5-橡胶轴承；6-桨轴

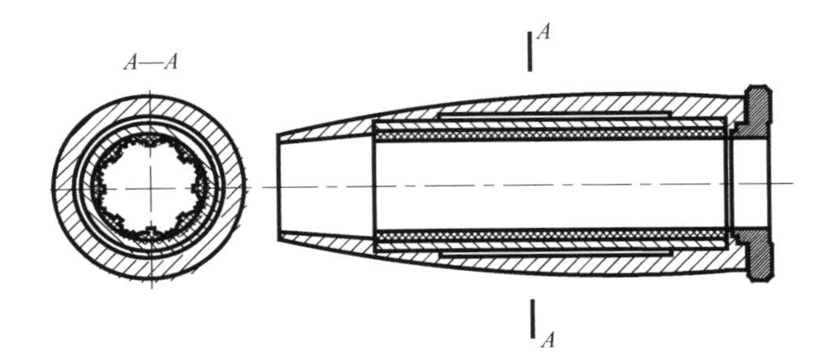

图 1-16 小直径的轴承

表 1-9 用于 6 型快艇轴系的水润滑橡胶轴承工作表面尺寸

D_1/mm		D_2/mm		L/mm		C/mm	R/mm	质量/kg
名义直径	公差	名义直径	公差	名义尺寸	公差			
30	−0.3	46	按配合 Γ 的量规	90	+0.5	4	8	0.35
35		52		105		4	8	0.48
40		60		120		5	8	0.64
45		65		135		5	10	0.88
50		70		150		5	15	1.16
55		78		150		6	15	1.35
60		85		165		6	20	1.50
70		95		190		8	20	2.00
80		105		220		8	30	2.50
90		125		250		10	30	5.70
100		140		275		10	30	7.30

注：套筒端面的斜角为 1×45°。

组合式轴承是由多个橡胶金属弧块组成的，常用于轴径大于 150mm 的船舶推进系统上，并采用止动条紧固艉轴管套筒(图 1-17)。这种轴承具有以下优点：

(1) 制造单个弧块不需要像制造整体式轴瓦那样大尺度的硫化装备；

(2) 当工作表面磨损或损坏时，更换轴承内的单个弧块比较容易；

(3) 黏结结构的刚度大。

按照结构，可以把弧块分成两种类型。

第一种类型弧块是以金属为基础，再焊上带平面、凹入或凸起工作表面罩的橡胶盖板组成的。

金属主体与轴承外壳的连接可以用几种结构形式实现。其中在美国造船业中对于大直径桨轴常用一种利用凹槽(图 1-18)连接的结构形式。轴承的结构显然是仿照铁梨木轴承的结构。为了便于加工凹槽，套筒做成带有径向分界面的两部分。

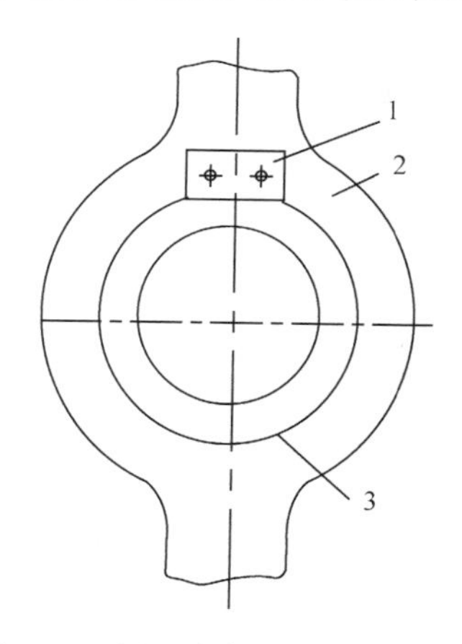

图 1-17 用止动条固紧艉轴管套筒

1-止动条；2-艉柱；3-艉轴管套筒的凸缘

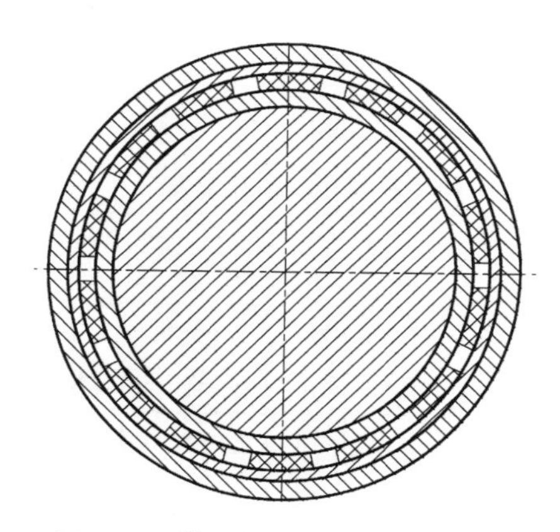

图 1-18 轴瓦与套筒用凹槽的连接

这种轴承的另一种结构形式见图 1-19，在凹槽的底面与弧块的金属体之间放有薄的金属垫片，这样可以在安装时和橡胶磨损时调整间隙。苏联研制的大尺寸(轴径 265～1630mm)水润滑橡胶轴承就是采用的这种结构。最大尺寸的橡胶层的厚度可达到 20mm，用螺栓固定在外壳上(图 1-20)。

第二种类型弧块是由钢片加强的橡胶组成的。为了使橡胶与钢片可靠地附着和防止钢片受到腐蚀，用电镀法在钢片上涂上黄铜。

这种结构的加强片末端超出橡胶套，并用不锈钢螺栓紧固在轴承的套筒上(图 1-21(a))。待弧块安装和固定在套筒内之后，在加强片和螺栓颈的末端浇上用特种醇胶制成的泥浆。这是一种比较完善的也是在艉轴轴承内最为广泛应用的结构(图 1-22)。

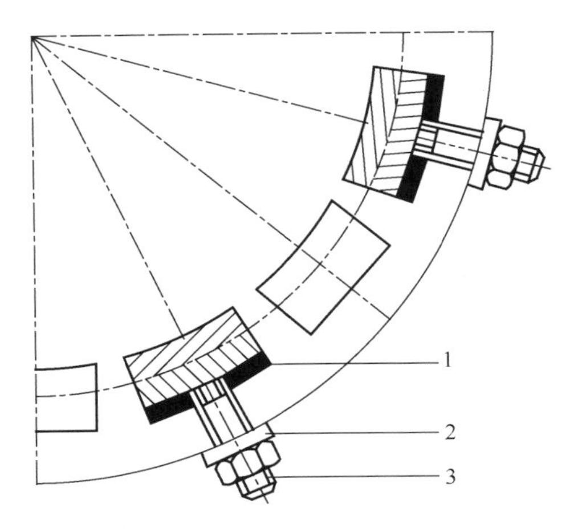

图 1-19　水力透平内轴瓦的固定

1-垫片；2-止动垫圈；3-柱螺栓

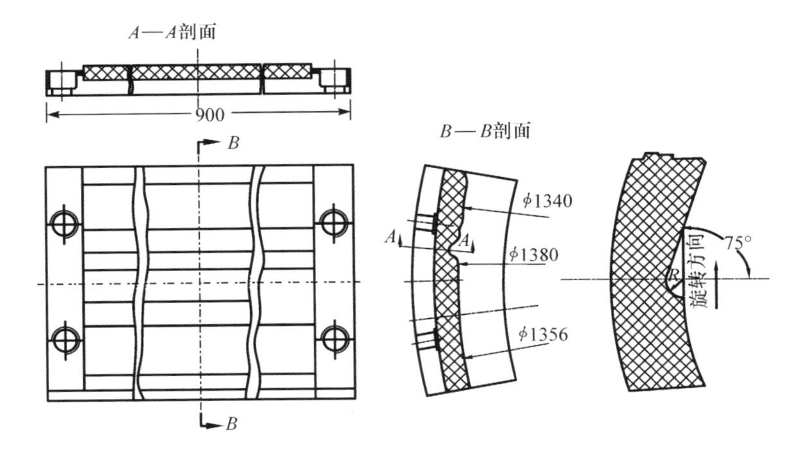

图 1-20　用螺栓固紧的橡胶轴瓦(单位:mm)

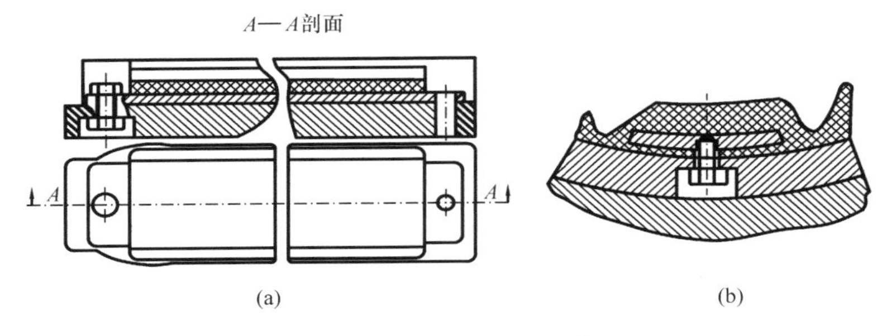

图 1-21　橡胶弧块的固定

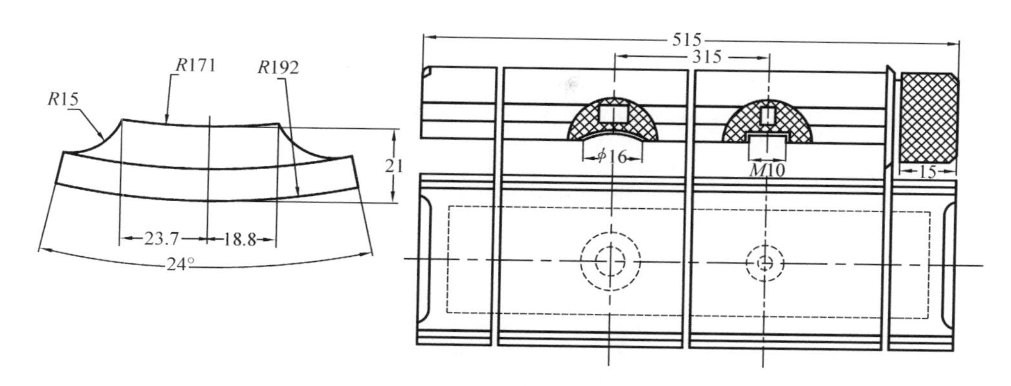

图 1-22　橡胶弧块(单位:mm)

为了促进水楔的形成,弧块两侧做成不相同的斜度,在桨轴旋转方向相对的面上,具有较大的斜度和较大的曲率半径。

弧块用两个不锈钢或黄铜制成的在青铜套筒外侧埋颈的连接螺钉固紧。某些工厂将弹簧圈垫圈垫在螺钉颈的下面。在安装好弧块后,螺钉颈的孔用熟油调的铅丹或其他在海水内不易损坏的腻子等材料填满。

这种结构的缺点在于:紧固螺钉孔的加工和划线复杂,并且在更换损坏的弧块时需要压出艉轴管套筒。

另一种较新的轴承结构如图 1-23 所示,这种轴承结构与铁梨木和胶合层板镶条轴承的某些形式类似,并适合于在套筒内装一段弧块的情形。弧块相互对接地放置,并且不固定在套筒上。用装在沿镶条整个长度铣出的凹槽内的青铜键防止弧块的转动。弧块纵向的移动通过在套筒一端用斜切环形凸起而另一端用止动环限制。

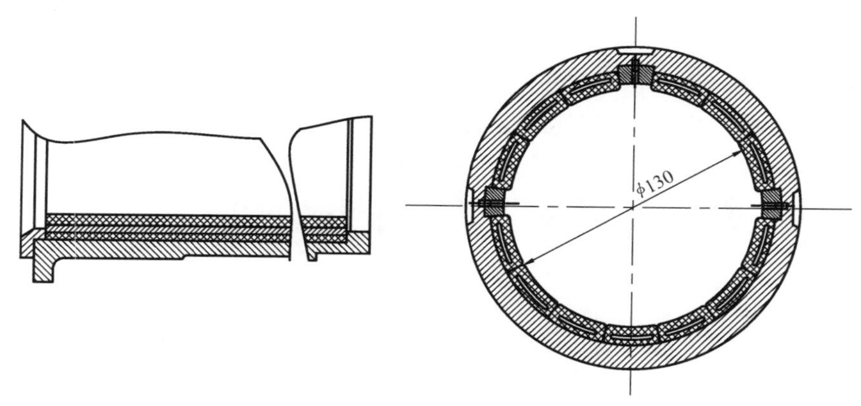

图 1-23　橡胶轴瓦的截面(单位:mm)

加强片制成平面形或圆柱形，圆柱形加强片用在大直径的桨轴上，套筒一侧的橡胶衬层厚度为 2～3mm；当用平的加强片时，板片横截面边上的厚度不小于2～3mm。当板的厚度为 5～10mm 时，橡胶厚度应为 5～13mm。轴承内的弧块数为 9～15。

小型修船基地在将非橡胶轴承改用橡胶轴承时，由于不求助于制造橡胶轴承的专业工厂或者配备硫化或胶合的设备，所以采用环形轴承。环形轴承主要用在桨轴直径不到 80mm 的快艇上。

环形轴承的结构如图 1-24 所示。镶条由橡胶板切割成梯形截面的橡胶带所卷成的橡胶环和金属环交替组成。镶条用螺母压聚，将压在外壳内的镶条镗到需要的直径。润滑槽是用锉刀锉成或用赤热的钢条烧成的。

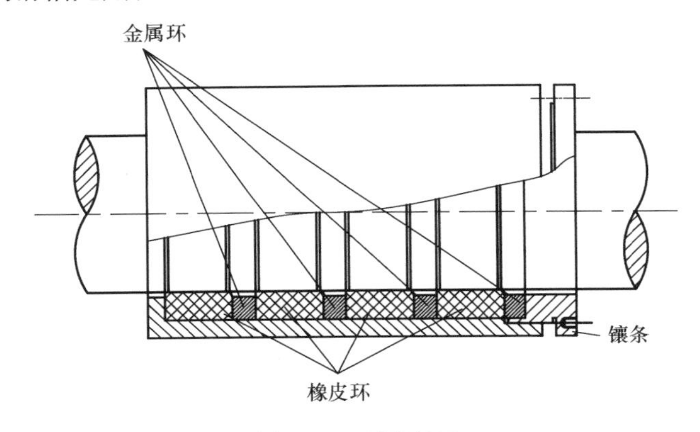

图 1-24　环形轴承

必须指出的是，由于每一个环的长度较小，这些轴承的润滑层的承重力比整体式轴承的要小。

由于橡胶有较高的柔性，所以水润滑橡胶轴承的间隙应该尽可能设计得小些，即使没有原始间隙或者稍有过盈时，在适当的桨轴转速下，也会形成动压润滑水膜。唯一的缺点是当桨轴在安装时启动比较困难。

没有间隙或者过盈(相对于轴颈直径)的轴瓦能够工作在于：在桨轴和螺旋桨的质量作用下，橡胶“沉陷”，桨轴中心将相对于轴瓦中心移动，并且在轴颈与轴瓦之间形成楔形间隙，从而形成动压润滑。

与其他轴承相比，稍微增加间隙对轴承的负荷起不到任何作用。实际上就是由于轴瓦材料的柔性较大，轴颈较大地下沉而承载弧的长度近乎保持原状。

在美国造船业的实践中，船舶艉轴管内的原始间隙取得比陆用工业装置的橡胶轴承内的间隙要大。这些原始间隙极限与桨轴轴颈直径之间的关系如图 1-25 所示。当直径范围为 50～380mm 时，图中关系可以用 $S_{最小}=0.0025D$，$S_{最大}=0.0032D$ 所计算的值替代。

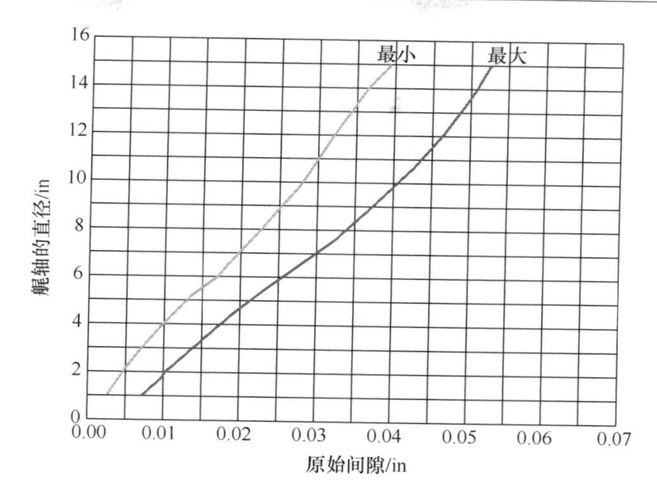

图 1-25 橡胶艉轴轴承的原始间隙极限(1in=2.54cm)

1.2.5 硬质高分子复合材料轴承

水润滑赛龙轴承如图 1-26 所示。赛龙轴承材料是由三次元交叉结晶热凝性树脂制造的聚合物,是一种非金属弹性轴承材料,也是一种自润滑材料。

图 1-26 水润滑赛龙轴承[18]

赛龙轴承材料的优点如下:

(1) 耐磨性。赛龙轴承材料的耐磨性约为铜耐磨性的 100 倍。

(2) 材料成分。赛龙轴承材料是一种均质的材料,在磨损的过程中性能不会改变。

(3) 摩擦性能。赛龙轴承材料的摩擦系数非常低,约为 0.05。

(4) 承载能力。赛龙轴承材料可以承压至 70MPa 以上。

(5) 抗冲击性。赛龙轴承材料是一种弹性很好的材料,坚韧性较高。

(6) 使用寿命。以船舶应用为例,由于赛龙轴承材料的高性能,赛龙公司保证其具有 10 年以上的使用寿命。

(7) 加工与安装。赛龙轴承材料是一种容易加工的材料，用普通机床配合锐利的刀具，就可以轻而易举地进行车、刨、铣、钻孔、攻丝、铰孔和研磨等机械加工，并且加工时不会产生有毒物质。赛龙轴承的安装方法有很多，通常采用过盈冷却安装、过盈压力安装或黏结安装。赛龙轴承可以通过液氮或干冰的冷却而轻松地安装到座孔中。

赛龙轴承材料的缺点如下：

(1) 赛龙轴承材料的水解性较差，当水温超过 60℃时，赛龙轴承材料就会因水解而失效。

(2) 赛龙轴承材料是一种硬质高分子材料，变形协调能力差，不利于动压润滑水膜的形成。

(3) 由于硬度较高，赛龙轴承容易产生泥沙侵蚀磨损，不适用于泥沙水域。

(4) 由于赛龙材料的弹性模量较高，所以赛龙轴承的减振性较差。

1.3 BTG 水润滑橡胶合金轴承简介

1.3.1 BTG 水润滑橡胶合金轴承研发背景

为了攻克现代舰船等武器装备的振动、噪声、可靠、安全等重大难题，提高和增强我军的战斗力，以及从根本上解决传动机械特别是船舶推进系统润滑油泄漏污染三峡库区及江河湖海水环境日趋严重的现状，培育新的环保产业和经济增长点，作者及其团队在认真总结国内外有关研究的基础上，在“九五”国家科技攻关、国家军品配套研制、国家自然科学基金、国防基础科研、火炬计划等重点项目的资助下，以重庆大学机械传动国家重点实验室为依托，联合国内外有关高新技术企业，充分利用其丰富的智力和条件资源，本着提升我国传动机械技术水平，实现动力传动技术的跨越式发展，瞄准世界动力传动技术的发展前沿和我国国民经济发展中亟待解决的关键科学技术问题，研制出高速重载与极端环境下用非金属替代金属作为摩擦副材料，用天然水替代矿物油作为润滑介质，开发出基于新型工程复合材料的水润滑摩擦副及其高效传动系统等环保型高科技系列产品，并建成产业化基地，实现商品化、产业化、国际化，培育出新的环保产业和经济增长点。水润滑橡胶合金轴承总体研究开发流程如图 1-27 所示。

1.3.2 BTG 水润滑橡胶合金轴承橡胶衬层

通过在橡胶中添加普通氧化锌(ZnO)、超细氧化锌、活性氧化锌，利用 ZnO 与橡胶加工助剂中的某些成分如硬脂酸发生化学反应，使其生成有机锌盐，提高硫化促进剂的反应活性。因此，从理论上讲，ZnO 粒径减小，表面积增大，反应活性增

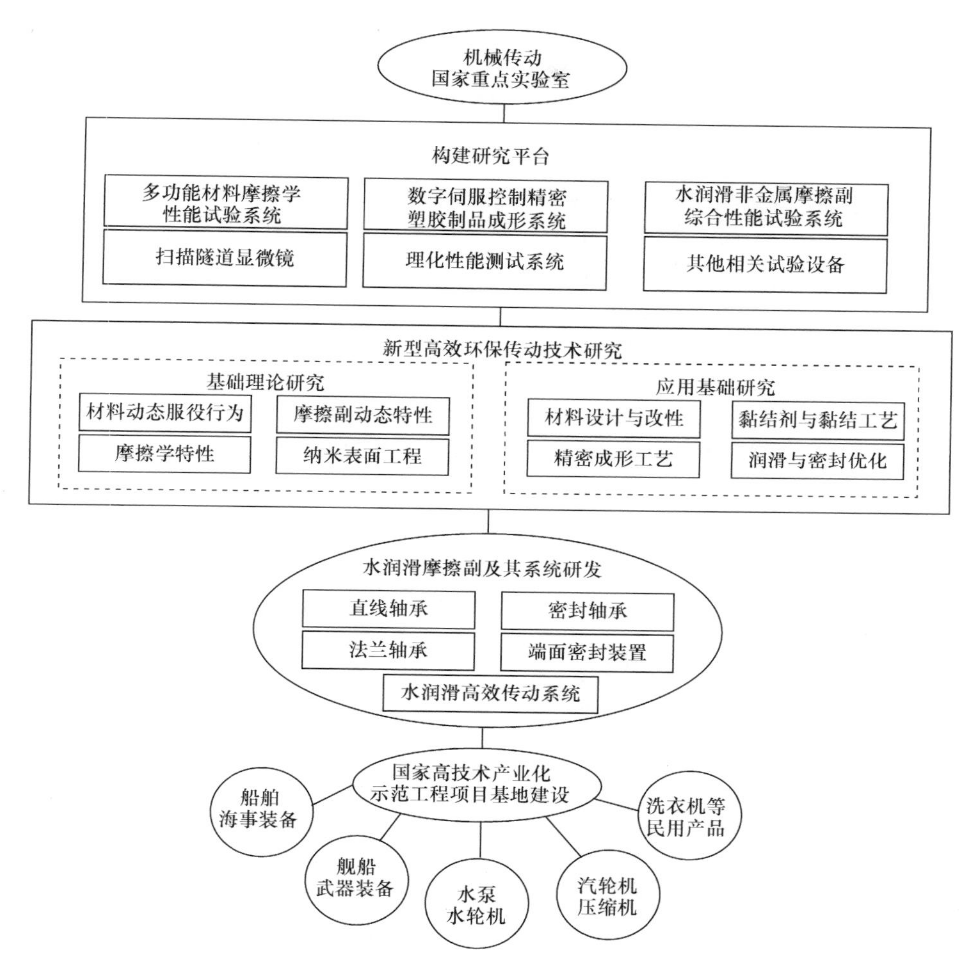

图 1-27 BTG 水润滑橡胶合金轴承开发流程

加，粒径减小可使用量减少，反应均匀性好等，可以改善和提高其常规力学性能和耐磨性等。试验结果表明，加入适当的纳米 ZnO，可使正硫化时间延长，复合材料力学性能显著提高。

(1) 纳米 ZnO/橡胶复合材料制备与试验。纳米 ZnO/橡胶复合材料是采用天然橡胶(NR)、丁苯橡胶(SBR)、丁二烯橡胶(BR)以 70：20：10 为基体，在典型的有效硫化配方体系(高促低硫体系)中，添加粒径为 10～15nm 不同比例的 ZnO 制成复合材料。加工工艺用 XK-230 开放式炼胶机混炼和出片，用 C-2000E 无转子硫化仪测其正硫化点，用 XLB-D400X2 平板硫化机出试片。在 DXLL-5000 型计算机拉力机上进行力学性能测试；耐磨性在 MH-74 阿克隆磨耗机上进行，控制测试温度为(23±2)℃，相对湿度为(60±5)%。

(2) 纳米 ZnO/橡胶复合材料性能及对比结果。纳米 ZnO 替代普通 ZnO 后制备出的复合材料对比性能结果列于表 1-10 中，用 3 份纳米 ZnO 替换原配方中 5 份普通 ZnO 粉，可使复合材料的拉伸强度等力学性能明显提高，磨耗明显下降。过多添加 ZnO 则出现降低趋势。表 1-10 中第 11 和 12 项为晶须橡胶复合材料的性能数据，可见其具有同样的增强效果、更好的抗耐磨性能。纳米 ZnO 可使橡胶的硫化延迟；晶须 ZnO(ZnOw)则不改变硫化时间，由于其特殊的单晶体微纤维结构，具有极高的强度(>10MPa)和极高的弹性模量(>3.4×10^5 MPa)，属于超高强度、超高模量无机纤维，使复合材料硬度提高的同时，能大大提高其耐磨性能。微观观察证实，晶须未参与反应，保留其纤维结构，只是在炼胶过程中受剪切作用的影响，断裂成单针纤维，呈明显各向同性。

表 1-10　纳米 ZnO/橡胶复合材料性能对比试验结果

性能＼编号	1	2	3	4	5	6	7	8	9	10	11	12
ZnO 质量份	5	2	1	0	0	5	0	5	5	0	5	5
纳米 ZnO 质量份	0	2	2	3	5	5	10	0	5	5	0	0
ZnOw 质量份	0	0	0	0	0	0	0	0	0	0	5	10
T/min	16.25	16.56	18.22	18.55	20.25	20.47	21.12	16.25	20.47	20.25	16.31	16.28
硬度(HA)	72	73	72	73	73	73	73	72	73	73	74	75
拉伸强度/MPa	19.5	20.2	21.9	23.4	22.6	21.2	20.2	19.5	21.2	22.6	22.8	23.6
伸长率/%	522	556	501	560	563	541	583	522	541	563	556	545
300%定伸/MPa	6.3	6.9	6.5	7.0	6.6	6.4	6.2	6.3	6.4	6.6	6.4	7.2
磨耗/(cm/1.61km)	0.225	0.219	0.212	0.214	0.208	0.218	0.246	0.225	0.218	0.208	0.170	0.163

注：质量份是按橡胶标准配方得到的。

(3) 纳米增强橡胶金属黏结复合体制备。实用材料通过降低(20～30phr①)炭黑，添加(2～5phr)丙烯酸金属盐，原位增强被黏橡胶和胶黏剂，可保持黏结复合体的力学性能要求，大幅改善橡胶的抗撕裂性能和与金属的黏结性能，使复合体剥离破坏状况得到明显改善，破坏形貌由脆性断裂向韧性破坏转变。硫化黏结条件为：145℃/30min，硫化黏结压力为 20MPa。丙烯酸金属盐在橡胶的交联过程中能够形成纳米丙烯酸金属盐粒子，从而对橡胶产生优异的增强效果。除上述材料外，试验表明此类材料有 HNBR、BR、EPDM、SBR、PU、NBR、CR、CPE 等体系。增强效果较好的还有甲基丙烯酸锌，例如，对于 HNBR 增强，添加 30phr，拉伸强度可达

① phr 为每百份橡胶含量，下同。

55MPa，其原生粒子直径为2nm，纳米聚合体为十几纳米至几十纳米。

(4) 丙烯酸金属盐对被黏硫化橡胶和复合体性能影响。由表1-11可见，通过添加少量丙烯酸金属盐，不仅可在降低炭黑填充量的前提下保持其硬度，而且能大幅度提高橡胶伸长率和抗撕裂性能。在胶黏剂中添加少量丙烯酸金属盐，明显改善了胶黏剂与金属的黏合性，其黏合体剥离的各向异性得到改善，使剥离破坏面由滑动变为粘贴滑动机制，从而提高了黏结强度，也使橡胶/金属硫化黏结复合体的剥离破坏形貌由脆性向韧性转变，改善了其动态曲挠性能。此外，添加丙烯酸金属盐还可提高其耐热性。

表1-11　丙烯酸金属盐对被黏硫化橡胶硬度、撕裂强度的影响

丙烯酸金属盐/phr	拉伸强度/MPa	拉伸模量/MPa	伸长率/%	永久变形/%	硬度(HA)	撕裂强度/(kN/m)
0	19.1	8.2	242	9.0	80	44.4
5	17.5	7.1	309	10.0	82	59.9

添加丙烯酸金属盐的被黏结复合体的性能测试结果如表1-12所示。显然，其与纯炭黑的被黏结复合体相比，伸长率和撕裂强度有显著的提高。通过降低炭黑填充量，添加少量丙烯酸金属盐进行原位增强被黏橡胶和胶黏剂，不仅保持了黏结复合体的力学性能，而且大幅度改善了橡胶的撕裂强度和金属的黏合效果，提高了其动态耐久性。

表1-12　添加丙烯酸金属盐对复合体性能的影响

添加物	拉伸强度/MPa	拉伸模量/MPa	伸长率/%	永久变形/%	回弹率/%	硬度(HA)	撕裂强度/(kN/m)
纯炭黑	16.2	10.0	228	26.8	41	80	40.2
含丙烯酸金属盐	18.7	8.0	292	16	23	77	52.2

此外，纳米SiO_2、Al_2O_3、TiO_2也对改性橡胶和纳米纤维橡胶、纳米晶须橡胶的力学性能有显著的改善效果。用硅烷偶联剂表面处理分散纳米Al_2O_3对增强橡胶耐磨性有显著效果。

1.3.3　BTG水润滑橡胶合金轴承基本结构

由作者科研团队发明并研制出的BTG水润滑橡胶合金轴承如图1-28所示，其具有节材、节能、高效、环保、减振、降噪、耐磨、可靠等优点，能广泛应用于各种船舶、石油、化工、农业、水利、矿山等工程设备，基本实现了商品化、产业化、国际化，有望发展成为新的资源节约与环境友好型高科技产业。

图 1-28 作者所在团队研制的 BTG 水润滑橡胶合金轴承

关于 BTG 水润滑橡胶合金轴承，现能生产和为市场供应轴径 20～330mm 或 3/4～13in 范围内的系列产品，各项技术指标均达到并部分超过美国 MIL-B-17901B（船舶）军用标准，通过中国船级社 ISO 质量体系认证，获得了中国船级社（CCS）、法国船级社（BV）等国际船级社船用产品证书，并获得了国家重点新产品证书和国家环境保护科技成果证书，其品质保证是国内外广大用户的最佳选择。

该产品使用寿命比同类轴承提高 1.5 倍以上，使用成本仅为同类产品的 1/10～1/4，性能价格比很高，在国际市场上具有很强的竞争力，已出口美国、巴西、澳大利亚、新西兰、荷兰、意大利、西班牙、希腊、瑞典、日本、新加坡、马来西亚等 30 多个国家及地区。

在 BTG 水润滑轴承材料中，设计者从硫化体系、补强填充体系、防护体系、软化增塑体系等各个方面考虑选择适当的产品配方和合适的工艺路线来提高其力学性能。试验表明，加入适量的短纤维可以明显地提高材料的扯断强度，并且减小其摩擦系数。在试验中加入的短纤维主要有玻璃纤维、碳纤维和氧化锌晶须。本书将在后续章节对 BTG 水润滑橡胶轴承的润滑机理及摩擦磨损特性展开探讨。表 1-13 是几种常用水润滑轴承材料的性能比较。

表 1-13 常用水润滑轴承材料的性能比较

材料	价格	加工	对泥沙敏感性	安装精度要求	耐磨性	承载能力
木类材料	高	难	敏感	高	好	低
陶瓷	高	难	敏感	高	好	依韧性而定
普通橡胶合金	低	易	不敏感	低	较好	较低
UHMWPE	中	较难	较敏感	较低	好	较高
BTG 橡胶合金	低	易	不敏感	低	较好	中

1.4 BTG水润滑橡胶合金轴承研究前沿

1.4.1 船舶与海洋工程领域

船舶工业是为水上交通、海洋开发等行业提供技术装备的现代综合性产业，也是劳动、资金、技术密集型产业，对促进劳动力就业、发展出口贸易和保障海防安全意义重大。我国劳动力资源丰富，工业和科研体系健全，产业发展基础稳固，拥有适宜造船的漫长海岸线，发展船舶工业具有较强的比较优势。同时，我国对外贸易的迅速增长，也为船舶工业提供了较好的发展机遇，我国船舶工业有望成为最具国际竞争力的产业之一。当前，世界船舶工业正在加速向劳动力、资本丰富和工业基础雄厚的区域转移。目前我国船舶制造发展较快，但产业布局不均衡，低端产品产能过剩，高技术产品较国外同行业有一定差距。

由美国国家科学院国家研究理事会(NRC)公布的一份报告显示，据统计，全球每年平均释放到海洋的石油(油类)保守估计约为130万t，其中由船舶航行时排放油占37%，船舶的意外泄漏占12%。不仅极大地浪费了矿物油，同时对海岸线、植物、水路航道等造成了严重的污染。

水润滑橡胶合金轴承及传动系统是一类用新型高分子工程复合材料替代传统金属材料作为传动部件工作界面，用自然水替代矿物油作为传动系统润滑介质的资源节约与环境友好型轴承系统，具有节能、减排、减振、降噪、安全、可靠、耐磨、高效、长寿命和无污染等优点，已广泛应用于船舶、舰船、水轮机、汽轮机、水泵、洗衣机等工程领域装备机械传动系统。

1.4.2 国防武器装备工程领域

在涉及国家安全的国防工程领域，潜艇、灭雷具等国防武器装备的生存能力和战斗力在很大程度上取决于其自身的声隐蔽性及声探测能力。像潜艇这样具有威慑力的水中航行器已经被一些国家视为一种可以改变战场形势的战略性武器。噪声水平是评价其性能的一项重要技术指标，甚至超过了结构尺寸、动力性能和火力系统等。而推进系统正是水中航行器振动、噪声和故障的主要来源之一。水润滑橡胶合金轴承的黏滑摩擦行为与非线性水膜力特性、水润滑轴承非线性动力学特性、水润滑轴承摩擦噪声机理分析、轴系校中对艉部轴承振动的影响机理、艉部轴承动刚度的测试分析方法、艉部轴承对轴系振动传递的影响分析、艉部轴承非线性受力计算方法研究及对轴系振动的影响分析等，是我国某工程重要武器装备迫切需要解决的重大难题。如何降低潜艇、鱼雷、灭雷具、水面战舰等水中航行器的噪声辐射水平，一直是世界各国造船界、海军部门和科研部门迫切需要解决的关键难题。

面对严峻的国际形势，特别是我国钓鱼岛、南海领海争端问题，我国水中航行器如潜艇、鱼雷、灭雷具、水面战舰等对水润滑轴承的振动、噪声、可靠性、承载能力和寿命等性能提出了越来越高的要求，开发多场耦合条件下的低噪声、高可靠、长寿命、大尺寸、高比压、超润滑、智能化等高性能水润滑轴承系列产品，对解决我国大中型船舶特别是潜艇、航空母舰等国防武器重要装备推进系统的减振降噪、节能减排、安全可靠等共性和关键科技难题，提升我国高端装备的技术水平、战斗力和生命力，具有重大的科学意义和工程实用价值。

1.4.3 能源工程领域

改革开放以来，我国加大电力投资力度，每年发电装机和发电量以11%～13%的速率增长，但就人均发电量来说，还只是发达国家的2%左右。我国电力供应仍然十分紧张，有的省区仅能满足需要的70%。客观形势要求我国必须采取多种能源方式加快电力发展。核能是一种比较成熟和可以开发的绿色能源，我国需要发展核电来满足电力需求。大型先进压水堆核电站建设是国家应对全球能源问题和气候变化所采取的调整能源结构、减少污染排放、实现经济和环境协调发展的战略决策。核主泵是核电站的“心脏”，是核电技术国产化的最后一步，也是难度最大的重大装备。目前核主泵的核心技术完全由美、法、俄等国垄断，我国全部依赖进口。核主泵制造研究涉及机械、材料、动力、力学、核工程等多学科领域，核心技术的掌握需要基础理论研究的支撑。因此，开展核主泵制造的关键科学问题研究，对于实现核主泵的“中国制造”，推动核电装备技术的跨越式发展，提升我国重大工程装备的先进制造水平与竞争力具有十分重要的意义，体现了我国装备制造业的发展需求和国家目标。

核主泵轴承作为系统支撑的核心部件，包括两个径向轴承和一个双向推力轴承，以大亚湾核电站和台山核电站主泵为例，它们都是法国日蒙-施耐德电气公司(JSPM)提供的产品，大亚湾核电站主泵是立式、轴封型混流泵机组，泵机组为3轴承结构形式，泵轴承为水润滑轴承流体动压轴承，位于热屏和轴封之间，承担转子径向载荷，电机的两个导轴承为油润滑轴承，泵组推力轴承布置在电机顶部；台山主泵水润滑轴承属于流体静压轴承，位于叶轮口环处，在主泵启停和事故工况下，转子径向力由设在热屏处的辅助流体动压轴承承担。水润滑轴承是屏蔽电机中的关键部件之一，其寿命问题也是核主泵安全可靠性的瓶颈之一。目前我国加大了核能发电的建设，规模和投入空前，但是我国对于主泵轴承的研究几乎为空白，远远地落后并依赖于国外公司的轴承技术。大力研制国产化轴承，研究包括轴承设计技术、材料技术和制造技术，是提高我国核主泵技术国产化的关键，对于国防建设和国民经济的提高有着极为重大的战略意义。

核主泵轴承的长寿命问题是核主泵安全可靠性的瓶颈之一。对于AP1000主泵，为了考核轴承及主泵的可靠性，柯蒂斯怀特(天津)流体控制有限公司主泵制造厂建立了全尺寸核主泵试验台，虽然在第3次中间试验中成功运行28.2h、启停8次，但在初次型式试验中轴承出现磨损、裂纹等问题。西屋电气公司建造了半尺寸核主泵试验台，运行2500h，并进行了6500次启停试验(是核主泵启停次数设计值的2倍)，得到了推力轴承瓦块和推力盘的磨损数据。轴承材料不仅要具有好的自润滑性能、耐腐蚀和抗氧化性能，还应具有耐高温、耐辐射等特殊性能，国内主要使用浸渍树脂的碳石墨作为核主泵轴承材料，国外的屏蔽泵厂商倾向于使用碳化硅。俄罗斯在核电站主泵中采用的水润滑推力轴承和导轴承大部分使用硅化石墨材料，AP1000主泵轴承材料也为石墨。哈尔滨工业大学微特电机与控制研究所进行了硅化石墨轴承的磨损试验，1500h连续运行和800次启停机表明，试验轴承测点的磨损量平均为1μm。虽然硅化石墨作为轴承摩擦副材料已经得到应用，但目前国产硅化石墨的制造工艺尚不成熟，与进口硅化石墨材料相比，国产硅化石墨材料物理力学性能相差很大，而且产品质量不稳定，至今尚未应用于主泵电机中。

1.4.4　装备制造业工程领域

高档数控机床(铣床、磨床)作为基础制造装备对我国制造业及国民经济具有重大战略意义，机床的发展水平代表了一个国家先进制造业的发展水平。国家重大装备、航空航天的许多结构件属于大型薄壁件，要求尽量小的切削变形，对加工工艺提出了严苛的要求。超高速加工可以提高效率3～5倍，可直接加工淬火钢，实现了模具加工“一次过”的革命性进步，其高速切削能使切削力下降30%，切削热的90%被切削带走，高速避开了机床低频共振区，使机床的效率、精度和柔性得到高度统一。高档数控机床是实现高速切削的载体，而高速精密主轴是高速切削机床的主要部件，其关键技术之一是主轴支承轴承。我国目前还没有完全掌握具有国际竞争力的高速机床功能部件核心设计、制造技术，这成为制约我国高速机床加工精度、可靠性及批量生产和应用的关键所在。我国与国外在同等产品性能上和技术创新方面有明显差距，许多关键技术和功能部件国内尚属空白，国外进口产品不仅价格昂贵，而且关键技术对我国严格保密和封锁，这些都严重地制约着我国高档数控机床及制造业的发展。高档数控机床整体技术的系统性突破将满足我国航空航天、汽车、船舶、军工、发电设备等领域对高档数控机床的重大需求。

与国外相比，我国的高速机床主轴支承轴承形式为滚动轴承，润滑形式主要为油(气)润滑轴承。与滚动轴承相比具有较大优势并成为主要发展趋势的动静压滑动轴承，其国内研究跟不上机床高转速、高刚度、低温升的要求，与国外研究与应用有较大差距。在超高速精密机床主轴等设备上，水润滑轴承在国外早已经被研究并应用，在国内只有较少的几所高校进行了有限的研究。因此，国家要加大高速精密主轴机床用油气润滑动静压轴承的研究，对于水润滑动静压轴承、陶瓷材料动静压轴承的研究也要投入力量。

液体动静压电主轴是以液体动静压轴承支承，将机床主轴功能与电动机功能从结构上融为一体的新型机床主轴功能部件，它综合了高速轴承技术、高速电动机技术、变频调速技术及冷却润滑技术等关键技术，具有调速范围宽、振动噪声小、可快速启动和准停等优点，不仅有极高的生产率，而且可显著提高零件加工精度和表面质量。液体动静压电主轴是目前高速精密机床领域广泛使用的液体动静压主轴向电主轴方向发展的必然结果，是未来超高速超精密机床主轴的首选方案之一，目前正处于快速发展阶段。我国是制造业大国，无论是国民经济还是国防建设方面的要求，对于高速精密机床的需求巨大，作为支承的核心动静压轴承的需求更是巨大。

高速转动时润滑介质的黏性发热和附加动压效应限制了液压主轴在高速加工中的应用。目前，高精度液压主轴使用转速一般限制在4000～6000r/min。润滑介质的黏度是影响滑动轴承性能的关键因素，也是造成滑动轴承温升过大的主要原因。因此，采用低黏度的润滑介质降低温升和附加动压效应是解决液压主轴在高速加工领域应用的关键。相比之下，水的黏度只有润滑油的1/20～1/7、比热容为4182J/(kg·℃)，为润滑油的2倍，流动性好且对环境污染小，因此采用水作为润滑介质[19]。

芬兰生产应用于拖动高压水泵、转速为100000r/min的高速电动机，转子为实心(非叠片组成)，外径为70mm，对应于100000r/min时周速为367m/s，电动机重40kg。电动机通过变频器获得高速，电机轴承为水润滑液压轴承，定子为F级绝缘。

Fischer公司生产的Hrdro-F电主轴同样采用水润滑静压轴承，转速为36000r/min，功率为67kW。东京理科大学的Yoshimoto研制出表面带有螺旋槽的锥式水润滑轴承，其转速达到120000r/min，用于电路板微型孔加工。

国内目前还未出现以水润滑为支承的机床主轴单元，但国外已开始试验性工程应用。STEVEN公司开发了一种具有表面反馈节流的新型水润滑静压轴承，工作转速可达10000r/min，相比油压轴承有更高的刚度和加工精度，其阻尼特性可显著提高表面加工质量并延长刀具寿命。瑞士IBAG电主轴有限公司和Ninter-theur Technical大学合作开发的HF170 HA-40HKV型机床电主轴采用水润滑轴承为支承，其改进型迷宫和空气密封系统能有效防止水从轴承中泄漏，转速高达40000r/min，功率约为37kW。美国在2000年左右研究的机床主轴用水润滑轴承最高转速为40000r/min。TOMIO公司等开发的水润滑动静压轴承直径为60mm，转速达12000r/min。国内在动静压水润滑轴承产业方面还没有建树。

因此，开发多场多介质耦合条件下的高端水润滑轴承系列产品，对攻克水中航行器、核主泵、高档数控机床等高端装备迫切需要解决的减振降噪、安全可靠、节能减排等关键科技难题，改善和提高水中航行器的作战能力，推动核电装备技术的跨越式发展，改进高端精密制造装备主轴的回转精度，取得具有自主知识产权并达到国际先进水平的成果，对打破西方工业发达国家的技术封锁和垄断，发展绿色、低碳、智能的高端轴承产业，节省大量油料和贵重有色金属等战略资源，净化和保护江河湖海水资源等人类赖以生存的环境，促进国家安全、经济增长和社会发展，增强企业创新能力和国内外市场的竞争力，培育新的经济增长点，推动科技进步、经济增长和社会发展具有非常重要的科学意义和工程实用价值。

参考文献

[1] 翟玉生，李安，张金生. 应用摩擦学[M]. 东营：中国石油大学出版社，1996.
[2] 黄函. 长江船舶艉轴水润滑系统的应用研究[J]. 船海工程，1997，(4)：4-8.
[3] 王家序，李太福. 用水为润滑介质的摩擦副研究现状与发展趋势[J]. 重庆科技学院学报(社会科学版)，1999，(Z1)：9-10.
[4] Orndorff R L. Water-lubricated rubber bearings, history and new developments[J]. Naval Engineers Journal, 1985, 97(7): 39-52.
[5] 栗木弘嗣，吴赵发. 水下滑动轴承的材料和设计技术[J]. 机电设备，1991，(3)：20-24.
[6] Rolt L T C. The Mechanicals: Progress of a Profession[M]. London: Institution of Mechanical Engineers, 1967.
[7] Busse W F, Denton W H. Water-lubricated soft-rubber bearings[C]. Annual Meeting, The American Society of Mechanical Engineers, 1932: 30-31.
[8] Fogg A, Hunwicks S A. Some experiments with water-lubricated rubber bearings[J]. Proceedings of the Institution of Mechanical Engineers, 1937, (1): 101-106.
[9] Schneider L G, Smith W V. Lubrication in a sea-water environment[J]. Naval Engineers Journal, 1963-10, 75(4): 841-854.
[10] 吴仁荣. 水润滑轴承在船用泵中的应用[J]. 流体机械，1989，(5)：34-39.
[11] 刘卿. 玻璃钢泵的研究与发展[J]. 流体机械，1988，(6)：43-45.
[12] 陈铁君，黄普霖. 轴承的应用与润滑[M]. 香港：香港三育书院，1966.
[13] Nakata. Rubber bearings apply for pumps[J]. Pump Information, 1980, (1): 28-32.
[14] 熊谷干夫，蔡千华. 电机上使用的轴承[J]. 国外轴承，1990，(6)：8-12.
[15] 江邦治. 关于核泵水润滑轴承的设计[J]. 水泵技术，1997，(5)：16-19.
[16] 闻力生. 塑料滑动轴承的新结构及摩擦特性[J]. 润滑与密封，1987，(3)：58-65.
[17] 王优强，杨成仁. 水润滑橡胶轴承研究进展[J]. 润滑与密封，2001，1(2)：65-67.
[18] Thordon Bearings Inc. Thordon bearings[EB/OL]. https://thordonbearings.com[2016-10-10].
[19] 郭宏升，焦让，张杰，等. 水润滑高速动静压滑动轴承在机械加工中的应用研究[J]. 制造技术与机床，2007，(9)：113-116.

第 2 章　水润滑轴承的润滑机理

2.1　弹性流体动压润滑

2.1.1　简化的雷诺方程[1,2]

当摩擦副的两摩擦表面由一层具有一定厚度(1～100μm)的黏性流体分开时，靠流体内的压力平衡外载荷，流层中的大部分分子不受金属表面离子电力场的作用，可以自由移动；摩擦阻力主要由流体的内摩擦引起。此时，摩擦副的两摩擦表面完全被流体隔开，不发生表面之间的直接接触；当两表面发生相对运动时，摩擦现象只发生在流体分子之间，该摩擦副的摩擦磨损特性与两个表面的材料及表面形貌无关，完全取决于流体本身的黏性。所用黏性流体可以是液体，如各类润滑油、水等；也可以是气体，如空气、氮气、氢气等。

流体润滑具有许多优点，如摩擦阻力低、摩擦系数小(通常为 0.001～0.03 或更低)。润滑膜避免了摩擦副材料之间的直接接触，减少了磨损；同时，润滑膜具有吸振作用，使机器运转更加平稳；流体的流动降低了摩擦热，并对摩擦表面具有一定的冲洗作用，改善了摩擦副的工作条件，延长了其使用寿命。按流体润滑膜压力的产生方式，润滑可以分为流体动压润滑和流体静压润滑两大类。流体动压润滑是由摩擦面的几何形状和相对运动形成收敛楔形，借助黏性流体的动力学作用，产生润滑膜压力平衡外载。流体静压润滑是由外部向摩擦表面间供给具有一定压力的流体，借助流体的静压力平衡外载。

100 多年前，毕坎普・托尔通过试验发现，当轴在有润滑油的轴承内转动时，润滑膜内可以建立很高的压力。后来，雷诺(Reynolds)用流体力学完善地解释了托尔的试验，他认为油进入收敛的狭窄通道时，其流速增加；由于油具有黏性，润滑膜内产生的压力可以举起转动的轴，使轴和轴承完全分开。由于收敛油楔的存在，当两运动表面具有一定的相对速度，润滑膜又有一定的黏度时，这样就会形成压力润滑膜，从而使润滑膜具有平衡外载的能力；反之，就不会出现流体动压润滑。

黏滞流体的运动方程即纳维-斯托克斯方程(Navier-Stokes equation)，是研究流体润滑的基本方程，水是牛顿流体，其运动方程如下：

$$\rho\frac{\mathrm{d}u}{\mathrm{d}t}=\rho F_x-\frac{\partial p}{\partial x}+\frac{\partial}{\partial x}\left[\eta\left(2\frac{\partial u}{\partial x}-\frac{2}{3}\Delta\right)\right]+\frac{\partial}{\partial y}\left[\eta\left(\frac{\partial u}{\partial y}+\frac{\partial v}{\partial x}\right)\right]+\frac{\partial}{\partial z}\left[\eta\left(\frac{\partial w}{\partial x}+\frac{\partial u}{\partial z}\right)\right]$$

$$\rho\frac{\mathrm{d}v}{\mathrm{d}t}=\rho F_y-\frac{\partial p}{\partial y}+\frac{\partial}{\partial y}\left[\eta\left(2\frac{\partial v}{\partial y}-\frac{2}{3}\Delta\right)\right]+\frac{\partial}{\partial z}\left[\eta\left(\frac{\partial v}{\partial z}+\frac{\partial w}{\partial y}\right)\right]+\frac{\partial}{\partial x}\left[\eta\left(\frac{\partial u}{\partial y}+\frac{\partial v}{\partial x}\right)\right]$$

$$\rho\frac{\mathrm{d}w}{\mathrm{d}t}=\rho F_z-\frac{\partial p}{\partial z}+\frac{\partial}{\partial z}\left[\eta\left(2\frac{\partial w}{\partial z}-\frac{2}{3}\Delta\right)\right]+\frac{\partial}{\partial x}\left[\eta\left(\frac{\partial w}{\partial x}+\frac{\partial u}{\partial z}\right)\right]+\frac{\partial}{\partial y}\left[\eta\left(\frac{\partial v}{\partial z}+\frac{\partial w}{\partial y}\right)\right]$$

$$\Delta=\frac{\partial u}{\partial x}+\frac{\partial v}{\partial y}+\frac{\partial w}{\partial z} \tag{2-1}$$

式中，F_x、F_y、F_z 分别为质量力沿坐标轴 x、y、z 方向的分量；u、v、w 为流体的流动速度；ρ 和 η 分别为流体的密度和黏度。

纳维-斯托克斯方程没有通解，通常要进行某些简化处理。

1. 基本假设条件

(1) 水是牛顿流体，服从牛顿黏滞定律，$\tau_{xz}=\eta\frac{\partial u}{\partial z}$，$\tau_{yz}=\eta\frac{\partial v}{\partial z}$表示黏性剪切应力，故$\frac{\partial u}{\partial z}$、$\frac{\partial v}{\partial z}$可以看成剪切项，其余速度梯度作为惯性项，$\frac{\partial u}{\partial x}$、$\frac{\partial u}{\partial y}$、$\frac{\partial w}{\partial x}$、$\frac{\partial w}{\partial z}$、$\frac{\partial v}{\partial x}$、$\frac{\partial v}{\partial y}$均可略去不计。

(2) 水膜中流体的运动是层流，无涡流和紊流产生。

(3) 略去体积力，如重力、电磁力的影响，即 $F_x=F_y=F_z=0$。

(4) 水膜厚度 h 与摩擦表面轮廓尺寸相比甚小，可以认为水膜的压力和黏度沿膜厚方向是不变的，即$\frac{\partial p}{\partial z}=0$。

(5) 由于水的流体惯性力较其黏性剪切应力要小得多，故可略去水的流体惯性力，即$\frac{\mathrm{d}u}{\mathrm{d}t}=\frac{\mathrm{d}v}{\mathrm{d}t}=\frac{\mathrm{d}w}{\mathrm{d}t}=0$。

(6) 水膜和摩擦表面接触处没有滑移，即轴承界面上水流速度与表面速度相等。

(7) 摩擦表面的曲率半径比水膜厚度大得多，可将摩擦表面视为平面，即认为载荷是垂直分布的。

(8) 水的密度、黏度随压力、温度变化很小，而认为它们在轴运转的过程中恒定不变。

(9) 假设轴承在工作时的状态为准稳态，即密度等参数不随时间而改变。

2. 微元体平衡方程

方程推导的基本思路是：根据微元体平衡条件，求出流体沿膜厚度方向的流速分布；沿润滑膜厚度方向积分，求得流量；应用流量连续条件导出雷诺方程。

如图 2-1 所示，取六面体单元并确定坐标 x、y 和 z，u、v 和 w 表示流动速度。

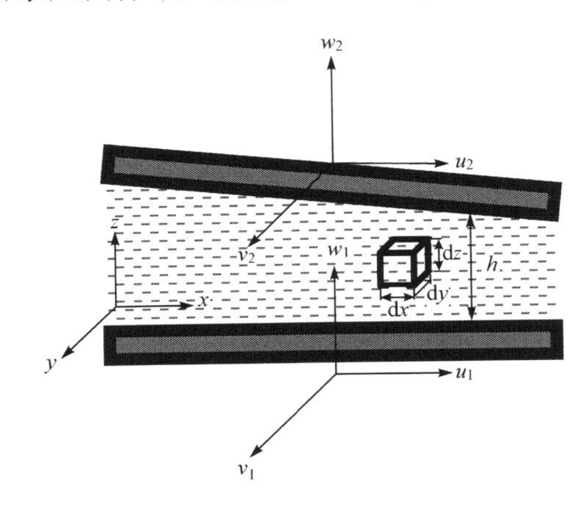

图 2-1　流体的层流流动

取决于空间坐标 x、y、z，u、v 和 w 分别表示流体沿 x、y 和 z 方向的流动速度，上表面沿 x 和 z 方向的移动速度为 u_1、w_1，下表面沿 x、z 方向移动速度为 u_2、w_2。微元体的底面积为 $\mathrm{d}x\mathrm{d}y$(图 2-2)，水膜厚度为 $\mathrm{d}z$。沿 x 坐标，左面的压强为 p，其正压力为 $p\mathrm{d}y\mathrm{d}z$；右边的压强为 $p+\dfrac{\partial p}{\partial x}\mathrm{d}x$，右边的总压力为 $\left(p+\dfrac{\partial p}{\partial x}\mathrm{d}x\right)\mathrm{d}y\mathrm{d}z$。微元体下底面的剪应力为 τ，其剪切力为 $\tau\mathrm{d}x\mathrm{d}y$；上底面的剪应力为 $\tau+\dfrac{\partial \tau}{\partial z}\mathrm{d}z$，上底面的总剪切力为 $\left(\tau+\dfrac{\partial \tau}{\partial z}\mathrm{d}z\right)\mathrm{d}x\mathrm{d}y$。而沿 z 方向的膜厚尺寸与 x、y 方向的相比要小得多。由假设条件(4)可知，沿 z 方向的润滑膜压力梯度为 0，即 $\dfrac{\partial p}{\partial z}=0$，同时有 $\dfrac{\partial \tau}{\partial x}=\dfrac{\partial \tau}{\partial y}=0$。

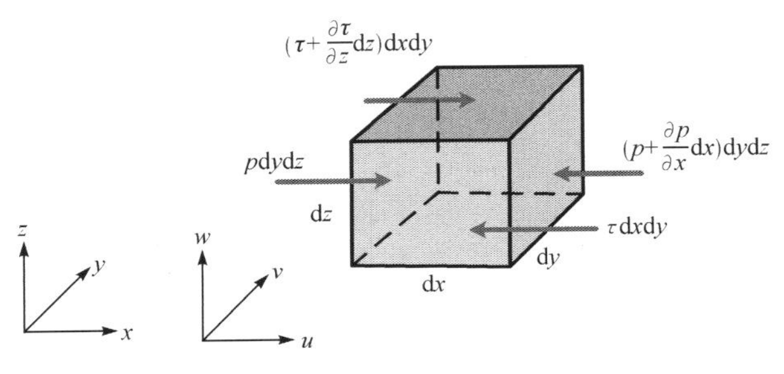

图 2-2　微元流体受力

由微元体在 x 方向力的平衡，得

$$p\mathrm{d}y\mathrm{d}z+\left(\tau+\frac{\partial\tau}{\partial z}\mathrm{d}z\right)\mathrm{d}x\mathrm{d}y=\tau\mathrm{d}x\mathrm{d}y+\left(p+\frac{\partial p}{\partial x}\mathrm{d}x\right)\mathrm{d}y\mathrm{d}z \tag{2-2}$$

去括号后化简，得

$$\frac{\partial\tau}{\partial z}=\frac{\partial p}{\partial x} \tag{2-3}$$

为避免混淆，准确地表示出剪应力的作用面及作用方向，将式(2-3)改写为

$$\frac{\partial p}{\partial x}=\frac{\partial\tau_{xz}}{\partial z} \tag{2-4}$$

τ 的下标 x 表示剪应力沿 x 方向，z 表示作用在垂直 z 轴的平面内。

同理，可得在 y 方向上

$$\frac{\partial p}{\partial y}=\frac{\partial\tau_{yz}}{\partial z} \tag{2-5}$$

由牛顿黏性公式 $\tau_{xz}=\eta\dfrac{\partial u}{\partial z}$，$\tau_{yz}=\eta\dfrac{\partial v}{\partial z}$代入梯度公式(2-1)，得

$$\left.\begin{aligned}&\frac{\partial p}{\partial x}=\frac{\partial}{\partial z}\left(\eta\frac{\partial u}{\partial z}\right)\\&\frac{\partial p}{\partial y}=\frac{\partial}{\partial z}\left(\eta\frac{\partial v}{\partial z}\right)\\&\frac{\partial p}{\partial z}=0\end{aligned}\right\} \tag{2-6}$$

式中，水的黏度 η 沿膜厚方向上取为常数，于是

$$\left.\begin{aligned}&\frac{\partial p}{\partial x}=\eta\frac{\partial^2 u}{\partial z^2}\\&\frac{\partial p}{\partial y}=\eta\frac{\partial^2 v}{\partial z^2}\end{aligned}\right\} \tag{2-7}$$

3. 流量方程

对$\dfrac{\partial^2 u}{\partial z^2}=\dfrac{1}{\eta}\dfrac{\partial p}{\partial x}$进行两次积分，可得图 2-1 所示楔形间隙之间的流体流速方程为

$$\frac{\partial u}{\partial z}=\frac{1}{\eta}\frac{\partial p}{\partial x}z+c_1,\quad u=\frac{1}{\eta}\frac{\partial p}{\partial x}\frac{z^2}{2}+c_1z+c_2 \tag{2-8}$$

式中，c_1、c_2 为积分常数。

由层流假设可知，水膜上下面的流速与物体摩擦表面的流速相等，当 $z=0$ 时，

$u=u_1$，当 $z=h$ 时，$u=u_2$；代入式(2-7)得水膜中任一点沿 x 方向的流速为

$$u=\frac{h}{2\eta}\frac{\partial p}{\partial x}(z^2-zh)+\frac{u_2 z}{h}+u_1\frac{h-z}{h} \tag{2-9}$$

同理，水膜内任意一点沿 y 方向的流速为

$$v=\frac{h}{2\eta}\frac{\partial p}{\partial y}(z^2-zh)+\frac{v_2 z}{h}+v_1\frac{h-z}{h} \tag{2-10}$$

设沿 x 方向和沿 y 方向单位宽度的流量分别为 q_x 和 q_y，利用式(2-9)和式(2-10)，在膜厚方向(z)上积分，则有

$$\left.\begin{aligned} q_x &= \int_0^h u\mathrm{d}z = -\frac{h^3}{12\eta}\frac{\partial p}{\partial x}+(u_1+u_2)\frac{h}{2} \\ q_y &= \int_0^h v\mathrm{d}z = -\frac{h^3}{12\eta}\frac{\partial p}{\partial y}+(v_1+v_2)\frac{h}{2} \end{aligned}\right\} \tag{2-11}$$

2.1.2 全雷诺方程[3]

微小体积单元的连续性方程为

$$\frac{\partial(\rho u)}{\partial x}+\frac{\partial(\rho v)}{\partial y}+\frac{\partial(\rho w)}{\partial z}=0 \tag{2-12}$$

由积分准则可得

$$\int_{h_1}^{h_2}\frac{\partial f(x,y,z)}{\partial x}\mathrm{d}z=\frac{\partial}{\partial x}\int_{h_1}^{h_2}f(x,y,z)\mathrm{d}z-f(x,y,z)\frac{\partial h_2}{\partial x}+f(x,y,z)\frac{\partial h_1}{\partial x}=0 \tag{2-13}$$

对方程(2-12)沿 z 方向积分得

$$\frac{\partial}{\partial x}\int_0^h \rho u\mathrm{d}z+\frac{\partial}{\partial y}\int_0^h \rho v\mathrm{d}z-(\rho u)_2\frac{\partial h}{\partial x}-(\rho v)_2\frac{\partial h}{\partial y}+(\rho w)_0^h=0 \tag{2-14}$$

假定黏度 η 和 p 在 z 方向为常数，将方程(2-11)代入方程(2-14)可得不可压缩流体的全雷诺方程为

$$\begin{aligned}\frac{\partial}{\partial x}\left(\frac{\rho h^3}{12\eta}\frac{\partial p}{\partial x}\right)+\frac{\partial}{\partial y}\left(\frac{\rho h^3}{12\eta}\frac{\partial p}{\partial y}\right)=&\frac{u_1-u_2}{2}\frac{\partial \rho h}{\partial x}+\rho h\frac{\partial}{\partial x}\left(\frac{u_1+u_2}{2}\right)+\frac{v_1-v_2}{2}\frac{\partial \rho h}{\partial y}\\ &+\rho h\frac{\partial}{\partial x}\left(\frac{v_1+v_2}{2}\right)+\rho(w_2-w_1)\end{aligned} \tag{2-15}$$

为计算方便，合并相关的未知数，应将全雷诺方程简化。

假设楔形间隙上下表面为刚体，表面的膨胀压缩为0，使上下表面各点的速度相同，即 u_1、u_2、v_1、v_2 不是 x、y 的函数，可得

$$\frac{\partial}{\partial x}\left(\frac{\rho h^3}{12\eta}\frac{\partial p}{\partial x}\right)+\frac{\partial}{\partial y}\left(\frac{\rho h^3}{12\eta}\frac{\partial p}{\partial y}\right)=\frac{u_1-u_2}{2}\frac{\partial \rho h}{\partial x}+\frac{v_1-v_2}{2}\frac{\partial \rho h}{\partial y}+\rho(w_2-w_1) \tag{2-16}$$

转换为柱坐标系下的雷诺方程为

$$\frac{\partial}{R_B\partial\theta}\left(\frac{\rho h^3}{12\eta}\frac{\partial p}{R_B\partial\theta}\right)+\frac{\partial}{\partial z}\left(\frac{\rho h^3}{12\eta}\frac{\partial p}{\partial z}\right)=\frac{u_1-u_2}{2}\frac{\partial\rho h}{R_B\partial\theta}+\frac{v_1-v_2}{2}\frac{\partial\rho h}{\partial z}+\rho(w_2-w_1) \tag{2-17}$$

在运动系统中，通常只有一个方向的运动速度，所以，通常把轴线安排成使 $\frac{u_1-u_2}{2}\frac{\partial h}{R_B\partial x}$ 或 $\frac{v_1-v_2}{2}\frac{\partial h}{\partial x}$ 两者之一为 0，而且沿 z 方向的速度为 0，若令 $\frac{v_1-v_2}{2}\frac{\partial h}{\partial z}=0$，于是式(2-17)可以继续简化为

$$\frac{\partial}{R_B\partial\theta}\left(\frac{\rho h^3}{12\eta}\frac{\partial p}{R_B\partial\theta}\right)+\frac{\partial}{\partial z}\left(\frac{\rho h^3}{12\eta}\frac{\partial p}{\partial z}\right)=\frac{u_1-u_2}{2}\frac{\partial\rho h}{R_B\partial\theta}+\rho(w_2-w_1) \tag{2-18}$$

对于滑动轴承，可以将其从 $\theta=0$ 处沿周向展开，如图 2-3 所示，值得注意的是，u_2 的方向并非水平方向，而是沿着斜面，因此，u_2 有水平方向与竖直方向两个分速度。由于倾角β'很小，可以认为 $u_2\cos\beta'\approx u_2$，对于竖直分量有

$$w_2-u_2\sin\alpha\approx w_2-u_2\tan\alpha=w_2+u_2\frac{\partial h}{\partial x} \tag{2-19}$$

因此，将方程(2-19)代入方程(2-18)可得

$$\begin{aligned}\frac{\partial}{R_B\partial\theta}\left(\frac{\rho h^3}{12\eta}\frac{\partial p}{R_B\partial\theta}\right)+\frac{\partial}{\partial y}\left(\frac{\rho h^3}{12\eta}\frac{\partial p}{\partial y}\right)&=\frac{u_1-u_2}{2}\frac{\partial\rho h}{R_B\partial\theta}+\frac{v_1-v_2}{2}\frac{\partial\rho h}{\partial y}+\rho\left(w_2+u_2\frac{\partial h}{\partial x}-w_1\right)\\&=\frac{u_1+u_2}{2}\frac{\partial\rho h}{R_B\partial\theta}+\rho(w_2-w_1)\end{aligned} \tag{2-20}$$

通常情况下 $w_1=w_2=0$，而且轴瓦固定，轴做恒定旋转，雷诺方程可进一步简化为

$$\frac{\partial}{R_B\partial\theta}\left(\frac{\rho h^3}{12\eta}\frac{\partial p}{R_B\partial\theta}\right)+\frac{\partial}{\partial y}\left(\frac{\rho h^3}{12\eta}\frac{\partial p}{\partial y}\right)=\frac{u_2}{2}\frac{\partial\rho h}{R_B\partial\theta} \tag{2-21}$$

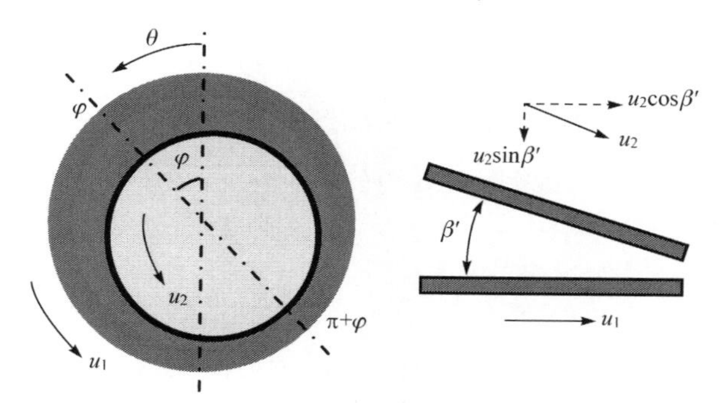

图 2-3　滑动轴承速度矢量示意图

2.1.3　特殊工况下的雷诺方程

对于舰船、潜艇艉轴水润滑橡胶合金轴承，轴系动态校中、轴系振动、船体变形、螺旋桨水动力以及轴系结构等多方面的影响因素造成两中心线的不重合，由于受到载荷等影响，轴往往会沿着轴线方向发生一定角度的倾斜。此外，由于螺旋桨轴向推力、电机转子在轴向尺寸发生变化时磁场产生的轴向力以及轴承系统的制造装配误差，会引起轴承发生轴向窜动。在这种工况下，轴做周向旋转运动的同时会发生轴向往复运动，如图 2-4 所示。此时，轴的周向转动速度与轴向运动速度均与流体的周向速度和轴向速度成一定夹角[4]。

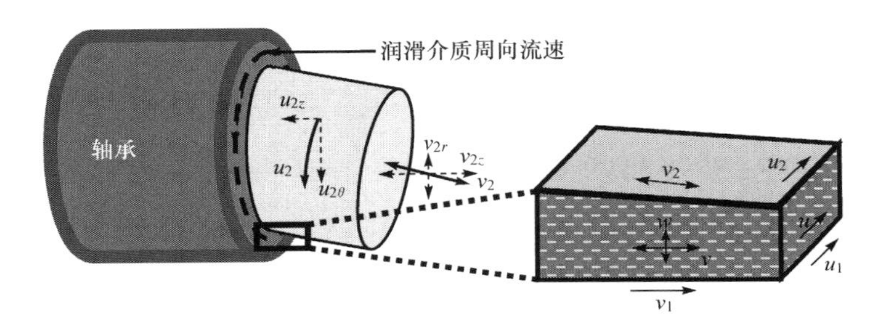

图 2-4　引入轴向倾斜与窜动的速度示意图

引入轴向倾斜的膜厚方程：

$$h=C[1+\varepsilon\cos(\theta-\varphi)]+\beta(z-L/2)\cos(\theta-\varphi)+\psi\{Z\}+\delta \tag{2-22}$$

对于轴与流体的周向旋转速度，将其沿 $\theta=\varphi$ 处沿周向展开，并投影到与水平面成 φ 角的斜面上，如图 2-5 所示。经分析可知，轴的周向旋转速度与流体轴向旋转速度的夹角与 θ 呈余弦关系，即两者之间的夹角为 $\beta\cos\left(\frac{\pi}{2}+\theta-\varphi\right)$，因此可得

$$u_{2\theta}=u_2\cos\left[\beta\cos\left(\frac{\pi}{2}+\theta-\varphi\right)\right] \tag{2-23}$$

$$u_{2z}=u_2\sin\left[\beta\cos\left(\frac{\pi}{2}+\theta-\varphi\right)\right]\approx u_2\beta\cos\left(\frac{\pi}{2}+\theta-\varphi\right) \tag{2-24}$$

由方程(2-23)和方程(2-24)以及图 2-5 可知，当 $\theta=\varphi$、$\theta=\pi+\varphi$ 和 $\theta=2\pi+\varphi$ 时，$u_{2\theta}=u_2$；当 $\theta=\pi/2+\varphi$ 时，$u_{2\theta}=u_2\cos\beta$，$u_{2z}=-u_2\sin\beta$；而当 $\theta=3\pi/2+\varphi$ 时，$u_{2\theta}=u_2\cos\beta$，$u_{2z}=u_2\sin\beta$。

对于轴与流体的轴向运动速度，将其沿 $\theta=\varphi$ 处沿周向展开，如图 2-6 所示。经分析可知，轴的轴向运动速度与流体周向运动速度的夹角与 θ 呈余弦关系，不同的是两者之间的夹角变为 $\beta\cos(\theta-\varphi)$，因此可得

$$v_{2z}=v_2\cos\beta+u_2\beta\cos\left(\frac{\pi}{2}+\theta-\varphi\right) \tag{2-25}$$

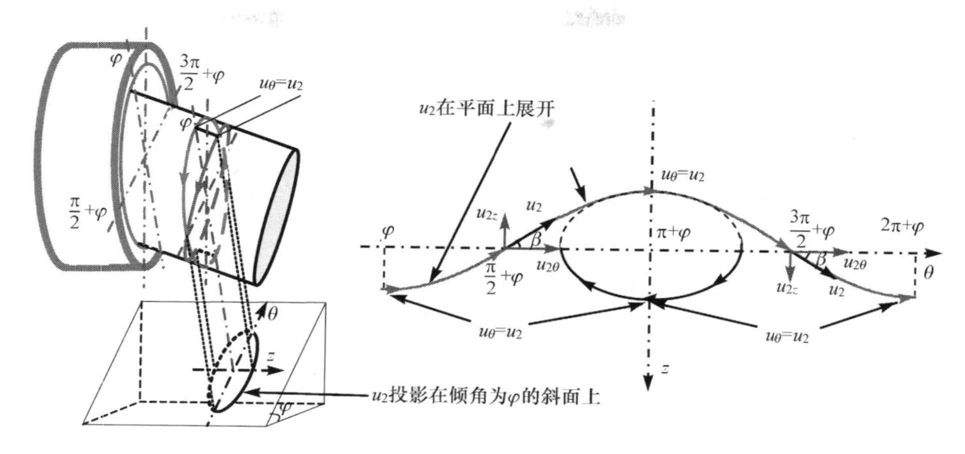

图 2-5　轴与流体的周向速度示意图

$$v_{2r}=v_2\sin[\beta\cos(\theta-\varphi)]\approx v_2\beta\cos(\theta-\varphi) \tag{2-26}$$

对膜厚方程进行求导可得

$$\frac{\partial h}{\partial z}=\frac{\partial}{\partial z}\{C[1+\varepsilon\cos(\theta-\varphi)]\}+\beta\left(z-\frac{L}{2}\right)\cos(\theta-\varphi)+\psi\{Z\}+\delta=\beta\cos(\theta-\varphi) \tag{2-27}$$

将方程(2-27)代入方程(2-26)得

$$v_{2r}\approx v_2\beta\cos(\theta-\varphi)=v_2\ \frac{\partial h}{\partial z} \tag{2-28}$$

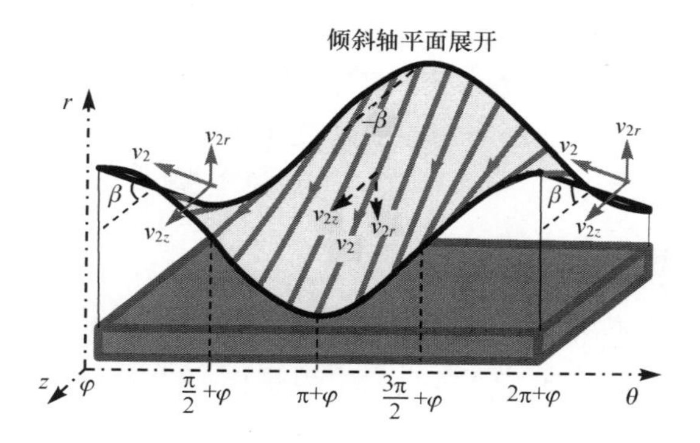

图 2-6　轴与流体的轴向速度示意图

将方程(2-23)、方程(2-25)和方程(2-28)代入方程(2-17)，可得引入轴向倾斜与窜动的雷诺方程为

$$\frac{\partial}{R_B\partial\theta}\left(\frac{\rho h^3}{12\eta}\frac{\partial p}{R_B\partial\theta}\right)+\frac{\partial}{\partial z}\left(\frac{\rho h^3}{12\eta}\frac{\partial p}{\partial z}\right)=\frac{u_1+u_2}{2}\frac{\partial\rho h}{R_B\partial\theta}+\frac{v_1-v_2}{2}\frac{\partial\rho h}{\partial z}+\rho(w_2-w_1)$$

$$=\frac{u_1+u_2\cos\left[\beta\cos\left(\frac{\pi}{2}+\theta-\varphi\right)\right]}{2}\frac{\partial\rho h}{R_B\partial\theta}+\frac{v_1-v_2\cos\beta-u_2\beta\cos\left(\frac{\pi}{2}+\theta-\varphi\right)}{2}\frac{\partial\rho h}{\partial z}$$

$$+\rho\left(w_2+v_2\frac{\partial h}{\partial z}-w_1\right)$$

$$=\frac{u_1+u_2\cos\left[\beta\cos\left(\frac{\pi}{2}+\theta-\varphi\right)\right]}{2}\frac{\partial\rho h}{R_B\partial\theta}+\frac{v_1+v_2(2-\cos\beta)-u_2\beta\cos\left(\frac{\pi}{2}+\theta-\varphi\right)}{2}\frac{\partial\rho h}{\partial z}$$

$$+\rho(w_2-w_1) \tag{2-29}$$

2.2 混合润滑

与传统的油润滑金属滑动轴承不同,水润滑橡胶轴承及传动系统是一类用新型高分子工程复合材料替代传统金属材料作为传动部件工作界面,用自然水替代矿物油作为润滑介质的资源节约与环境友好型轴承系统,可在各类传动机械特别是船舶(舰船)推进系统中大量使用,用来支撑传动轴系,具有高效、节能、减排、减振、降噪、耐磨、高可靠、长寿命和无污染等优点。然而,水的黏度较低,在 50℃时水的黏度约为普通润滑油的 1/65。流体动力润滑理论认为,润滑液膜的承载能力与黏度成正比,与膜厚的平方成反比。因此,在其他条件都相同的情况下,为获得相等的承载能力,则水膜的厚度仅为油膜厚度的 1/8。这表明水润滑轴承承载能力比较低,有可能在非流体润滑工况下工作,容易产生轴和轴瓦之间的相互接触,发生无水润滑和干摩擦。因此,本章主要建立水润滑橡胶轴承的混合润滑数学模型,为探讨水润滑橡胶轴承的承载、润滑与失效机理提供理论依据。

2.2.1 Stribeck 曲线

由于水润滑轴承复杂的沟槽结构及橡胶在轻载下也会发生弹性变形的特性,人们对于水润滑轴承润滑状态的判定更加困难。对于偏心率较大、转速较低的情况,轴颈、轴承之间处于何种润滑状态,是否直接发生接触,是一个非常重要的问题。正确判断水润滑轴承的润滑状态是研究水润滑轴承润滑机理的前提。

19 世纪 80 年代，Gümbel 总结了前人的试验观察结果，发现了著名的 Stribeck 曲线。该曲线表示了润滑状态的转化关系，广泛应用于滑动轴承润滑状态的判定。本节通过试验测试不同转速和载荷下水润滑轴承的摩擦系数。根据 Stribeck 曲线的参数定义，绘出不同载荷和转速下的 Stribeck 曲线。通过与理论曲线对比发现，随着转速增大，轴承润滑状态由混合润滑过渡到弹流润滑状态，而载荷对润滑状态的改变影响较小。

摩擦系数 μ 与索末菲数(Sommerfeld number) S 的关系曲线如图 2-7 所示。该曲线包含了滑动轴承的主要性能参数，因此具有重要的意义。

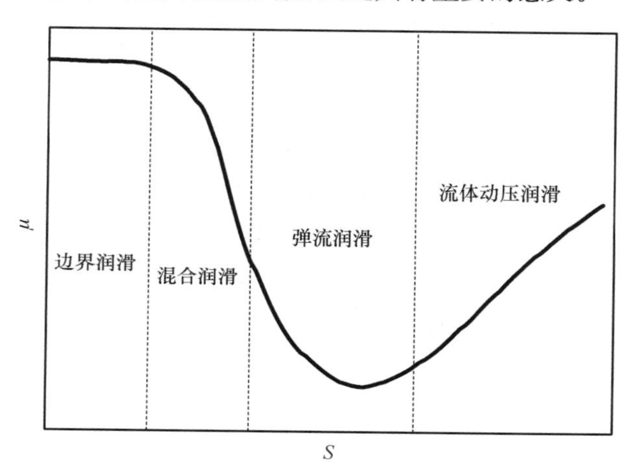

图 2-7　Stribeck 曲线

对 Stribeck 曲线的研究，主要包含两个方面：首先是通过试验数据绘制摩擦系数与索末菲数的关系曲线，并与经典 Stribeck 曲线对比，从而判别润滑状态。

2.2.2　水润滑橡胶轴承润滑状态的判定

1. 索末菲数计算

根据索末菲数的定义，即 $S=\frac{\eta N}{p}\cdot\frac{R^2}{c^2}$，结合水润滑橡胶轴承的参数，计算不同载荷、不同转速下索末菲数的数值。其中，转速 N 的单位为 r/s，故 $N=n/60$ (r/s)；压力 $p=W/(LD)=W/(2RL)$，轴承内径 $R=20$mm，长度 $L=80$mm；轴承间隙值 $c=0.15$mm；取水的黏度在 20℃时为 1.0087×10^{-3} Pa · s。

2. Stribeck 曲线及润滑状态判定

橡胶作为水润滑轴承的内衬材料，相比于金属滑动轴承弹性模量很低，因此即使在载荷较小的情况下橡胶表面也会产生弹性变形，润滑水楔的形状不再由零件的原始形状决定，而是由摩擦表面弹性变形与受压水膜共同构成。这就决定了水润滑轴承的润滑机理与普通金属滑动轴承不同，其润滑状态随转速和载荷的变化规律也不尽相同。

通过试验绘制的 Stribeck 曲线如图 2-8～图 2-11 所示。图中横坐标为对数坐标，代表索末菲数，纵坐标为摩擦系数。

图 2-8 为水润滑橡胶轴承在 400N 载荷下摩擦系数 μ 与索末菲数 S 之间的关系曲线。与经典 Stribeck 曲线(图 2-7)对比不难发现，μ 随 S 的增大而减小，即处于混合润滑状态，说明水润滑橡胶轴承在载荷较低时没有经历边界润滑和流体动压润滑状态。随着 S 的减小，摩擦系数增大，摩擦表面之间的间隔接近于表面粗糙峰的高度，载荷由粗糙峰的接触和不连续的流体膜压力共同承担，摩擦阻力由润滑流体的剪切和粗糙峰的变形及剪切所产生。随着 S 继续减小，粗糙峰的相互作用加强，表面润滑膜的厚度甚至降低到一两个单分子层的厚度，这时系统的摩擦特性完全由表面膜的物理化学作用和粗糙峰的接触力学所决定。混合润滑情况下总摩擦系数包含液体、固体两部分，即流体摩擦系数 f_1、固体摩擦系数 f_s[5]。

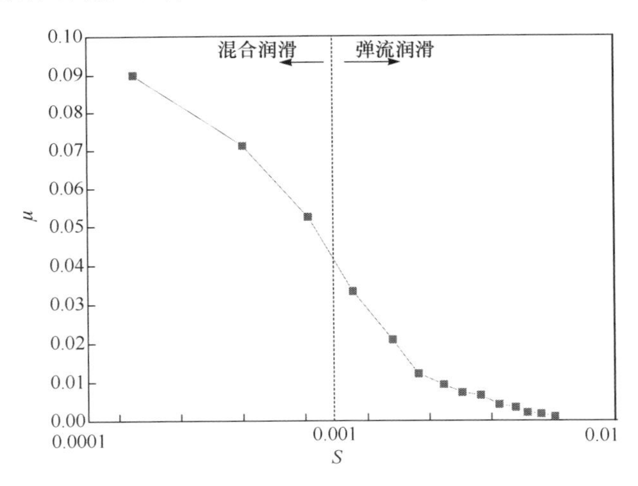

图 2-8　水润滑橡胶合金轴承的 Stribeck 曲线(W=400N)

图 2-9 为不同载荷条件下 Stribeck 曲线的对比，各曲线趋势与经典 Stribeck 曲线的部分非常匹配。这说明当载荷为 200～1000N 时，水润滑橡胶轴承仍工作在弹流润滑和混合润滑状态下。但两种润滑状态的分界线随着载荷的增大而左移，即分界线对应的 S 减小。当载荷为 200N 时，随着转速的增大，摩擦副之间的流体膜逐渐形成，膜厚逐渐增大并接近表面粗糙度大小，在 S 约为 0.003 时，润滑状态由混合润滑转变为弹流润滑。随着载荷增大，润滑状态

转变点 S 值不断减小，当载荷为 1000N 时，约为 0.0007，说明轴承载荷越大，接触面之间润滑膜越难形成，表面粗糙峰接触增多，导致摩擦系数增大。而在一定载荷下，转速增大，促进了楔形水膜的形成，从而减小了粗糙面接触，降低了摩擦系数。

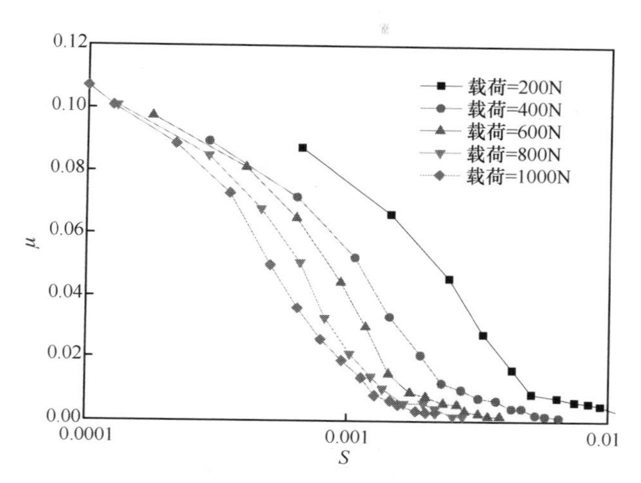

图 2-9　不同载荷下水润滑轴承的 Stribeck 曲线（W=200N，400N，600N，800N，1000N）

图 2-10 和图 2-11 为载荷高于 1000N 时水润滑橡胶轴承的 Stribeck 曲线对比。从图 2-10 可以看出，各曲线差别不明显，润滑状态转变曲线非常接近。

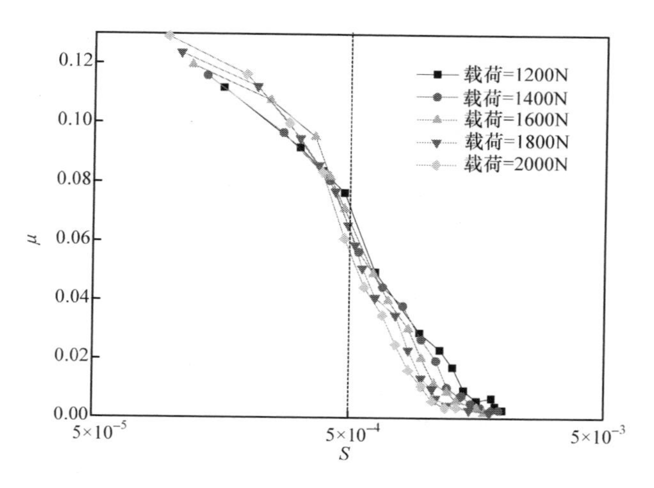

图 2-10　不同载荷下水润滑轴承的 Stribeck 曲线（W=1200N，1400N，1600N，1800N，2000N）

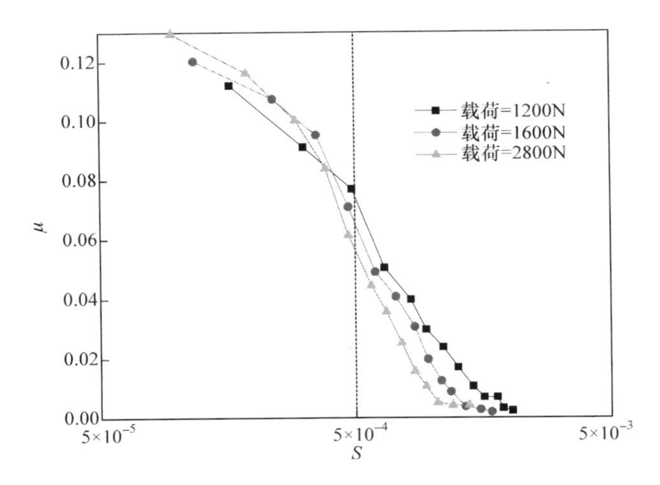

图 2-11 不同载荷下水润滑轴承的 Stribeck 曲线(W=1200N,1600N,2800N)

由此说明,轴承在重载条件下润滑状态的改变主要由转速变化引起。在各个载荷条件下,轴承润滑状态由混合润滑转变为弹流润滑均发生在 S 值约为 0.0005 处,即轴承转速约为 1000r/min 时,轴承润滑状态发生改变,转速提高,润滑能力增强。如图 2-11 所示,当载荷幅度变化较大时,润滑状态分界线缓慢左移,即载荷越大,润滑状态改变时的 S 值越小。

水润滑轴承一般处于混合润滑状态,主要是因为水的黏度低,其黏度特性如表 2-1 所示 。

表 2-1 水的黏度特性

温度/℃	密度/(g/cm³)	动力黏度/(10^{-6}Pa·s)	运动黏度/(10^{-6}m²/s)
10	0.9996	133.0	1.300
20	0.9982	102.0	1.000
30	0.9956	81.7	0.805
40	0.9922	66.6	0.659
50	0.9880	56.0	0.556
60	0.9832	48.0	0.479
70	0.9777	41.4	0.415
80	0.9718	36.3	0.366
90	0.9653	32.1	0.326
100	0.9583	28.8	0.295

参 考 文 献

[1] 温诗铸,黄平. 摩擦学原理[M]. 2 版. 北京:清华大学出版社,2002.

[2] 杨沛然. 流体润滑数值分析[M]. 北京:国防工业出版社,1998.

[3] Hamrock B J,Schmid S R,Jacobson B O. Fundamentals of Fluid Film Lubrication[M]. Boca Raton:CRC Press,2004.

[4] Han Y,Chan C,Wang Z,et al. Effects of shaft axial motion and misalignment on the lubrication performance of journal bearings via a fast mixed EHL computing technology[J]. Tribology Transactions,2015,58(2):247-259.

[5] 华细金. 基于 FLUENT 的纵向沟槽水润滑轴承流体润滑数值分析[D]. 重庆:重庆大学硕士学位论文,2009.

第3章 水润滑橡胶合金轴承的结构设计

轴承是机械传动不可缺少的部件。普通的金属滚动和滑动轴承由于需要润滑油进行润滑,如果应用于与水接触的传动机械,则需要复杂的密封部件,如有水进入润滑系统,则易造成轴承损坏失效,甚至会出现泄漏油污染水环境问题。现有技术中,水润滑橡胶合金轴承采用水作为润滑介质,在机械传动特别是船舶等推进系统中得到广泛应用,能够在节约资源和环境友好方面很好地解决以上问题。

水润滑橡胶合金轴承采用海军黄铜外圈加水润滑橡胶合金材料内衬的结构,属于滑动轴承的一种。为了使润滑介质充分在工作面上分布,普通滑动轴承一般采用在工作面上设置布油槽结构,使工作面得到有效的润滑,延长使用寿命;同样,由于水润滑橡胶合金轴承的工作环境的要求,水润滑橡胶合金轴承需具有排泄泥沙和杂质的能力,以降低磨损率,所以需要在水润滑橡胶合金轴承工作面上设置润滑槽。

水润滑橡胶合金轴承的结构直接影响其使用寿命。为了提高水润滑橡胶合金轴承的摩擦学性能,使其在不同工况下更容易获得弹性流体动压润滑,需要对水润滑橡胶合金轴承的结构进行合理设计。影响水润滑橡胶合金轴承结构设计的主要因素有:使用环境温度、工作介质的含泥沙程度、比压、转速、润滑的类型、尺寸空间、橡胶材料力学特性、硫化工艺、轴承安装间隙、接触面等。

根据不同使用场合,特别是尺寸、安装的限制,并且考虑到水润滑橡胶合金轴承的制造工艺和安装精度,其结构形式设计主要分为整体式、剖分式和板条式。为了润滑冷却和排泥沙,橡胶轴承都应有流水槽。流水槽横截面形状有凹面型、凸面型和平面型三种。试验表明,平面型优于凹面型或凸面型,结构也较为理想,具有以下优点:

(1) 良好的启动性和低速运转性能。

(2) 在常规轴承工作压力和速度范围内,平面型轴承摩擦系数最低。

(3) 平面型轴承更容易建立弹性流体动压润滑状态。

根据流水槽与轴中心线的关系,水润滑橡胶合金轴承可分为直槽型、螺旋槽型、波形槽型和环槽型四种。环槽型因为排异物能力差,所以应用较少,螺旋槽型和波形槽型的表面精加工相对较困难,所以目前应用最广泛的主要是直槽型。一般沟槽数应不少于6个,具体数量与轴承的轴径有关。

本章首先介绍水润滑橡胶合金轴承的结构形式和润滑结构设计,然后研究长径比、橡胶衬层厚度、橡胶衬层弹性模量与硬度、pv曲线、沟槽宽度及沟槽数量等因素对水润滑橡胶合金轴承性能的影响,为水润滑橡胶合金轴承的结构设计提供理论基础。

3.1　水润滑橡胶合金轴承润滑结构设计

根据承载、润滑、散热、排沙等性能，水润滑橡胶合金轴承一般设计为沿周向均匀分布的直槽、螺旋槽、人字槽等结构，槽的横截面形状一般为圆弧形和矩形等。根据加工制造技术、方法及工艺，水润滑橡胶合金轴承一般设计为整体式、剖分式、燕尾槽板条式和背拉板条式等结构。

3.1.1　水润滑橡胶合金轴承基本结构

1. 整体直管式水润滑橡胶合金轴承[1]

通常整体式水润滑橡胶合金轴承是在金属或非金属背衬上黏结一层橡胶合金轴瓦，背衬和橡胶成为一个整体式结构。整体式结构的水润滑橡胶合金轴承一般根据水润滑机械传动系统中不同的安装要求分为整体直管式和整体法兰式。当轴颈小于 ϕ300mm 时，考虑到使用安装方便，通常采用整体式的水润滑橡胶合金轴承。目前，整体式的水润滑橡胶合金轴承已成为标准件。

整体直管式水润滑橡胶合金轴承的背衬为直线管式，其结构最为简单(图 3-1(a))。整体直管式背衬的材料和厚度必须合理地选择，因为它是最终承受载荷的部位，所以需要有足够的强度和刚度。为了便于在水润滑机械传动系统中固定水润滑橡胶合金轴承，轴承端部一般设计有法兰盘(图 3-1(b))。此类设计多用于外伸悬浮轴的场合。此外，法兰安装孔还可以用来安装水润滑密封装置。

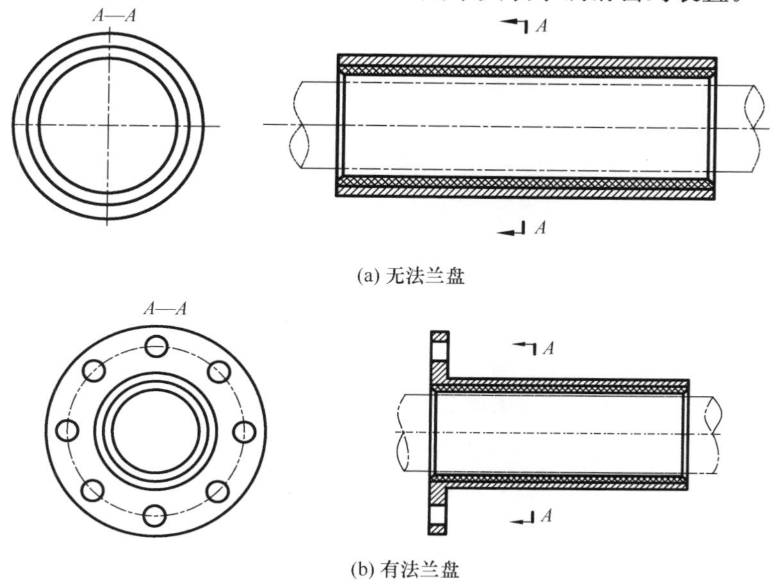

(a) 无法兰盘

(b) 有法兰盘

图 3-1　整体直管式水润滑橡胶合金轴承

1）圆弧槽水润滑橡胶合金轴承[2]

圆弧槽水润滑橡胶合金轴承如图 3-2 所示，它由金属或非金属背衬 1 和橡胶合金内衬套 2 组成。橡胶合金内衬套 2 采用了在周向呈均匀分布与在轴向呈直线分布直线圆弧凹槽 3。直线圆弧凹槽 3 由多个相切的圆弧曲面组成，数量可以有多个，工作面在周向上呈均匀分布的润滑结构设计。

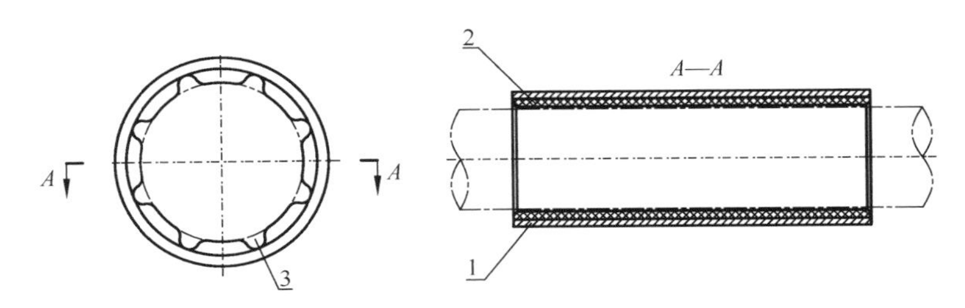

图 3-2 圆弧槽水润滑橡胶合金轴承

1-金属或非金属背衬；2-橡胶合金内衬套；3-直线圆弧凹槽

2）圆环槽水润滑橡胶合金轴承[3]

圆环槽水润滑橡胶合金轴承如图 3-3 所示，它由金属或非金属外壳 1 与橡胶合金内衬套 2 组成。在橡胶合金内衬套润滑结构上，采用了沿周向呈均匀分布与轴向呈直线分布的直线圆弧凹槽 3 和沿轴向均匀分布的圆周环形凹槽 4 相结合的水道凹槽，相邻直线圆弧凹槽 3 的工作面是由多个相切的圆弧曲面组成的。在圆弧槽水润滑橡胶合金轴承结构上增加了圆周环形凹槽，该圆周环形凹槽沿轴向呈均匀分布，并且该圆周环形具有一定的深度和宽度。

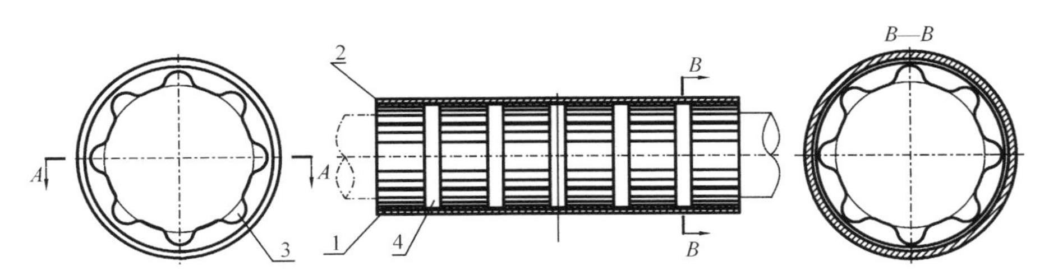

图 3-3 圆环槽水润滑橡胶合金轴承

1-金属或非金属外壳；2-橡胶合金内衬套；3-直线圆弧凹槽；4-圆周环形凹槽

圆环槽水润滑橡胶合金轴承内衬套润滑结构设计的工作原理与圆弧槽水润滑橡胶合金轴承类似，在轴向上增加均布圆周环形凹槽的润滑结构可以截断泥沙和杂质在工作面沿轴线方向长距离的移动，使其被排泄到圆周环形凹槽内，再通过直线圆弧凹槽被排泄到轴承外，从而减少了轴承的摩擦磨损，提高了润滑特性。

3）螺旋槽水润滑橡胶合金轴承[4]

螺旋槽水润滑橡胶合金轴承如图 3-4 所示，它由金属或非金属外壳 1 与橡胶合金内衬套 2 组成。在橡胶合金内衬套润滑结构上，采用了沿周向呈均匀分布与沿轴向呈螺旋分布的螺旋圆弧凹槽 3 和相邻凹槽间由多个圆弧曲面组成工作面的润滑结构设计。

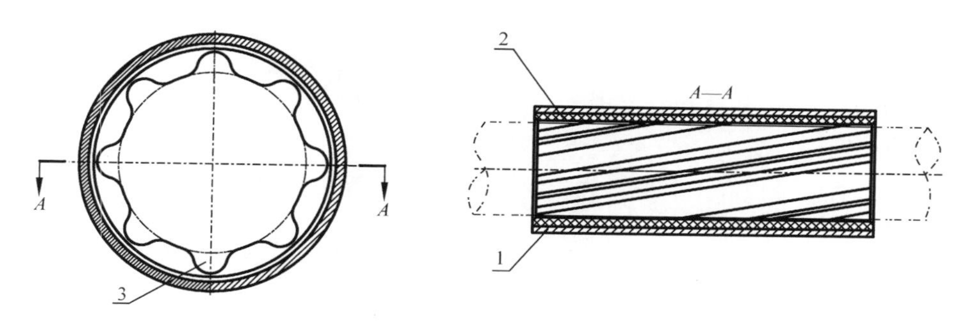

图 3-4　螺旋槽水润滑橡胶合金轴承

1-金属或非金属外壳；2-橡胶合金内衬套；3-螺旋圆弧凹槽

螺旋槽水润滑橡胶合金轴承内衬套润滑结构设计的工作原理为：采用由三段圆弧曲面相切组成的工作曲面，一方面，这样的工作曲面更容易形成弹性流体动压润滑，在传动轴与轴承间形成水膜支承；另一方面，当泥沙和杂质进入轴和轴承之间的接触面时，圆弧形的螺旋圆弧凹槽的润滑结构更容易把泥沙和杂质排泄出去。通常，螺旋槽水润滑橡胶合金轴承只能进行一个方向旋转。

4) 波形槽水润滑橡胶合金轴承[5]

波形槽水润滑橡胶合金轴承(图 3-5)是螺旋槽水润滑橡胶合金轴承的衍生，它包括水润滑橡胶合金衬套 2 和轴承外圈 1，水润滑橡胶合金衬套 2 内表面在圆周方向并列分布有沿轴向的波形槽 3，波形槽之间形成轴承工作面 4。波形槽 3 之间的波形相同且波峰与波峰相对，波谷与波谷相对，使波形槽的分布具有规律性，利于水流的充分流动和分布，具有楔效应、阶梯效应、泵吸效应和挤压效应，因此具

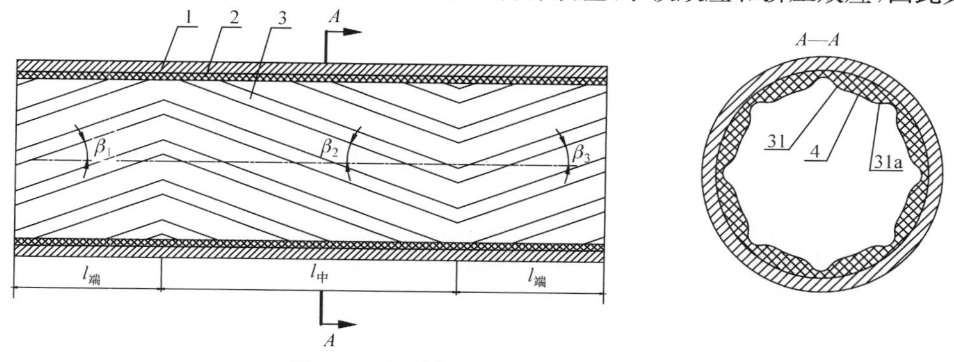

图 3-5　波形槽水润滑橡胶合金轴承

1-轴承外圈；2-水润滑橡胶合金衬套；3-波形槽；31,31a-凸弧面；4-轴承工作面

有较大的承载能力和较好的运行稳定性，形成较为理想的润滑效果，具有良好的自润滑作用，增强排泄泥沙和杂质能力，有利于减少摩擦磨损、降低能耗。相邻另一波形槽与轴承工作面 4 之间为凸弧面 31a，工作面 4 为以平行的方式与凸弧面 31 和凸弧面 31a 外切，利于水膜的分布，从而利于减小工作面的磨损。波形槽 3 的波形线在水润滑橡胶合金衬套 2 内表面形成螺旋线，当轴承长径比 $L/D=1\sim4$ 时，波形槽的波形线以波峰和波谷为界沿轴向形成三段螺旋线，位于两端的螺旋线的螺旋角相等且 β_1 和 β_3 均为 8°～32°。对水润滑橡胶合金轴承润滑槽结构进行优化设计，可以有效地提高承载能力和稳定性，改善轴的受力情况。

2. 剖分直管式水润滑橡胶合金轴承

当轴颈大于 ϕ300mm 时，考虑到水润滑橡胶合金轴承的制造难度和水润滑机械传动系统中的安装问题，可以将其设计成剖分式的水润滑橡胶合金轴承(图 3-6)。剖分式的水润滑橡胶合金轴承通常设计成一分为二的结构，各部分结构同整体式水润滑橡胶合金轴承类似，也是在金属或非金属背衬上黏结一层橡胶合金轴瓦。在两部分对接处，需要增加密封装置，较为简单的办法是采用两根 O 形密封条，以防止轴承内的水进入其他机械传动装置中。

图 3-6 剖分直管式水润滑橡胶合金轴承[6]

3. 板条式水润滑橡胶合金轴承

当轴颈大于 ϕ300mm 时，特别是在更大尺寸要求下，采用板条式水润滑橡胶合金轴承比整体式或剖分式的水润滑橡胶合金轴承具有更为显著的优势。板条与背衬的固定方式可以是多样的，如燕尾槽板条式(图 3-7)、背拉板条式(图 3-8)和拼接板条式(图 3-9)等。不同的板条结构形式对水润滑橡胶合金轴承的润滑特性影响显著。

1）燕尾槽板条式水润滑橡胶合金轴承

目前，绝大多数美国海军军舰上应用最多的板条式轴承是以合成橡胶为衬底、黄铜为衬背的平表面轴承。橡胶衬层黏结在硬质高分子板条上，硬质高分子板条的横截面形状为梯形结构。在黄铜衬背上均匀分布着燕尾槽，燕尾槽的个数一般大于 12 个，具体与水润滑轴承的轴径相关。梯形截面的硬质高分子板条与黄铜衬背上的燕尾槽通过过盈配合进行装配。该轴承的特点是：

（1）加工成形工艺简单，无需大型的模压硫化装备。

（2）板条拆装简便，容易维修更换，维修时可仅更换磨损严重的板条，节约维修成本。

（3）在桨轴运转过程中，板条可能会松动而引起振动噪声。

图 3-7　燕尾槽板条式水润滑橡胶合金轴承[7]

2）背拉板条式水润滑橡胶合金轴承

背拉板条式水润滑橡胶合金轴承的结构如图 3-8 所示，其主要由条状橡胶衬层和黄铜衬背组成，其中条状橡胶衬层中心含有金属板条，金属板条完全被橡胶衬层包裹。通过螺栓将含有金属板条的橡胶衬层与黄铜衬背连接，螺栓的连接方式为背拉式（即在黄铜衬背上沿着轴向和周向均匀分布着螺孔，螺栓通过螺孔与橡胶衬层中的金属板条连接）。这种板条式水润滑橡胶合金轴承的特点是：

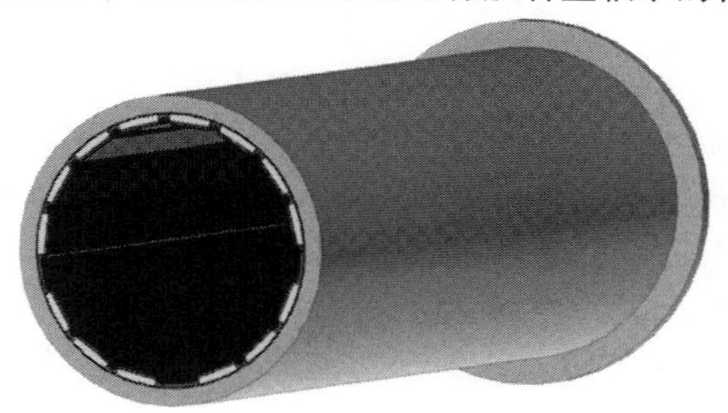

图 3-8　背拉板条式水润滑橡胶合金轴承

(1) 加工成形工艺简单,无需大型的模压硫化装备。

(2) 板条拆装简便,容易维修更换,维修时可仅更换磨损严重的板条,节约维修成本。

(3) 由于背拉螺栓紧固作用,橡胶板条沿着轴向呈高低起伏状,致使橡胶衬层沿轴向的磨损呈高低起伏状。

(4) 在桨轴运转过程中,板条可能会松动而引起振动噪声。

3) 拼接板条式水润滑橡胶合金轴承

拼接板条式水润滑橡胶合金轴承的结构如图 3-9 所示,其主要由条状橡胶衬层和黄铜衬背组成,其中橡胶衬层黏结在硬质高分子板条上,硬质高分子板条的横截面形状为矩形结构。黏结在矩形硬质高分子材料上的橡胶板条均匀布置在黄铜内壁上,在水平位置通过两根楔形金属条将橡胶板条挤压固定,并通过螺栓将金属条固定。该轴承的特点是:

(1) 加工成形工艺简单,无需大型的模压硫化装备。

(2) 板条拆装简便,容易维修更换,维修时可仅更换磨损严重的板条,节约维修成本。

(3) 在桨轴运转过程中,板条可能会松动而引起振动噪声。

图 3-9　拼接板条式水润滑橡胶合金轴承[8]

综上,板条式水润滑橡胶合金轴承有以下特点:

(1) 更换水润滑橡胶合金轴承时,只需更换板条即可,这样不仅缩短了水润滑橡胶合金轴承的供货期,更有利于节约资源,特别是海军黄铜。

(2) 对于轴向尺寸较大的水润滑橡胶合金轴承,采用板条式水润滑橡胶合金轴承,只需在轴向方向拼接多段板条即可。

(3) 板条式水润滑橡胶合金轴承也有不足之处,即如何保证板条与背衬的安装精度,使轴承承载均匀。

4. 径向止推一体式水润滑橡胶合金轴承

1995 年，英国的 Flower 等学者就提出了磁阻式马达推进器；2004 年，美国的 Schilling Robotics 开发了五叶推进器；2006 年，荷兰的 van der Velden Marine System 公司开发了管道式之七叶无毂环驱推进器，且有多种规格[9]。图 3-10 为德国 Schotter 公司研制的无轴推进器[10]。

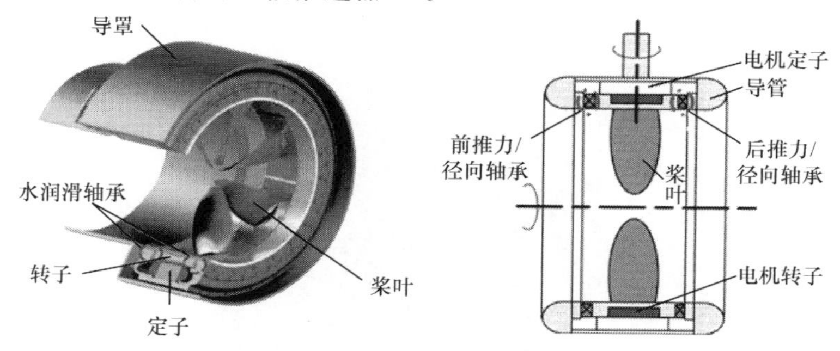

图 3-10　国外研制的典型无轴推进器结构图[10]

新型无轴泵喷推进器对水润滑橡胶合金轴承性能提出了更高的要求，急需研制一种径向止推一体式水润滑橡胶合金轴承。目前，国内外生产水润滑橡胶合金轴承的厂家均无径向止推一体式水润滑橡胶合金轴承产品。作者的科研团队根据多年的研究基础，提出了几种径向止推一体式水润滑橡胶合金轴承的设计方法[11]。

径向止推一体式水润滑橡胶合金轴承的设计方案如下：水润滑橡胶合金轴承筒状轴壳 1 内壁固定黏结有径向承载 BTG 橡胶合金衬 2，以承受径向载荷，在轴壳 1 一端设置有法兰盘 3，法兰盘 3 的外端则通过硫化黏结有 BTG 推力瓦块 4，以承受轴向载荷，还有配套推力盘 5，其整体构造如图 3-11 所示。

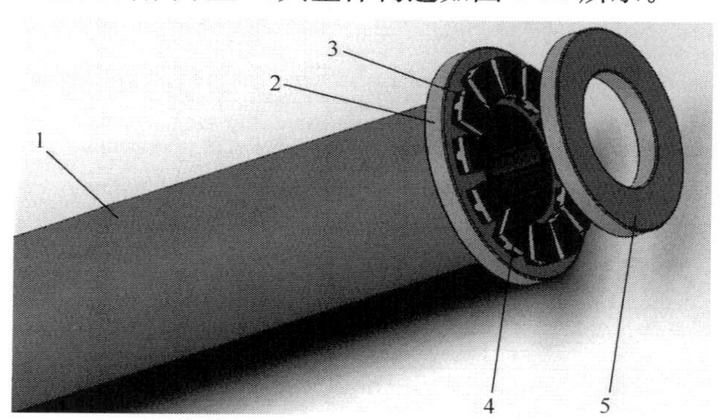

图 3-11　径向止推一体式水润滑橡胶合金轴承整体构造图

1-水润滑橡胶合金轴承筒状轴壳；2-径向承载 BTG 橡胶合金衬；3-法兰盘；4-BTG 推力瓦块；5-推力盘

推力瓦(图 3-12)设计方案如下:BTG 推力瓦块 4 由三部分组成,即 BTG 橡胶润滑界面 6、可倾斜调节块(金属)7 和自适应变形层(橡胶)8。瓦面为 BTG 橡胶润滑界面 6,其与推力盘 5 直接接触,并形成相应的润滑水膜。可倾斜调节块 7 为金属材料,其主要功能在于在提高瓦块的刚度与强度的同时,实现瓦面的倾斜,促使楔形水膜的产生。瓦块底部为自适应变形层 8,采用橡胶材料,可以改善轴瓦的受力条件,防止局部集中受力等问题的出现,减小受力不均匀与瓦面不平衡状态,同时也可以起到减振抗冲击的作用。由于轴瓦结构综合采用了金属与橡胶材料,所以其兼具非金属与金属的优良特性,大大提高了其在复杂工况下的使用性能。几种推力瓦结构如图 3-13 所示。

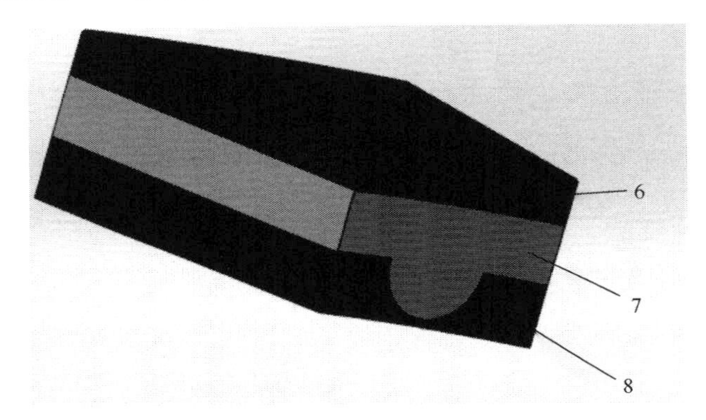

图 3-12　推力瓦结构图

6-BTG 橡胶润滑界面；7-可倾斜调节块(金属)；8-自适应变形层(橡胶)

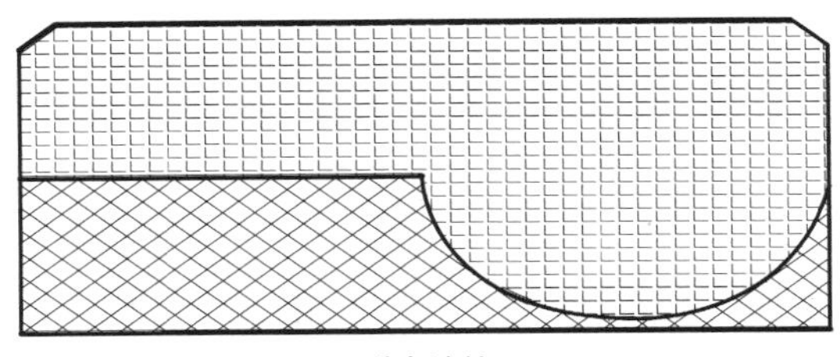

(a) 单向旋转1

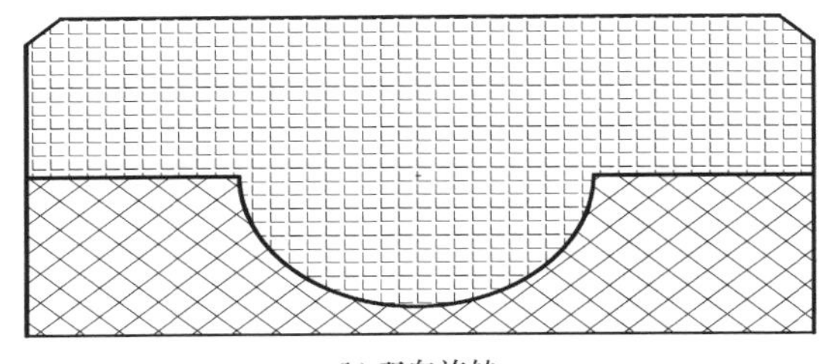

(b) 双向旋转

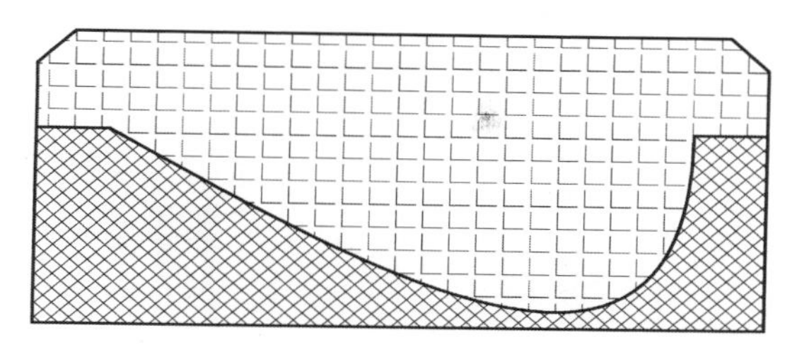

(c) 单向旋转2

图 3-13　几种推力瓦结构图

3.1.2　橡胶合金衬层设计

1. 橡胶衬层厚度设计

橡胶衬层厚度是橡胶轴承设计中的重要参数，主要取决于轴径、轴的平衡度、轴的转动频率、沟槽的断面及载荷等。但在实际中，橡胶衬层的最小厚度主要受浮于水中的砂粒尺寸、结构尺寸等影响，结构尺寸主要包括为了满足橡胶轴承表面和旋转轴颈表面之间建立流体动压润滑所要求的最小楔形角[12]。通常，橡胶衬层厚度的确定基于如下考虑：

（1）承载能力；

（2）可靠性；

（3）散热性；

（4）润滑结构设计所需要的最小厚度。

橡胶衬层厚度越小，其散热性越好，许用最大载荷越大。但橡胶衬层厚度过小，其应许的弹性变形量较小，轴承的可靠性不高，另外，橡胶合金内衬的许用磨损也较小，易失效。同时，橡胶衬层厚度应留有润滑结构设计所需要的开槽尺寸空间。在受低频率冲击的工况下，需要使用较厚的橡胶合金衬层。壁厚同时取决于一些外部因素，如校直、润滑液的洁净程度。另外，橡胶合金轴瓦与金属轴套间要有良好的黏结强度。橡胶与黄铜的黏结是最安全可靠的，操作也简单，因此应优先采用黄铜轴套。钢制轴套有时需要在钢套内表面进行特殊加工，以保证橡胶与金属之间的黏结强度不低于 4.5MPa。因此，合理地设计橡胶衬层厚度并控制其随负载变化的弹性变形量是水润滑橡胶合金轴承设计的关键技术之一。图 3-14 给出了水润滑橡胶合金轴承的推荐壁厚[13]。对于大直径的轴承，应保证它的最小壁厚能支持一定的压力。这个压力可采用公式[13] $H'=0.0435D$（其中，H'为壁厚，D为内径）进行估算。

图 3-15 给出了水润滑橡胶合金轴承橡胶衬层厚度对摩擦系数的影响规律（轴承尺寸：ϕ35mm×70mm，载荷 0.4MPa，速度 1m/s，磨合时间 24h）。由图可见，摩擦系数的变化规律与经典的 Stribeck 曲线吻合：当速度 $v<1.5$m/s 时，处于混合

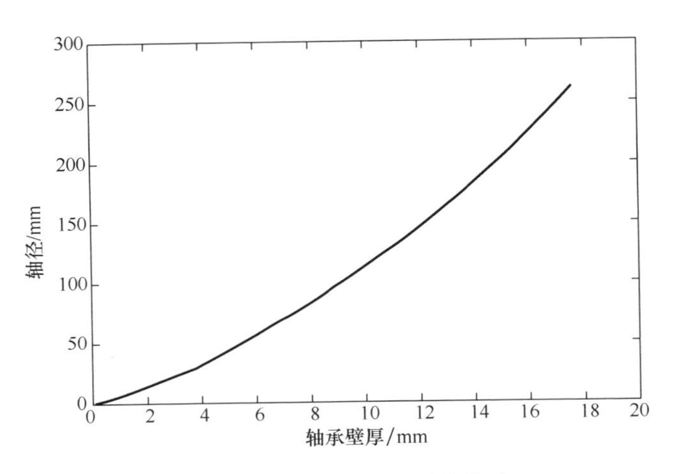

图 3-14 轴径和轴承壁厚的关系

润滑状态；当 $v>1.5\mathrm{m/s}$ 时，处于弹流润滑状态。在混合润滑状态下，橡胶衬层厚度对摩擦系数的影响较小，而在弹流润滑状态下，橡胶衬层厚度对摩擦系数有较大的影响。这是因为橡胶很容易受压变形(其弹性模量 E 的数量级为 10MPa)，但又近于不可压缩(其泊松比 υ 接近 0.5)，当橡胶层受压时，受压较大处沉陷，受压较小或没有受压的橡胶则被挤迫而上升。载荷一定，速度较低时，橡胶的表面变形较小，弹流润滑不显著，轴与橡胶直接接触区域占接触区比例较大，摩擦系数主要取决于橡胶表面的物理化学性能；速度较高时，弹流润滑显著，橡胶衬层厚度增大，有利于形成楔形水膜，摩擦系数减小[14]。

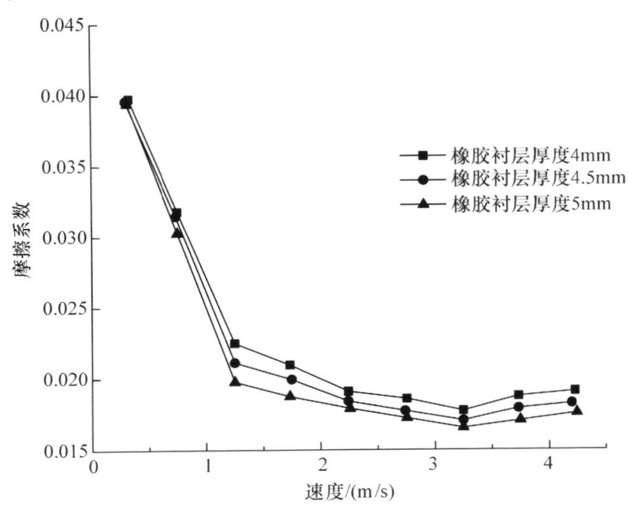

图 3-15 不同橡胶衬层厚度时水润滑橡胶合金轴承的摩擦系数(载荷 0.4MPa，橡胶衬层硬度 70HA)

图 3-16 是轴承 ϕ50mm、轴转速为 1200r/min 时，不同橡胶衬层厚度下，线承载能力随偏心率的变化规律。橡胶衬层厚度对线承载能力的影响随着偏心率的增大而增加，较小的橡胶衬层厚度有助于承载能力的提高[15]。综合图 3-15 与图 3-16 可以得出：橡胶衬层厚度的增加能够促进弹性流体动压润滑水膜的形成，减小摩擦系数；但同时会产生较大的变形量，降低轴承的承载能力。因此，在实际工程设计中，应根据轴承所承受的外载荷合理地设计橡胶衬层厚度，在满足承载力设计要求的情况下，建议选用较厚的橡胶衬层。

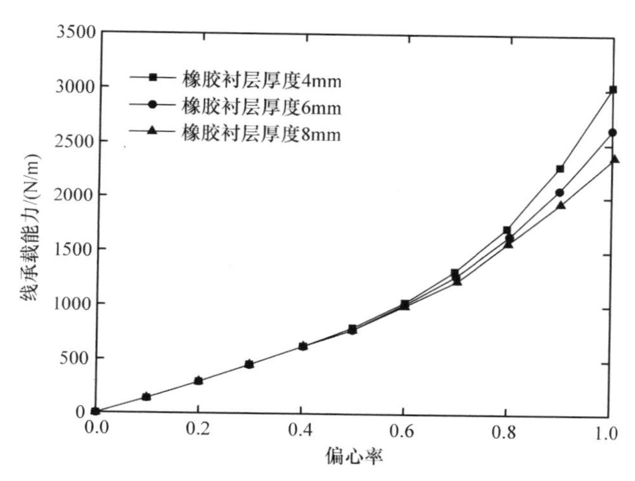

图 3-16　不同橡胶衬层厚度下线承载能力随偏心率的变化

2. 橡胶衬层硬度设计

水润滑橡胶合金轴承橡胶衬层硬度对摩擦系数的影响规律如图 3-17 所示(轴承尺寸：ϕ35mm×70mm，载荷 0.4MPa，轴颈圆周速度 1m/s，磨合时间 24h)。由图可知，其摩擦系数随转速的变化规律与图 3-15 类似：当速度 $v<1.5$m/s 时，处于混合润滑状态；当速度 $v>1.5$m/s 时，处于弹流润滑状态。但相对橡胶衬层厚度，橡胶衬层硬度对摩擦系数的影响较大。在一定范围内，随着橡胶衬层硬度的增加，摩擦系数呈增大的趋势。这是因为载荷一定，橡胶衬层硬度越大，在单位载荷作用下，其形变量越小，越不利于形成弹性流体动压润滑水膜，从而使摩擦系数增大[14]。

此外，橡胶衬层硬度与橡胶弹性模量(即杨氏模量)有一定的对应关系，如表 3-1 和图 3-18 所示，可以通过研究橡胶弹性模量对润滑性能的影响来反映橡胶衬层硬度对润滑性能的影响[16]。

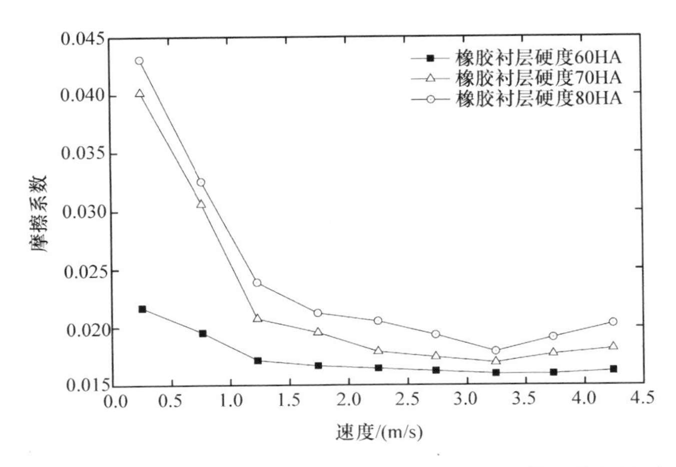

图 3-17　水润滑橡胶合金轴承不同橡胶衬层硬度对摩擦系数的影响曲线
（载荷 0.4MPa，橡胶衬层厚度 4.5mm）

表 3-1　国际橡胶硬度等级与弹性模量之间的关系

邵氏硬度(HA)	10	20	30	40	50	60	70	80	90
弹性模量/MPa	0.4	0.7	1.2	1.7	2.5	3.8	6	10	23

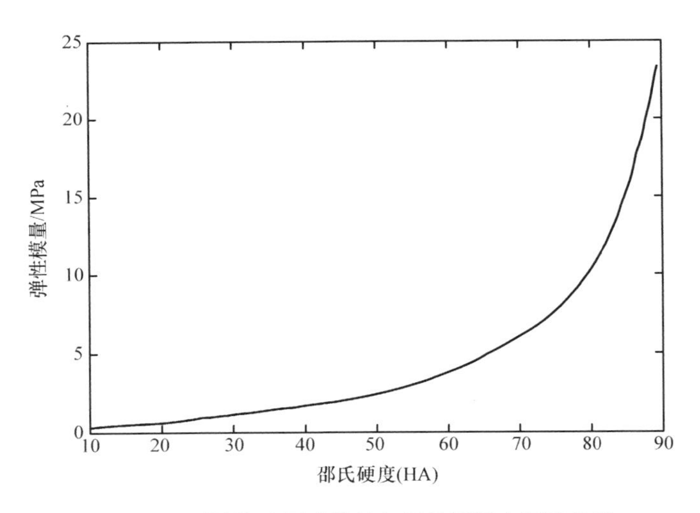

图 3-18　国际橡胶硬度等级与弹性模量之间的关系

图 3-19 为不同弹性模量下线承载能力随偏心率的变化规律，由图可知，线承载能力随着弹性模量的增大而增大[15]。这是因为，弹性模量越大，在单位外载荷的作用下，橡胶的形变量越小，线承载能力越高。因此，水润滑橡胶合金轴承的线承载能力远远小于金属油润滑轴承的线承载能力。

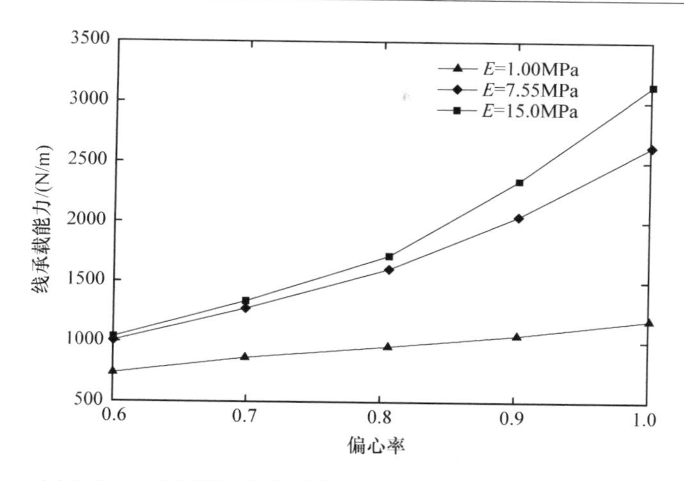

图 3-19　不同弹性模量下线承载能力随偏心率的变化曲线

3. 橡胶衬层沟槽设计

水润滑橡胶合金轴承多曲面结构、尺寸、沟槽数量和沟槽宽度对水膜压力分布、承载能力及摩擦系数有重要的影响。因此,需要根据实际工况合理地设计水润滑橡胶合金轴承的沟槽尺寸与分布。

图 3-20 给出了相同工况下,过渡圆弧半径对轴承线承载能力的影响规律。由图可知,线承载能力随着过渡圆弧半径的增大而降低,这是因为在流体动压润滑中,轴承主要靠收敛楔形内的液膜来产生压力,并支撑载荷。当过渡圆弧半径增大时,有效的收敛楔形长度将会减小,将会造成线承载能力的下降。因此,仅从弹性流体动压润滑理论方面考虑,过渡圆弧半径越小越好[15]。图 3-21 为相同工况下,过渡圆弧半径对水润滑橡胶合金轴承摩擦系数的影响规律。由图可知,在一定范围内,过渡圆弧半径对摩擦系数的影响较小,基本保持不变。

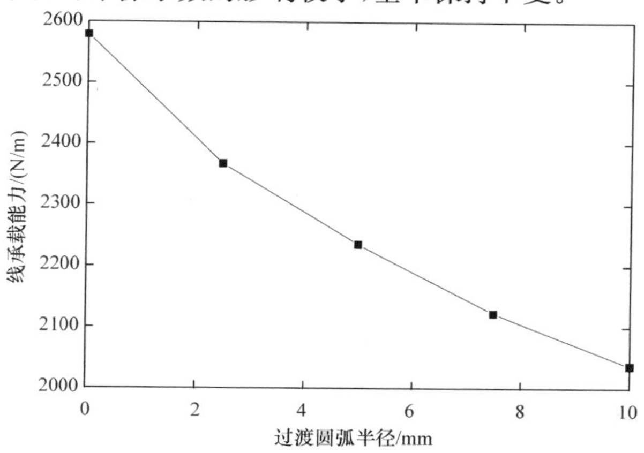

图 3-20　线承载能力随过渡圆弧半径的变化

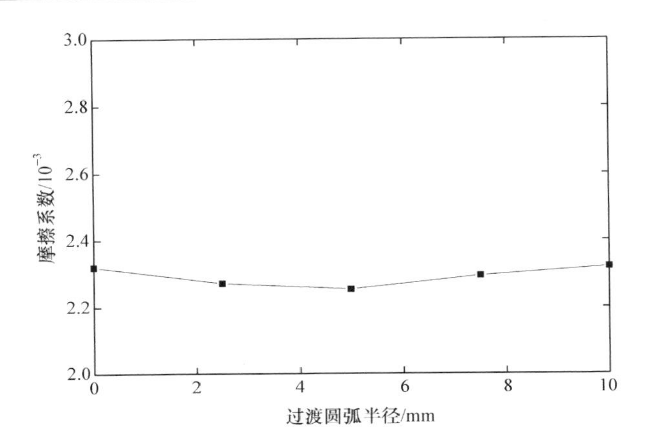

图 3-21　摩擦系数随过渡圆弧半径的变化

图 3-22 为水润滑状态下，当偏心率为 0.8 时，0 沟槽、4 沟槽、6 沟槽和 8 沟槽轴承的压力分布曲线。从图中可以看出，随着沟槽数量增多，轴承最大压力峰减小，0 沟槽轴承在偏心率为 0.8 时的最大压力约为 8 沟槽的 1.55 倍，而约为 4 沟槽的 1.3 倍。由此可以推断，沟槽越多，相同偏心率下的压力越小，其承载能力也就越低。但是沟槽可以改善轴承中润滑剂的冷却效应，避免液体的黏度随温度的升高而下降，保持其润滑性能。同时，由于水润滑轴承工作环境的特殊性，沟槽的存在有利于排除水中的杂质，从而保护转动轴[17]。

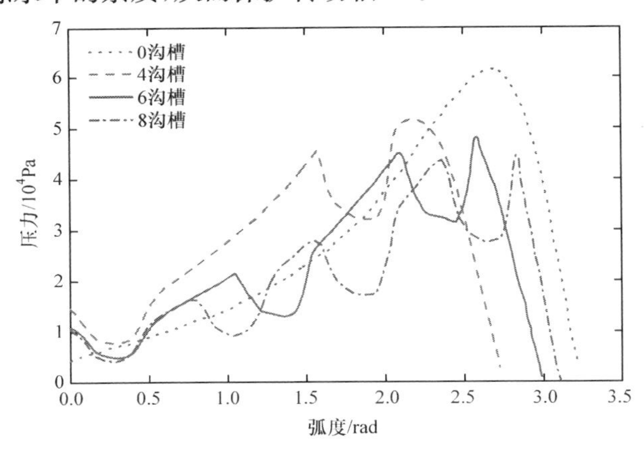

图 3-22　采用半索末菲解计算的 4 种沟槽水润滑轴承的压力分布

图 3-23 和图 3-24 给出了沟槽宽度与润滑性能的影响关系，随偏心率的增大，开槽轴承的无量纲载荷变大，同时在偏心率一定的条件下，随着沟槽宽度的增大，轴承的无量纲载荷在减小，说明轴承的承载能力在下降；但轴承的摩擦系数随沟槽宽度的增加而变小[18]。

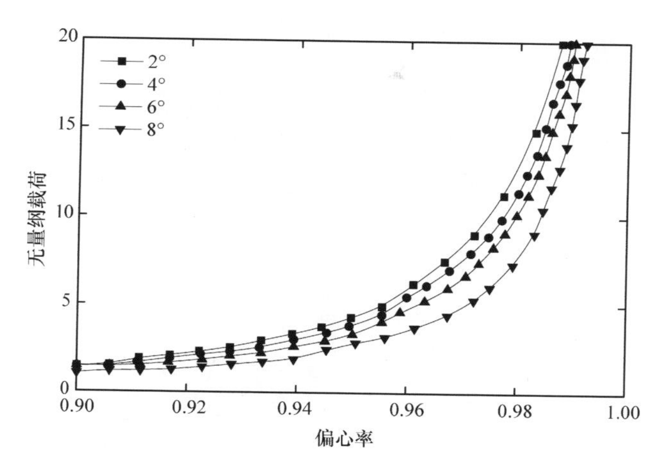

图 3-23　不同沟槽宽度轴承的无量纲载荷[18]

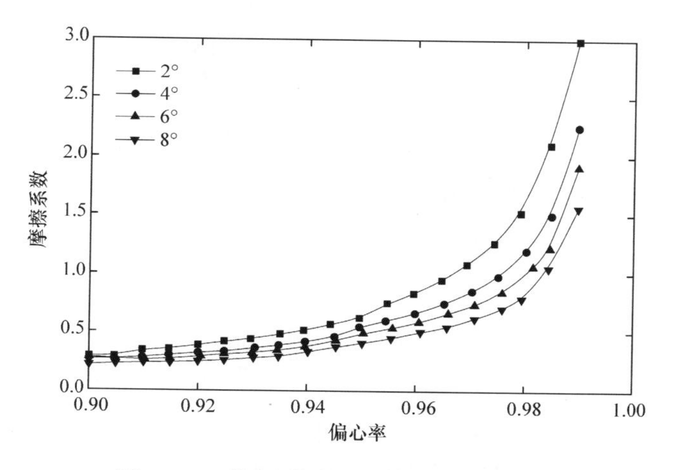

图 3-24　不同沟槽宽度轴承的摩擦系数[18]

根据上述分析和弹性流体动压润滑理论，虽然水润滑橡胶合金轴承沿着周向均匀分布着宏观沟槽(毫米级)，不利于动压润滑水润滑膜的形成，会影响其承载能力。但在实际工程设计中，必须设计沿周向均匀分布的轴向沟槽，其作用为：提供充足的润滑水，防止供水不足而引起干摩擦、烧胶；沟槽内的水流能够为轴承带走热量，防止轴承的温度过高而引起橡胶衬层软化失效；在泥沙含量较高的水域，沟槽还能起到排沙的作用，降低橡胶衬层的摩擦磨损。因此，建议在满足供水量、散热性能和排沙能力的情况下，水润滑橡胶合金轴承的沟槽数量、沟槽宽度应当取最小设计值。

3.1.3 橡胶轴承的设计比压

水膜在轴承内不连续，槽与槽之间的水膜压力服从雷诺分布；由于水润滑橡胶合金轴承的沟槽深度为毫米级，沟槽处无法形成水膜，压力为零，如图 3-25 所示[18]。

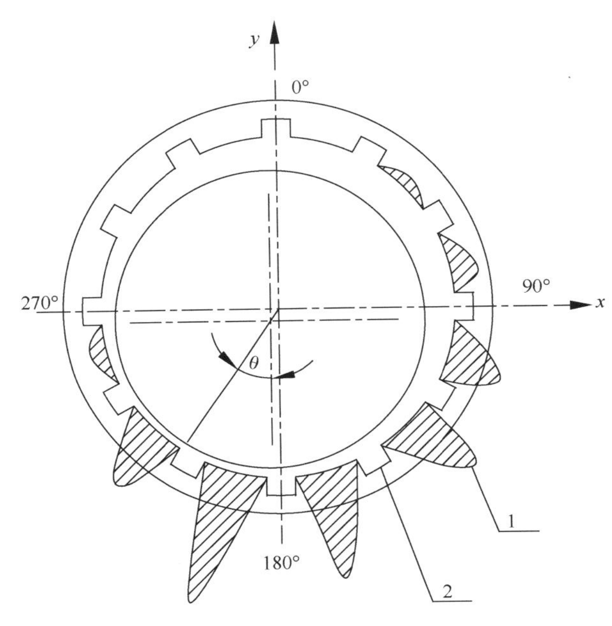

图 3-25 实际轴承的压力分布[18]

1-压力分布线；2-沟槽

水润滑轴承比压即比负荷，是轴承和轴颈制造材料的允许比负荷值。材料的计算比压不应该达到其极限值，以避免产生剧烈磨损或使轴承与轴颈工作表面之间产生咬合。材料的允许比压与材料的材质、表面加工精度和轴颈的表面硬度等因素有关，而材料的计算比压还与轴承的结构润滑条件和运转稳定性等外界条件有关。在选取轴承材料的比压时无法考虑所有的因素，也不可能全面地考虑润滑液和运行工况对轴承工作性能及其稳定性的影响。通常，对于某些低转速轴承，可以简单地只考虑制造材料本身的影响，而对于高转速的水润滑轴承，则必须要通过其工作能力的计算来确定其比压的允许值[19]。

由于橡胶是高弹性体，比压太大会引起工作面变形过大而承载能力下降，所以橡胶轴承的设计比压通常按式(3-1)计算[12,19]：

$$p=\frac{W}{D\times L} \tag{3-1}$$

式中，W 为轴承载荷，N；D 为轴承直径，mm；L 为轴承长度，mm。

根据轴承计算理论，轴承的工作比压应该符合下述不等式要求，即 $p \leqslant [p]$，其中$[p]$为材料的允许比压。

允许比压不超过 0.4MPa，建议采用 0.1～0.15MPa。根据国内外经验，轴承的长径比通常要求 $L/D<4$。因为增加轴承长度，并不意味着承载能力呈比例增大。相反，长径比过大不仅会带来安装上的困难，还可能使轴承散热差，工作状况恶化。因此，因轴承比压过大而加长轴承是不可取的[12]。

3.1.4　轴承的速度

对于水润滑橡胶合金轴承，速度越高，摩擦系数越小。当速度达到一定值后，摩擦系数会逐渐稳定，但温度会上升，所以速度并非越大越好。而速度太小时，会引起摩擦系数过大，轴承的功耗过大。通常橡胶合金轴承的速度在 5～20m/s 时，摩擦系数和温升是比较理想的。另外，速度对水润滑橡胶合金轴承的承载能力也有一定的影响。试验研究表明，在低速范围内，轴承的最大承载能力与速度几乎呈线性关系。但当速度达到一定值后，提高速度对承载能力不会再有明显的影响[12]。

3.1.5　轴承的 *pv* 值

由于轴承的比负荷值不能够充分地反映滑动轴承的工作能力，所以本节提出一个表征轴承工作能力的新参数，即 pv 值。轴承的 pv 值即作用于轴承上的平均比压 p 与轴承速度 v 的乘积，因此其单位为 kgf①/$\mathrm{cm}^2 \times (\mathrm{m/s})$。$pv$ 值与轴颈外圆单位面积上的摩擦功率成正比，即与轴承的热负荷成正比。为了保证滑动轴承的安全运转，应该满足如下要求[19]：

$$\frac{Qn}{1910L} \leqslant pv \tag{3-2}$$

式中，Q 为作用于轴承上的负荷，kgf；n 为轴承转速，r/min；L 为轴承长度，mm；p 为作用于轴承上的平均比压，$\mathrm{kgf/cm^2}$；v 为轴承的速度，m/s。

水润滑橡胶合金轴承的比压一般不应该超过 3.5$\mathrm{kgf/cm^2}$，而速度既不应低于 0.5m/s，也不应高于 6m/s；对于立式轴承，其速度可高达 30m/s[19]。

3.1.6　轴承的 *pvT* 值

对轴承进行设计时，应对轴承的 pv 值进行限制，以控制轴承的温升。因此，分析轴承的摩擦学性能时，就应作出轴承的 pvT（p 为压强，v 为速度，T 为时间）曲线，以分析三者之间的关系[20]。

---

①　1kgf=9.80665N。

滑动轴承运行时所产生的摩擦热可用式(3-3)表示：

$$K \sim pvfT \tag{3-3}$$

式中，K 为热量或温升；f 为摩擦系数。

pvT 曲线就是为分析 pvT 与 K 之间的关系而建立的曲线。p 值的计算可按式(3-1)求得。轴承速度作为计算摩擦热公式中的一部分是很重要的因素，其计算公式为[13]

$$v=\frac{\pi dn}{60\times 1000} \tag{3-4}$$

式中，v 为轴承速度，m/s；d 为轴径，mm；n 为轴的转速，r/min。

1. 无水润滑状态

在无水润滑状态下，轴承只能在低速轻载的情况下工作。这主要是由于橡胶衬层有一定的自润滑性能，载荷不大时呈现油性磨粒磨损状态，在磨损表面形成一层胶黏层，起到润滑作用。当载荷加大、转速加快时，轴承基本处于干摩擦状态，使温度急剧升高，这是因为橡胶衬层的热降解作用破坏了橡胶黏层的形成，摩擦系数增大，如图 3-26 所示。

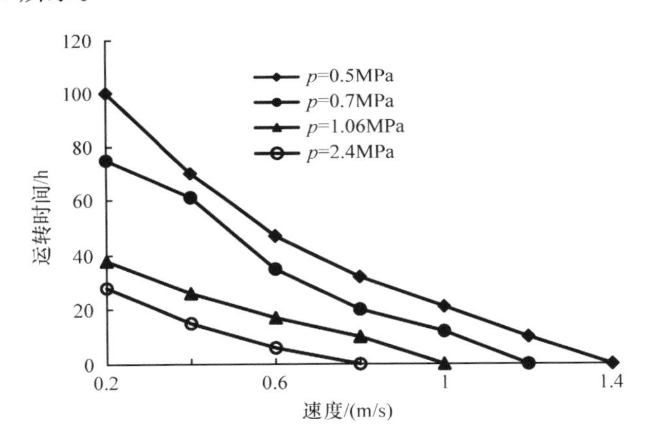

图 3-26　无水润滑状态下的 pvT 曲线

2. 水润滑状态

在水润滑状态下，水润滑橡胶合金轴承的 pvT 曲线如图 3-27 所示。在载荷增大、速度增加时，温升反而变慢，但在载荷增大到一定程度后温升又急剧增加。这是因为，一方面，如前分析所述，载荷对轴承的润滑状态有着较大的影响，使摩擦系数按一定的规律变化，从而造成温升也有着相似的变化规律；另一方面，当轴承承受载荷以后，在速度很低的情况下，使吸附性水膜不能包容整个轴面，轴承与轴之间的润滑状态主要是干摩擦或边界润滑，所以温升较快。随着速度的增大，轴承与轴之间形成润滑水膜，水膜的楔形效应使轴承的承载能力大大提高，使温升变慢。随着速度的继续增大，轴承与轴之间的动压效应进一步加强，并由于橡胶合金的弹性变形产生部分弹流效应，从而使温升进一步降低。但当转速增大到一定值以后，动压效应和弹流作用达到饱和值，所以温升也趋向平缓。

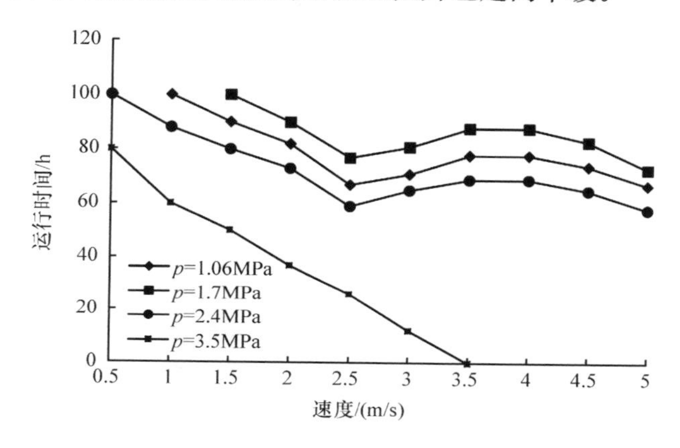

图 3-27　水润滑状态下的 pvT 曲线

3.1.7　长径比设计

长径比（L/D，即轴承长度与直径之比）是水润滑橡胶合金轴承设计的一个重要参数。选择长径比应考虑以下几点：

（1）有足够的接触面积以提供足够的轴承压力。

（2）易于对中。

（3）有足够的外表面，可采用过盈配合固定。

（4）沿轴承长度方向，压力分布均匀。

（5）容易形成并保持润滑流动膜。

根据不同的长径比与摩擦系数变化的曲线（图 3-28）可以看出，当长径比低于 2 时，随着长径比的增大，摩擦系数有降低的趋势；当长径比高于 2 时，随着长径比的增大，摩擦系数有增大的趋势。提高轴承的长径比可以增大轴承的承载能力，但这并不意味就可以随意使用大的长径比。在实际运行中，过大的长径比有产生更大的摩擦和拖力的趋势，这主要是因为轴承的前端并没有起到支撑作用，并会因为与水接触而产生不必要的剪切力；同时过大的长径比会导致安装困难和轴承工作状况恶化。因此，对于橡胶合金轴承，选择的长径比 $L/D\leqslant 4$ 为好。

设计者应该根据不同的使用要求，合理地进行水润滑橡胶合金轴承的长径比设计。通常，工业套筒轴承的长径比为 1∶1～1.5∶1，这主要是出于装配对中的

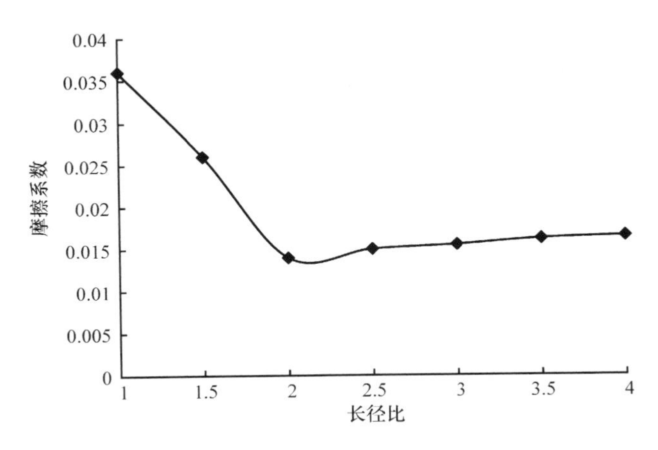

图 3-28 长径比对摩擦系数的影响

考虑。在船用轴承应用中，长径比通常选择为 2∶1 或 4∶1，这主要是考虑水润滑橡胶合金轴承承受的压力。对于大多数场合，轴承承受的载荷是均匀的，较高的长径比将减小轴承承受的压力，改善其性能。但在某些特殊应用场合，特别是对中成为主要问题时，此时应考虑选择较小的长径比。

随着水润滑橡胶合金轴承的发展，其橡胶合金材料能够在很高的比压下工作。目前作者正与主要船级社研究降低长径比的使用，特别是用于艉轴承时，在油润滑的艉轴承系统中典型长径比为 1.5∶1；在水润滑的艉轴承系统中典型长径比为 2∶1；在水润滑的舵轴系统中典型长径比为 1∶1。

3.1.8 润滑水量[21]

橡胶轴承必须用压力水润滑和冷却，尤其是单轴系船舶。螺旋桨轴直径小于 400mm 的轴系供水量(L/min)由下面经验公式确定：

$$Q=(0.3\sim0.35)D \tag{3-5}$$

式中，D 为轴承直径，mm。螺旋桨轴直径大于 400mm 的轴系供水量由下面公式确定：

$$J=\frac{1}{4270}\times fWv \tag{3-6}$$

$$Q=\frac{3600J}{(C_2-C_1)\gamma C_0} \tag{3-7}$$

式中，J 为发热量，kcal/s①；f 为摩擦系数；W 为轴承负荷，N；v 为速度，m/s；γ 为比热容，kcal/(kg·℃)；C_0 为水的密度，$C_0=10^3\text{kg/m}^3$；C_2-C_1 为 5℃，为冷却水

① 1cal/s=4.1868W，1kcal/s=4.1868kW。

进出口温度差,℃。供水压力:一般要求为吃水线压力+(0.1～0.3)MPa。

在自流给液状态(即无压给液状态)下从轴承流出的润滑液量为

$$G_c=\frac{7.7p\delta^3}{\mu_t(L/D)} \tag{3-8}$$

式中,G_c 为润滑液量,L/min;p 为作用于轴承上的平均比压,kgf/cm²;δ 为轴承径向间隙,cm;μ_t 为润滑液在工作温度下的黏度,Pa·s;L 为轴承工作长度,cm;D 为轴承直径,cm。

在有压给液状态下从轴承流出的润滑液量为

$$G_p=(7P+100p_p)\frac{\delta^3}{\mu_t(L/D)} \tag{3-9}$$

式中,G_p 为润滑液量,L/min;p_p 为润滑液的进给压力,kgf/cm²。

在式(3-8)和式(3-9)中,润滑液在工作温度下的黏度 μ_t 是一个很关键的计算参数,如果已知润滑液的工作温度,则可按式(3-10)计算:

$$\mu_t=\frac{t}{(0.1t)^{2.6}} \tag{3-10}$$

如果润滑液的工作温度为未知参数,则可按式(3-11)求出其估算值:

$$t=\frac{t_0}{2}+\sqrt{\left(\frac{t_0}{2}\right)^2+\sqrt{\frac{Wn^3iD}{24a^2L}}} \tag{3-11}$$

式中,t_0 为工作条件下的环境温度,℃;W 为轴承的径向负荷,N;i 为润滑液在10℃时的黏度,Pa·s;a 为散热系数,a=5.0～6.0。

在依据式(3-11)求得工作温度的估算值后,就可将其代入式(3-10)求得 μ_t 值或者是得知温度估算值 t 后按相应表格公式或曲线求取 μ_t 值。

3.1.9　轴承间隙

水润滑轴承的径向间隙值 δ($\delta=D-d$,其中 D 为轴承内径,d 为轴径)对于轴承的承载能力和运转性能会起着很重要的作用,因为它首先决定了润滑液膜的最小厚度并对间隙中润滑液的最高温度产生一定的影响。为了提高轴承的承载能力,应该尽可能地选用较小的间隙值,然而过小的间隙值又可能会导致轴承工作的不稳定,甚至会由于润滑液膜的破坏而造成摩擦和磨损。根据试验,轴承间隙受轴承直径、橡胶衬层厚度和硬度的影响。橡胶衬层越厚、硬度越软、轴承直径越大,则轴承间隙相应越大;而轴承橡胶层越薄、硬度越高、轴承直径越小,则轴承间隙相应就要小些[19]。

一般地,其相对轴承间隙为[19]

$$\varphi'=\frac{D-d}{d_n} \tag{3-12}$$

式中，d_n 为轴承的名义直径；φ' 的取值范围为 0.001～0.003，此外，也可以根据经验公式(3-13)来确定相对间隙 φ' 的取值，

$$\varphi'=0.8\times10^{-3}\sqrt[4]{v} \tag{3-13}$$

v 为轴承线速度，m/s。

表 3-2 给出了轴承相对间隙对润滑性能的影响。

表 3-2　轴承相对间隙值对润滑性能的影响[19]

相对间隙	速度/(m/s)	载荷/N	摩擦系数
0.0017	1.8	3000	0.0113
0.0024	1.8	3000	0.0085
0.003	1.8	3000	0.0195

3.1.10　轴承相对运动面粗糙度[19]

为了保证滑动轴承的相对运动面之间具有液体润滑，按照轴承设计理论的要求，应该使润滑液的最小液膜厚度满足下述不等式：

$$h_{\min}\geqslant\Delta_s+\Delta_b+\frac{f_{\max}}{2} \tag{3-14}$$

式中，$h_{\min}$为最小液膜厚度，mm；Δ_s 为轴栓表面的加工粗糙度，mm；Δ_b 为轴承表面的加工粗糙度，mm；$f_{\max}$为轴栓在轴承内的最大变形量，mm。对于自调轴承，$f_{\max}=4\times10^{-5}[p]D\left(\frac{L}{D}\right)^4$；对于非自调轴承，$f_{\max}=1136\times10^{-8}[p]D\left(\frac{L}{D}\right)^4$。

众所周知，滑动轴承中润滑液膜的厚度 h 是轴承结构要素和工作条件的函数，通常可按下述关系式求取：

$$h_{\mathrm{opt}}=\frac{d}{A}\sqrt{\frac{4.1\mu_t nL}{191000p(D+L)}} \tag{3-15}$$

式中，h_{opt}为润滑液膜的最佳计算厚度，cm；μ_t 为计算温度下润滑液的黏度，Pa·s；n 为轴的转速，r/min。

按式(3-15)计算而得的润滑液膜的最佳计算厚度值应满足下列不等式要求：

$$h_{\mathrm{opt}}\leqslant\frac{\delta}{4} \tag{3-16}$$

由于在轴承设计之前不可能得知轴承运转时其间润滑液的工作温度，所以对于水润滑轴承，如果泵所输送的是常温水，则可近似取其工作温度为 50℃，如果泵所输送的是中温热水，则可取其工作温度比热水输入温度约高 20℃。值得说明的是，对于一般使用条件下的轴承，为了减少烦琐的计算，通常可以采用下述简化关系式来确定轴承和轴栓相对运动面的表面粗糙度：

$$h_{\mathrm{opt}}=1.25(\Delta_s+\Delta_b) \tag{3-17}$$

或者

$$\Delta_s+\Delta_b=\frac{h_{\mathrm{opt}}}{1.25} \tag{3-18}$$

对于式中 Δ_s 和 Δ_b 值的分配，主要依据所取用的制造材料、热处理工艺和机械加工方法而定。对于加工性能较好的材料，通常取用较低的表面粗糙度(即较高的加工精度)。

一般情况下，水润滑橡胶合金衬套硬度为 60(邵氏硬度)，表面粗糙度为 1.1μm；水润滑橡胶合金衬套硬度为 70(邵氏硬度)，表面粗糙度为 1.6μm；该硬度范围能够保证水润滑橡胶合金衬套承载和抗振能力的最佳匹配，大大延长轴承的使用寿命，并利于提高传动效率。当水润滑橡胶合金衬套硬度为 90(邵氏硬度)时，表面粗糙度为 1.9μm，该硬度范围能够保证水润滑橡胶合金衬套承载和抗振能力适宜匹配，利于延长轴承的使用寿命。

3.2　螺旋槽水润滑橡胶合金轴承设计

3.2.1　螺旋角度对流体动压性能的影响

图 3-29 为不同螺旋角度对流体承载力的影响。由图可知，螺旋角度越大，承载力越小。所以螺旋槽水润滑轴承螺旋角度的选用，应根据转子实际运动工况：如果机械常态下的工作状态为 2000r/min 以上的高转速，则宜选用螺旋角度较小的水润滑轴承；反之，则选用螺旋角度较大的水润滑轴承[22]。

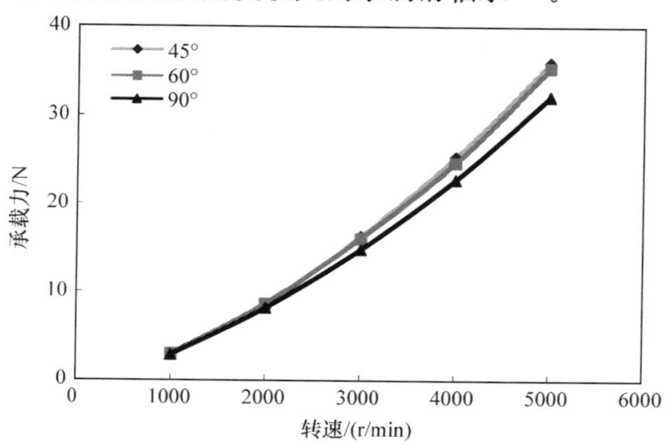

图 3-29　不同螺旋角度对流体承载力的影响

3.2.2　沟槽数量对流体动压性能的影响

图 3-30 为不同沟槽数量对流体承载力的影响。在低转速 $n=1000\text{r/min}$ 时，

沟槽数量对承载力的影响并不明显。当转速增大时,可以看到沟槽数量越少,承载力增大幅度越大,这也说明了沟槽会削弱轴承的承载力作用。

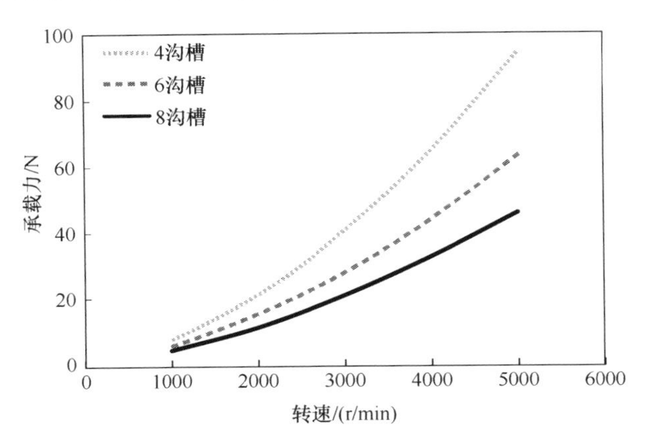

图 3-30　不同沟槽数量对流体承载力的影响

3.3　板条式水润滑橡胶合金轴承设计

3.3.1　板条形状对承载力的影响

图 3-31 给出了偏心率为 0.7 时不同板条形状对水膜承载力的影响。凹面式板条在转速低于 200r/min 时承载力优于平面板条和凸面板条。但在转速较高时,平面板条和凸面板条的承载力随转速增高增加较快。平面板条的承载力要整体优于凸面板条。

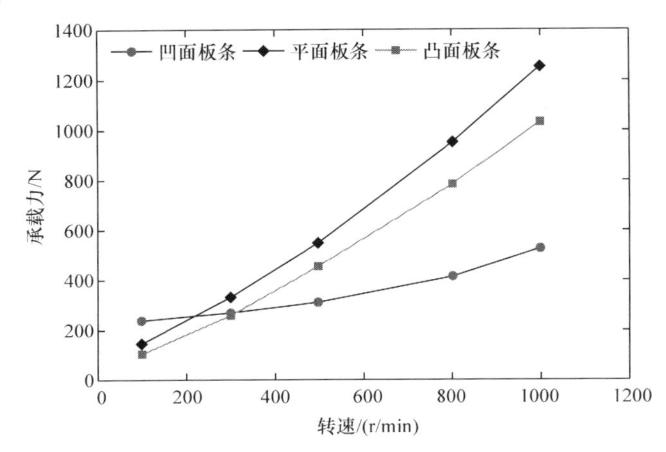

图 3-31　不同板条形状对水膜承载力的影响

3.3.2　板条形状对摩擦系数的影响

图 3-32 给出了不同板条形状对摩擦系数的影响曲线。平面板条和凸面板条轴承包角较凹面板条小，因此摩擦系数也小。即使在转速较低时，虽然凹面板条的承载力较平面板条和凸面板条大，但由于凹面板条的轴承包角比平面板条和凸面板条大得多，所以在低转速时凹面板条的摩擦系数也是大于平面板条和凸面板条的。橡胶衬层变形随着转速的增加而增大，使得凸面板条和凹面板条的轴承包角增大，所以在转速较高时，平面板条与凹面板条的摩擦系数相差没有在低转速时大。由于转速的增大，水膜的黏性剪切增加，它们的摩擦系数也随着转速的增大而增大。

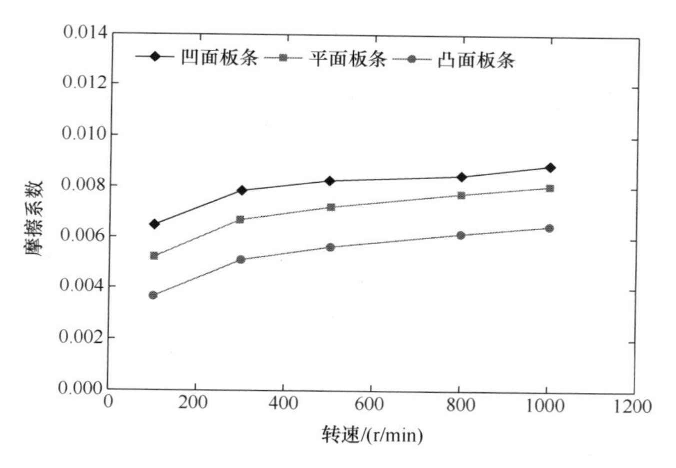

图 3-32　不同板条形状对摩擦系数的影响

3.4　水润滑橡胶合金轴承微观织构优化设计

由于工程实际中，很多摩擦系统的机械结构组成材料的弹性模量很大，摩擦副表面弹性变形程度较小，对表面织构润滑模型的动压效应影响不大。因此，此处数值计算先不考虑织构部分的弹性变形影响，即将摩擦副视为刚性体。

前面已经叙述过，表面织构类型主要有三种：微凹坑、微凸体和微沟槽。这里将重点分类对微凹坑和微沟槽进行研究，以得出相关规律[23]。

3.4.1　微凹坑表面织构设计与优化

1. 微凹坑织构设计

微凹坑表面织构的不同表面类型和截面形状会对摩擦副的润滑效果和减摩特

性产生不同程度的影响。作者从实际加工条件出发提出了如图 3-33 所示的典型微凹坑织构表面类型。

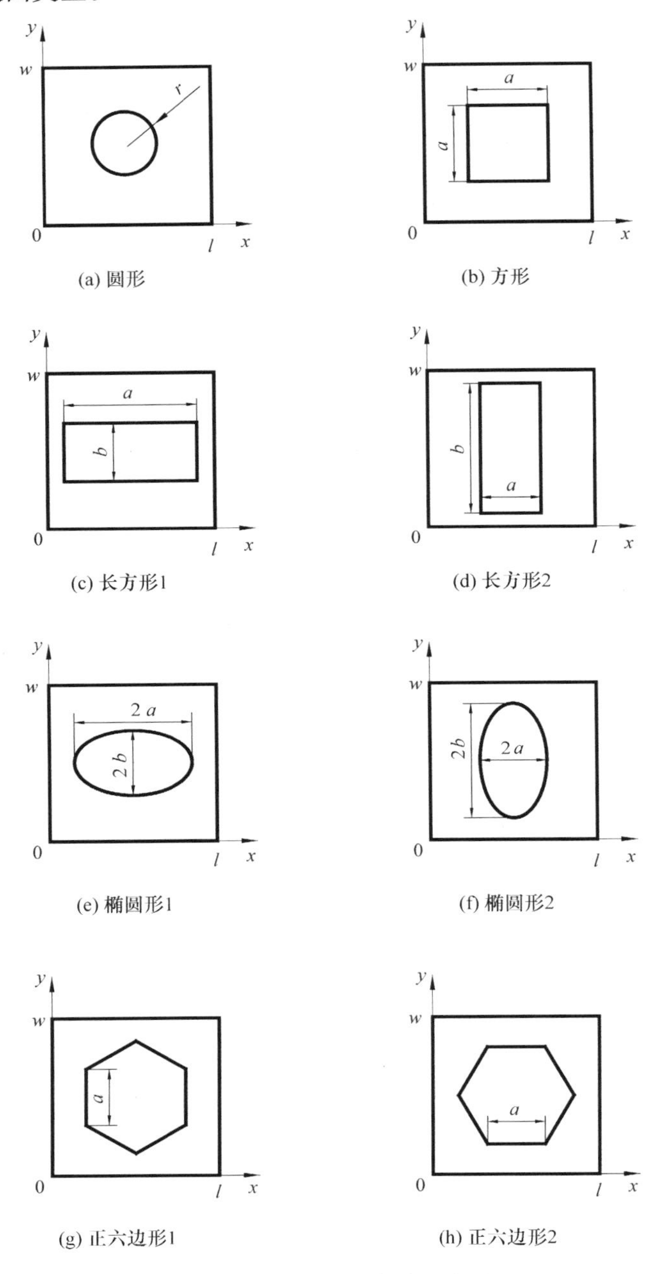

图 3-33　微凹坑织构表面类型

微凹坑织构截面形状如图 3-34 所示。

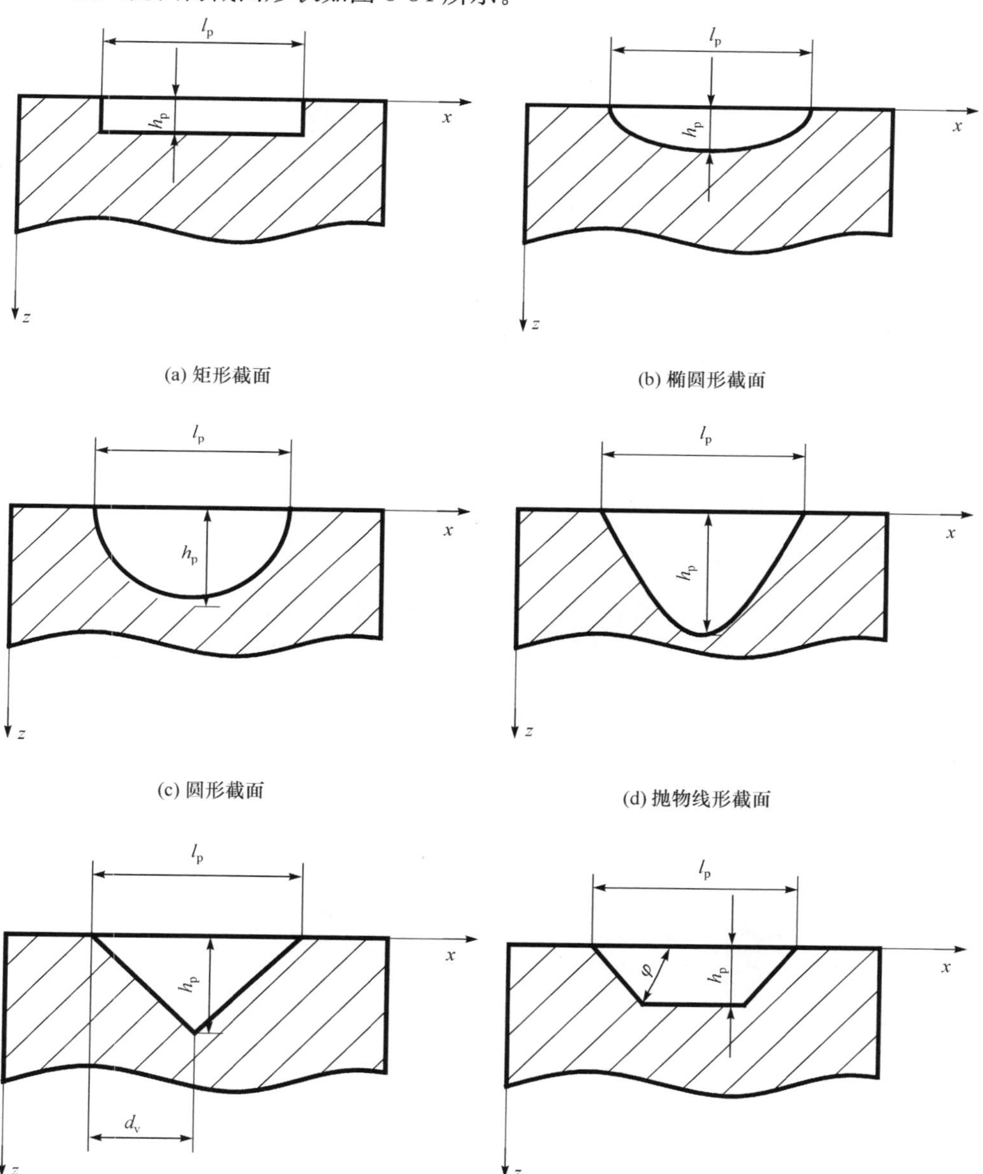

图 3-34　微凹坑织构截面形状

l_p-织构宽度；h_p-织构深度；d_v-截面定点距离；φ-倾斜角

$$
\begin{cases}
h=h_0, \quad (x,y)\notin\Omega \\
\begin{cases}
h_1=h_0+h_{\mathrm{p}} \\
h_2=h_0+\dfrac{h_{\mathrm{p}}}{r}\sqrt{r^2-\left(x-\dfrac{l}{2}\right)^2-\left(y-\dfrac{w}{2}\right)^2} \\
h_3+h_0+\sqrt{\left(\dfrac{r^2}{2h_{\mathrm{p}}}+\dfrac{h_{\mathrm{p}}}{2}\right)^2-\left(x-\dfrac{l}{2}\right)^2-\left(y-\dfrac{w}{2}\right)^2}-\left(\dfrac{r^2}{2h_{\mathrm{p}}}-\dfrac{h_{\mathrm{p}}}{2}\right) \\
h_4=h_0+\dfrac{h_{\mathrm{p}}}{r^2}\left[r^2-\left(x-\dfrac{l}{2}\right)^2-\left(y-\dfrac{w}{2}\right)^2\right] \\
h_5=h_0+h_{\mathrm{p}}\left[1-\dfrac{2}{r}\sqrt{\left(x-\dfrac{l}{2}\right)^2+\left(y-\dfrac{w}{2}\right)^2}\right] \\
h_6=h_0+\left[r-\sqrt{\left(x-\dfrac{l}{2}\right)^2+\left(y-\dfrac{w}{2}\right)^2}\right]\tan\varphi, \quad 0<\varphi<90^\circ
\end{cases}, \quad (x,y)\in\Omega
\end{cases}
\tag{3-19}
$$

2. 表面类型优化结果分析

基于矩形截面形状，取模型参数 $l=1\mathrm{mm}$，润滑剂黏度 0.08Pa·s，相对滑动速度 $U=2\mathrm{m/s}$，平均膜厚 $h_0=10\mu\mathrm{m}$，织构面积比 $S_{\mathrm{p}}=50\%$，计算得到不同表面类型下微凹坑织构润滑模型润滑特性参数随织构深度的变化规律如图 3-35 所示。其中∥、⊥分别表示织构长轴方向平行、垂直于摩擦副的相对滑动方向。

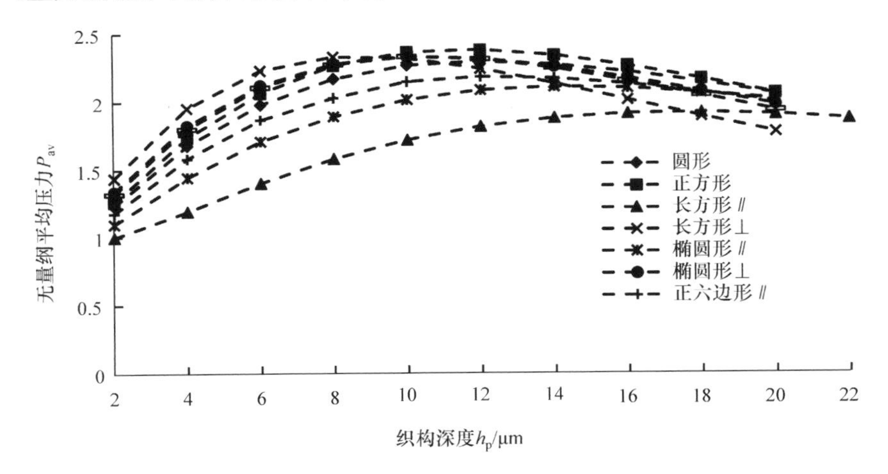

图 3-35　不同表面类型下微凹坑模型无量纲平均压力 P_{av} 随织构深度 h_{p} 的变化情况

在不同表面类型下，模型无量纲平均压力随着织构深度的增加都呈现先增加后减小的变化趋势，说明不同表面类型微凹坑均存在着一个最合适的凹坑深度使得模型无量纲平均压力最大，并且相同工况下不同表面类型凹坑的最优织构深度是不相同的；在同一织构深度下，不同表面类型微凹坑的无量纲平均压力大小关系会发生变化。总体来看，在织构深度比较小的情况($h_p < 10\mu m$)下，长方形⊥、椭圆形⊥和正六边形⊥的平均压力较大，圆形和正方形次之，相比之下，长方形∥、椭圆形∥和正六边形∥的平均压力要小很多；而在织构深度较大的情况($h_p > 10\mu m$)下，圆形、正方形表面微凹坑织构提供了更高的无量纲平均压力，之前表现最优的⊥类表面类型微凹坑无量纲平均压力最小，其中长方形⊥类型织构的无量纲平均压力下降趋势最为明显。

图 3-36 给出了在不同表面类型下，模型摩擦系数随织构深度的变化规律。可以看出，各表面类型微凹坑模型的摩擦系数均会随着织构深度的增加呈现先快速降低后稍有增加的趋势，即均存在一个最优织构深度使得模型摩擦系数最小，且不同表面类型的最优织构深度是不一致的。总体来看，椭圆形⊥和正六边形⊥表现较优，而长方形∥表面类型表现最差；相比其他类表面类型，长方形⊥在织构深度较小时的摩擦系数是最小的，但随着织构深度的不断增大，其摩擦系数会逐渐大于同一织构深度下其他类型的表面模型。

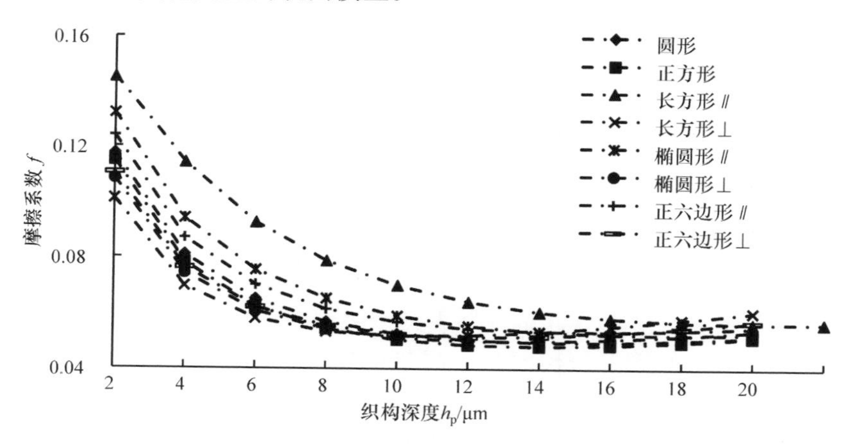

图 3-36　不同表面类型下微凹坑模型摩擦系数随织构深度的变化情况

从图 3-37 和图 3-38 可以看出，不同表面类型微凹坑织构的最优织构深度 h_{popt} 是不完全一致的，且这种不一致性与平均膜厚 h_0 无关。同时，h_{popt} 会随着 h_0 的增大而不断增大；同一表面类型下，使模型平均压力最大的织构深度与使摩擦系数最小的织构深度存在不完全一致性。

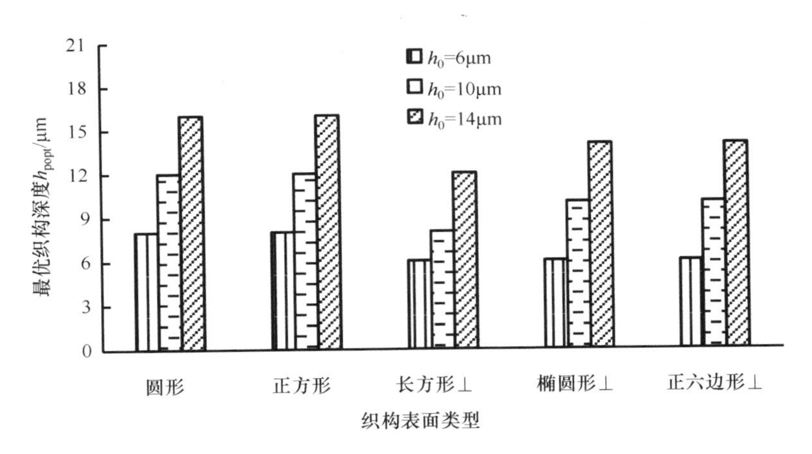

图 3-37　使得 P_{av} 最大的不同表面类型下的最优织构深度

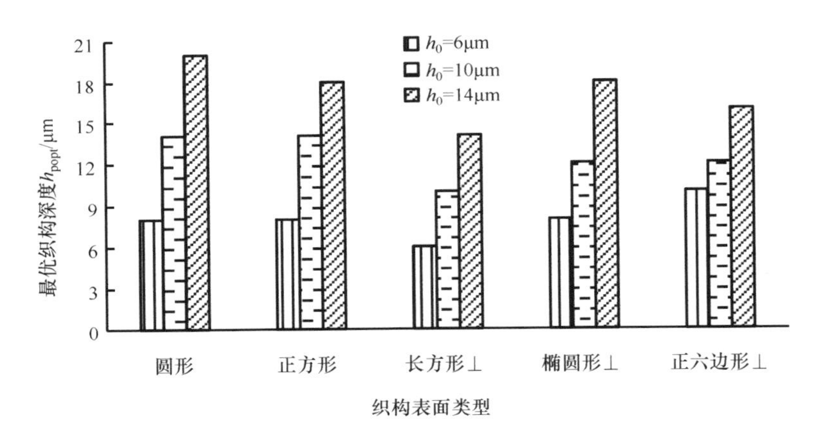

图 3-38　使得 f 最小的不同表面类型下的最优织构深度

图 3-39 和图 3-40 给出了不同表面类型下模型润滑特性参数随织构面积比的变化规律。可以看出，随着织构面积比的不断增大，长方形⊥、椭圆形⊥和正六边形⊥三类表面模型的无量纲平均压力逐渐升高、摩擦系数逐渐减低；而其他表面类型均存在一个最优织构面积比使得摩擦副润滑特性最优，且各最优织构面积比是不相同的。在织构面积比 S_p 较小($S_p<30\%$)时，长方形//、椭圆形//和正六边形//表面类型表现出了更优的润滑性能；在织构面积比达到一定程度($S_p>40\%$)时，这三类表面类型模型的润滑性能均会下降。此时，长方形⊥、椭圆形⊥和正六边形⊥会逐渐优于其他类型表面。总体来看，正方形和圆形表面类型模型的润滑特性参数变化趋势类似，其无量纲平均压力和摩擦系数的稳定性要强于其他类型，两类表面的总体表现较优。

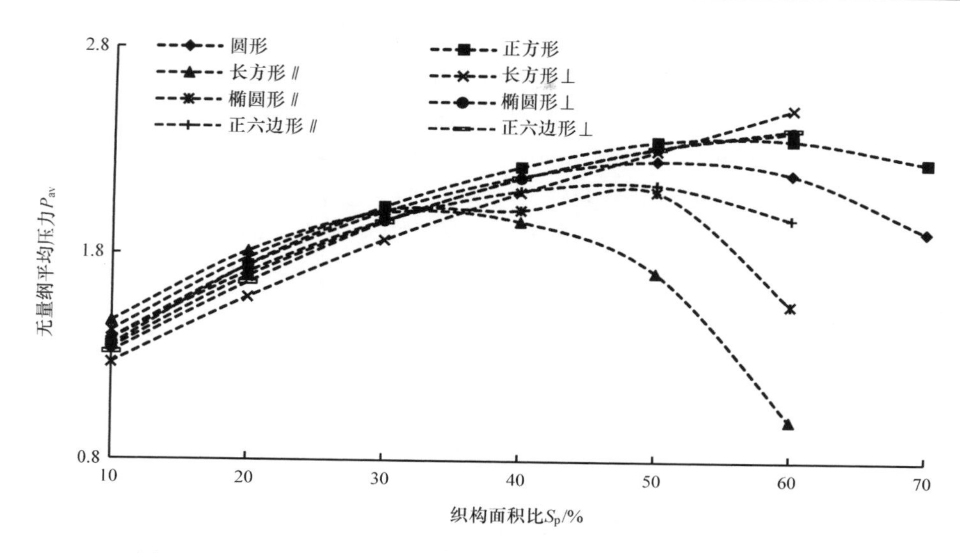

图 3-39　不同表面类型下微凹坑模型 P_{av} 随织构面积比的变化情况

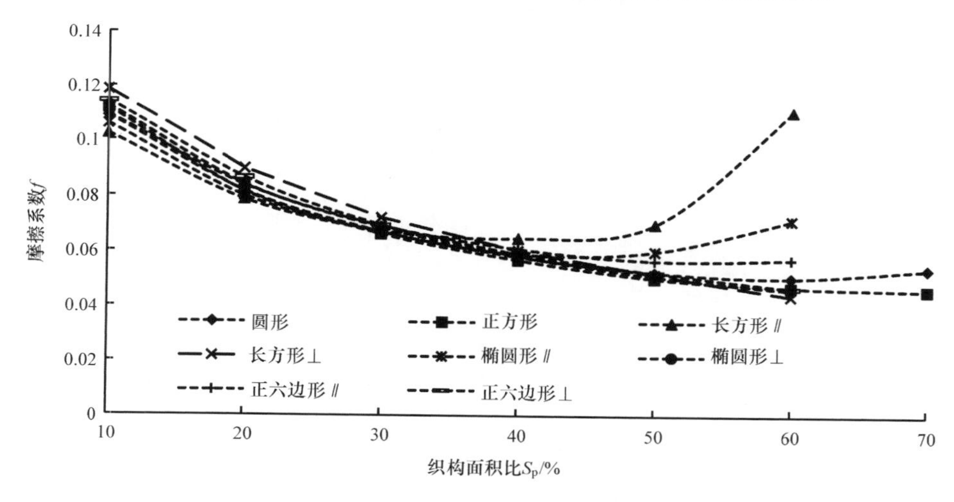

图 3-40　不同表面类型下微凹坑模型 f 随织构面积比的变化情况

3. 截面形状优化结果分析

截面形状优化是基于圆形表面微凹坑进行的，旨在针对某一特定工况提出一种最合适的截面形状使得摩擦副润滑性能最优。取模型参数为：相对滑动速度 $U=1\text{m/s}$，平均膜厚 $h_0=6\mu\text{m}$，圆形表面凹坑半径 $r_p=200\mu\text{m}$。

如图 3-41 与图 3-42 所示，对于微圆凹坑织构模型，不同截面形状均存在着最优织构深度，它使得模型无量纲平均压力最大，摩擦系数最小。例如，椭圆形截面模型在$h_p=8\mu m$时，P_{av}最大，f 最小。不同截面形状的最优织构深度不一致。例如，对于模型无量纲平均压力，矩形截面最优织构深度为 $h_p=6\mu m$，而球形截面最优织构深度$h_p=10\mu m$。在不同织构深度下，不同截面形状微圆凹坑润滑特性强弱不同，在织构深度比较小($h_p<12\mu m$)时，矩形、梯形类截面润滑作用最大，而三角形截面效果最差；当织构深度较大($h_p>12\mu m$)时，三角形、曲线形截面(此处指椭圆形、圆形、抛物线形)润滑作用会逐渐大于矩形和梯形类截面。图中信息还表明，三类曲线形截面模型润滑效果及其变化规律极其近似；矩形和梯形两类截面模型的润滑特性参数数值也相差不大，并有梯形类截面随着倾斜角度的加大，润滑效果逐渐接近于矩形截面微圆凹坑模型。

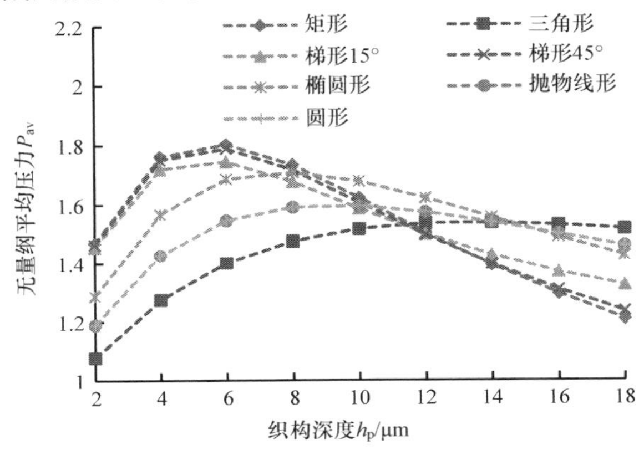

图 3-41　不同截面形状微圆凹坑平均压力随织构深度的变化关系

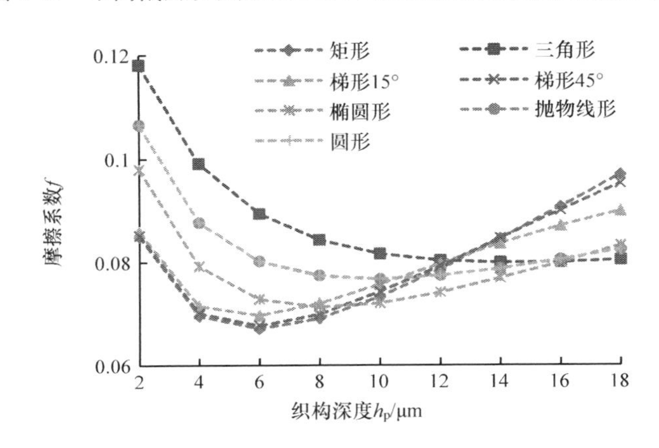

图 3-42　不同截面形状微圆凹坑摩擦系数随织构深度的变化关系

如图 3-43 与图 3-44 所示，不同截面形状微圆凹坑模型的最优织构深度不同，且随着 h_0 的增大，最优织构深度有不断增大的趋势；同一截面形状下，使模型无量纲平均压力最大的最优织构深度与使摩擦系数最小的最优织构深度存在一定程度的不一致，但相差不大。

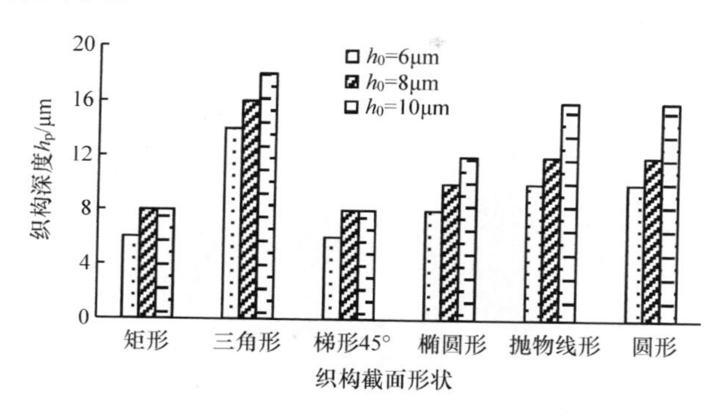

图 3-43　使得 P_{av} 最大的不同截面形状模型的最优织构深度

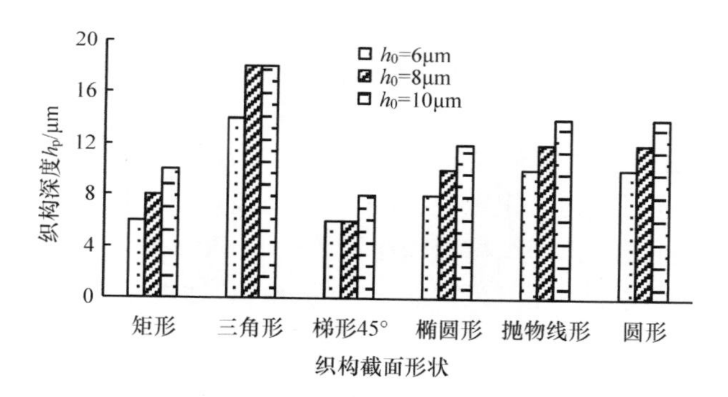

图 3-44　使得 f 最小的不同截面形状模型的最优织构深度

同样，基于圆形表面凹坑模型，取工况参数 $U=2\text{m/s}$，$W=0.4\text{N}$，$h_p=10\mu\text{m}$，计算得到如图 3-45 和图 3-46 所示的不同截面形状下，模型润滑特性参数随织构面积比的变化规律。

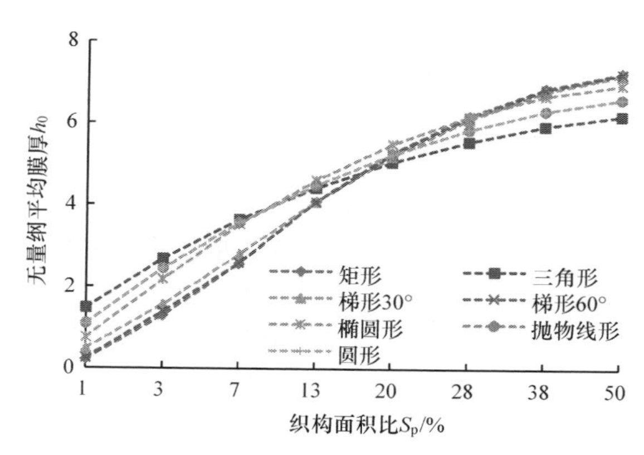

图 3-45　不同截面形状下凹坑模型无量纲平均膜厚随织构面积比的变化情况

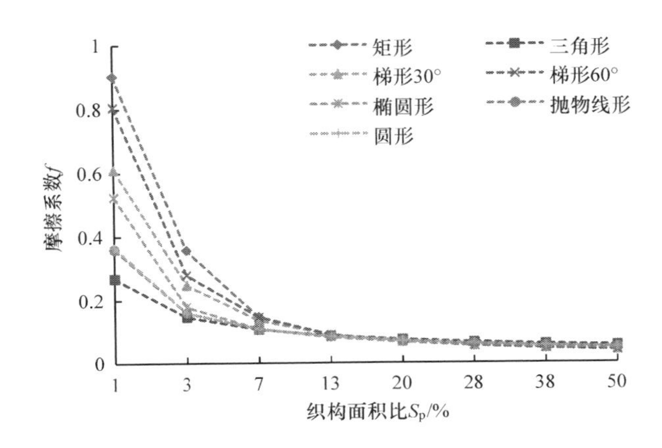

图 3-46　不同截面形状下凹坑模型摩擦系数随织构面积比的变化情况

如图 3-45 和图 3-46 所示，截面形状对椭圆形凹坑模型的润滑特性存在较大影响，且具有不同截面形状的模型润滑特性参数均随着织构面积比的增加而逐渐得到加强，其中无量纲平均膜厚会逐渐增加，而摩擦系数不断降低，最后趋于平稳；在相同负载作用下，当织构面积比较小($S_p<13\%$)时，三角形截面和曲线形截面表现出了更优的润滑性能；而当织构面积比较大($S_p>20\%$)时，矩形和梯形类截面凹坑的无量纲平均膜厚较大；随着织构面积比的进一步增大，各截面形状模型的摩擦系数趋于平稳，数值相差无几。

4. 表面凹坑分布方式优化

基于如图 3-34 所示的多坑模型，取织构比 $\nu=0.4$。根据实际工况需要，设计如图 3-47 所示的十种典型分布方式。

计算模型基于圆形表面、矩形截面凹坑，取工况参数：$r_p=200\mu m$、$h_p=10\mu m$、$L\times w=10mm\times 1mm$、$\eta=0.08Pa\cdot s$、$U=2m/s$。计算得到相同工况下的多坑模型的无量纲平均压力和摩擦系数随凹坑分布方式的变化情况如图 3-48 和图 3-49 所示。

图 3-48 和图 3-49 两组数据表明：存在最优的微凹坑分布方式使得特定工况下多坑模型的润滑特性最优，且在不同平均膜厚下，模型润滑特性参数随微凹坑分布方式的变化规律是一致的。也就是说，多坑模型的表面凹坑最优分布方式与模型所承受负载无关。综合来看，方式 A 的分布最有利于模型的表面凹坑产生动压效应，使得模型无量纲平均压力最大，摩擦系数最小；方式 C 和方式 I 次之，而方式 G 和方式 J 的微凹坑分布方式最不利于多坑模型形成表面流体动压力。

从图 3-47 可以看出，对于方式 A 和方式 I，由于凹坑之间的耦合作用所产生的高压区域作用面积要明显大于方式 G。对于方式 A，单个凹坑所产生的动压效

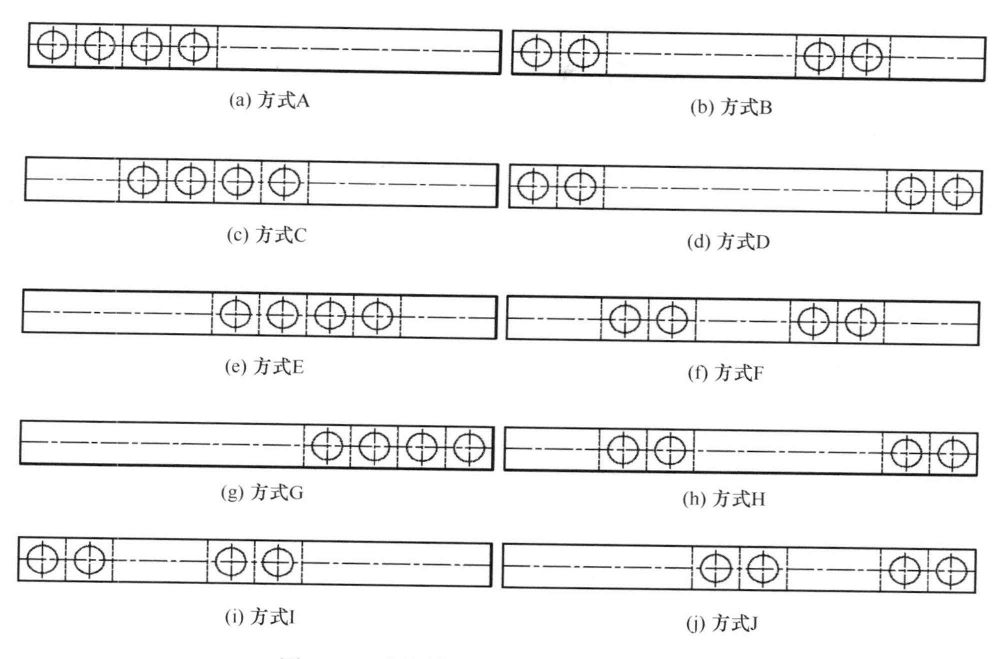

图 3-47　多坑模型表面凹坑分布方式设计

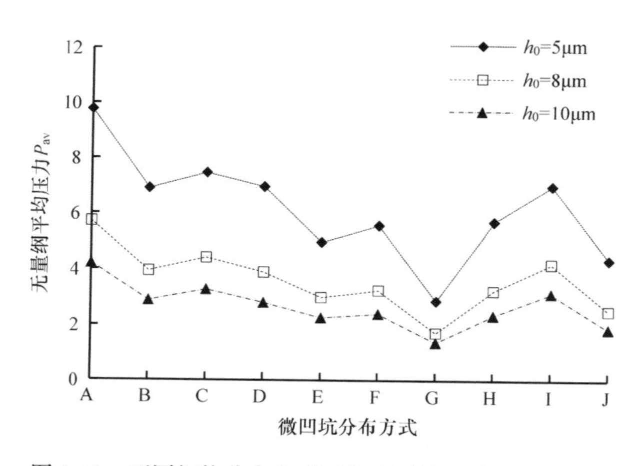

图 3-48　不同织构分布方式下模型无量纲平均压力对比

应是逐渐增强的，最大压力值远大于另外两种分布方式。方式 G 的压力云图反映出各个凹坑独立作用，无法形成耦合效应。可以得出结论，对于面-面接触凹坑化摩擦副，在靠近入口处加工适当比例的表面凹坑所体现的润滑改性效果要优于在摩擦副表面的中间部分或出口处；同时，表面凹坑间不宜出现过长的空白区域，应保持一定的连续性，以最大限度地发挥凹坑间的耦合作用。

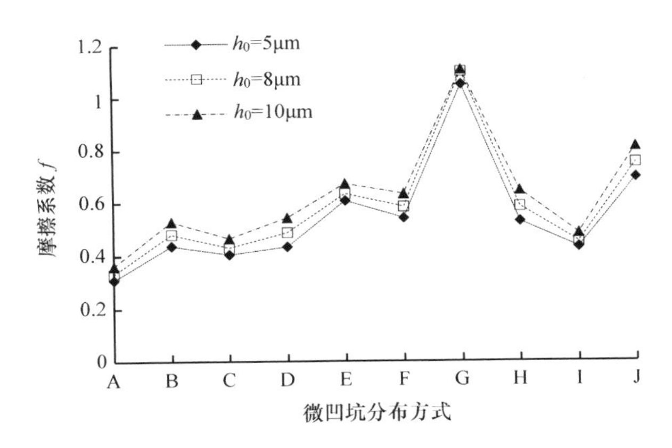

图 3-49　不同织构分布方式下模型摩擦系数对比

为了进一步探讨在适当模型尺寸范围内的微凹坑加工比例问题，下面基于表面微凹坑最优分布方式 A 就微凹坑分布比例进行优化分析。

图 3-50 和图 3-51 给出了 $h_0=10\mu m$、$h_p=10\mu m$ 时，多坑模型润滑特性参数随织构比的变化规律。数据显示，存在一个最优织构比使得多坑模型流体动压效应最优，即存在合理分布的部分织构要比全表面微凹坑润滑性能更优；不同织构面积比下，最优织构比是相同的，均有 $\nu_{opt}=0.6$。使模型承载能力最大和摩擦系数最小的两个最优织构比基本上是一致的。

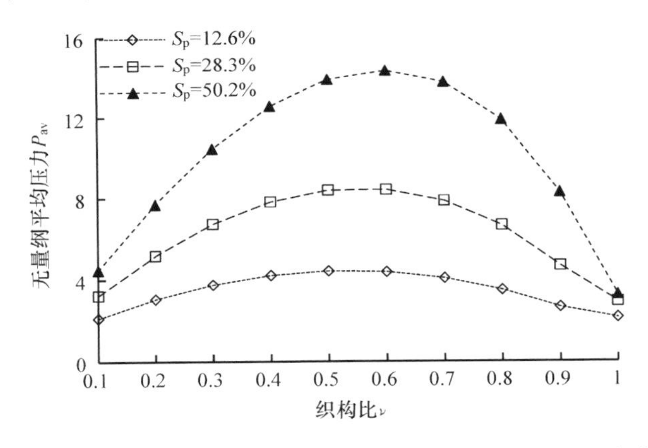

图 3-50　不同织构面积比下模型无量纲平均压力随织构比的变化规律

为了验证基于单坑模型进行的表面类型和截面形状优化计算的合理性和一致性，这里以截面优化为例，基于多坑模型进行计算验证。取最优织构比 $\nu=0.6$，选取四种最典型截面：矩形、圆形、三角形、梯形。相关计算结果如图 3-52～图 3-55 所示。

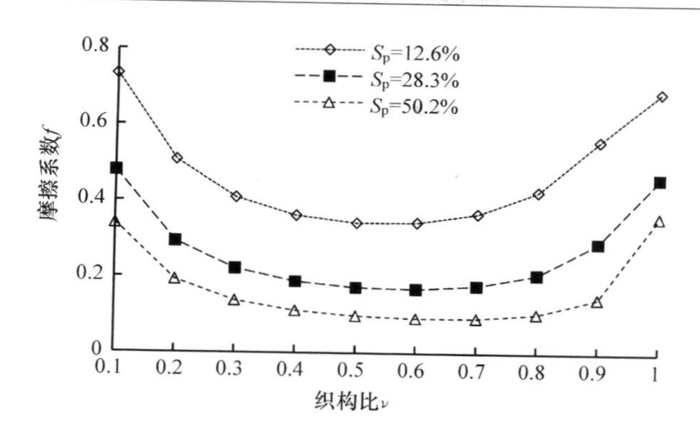

图 3-51　不同织构面积比下模型摩擦系数随织构比的变化规律

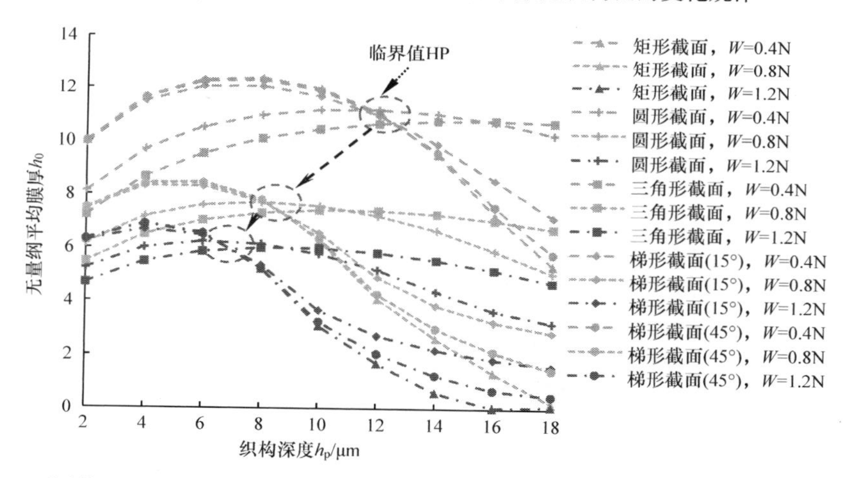

图 3-52　不同截面形状下微圆凹坑多坑模型无量纲平均膜厚随织构深度的变化情况(r_p＝300μm)

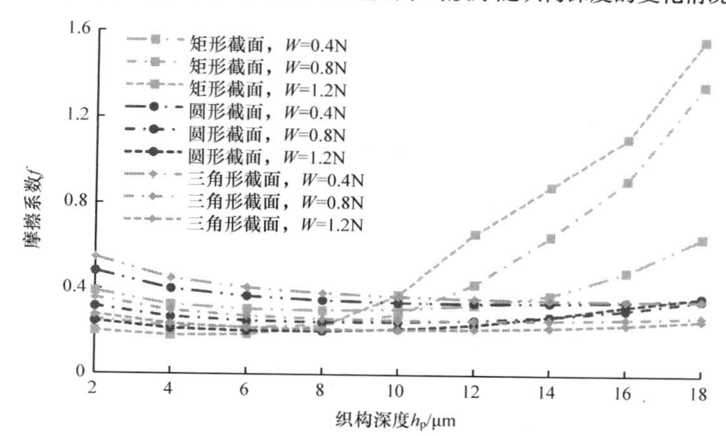

图 3-53　不同截面形状下微圆凹坑多坑模型摩擦系数随织构深度的变化情况(r_p＝300μm)

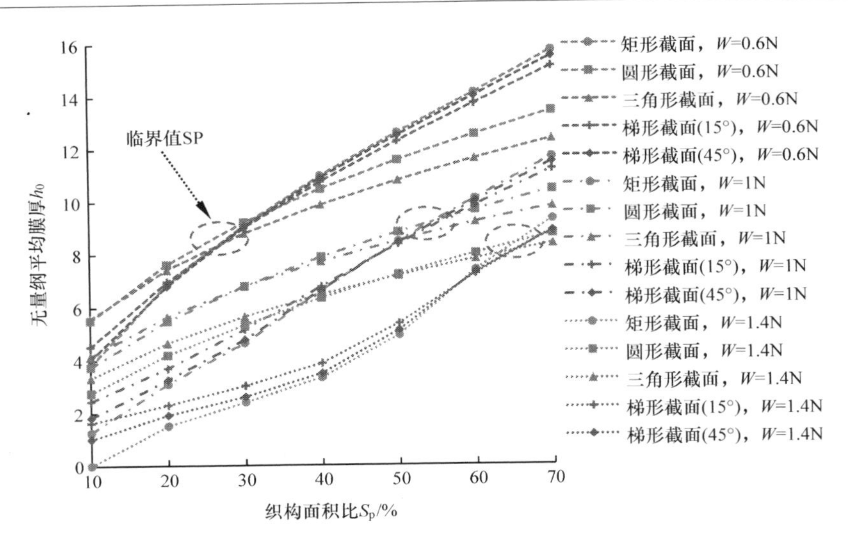

图 3-54　不同截面形状下微圆凹坑多坑模型无量纲平均膜厚随织构面积比的变化情况($h_p=10\mu m$)

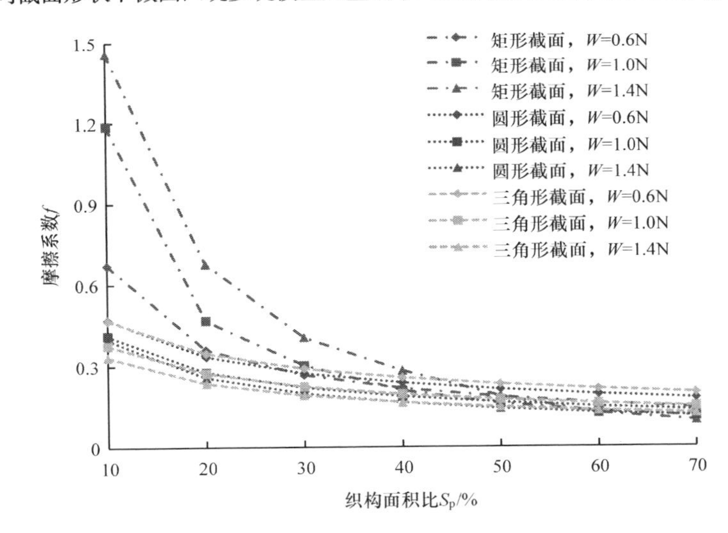

图 3-55　不同截面形状下微圆凹坑多坑模型摩擦系数随织构面积比的变化情况($h_p=10\mu m$)

综上可以得出以下结论：

(1) 对于微圆凹坑表面织构，不同截面形状下均存在着一个最优织构深度使得模型润滑性能最优，且不同截面形状的最优织构深度不一致。

(2) 当织构深度比较小(h_p<HP，HP 为某一临界值)时，矩形、梯形类截面润滑作用最为明显，曲线形(此处以圆形为例)截面次之，三角形截面效果最差；当织构深度较大(h_p>HP)时，三角形、曲线形截面润滑作用会逐渐大于矩形和梯形类截面。

(3) 梯形类截面随着竖直边倾斜角度的增加，其润滑作用逐渐接近于矩形截面，两者润滑特性参数数值相差不大。

(4) 具有不同截面形状的圆形凹坑织构模型润滑特性参数(无量纲平均膜厚、摩擦系数)分别随着织构面积比的增加而逐渐升高和降低。

(5) 在相同载荷作用下，当织构面积比较小(S_p<SP，SP为某一临界值)时，三角形截面和曲线形截面表示出了更优的润滑性能，而当织构面积比较大(S_p>SP)时，矩形和梯形类截面凹坑无量纲平均膜厚较大。

(6) 随着织构面积比的进一步增大，各截面形状模型摩擦系数趋于平缓，数值相差不大。

上述结论和规律在模型承受不同负载情况下均是适用的，只不过随着静载的不断增加，临界值HP会不断减小(如当W=0.4N时，HP=12μm，而当W=1.2N时，HP=7μm)，临界值SP会不断变大(如当W=0.6N时，SP=28%，而当W=1.4N时，SP=65%)。

3.4.2 微沟槽表面织构润滑性能设计

虽然微沟槽是目前为止应用最为广泛的织构类型之一，但有关微沟槽的结构形式和布局的研究还过于单一。

1. 微沟槽表面类型设计分析

图3-56为微沟槽润滑模型，图中所指V形沟槽可以根据实际工况需要替换为直线形或螺旋形(图3-57)。其中，螺旋形沟槽的线形一般采用正弦形或余弦形。

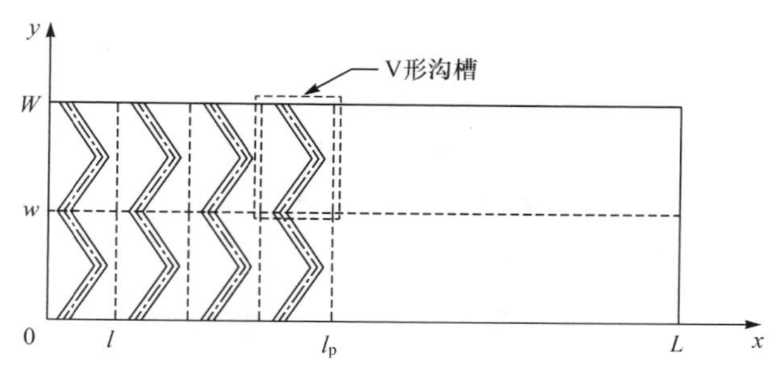

图3-56　微沟槽润滑模型

图3-57为微沟槽模型常用表面类型，图中l、w为微单元计算域尺寸，D_v为V形沟槽横向幅度，D_s为螺旋形沟槽横向幅度，l_p为微沟槽横向宽度，即织构宽度。三种典型表面类型微沟槽中心线几何方程可表示如下。

(1) 直线形沟槽：

$$x=x_0,\quad 0\leqslant y\leqslant w$$

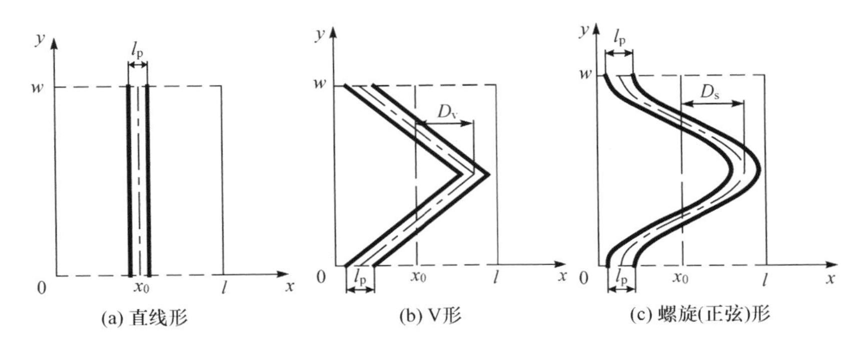

(a) 直线形　(b) V形　(c) 螺旋(正弦)形

图 3-57　微沟槽模型常用表面类型

（2）V 形沟槽：

$$\begin{cases} y_1 = \dfrac{w}{4D_v}x + \dfrac{w}{4}\left(1 - \dfrac{l}{2D_v}\right), & 0 \leqslant y < \dfrac{w}{2} \\ y_2 = -\dfrac{w}{4D_v}x + \dfrac{w}{4}\left(\dfrac{l}{2D_v} + \dfrac{3}{4}\right), & \dfrac{w}{2} \leqslant y \leqslant w \end{cases} \tag{3-20}$$

（3）螺旋形沟槽：

$$x = -D_s\cos\left(\frac{2\pi y}{w}\right) + \frac{l}{2},\quad 0 \leqslant y \leqslant w$$

有了中心线偏移$\pm l_p/2$即可得到等距线方程。为了得到定性分析结果，先假定微沟槽的截面为矩形。取结构参数为$l=2\text{mm}$、$k=1$、$D_v=D_s=l/4$；工况参数为$U=3\text{m/s}$、$h_0=6\mu\text{m}$，润滑剂黏度$\eta=0.05\text{Pa}\cdot\text{s}$。

图 3-58 为基于单坑模型的三类典型表面微沟槽的润滑特性随沟槽结构参数的变化关系对比分析结果。由于单坑模型结构尺寸上的限制，V 形沟槽和螺旋形沟槽的织构宽度不宜过大，否则会因为沟槽超过模型边界而造成润滑膜压力急剧下降。所以在数值计算过程中，对于 V 形沟槽和螺旋形沟槽，当研究模型润滑性能随织构宽度的变化规律时，织构宽度的选取范围会存在一定的限制。

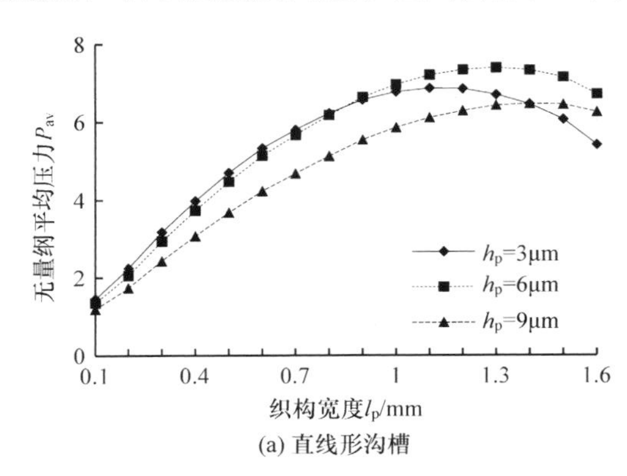

(a) 直线形沟槽

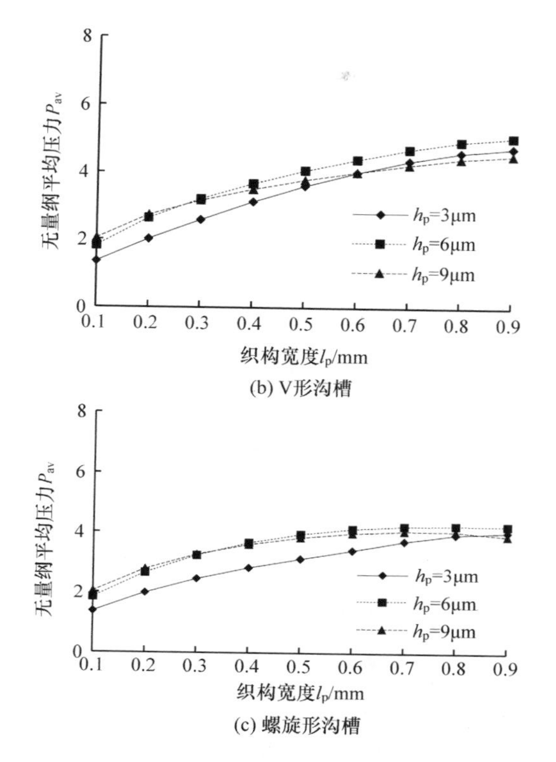

(b) V形沟槽

(c) 螺旋形沟槽

图 3-58　微沟槽模型无量纲平均压力随织构宽度的变化规律

对于三类表面类型的微沟槽，其无量纲平均压力随着织构宽度的增加均有近似逐渐变大的趋势，其中直线形沟槽会在织构宽度过大时由出口端泄压而造成无量纲平均压力一定程度的降低。不同表面类型的微沟槽模型均存在下述情况：对于不同织构深度的微沟槽模型，模型无量纲平均压力的大小关系会随着织构宽度的变大而发生转变。例如，对于 V 形沟槽，在 $l_p < 300\mu m$ 时，织构深度 $h_p = 9\mu m$ 模型的无量纲平均压力要大于 $h_p = 3\mu m$ 和 $6\mu m$，而当 $l_p > 600\mu m$ 时，$h_p = 9\mu m$ 模型的无量纲平均压力值变为最小。相应地，直线形沟槽和螺旋形沟槽的织构宽度临界值如图中标识所示。

由图 3-59 可知，三类不同表面类型的微沟槽模型均存在一个最优织构深度使得模型无量纲平均压力最大，且同一表面类型沟槽在不同织构宽度下的最优织构深度相差不大，不同表面类型沟槽的最优织构深度差异较大。例如，直线形、V 形、螺旋形沟槽的最优织构深度分别为 $4\mu m$、$6\mu m$、$8\mu m$。不同织构宽度下，各类表面沟槽的无量纲平均压力随织构深度的变化规律是近似一致的。当织构宽度较大时，相应的模型无量纲平均压力也会有所增加。这与图 3-34 所反映出的信息是一致的。同样，图 3-58 中所指出的三类沟槽润滑特性在不同织构宽度下的强弱关系会随着织构深度的不同而有所转换，在图 3-59 中得到了很好的验证。

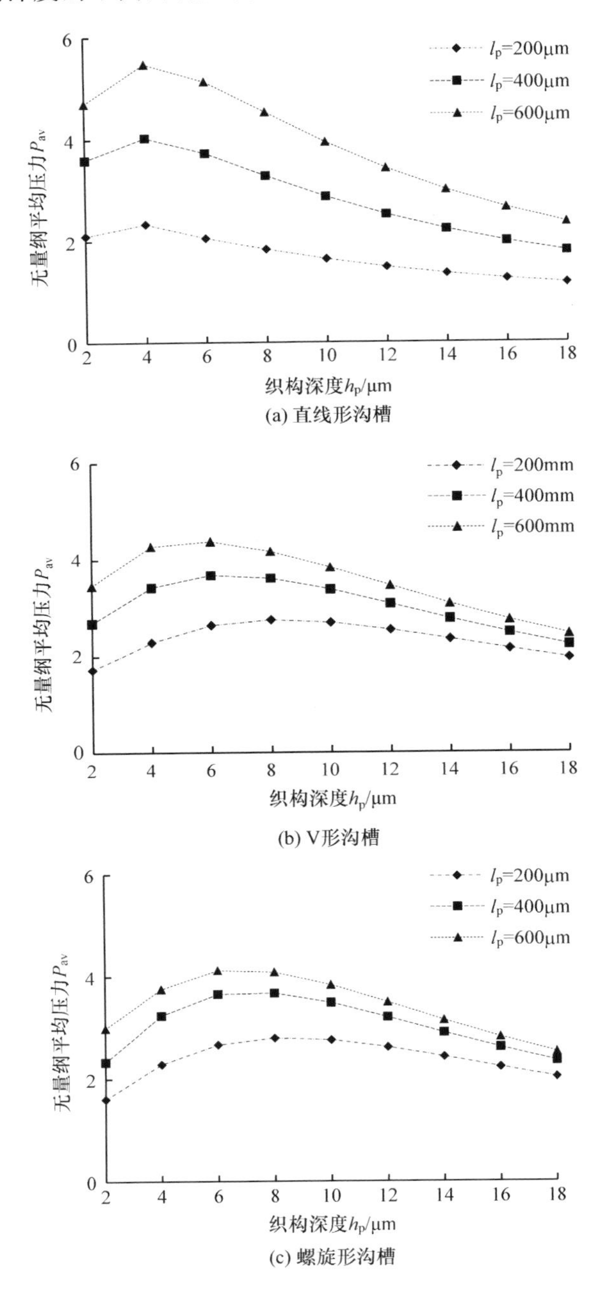

(a) 直线形沟槽

(b) V形沟槽

(c) 螺旋形沟槽

图 3-59　微沟槽模型无量纲平均压力随织构深度的变化规律

很明显，对于 V 形沟槽和螺旋形沟槽，横向幅度是一个很关键的结构参数。显然，当 D_v 和 D_s 为零时，V 形沟槽和螺旋形沟槽就变成直线形沟槽。选取工况参数如前，结构参数取 $h_p=6\mu m$，$l_p=600\mu m$，有关两类沟槽润滑特性参数随横向幅度变化的规律如图 3-60 所示。

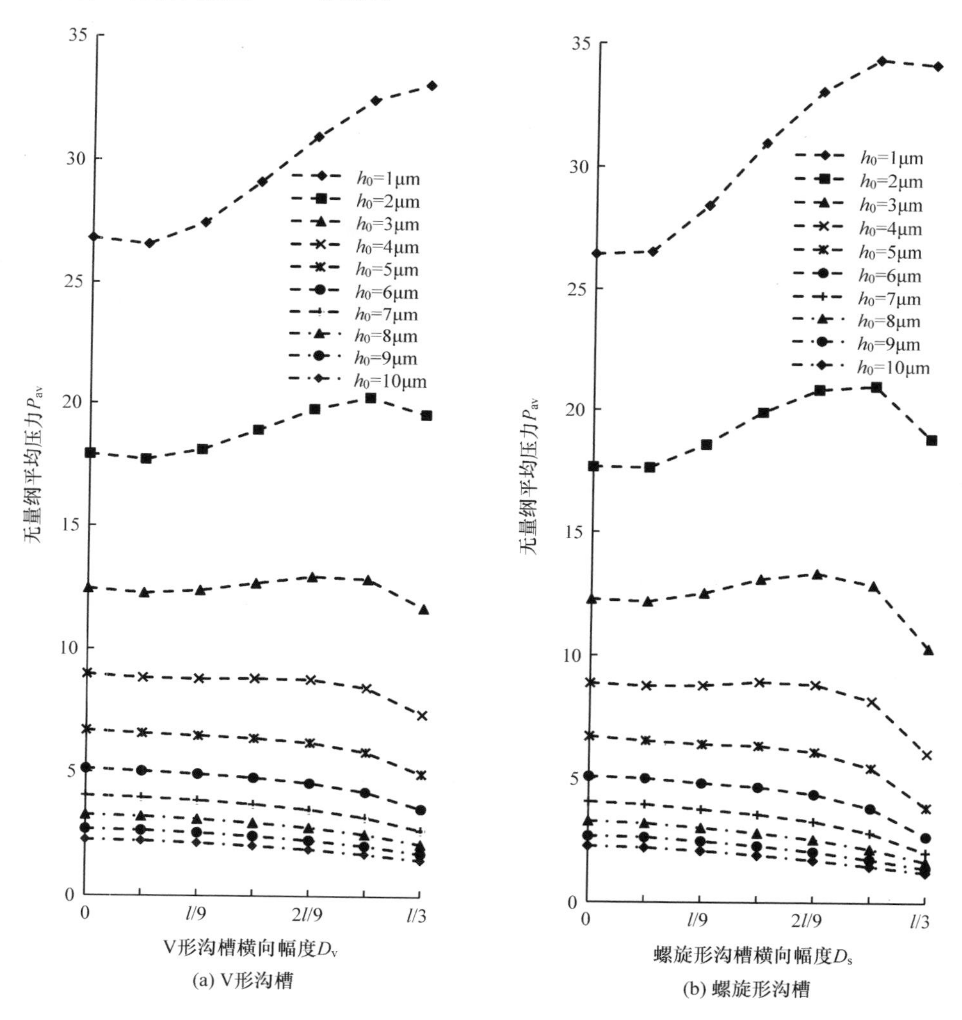

图 3-60　微沟槽在不同平均膜厚下无量纲平均压力随沟槽幅度的变化趋势

图 3-60 中的信息表明，当平均膜厚很小时，即摩擦副所承受较大载荷时，两类沟槽的无量纲平均压力均会随着横向幅度的变大而变大，如 $h_0=1\mu m$；而当平均膜厚处于一个合理范围时，两类沟槽会有一个最优横向幅度和最差横向幅度，使得模型无量纲平均压力分别最大和最小。例如，V 形沟槽在 $h_0=2\mu m$ 时，模型在 $D_v=l/18$ 和 $D_v=5l/18$ 时，无量纲平均压力分别处于最小和最大；当模型所承受载荷

较轻($h_0>4\mu m$)时,沟槽润滑模型的无量纲平均压力会随着横向幅度的变大而逐渐减小,即均小于此结构参数下的直线形沟槽。同时,图 3-60 还进一步反映出在相同结构和工况参数下,V 形沟槽与螺旋形沟槽整体润滑性能相差不大。

需要指出的是,部分文献研究指出,V 形沟槽相比直线形沟槽能更有效地提高承载能力。但图 3-58～图 3-60 的相关数值结果表明,V 形沟槽并不是在任何情况下都具有这种优势。V 形沟槽能否真正优于直线形沟槽主要取决于两个因素:

(1) 润滑模型施加的边界条件。对于有限宽的摩擦副,一般会采用自然边界条件(即对平行于润滑剂流动方向的边界施加环境压力条件),此种情况下,V 形沟槽的承载力通常会优于直线形沟槽。而对于无限宽的摩擦副,润滑模型需要施加对称边界条件,此时 V 形沟槽与直线形沟槽的承载力强弱关系还与其他结构与工况参数有关。

(2) 平均膜厚。图 3-59 和图 3-60 的相关计算数据已充分反映出 V 形沟槽与直线形沟槽的润滑性能强弱关系会随着平均膜厚的变化而发生转换。

2. 微沟槽截面形状设计分析

综合有关微型凹坑截面优化的分析数据,本部分只选取如图 3-61 所示的四类典型截面形状。

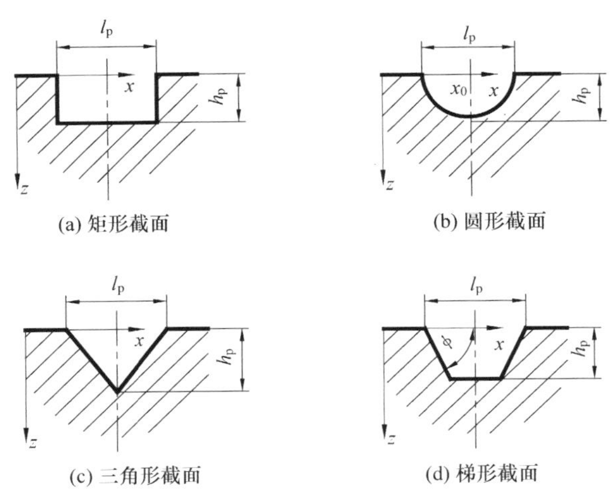

图 3-61　微沟槽的四类典型截面形状

基于如下工况参数和结构参数,即润滑剂黏度 $\eta=0.05\text{Pa}\cdot\text{s}$、$h_0=6\mu m$、$l_p=500\mu m$、$D_s=D_v=l/4$,图 3-62～图 3-64 给出了三类微沟槽在不同截面形状下的无量纲平均压力随织构深度变化的趋势。

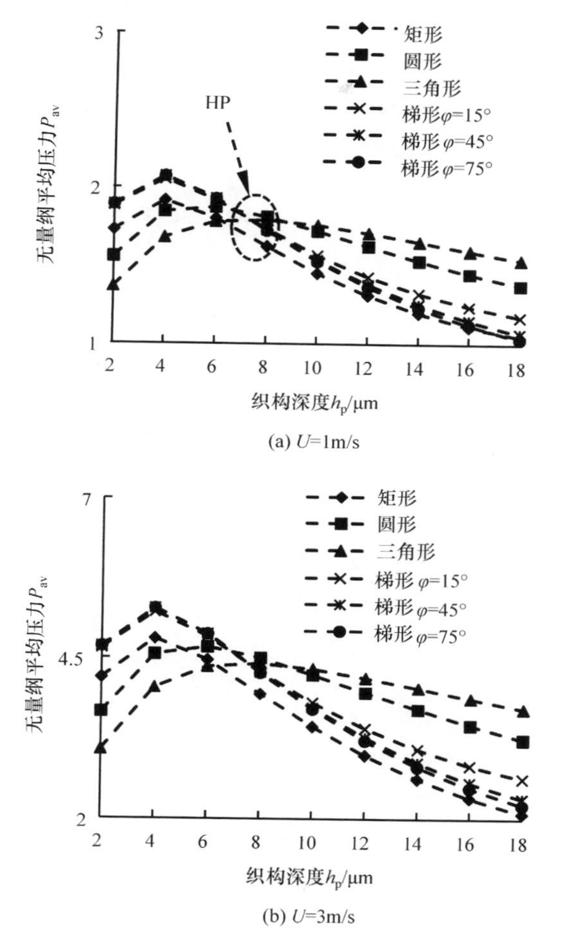

(a) U=1m/s

(b) U=3m/s

图 3-62　直线形沟槽无量纲平均压力随织构深度的变化规律

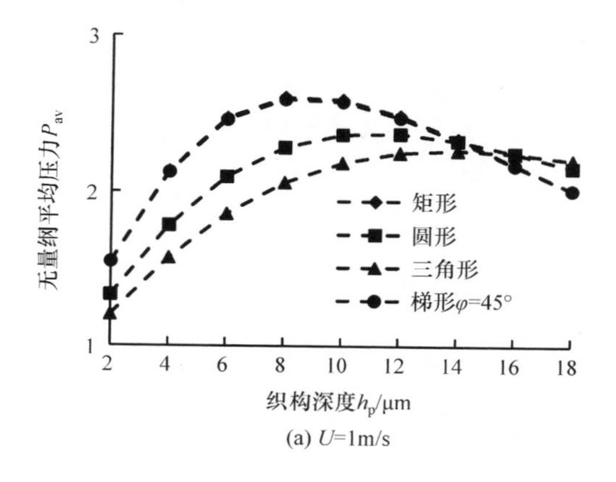

(a) U=1m/s

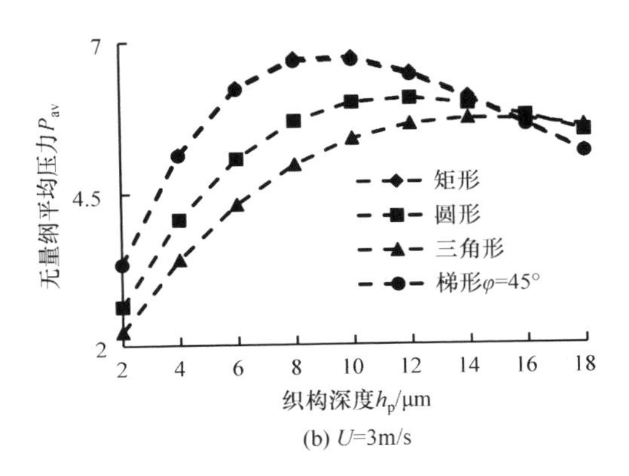

图 3-63　螺旋形沟槽无量纲平均压力随织构深度的变化规律

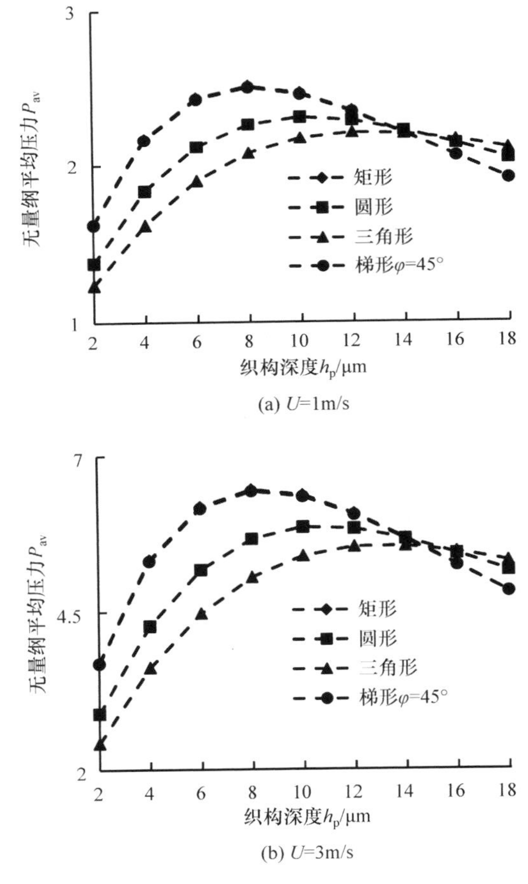

图 3-64　V 形沟槽无量纲平均压力随织构深度的变化规律

不同截面形状的三类沟槽均存在最优织构深度使沟槽润滑模型的无量纲平均压力最大，且不同截面形状对应的最优织构深度不同，同类沟槽、同种截面形状在不同滑动速度下的最优织构深度是一致的。例如，矩形截面直线形沟槽在滑动速度为 1m/s 时，$h_{potp}=4\mu m$；圆形截面 V 形沟槽在滑动速度为 1m/s 时，$h_{potp}=10\mu m$；三角形截面螺旋形沟槽在滑动速度为 1m/s 和 3m/s 时，$h_{potp}=14\mu m$。同时可以发现，三类沟槽在织构深度较小时，均存在矩形截面和梯形截面润滑性能较优，当织构深度超过某一临界值时，圆形截面和三角形截面润滑作用会逐渐强于其他类型截面。三类表面类型沟槽的这个临界值是不同的，但同类型沟槽在不同滑动速度下的临界值是相同的。例如，对于直线形沟槽，HP＝8μm；对于 V 形沟槽和螺旋形沟槽，HP＝14μm。由图中信息可知，相同结构和工况参数下，梯形截面与矩形截面、V 形沟槽与螺旋形沟槽的整体润滑性能十分近似。

图 3-65～图 3-69 给出了当 $h_p=6\mu m$ 时，三类沟槽在三种典型截面(上述结论表明梯形和矩形截面的动压效应极其类似，故此处对其忽略)下模型无量纲平均压力随织构宽度的变化规律。

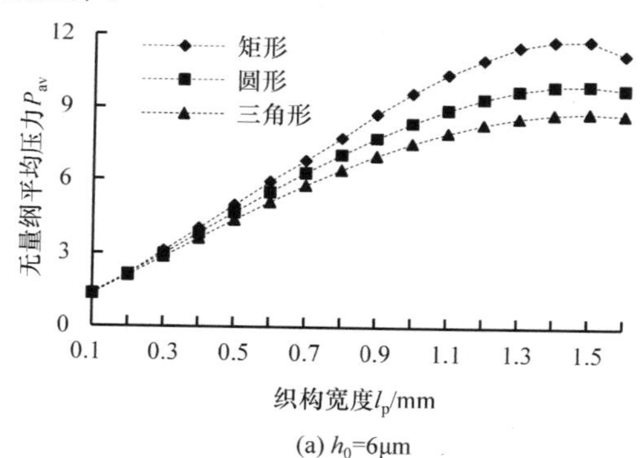

(a) h_0=6μm

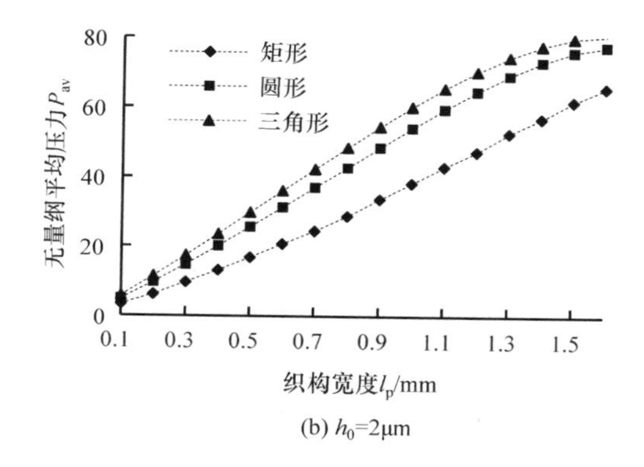

(b) h_0=2μm

图 3-65　直线形沟槽无量纲平均压力随织构宽度的变化规律

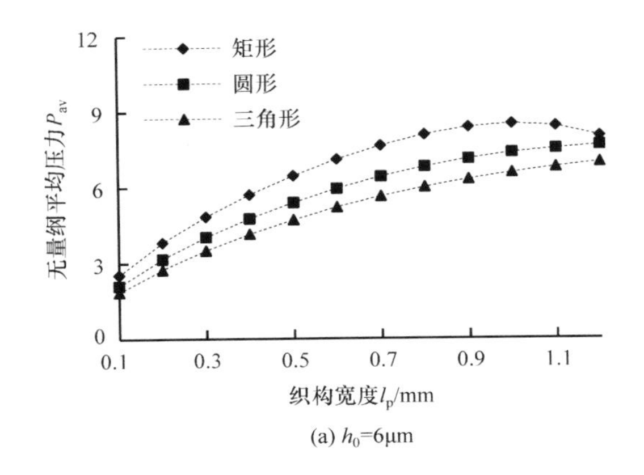

(a) h_0=6μm

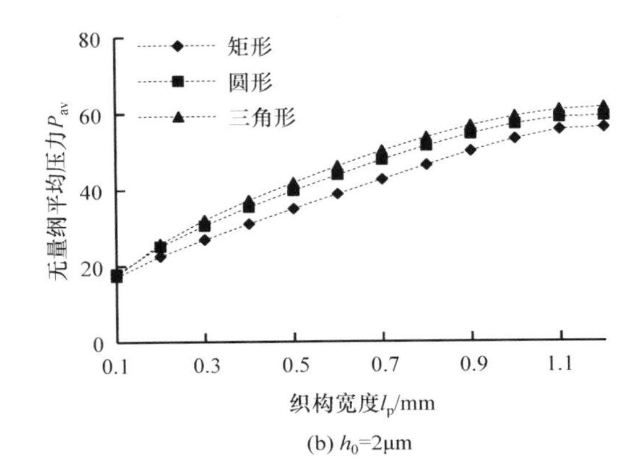

(b) h_0=2μm

图 3-66　螺旋形沟槽无量纲平均压力随织构宽度的变化规律($D_s = l/6$)

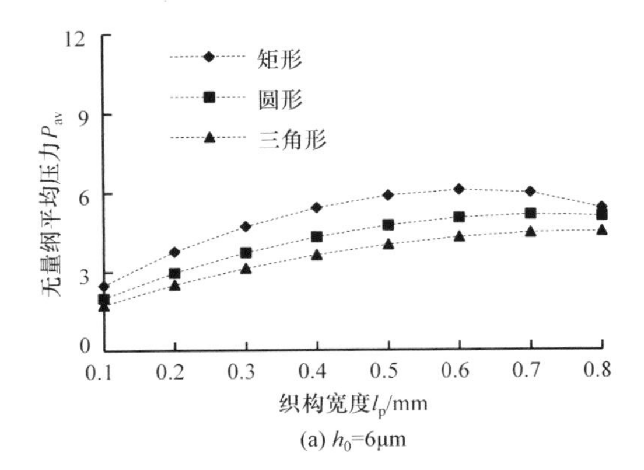

(a) h_0=6μm

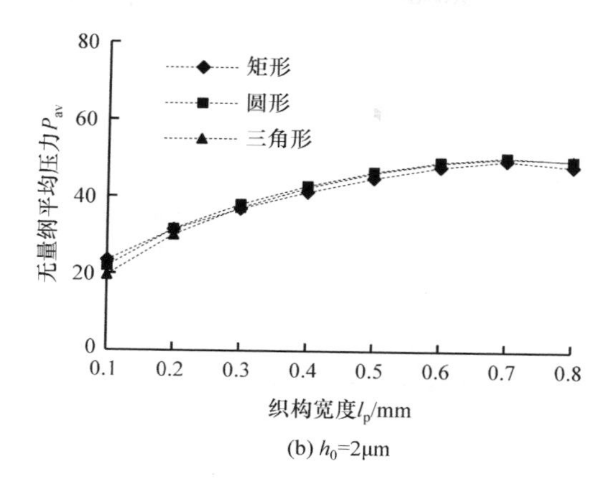

(b) h_0=2μm

图 3-67　螺旋形沟槽无量纲平均压力随织构宽度的变化规律($D_s=5l/18$)

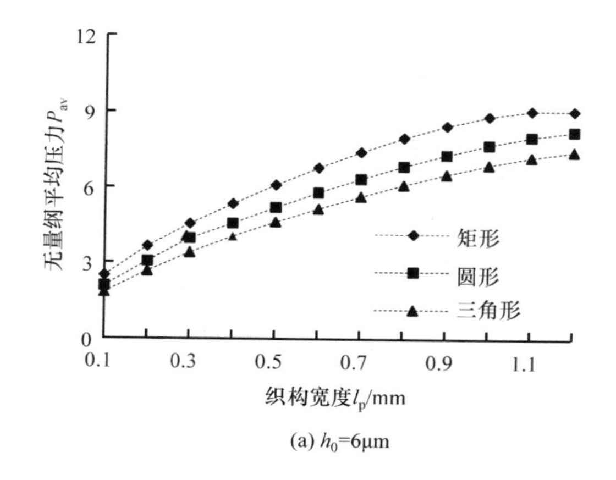

(a) h_0=6μm

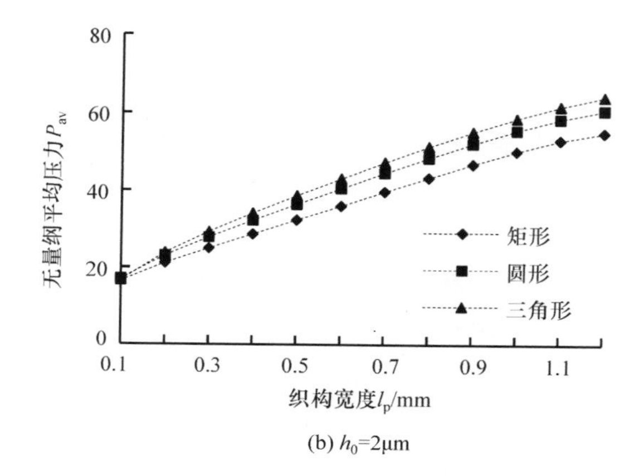

(b) h_0=2μm

图 3-68　V 形沟槽无量纲平均压力随织构宽度的变化规律($D_v=l/6$)

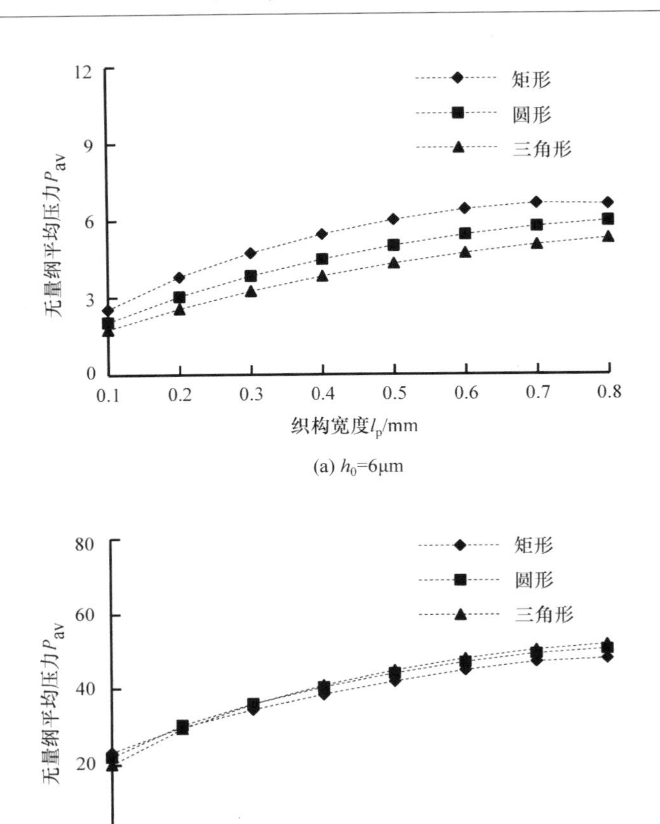

(a) h_0=6μm

(b) h_0=2μm

图 3-69　V 形沟槽无量纲平均压力随织构宽度的变化规律($D_v=5l/18$)

从上述无量纲平均压力变化规律系列图可以得出如下结论：

(1) 对于三类沟槽，在不同平均膜厚、不同横向幅度下，模型无量纲平均压力随织构宽度均不断加大，且这种变化趋势会在平均膜厚较大时更为明显(存在少数例外，如直线形沟槽)。

(2) 当平均膜厚 h_0 较大(如 $h_0=6\mu m$)时，对于三类沟槽均有矩形截面最优，曲线形(以圆形为例)截面模型次之，三角形截面模型润滑性能最差；而当较小(如 $h_0=2\mu m$)时，对于直线形、V 形和螺旋形($D_s=l/6$)沟槽模型，均有三角形截面模型的无量纲平均压力最大。对于螺旋形($D_s=5l/18$)，圆形截面模型的平均压力最大。相应地，它们均有矩形截面模型的无量纲平均压力最小，这与平均膜厚较大时形成了明显反差。这表明微沟槽织构最优截面形状与摩擦副负载的大小存在紧密关联。此外,当平均膜厚较小($h_0=2\mu m$)时,沟槽截面形状对 V 形沟槽和螺旋形沟槽润滑模型的影响程度会随着横向幅度的变大而减弱。

图 3-70 为 $h_p=6\mu m$、$h_0=6\mu m$、$U=3m/s$、$l_p=500\mu m$、$D_v=l/4$ 时,V 形沟槽对称面上的无量纲压力分布对比。由图可以明显看出,矩形截面模型的压力明显高于其他两种截面类型,并且三种截面的压力最大值发生位置也稍有不同。这说明沟槽截面形状会影响模型的流体动压润滑效应。

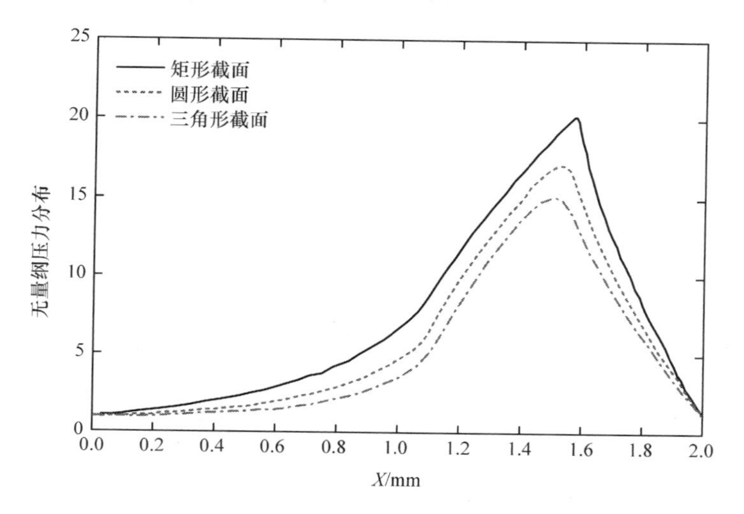

图 3-70　V 形沟槽在三种截面下的中心线压力分布对比

图 3-71 为三类表面沟槽基于相同截面形状下的摩擦系数随织构深度的变化规律。从图中可以看出,在不同截面下,均有当织构深度较小时(h_p<HP,HP 为某一临界织构深度),直线形沟槽摩擦系数要小于其他两类沟槽;而当 $h_p \geqslant$ HP 时,V 形沟槽和螺旋形沟槽的摩擦系数要小于直线形沟槽,并且这种趋势会随着织构深度的进一步增加而更为明显。需要指出的是:①上述变化规律在沟槽截面为矩形时表现得尤为明显。②对于不同截面模型,临界值 HP 稍有不同,例如,对于矩形截面模型,HP$=4\mu m$;而对于三角形截面,有 HP$=6\mu m$。对于三类沟槽,在不同截面形状时都存在一个最优织构深度,它使得模型摩擦系数最小。相同截面形状下,不同类型沟槽的最优织构深度是不一致的。例如,矩形截面模型、直线形沟槽的 h_{popt} 为 $4\mu m$,而 V 形和螺旋形沟槽的 h_{popt} 为 $10\mu m$。另外,在不同截面形状下,V 形沟槽和螺旋形沟槽的摩擦系数变化规律是一致的,只不过在织构深度超过一定值时两者润滑性能的强弱会发生转换,但整体数值仍相差不大,这再一次说明两者的流体动压效应十分近似。

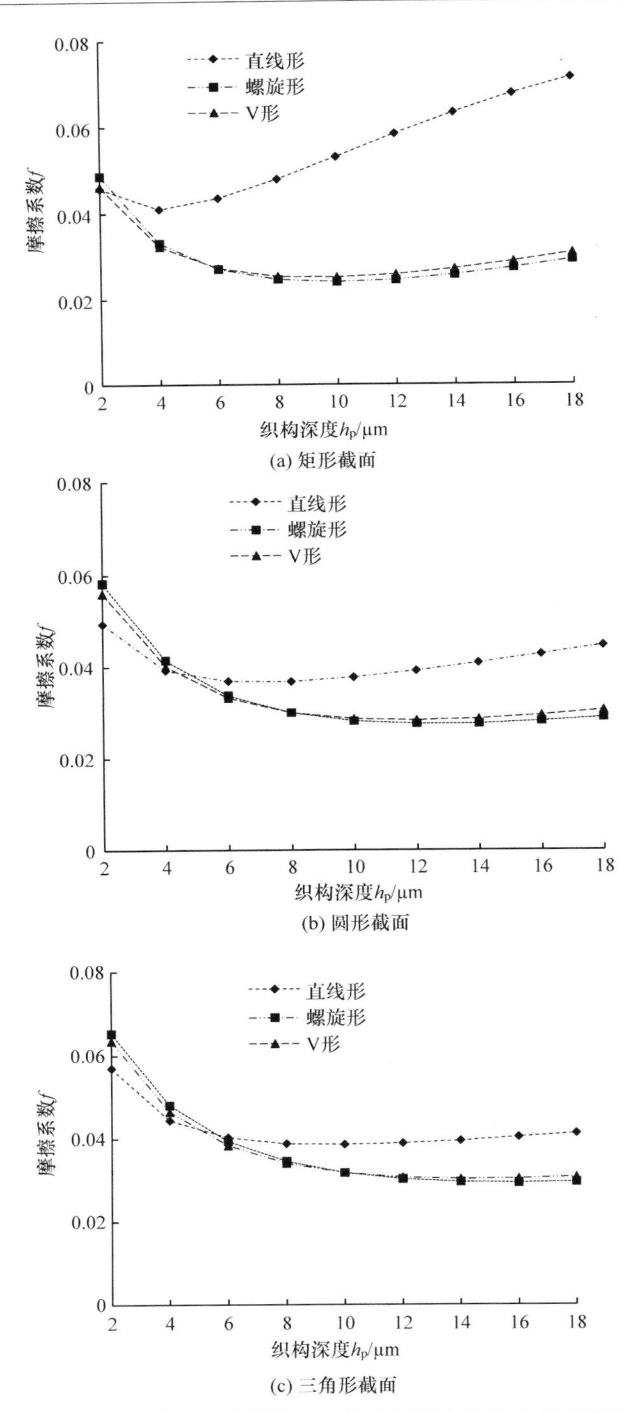

图 3-71　不同截面下沟槽模型摩擦系数随织构深度的变化规律

图 3-72 给出了同种截面类型下，不同类型沟槽的摩擦系数随织构宽度的变化规律。基于 V 形和螺旋形沟槽的不同结构特点，这两类沟槽的 l_p 取值范围受到限制。但在尽可能存在的范围内，当 l_p 较小时（l_p<LP，LP=800μm，$D_v=D_s=l/6$），这两类沟槽的摩擦系数较直线形沟槽要小，而当 l_p 进一步增加后，V 形沟槽和螺旋形沟槽的摩擦系数区域平缓，而直线形沟槽的摩擦系数仍在逐步降低，润滑性能在不断提高。上述变化趋势在不同平均膜厚 h_0 和不同截面形状下都是适应的，只不过不同平均膜厚下的 LP 值会有所不同，一般来说，在 h_0 较小的情况下，LP 会有所增大；当 D_v 或 D_s 变大时，LP 会有所减小。图 3-72 进一步说明了 V 形沟槽和螺旋形沟槽的润滑性能整体上是十分近似的。在表面工程设计时可主要根据加工条件来选用其中任意一种。

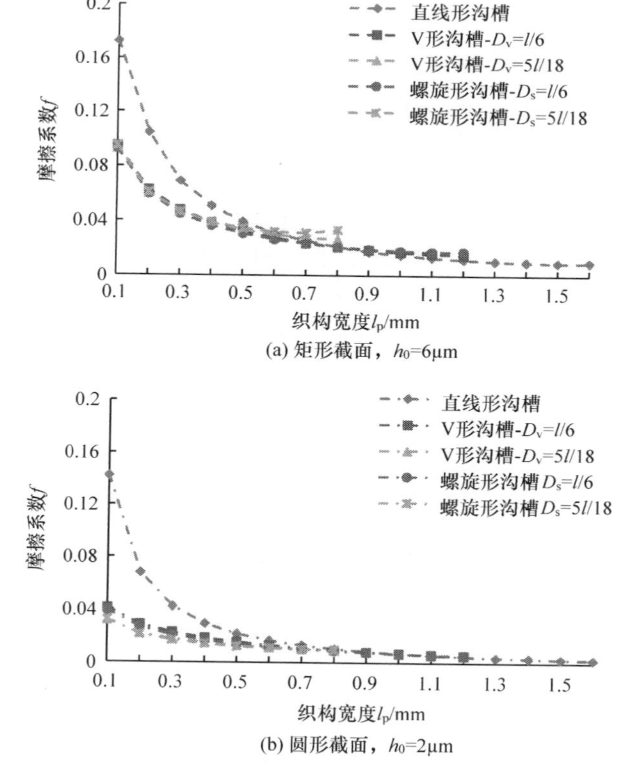

图 3-72　沟槽模型摩擦系数随织构宽度的变化规律

3. 微沟槽织构比设计分析

结合表面凹坑类分布方式优化结果，基于集体效应的微沟槽润滑模型可以简化为图 3-73。沟槽表面类型可以根据计算需要改为直线形或螺旋形。

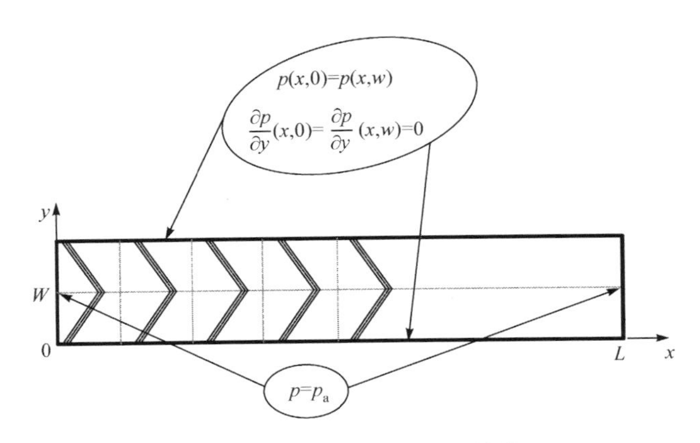

图 3-73　微沟槽多坑润滑计算模型

令各类沟槽的截面形状为矩形，取 $h_p=6\mu m$，$l_p=500\mu m$，$U=3m/s$，$\eta=0.05Pa\cdot s$，计算域大小为 $L\times w=20mm\times 2mm$，旨在求解多坑模型在不同载荷条件下（$W=5N$，$7.5N$，$10N$）的最优织构比、无量纲平均膜厚和摩擦系数的变化趋势。

图 3-74 反映了三种类型沟槽多坑模型在预置静载情况下，无量纲平均膜厚随织构比的变化规律。在不同静载作用下，三类沟槽均存在一个最优的织构比范围，使得模型润滑性能最强，其中 V 形沟槽和螺旋形沟槽表现尤为明显。对于直线形沟槽，当织构比 $\nu>0.3$ 时，模型无量纲平均膜厚 h_0 随着织构比的进一步增大变化很小，并在织构比过大时稍有下降。三类沟槽的最优织构比范围分别为直线形沟槽 0.3～0.9，V 形沟槽 0.4～0.7，螺旋形沟槽 0.5～0.8，且这些最优织构比范围在不同载荷下是一致的。

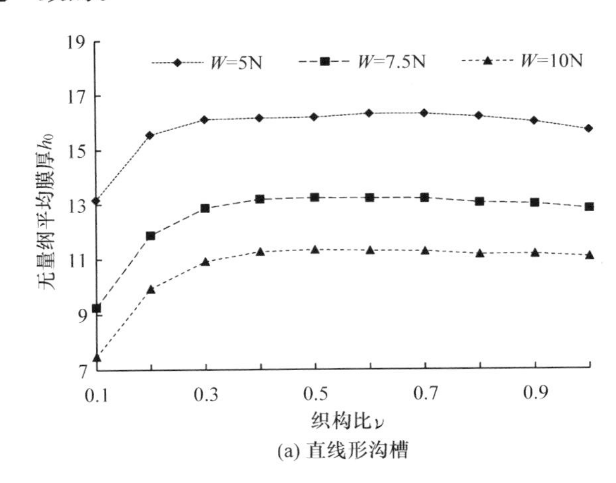

(a) 直线形沟槽

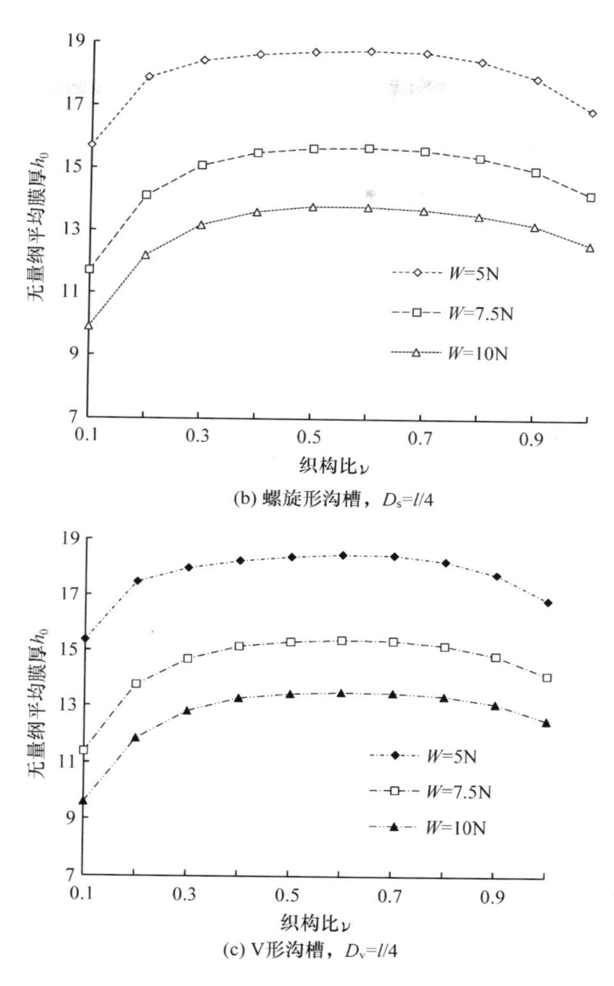

(b) 螺旋形沟槽，$D_s=l/4$

(c) V形沟槽，$D_v=l/4$

图 3-74　微沟槽多坑模型织构比对无量纲平均膜厚的影响

图 3-75 给出的有关摩擦系数的变化数据补充说明了上述结论。但需要注意的是，当 $W=10N$ 时，直线形沟槽润滑模型的摩擦系数随着织构比的增大一直在减小。但是结合图 3-74(a)所示结果，仍可以认为，对于直线形沟槽，当织构比处于 0.8 或 0.9 时，模型综合性能最优。

4. 微沟槽工况参数影响分析

这里以微沟槽多坑模型为例来探讨工况参数(载荷、滑动速度和润滑剂黏度等)对模型润滑性能的影响规律。

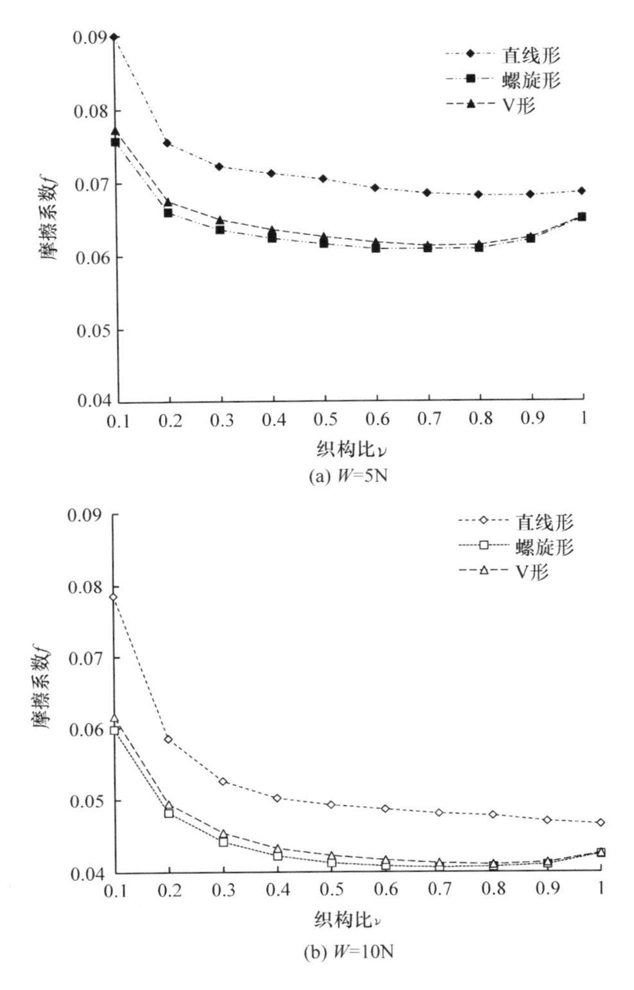

图 3-75　矩形截面下不同类型沟槽摩擦系数随织构比的变化规律

图 3-76 给出了直线形和矩形截面沟槽在润滑剂黏度为 0.05Pa · s、织构比为 0.6、织构深度 $h_p=6\mu m$，织构宽度 $l_p=500\mu m$ 时，多坑润滑模型平均压力随摩擦副上表面滑动速度的变化规律。可以得出结论，沟槽模型的无量纲平均压力与滑动速度几乎成比例关系，且随着平均膜厚的减小，这个比例关系更为明显。

取 $U=2m/s$、$\nu=0.6$、$h_p=6\mu m$，图 3-77 为矩形截面螺旋形沟槽模型摩擦系数在不同负载下随织构宽度的变化规律。可以发现，随着负载的不断增加，螺旋槽模型均有润滑膜无量纲平均膜厚不断减小，摩擦系数也不断减小；而在不同负载下，无量纲平均膜厚随着织构宽度的增加不断变大，摩擦系数则相应地不断减小。这一规律在不同横向宽度下均是成立的。

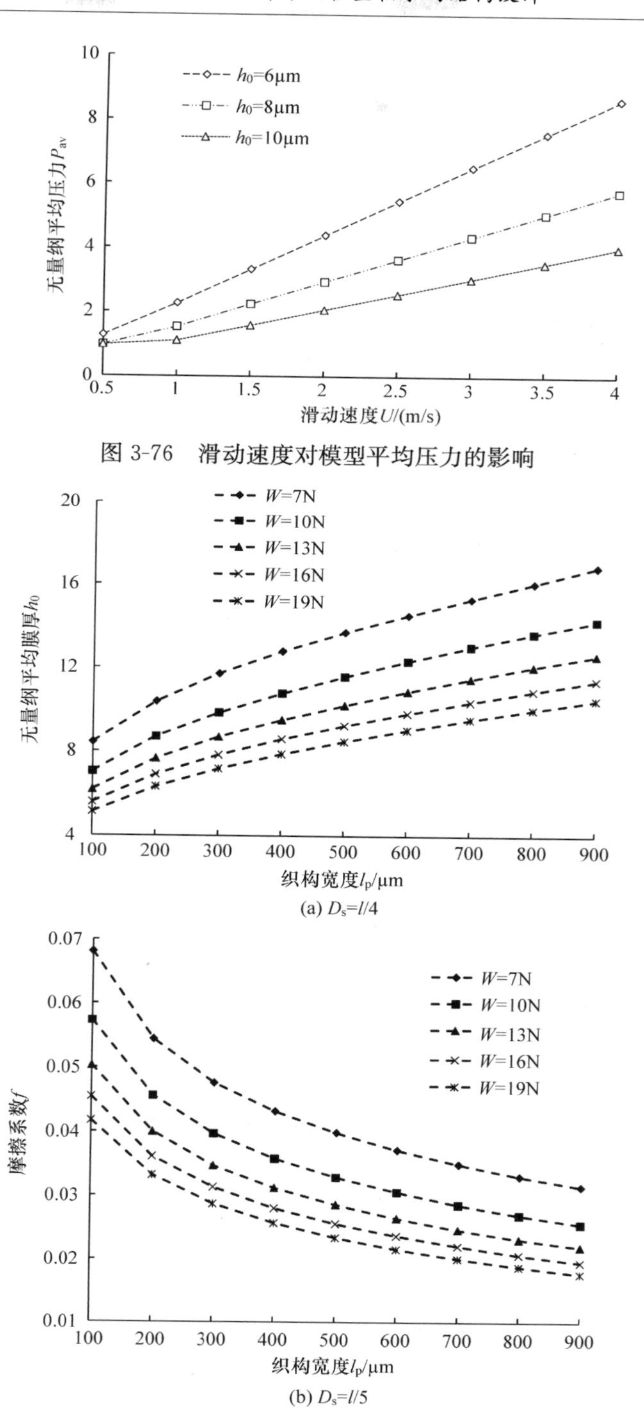

图 3-76　滑动速度对模型平均压力的影响

图 3-77　螺旋形沟槽模型特性参数随织构宽度 l_p 的变化规律

参考文献

[1] 王家序,田凡,王帮长.水润滑橡胶合金轴承:CN101334069A[P].2008.

[2] 王家序,王帮长.圆弧槽水润滑橡胶合金轴承:CN1719057[P].2006.

[3] 王家序,王帮长.圆环槽水润滑橡胶合金轴承:CN1719056[P].2006.

[4] 王家序,王帮长.螺旋槽水润滑橡胶合金轴承:CN1719055[P].2006.

[5] 王家序,周广武,李俊阳,等.波形槽水润滑橡胶合金轴承:CN102042331A[P].2011.

[6] Marine D. A stern tube bearing[EB/OL]. http://www.duramaxmarine.com/advanced-housing.html[2017-2-5].

[7] Marine D. Bearing staves are fully interchangeable with brass backed class I staves[EB/OL]. http://www.duramaxmarine.com/pdf/Romor.pdf[2016-10-9].

[8] Marine D. Radius-backed bearings in locking stave design[EB/OL]. http://www.duramaxmarine.com/advanced-radius.htm[2016-1-15].

[9] 叶雨涵.无毂环驱式推进器之整合设计与实现[D].台南:成功大学硕士学位论文,2008:1-69.

[10] 陈珂,杨显照,李燚航,等.无轴轮缘推进器内置电机防护材料与防护工艺综述[J].微特电机,2016,44(7):83-87.

[11] 王家序,韩彦峰,李俊阳,等.可承受轴向载荷的水润滑橡胶合金轴承:CN102322482A[P].2012.

[12] 王优强,宋玲,李鸿琦,等.水润滑橡胶轴承设计研究[J].润滑与密封,2003,(2):21-22.

[13] 彭晋民,王家序,余江波.水润滑金属基塑料轴承设计参数的研究[J].轴承,2001,(10):8-10.

[14] 邹丞,王家序,余江波,等.橡胶层厚度和硬度对水润滑整体式轴承摩擦系数的影响[J].润滑与密封,2006,(2):40-41.

[15] 卢磊.水润滑橡胶合金轴承接触及润滑特性分析[D].重庆:重庆大学硕士学位论文,2010.

[16] 吴松.板条式水润滑橡胶合金轴承润滑特性及热结构耦合分析[D].重庆:重庆大学硕士学位论文,2011.

[17] 华细金.基于FLUENT的纵向沟槽水润滑轴承流体润滑数值分析[D].重庆:重庆大学硕士学位论文,2009.

[18] 荀振宇,徐鹏,张少凯,等.水槽结构对水润滑艉轴承润滑性能的影响研究[J].江苏船舶,2010,27(3):23-25.

[19] 吴仁荣.水润滑滑动轴承的设计计算[J].机电设备,1997,(6):30-32.

[20] 陈战.水润滑轴承的摩擦磨损性能及润滑机理的研究[D].重庆:重庆大学博士学位论文,2003.

[21] 杨和庭,唐育民. 船舶水润滑尾管橡胶轴承的设计[J]. 船海工程,2000,(2):19-22.

[22] 李金明. 螺旋槽水润滑橡胶合金轴承动压润滑特性与动态接触有限元仿真分析[D]. 重庆:重庆大学硕士学位论文,2012.

[23] 丁行武. 微织构润滑改性及其在水润滑轴承上的应用研究[D]. 成都:四川大学博士学位论文,2013.

第 4 章　水润滑橡胶合金轴承的材料设计

4.1　橡胶合金材料的配方设计

水润滑轴承与传统的轴承相比在材料选择上存在较大的差异，这主要是由其工作介质发生改变所致，主要表现在：传统的轴承用油作为润滑剂，油对金属材料的腐蚀性较小，而且油膜易于形成，因而其选择的范围较广；而水润滑轴承对材料的选择更注重材料的减摩性、耐磨性以及材料抗腐蚀的能力。20 世纪 60 年代，利用木类材料如铁梨木、层压板类材料等制成的轴承材料是比较流行的，这些材料从节约金属，尤其是节约有色金属的观点来看是非常有意义的。但随着社会的发展、环保意识的增强，天然的木质资源也是比较有限的，这迫使人们利用化工合成的材料进行替换，于是便出现了一些其他材料，如陶瓷材料、橡胶材料等。

BTG 橡胶合金材料是重庆大学和重庆奔腾科技发展有限公司为提高水润滑轴承的润滑性能和承载力而共同开发的一种新型材料。它是以橡胶材料为基体，加入各种填充剂、促进剂等其他物质而得到的橡胶合金材料，具有优秀的吸振性能，加工工艺性能好，有着良好的摩擦磨损性能、抗磨粒磨损性能和疲劳磨损性能等，尤其是其吸振性能、化学稳定性能好，非常适合用作水润滑轴承材料（本书中所提橡胶合金主要是指以橡胶材料为基体的复合材料）。它主要具有以下优点：

（1）具有良好的嵌藏性、自润滑性能。在含泥沙的水中的耐磨性明显优于其他材料，这可使轴承直接用自然环境中的水作为润滑介质，而不需要密封装置，简化了结构，而且橡胶合金材料具有良好的自润滑性能、较低的摩擦系数，从而能延长水润滑轴承的使用寿命。

（2）缓冲、抑振、低噪声。这是其他水润滑轴承材料所无可比拟的优点。BTG 橡胶合金弹性好，内阻较大，能够有效防止或减缓冲击，降低噪声。

（3）橡胶合金的弹性变形，可使轴承在工作时的最高压力峰值减小，同时可使水膜易于形成，产生弹流润滑效应。另外，橡胶合金的弹性变形还能顺应和减缓因轴线跳动及偏移而引起的轴系振动，减小因安装误差产生的附加载荷。

（4）橡胶合金轴承成本低、重量轻，易于成形，同时具有使用可靠、无污染等特点。

4.1.1　橡胶合金材料配方设计的原则

配方设计是指根据产品的性能要求和工艺条件，通过试验、优化、鉴定，合理地选用原材料的用量配比关系。

橡胶合金制品的胶料，需要通过配方设计把主体材料（橡胶和其他高分子材料）与各种配合剂配合在一起，组成一个多组分体系，其中每一组分都起一定的作用。例如，硫化体系（包括交联剂、助交联剂、促进剂、活性剂）可使线型的橡胶合金大分子通过化学交联，形成一个立体空间网络结构，从而使可塑的黏弹性胶料转变成高弹性的硫化胶；补强填充剂则能保证胶料具有要求的力学性能，改善加工工艺性能和降低成本；软化剂等加工助剂可使胶料具有必要的工艺性能，改善耐寒性，也可降低成本；防老剂能提高硫化胶的耐老化性能，并对各种类型的老化起防护作用。橡胶合金配方设计是橡胶合金制品生产过程中的关键环节，它对产品的质量、加工性能和成本均有决定性的影响。

橡胶合金配方设计的内容应包括：

(1) 确定符合制品工作性能要求的硫化胶的主要性能以及这些性能指标值的范围。

(2) 确定适于生产设备和制造工艺的胶料的工艺性能以及这些性能指标值的范围。

(3) 选择能达到胶料和硫化胶指定性能的主体材料和配合剂，并确定其用量配比。

配方设计过程并不是各种原材料简单的经验搭配，而是在充分掌握各种配合原理的基础上，充分发挥整个配方的系统效果，从而确定各种原材料最佳的用量、配比关系。配方设计过程应该是高分子材料各种基本理论的综合应用过程，是高分子材料结构与性能关系在实际应用中的体现。

4.1.2　橡胶合金材料配方设计的程序

实用配方又称生产配方。在实验室条件下研制的配方，其试验结果并不是最终的结果，往往在投入生产时会产生一些工艺上的困难，如焦烧时间短、压出性能不好、压延黏辊等，这就需要在不改变基本性能的条件下，进一步调整配方。在某些情况下不得不采取稍微降低物理性能和使用性能的方法来调整工艺性能，也就是说在物理性能、使用性能和工艺性能之间进行折中。图 4-1 给出了实用配方的拟定程序。

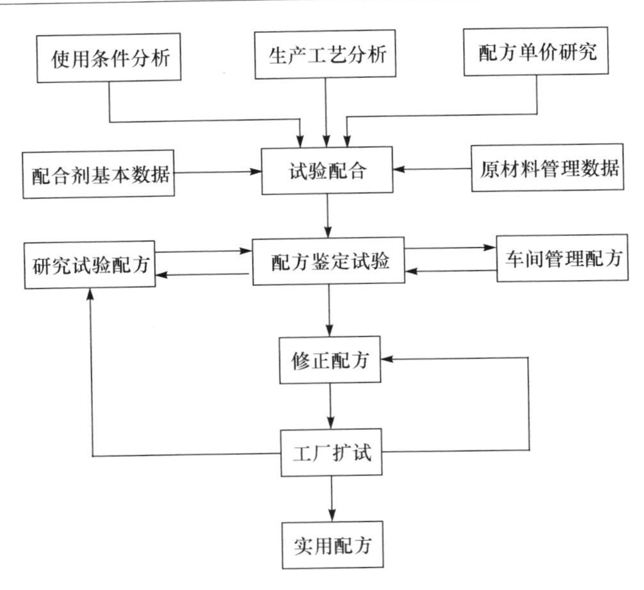

图 4-1　实用配方的拟定程序

4.2　配方设计与橡胶合金力学性能的关系

实践表明，橡胶合金的各种物理性能均与配方设计有密切的关系：配方中所选用的材料品种、用量不同，会产生性能各异的橡胶合金制品。这里着重分析配方中各个配合体系（如硫化体系、补强填充体系、防护体系、软化增塑体系等）对橡胶合金性能的影响和提高某项性能的较佳配合方案。

4.2.1　橡胶材料相关标准

本书采用的试验设备及标准如表 4-1 所示，每次试验取 5 个试验结果，去除最大值及最小值之后取平均值即该次试验结果，试样硫化温度 170℃，时间 20min，硫化压强 0.39MPa。

表 4-1　橡胶材料相关设备及标准

试验项目	试验标准	设备型号
材料混炼		X-1500K
(300%)定伸强度/MPa	GB/T 528—2009	DXLL-5000
扯断强度/MPa	GB/T 528—2009	DXLL-5000
扯断伸长率/%	GB/T 528—2009	DXLL-5000
硬度(HA)	GB/T 531—2009	XY-1
阿克隆磨耗	GB/T 1689—2014	MH-1

4.2.2　橡胶材料力学性能设计

1. 扯断强度

扯断强度表征制品能够抵抗拉伸破坏的极限能力。橡胶合金普遍用扯断强度指标作为标准，来比较鉴定不同配方的橡胶合金和控制橡胶合金的质量。

水润滑轴承的使用条件错综复杂，会承受各种应力而产生形变。材料的破坏就是由各种形变而造成的一种极为复杂的力学现象。BTG 橡胶合金在常温下是典型的黏弹体，它的拉伸破坏与一般的低分子固体材料有明显的差别，其破坏机理也复杂得多。从微观结构来看，高聚物材料的断裂在微观上必然有原子间键的断裂，即主价键的断裂，对于 BTG 橡胶合金，主要取决于受力方向上取向的分子链数。该键的断裂大致可分为三个阶段：第一阶段由于结构的不均一性、不完善性，负荷分布不均匀，结果在一些键上应力集中，形成局部断裂微点；第二阶段是集中了应力的键由于热涨落而断裂，同时生成亚微裂缝；第三阶段是初始亚微裂缝聚集成大的主裂缝，从而引起最终的断裂。由此可以看出，大分子链的主价键、分子间力(次价键)以及大分子链的柔性、松弛过程，是决定橡胶合金扯断强度的内在因素。

根据影响扯断强度的内在因素，可以在试验中应用以下途径提高橡胶合金的扯断强度：加入适当硫化剂改善硫化网络中交联键的化学结构并提高结晶度和取向度，使其能承受较高的负荷，其结晶取向可提高硫化网络的强度并有阻止裂缝发展的作用；加入粒径小、活性大的填料，增强填料粒子对橡胶合金大分子的吸附，通过大分子在填料表面滑移降低应力集中，提高扯断强度；均匀分散可变形的塑性微区。

1) 试验设计和结果

下面将扯断强度作为考核指标，研究补强剂、软化剂、硫化剂对其的影响。需要考察的因子和水平如表 4-2 所示[2]。

表 4-2　扯断强度试验的因子和水平

因子＼水平	1	2	3
A(硫化剂)	a_1	a_2	a_3
B(软化剂)	b_1	b_2	b_3
C(补强剂)	c_1	c_3	c_3

A、B、C 是三水平因子，表中数值为各种添加剂的总量百分比(因涉及成分保密以字母代替)，按照自由度计算，选择 $L_9(3^4)$正交表，将 A、B 因子放在 1、2 列，忽

略交互作用后的因子 C 放在第 3 列，试验安排、结果及相应的计算如表 4-3 所示。

表 4-3 扯断强度试验的安排和结果

试验号 \ 列号	A 1	B 2	C 3	4	试验结果
1	1	1	1	1	9.35
2	1	2	2	2	9.90
3	1	3	3	3	9.86
4	2	1	2	3	9.88
5	2	2	3	1	10.25
6	2	3	1	2	11.05
7	3	1	3	2	11.90
8	3	2	1	3	10.28
9	3	3	2	1	9.98
I_j	29.11	31.13	30.68		
II_j	31.18	30.43	29.76		
III_j	30.02	30.89	32.16		
$\bar{\mathrm{I}}_j=\mathrm{I}_j/3$	9.703333	10.37667	10.22667		
$\bar{\mathrm{II}}_j=\mathrm{II}_j/3$	10.39333	10.14333	9.92		
$\bar{\mathrm{III}}_j=\mathrm{III}_j/3$	10.00667	10.29667	10.72		

从以上直观分析法对数据进行整理后可得出结论：

(1) 因子 C(补强剂)三个试验点的高低相差最大，所以对扯断强度的影响最大，而软化剂和硫化剂对扯断强度的影响次之。

(2) 因子 C 取 3 水平最好，因子 A 取 2 水平最好，因子 B 取 1 水平最好；取 $C_3A_3B_1$ 进行拉伸试验，得到扯断强度为 11.90MPa。

2) 试验结果分析

将因子 A 和 B 含量固定为 a_2 和 b_1，分析补强剂含量对扯断强度的影响，结果如图 4-2 所示。补强剂的主要成分是炭黑、陶土和 $CaCO_3$。从图中可以看出，随着补强剂含量的增加，扯断强度有升高的趋势，这主要是因为 BTG 橡胶合金的基体材料是非结晶型橡胶，其生胶强度很低，所以炭黑对它的补强效果很明显。

作为补强剂的炭黑主要有超耐磨炭黑(SAF)、中超耐磨炭黑(ISAF)、高耐磨炭黑(HAF)和通用炭黑(GPF)等。试验表明，在达到同样扯断强度时，粒径较小、表面活性较大的炭黑(如 HAF)加入量要小一些。当然补强剂也不能加入过多，特别是炭黑的加入量过多会使橡胶合金的混炼非常困难。

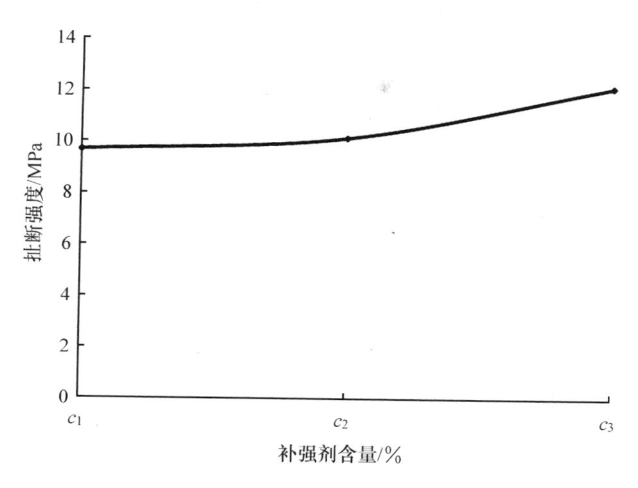

图 4-2　补强剂含量对扯断强度的影响

同样，固定 B、C 的含量得到图 4-3，可以看出：随着硫化剂含量的增加，扯断强度有所增大，但到一定值时，扯断强度有降低的趋势。硫化剂含量是橡胶合金交联密度的宏观表现形式，适当的交联可使有效链数量增加，断裂前每一有效链能均匀承载，因而扯断强度提高。但当交联密度过大时，交联点间分子量(M_C)减少，不利于链段的热运动和应力传递；此外交联度过高时，有效网链数减少，网链不能均匀承载，易集中于局部网链上。这种承载的不均匀性，随交联密度的加大而加剧，因此交联密度过大时扯断强度下降。

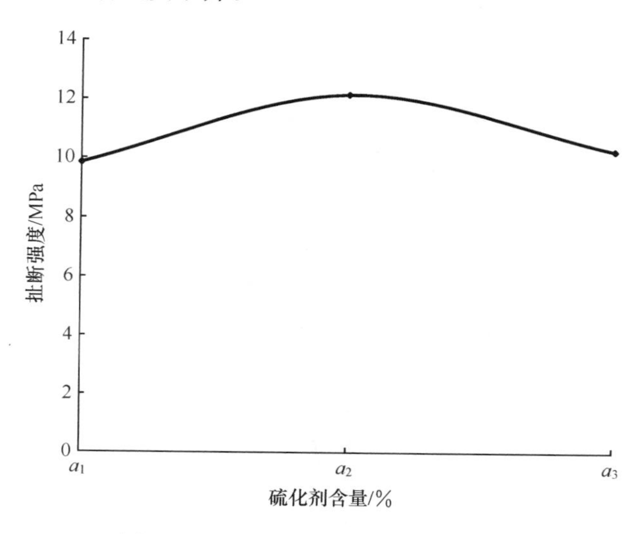

图 4-3　硫化剂含量对扯断强度的影响

软化剂主要用于降低橡胶合金的硬度，提高其韧性和弹性，通过图 4-4 可以看到，大量加入软化剂会降低橡胶合金的扯断强度，但软化剂的用量如果不超过 b_1，则硫化胶的扯断强度还可能增大，因为胶料中含有少量软化剂，可改善炭黑的分散性。这里使用的软化剂主要有邻苯二甲酸二丁酯(DBP)、芳烃油和酯类软化剂(DAE 和 DOP 等)。当然软化剂用量增加时，炭黑的用量也应增加，反之亦然。

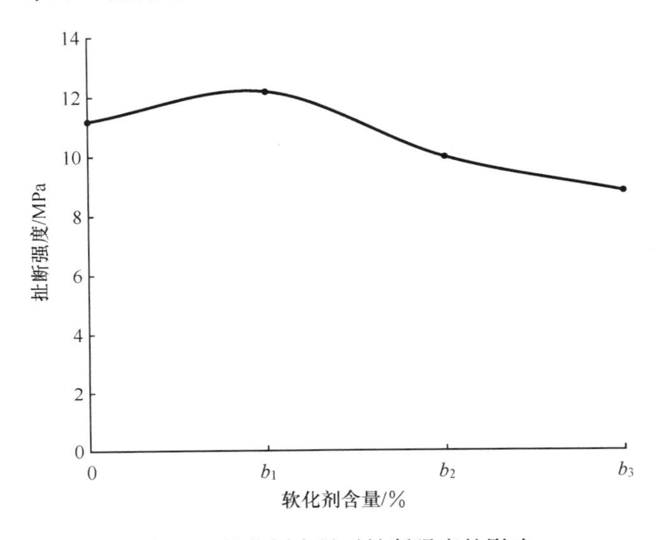

图 4-4　软化剂含量对扯断强度的影响

2. 撕裂强度

橡胶合金的撕裂是由于材料中的裂纹或裂口受力时迅速扩大开裂而导致破坏的现象，撕裂强度是衡量橡胶合金制品抵抗破坏能力的特性指标之一。

橡胶合金的撕裂一般是沿着分子链数目最小即阻力最小的途径发展，而裂口的发展方向是选择内部结构较弱的路线进行，通过结构中的某些弱点间隙形成不规则的撕裂路线，从而促进撕裂破坏。撕裂能就是通过撕裂形成新表面的单位面积所需要的能量，它是材料的一种基本特性，与试样的几何形状无关。撕裂能包括材料的表面能、塑性流动耗散的能量以及不可逆黏弹过程耗散的能量。所有这些能量的变化均与裂口长度的增加成正比。

1) 试验设计和结果

下面将撕裂强度作为考核指标，研究补强剂、软化剂、硫化剂对其的影响。需要考察的因子和水平依然如表 4-2 所示，表 4-4 是所得的试验结果。

表 4-4　撕裂强度试验的安排和结果

列号 试验号	A	B	C		
	1	2	3	4	试验结果
1	1	1	1	1	27.58
2	1	2	2	2	29.20
3	1	3	3	3	29.08
4	2	1	2	3	29.14
5	2	2	3	1	30.23
6	2	3	1	2	32.59
7	3	1	3	2	35.1
8	3	2	1	3	30.3
9	3	3	2	1	29.44
Ⅰ_j	85.86	91.96	94.84		
Ⅱ_j	91.82	89.73	91.11		
Ⅲ_j	90.47	87.78	94.41		
$\overline{\text{Ⅰ}}_j=\text{Ⅰ}_j/3$	28.52	30.65	31.61		
$\overline{\text{Ⅲ}}_j=\text{Ⅱ}_j/3$	30.61	29.91	30.37		
$\overline{\text{Ⅲ}}_j=\text{Ⅲ}_j/3$	30.16	29.26	31.47		

对数据进行整理后可得出结论：

(1) 因子 A(硫化剂)三个试验点的高低相差最大，所以对撕裂强度的影响最大，而软化剂和补强剂对撕裂强度的影响次之。

(2) 因子 A 取 3 水平最好，因子 B 取 1 水平最好，因子 C 取 3 水平最好；取 $A_3B_1C_3$ 进行撕裂强度试验，得到撕裂强度为 35.1MPa。

2) 试验结果分析

将因子 B、C 含量固定为 b_1 和 c_3，分析硫化剂含量对撕裂强度的影响，结果如图 4-5 所示。撕裂强度随硫化剂含量增大而增大，变化规律与扯断强度相似，但达到最佳撕裂强度的交联密度比扯断强度达到最佳值的交联密度要高，但一味提高硫化剂含量会导致硫化过程中出现“过硫化”现象使其他力学性能下降，因此在实际材料中，硫化剂的含量比得到最大撕裂强度所用硫化剂的用量低。

补强剂含量对撕裂强度的影响如图 4-6 所示，这里使用的补强剂的主要成分是炭黑、白炭黑、白艳华、立德粉和氧化锌等，补强剂含量对撕裂强度的影响与

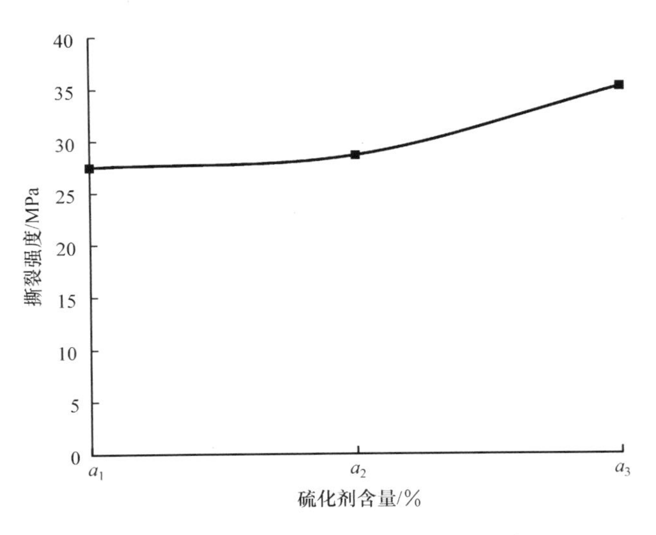

图 4-5　硫化剂含量对撕裂强度的影响

其对扯断强度的影响相似，但使用各向异性的填料，如陶土、碳酸镁等，对撕裂强度的提高作用很小。

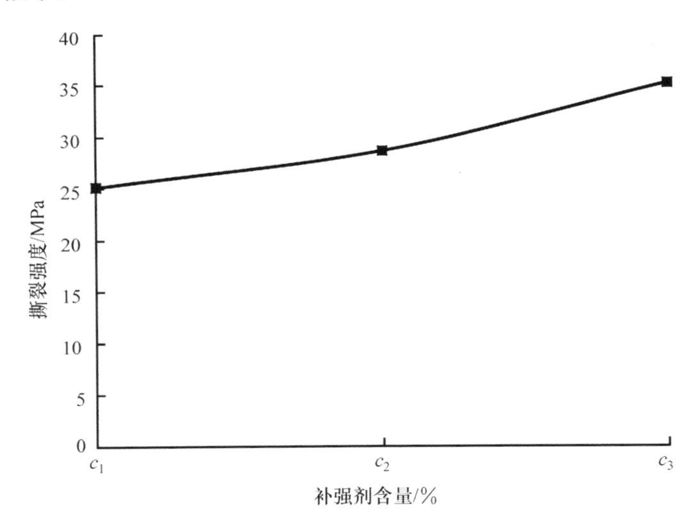

图 4-6　补强剂含量对撕裂强度的影响

加入软化剂会使硫化胶的撕裂强度降低(图 4-7)，尤其是液状石蜡对撕裂强度极为不利，而芳烃油对撕裂强度的影响较小。因此，在 BTG 橡胶合金中使用的是芳烃含量为 50%～60%的高芳烃油，而不能使用石蜡环烷烃油。

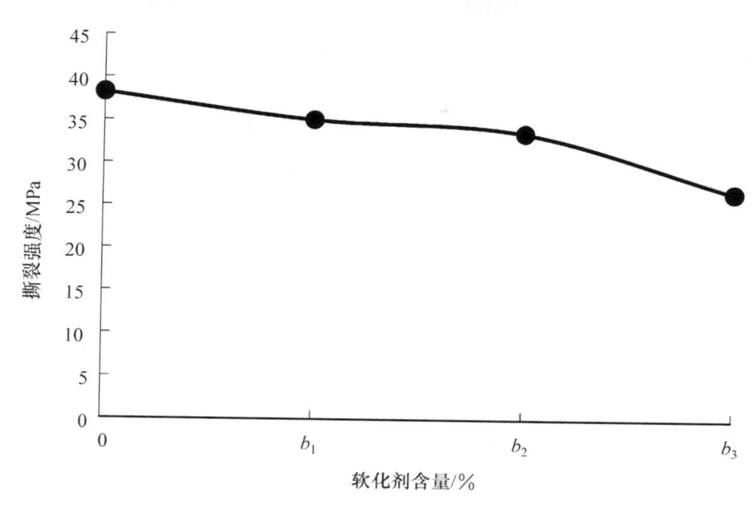

图 4-7　软化剂含量对撕裂强度的影响

3. 定伸强度和硬度

定伸强度和硬度都是表征橡胶合金材料刚性（刚度）的重要指标，两者均表征橡胶合金产生一定形变所需要的力。定伸强度与较大的拉伸形变有关，而硬度与小的压缩形变有关。两者的相关性较好，各种因素对其影响的变化规律基本一致，所以将这两者放在一起讨论。

在橡胶合金中影响定伸强度和硬度的主要成分是高耐磨炭黑（HAF）、硬质陶土和芳烃油。下面利用正交试验来分析其对定伸强度的影响和确定合理的含量。

1）试验设计和结果

A、B、C 是三水平因子，表 4-5 中数值为各种添加剂的总量百分比，选择 $L_9(3^4)$正交表，结果及相应的计算如表 4-6 所示（表中所检测的定伸强度均为 300％定伸强度）。

表 4-5　定伸强度和硬度试验的因子和水平

因子＼水平	1	2	3
A(HAF)	a_1	a_2	a_3
B(芳烃油)	b_1	b_2	b_3
C(硬质陶土)	c_1	c_2	c_3

表 4-6　定伸强度和硬度试验的安排和结果

试验号＼列号	A	B	C		
	1	2	3	4	试验结果
1	1	1	1	1	8.65
2	1	2	2	2	9.16
3	1	3	3	3	9.12
4	2	1	2	3	9.14
5	2	2	3	1	9.48
6	2	3	1	2	10.22
7	3	1	3	2	11.01
8	3	2	1	3	9.51
9	3	3	2	1	9.23
I_j	79.42	85.06	87.72		
II_j	84.93	83	84.28		
III_j	83.68	81.2	87.33		
$\overline{\text{I}}_j=\text{I}_j/3$	26.38	28.35	29.24		
$\overline{\text{II}}_j=\text{II}_j/3$	28.31	27.67	28.09		
$\overline{\text{III}}_j=\text{III}_j/3$	27.9	27.06	29.11		

(1) HAF 三个试验点的高低相差最大，所以对定伸强度的影响最大，而硬质陶土和高芳烃油对定伸强度的影响次之。

(2) 因子 A 取 3 水平最好，因子 B 取 1 水平最好，因子 C 取 3 水平最好，取 $A_3B_1C_3$ 进行定伸强度试验得到定伸强度为 11.01MPa，硬度为 79(HA)。

2) 试验结果分析

通过图 4-8 可以看到，随着 HAF 含量的增加，定伸强度呈上升趋势。这主要因为 HAF 具有高的结构性，其填充入基体后使橡胶合金中大分子的有效体积分数相应减少；与未填充 HAF 的硫化胶相比，达到相同的形变时，其大分子部分的变形变大，所需的外力就相应增大，所以橡胶合金的定伸强度随 HAF 含量增加而明显增大。

芳烃油作为软化剂加入橡胶合金中时，随着其含量的增加定伸强度下降(图 4-9)，其硬度也随之减小。水润滑橡胶合金轴承材料的硬度范围是 75～82，并不要求硬度过高，因此加入 c_1 含量的芳烃油是非常必要的。

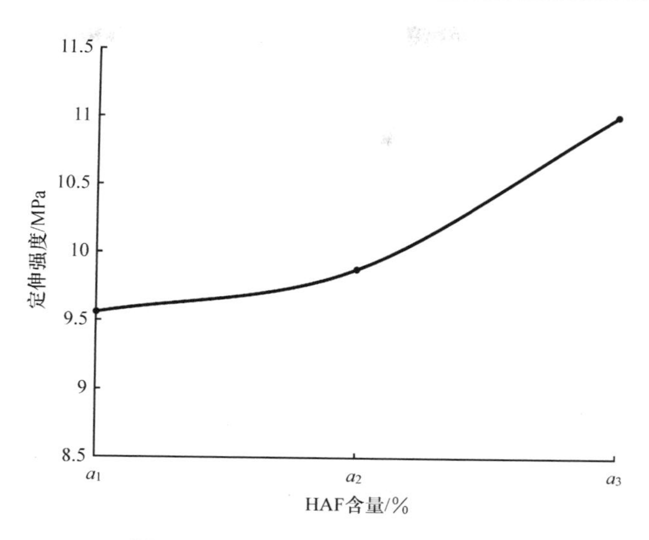

图 4-8　HAF 含量对定伸强度的影响

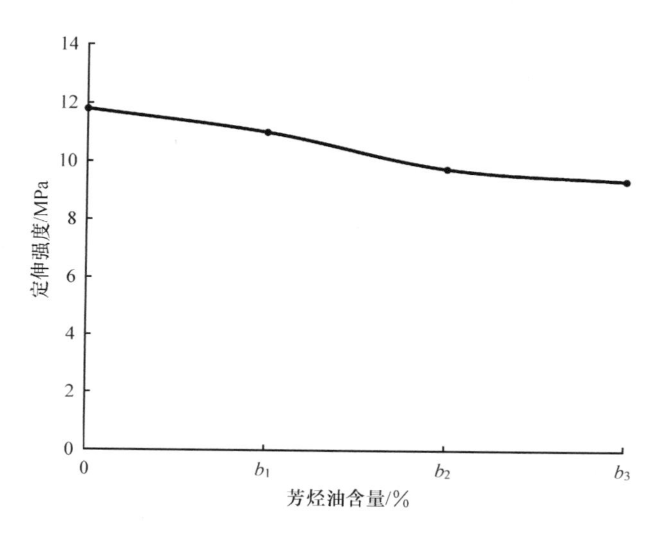

图 4-9　芳烃油含量对定伸强度的影响

硬质陶土作为补强剂同样可以提高材料的定伸强度(图 4-10)。加入硬质陶土可以减少 HAF 的加入量,改善混炼工艺。

3）硫化剂对定伸强度和硬度的影响

在橡胶合金中,硫化剂对定伸强度和硬度的影响非常显著,其加入量也比以上三种填料要高许多,因此将其单独讨论。

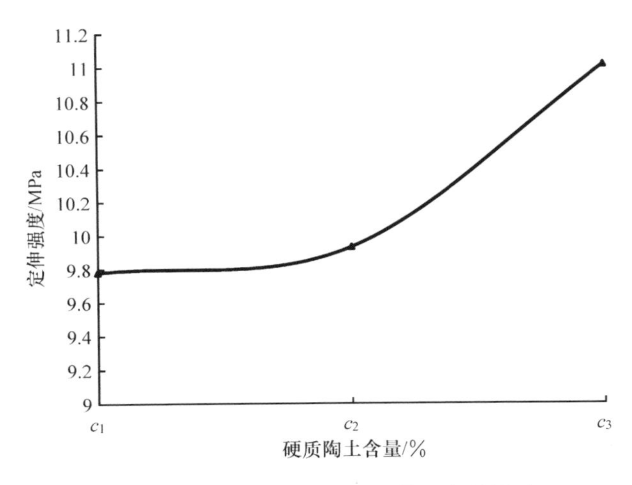

图 4-10 硬质陶土含量对定伸强度的影响

硫化剂的加入与橡胶合金的交联密度密切相关，图 4-11(a)和(b)显示了不同活性的硫化剂对定伸强度和硬度的影响。通过试验可以看出，加入活性较大的硫化剂可以得到定伸强度和硬度较高的橡胶合金。这主要因为加入秋兰姆类和胍类硫化剂得到的是以—C—C—交联键为主的橡胶合金，而加入次磺酰胺类和促进剂H得到的是以多硫键为主的橡胶合金。由于多硫键应力松弛的速度比较快，所以在实际中通常选用的是秋兰姆类和胍类硫化剂。

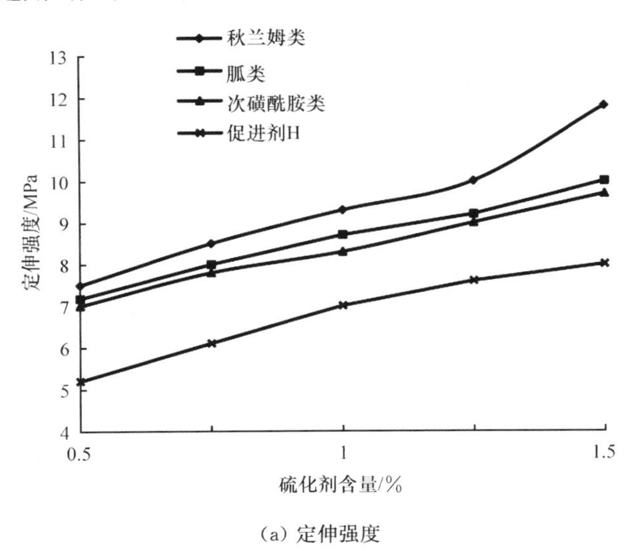

(a) 定伸强度

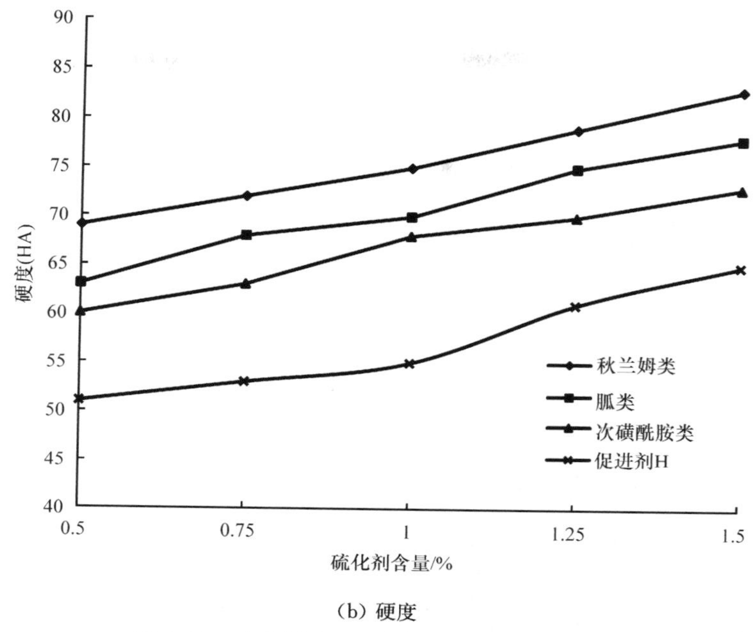

(b) 硬度

图 4-11 硫化剂含量对定伸强度和硬度的影响

在某些工况下,水润滑轴承的硬度会有特殊要求,但不能改变其他体系。在这种情况下,可以通过加入具有增硬效果的填料来大幅提高其硬度。例如,加入 5 质量份甲苯二异氰酸酯二聚体(TD),可使橡胶合金的硬度(HA)从 72 提高到 88;使用高苯乙烯/C_8 树脂(叔辛基酚醛树脂)并用体系,可使橡胶合金的硬度(HA)提高 15,对其他性能无不良影响,因此它是个较为理想的增硬剂。

4. 扯断伸长率

扯断伸长率与某些力学性能有一定的相关性,尤其是和扯断强度密切相关。

只有具有较高的扯断强度,才能保证在形变过程中不被破坏,有较高的伸长率,所以具有较高的扯断强度是实现高扯断伸长率的必要条件。但通过试验发现,提高扯断强度并非一定能提高扯断伸长率(图 4-12)。

这主要是因为加入的补强剂在提高扯断强度的同时提高了硫化程度,从而降低了扯断伸长率(图 4-13)。因此,如果需要高扯断伸长率的材料,可使用稍欠硫的橡胶合金,同时可以通过降低硫化剂用量来提高扯断伸长率。

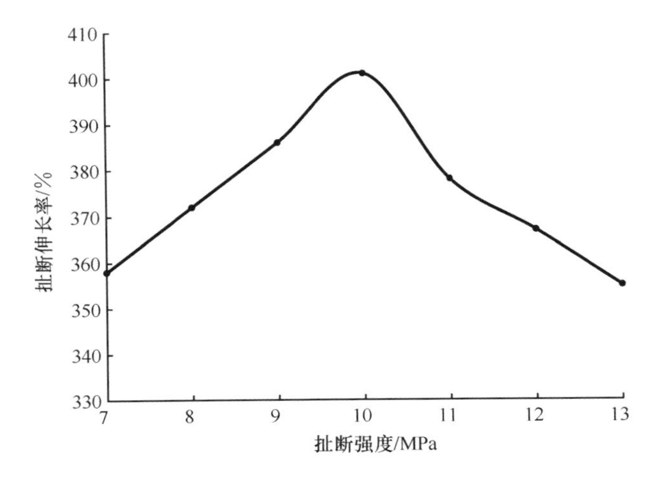

图 4-12 扯断伸长率和扯断强度的关系

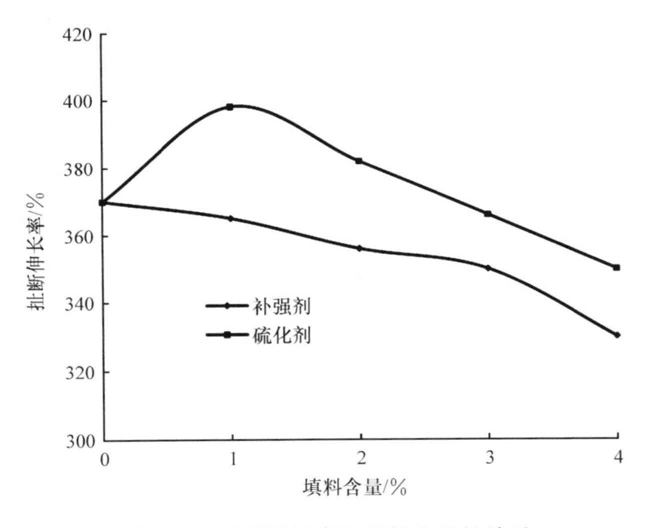

图 4-13 扯断伸长率和填料含量的关系

4.3 水润滑轴承材料摩擦磨损性能改性

用水作为润滑介质的摩擦副，其摩擦副材料还应当满足良好的自润滑性能，或者固体表面与水之间具有很好的亲和性。只有在这种情况下，才有可能在低转速和频繁启停等边界润滑和干摩擦下拥有较长的使用寿命。

4.3.1　填料对摩擦系数和磨损量的影响

耐磨性表征橡胶合金抵抗摩擦力作用下因表面破坏而使材料损耗的能力，它是与橡胶合金制品使用寿命密切相关的性能。橡胶合金的磨耗比金属的磨损复杂得多，它不仅与使用条件、摩擦副的表面状态、制品的结构有关，而且与硫化胶的其他力学性能和黏弹性能等物理化学性质有密切的关系。橡胶合金的主要磨耗形式有磨粒磨耗、疲劳磨耗和卷曲磨耗三种。

加入橡胶合金中改善其自润滑性能的填料通常有 MoS_2（二硫化钼）、PTFE（聚四氟乙烯）和石墨。通过试验得到各填料对摩擦系数和磨损量的影响，如图 4-14 和图 4-15 所示。通过图 4-14 可以看出，添加 MoS_2、PTFE 和石墨可降低摩擦系数，这是因为 MoS_2、石墨是优良的固体润滑剂，其磨损产生的积屑能起润滑剂的效果，可以减小摩擦系数，而 PTFE 本身的润滑性能优异，在材料的表面形成润滑膜，也能减小摩擦系数。

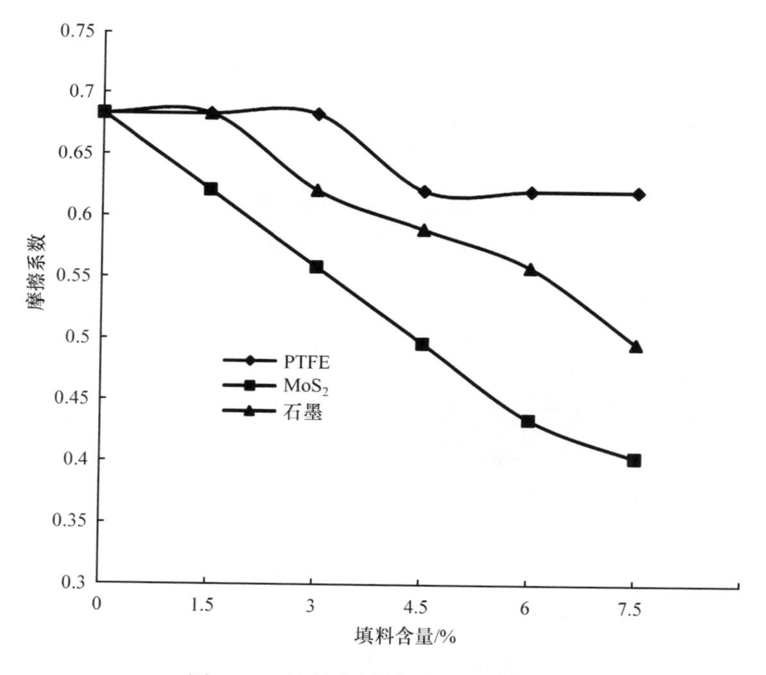

图 4-14　填料含量和摩擦系数的关系

通过图 4-15 可以看到，MoS_2 和石墨对磨损量有较大的影响，加入填料后，橡胶合金软的基体上分布有硬质点，导致基体磨损减小，而 PTFE 主要是通过改善润滑效应而使磨损降低。

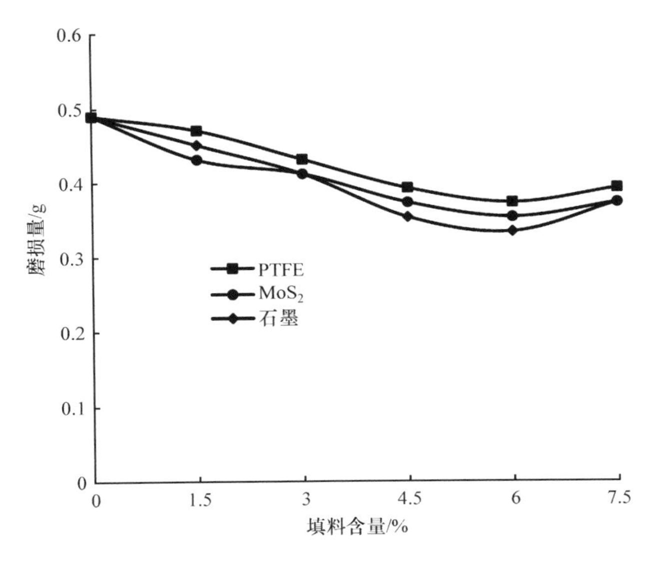

图 4-15　填料含量和磨损量的关系

通过试验发现，对橡胶合金进行表面处理也可以改善材料的抗磨耗能力。将BTG 橡胶合金胶板浸入 0.4%KBr 和 0.8%（$(NH_4)_2SO_4$）组成的水溶液中，经20min 就能获得摩擦系数比原胶板低 20%的耐磨橡胶合金胶板；用浓度为 18%的ICl 或 ICl_3 处理液，将 BTG 橡胶合金材料在处理液中浸渍 10～30min，其表面不产生龟裂，且摩擦系数减小。

4.3.2　摩擦系数和磨损量的影响因素

橡胶合金的摩擦系数是一个变量，受载荷和滑动速度等因素的影响。在材料的实际应用中，通常会有边界润滑甚至干摩擦的情况，因此分析载荷和滑动速度对摩擦系数的影响是十分必要的。

1．载荷对摩擦系数的影响

试验速度为 2m/s，时间为 30min，试验结果如图 4-16 所示。在载荷较小时，橡胶合金的表面粗糙度较大，摩擦系数有增大的趋势。随着载荷的增大，表面凸起会很快磨损，显露出基体中有自润滑效果的填料（如 MoS_2、PTFE 和石墨等），它们会形成一层固体润滑膜，使摩擦系数有减小的趋势。当载荷继续增大时，固体润滑膜被破坏，摩擦系数急剧增大。

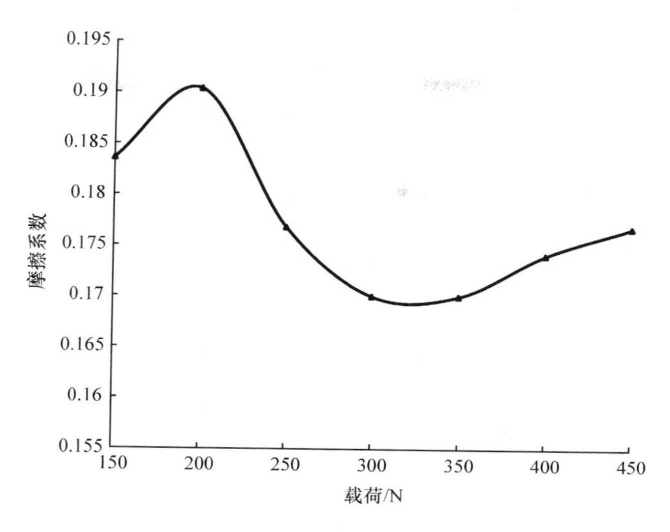

图 4-16　载荷与摩擦系数的关系

2. 载荷对磨损量的影响

载荷对磨损量的影响如图 4-17 所示。当载荷较小时，橡胶合金软基体被迅速磨损，磨损量增大；当载荷增大时，基体中分布的硬质点凸现，磨损量增加变缓；当载荷进一步增大时，摩擦产生的热量使表面温度升高，固体润滑膜破裂，磨损量急剧增大。

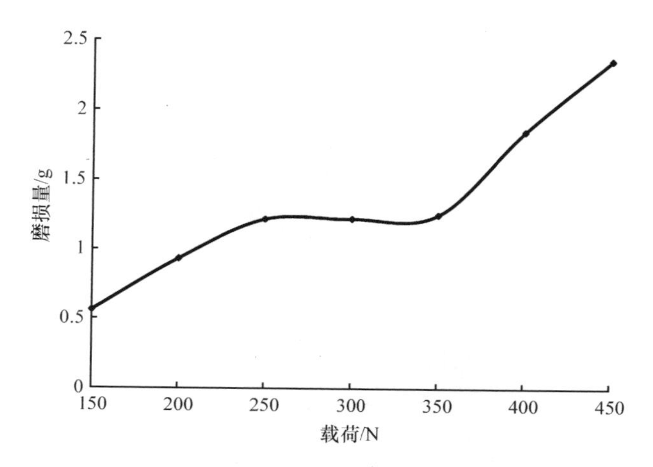

图 4-17　载荷与磨损量的关系

3. 速度对摩擦系数的影响

试验载荷为 250N,时间为 30min,试验结果如图 4-18 所示。由图可知,摩擦系数先随滑动速度的增大而减小,然后随滑动速度的增大而增大。这是因为在较低的速度下,材料发生磨损后,摩擦表面富积的具有自润滑作用的填料起到了固体润滑剂的作用,随着速度的增大,这种润滑作用增强,因而减小了摩擦系数。但当速度超过一定值后,摩擦表面固体润滑膜完全被破坏,摩擦系数随之增大。

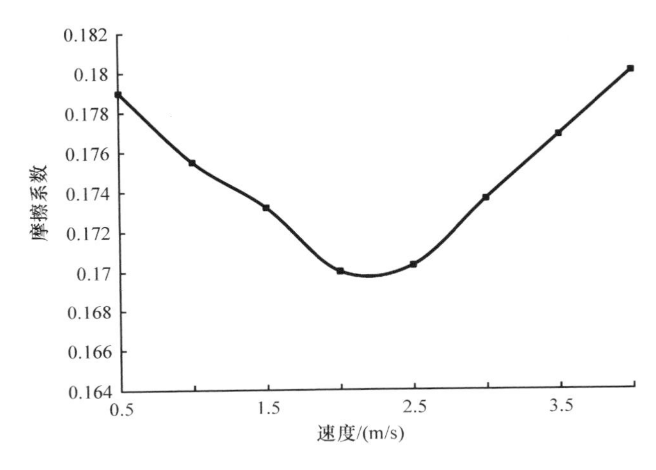

图 4-18　速度与摩擦系数的关系

4. 速度对磨损量的影响

如图 4-19 所示,在速度较低时,填料的自润滑作用和硬质点效应使磨损量变化比较缓慢,当速度增大到一定程度(如图中 3m/s)时,润滑膜被破坏,加上材料表面温度急剧升高,使磨损量加剧。因此,应尽量保证高速运转时供水充足,以免产生干摩擦现象。

5. 耐磨耗性与力学性能的关系

由图 4-20 可以看出,扯断强度和撕裂强度是影响耐磨耗性较为重要的力学性能指标,其随老化时间发生变化时表现出较好的一致性。这主要是因为扯断强度和撕裂强度的提高减少了由摩擦表面应力集中产生的机械破坏(如裂口增长等),而这些破坏是造成材料磨损的主要因素。

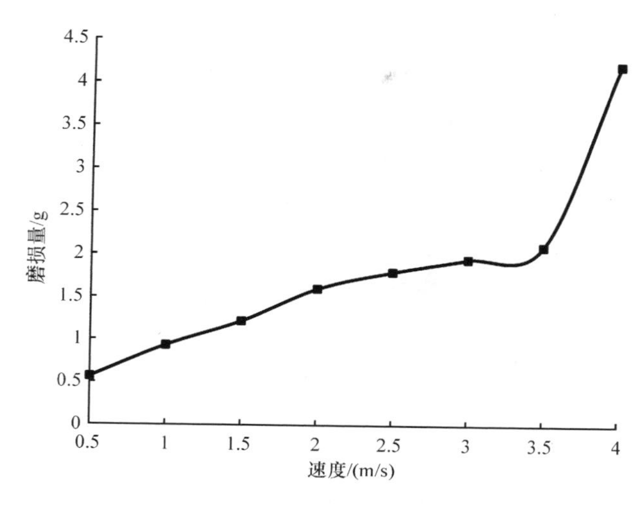

图 4-19　速度与磨损量的关系

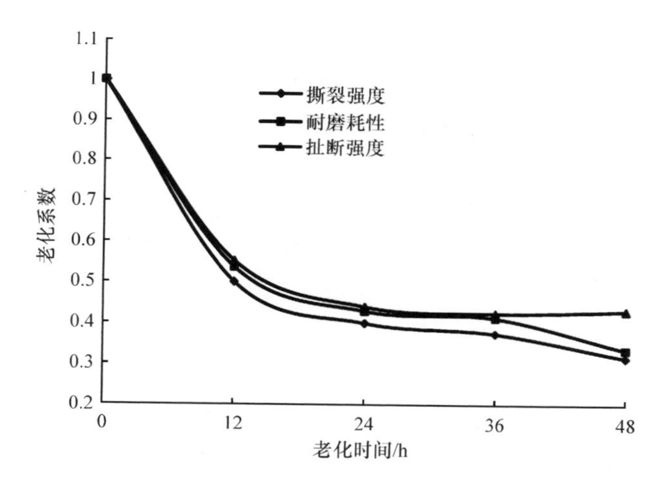

图 4-20　耐磨耗性、扯断强度、撕裂强度随老化时间的变化曲线

4.3.3　填料对水润滑轴承材料的改性

水润滑轴承材料具有很多优良特性，但也有许多不足，如强度低、硬度低、刚度低、耐温性能差、不阻燃、不抗静电、导热性差、流动性差、耐候性差以及滞后能耗大等。这些不足是由高分子材料的分子结构和分子聚集形态造成的。要克服这些缺陷，可以通过改性来实现。改性的目的有：提高抗静电能力和导电性、提高抗阻燃性、提高强度、提高硬度、提高耐磨性、提高耐温性、加强流动性及降低摩擦系数等。

改性的方法有物理填充和化学交联等。化学交联是通过交联剂或偶联剂使材料的分子结构发生变化，从而使材料的性能得到提高，该方法效果好，但操作困难。物理填充是在不改变材料分子结构的基础上，通过添加改性剂的方法，使材料的性能得到改善，该方法简单易行，常被采用。

采用玻璃微珠、玻璃纤维、云母、滑石粉、二氧化硅、三氧化二铝、二硫化钼、炭黑等对材料进行填充改性，可使表面硬度、刚度、蠕变性、弯曲强度、热变形温度得以较好地改善。其中，添加玻璃微珠、玻璃纤维、碳纤维、云母、滑石粉可以提高硬度、刚度和耐温性；添加二硫化钼、硅油和专用蜡等可减小摩擦系数，从而进一步提高自润滑性；添加炭黑和金属粉可以提高抗静电性、导电性及传热性等。

1. 填料对超高分子量聚乙烯(UHMW-PE)工程材料的改性

随着 UHMW-PE 轴承应用领域的不断扩大，人们在使用过程中也逐渐发现了 UHMW-PE 材料的不足之处，如表面硬度低、抗磨粒磨损能力差等。为了使 UHMW-PE 轴承能在条件要求较高的某些场合得到应用，必须对 UHMW-PE 进行适当改性。添加填料使 UHMW-PE 成为复合材料就是一种简单有效的方法。本节用摩擦磨损试验机对 UHMW-PE 复合材料进行了环(45 #钢)块摩擦磨损试验研究，并在腐蚀磨损试验机上进行了砂浆磨损试验。总结出 MoS_2、PTFE、石墨、玻璃纤维、碳纤维等填料对 UHMW-PE 橡胶材料的摩擦磨损性能的影响规律，用洛氏硬度计考查了填料对 UHMW-PE 硬度的影响；并用摆锤式冲击试验机研究了填料对 UHMW-PE 冲击强度的影响。

1）耐磨性

图 4-21 是环块摩擦磨损试验时填料含量与磨损量的关系曲线。由图可以看出，当填料含量较少时，随着填料含量的增加，磨损量明显降低，即耐磨性提高，这是由于适量的无机填料的加入在超高分子量聚乙烯基体中充当了刚硬支撑点的作用，类似于“物理交联”，有可能阻止了砂粒的嵌入和磨削，从而提高了材料的耐磨性。当填料含量大于 5%时，磨损量降低缓慢；当填料含量大于 20%时，甚至个别出现磨损增大现象，这说明填料的比例达到一定值时，UHMW-PE 的耐磨性不再提高，即达到饱和值，这是由于这些填料是无机物，与 UHMW-PE 相容性差，当填料含量超过一定值后，破坏了橡胶原有的特性和基体的连续性，聚合物分子之间的作用力变小，在沙粒的作用下，材料反而易于磨损。因此，填料含量不宜过高，否则，其耐磨性反而降低。

2）摩擦系数

图 4-22 是环块摩擦磨损试验时不同填料和不同填料含量与摩擦系数之间的

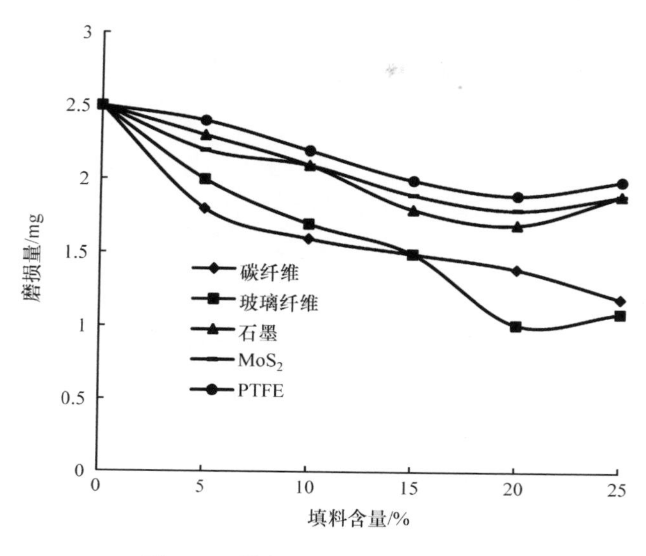

图 4-21　填料含量与磨损量的关系

关系曲线。由图可以看出，添加玻璃纤维对摩擦系数影响较大，它使摩擦系数增大；添加碳纤维对摩擦系数几乎没有影响；添加 MoS_2、PTFE、石墨可减小摩擦系数。这是因为 MoS_2、石墨是优良的固体润滑剂，大大降低了 UHMW-PE 复合材料的磨损。PTFE 本身的润滑性能优异，在复合材料的表面形成润滑膜，因而能减少 UHMW-PE 复合材料的磨损和减小摩擦系数。

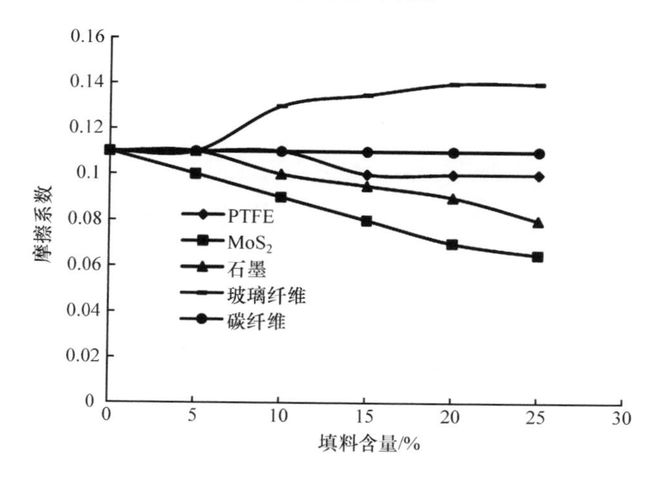

图 4-22　填料含量与摩擦系数的关系

3）硬度

由图 4-23 可知，填料对 UHMW-PE 硬度的影响因填料种类和含量而异。碳纤维、玻璃纤维等刚性填料使 UHMW-PE 硬度增大；石墨、MoS_2 等软性填料使 UHMW-PE 硬度降低；PTFE 对 UHMW-PE 硬度影响较小，随着 PTFE 含量的增大，UHMW-PE 硬度只是略有降低。

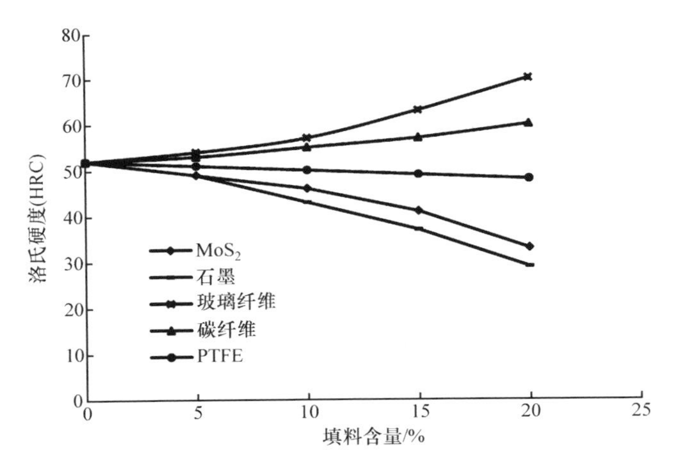

图 4-23　填料含量与洛氏硬度的关系

4）冲击强度

从图 4-24 可以看出，UHMW-PE 的冲击强度随着填料含量的增加而下降，这是由于填料和 UHMW-PE 基体的相容性差，在 UHMW-PE 基体中成为应力集中点，导致冲击强度下降。因此在添加填料改进 UHMW-PE 的摩擦磨损性能时，填料含量不宜过大，否则，冲击强度就会变得很低。

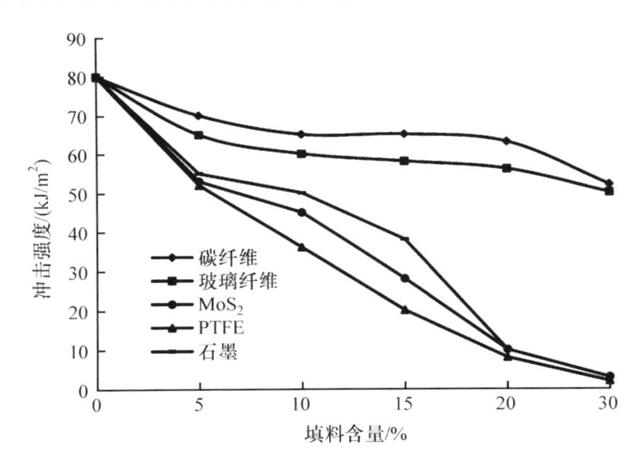

图 4-24　填料含量与冲击强度的关系

综上可以得出：

(1) 在 UHMW-PE 基体中添加玻璃纤维对摩擦系数影响较大，使摩擦系数增大；添加碳纤维对摩擦系数几乎没有影响；添加 MoS_2、PTFE、石墨可降低摩擦系数。当填料含量不超过 20%(质量分数)时，MoS_2、PTFE、石墨、玻璃纤维和碳纤维等填料均可大幅度地提高 UHMW-PE 的耐磨性。其中石墨的减磨降摩效果最佳。UHMW-PE 基体和石墨填料构成的复合材料，同 UHMW-PE 相比，不仅耐磨性提高，而且摩擦系数大大降低。

(2) 添加填料使 UHMW-PE 的冲击强度大大降低。

(3) 刚性填料使 UHMW-PE 硬度增大；软性填料使 UHMW-PE 硬度减小；PTFE 对 UHMW-PE 硬度影响较小。

2. 填料对聚四氟乙烯工程材料的改性

聚四氟乙烯(PTFE)具有化学惰性、耐高温和摩擦系数低等优异性能，它是当今以化学、机械等工业为中心的几乎所有产业部门不可缺少的重要材料之一。但 PTFE 轴承也存在一些不足之处，如 PTFE 的机械强度较小、硬度低、磨损率高、在外力作用下有较大的黏弹性变形和导热性差等，这些缺点限制了 PTFE 轴承在实际中的应用。在 PTFE 材料中加入不同的填料，可以使其物理力学性能发生明显的改变。本节用 MHK-500 型环块磨损试验机对聚四氟乙烯复合材料进行环(45 # 钢)块摩擦磨损试验研究，总结出 MoS_2、PbS、石墨、玻璃纤维、碳纤维等填料对 PTFE 橡胶材料的摩擦磨损性能的影响规律，用洛氏硬度计考察填料对 PTFE 硬度的影响，并对填料在 PTFE 中的作用机理进行分析。

1) 耐磨性

图 4-25 是环块摩擦磨损试验时填料含量与磨损量的关系曲线。由图可以看出，MoS_2、PbS、石墨、玻璃纤维和碳纤维等填料均可大幅度地提高 PTFE 的耐磨性。当填料含量达到 15%时，可将 PTFE 的耐磨量降低两个数量级，玻璃纤维的减磨效果最佳，而 MoS_2 的减磨效果最差，说明硬质刚性填料比软性填料的减磨效果显著。这是由于适量的无机填料在 PTFE 基体中充当刚硬支撑点的作用，类似于“物理交联”，阻止了 PTFE 带状结构的大面积破坏，使其由纯 PTFE 的大片状磨损变为复合材料的小磨损。另外，随着 PTFE 的不断磨损，填料在磨损表面富积，起到了支持负荷的作用，从而提高了材料的耐磨性。填料的刚性越高，“物理交联”作用越强，因而玻璃纤维的减磨效果最佳，而 MoS_2 的减磨效果最差。

2) 摩擦系数

图 4-26 是环块摩擦磨损试验时不同填料及不同填料含量与摩擦系数之间的关系曲线。由图可以看出，添加玻璃纤维和碳纤维对摩擦系数影响较大，使摩擦系数增大，这是因为磨损表面富积的玻璃纤维和碳纤维不具备自润滑作用。石墨使 PTFE 的摩擦系数变小，这是因为石墨是优良的固体润滑剂，它的摩擦系数很低，

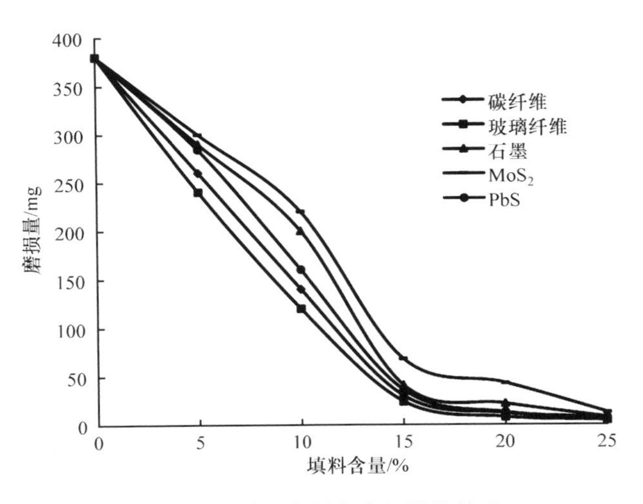

图 4-25　填料含量与磨损量的关系

在复合材料的摩擦过程中,能与 PTFE 摩擦表面产生富积,形成润滑膜,因而降低了 PTFE 的摩擦系数,但当石墨的添加量达到一定程度(15%)后,摩擦表面的石墨润滑膜完全生成,再增加石墨的添加量,PTFE 的摩擦系数趋于稳定值。PbS 填料对 PTFE 摩擦系数的影响比较特殊,一般情况下使摩擦系数变大,这是因为 PbS 填料本身的摩擦系数和刚性较大,但有时会使摩擦系数降低,这是由于在摩擦过程中局部摩擦热使摩擦表面的温度升高很多,以致 PTFE 和 PbS 发生了化学反应,在摩擦表面形成了化合物润滑膜。MoS_2 对 PTFE 摩擦系数的影响比较小,仅使摩擦系数稍有增大,这是因为 MoS_2 虽然也是优良的固体润滑剂,但其本身的摩擦系数较 PTFE 大,因而使 PTFE 的摩擦系数稍有增大。

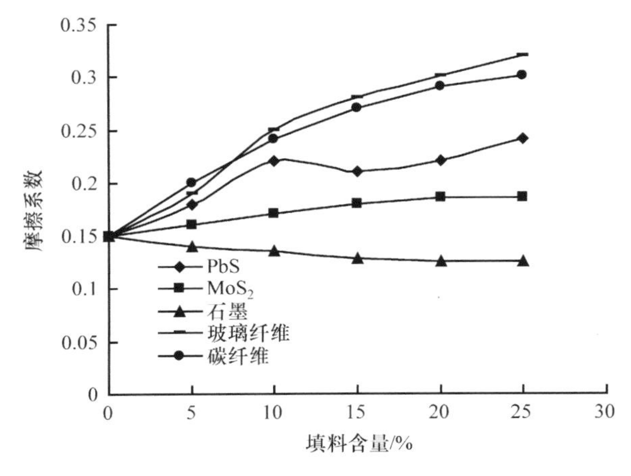

图 4-26　填料含量与摩擦系数的关系

3）冲击强度

从图 4-27 可以看出，PTFE 的冲击强度随着填料含量的增加而变小。冲击强度反映的是材料耐受冲击作用的能力，是一个量度材料韧性的指标。冲击强度小，说明材料较脆。MoS_2、石墨等软性填料含量较低（小于 10%）时能提高 PTFE 的冲击强度，这是由于适量的软性填料使 PTFE 复合材料的韧性增大；填料含量较高时反而使 PTFE 的冲击强度下降，这是由于这些填料和 PTFE 基体的相容性差，过多的填料在 PTFE 基体中反而成为应力集中点，导致冲击强度下降；碳纤维、玻璃纤维和 PbS 对 PTFE 冲击强度的影响较大，使冲击强度迅速降低，这是由填料本身的脆性大引起的，因此在添加填料改进 PTFE 的摩擦磨损性能和提高表面硬度时，填料含量不宜过高，否则，冲击强度也会变得很低。

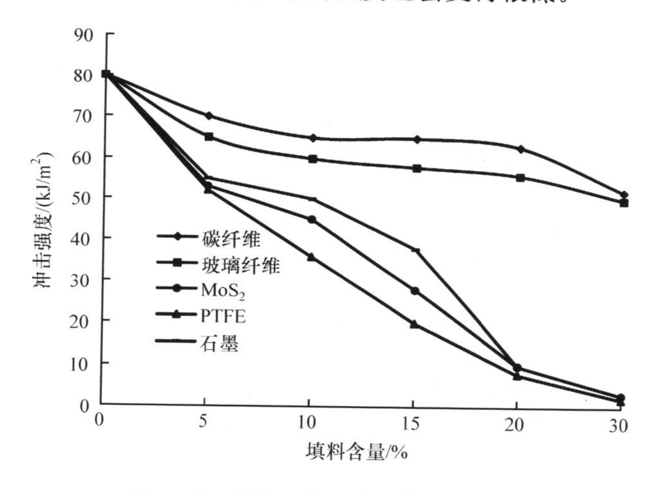

图 4-27　填料含量与冲击强度的关系

4）表面硬度

由图 4-28 和图 4-29 可知，填料对 PTFE 硬度的影响因填料种类和含量而异。碳纤维、玻璃纤维、PbS 等刚性填料使 PTFE 硬度增大；石墨、MoS_2 等软性填料使 PTFE 硬度减小。结合图 4-25 和图 4-28 可以看出，硬质填料不仅增大了 PTFE 的表面硬度，而且提高了 PTFE 的抗磨损能力，说明表面硬度越高，抗磨损性能越好。

综上，石墨能明显提高 PTFE 抗磨性，减小 PTFE 的摩擦系数，并且能使冲击强度增大，当石墨含量较低时，对表面硬度的影响也较小。根据上述结果，选择石墨和能提高 PTFE 表面硬度的玻璃纤维制备 PTFE 三元复合材料（85% PTFE+10%石墨+5%玻璃纤维），并对其物理力学性能进行较为全面的测定，将试验结果列入表 4-7 中，可以看出，石墨和适量的硬质填料协同作用，对 PTFE 的改性具有比较理想的效果。

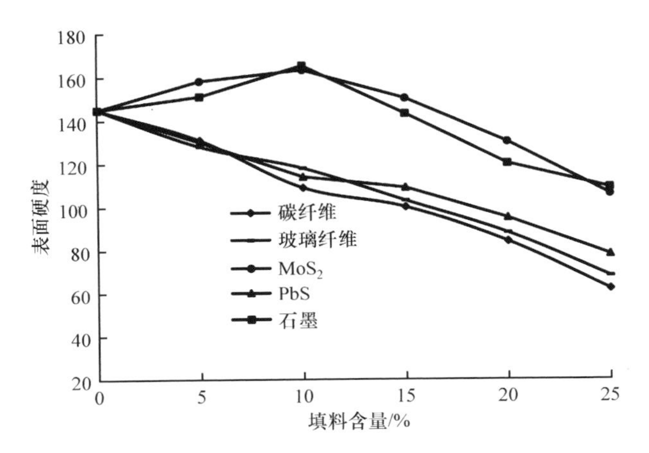

图 4-28 填料含量与表面硬度的关系

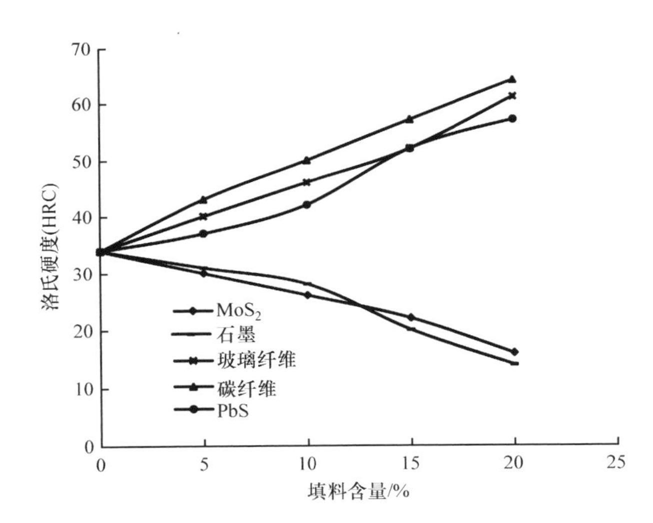

图 4-29 填料含量与洛氏硬度的关系

表 4-7 几种填充 PTFE 复合材料的物理力学性能

材料名称	摩擦系数	磨损量/mg	洛氏硬度(HRC)	冲击强度/(J/cm^2)
PTFE	0.15	380	34	14.5
90% PTFE+10%石墨	0.135	200	28	16.5
95% PTFE+5%玻璃纤维	0.19	240	40	12.8
85% PTFE+10%石墨+5%玻璃纤维	0.140	69	37	15.1

综上可以得出：

(1) MoS_2、PbS、石墨、玻璃纤维和碳纤维等填料均可大幅度地提高 PTFE 的耐磨性，可将 PTFE 的磨损量降低两个数量级，并且玻璃纤维的减磨效果最佳，而 MoS_2 的减磨效果则最差，说明硬质刚性填料比软性填料的减磨效果显著。

(2) 添加玻璃纤维和碳纤维等填料使 PTFE 的摩擦系数增大。石墨使 PTFE 的摩擦系数变小，MoS_2 对 PTFE 摩擦系数的影响比较小，仅使摩擦系数稍有增大。

(3) 刚性填料使 UHMW-PE 硬度增大；软性填料使 UHMW-PE 硬度降低。

(4) 石墨明显提高了 PTFE 抗磨性，降低了 PTFE 的摩擦系数，并且能使冲击强度增大，当石墨含量较低(小于 10%)时，PTFE 的表面硬度仅稍有降低，因而石墨是比较理想的填料，特别是与适量的硬质填料协同作用时，对 PTFE 的改性具有比较理想的效果。

3. 短纤维填料对橡胶合金材料的改性

短纤维增强复合材料的发展，提高了用橡胶合金材料进行高精度工程部件批量生产的可能性。直到 20 世纪 60 年代中期，短纤维复合材料才得以批量生产。从此以后，短纤维增强橡胶合金的用量增长迅速，现在已经达到了令人瞩目的商业化水平。在美国，1997 年产量超过 53000t，其价值超过 15 亿美元。随着短纤维制造技术的日新月异，逐渐出现了纳米级短纤维(如本书所使用的氧化锌晶须纤维)，这使得短纤维对橡胶合金增强的技术又有进一步的发展。

在本书中使用的短纤维是指能在橡胶合金中均匀分散、长度在 10～15mm 或 0.5in 的纤维材料。此类短纤维的加入不会改变橡胶合金基体的硫化体系和填充体系，对硫化工艺参数也没有影响，因此将其与普通填料体系分开来讨论。本书中主要用来增强橡胶合金的短纤维是玻璃纤维、碳纤维和氧化锌晶须(ZnOw)。

4.3.4　玻璃纤维和碳纤维对橡胶合金材料力学性能的影响

试验所用玻璃纤维由 E-玻璃制成，纤维直径为 13μm，长径比(L/D)为 10∶1。所用碳纤维是碳含量在 95%左右的通用级(GP)碳纤维，纤维直径为 7μm，长度为 8mm。

在橡胶合金中加入碳纤维前必须进行表面处理：先在沸水中煮泡半个小时，再经 65%的硝酸浸泡后，清洗并烘干，最后经酚醛树脂上浆处理，在混炼时混入。

加入短纤维的主要目的是提高其承载能力，因此从扯断强度、300%定伸强度和硬度三个方面来分析其增强作用。

1. 玻璃纤维、碳纤维和扯断强度的关系

通过图 4-30 可以看出，随着短纤维的加入，橡胶合金的扯断强度明显提高，在加入量达到一定程度后，扯断强度有下降的趋势，其主要原因是加入过多的短纤维会破坏橡胶合金基体的连续性，改变基体的变形体系，导致强度降低。同时可以看出，碳纤维的增强作用稍好于玻璃纤维。

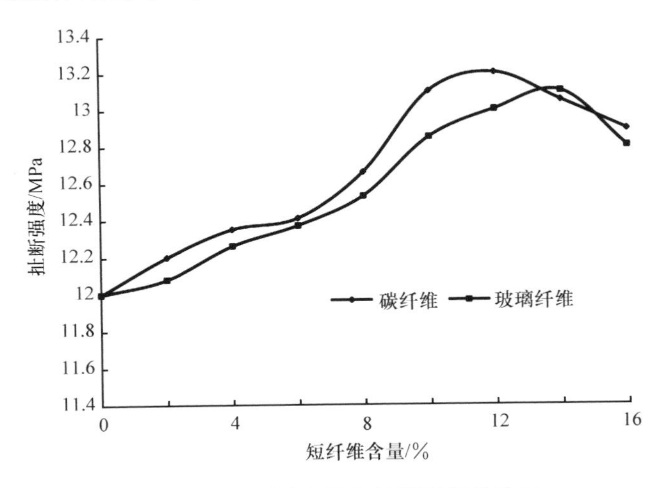

图 4-30　短纤维含量与扯断强度的关系

2. 玻璃纤维、碳纤维与定伸强度及硬度的关系

通过图 4-31 和图 4-32 可以看出，随着短纤维含量的增大，定伸强度及硬度都有增大的趋势，在含量达到一定时定伸强度开始减小，其原理和趋势与扯断强度变化大体一致。而短纤维硬度远远高于材料基体，因此硬度会随短纤维含量增大而升高。

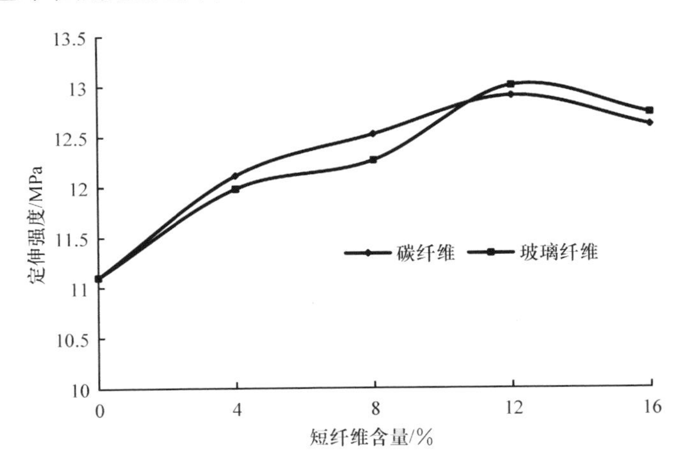

图 4-31　短纤维含量与定伸强度的关系

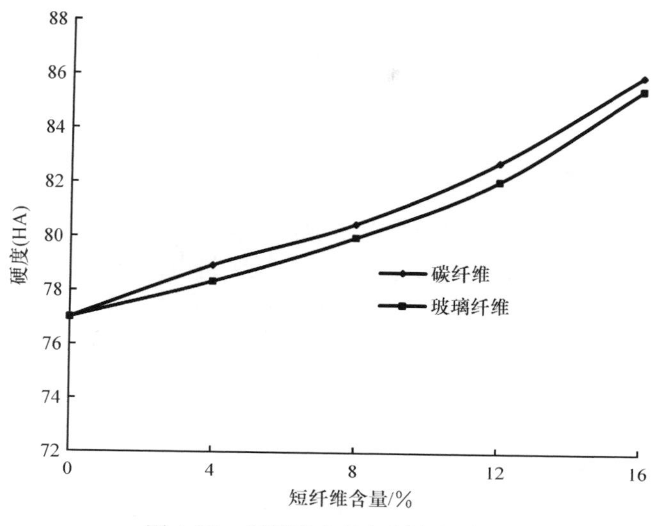

图 4-32　短纤维含量与硬度的关系

4.3.5　玻璃纤维和碳纤维对橡胶合金材料摩擦磨损性能的影响

在应用短纤维提高橡胶合金力学性能的同时,不能牺牲材料的摩擦性能,因此必须研究短纤维对橡胶合金摩擦磨损性能的影响。

1. 玻璃纤维和碳纤维对橡胶合金材料摩擦系数的影响

通过图 4-33 可以看出,随着填料含量的增大,摩擦系数都有变大的趋势,并且

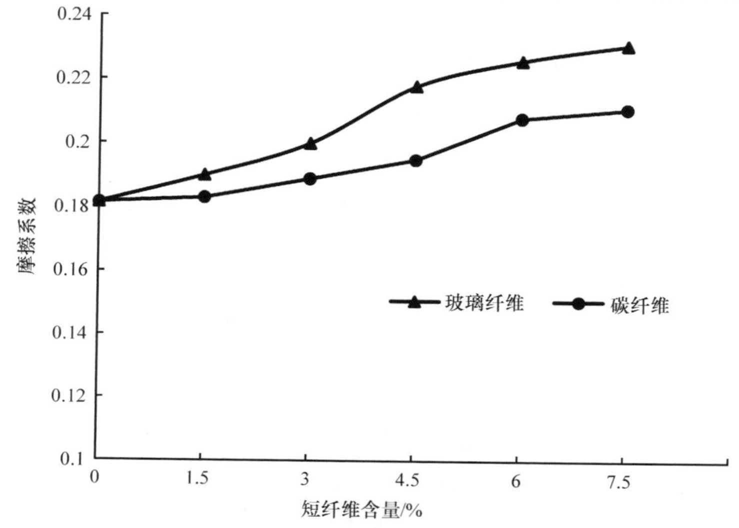

图 4-33　短纤维含量和摩擦系数的关系

玻璃纤维对摩擦系数的影响要大一些，主要是由于玻璃纤维直径比碳纤维大，在基体中分散的均匀程度也较碳纤维差，导致基体磨损不均匀，摩擦表面硬质点增多并且摩擦系数增大。

2. 玻璃纤维和碳纤维对橡胶合金材料磨损量的影响

由于玻璃纤维和碳纤维都是高硬度耐磨损物质，所以在基体中添加均匀分布的玻璃纤维和碳纤维可以有效提高耐磨性。纤维粒径越小，分布越均匀，效果越好。如图 4-34 所示，随着短纤维含量的增加，磨损量降低。随着含量进一步增大，磨损量趋于平缓，如果此时加入量再增大，则会破坏橡胶合金基体的交联体系，使耐磨性降低。

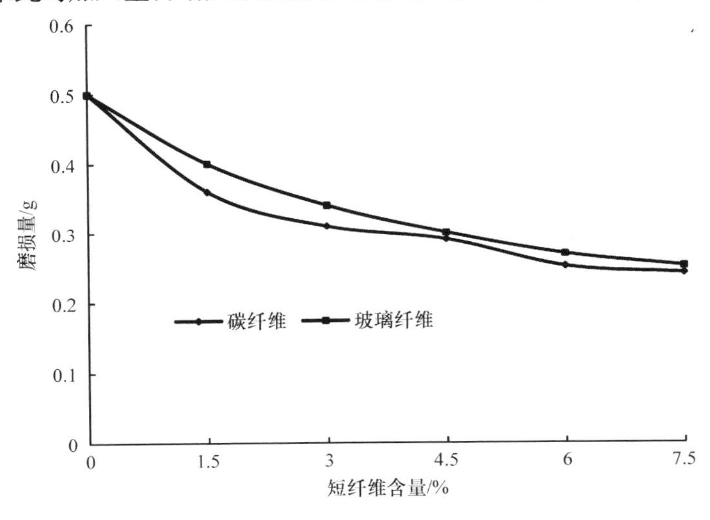

图 4-34　短纤维含量和磨损量的关系

4.3.6　纳米级氧化锌晶须对橡胶合金材料的改性

ZnOw 具有突出的多功能特性，作为结构材料及功能材料，广泛应用于国防、电子、化工、轻工、交通等国民经济领域。利用 ZnOw 优异的耐磨、减振、防滑、降噪、吸波、抗老化、抗冲击、抗静电、抗藻、抗菌等性能，可大幅度提升现有产品的质量。

ZnOw 为白色松软物质，具有独特的立体三维四针状显微结构，针状长度通常为 5～200μm，根部直径一般是 0.1～10μm，针尖部分达到纳米数量级（图 4-35），因此具有纳米材料的众多优异特性，其物理性能如表 4-8 所示。正是由于 ZnOw 独特的结构，ZnOw 很容易实现在基本材料中的三维分布均一化，从而使其复合材料的各种物理性能得到各向同性改善，这是一般晶须材料难以实现的。ZnOw 的主要特点有：独特的立体四针状结构，每根针状体为单晶体微纤维；针尖纳米效应；高强度，单晶体纤维的强度达到或接近化学键的理论计算值；耐高温，在 1720℃之前不发生变化。

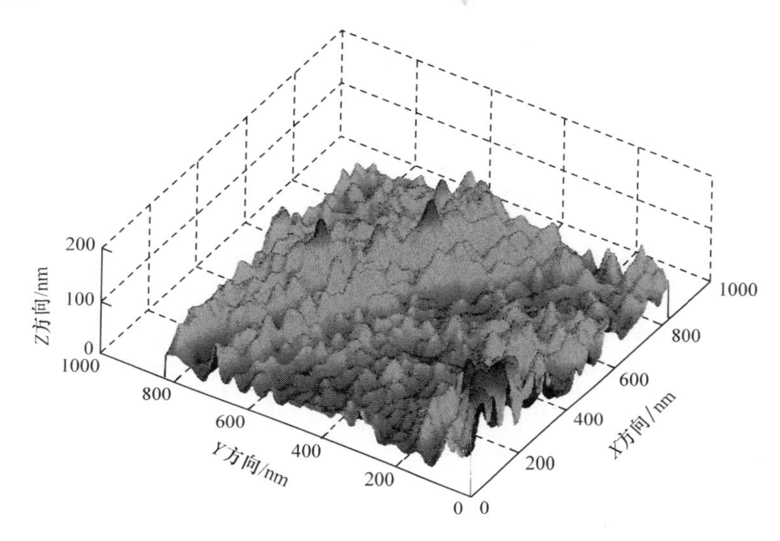

图 4-35　ZnOw 扫描隧道显微镜照片

表 4-8　ZnOw 的物理性能

参数	数值
含量	>99.9%
形状	四针状
各针状体长度/μm	5～200
各针状体根直径/μm	5.52
热稳定性	1720℃时升华
真实密度/(g/cm³)	5.8
表观密度/(g/cm³)	0.01～0.5
电阻率/(Ω · cm)	<50
介电常数(实部)(2～18GHz)	4.5～47
介电常数(虚部)(2～18GHz)	61～200
扯断强度/MPa	1.2×10^{4}
弹性模量/MPa	3.5×10^{5}
热膨胀率/(%/℃)	4×10^{-6}

1. 试验方案及结果

将 ZnOw 分为三个水平加入，并且在同样工况下取一个对比试样不加入 ZnOw 作为对比，其中 1＃、2＃、3＃、4＃分别表示加入量为 0、a、b、c 的橡胶合金，

其中 $0<a<b<c$；硫化条件均为 170℃×20min，硫化压强为 0.39MPa，测量其性能，试验所得性能如表 4-9 所示。

表 4-9　加入 ZnOw 后 BTG 橡胶合金的性能

实验项目	1#	2#	3#	4#
(300%)定伸强度/MPa	11.6	13.4	13.8	13.5
扯断强度/MPa	11.9	13.7	14.4	14.3
伸长率/%	367	345	358	344
硬度(HA)	77	79	80	81
密度/(g/cm³)	1.3108	1.3940	1.4032	1.4392
阿克隆磨耗/(cm³/1.61km)	0.123	0.140	0.111	0.115
滑动摩擦系数	0.183	0.131	0.156	0.149

2. ZnOw 含量与力学性能的关系

通过图 4-36 与图 4-37 可以看到，ZnOw 的强化作用非常明显，随着 ZnOw 含量的增大，其扯断强度和定伸强度都呈上升趋势，当到达加入量 b 时，扯断强度和定伸强度达到最大值，然后随加入量增大稍有下降。因此，加入量 b 可以作为最佳点，过多的加入量会破坏基体的连续性，使其力学性能恶化。同时在加入量为 b 时具有最高的“比强度”，这也为制造更薄胶层的轴承提供了材料基础。

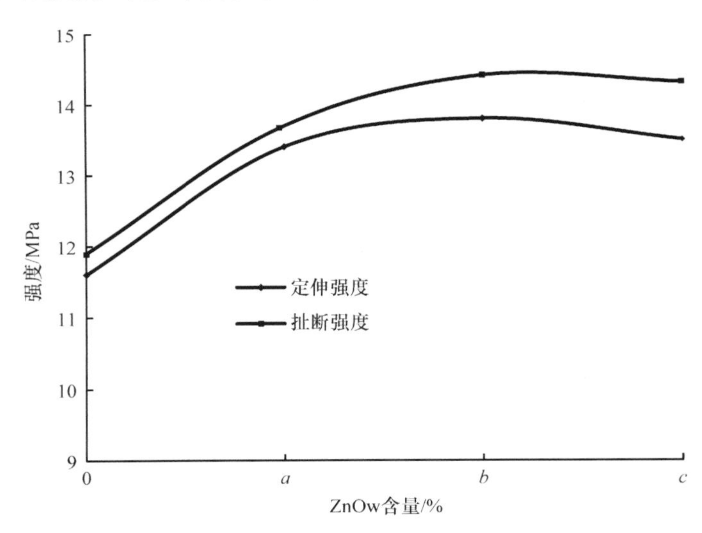

图 4-36　ZnOw 含量与定伸强度和扯断强度的关系

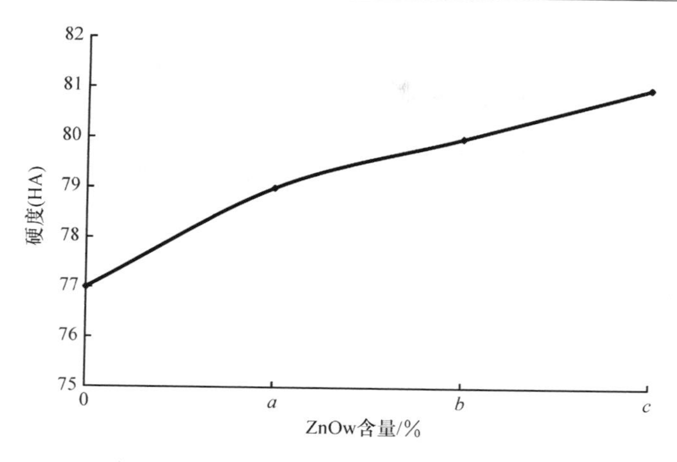

图 4-37　ZnOw 含量与硬度的关系

3. ZnOw 含量与摩擦磨损性能的关系

由图 4-38 和图 4-39 可以看出，在 ZnOw 含量为 b 时，材料有较大的摩擦系数，但也具有良好的耐磨性。这主要由于 ZnOw 均匀分散在基体中，成为硬质点，这些硬质点的摩擦系数较基体材料大，但耐磨性也较好。

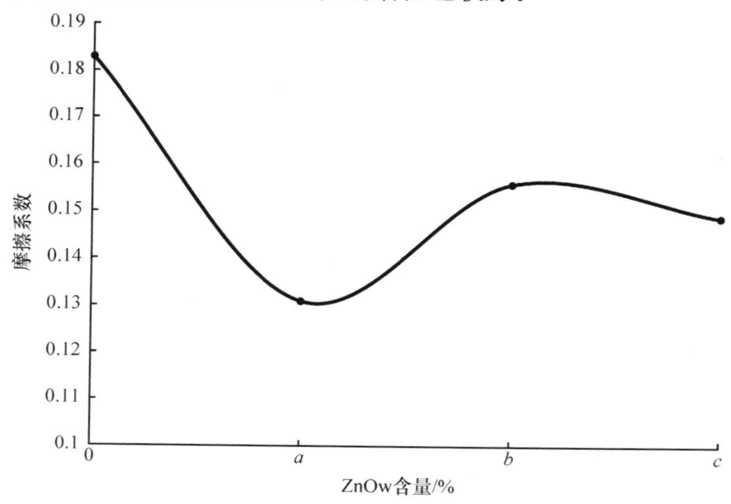

图 4-38　ZnOw 含量与摩擦系数的关系

在应用改性后的橡胶合金制造水润滑轴承时应考虑其适用范围，在较高比压和含泥沙比较严重的水环境中工作，应该选择短纤维增强的橡胶合金作为轴承材料。表 4-10 列出了通过改进硫化剂、补强剂、软化剂和加入短纤维后的橡胶合金的力学性能。

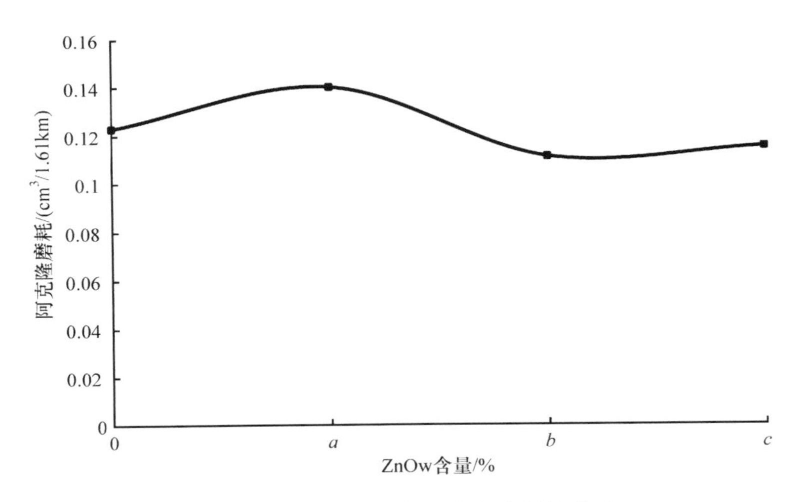

图 4-39 ZnOw 含量与阿克隆磨耗的关系

表 4-10 改性后 BTG 橡胶合金材料的力学性能

扯断强度/MPa	伸长率/%	硬度(HA)	阿克隆磨耗/(cm^3/1.61km)	(300%)定伸强度/MPa
≥14	≥350	≥79	≤0.12	≥13

4.4 水润滑橡胶材料长短链分子配比设计

要开发出适用于大尺寸高比压水润滑轴承的新型弹性体轴瓦材料，需要控制弹性体材料的多项性能指标，包括拉伸强度、黏附摩擦力、弹性模量、耐疲劳系数、滞后角等，同时，要结合水润滑轴承的工况特性，设计出适应工况的特殊弹性体材料。如何同时优化以上参数，开发出摩擦学性能最佳的弹性体材料，是本章的研究内容，为摩擦学相关应用的弹性体开发提供了理论、试验参考及依据。

对水润滑轴承新型弹性体轴瓦材料的开发研究，要从高承载、低摩擦、低磨损、易润滑和工况影响五个方面入手[2]。

(1) 高承载方面。承载能力分为静载能力和动载能力。静载能力是指材料不发生永久性损伤时可承受的最大压力。动载能力是指在某一给定滑动速度下材料不发生永久性损伤时可承受的最大压力，动载能力随滑动速度降低而增高(pv 值)。提高弹性模量，可以减小弹性体材料的变形量，从而使材料不至于在高变形下工作而破坏。减小永久压缩变形，可以减小载荷对材料造成的永久性变形伤害。

(2) 低摩擦方面。添加自润滑材料(石墨、MoS_2、PTFE、充油等),减小黏附摩擦力,这是目前最常用和最简单有效的方法。添加高热导率材料是为了使材料在摩擦生热时,不至于积累热量而发生高温黏附和破坏。提高弹性模量、减小滞后角,既可以减小黏附摩擦力,又可以减小迟滞摩擦力。

(3) 低磨损方面。提高拉伸强度可以使材料在更大的外力下不容易被破坏。提高耐疲劳系数,能够减缓材料裂纹增长的速度,并承受更高更多的循环应力。同时需要指出的是,摩擦系数降低可以显著降低磨损率(常常是最有效的)。

(4) 易润滑方面。控制弹性模量,使之最能满足工况条件。减小润滑接触角,使弹性体表面更容易被润湿,从而使接触面有边界膜而不是干摩擦的状态。提高动压,使变形量增大,润滑膜厚增加,从而更易被润滑。

(5) 工况影响方面。考虑启动的状态,此时润滑膜没有建立,更接近于干摩擦,需要更高的模量和硬度来减小摩擦系数;考虑工作的状态,需要更低的模量和硬度来建立润滑膜。对于大尺寸的水润滑轴承的弹性体轴瓦,需要比一般小尺寸的水润滑轴承更高的弹性模量,才能保证弹性体不会在大变形情况下持续工作而加速失效。而对于弹性体,提高弹性模量会导致材料失去高弹性,这是工作的难点。

4.4.1　材料机体的选择

弹性体的种类繁多,每个种类的性质也不同,它们的摩擦学性质如表 4-11 所示。

表 4-11　各类弹性体的参考摩擦系数和磨耗值[5]

弹性体名称	摩擦系数	Taber 磨耗值/mg
聚氨酯弹性体(PU)	0.48	0.5～3.5
丁腈橡胶(NBR)	1.02	44
天然橡胶(NR)	0.73	146
丁苯橡胶(SBR)	0.77	177
丁基橡胶(IIR)		205
氯丁橡胶(CR)		280

注:摩擦系数测试条件为 0.16m/s,12N;磨耗条件为 CS17 轮,1000g/轮,5000r/min,23℃。

作为水润滑轴承用的弹性体,首先要考虑的是润滑剂的润湿性,而润湿性主要取决于弹性体表面的化学性质。所以,目前最适合作为水润滑轴承用的弹性体有两种,一种是聚氨酯弹性体,另一种是丁腈橡胶。对于聚氨酯弹性体,其具有极宽的弹性模量变化范围和耐高温性,弹性体领域中最高的拉伸强度和耐疲劳性能,在干摩擦状态下具有最小的摩擦系数和磨损率,这是其他弹性体无法比拟的。但是聚氨酯弹性体最致命的问题是氨酯基团的易水解性,所以选择聚氨酯弹性体作为机体需首先克服氨酯基团水解的问题。对于丁腈橡胶，其分子中的极性基团——丙烯腈能够产生很高的能量，容易润湿表面，而且耐磨性也很出色，但是由于其拉伸强度、弹性模量与聚氨酯弹性体相比有一定的差距，所以其干摩擦性能不如聚氨酯弹性体。其他弹性体材料，无论是在润湿性还是耐磨性方面都远远差于这两种弹性体材料，故在水润滑轴承的应用中，这两种材料是首选。作者及其团队一直以来都以丁腈橡胶作为研究对象，而且已经有了自己的产品，故选择丁腈橡胶作为新型弹性体制备的机体材料。

4.4.2　分子结构设计方法

双模弹性体为上述新型弹性体减摩材料开发提供了一个有效的解决方案[6]。由长链分子组成的交联网络表现出较低的强度和刚性，而由短链分子组成的交联网络显示出脆性和有限的最大伸长率。然而，双模弹性体网络的长链、短链按照适当比例复合，不仅能表现出高的强度和刚性，而且也将拥有大的变形恢复能力和断裂伸长率[7-9]。因此，双模弹性体比普通弹性体展现出更优异的摩擦学性能。

本节利用硫在丁腈橡胶中分散极其困难的原理，提出通过交叉组合长链和短链丁腈橡胶(NBR)分子构建双模 NBR 弹性体的方法。首先，通过动态力学性能分析(DMA)和透射电子显微镜(TEM)完成分子模型的构建和验证；然后，对双模 NBR 弹性体网络的结构特点和力学性能及其之间的关系进行说明；最后，对双模 NBR 弹性体网络的摩擦学性能进行测试，并确定最佳的配方比例和最好的摩擦学描述。这项研究基于弹性摩擦磨损和润滑机理，为新型弹性体摩擦学材料的开发提供了一种新方法。

长链 NBR 和短链 NBR 两种交联点之间的分子量可以通过以下方法来控制和计算。丁腈橡胶的分子结构可表示为如图 4-40 所示的形式。

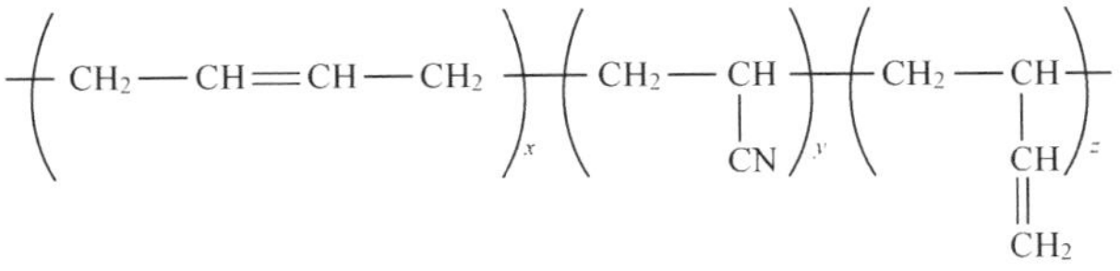

$$\left(\mathrm{CH_2-CH=CH-CH_2}\right)_x\left(\mathrm{CH_2-\underset{\displaystyle CN}{\underset{|}{CH}}}\right)_y\left(\mathrm{CH_2-\underset{\displaystyle \underset{\displaystyle CH_2}{\underset{\|}{CH}}}{\underset{|}{CH}}}\right)_z$$

图 4-40　丁腈橡胶分子结构

丁二烯分子具有两种聚合结构，如图 4-41 所示。

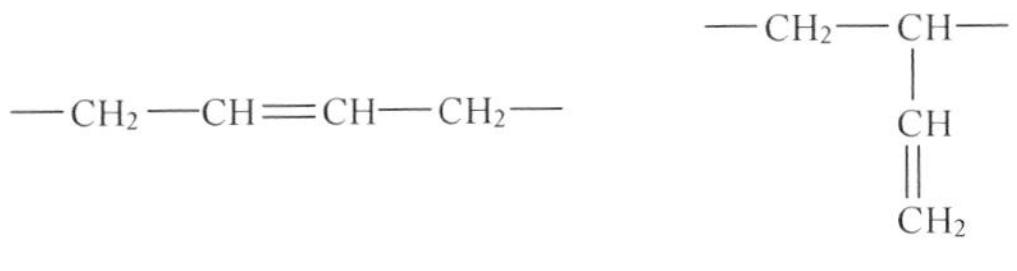

$$\mathrm{-CH_2-CH=CH-CH_2-}$$

(a)

$$\mathrm{-CH_2-\underset{\displaystyle \underset{\displaystyle CH_2}{\underset{\|}{CH}}}{\underset{|}{CH}}-}$$

(b)

图 4-41　丁二烯分子的两种聚合结构

可以假设 $m=x+z$，它是丁二烯的分子数量。丁二烯的摩尔质量为

$$12.011\text{g/mol}\times4+1.00797\text{g/mol}\times6\approx54\text{g/mol} \tag{4-1}$$

丙烯腈的分子结构如图 4-42 所示。

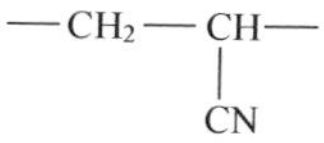

—CH₂—CH—
　　　　|
　　　CN

图 4-42　丙烯腈的分子结构

可以假定 $n=y$，它是丙烯腈的分子数量。丙烯腈的摩尔质量为

$$12.011\text{g/mol}\times3+1.00797\text{g/mol}\times3+14.00674\text{g/mol}\approx53\text{g/mol} \tag{4-2}$$

丁腈橡胶胶乳中的丙烯腈含量为 34%，所以可以得到一个公式：

$$\frac{54m}{53n}=\frac{66\%}{34\%} \tag{4-3}$$

假设一个双键需要一个 S 原子来交联，如果双键希望被完全交联，S 原子的质量可以计算出来，S 的摩尔质量是 32.066g/mol：

$$\frac{32m}{54m+53n}\times100\%=39.11111\% \tag{4-4}$$

在长链网络中，加入的 S 原子的质量分数为 1.5%：

$$\frac{1.5\%}{39.11111\%}\times100\%\approx3.8352\% \tag{4-5}$$

这样的硫化度为 3.8352%。

在短链网络中，加入的 S 原子的质量分数为 35%：

$$\frac{35\%}{39.11111\%}\times100\%\approx89.4886\% \tag{4-6}$$

这样的硫化度为 89.4886%。

完全交联时的丁腈橡胶分子如图 4-43 所示。

双键完全交联时，两个硫化点之间的摩尔质量为

$$12.011\text{g/mol}\times8+1.00797\text{g/mol}\times11+14.00674\text{g/mol}\approx121\text{g/mol} \tag{4-7}$$

这样就可以计算两个交联点之间长链的摩尔质量为

$$\frac{121}{3.8352\%}=3154.985\approx3155(\text{g/mol}) \tag{4-8}$$

也可以计算两个交联点之间短链的摩尔质量为

$$\frac{121}{89.4886\%}=135.213\approx135(\text{g/mol}) \tag{4-9}$$

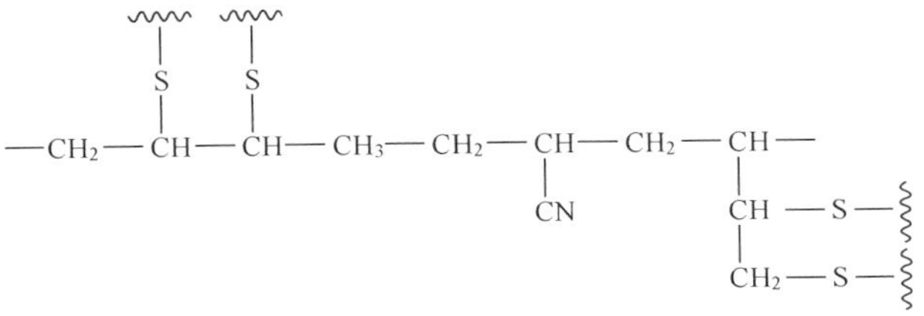

图 4-43　完全交联时的丁腈橡胶分子

在这个计算中,忽略了未反应的 S 和多 S 键。所以长链和短链两种 NBR 交联点之间的实际分子量都应该比计算的值大。

长、短分子链 NBR 配方分别如表 4-12 和表 4-13 所示。先根据表 4-12 与表 4-13 配制长、短分子链橡胶基本材料,然后根据表 4-14 中的比例制备不同长分子链和短分子链比例的双模丁腈橡胶材料。双模分布设计如图 4-44 所示。

表 4-12　长分子链 NBR 配方

材料	质量份
丁腈橡胶(NBR)	100
硫黄(S)	1.5
氧化锌(ZnO)	5.0
硬脂酸(SA)	1.0
防老剂(4010NA)	2.0
酚醛树脂(PF)	65
六次甲基四胺(Hexamethylenetetramine)	6.5
促进剂(DM)	1.5

表 4-13　短分子链 NBR 配方

材料	质量份
丁腈橡胶(NBR)	100
硫黄(S)	35
氧化锌(ZnO)	5.0
硬脂酸(SA)	1.0
炭黑(CB)	40
促进剂(DM)	1.5

表 4-14　双模 NBR 弹性体的分子设计

材料	1#	2#	3#	4#	5#	6#	7#	8#	9#	10#	11#
长链NBR	100	90	80	70	60	50	40	30	20	10	0
短链NBR	0	10	20	30	40	50	60	70	80	90	100

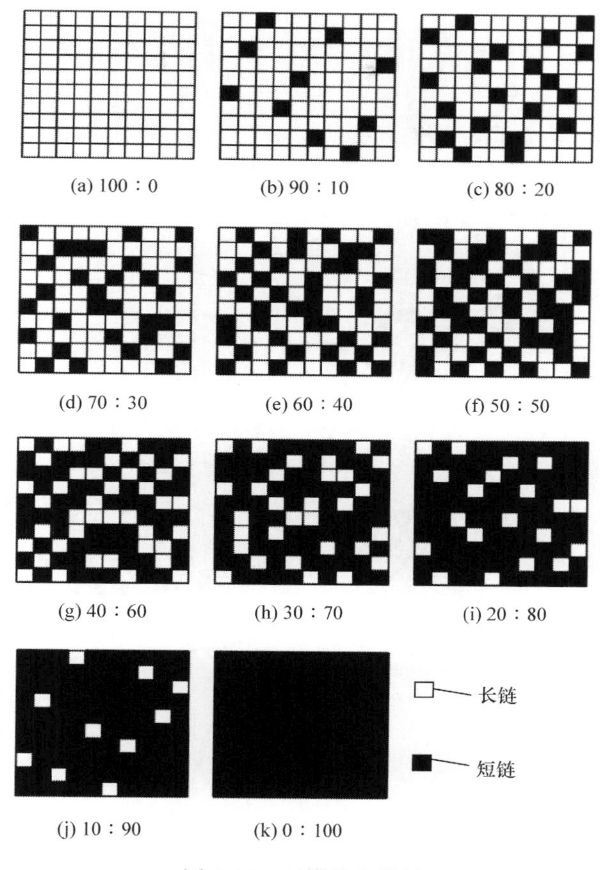

图 4-44　双模分布设计

4.4.3　材料物理化学性能分析

1. 动态力学性能分析(DMA)

图 4-45 和图 4-46 为双模 NBR 弹性体网络不同长链和短链比例的 DMA 图像。图中，储能模量(E')只显示一个趋势，损耗因子($\tan\delta$)只有一个峰，所有这些说明，双模 NBR 弹性体网络是连续的、完整的网络，而不是长链和短链网络独立存在的两相分离结构。随着双模 NBR 弹性体网络短链数量的增加，储能模量(E')的温度变化曲线和损耗因子($\tan\delta$)峰向高温转移，玻璃化转变温度(T_g)逐渐增加。从一个微观的角度看，这个过程是材料从弹性网络向热固性树脂网络转变的过程。在双模 NBR 弹性体网络中，如果长链网络占主导地位，那么分子活化能的温度和储能模量(E')将下降；如果短链网络占主导地位，那么分子活化能温度和储能模量(E')将升高。损耗因子($\tan\delta$)的峰值也体现出类似的变化规律。在本

书中，双模 NBR 弹性体网络的长链和短链的质量比缩写为 $X:Y$（X 和 Y 是数字）。当该比例是 100∶0 和 90∶10 时，双模 NBR 弹性体网络基本上是长链的网络，且损耗因子 tanδ 约为 0.6，这表现出较大的能量消耗。当比例为 80∶20 和 70∶30时，双模 NBR 弹性体网络大多是长链的网络，且损耗因子 tanδ 约为 0.5。当该比值是 60∶40 时，长链网络比短链网络稍多，损耗因子 tanδ 约为 0.45，这是双模 NBR 弹性体网络中最小的损耗因子。

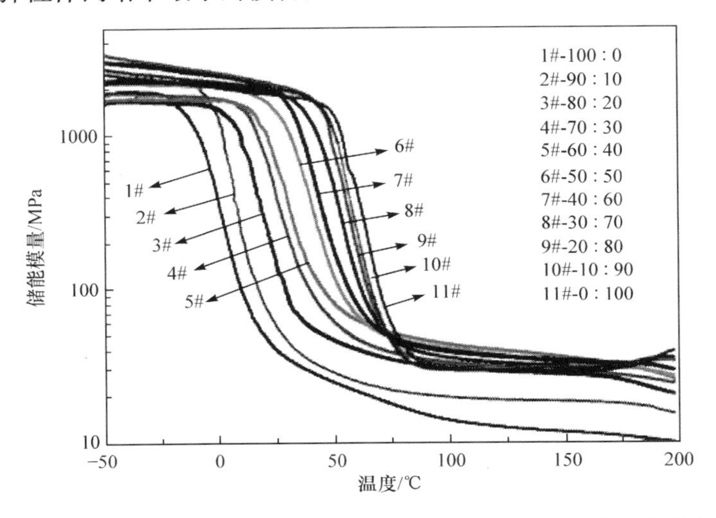

图 4-45 储能模量随温度和双模 NBR 弹性体网络长短链比例的变化规律

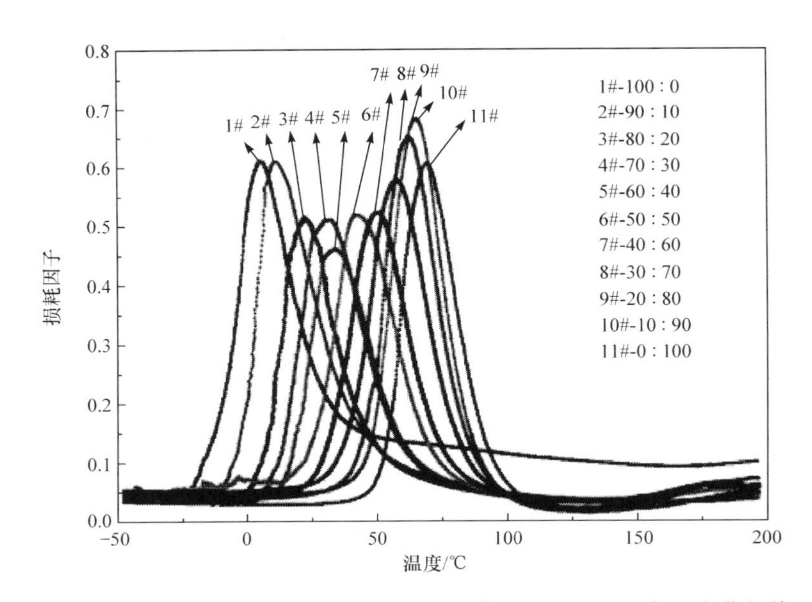

图 4-46 损耗因子随温度和双模 NBR 弹性体网络长短链比例的变化规律

当比例为 50∶50 和 40∶60 时，短链网络等于和略大于长链网络，损耗因子 $\tan\delta$ 都约为 0.5。然而，它们与前面讨论的情况有所不同，因为整个网络的连接点的密度随后增加，双模 NBR 弹性体网络在室温下趋向于脆性。当该比例是 30∶70、20∶80 和 10∶90 时，损耗因子 $\tan\delta$ 分别约为 0.55、0.65 和 0.7。当该比值为 0∶100 时，损耗因子 $\tan\delta$ 约为 0.6，这归因于缺乏热塑性酚醛树脂的交联促进作用。储能模量（E'）和损耗因子（$\tan\delta$）是与摩擦、磨损和润滑相关联的参数。当储能模量（E'）增大时，摩擦会减小，磨损将减小，润滑将更加难以建立。当损耗因子（$\tan\delta$）增大时，摩擦和磨损会增大。因此双模 NBR 弹性体网络的摩擦学性能可以通过长短链的不同比例的结构来控制。具体情况将在随后的篇章中讨论。

2. 透射电子显微镜（TEM）测试

图 4-47 展现的是双模 NBR 弹性体网络的 TEM 照片。锇酸染色丁腈橡胶的作用点位于双键上，也就是在长链网络上。染色的网络图像如深色区域所示，浅色区域为未染色区域，因为化学键为单键的地方不能被染色，故代表的是短链网络。图中的深色和浅色区域是均匀分布的，因此长链和短链的网络表现出了相同的分布特性。这两种类型的网络代表区域分布的结构，而不是分子链交叉分布的结构。这个结构类似于炭黑（CB）的海岛结构增强弹性体，而且具有增强的可控性和稳定性。

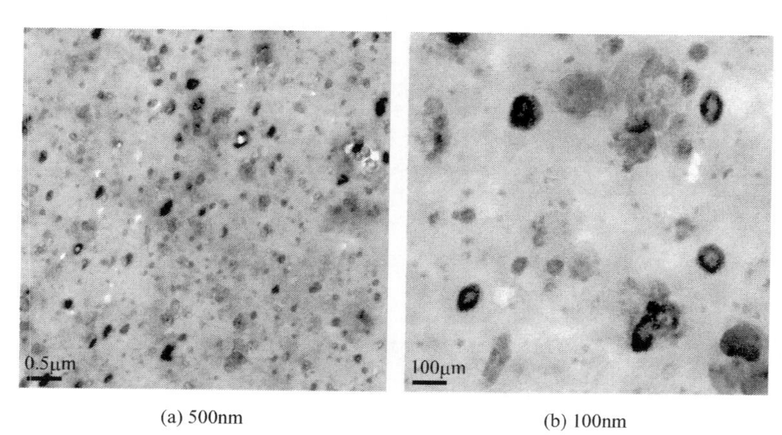

(a) 500nm　　(b) 100nm

图 4-47　双模 NBR 弹性体网络的 TEM 照片

根据硫在丁腈橡胶中几乎不分散的原则，可知双模 NBR 弹性体网络只能具有一个种类似于图 4-48 所示的结构。在双模 NBR 弹性体网络中，长链网络提供高弹性和高断裂伸长率，而短链网络提供足够的强度和刚度。双模 NBR 弹性体网络是一种类似于双模 PDMS 网络的材料结构，这种结构体现出弹性体开发中软硬结合的思想，表现出良好的力学性能。

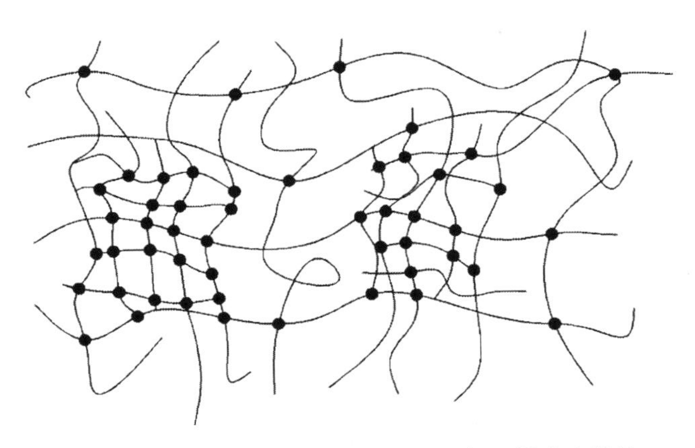

图 4-48　双模 NBR 弹性体网络的空间区域分布结构

3. 静态接触角测试

为了获得期望的润滑性能，材料必须具有良好的润湿性，也就是说，液体的静态接触角应该尽可能小。图 4-49 是不同的长短链比例双模 NBR 弹性体网络静态接触角的影响。由图可知，随着短链网络的增加，材料网络结构连接点增加，密度增大，该弹性体表面的润湿角呈减小趋势。

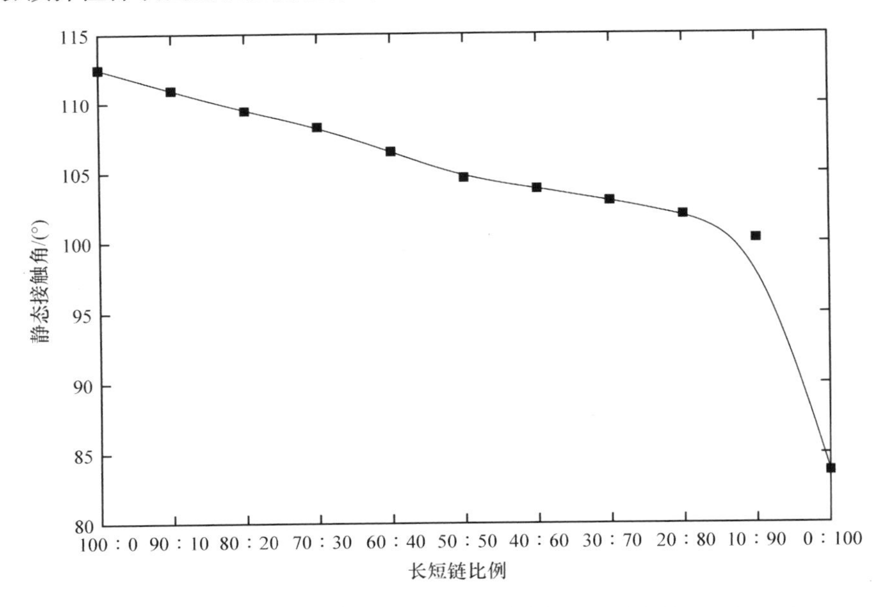

图 4-49　不同长短链比例对双模 NBR 弹性体网络静态接触角的影响

较小的静态接触角会增加润滑。如图 4-49 所示，随着短链网络的增加，弹性体网络的润湿性得到改进。

总之，当长短链比例在 70∶30 和 60∶40 之间时，双模 NBR 弹性体网络会获得最优异的摩擦学性能。

双模 NBR 弹性体的摩擦学性能比普通橡胶更优异。在摩擦初始阶段，温度较低，双模 NBR 弹性体拥有较高的弹性模量，较小的摩擦系数，较大的抗拉强度，较小的的单位磨损率。由于双模 NBR 弹性体的损耗峰在较高的温度区域，损耗因子在室温下很大，所以摩擦过程很稳定。在摩擦稳定阶段，温度相对较高，并基本保持在 40～50℃。随着温度上升，双模 NBR 弹性体的弹性模量缓慢减小，摩擦系数增加得更慢。反之，因为摩擦系数较小，温度上升缓慢，所以弹性模量缓慢降低。在高温下，短链网络显示出良好的弹性，拉伸强度下降较慢，且具有更高的稳定性，其分子结构是难以氧化的。相比较而言，在高温下，普通弹性体的弹性模量下降得太多。有时，为了实现承载的目的，普通弹性体需要通过填充或混合的方法来增大弹性模量，减小摩擦系数，但相容性是很难解决的一个问题，因此很难大幅度增大弹性模量。即使大大提高了弹性模量，也常常以系数弹性体的力学性能为代价。只有双模 NBR 弹性体既可以大幅度增大弹性模量，又可以大幅度减小摩擦系数和磨损率[10,11]。

4.4.4　新型弹性体轴瓦材料力学性能

因为力学性能可以显著影响摩擦学性能，所以对弹性体的力学性能进行详细研究很有必要。图 4-50 给出了双模 NBR 弹性体网络的拉伸强度、断裂伸长率与长短链比例的关系。当长短链比例为 100∶0 时，拉伸强度约为 22MPa，在这种情况下，整个网络由长链网络组成，表现出高的变形能力，断裂伸长率约为 280%。随着短链网络的增加，拉伸强度呈现先减小后增大的趋势。该行为是由短链网络在双模 NBR 弹性体网络中的占比增加而引起的。当长短链比例为 90∶10 时，双模 NBR 弹性体网络产生大量网络缺陷和应力集中问题，随着短链网络的增加，网络缺陷和应力集中问题减小。当比例为 90∶10 时，大约是拉伸强度的最低点，之后其拉伸强度逐渐增大，最大可达到 60MPa。

除了拉伸强度，还必须考虑断裂伸长率。断裂伸长率的大小也与短链网络的数量有关。随着短链网络的增加，双模 NBR 弹性体网络的断裂伸长率逐渐从 100∶0 的 280%降低至 90∶10 的 120%。当长短链比例是 80∶20、70∶30 和 60∶40 时，短链的增加对断裂伸长率的影响比较轻微。这个结果与大量长链网络的存在相关。当长短链比例为 50∶50 后，短链网络产生显著影响。当短链网络增加至 0∶100 时，断裂伸长率最终下降至约 12%。由此可以判断出，室温下在 100∶0～60∶40 范围内是弹性网络，从 50∶50 开始逐渐向脆性网络转变。美国的军用标准也要求断裂伸长率大于 50%，因为只有这样才能体现出弹性体

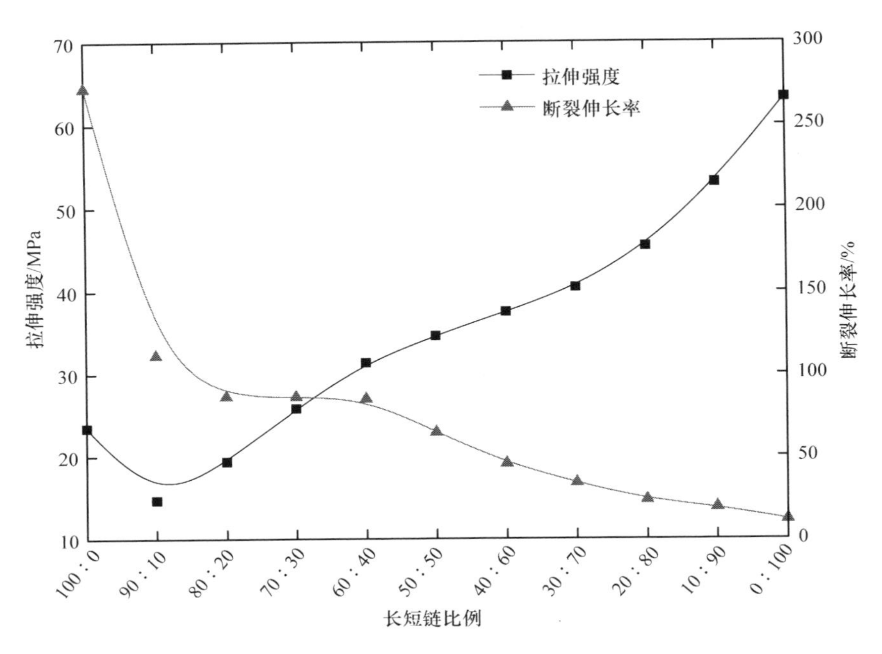

图 4-50　不同长短链比例对双模 NBR 弹性体网络拉伸强度和断裂伸长率的影响

轴瓦的优势。

图 4-51 表示的是双模 NBR 弹性体网络的弹性模量和永久压缩变形。由图可知，随着短链网络的增加，弹性模量迅速增大，由 8MPa 增加至 500MPa。弹性模量的增大显著影响摩擦、磨损和润滑性能。永久压缩变形随着短链网络的增加快速减少。当比例为 100：0 时，永久压缩变形量为 28%左右；当比例为 90：10 时，压缩永久变形量为 20%；当比例为 80：20 时，永久压缩变形量达到最小，约为 17%。之后，永久压缩变形呈现缓慢增加的趋势。这一现象说明长链和短链网络之间的交互作用由两个因素决定：短链网络比长链网络具有更低的可压缩空间和更大的分子斥力；长链网络比短链网络具有更大的压缩回弹性。当永久压缩变形量从 100：0 降至80：20 时，第一个影响因素成为主导。当永久压缩变形量随短链网络的增加而缓慢增大时，第二个因素成为主导。

图 4-52 给出了双模 NBR 弹性体网络的撕裂强度，它是与弹性体疲劳寿命最为密切相关的参数。撕裂强度的变化规律与拉伸强度的变化规律高度相似。当长短链比例为 90：10 时，撕裂强度到达最低点附近，因为较少的短链网络可以产生网络缺陷和应力集中现象。随着短链网络的增加，双模 NBR 弹性体网络中的缺陷减少，应力集中得到改善。因此，撕裂强度随短链网络增加而增大。这一发现表明，疲劳寿命也呈上升趋势。在室温下，当长短链比例大于 40：60 时，双模 NBR 弹性体的脆性明显增大。

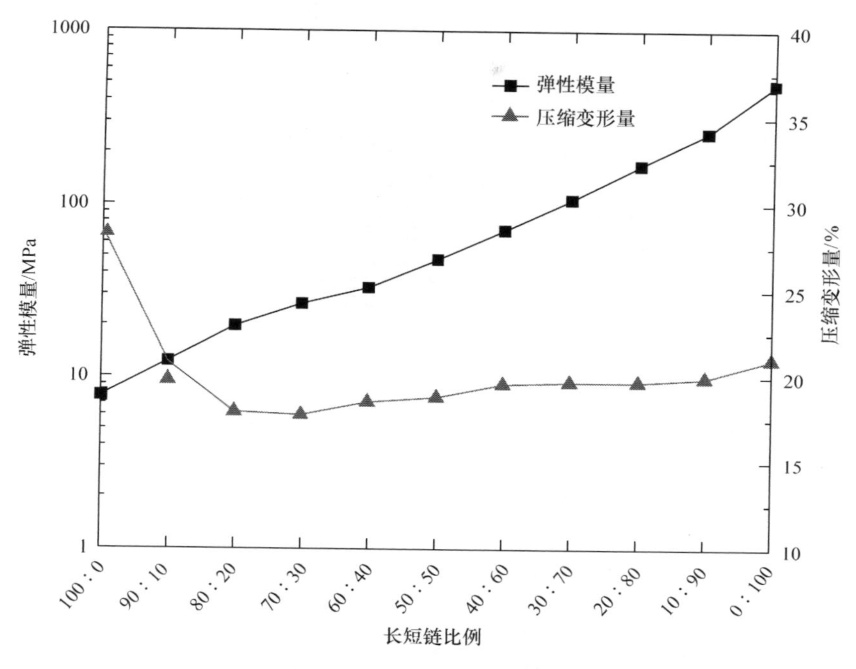

图 4-51　不同长短链比例对双模 NBR 弹性体网络弹性模量和永久压缩变形的影响

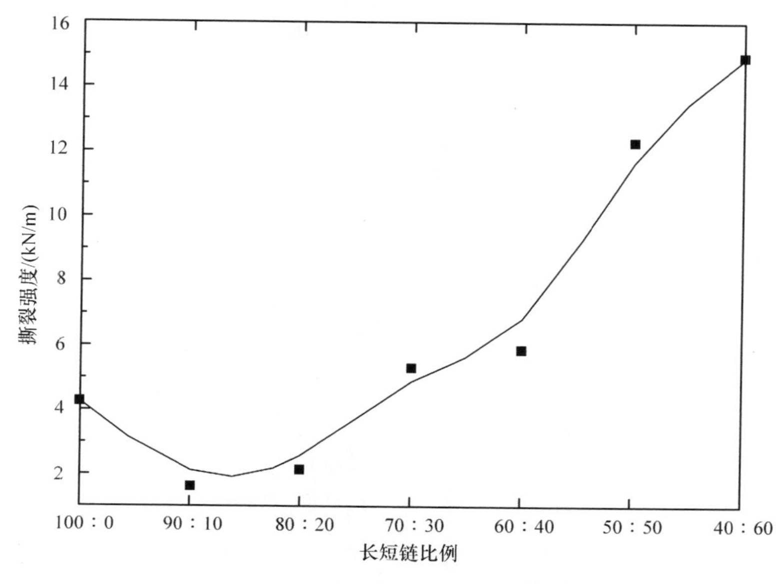

图 4-52　不同长短链比例对双模 NBR 弹性体网络撕裂强度的影响

综上所述,双模 NBR 弹性体网络获得最优异的力学性能时的比例在 70 : 30 和 60 : 40 之间。

图 4-53 显示出双模 NBR 弹性体网络的摩擦系数随着短链网络的增加而减小。其原因在于,随着弹性模量(E')的增加,真实接触压力(p_r)和轮廓接触压力(p_c)逐渐增大,黏附发生的概率和滞后产生的变形量迅速减小,黏附摩擦力和迟滞摩擦力减小,因此,摩擦系数迅速减小。

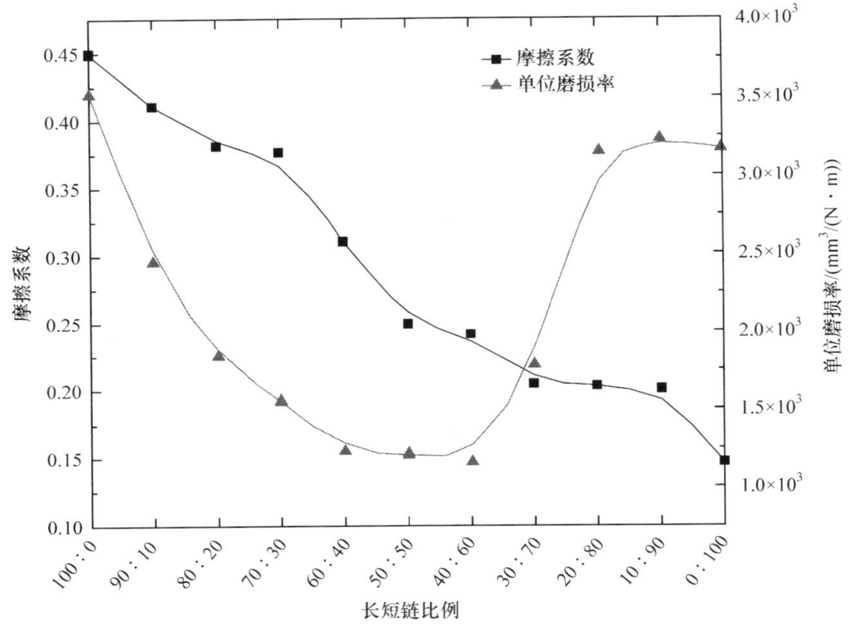

图 4-53　不同长短链比例对双模 NBR 弹性体网络摩擦系数和单位磨损率的影响

图 4-54 为不同双模 NBR 弹性体网络的磨损图案,磨损的方向是向上的。当长短链比例为 100 : 0 时,是完全长链网络,磨损图案垂直于滑动摩擦[12]的方向,如图 4-54(a)所示,磨损图案类似于波状起伏[13]。当比例为 90 : 10 和 80 : 20 时,因为短链网络的数量太少,发生网络缺陷和应力集中。因此,该磨损花纹在一定的区域表现出不均匀性和较严重的表面磨损,如图 4-54(b)和(c)所示。网络的缺陷和应力集中也体现在拉伸强度和撕裂强度的减小上。当比例为 70 : 30 和 60 : 40 时,长链和短链网络达到一定的比例。它们的磨损花纹比单纯长链网络更加密集而均匀,且单位磨损率几乎达到最小。当比例为 50 : 50、40 : 60 和 30 : 70 时,磨损的形式从波纹向坑洞转变,但是此时的单位磨损率不高。坑洞的形成将产生磨粒,从而导致磨损表面发生更严重的磨损。当比例为 20 : 80、10 : 90 和 0 : 100时,该网络基本上可以算是热固性树脂网络,磨损图案表现出坑洞形式。由于坑洞的形成,表面产生剥落,从而增加了磨损的可能性。

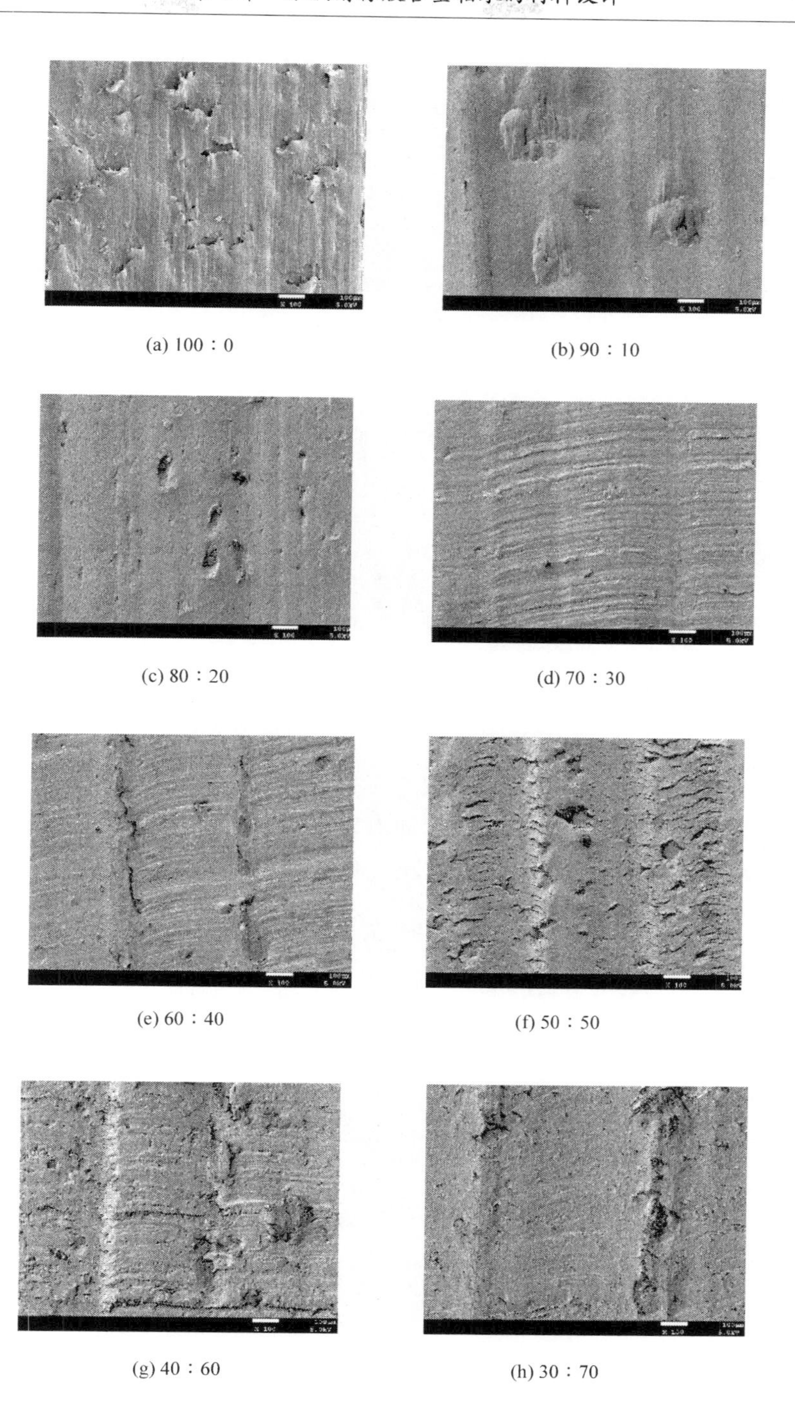

(a) 100：0　(b) 90：10

(c) 80：20　(d) 70：30

(e) 60：40　(f) 50：50

(g) 40：60　(h) 30：70

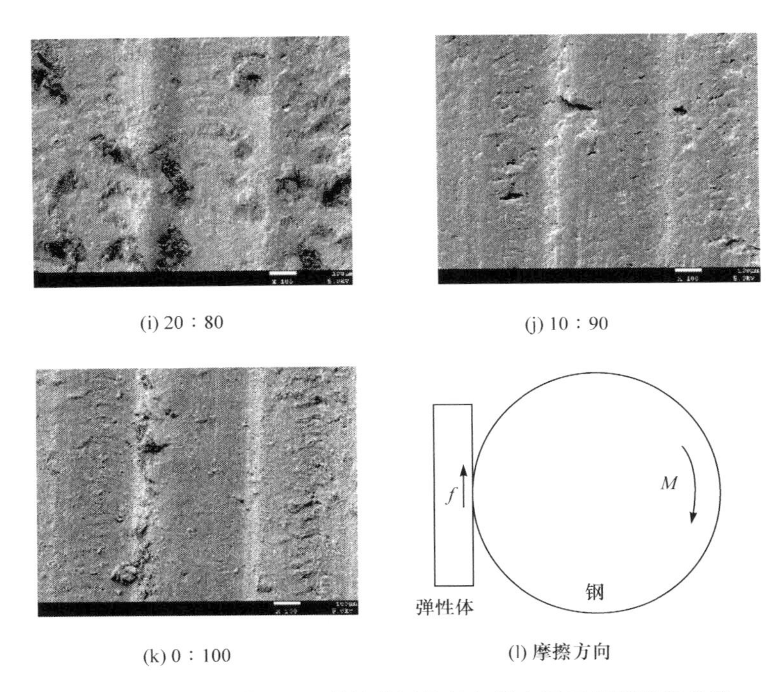

(i) 20 : 80　(j) 10 : 90

(k) 0 : 100　(l) 摩擦方向

图 4-54　不同双模 NBR 弹性体网络的扫描电子显微镜磨损花纹

双模 NBR 弹性体能够同时实现减小摩擦系数和磨损率两方面的要求，因为双模 NBR 弹性体比普通 NBR 弹性体拥有更高的拉伸强度、储能模量和热稳定性，同时能保持高的耐疲劳性、高弹性及断裂伸长率。

参考文献

[1] 彭晋民. 水润滑塑料合金轴承润滑机理及设计研究[D]. 重庆：重庆大学博士学位论文，2003.

[2] 彭晋民，王家序，杨明波. 水润滑塑料合金轴承材料力学性能改性[J]. 润滑与密封，2004，(6)：80-82.

[3] 彭晋民，王家序. 提高水润滑轴承承载能力关键技术研究[J]. 农业机械学报，2005，36(6)：149-151.

[4] 郭胤. 水润滑轴承弹性体轴瓦材料的摩擦学性能优化及开发研究[D]. 成都：四川大学博士学位论文，2014.

[5] 傅明源，孙酣经. 聚氨酯弹性体及其应用[M]. 3 版. 北京：化学工业出版社，2005.

[6] Guo Y, Wang J, Li K, et al. Tribological properties and morphology of bimodal elastomeric nitrile butadiene rubber networks[J]. Materials & Design, 2013, 52: 861-869.

[7] Galiatsatos V, Subramanian P R, Klein-Castner L. Designing heterogeneity into bimodal elastomeric PDMS networks[J]. Macromolecular Symposia, 2001, 171: 97-104.

[8] Lewicki J P, Maxwell R S, Patel M, et al. Effect of meta-carborane on segmental dynamics in a bimodal poly(dimethylsiloxane) network[J]. Macromolecules, 2008, 41(23): 9179-9186.

[9] Zhang L X, Jiang Z T, Zhao D L. Elastic behavior of bimodal poly(dimethylsiloxane) networks [J]. Journal of Polymer Science Part B—Polymer Physics, 2002, 40(1): 105-114.

[10] Wang L L, Zhang L Q, Tian M. Effect of expanded graphite(EG) dispersion on the mechanical and tribological properties of nitrile rubber/EG composites [J]. Wear, 2012, 276-277: 85-93.

[11] Karger-Kocsis J, Felhos D, Xu D. Mechanical and tribological properties of rubber blends composed of HNBR and in situ produced polyurethane[J]. Wear, 2010, 268(3-4): 464-472.

[12] Fukahori Y, Gabriel P, Busfield J J C. How does rubber truly slide between Schallamach waves and stick-slip motion? [J]. Wear, 2010, 269(11-12): 854-866.

[13] Liang H, Fukahori Y, Thomas A G. The steady state abrasion of rubber: Why are the weakest rubber compounds so good in abrasion? [J]. Wear, 2010, 268(5-6): 756-762.

第 5 章　水润滑橡胶轴承的混合润滑分析方法

5.1　水润滑橡胶轴承混合润滑模型

5.1.1　平均雷诺方程

为了推导平均雷诺方程，首先定义考虑粗糙度的膜厚概念。如图 5-1 所示，U_1、U_2 分别为两表面的运动速度；$\delta_1(x,y)$、$\delta_2(x,y)$分别为两表面在(x,y)处的中心线轮廓偏差；$h_T(x,y)$为两表面在(x,y)处的间隙；$\bar{h}_T(x,y)$为平均间隙；$h(x,y)$为名义间隙，即变形前两表面中心线间隙[1,2]。

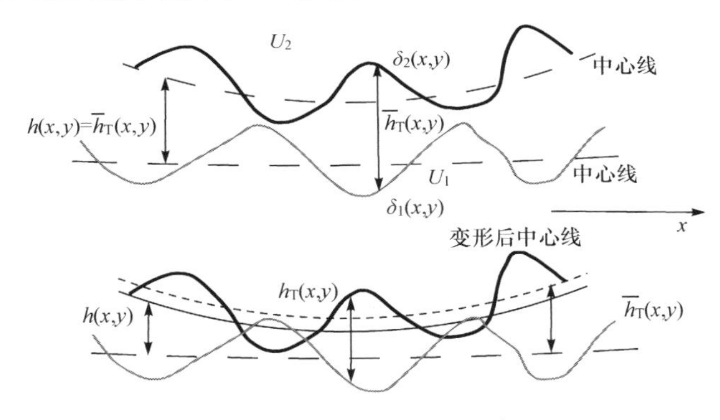

图 5-1　间隙和名义间隙

将 $h_T(x,y)$代入雷诺方程[1,2]，得

$$\frac{\partial}{\partial x}\left(\frac{h_T^3}{\eta}\frac{\partial p}{\partial x}\right)+\frac{\partial}{\partial y}\left(\frac{h_T^3}{\eta}\frac{\partial p}{\partial y}\right)=6(U_1+U_2)\frac{\partial h_T}{\partial x}+12\frac{\partial h_T}{\partial t} \tag{5-1}$$

相应 x、y 方向的流速分别为

$$q_x=-\frac{h_T^3}{12\eta}\frac{\partial p}{\partial x}+\frac{U_1+U_2}{2}h_T \tag{5-2}$$

$$q_y=-\frac{h_T^3}{12\eta}\frac{\partial p}{\partial y} \tag{5-3}$$

则平均流速为

$$\bar{q}_x=\frac{1}{\Delta y}\int_y^{y+\Delta y}q_x\mathrm{d}x=\frac{1}{\Delta y}\int_x^{x+\Delta x}\left(-\frac{h_T^3}{12\eta}\frac{\partial p}{\partial x}+\frac{U_1+U_2}{2}h_T\right)\mathrm{d}x \tag{5-4}$$

$$\bar{q}_y = \frac{1}{\Delta x}\int_x^{x+\Delta x} q_y \mathrm{d}x = \frac{1}{\Delta x}\int_x^{x+\Delta x}\left(-\frac{h_{\mathrm{T}}^3}{12\eta}\frac{\partial p}{\partial y}\right)\mathrm{d}x \tag{5-5}$$

定义压力流因子分别为 ϕ_x 和 ϕ_y，剪切流因子为 ϕ_s，则式(5-4)和式(5-5)为[1,2]

$$\bar{q}_x = -\phi_x \frac{h^3}{12\eta}\frac{\partial \bar{p}}{\partial x} + \frac{U_1+U_2}{2}\bar{h}_{\mathrm{T}} + \frac{U_1-U_2}{2}\sigma\phi_s \tag{5-6}$$

$$\bar{q}_y = -\phi_y \frac{h^3}{12\eta}\frac{\partial \bar{p}}{\partial y} \tag{5-7}$$

式中，$\sigma=(\sigma_1^2+\sigma_2^2)^{1/2}$。

下面推导流量连续性方程，即流入体积的流量等于流出该体积的流量，模型如图 5-2 所示。

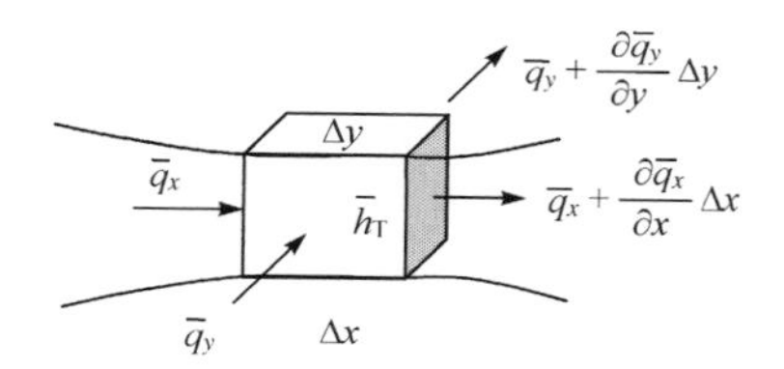

图 5-2　单位体积流量

$$\bar{h}_{\mathrm{T}}\Delta y\left(\bar{q}_x+\frac{\partial \bar{q}_x}{\partial x}\Delta x\right)-\bar{h}_{\mathrm{T}}\Delta y\bar{q}_x+\bar{h}_{\mathrm{T}}\Delta x\left(\bar{q}_y+\frac{\partial \bar{q}_y}{\partial y}\Delta y\right)-\bar{h}_{\mathrm{T}}\Delta x\bar{q}_y+\frac{\partial \bar{h}_{\mathrm{T}}}{\partial t}\Delta x\Delta y\bar{h}_{\mathrm{T}}=0 \tag{5-8}$$

$$\frac{\partial \bar{q}_x}{\partial x}+\frac{\partial \bar{q}_y}{\partial y}=-\frac{\partial \bar{h}_{\mathrm{T}}}{\partial t} \tag{5-9}$$

结合式(5-6)、式(5-7)和式(5-9)，得到平均雷诺方程：

$$\frac{\partial}{\partial x}\left(\phi_x\frac{h^3}{\eta}\frac{\partial \bar{p}}{\partial x}\right)+\frac{\partial}{\partial y}\left(\phi_y\frac{h^3}{\eta}\frac{\partial \bar{p}}{\partial y}\right)=6(U_1+U_2)\frac{\partial \bar{h}_{\mathrm{T}}}{\partial x}+6(U_1-U_2)\sigma\frac{\partial \phi_s}{\partial x}+12\frac{\partial \bar{h}_{\mathrm{T}}}{\partial t} \tag{5-10}$$

如果 $U_2=0$ 且 $U_1=U$，那么式(5-10)可简化为

$$\frac{\partial}{\partial x}\left(\phi_x\frac{h^3}{\eta}\frac{\partial \bar{p}}{\partial x}\right)+\frac{\partial}{\partial y}\left(\phi_y\frac{h^3}{\eta}\frac{\partial \bar{p}}{\partial y}\right)=6U\frac{\partial \bar{h}_{\mathrm{T}}}{\partial x}+6U\sigma\frac{\partial \phi_s}{\partial x}+12\frac{\partial \bar{h}_{\mathrm{T}}}{\partial t} \tag{5-11}$$

如果转化为柱坐标，令 $x=R_B\theta$，则式(5-11)变为

$$\frac{\partial}{R_B\partial\theta}\left(\phi_\theta\frac{h^3}{\eta}\frac{\partial \bar{p}}{R_B\partial\theta}\right)+\frac{\partial}{\partial y}\left(\phi_y\frac{h^3}{\eta}\frac{\partial \bar{p}}{\partial y}\right)=6U\frac{\partial \bar{h}_{\mathrm{T}}}{R_B\partial\theta}+6U\sigma\frac{\partial \phi_s}{R_B\partial\theta}+12\frac{\partial \bar{h}_{\mathrm{T}}}{\partial t} \tag{5-12}$$

式中，$\phi_\theta=\phi_x$。

对于稳态问题，则有

$$\frac{\partial}{R_B\partial\theta}\left(\phi_\theta\frac{h^3}{\eta}\frac{\partial\bar{p}}{R_B\partial\theta}\right)+\frac{\partial}{\partial y}\left(\phi_y\frac{h^3}{\eta}\frac{\partial\bar{p}}{\partial y}\right)=6U\frac{\partial\bar{h}_T}{R_B\partial\theta}+6U\sigma\frac{\partial\phi_s}{R_B\partial\theta}\tag{5-13}$$

1. 压力流因子

当 h/σ 趋于无穷大、h 趋于无穷大，或者 σ 趋于 0 时，ϕ_x 和 ϕ_y 趋近于 1。

可以这样理解，压力流因子等于粗糙表面压力项引起的流量与光滑表面压力项引起的流量之比，即

$$\phi_x=\frac{\bar{q}_x(p)}{q_x(\bar{p})}\tag{5-14}$$

令 $U_1=U_2$，结合式(5-4)和式(5-6)，得

$$\frac{1}{L_y}\int_0^{L_y}\left(-\frac{h_T^3}{12\eta}\frac{\partial p}{\partial x}+\frac{U_1+U_2}{2}h_T\right)\mathrm{d}y=-\phi_x\frac{h^3}{12\eta}\frac{\partial\bar{p}}{\partial x}+\frac{U_1+U_2}{2}\bar{h}_T\tag{5-15}$$

化简式(5-15)，得压力流因子：

$$\phi_x=\frac{\dfrac{1}{L_y}\displaystyle\int_0^{L_y}\left(\frac{h_T^3}{12\eta}\frac{\partial p}{\partial x}\right)\mathrm{d}y}{\dfrac{h^3}{12\eta}\dfrac{\partial\bar{p}}{\partial x}}\tag{5-16}$$

同理，y 方向的压力流因子为

$$\phi_y=\frac{\dfrac{1}{L_x}\displaystyle\int_0^{L_x}\left(\frac{h_T^3}{12\eta}\frac{\partial p}{\partial y}\right)\mathrm{d}x}{\dfrac{h^3}{12\eta}\dfrac{\partial\bar{p}}{\partial y}}\tag{5-17}$$

Peklenik[3]定义了表面纹理参数 γ 为两个正交方向长度自相关函数之比，即

$$\gamma=\frac{\lambda_{0.5x}}{\lambda_{0.5y}}\tag{5-18}$$

当 $\gamma=0$ 时，表面为横向纹理的粗糙表面；当 $\gamma=1$ 时，表面为各向同性的粗糙表面；当 $\gamma=\infty$ 时，表面为纵向纹理的粗糙表面。实际数值计算中，$\gamma=1/9$ 代表横向纹理的粗糙表面；$\gamma=9$ 代表纵向纹理的粗糙表面。

对于高斯表面，压力流因子是膜厚比 h/σ 和表面纹理参数 γ 的函数：

$$\phi_x=\phi_x\left(\frac{h}{\sigma},\gamma\right)\tag{5-19}$$

$$\begin{cases}\phi_x=1-C\mathrm{e}^{-r\left(\frac{h}{\sigma}\right)}, & \gamma\leqslant 1\\ \phi_x=1+C\left(\dfrac{h}{\sigma}\right)^{-r}, & \gamma>1\end{cases}\tag{5-20}$$

式中，各项系数取值如表 5-1 所示。

表 5-1　压力流公式各系数取值[1]

条件	γ	C	r
$h/\sigma>1$	1/9	1.48	0.42
$h/\sigma>1$	1/6	1.38	0.42
$h/\sigma>0.75$	1/3	1.18	0.42
$h/\sigma>0.5$	1	0.9	0.56
$h/\sigma>0.5$	3	0.225	1.5
$h/\sigma>0.5$	6	0.52	1.5
$h/\sigma>0.5$	9	0.87	1.5

同理，y 方向的压力流因子与膜厚比 h/σ 和表面纹理参数 γ 的函数为

$$\phi_y=\phi_y\left(\frac{h}{\sigma},\gamma\right) \tag{5-21}$$

由于 x 和 y 方向正交，故有

$$\phi_y\left(\frac{h}{\sigma},\gamma\right)=\phi_x\left(\frac{h}{\sigma},\frac{1}{\gamma}\right) \tag{5-22}$$

2. 剪切流因子

与压力流因子类似，剪切流因子也是膜厚比 h/σ 和表面纹理参数 γ 的函数：

$$\phi_s=\left(\frac{\sigma_1}{\sigma}\right)^2\Phi_s\left(\frac{h}{\sigma},\gamma_1\right)-\left(\frac{\sigma_2}{\sigma}\right)^2\Phi_s\left(\frac{h}{\sigma},\gamma_2\right) \tag{5-23}$$

式中，ϕ_s 为两粗糙表面综合剪切流因子函数；Φ_s 为单个粗糙表面剪切量因子函数。

当膜厚比 $h/\sigma\leqslant5$ 时，有

$$\Phi_s=A_1\left(\frac{h}{\sigma}\right)^{\alpha_1}\mathrm{e}^{-\alpha_2\left(\frac{h}{\sigma}\right)+\alpha_3\left(\frac{h}{\sigma}\right)^2} \tag{5-24}$$

当膜厚比 $h/\sigma>5$ 时，有

$$\Phi_s=A_2\mathrm{e}^{-0.25\left(\frac{h}{\sigma}\right)} \tag{5-25}$$

式(5-24)和式(5-25)中各项系数如表 5-2 所示。

表 5-2　剪切流公式各系数取值[4]

γ	A_1	α_1	α_2	α_3	A_2
1/9	2.046	1.12	0.78	0.03	1.856
1/6	1.962	1.08	0.77	0.03	1.754
1/3	1.858	1.01	0.76	0.03	1.561
1	1.899	0.98	0.92	0.05	1.126

续表

γ	A_1	α_1	α_2	α_3	A_2
3	1.56	0.85	1.13	0.08	0.556
6	1.29	0.62	1.09	0.08	0.388
9	1.011	0.54	1.07	0.08	0.295

3. 接触因子

两粗糙表面的间隙 $h_{\mathrm{T}}(x,y)$ 与名义间隙 $h(x,y)$ 之间的关系可由接触因子表示：

$$\phi_{\mathrm{c}}=\frac{\partial h_{\mathrm{T}}}{\partial h} \tag{5-26}$$

对于高斯表面，接触因子表达式如下：

$$\begin{cases}\phi_{\mathrm{c}}=\mathrm{e}^{-0.6912+0.782\frac{h}{\sigma}-0.304\left(\frac{h}{\sigma}\right)^2+0.0401\left(\frac{h}{\sigma}\right)^3}, & 0\leqslant\dfrac{h}{\sigma}<3\\ \phi_{\mathrm{c}}=1, & \dfrac{h}{\sigma}\geqslant 3\end{cases} \tag{5-27}$$

5.1.2　微凸体接触模型

混合润滑中最重要的特征就是微凸体接触。表面粗糙度对润滑性能的影响主要表现为润滑剂动压与微凸体接触共同承担外载荷、接触压力引起的表面变形和微凸体接触产生的热问题等。

接触模型中平均膜厚和接触压力的关系可用如下表达式表示[5]：

$$\begin{cases}\dfrac{h_{\mathrm{T}}(\gamma,H_Y,\bar{P}(\theta_j,y_k))}{\sigma}=\exp\left\{\sum\limits_{i=0}^{4}(\bar{\gamma}_G^{\mathrm{T}}[G_i]\,\bar{H}_Y)\,(\bar{P}(\theta_j,y_k))^i\right\}, & \bar{P}<H_y\\ \dfrac{h_{\mathrm{T}}(\gamma,H_Y,\bar{P}(\theta_j,y_k))}{\sigma}=0, & \bar{P}\geqslant H_y\end{cases} \tag{5-28}$$

实际接触面积 a_{r} 与名义接触面积 a_{nom} 的关系如下：

$$\begin{cases}\dfrac{a_{\mathrm{r}}(\gamma,H_Y,\bar{P}(\theta_j,y_k))}{a_{\mathrm{nom}}}=\left\{\sum\limits_{i=0}^{4}(\bar{\gamma}_A^{\mathrm{T}}[A_i]\,\bar{H}_Y)\,(\bar{P}(\theta_j,y_k))^i\right\}, & \bar{P}<H_y\\ \dfrac{a_{\mathrm{r}}(\gamma,H_Y,\bar{P}(\theta_j,y_k))}{a_{\mathrm{nom}}}=0, & \bar{P}\geqslant H_y\end{cases} \tag{5-29}$$

式中

$\bar{\gamma}_G^{\mathrm{T}}=[1,\gamma^{-1},\gamma^{-2},\gamma^{-3}]$，　$\bar{\gamma}_A^{\mathrm{T}}=[1,\gamma,\gamma^2,\gamma^3]$，　$\bar{H}_Y^{\mathrm{T}}=[1,H_y^{-1},H_y^{-2},H_y^{-3}]$

$[A_i]$和$[G_i]$由文献[5]给出。

接触压力为

$$P_c(\theta_j,y_k)=C_{\mathrm{pr}}\bar{P}(\theta_j,y_k) \tag{5-30}$$

式中，C_{pr}为接触压力参数，$C_{\mathrm{pr}}=\pi H\dfrac{\sigma}{2\lambda_x}$，$H$ 为材料硬度。

接触面积为

$$A_{\mathrm{r}}=\sum_{A_{\mathrm{nom}}}\sum(a_r(\theta_j,y_k)R_{\mathrm{B}}\Delta\theta_j\Delta y_k) \tag{5-31}$$

5.1.3　膜厚方程

水润滑橡胶轴承的工作面为多曲面圆弧与多纵向凹槽结合的润滑结构，这种特殊的结构主要起充分供水、排泄杂质和冷却等作用。与普通金属滑动轴承不同，在研究水润滑橡胶轴承润滑特性时，必须考虑多沟槽的几何结构，才能完整地反映整个轴承的摩擦学特性。

与此同时，橡胶的弹性模量较低，约为普通金属弹性模量的千分之一甚至万分之一，即使在较小的压力作用下，也会产生较大的弹性变形。另外，由于热作用，还需要考虑轴和轴承的热变形。

考虑凹槽几何结构、弹性变形、热变形及两表面粗糙度的统一膜厚方程如下[6-13]：

$$\begin{aligned}h(\theta,y,\Delta T)=&h_0(\theta,R_2,R_3,R_4)+\delta_J(\theta,y,\Delta T,p)+\delta_B(\theta,y,\Delta T,p)\\&+E(Z_J)+E(Z_B)\end{aligned} \tag{5-32}$$

式中，$h_0(\theta,R_2,R_3,R_4)$为几何间隙；$\delta_J(\theta,y,\Delta T,p)$为轴径向弹性变形量和热变形量之和；$\delta_B(\theta,y,\Delta T,p)$为轴承径向弹性变形量和热变形量之和；$E(Z_J)$、$E(Z_B)$分别为轴、轴承表面中心线平均高度。

下面着重讨论水润滑橡胶轴承几何间隙方程。

假设水润滑橡胶轴承有 n 个沟槽，每个沟槽由三段圆弧曲线组成，如图 5-3 所示。

几何间隙分为承载区和沟槽区，可表示为[12,13]

$$h_0(\theta,R_2,R_3,R_4)=C+e\cos(\theta-\psi)+\Delta h_{ij} \tag{5-33}$$

式中，Δh_{ij}是关于θ、R_2、R_3 和 R_4 的函数，即 $\Delta h_{ij}=f(\theta,R_2,R_3,R_4)(i=1,\cdots,n;j=1,\cdots,5)$。

由图 5-3 可知，沟槽沿周向方向均匀分布，Δh_{ij} 是周期函数，只需求得图 5-3 中$A\sim F$ 这一个周期的 Δh_{ij} 即可。

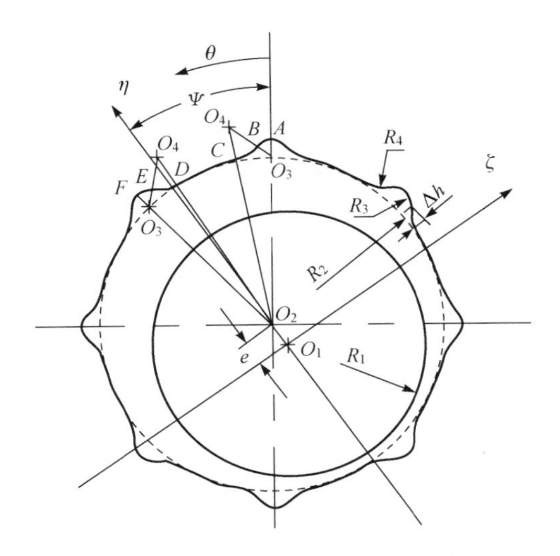

图 5-3　水润滑橡胶轴承润滑结构

首先利用三角形余弦定理和正弦定理，计算每段圆弧的边界角度 A_i、B_i、C_i、D_i、E_i、$F_i(i=1,\cdots,n)$。记 $A_1=\angle AO_2O_3$，$B_1=\angle BO_2O_3$，$C_1=\angle CO_2O_3$，$D_1=\angle DO_2O_3$，$E_1=\angle EO_2O_3$，$F_1=\angle FO_2O_3$，有

$$\begin{cases} A_1=0 \\ B_1=\arcsin\left(\dfrac{R_3\sin\angle O_2O_3O_4}{O_2B}\right) \\ C_1=\arccos\dfrac{R_2^2+(R_2+R_4)^2-(R_3+R_4)^2}{2R_2(R_2+R_4)} \\ D_1=\dfrac{2\pi}{n}-C_1 \\ E_1=\dfrac{2\pi}{n}-B_1 \\ F_1=\dfrac{2\pi}{n} \end{cases} \tag{5-34}$$

式中

$$\angle O_2O_3O_4=\arcsin\left[\frac{(R_4+R_2)\sin C_1}{R_3+R_4}\right]$$

$$O_2B^2=R_2^2+R_3^2-2R_2R_3\cos\angle O_2O_3O_4$$

故有

$$
\begin{cases}
A_i = A_1 + \dfrac{2\pi(i-1)}{n} \\
B_i = B_1 + \dfrac{2\pi(i-1)}{n} \\
C_i = C_1 + \dfrac{2\pi(i-1)}{n} \\
D_i = D_1 + \dfrac{2\pi(i-1)}{n} \\
E_i = E_1 + \dfrac{2\pi(i-1)}{n} \\
F_i = F_1 + \dfrac{2\pi(i-1)}{n}
\end{cases}
\tag{5-35}
$$

然后分五段来计算相应的 Δh_{ij}，其计算表达式如下：

$$
\begin{cases}
\Delta h_{i1} = \dfrac{R_3 \sin[\pi - (\theta - A_i) - \theta_{\text{temp}i1}]}{\sin(\theta - A_i)} - R_2, & \theta \in (A_i, B_i], \Delta h_{i1} = R_3, \theta = A_i \\
\Delta h_{i2} = \dfrac{R_4 \sin[\pi - (C_i - \theta) - \theta_{\text{temp}i2}]}{\sin(C_i - \theta)} - R_2, & \theta \in (B_i, C_i) \\
\Delta h_{i3} = 0, & \theta \in [C_i, D_i] \\
\Delta h_{i4} = \dfrac{R_4 \sin[\pi - (\theta - D_i) - \theta_{\text{temp}i4}]}{\sin(\theta - D_i)} - R_2, & \theta \in (D_i, E_i] \\
\Delta h_{i5} = \dfrac{R_3 \sin[\pi - (F_i - \theta) - \theta_{\text{temp}i5}]}{\sin(F_i - \theta)} - R_2, & \theta \in (E_i, F), \Delta h_{i5} = R_3, \theta = F_i
\end{cases}
\tag{5-36}
$$

式中

$$
\theta_{\text{temp}i1} = \arcsin \frac{R_2 \sin(\theta - A_i)}{R_3}, \quad \theta_{\text{temp}i2} = \pi - \arcsin \frac{(R_2 + R_4)\sin(C_i - \theta)}{R_4}
$$

$$
\theta_{\text{temp}i4} = \pi - \arcsin \frac{(R_2 + R_4)\sin(\theta - D_i)}{R_4}, \quad \theta_{\text{temp}i5} = \arcsin \frac{R_2 \sin(F_i - \theta)}{R_3}
$$

5.1.4　润滑介质热传递模型

在柱坐标下，对于单位体积 $r\Delta\theta\Delta r\Delta z$，其热平衡方程为[4,6,7]：

$$
\rho C_{\text{p}}\left[V_r \frac{\partial T}{\partial r} + V_\theta \frac{\partial T}{r\partial\theta} + V_y \frac{\partial T}{\partial y}\right] = \frac{\partial}{\partial r}\left(k_r \frac{\partial T}{\partial r}\right) + \frac{\partial}{r\partial\theta}\left(k_\theta \frac{\partial T}{r\partial\theta}\right) + \frac{\partial}{\partial y}\left(k_y \frac{\partial T}{\partial y}\right) + \Phi
\tag{5-37}
$$

式中，ρ 为流体密度或固体材料密度；C_p 为流体密度或固体材料比热容；k_r、k_θ 和 k_y 分别为 r、θ 和 y 方向上的导热系数；V_r、V_θ 和 V_y 分别为 r、θ 和 y 方向上的速度分量；对于刚体，V_r、V_θ 和 V_y 分别是轴和轴承的速度分量；对于流体，V_r、V_θ 和 V_y 分别是流体在相应方向上的流速。

定义流量因子如下：

$$\begin{cases} \phi'_\theta = \dfrac{h^3}{h_T^3}\phi_\theta \\ \phi'_y = \dfrac{h^3}{h_T^3}\phi_y \\ \phi'_s = \phi_s \end{cases} \tag{5-38}$$

流体在 r 方向上的流速 V_r 可以忽略不计，而在 θ 和 y 方向上的流速分别为

$$V_\theta = \phi'_\theta \frac{1}{2\eta R_B}\frac{\partial p}{\partial \theta}(C^2 - Ch_T) + \frac{C}{h_T}U + \frac{\phi'_s \sigma}{h_T}\frac{C}{h_T}U \tag{5-39}$$

$$V_y = \phi'_y \frac{1}{2\eta}\frac{\partial p}{\partial y}(C^2 - Ch_T) \tag{5-40}$$

式中，C 为轴承半径间隙，$C=R_B-r$。

热源 Φ 包含两部分：一部分是流体黏性耗散；另一部分是微凸体接触热：

$$\Phi = \frac{\Phi_l dV_e + \Phi_c dA_e}{dV_e} \tag{5-41}$$

式中，Φ_l 为流体黏性耗散；V_e 为单位体积；Φ_c 为微凸体接触滑动摩擦热；A_e 为接触面积。

微凸体接触摩擦热 Φ_c 为

$$\Phi_c = \mu_c p_c U \tag{5-42}$$

式中，μ_c 为边界摩擦系数。

流体黏性耗散 Φ_l 为

$$\Phi_l = \eta\left[\left(\frac{\partial V_\theta}{\partial r}\right)^2 + \left(\frac{\partial V_y}{\partial y}\right)^2\right] = \left[\frac{\phi'_\theta}{2\eta R_B}\frac{\partial p}{\partial \theta}(h_T - 2c) + \frac{U}{h_T} + \frac{U\phi'_s\sigma}{h_T^2}\right]^2 + \left[\frac{\phi'_y}{2\eta}\frac{\partial p}{\partial y}(h_T - 2c)\right]^2 \tag{5-43}$$

外部热交换对流边界条件为

$$k\frac{\partial T}{\partial n} = -h_h(T - T_\infty) \tag{5-44}$$

式中，k 为导热系数；h_h 为对流换热系数。

5.1.5　轴-轴承热传递模型

最常用于轴承热分析的三维热传导公式为[4,6,7]

$$\frac{\partial}{r\partial r}\left(rk_r\frac{\partial T}{\partial r}\right)+\frac{\partial}{r^2\partial\theta}\left(k_\theta\frac{\partial T}{\partial\theta}\right)+\frac{\partial}{\partial z}\left(k_z\frac{\partial T}{\partial z}\right)=0 \tag{5-45}$$

其中,润滑介质与轴承之间的连续边界条件设置为

$$T_1=T_b,\quad k_1\frac{\partial T}{\partial r}=k_b\frac{\partial T}{\partial r} \tag{5-46}$$

假设轴为等温体,则润滑介质与轴之间的连续边界可表示为

$$k_j\frac{\partial T}{\partial r}=-\frac{1}{2\pi}k_1\int_0^{2\pi}\frac{\partial T}{\partial y} \tag{5-47}$$

可以采用欧拉法则,将轴、润滑介质和轴承的运动集成为一个整体来描述,表示为式(5-44)所示的一般传热方程。采用式(5-44)对轴和轴承进行热分析时,热源边界设置为 0。

5.1.6 流固耦合热传递边界条件

水润滑橡胶轴承热边界条件示意图如图 5-4 所示[4]。

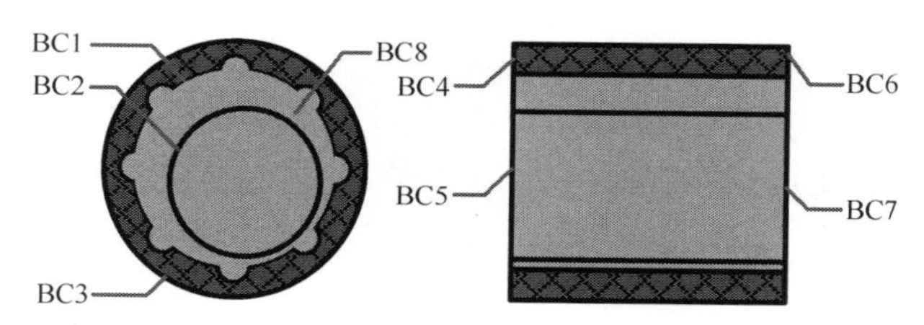

图 5-4　水润滑橡胶轴承热边界条件示意图

润滑界面边界条件为:BC1 和 BC2 分别为润滑介质-轴承和润滑介质-轴界面间的等温连续边界条件。

外边界条件为:BC3～BC7 为轴承热场外边界条件,可表示如下。

供水温度:

$$T=T_0,\quad (r,\theta,z)\subset\Gamma_1$$

绝热边界:

$$k\frac{\partial T}{\partial h}=0,\quad (r,\theta,z)\subset\Gamma_2$$

对流边界:

$$k\frac{\partial T}{\partial h}=-h(T-T_\infty),\quad (r,\theta,z)\subset\Gamma_3$$

空穴边界热边界条件为:BC8 为空穴边界条件,这里采用 Knight 和 Niewiarowski 提出的气泡模型。在空穴区,水的密度为

$$\frac{1}{\zeta}=\frac{1-\psi}{\zeta_g}+\frac{\psi}{\zeta_l} \tag{5-48}$$

式中，ζ 为 η、C_v、k 的函数；$\psi=h_c/h$，h_c 为水膜破裂处的膜厚。

5.1.7 弹性变形方程

轴和轴承的变形包括各自的径向弹性变形和热变形[6-11]。轴和轴承的变形方程如下：

$$\delta_J(\theta,y,\Delta T,p)=\delta_{JE}(\theta,y,p)+\delta_{JT}(\theta,\Delta T) \tag{5-49}$$

$$\delta_B(\theta,y,\Delta T,p)=\delta_{BE}(\theta,y,p)+\delta_{BT}(\theta,y,\Delta T) \tag{5-50}$$

对于轴和轴承的弹性变形可以用影响系数法求得，思路就是首先计算弹性变形系数矩阵，然后在计算弹性变形时，只需要将弹性变形系数矩阵乘以压力，便可得到相应的弹性变形量。轴或轴承的表面径向弹性变形影响系数是指轴或轴承表面指定点(θ_ξ,y_η)处的单位力，引起该点附近点(θ_j,y_k)的表面法向弹性变形。本书中，应用 FEM 计算弹性变形，轴的变形影响系数矩阵用 $G_{JE}(\theta_j,y_k,\theta_\xi,y_\eta)$表示，轴承的变形影响系数矩阵用 $G_{BE}(\theta_j,y_k,\theta_\xi,y_\eta)$表示。那么，在轴和轴承指定点$(\theta_\xi,y_\eta)$处，由水膜压力提供的承载力为 $w_h(\theta_\xi,y_\eta)$，表面微凸体承载力为 $w_{asp}(\theta_\xi,y_\eta)$，在附近点$(\theta_j,y_k)$产生的弹性变形可用式(5-51)和式(5-52)表示：

$$\delta_{JE}(\theta_j,y_k)=\sum_{\xi}\sum_{\eta}G_{JE}(\theta_j,y_k,\theta_\xi,y_\eta)[w_h(\theta_\xi,y_\eta)+w_{asp}(\theta_\xi,y_\eta)] \tag{5-51}$$

$$\delta_{BE}(\theta_j,y_k)=\sum_{\xi}\sum_{\eta}G_{BE}(\theta_j,y_k,\theta_\xi,y_\eta)[w_h(\theta_\xi,y_\eta)+w_{asp}(\theta_\xi,y_\eta)] \tag{5-52}$$

主轴旋转，其温度可以近似认为是均匀的，其热弹性变形量通过线膨胀公式计算：

$$\delta_{JT}(\theta_j,\Delta T_J)=\alpha_J\Delta T_J r[1+\varepsilon\cos(\theta_j-\psi)] \tag{5-53}$$

式中，α_J 为轴线膨胀系数；ΔT_J 为轴平均温升；ε 为偏心率；ψ 为偏位角。

轴承的热变形计算同样可以采用弹性变形量计算方法。先确定热变形影响系数矩阵，然后将热变形影响系数矩阵乘以温升，即得到热变形量。轴承的热变形影响系数是指在轴承内指定点$(\theta_\xi,y_\eta,r_\zeta)$处的单位温升，引起该点附近点$(\theta_j,y_k)$表面产生的热变形量。同样，用 FEM 获得热变形影响系数矩阵 $G_{JT}(\theta_j,y_k,\theta_\xi,y_\eta,r_\zeta)$。那么，在轴承指定点$(\theta_\xi,y_\eta,r_\zeta)$处，由温升 $\Delta T(\theta_\xi,y_\eta,r_\zeta)$在该点附近点$(\theta_j,y_k)$产生的热变形量为

$$\delta_{BT}(\theta_j,y_k)=\sum_{\xi}\sum_{\eta}\sum_{\zeta}G_{BT}(\theta_j,y_k,\theta_\xi,y_\eta,r_\zeta)\Delta T(\theta_\xi,y_\eta,r_\zeta) \tag{5-54}$$

5.1.8 载荷平衡方程

当水润滑橡胶轴承处于混合润滑状态时，其承载量由流体压力和微凸体共同

承担。

流体润滑中，在承载面上对水膜压力 p_h 和水膜剪切力 τ_h 积分即可得到水膜承载量[6-11]：

$$\begin{cases}F_{\mathrm{h}\xi}=\int_0^L\int_0^{2\pi}p_h(\theta,y)r\sin(\theta-\psi)\mathrm{d}\theta\mathrm{d}y+\int_0^L\int_0^{2\pi}\tau_h(\theta,y)r\cos(\theta-\psi)\mathrm{d}\theta\mathrm{d}y\\F_{\mathrm{h}\eta}=-\int_0^L\int_0^{2\pi}p_\mathrm{h}(\theta,y)r\cos(\theta-\psi)\mathrm{d}\theta\mathrm{d}y+\int_0^L\int_0^{2\pi}\tau_h(\theta,y)r\sin(\theta-\psi)\mathrm{d}\theta\mathrm{d}y\end{cases}\tag{5-55}$$

在微凸体接触模型中，对微凸体接触压力 p_c 和剪切力 τ_c 求和即得到微凸体总承载量：

$$\begin{cases}F_{\mathrm{c}\xi}=\sum_{i=1}^{N}\iint_{A_\mathrm{nom}}p_{\mathrm{c}i}(\theta,y)\cos(\theta-\psi)\mathrm{d}A+\sum_{i=1}^{N}\iint_{A_\mathrm{nom}}\tau_{\mathrm{c}i}(\theta,y)\sin(\theta-\psi)\mathrm{d}A\\F_{\mathrm{c}\eta}=-\sum_{i=1}^{N}\iint_{A_\mathrm{nom}}p_{\mathrm{c}i}(\theta,y)\sin(\theta-\psi)\mathrm{d}A+\sum_{i=1}^{N}\iint_{A_\mathrm{nom}}\tau_{\mathrm{c}i}(\theta,y)\cos(\theta-\psi)\mathrm{d}A\end{cases}\tag{5-56}$$

式中，$p_{\mathrm{c}i}$ 为单个微凸体接触压力；A_nom 为单个微凸体接触面积。

通常，相对于流体压力和接触压力，流体剪切力和微凸体剪切力较小，在计算承载力时，一般不考虑它们的作用，即

$$\begin{cases}F_{\mathrm{h}\xi}=\int_0^L\int_0^{2\pi}p_\mathrm{h}(\theta,y)r\sin(\theta-\psi)\mathrm{d}\theta\mathrm{d}y\\F_{\mathrm{h}\eta}=-\int_0^L\int_0^{2\pi}p_\mathrm{h}(\theta,y)r\cos(\theta-\psi)\mathrm{d}\theta\mathrm{d}y\end{cases}\tag{5-57}$$

$$\begin{cases}F_{\mathrm{c}\xi}=\sum_{i=1}^{N}\iint_{A_\mathrm{nom}}p_{\mathrm{c}i}(\theta,y)\cos(\theta-\psi)\mathrm{d}A\\F_{\mathrm{c}\eta}=-\sum_{i=1}^{N}\iint_{A_\mathrm{nom}}p_{\mathrm{c}i}(\theta,y)\sin(\theta-\psi)\mathrm{d}A\end{cases}\tag{5-58}$$

混合润滑状态下，水润滑橡胶轴承承载量和偏位角的表达式如下：

$$W=\sqrt{(F_{\mathrm{h}\xi}+F_{\mathrm{c}\xi})^2+(F_{\mathrm{h}\eta}+F_{\mathrm{c}\eta})^2}\tag{5-59}$$

$$\psi=\arctan\frac{F_{\mathrm{h}\xi}+F_{\mathrm{c}\xi}}{F_{\mathrm{h}\eta}+F_{\mathrm{c}\eta}}\tag{5-60}$$

5.1.9　摩擦力和摩擦系数

混合润滑状态下，水润滑橡胶轴承的摩擦力为流体剪切力和微凸体剪切力

总和[4,6-11]：

$$f=\int_0^L\int_0^{2\pi}\tau_{\mathrm{h}}(\theta,y)r\mathrm{d}\theta\mathrm{d}y+\sum_{i=1}^{N}\iint_{A_{\mathrm{nom}}}\tau_{\mathrm{c}i}\mathrm{d}A \tag{5-61}$$

流体润滑中，流体产生的剪切力为

$$\tau_{\mathrm{h}}(\theta,y)=\frac{\eta\omega r}{h}+\frac{h}{2r}\frac{\partial p_{\mathrm{h}}}{\partial\theta} \tag{5-62}$$

微凸体接触模型中，单个微凸体产生的剪切力为

$$\tau_{\mathrm{c}i}=\mu_{\mathrm{c}}p_{\mathrm{c}i} \tag{5-63}$$

将式(5-62)和式(5-63)代入式(5-61)中，得摩擦力为

$$f=\int_0^L\int_0^{2\pi}\left(\frac{\eta\omega r^2}{h}+\frac{h}{2}\frac{\partial p_{\mathrm{h}}}{\partial\theta}\right)\mathrm{d}\theta\mathrm{d}y+\sum_{i=1}^{N}\iint_{A_{\mathrm{nom}}}\mu_{\mathrm{c}}p_{\mathrm{c}i}\mathrm{d}A \tag{5-64}$$

摩擦系数为

$$\mu=\frac{f}{W} \tag{5-65}$$

5.2 热/热变形影响系数快速算法

5.2.1 热影响系数快速算法

图 5-5 给出了接触界面单元摩擦生热示意图，边界条件包含对流、绝热和预设环境温度[4]。

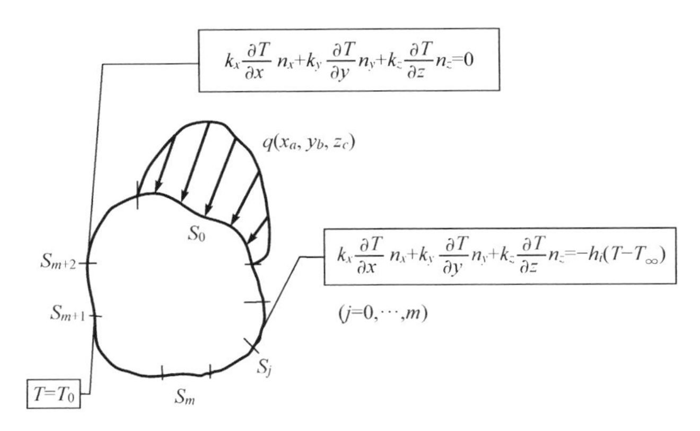

图 5-5 单元摩擦生热示意图

热传导方程可表示为

$$\frac{\partial}{\partial x}\left(k_x \frac{\partial T}{\partial x}\right)+\frac{\partial}{\partial y}\left(k_y \frac{\partial T}{\partial y}\right)+\frac{\partial}{\partial z}\left(k_z \frac{\partial T}{\partial z}\right)=0, \quad (x,y,z)\in \Omega \tag{5-66}$$

引入 S_0 面的生热边界条件可得

$$k_x \frac{\partial T}{\partial x}n_x+k_y \frac{\partial T}{\partial y}n_y+k_z \frac{\partial T}{\partial z}n_z=-q(x,y,z)-h_0(T-T_{\infty 0}), \quad (x,y,z)\subset S_0 \tag{5-67}$$

引入 S_m 区域的环境对流边界条件可得

$$k_x \frac{\partial T}{\partial x}n_x+k_y \frac{\partial T}{\partial y}n_y+k_z \frac{\partial T}{\partial z}n_z=-h_i(T-T_{\infty i}), \quad (x,y,z)\subset S_i, i=1,\cdots,m \tag{5-68}$$

引入 S_{m+1} 区域的预设环境温度边界条件可得

$$T=T_0, \quad (x,y,z)\subset S_{m+1} \tag{5-69}$$

引入 S_{m+2} 区域的绝热边界条件可得

$$k_x \frac{\partial T}{\partial x}n_x+k_y \frac{\partial T}{\partial y}n_y+k_z \frac{\partial T}{\partial z}n_z=0, \quad (x,y,z)\subset S_{m+2} \tag{5-70}$$

假设 $T(x,y,z)=T_c(x,y,z)+T_q(x,y,z)(x,y,z)\subset\Omega\cap\notin S_{m+1}$，其中，$T_c$ 与不均匀对流和设定的环境温度有关，T_q 取决于热通量和均匀对流，则式(5-66)～式(5-70)可以被分成两组：

$$\frac{\partial}{\partial x}\left(k_x \frac{\partial T_c}{\partial x}\right)+\frac{\partial}{\partial y}\left(k_y \frac{\partial T_c}{\partial y}\right)+\frac{\partial}{\partial z}\left(k_z \frac{\partial T_c}{\partial z}\right)=0, \quad (x,y,z)\in \Omega \tag{5-71}$$

$$k_x \frac{\partial T_c}{\partial x}n_x+k_y \frac{\partial T_c}{\partial y}n_y+k_z \frac{\partial T_c}{\partial z}n_z=-h_0(T_c-T_{\infty 0}), \quad (x,y,z)\subset S_0 \tag{5-72}$$

$$k_x \frac{\partial T_c}{\partial x}n_x+k_y \frac{\partial T_c}{\partial y}n_y+k_z \frac{\partial T_c}{\partial z}n_z=-h_i(T_c-T_{\infty i1}), \quad (x,y,z)\subset S_i, i=1,\cdots,m \tag{5-73}$$

$$T=T_0, \quad (x,y,z)\subset S_{m+1} \tag{5-74}$$

$$k_x \frac{\partial T_c}{\partial x}n_x+k_y \frac{\partial T_c}{\partial y}n_y+k_z \frac{\partial T_c}{\partial z}n_z=0, \quad (x,y,z)\subset S_{m+2} \tag{5-75}$$

和

$$\frac{\partial}{\partial x}\left(k_x \frac{\partial T_q}{\partial x}\right)+\frac{\partial}{\partial y}\left(k_y \frac{\partial T_q}{\partial y}\right)+\frac{\partial}{\partial z}\left(k_z \frac{\partial T_q}{\partial z}\right)=0, \quad (x,y,z)\in \Omega \tag{5-76}$$

$$k_x \frac{\partial T_q}{\partial x}n_x+k_y \frac{\partial T_q}{\partial y}n_y+k_z \frac{\partial T_q}{\partial z}n_z=-q-hT_q, \quad (x,y,z)\subset S_0 \tag{5-77}$$

$$k_x \frac{\partial T_q}{\partial x}n_x+k_y \frac{\partial T_q}{\partial y}n_y+k_z \frac{\partial T_q}{\partial z}n_z=-h_iT_q, \quad (x,y,z)\subset S_i, i=1,\cdots,m \tag{5-78}$$

$$T=0, \quad (x,y,z)\subset S_{m+1} \tag{5-79}$$

$$k_x \frac{\partial T_q}{\partial x} n_x + k_y \frac{\partial T_q}{\partial y} n_y + k_z \frac{\partial T_q}{\partial z} n_z = 0, \quad (x,y,z) \subset S_{m+2} \tag{5-80}$$

求解方程(5-71)～方程(5-75)可得出一个恒定的温度场 $T_c(x,y,z)$。温度场 $T_c(x,y,z)$只与所设定的边界条件有关，即温度场 $T_c(x,y,z)$不随着摩擦热通量变化而改变。所以，温度场 $T_c(x,y,z)$可以通过下面的有限元变分方法求解，其中 v 是变分算子：

$$\int_\Omega \left\{ k_x \frac{\partial T_c}{\partial x}\frac{\partial v}{\partial x} + k_y \frac{\partial T_c}{\partial y}\frac{\partial v}{\partial y} + k_z \frac{\partial T_c}{\partial z}\frac{\partial v}{\partial z} \right\} d\Omega + \sum_{i=0}^{m} \left\{ \int_{s_i} h_i T_c v ds_i \right\}$$
$$= \sum_{i=0}^{m} \left\{ \int_{s_i} h_i T_{\infty i} v ds_i \right\} \tag{5-81}$$

同样，T_q 可以采用与接触表面区域热通量相关的变分公式求解：

$$\int_\Omega \left\{ k_x \frac{\partial T_q}{\partial x}\frac{\partial v}{\partial x} + k_y \frac{\partial T_q}{\partial y}\frac{\partial v}{\partial y} + k_z \frac{\partial T_q}{\partial z}\frac{\partial v}{\partial z} \right\} d\Omega + \sum_{i=0}^{m} \left\{ \int_{s_i} h_i T_q v ds_i \right\}$$
$$= \int_{s_0} q(x,y,z) v ds_0 \tag{5-82}$$

由于作用在微分区域 ΔS_0 的单元热通量为 q_0，在其邻近表面点(x_a, y_b, z_c)产生的温度 $\tau_t(x_i, y_j, z_k, x_a, y_b, z_c)((x_i, y_j, z_k) \in \Omega \cap \notin S_{m+1})$可以表示为

$$\int_\Omega \left\{ k_x \frac{\partial \tau_t}{\partial x}\frac{\partial v}{\partial x} + k_y \frac{\partial \tau_t}{\partial y}\frac{\partial v}{\partial y} + k_z \frac{\partial \tau_t}{\partial z}\frac{\partial v}{\partial z} \right\} d\Omega + \sum_{i=0}^{m} \left\{ \int_{s_i} h_i \tau_i v ds_i \right\}$$
$$= q_0(x_a, y_b, z_c) \Delta S_0 \tag{5-83}$$

因此，在区域 S_0 上由热通量产生的温度 T_q 可表示为

$$T_q(x_i, y_j, z_k) = \sum_{a,b,c \subset s_0} \tau_t(x_i, y_j, z_k, x_a, y_b, z_c) q(x_a, y_b, z_c) \Delta S_0 \tag{5-84}$$

式中，$\tau_t(x_i, y_j, z_k, x_a, y_b, z_c)$为温度场的热影响系数。

因此，总温度可表示为

$$T(x_i, y_j, z_k) = T_c(x_i, y_j, z_k) + T_q(x_i, y_j, z_k)$$
$$= T_c(x_i, y_j, z_z) + \sum_{a,b,c \subset s_0} \tau_t(x_i, y_j, z_k, x_a, y_b, z_c) q(x_a y_b z_c) \Delta S_0,$$
$$(x_i, y_j, z_k) \in \Omega \cap \notin S_{m+1} \tag{5-85}$$

式(5-85)为复杂边界条件下的原始微分方程解数学表达式。只需解出热影响函数 $\tau_t(x_i, y_j, z_k, x_a, y_b, z_c)$和给定边界条件下的恒温场，方程(5-85)就可以在流固热耦合混合润滑迭代求解过程中被反复使用。

5.2.2 热变形影响系数快速算法

由温度上升引起的热变形，同样可以用与 5.2.1 节中提到的影响系数法来求解。假设在(x_l, y_m, z_n)附近的一个微分体积 $\Delta\Omega$ 内，温度上升 ΔT_0，点(x_i, y_j, z_k)

的热变形$\{d_{\mathrm{t}}\}$的影响函数为[4]

$$\{d_{\mathrm{t}}(x_i,y_j,z_k,x_l,y_m,z_n)\}=\begin{Bmatrix} d_{\mathrm{tx}}(x_i,y_j,z_k,x_l,y_m,z_n) \\ d_{\mathrm{ty}}(x_i,y_j,z_k,x_l,y_m,z_n) \\ d_{\mathrm{tz}}(x_i,y_j,z_k,x_l,y_m,z_n) \end{Bmatrix},$$

$$(x_i,y_j,z_k)\in\Omega,(x_l,y_m,z_n)\in\Omega \tag{5-86}$$

$\{d_{\mathrm{t}}\}$可以通过下面的变分公式求解：

$$\int_{\Omega}\left\{\left[(\lambda+2G)\frac{\partial d_{\mathrm{tx}}}{\partial x}+\lambda\frac{\partial d_{\mathrm{ty}}}{\partial y}+\lambda\frac{\partial d_{\mathrm{tz}}}{\partial z}\right]\frac{\partial v_x}{\partial x}+G\left(\frac{\partial d_{\mathrm{ty}}}{\partial x}+\frac{\partial d_{\mathrm{tx}}}{\partial y}\right)\frac{\partial v_x}{\partial y}+G\left(\frac{\partial d_{\mathrm{tz}}}{\partial x}+\frac{\partial d_{\mathrm{tx}}}{\partial z}\right)\frac{\partial v_x}{\partial x}\right\}\mathrm{d}\Omega$$

$$=\frac{\alpha E}{1-2v}\Delta T_0(x_l,y_m,x_n)\Delta\Omega \tag{5-87}$$

$$\int_{\Omega}\left\{\left[\lambda\frac{\partial d_{\mathrm{tx}}}{\partial x}+(\lambda+2G)\frac{\partial d_{\mathrm{ty}}}{\partial y}+\lambda\frac{\partial d_{\mathrm{tz}}}{\partial z}\right]\frac{\partial v_y}{\partial x}+G\left(\frac{\partial d_{\mathrm{tx}}}{\partial x}+\frac{\partial d_{\mathrm{ty}}}{\partial y}\right)\frac{\partial v_y}{\partial x}+G\left(\frac{\partial d_{\mathrm{ty}}}{\partial y}+\frac{\partial d_{\mathrm{ty}}}{\partial z}\right)\frac{\partial v_y}{\partial z}\right\}\mathrm{d}\Omega$$

$$=\frac{\alpha E}{1-2v}\Delta T_0(x_l,y_m,x_n)\Delta\Omega \tag{5-88}$$

$$\int_{\Omega}\left\{\left[\lambda\frac{\partial d_{\mathrm{tx}}}{\partial x}+\lambda\frac{\partial d_{\mathrm{ty}}}{\partial y}+(\lambda+2G)\frac{\partial d_{\mathrm{tz}}}{\partial z}\right]\frac{\partial v_z}{\partial x}+G\left(\frac{\partial d_{\mathrm{tx}}}{\partial z}+\frac{\partial d_{\mathrm{tz}}}{\partial x}\right)\frac{\partial v_z}{\partial x}+G\left(\frac{\partial d_{\mathrm{tz}}}{\partial y}+\frac{\partial d_{\mathrm{ty}}}{\partial z}\right)\frac{\partial v_z}{\partial x}\right\}\mathrm{d}\Omega$$

$$=\frac{\alpha E}{1-2v}\Delta T_0(x_l,y_m,x_n)\Delta\Omega \tag{5-89}$$

热变形$\{u_{\mathrm{t}}\}$取决于固体的温升，用热变形影响系数$\{d_{\mathrm{t}}\}$通过叠加可以求解$\{u_{\mathrm{t}}\}$：

$$\{u_{\mathrm{t}}\}\begin{Bmatrix} u_{\mathrm{tx}}(x_i,y_j,z_k) \\ u_{\mathrm{ty}}(x_i,y_j,z_k) \\ u_{\mathrm{tz}}(x_i,y_j,z_k) \end{Bmatrix}=\begin{Bmatrix} \sum\limits_{\Omega}d_{\mathrm{tx}}(x_i,y_j,z_k,x_l,y_m,z_n)\Delta T(x_l,y_m,z_n) \\ \sum\limits_{\Omega}d_{\mathrm{ty}}(x_i,y_j,z_k,x_l,y_m,z_n)\Delta T(x_l,y_m,z_n) \\ \sum\limits_{\Omega}d_{\mathrm{tz}}(x_i,y_j,z_k,x_l,y_m,z_n)\Delta T(x_l,y_m,z_n) \end{Bmatrix} \tag{5-90}$$

因为在流固热耦合混合润滑分析中，耦合界面节点的变形将会显著影响求解结果，所以式(5-90)可以采用表面节点(x_a,y_b,z_c)表示：

$$\{u_t\}\begin{Bmatrix} u_{tx}(x_a,y_b,z_c) \\ u_{ty}(x_a,y_b,z_c) \\ u_{tz}(x_a,y_b,z_c) \end{Bmatrix} = \begin{Bmatrix} \sum\limits_{\Omega} d_{tx}(x_a,y_b,z_c,x_l,y_m,z_n)\Delta T(x_l,y_m,z_n) \\ \sum\limits_{\Omega} d_{ty}(x_a,y_b,z_c,x_l,y_m,z_n)\Delta T(x_l,y_m,z_n) \\ \sum\limits_{\Omega} d_{tz}(x_a,y_b,z_c,x_l,y_m,z_n)\Delta T(x_l,y_m,z_n) \end{Bmatrix}$$

$$(x_a,y_b,z_c)\subset S,\quad (x_l,y_m,z_n)\subset \Omega \tag{5-91}$$

5.3　斜网格虚拟节点差分模型

5.3.1　斜坐标系下的多工况平均雷诺方程

为了能够更好地表征螺旋槽、人字槽水润滑橡胶合金轴承的沟槽形貌，导出了斜坐标系下的多工况平均雷诺方程[14-16]。斜坐标系与直角坐标系间的关系如图 5-6 所示。

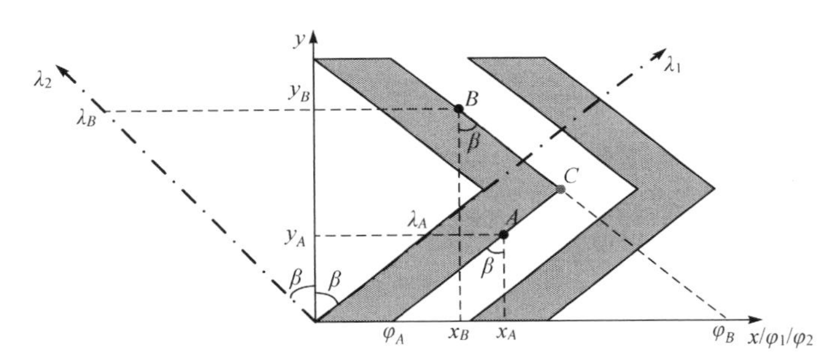

图 5-6　斜坐标系与直角坐标系间的关系

由图 5-6 可知，λ_1-φ_1 斜坐标系与直角坐标系间的关系可表示为

$$\begin{cases} x=\varphi+\lambda\sin\beta \\ y=\lambda\cos\beta \end{cases} \Rightarrow \begin{cases} \dfrac{\partial x}{\partial \varphi}=1, & \dfrac{\partial x}{\partial \lambda}=\sin\beta \\ \dfrac{\partial y}{\partial \varphi}=0, & \dfrac{\partial y}{\partial \lambda}=\cos\beta \end{cases} \tag{5-92}$$

λ_2-φ_2 斜坐标系与直角坐标系间的关系可表示为

$$\begin{cases} x=\varphi-\lambda\sin\beta \\ y=\lambda\cos\beta \end{cases} \Rightarrow \begin{cases} \dfrac{\partial x}{\partial \varphi}=1, & \dfrac{\partial x}{\partial \lambda}=-\sin\beta \\ \dfrac{\partial y}{\partial \varphi}=0, & \dfrac{\partial y}{\partial \lambda}=\cos\beta \end{cases} \tag{5-93}$$

令$\begin{cases} g=-1, & y<y_C \\ g=1, & y\geqslant y_C \end{cases}$，$\lambda_1$-$\varphi_1$ 和 λ_2-φ_2 斜坐标系与直角坐标系间的关系可统一

表示为

$$\begin{cases}x=\varphi-g\lambda\sin\beta\\ y=\lambda\cos\beta\end{cases}\Rightarrow\begin{cases}\varphi=x+gy\tan\beta\\ \lambda=y/\cos\beta\end{cases}\Rightarrow\begin{cases}\dfrac{\partial\varphi}{\partial x}=1,\quad \dfrac{\partial\varphi}{\partial y}=g\tan\beta\\ \dfrac{\partial\lambda}{\partial x}=0,\quad \dfrac{\partial\lambda}{\partial y}=\dfrac{1}{\cos\beta}\end{cases}\tag{5-94}$$

根据参考文献有

$$\frac{\partial p}{\partial x}=\frac{1}{|J|}\left(\frac{\partial y}{\partial\lambda}\frac{\partial p}{\partial\varphi}+\frac{\partial y}{\partial\varphi}\frac{\partial p}{\partial\lambda}\right),\quad \frac{\partial p}{\partial y}=\frac{1}{|J|}\left(-\frac{\partial x}{\partial\lambda}\frac{\partial p}{\partial\varphi}+\frac{\partial x}{\partial\varphi}\frac{\partial p}{\partial\lambda}\right)\tag{5-95}$$

式中，$|J|=\left|\dfrac{\partial x}{\partial\varphi}\dfrac{\partial y}{\partial\lambda}-\dfrac{\partial y}{\partial\varphi}\dfrac{\partial x}{\partial\lambda}\right|=|\cos\beta|$，因此可得

$$\begin{gathered}\frac{\partial p}{\partial x}=\frac{\partial p}{\partial\varphi},\quad \frac{\partial p}{\partial y}=\frac{1}{\cos\beta}\left(\frac{\partial p}{\partial\lambda}+g\,\frac{\partial p}{\partial\varphi}\sin\beta\right)\\ \frac{\partial^2 p}{\partial x^2}=\frac{\partial^2 p}{\partial\varphi^2},\quad \frac{\partial^2 p}{\partial y^2}=\frac{\partial^2 p}{\partial\varphi^2}\tan^2\beta+\frac{\partial^2 p}{\partial\lambda^2}\frac{1}{\cos^2\beta}+g\left(\frac{\partial^2 p}{\partial\varphi\partial\lambda}+\frac{\partial^2 p}{\partial\lambda\partial\varphi}\right)\frac{\sin\beta}{\cos^2\beta}\end{gathered}\tag{5-96}$$

进一步可得式(5-97)～式(5-101)：

$$\begin{aligned}\frac{\partial}{\partial x}\left(\varphi_x\frac{\rho h^3}{\eta}\frac{\partial p}{\partial x}\right)&=\frac{\partial}{\partial x}\left(\varphi_x\frac{\rho h^3}{\eta}\right)\frac{\partial p}{\partial x}+\varphi_x\frac{\rho h^3}{\eta}\frac{\partial}{\partial x}\left(\frac{\partial p}{\partial x}\right)\\ &=\frac{\partial}{\partial\varphi}\left(\varphi_x\frac{\rho h^3}{\eta}\right)\frac{\partial p}{\partial\varphi}+\varphi_x\frac{\rho h^3}{\eta}\frac{\partial}{\partial\varphi}\left(\frac{\partial p}{\partial\varphi}\right)\\ &=\frac{\partial}{\partial\varphi}\left(\varphi_x\frac{\rho h^3}{\eta}\right)\frac{\partial p}{\partial\varphi}+\varphi_x\frac{\rho h^3}{\eta}\frac{\partial^2 p}{\partial\varphi^2}\end{aligned}\tag{5-97}$$

$$\begin{aligned}\frac{\partial}{\partial y}\left(\varphi_y\frac{\rho h^3}{\eta}\frac{\partial p}{\partial y}\right)&=\frac{\partial}{\partial y}\left(\varphi_y\frac{\rho h^3}{\eta}\right)\frac{\partial p}{\partial y}+\varphi_y\frac{\rho h^3}{\eta}\frac{\partial}{\partial y}\left(\frac{\partial p}{\partial y}\right)\\ &=\left[\frac{\partial}{\cos\beta\partial\lambda}\left(\varphi_y\frac{\rho h^3}{\eta}\right)+g\tan\beta\cdot\frac{\partial}{\partial\varphi}\left(\varphi_y\frac{\rho h^3}{\eta}\right)\right]g\tan\beta\cdot\frac{\partial p}{\partial\varphi}\\ &\quad+\left[\frac{\partial}{\cos\beta\partial\lambda}\left(\varphi_y\frac{\rho h^3}{\eta}\right)+g\tan\beta\cdot\frac{\partial}{\partial\varphi}\left(\varphi_y\frac{\rho h^3}{\eta}\right)\right]\Big/\cos\beta\cdot\frac{\partial p}{\partial\lambda}\\ &\quad+\varphi_y\frac{\rho h^3}{\eta}\cdot\left[g^2\frac{\partial^2 p}{\partial\varphi^2}\tan^2\beta+g\left(\frac{\partial^2 p}{\partial\lambda\partial\varphi}+\frac{\partial^2 p}{\partial\varphi\partial\lambda}\right)\frac{\tan\beta}{\cos\beta}+\frac{\partial^2 p}{\partial\lambda^2}\frac{1}{\cos^2\beta}\right]\end{aligned}\tag{5-98}$$

$$6U\frac{\partial\bar{h}_{\mathrm{T}}}{R_B\partial\theta}-6U\frac{\partial\varphi_{\mathrm{s}}}{R_B\partial\theta}=6U\frac{\partial\bar{h}_{\mathrm{T}}}{R_B\partial\varphi}-6U\frac{\partial\varphi_{\mathrm{s}}}{R_B\partial\varphi}\tag{5-99}$$

$$6V\frac{\partial\bar{h}_{\mathrm{T}}}{\partial y}-6V\frac{\partial\varphi_{\mathrm{s}}}{\partial y}=6V\frac{1}{\cos\beta}\left(\frac{\partial\bar{h}_{\mathrm{T}}}{\partial\lambda}+g\frac{\partial\bar{h}_{\mathrm{T}}}{\partial\varphi}\sin\beta\right)-6V\frac{1}{\cos\beta}\left(\frac{\partial\varphi_{\mathrm{s}}}{\partial\lambda}+g\frac{\partial\varphi_{\mathrm{s}}}{\partial\varphi}\sin\beta\right)\tag{5-100}$$

$$12\frac{\partial\bar{h}_{\mathrm{T}}}{\partial t}=12\frac{\partial\bar{h}_{\mathrm{T}}}{\partial t}\tag{5-101}$$

将式(5-97)～式(5-101)代入雷诺方程可得斜坐标系下的多工况平均雷诺方程为

$$\left(\varphi_x\frac{\rho h^3}{\eta}+\varphi_y\frac{\rho h^3}{\eta}g^2\tan^2\beta\right)\frac{\partial^2 p}{\partial\varphi^2}+\left\{\frac{\partial}{\partial\varphi}\left(\varphi_x\frac{\rho h^3}{\eta}\right)+\left[\frac{\partial}{\cos\beta\partial\lambda}\left(\varphi_y\frac{\rho h^3}{\eta}\right)\right.\right.$$
$$\left.\left.+g\tan\beta\cdot\frac{\partial}{\partial\varphi}\left(\varphi_y\frac{\rho h^3}{\eta}\right)\right]g\tan\beta\right\}\frac{\partial p}{\partial\varphi}$$
$$+\left[\frac{\partial}{\cos^2\beta\partial\lambda}\left(\varphi_y\frac{\rho h^3}{\eta}\right)+g\frac{\tan\beta}{\cos\beta}\frac{\partial}{\partial\varphi}\left(\varphi_y\frac{\rho h^3}{\eta}\right)\right]\frac{\partial p}{\partial\lambda}+\frac{\varphi_y}{\cos^2\beta}\frac{\rho h^3}{\eta}\frac{\partial^2 p}{\partial\lambda^2}$$
$$+2\varphi_y\frac{\rho h^3}{\eta}g\frac{\tan\beta}{\cos\beta}\frac{\partial^2 p}{\partial\varphi\partial\lambda}$$
$$=6U\frac{\partial\bar{h}_{\mathrm{T}}}{R_B\partial\varphi}+6V\frac{1}{\cos\beta}\left(\frac{\partial\bar{h}_{\mathrm{T}}}{\partial\lambda}+g\frac{\partial\bar{h}_{\mathrm{T}}}{\partial\varphi}\sin\beta\right)-6U\frac{\partial\varphi_{\mathrm{s}}}{R_B\partial\varphi}-6V\frac{1}{\cos\beta}\left(\frac{\partial\varphi_{\mathrm{s}}}{\partial\lambda}+g\frac{\partial\varphi_{\mathrm{s}}}{\partial\varphi}\sin\beta\right)$$
$$+12\frac{\partial\bar{h}_{\mathrm{T}}}{\partial t}\tag{5-102}$$

采用有限差分法，方程(5-102)可离散为

$$K_{i-1,j}P_{i-1,j}+K_{i,j}P_{i,j}+K_{i+1,j}P_{i+1,j}+K_{i,j-1}P_{i,j-1}+K_{i,j+1}P_{i,j+1}=D_{i,j}\tag{5-103}$$

5.3.2　虚拟节点模型

矩形网格的有限差分法被广泛应用于滑动轴承润滑数值分析中，但是对于人字槽、螺旋槽滑动轴承的润滑性能分析，需要高密网格来表征沟槽的几何形状，这将使润滑分析过程非常耗时。因此，斜网格被引入人字槽、螺旋槽滑动轴承数值分析中，并使网格的倾斜角与沟槽的倾斜角相同，这样就可以采用较稀疏的网格来表征沟槽形貌，如图 5-7 所示[17-21]。

但是采用斜网格法分析人字槽滑动轴承时，需要建立两个倾斜角度互补的斜坐标系，这样在两个坐标系临界处的节点就会产生数值奇异，从而导致压力分布产生扭曲。图 5-8 给出了文献[17]采用斜坐标系求解人字槽滑动轴承的压力分布图，可以明显看出，在两个斜坐标系交界处发生扭曲。因为，当斜坐标的倾斜很小，即为 0°时，斜坐标系转化为直角坐标系，此时，数值求解方程(5-102)中的压力值 $P_{i,j}$需要用到其 8 个相邻节点的压力值(节点(i,j)8 个相邻节点为$(i-1,j-1)$、$(i-1,j)$、$(i-1,j+1)$、$(i,j-1)$、$(i,j+1)$、$(i+1,j-1)$、$(i+1,j)$、$(i+1,j+1)$)，如图 5-9所示。

但在斜坐标系 φ-λ_1 和 φ-λ_2 交界处，如果仍然采用常规 8 节点法求解中心节点的压力值，就会产生压力畸变。如图 5-10(a)所示，求解中心浅灰色节点的压力值时，浅灰色中心节点的左、右、下 6 个相邻节点($(i-1,J-1)$、$(i,J-1)$、$(i+1,J-1)$、$(i-1,J)$、(i,J) 、$(i+1,J)$，J 为轴向全局节点编号)属于 φ-λ_1 坐标系，而 3 个上

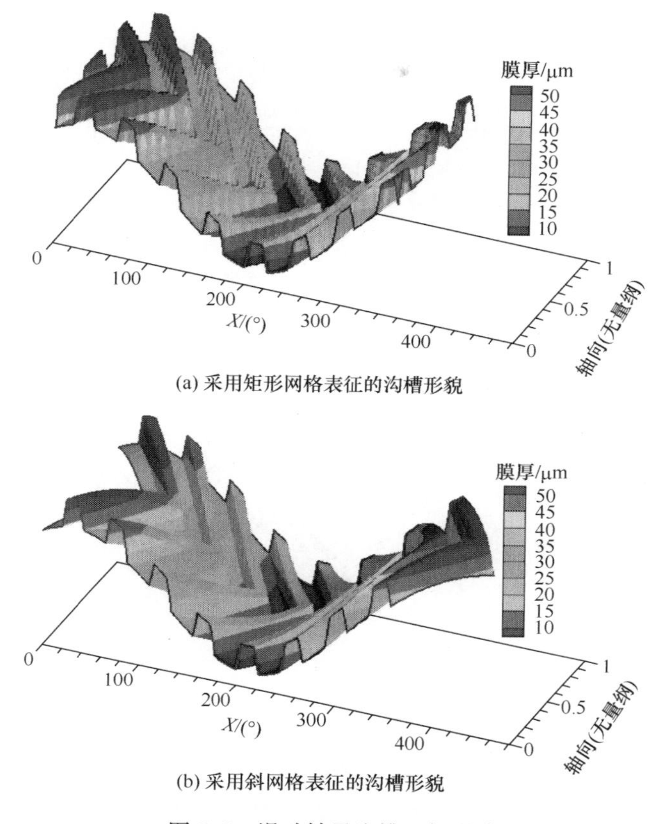

(a) 采用矩形网格表征的沟槽形貌

(b) 采用斜网格表征的沟槽形貌

图 5-7　滑动轴承沟槽几何形貌

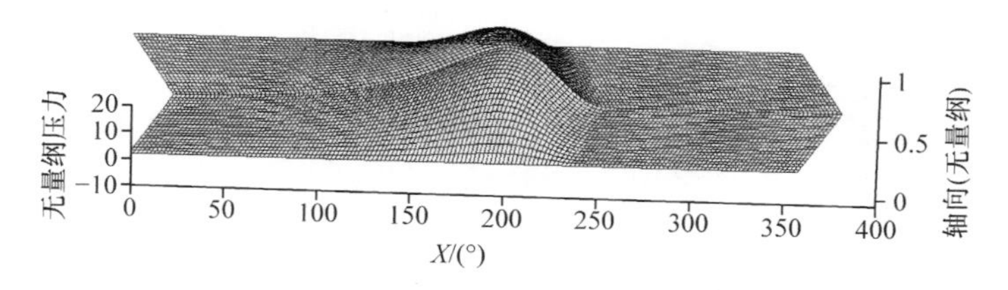

图 5-8　斜坐标系下的畸变压力分布[17]

相邻节点($(i-1,J+1)$、$(i,J+1)$、$(i+1,J+1)$)属于 φ-λ_2 坐标系，φ-λ_1 和φ-λ_2 坐标系与原笛卡儿坐标系的坐标转换关系不同，使中心节点(i,j)的左、右、下 6 个相邻节点与其 3 个上相邻节点相对于原坐标系间的转换关系不同，所以如果仍然采用这真实的 8 个相邻节点求解中心节点(i,j)的压力，无疑会产生数值畸变。虽然很多学者采用斜网格法研究了人字槽滑动轴承的润滑性能，但是没有文献提出如何处理转折点处的压力畸变问题。

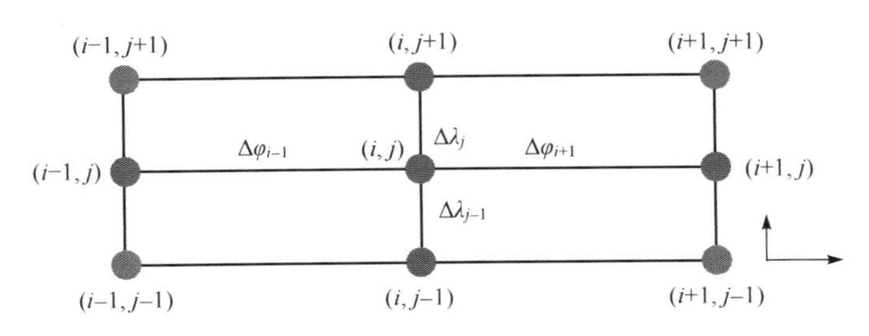

图 5-9　节点(i,j)的 8 个相邻节点示意图

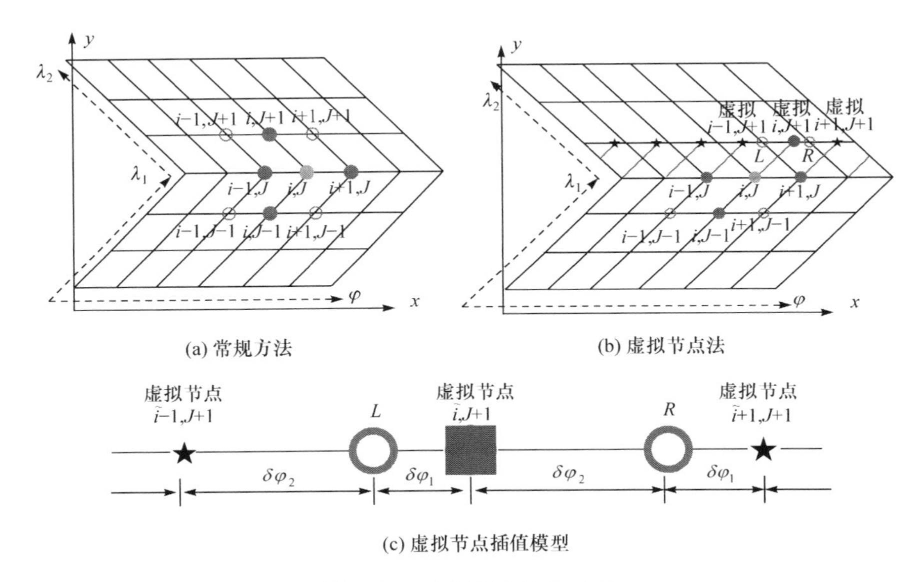

图 5-10　虚拟节点法示意图

本书提出一种基于虚拟节点法的斜坐标转折点压力畸变矫正模型，有效地提高了求解精度。如图 5-10(b)所示，求解中心节点(i,J)时，在斜坐标系 φ-λ_2 中的 $J+1$ 行上虚拟出三个与 φ-λ_1 坐标系相对应的节点($(\tilde{i}-1,J+1)$、$(\tilde{i},J+1)$、$(\tilde{i}+1,J+1)$)，这些节点可视为 φ-λ_1 坐标系的延伸。采用虚拟节点处的压力($\widetilde{P}_{\tilde{i}-1,J+1}$、$\widetilde{P}_{\tilde{i},J+1}$、$\widetilde{P}_{\tilde{i}+1,J+1}$)和膜厚 $\tilde{h}_{\tilde{i},J+1}$，分别替代真实节点处的压力($P_{i-1,J+1}$、$P_{i,J+1}$、$P_{i+1,J+1}$)和膜厚 $h_{i,J+1}$求解中心节点(i,J)的压力，就可以消除压力畸变，有效地提高计算精度。

由于虚拟节点不是真实存在的节点，所以虚拟节点处的压力无法通过数值求解，只能通过插值法进行求解，图 5-10(c)给出了插值节点示意图。这里给出三种插值求解方法。

1）线性插值法

虚拟节点左右相邻节点处的压力可以通过数值求解得到，然后采用式(5-104)线性插值求解虚拟节点压力。

$$\widetilde{P}_{\widetilde{i},J+1}=\frac{P_L\cdot\delta\varphi_2+P_R\cdot\delta\varphi_1}{\delta\varphi_1+\delta\varphi_2}\tag{5-104}$$

2）无限长轴承理论插值法

由于无限长轴承理论忽略了轴向压力项，如式(5-105)所示：

$$\frac{\partial}{\partial\varphi}\left(\psi_\varphi\frac{\partial p}{\partial\varphi}\right)=\xi\tag{5-105}$$

采用有限差分法，式(5-105)可以离散为

$$\widetilde{P}_{\widetilde{i},J+1}=\frac{D-K_1-K_2}{K_3}\tag{5-106}$$

式中

$$K_1=\frac{\partial\widetilde{\psi}_\varphi}{\partial\varphi}(P_La_L+P_Ra_R),\quad K_2=(\widetilde{\psi}_\varphi)_{\widetilde{i},J+1}(P_Lb_L+P_Rb_R)$$

$$K_3=\frac{\partial\widetilde{\psi}_\varphi}{\partial\varphi_{\mathrm{R}}}a_M+(\widetilde{\psi}_\varphi)_{\widetilde{i},J+1}b_M,\quad D=\widetilde{\xi}$$

$$a_L=-\frac{\delta\varphi_2}{\delta\varphi_1(\delta\varphi_1+\delta\varphi_2)},\quad a_M=-\frac{\delta\varphi_2-\delta\varphi_1}{\delta\varphi_1\delta\varphi_2},\quad a_R=\frac{\delta\varphi_1}{\delta\varphi_2(\delta\varphi_1+\delta\varphi_2)}$$

$$b_L=\frac{2}{\delta\varphi_1(\delta\varphi_1+\delta\varphi_2)},\quad b_M=-\frac{2}{\delta\varphi_1\delta\varphi_2},\quad b_R=\frac{2}{\delta\varphi_2(\delta\varphi_1+\delta\varphi_2)}$$

虚拟节点左右相邻节点处的压力为已知项，将 P_L 和 P_R 代入方程(5-106)即可求得虚拟节点压力。

3）二次插值法

选用多项式二次插值公式 $p=a\varphi+b\varphi^2+c$，这样虚拟节点的压力可以表示为

$$\widetilde{P}_{\widetilde{i},J+1}=a\delta\varphi_1^2+b\delta\varphi_1+c\tag{5-107}$$

式中

$$a=\frac{\widetilde{P}_L+P_R-2P_L}{(\delta\varphi_1+\delta\varphi_2)^2+\delta\widetilde{\varphi}_L^2},\quad b=\frac{P_R-\widetilde{P}_L}{\delta\varphi_1+\delta\varphi_2+\delta\widetilde{\varphi}_L},\quad c=P_L$$

$\widetilde{P}_L$ 是 L 节点的前一节点压力值，$\delta\widetilde{\varphi}_L$ 为 L 节点与其上一节点在 φ 方向的距离。

5.3.3 虚拟节点模型计算精度

图 5-11 给出了采用斜坐标系下的虚拟节点模型与普通模型求解人字槽轴承的计算精度。由图可知,虚拟节点模型可以有效地提高人字槽轴承的仿真分析计算精度。

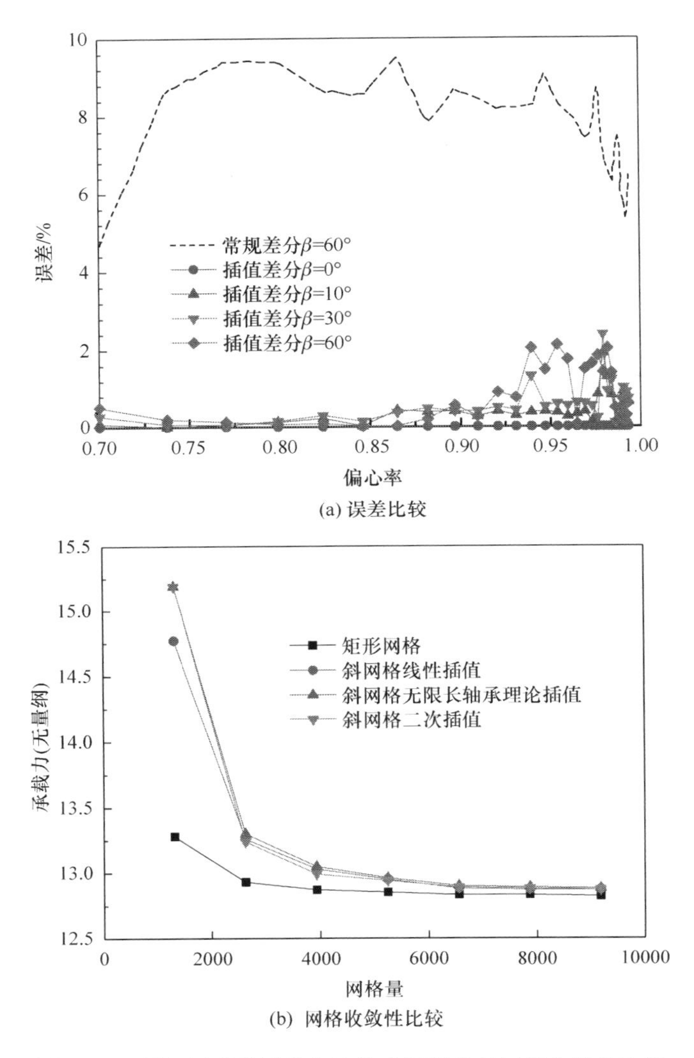

图 5-11 斜坐标系虚拟节点法的求解误差与网格收敛性比较

5.4　混合润滑并行计算模型

5.4.1　OpenMP 多线程并行计算模型

混合润滑模型虽然可以比较准确地模拟实际润滑状态，但是需要将雷诺方程与弹性变形、固-固接触力的求解相耦合，这使得模型收敛变得非常困难，需要消耗较长的求解时间。随着多核多线程计算机的发展，多核多线程并行计算成为提高混合润滑数值计算速度有效可取的方法。由于 OpenMP 多线程并行计算语言简洁易懂，且与 Fortran 等语言融合性好，被广泛用来求解流体力学问题。OpenMP 采用 Fork-Join 执行模型[22]（图 5-12），当主线程在运行过程中遇到并行编译制导语句时，根据环境变量，如循环迭代次数等派生出若干线程（Fork，即创建新线程或者从线程池中唤醒已有线程）来执行并行任务，此时主线程与派生线程同时并行运行。在运行过程中，若某一派生线程遇到另一并行编译制导语句，则会继续派生出另一组线程，新的线程组与原有线程组之间相当于一块串行程序。当执行完并行程序块时，派生线程退出或挂起，控制流程恢复为单独主线程执行模式（Join，即多线程汇合）。

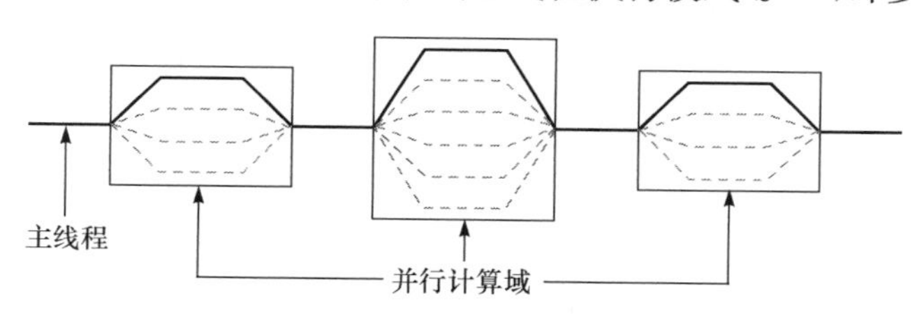

图 5-12　OpenMP 采用的 Fork-Join 模型

Wang 等[23]针对滑动轴承提出了基于 OpenMP 的区域法和红黑棋盘法快速并行计算模型，该模型显著地提高了弹性流体动压润滑计算速度，如图 5-13 所示。Wang 等[23]还比较了区域法和棋盘法并行数值计算的效率，研究结果表明，棋盘法并行计算模型优于区域法并行计算模型。其原因为：区域法并行计算模型中，两个计算块的交界处会出现数据争用现象，如图 5-13(a)中的左右两区域。Chan 等[24]采用红黑棋盘法分析了表面微观沟槽对滑动轴承弹流润滑特性的影响，并分析比较了微观织构、不同线程和计算机配置对并行求解速度、计算效率等的影响。本书作者针对多场多因素耦合润滑数值计算模型比较耗时的难题，基于 OpenMP 提出了一种特殊的快速并行计算方法——红黑线交叉并行计算方法，该方法有效地加快了滑动轴承多场多因素耦合润滑的求解速度。与棋盘法相比，该方法进一步加快了滑动轴承混合润滑的求解速度[25,26]。

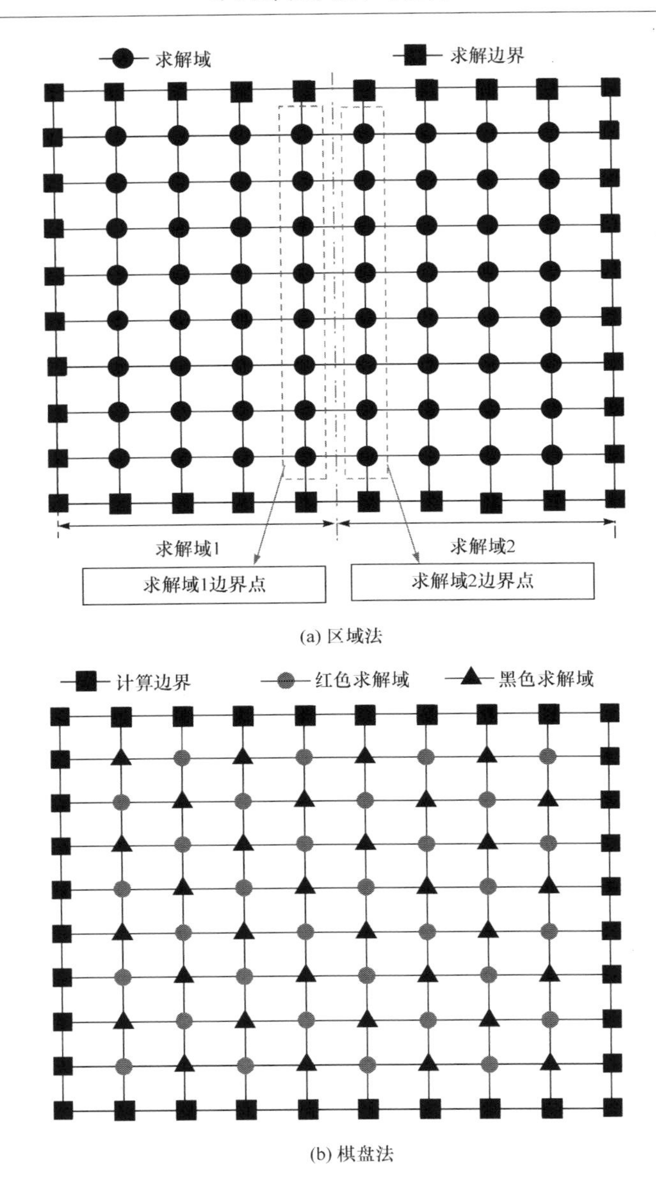

图 5-13　并行计算差分模型

雷诺方程多线程并行数值计算是将求解域的节点随机分配给 CPU 的m个线程，然后 m 个 CPU 线程同时并行求解，从而显著地加快求解速度。然而，雷诺方程的节点之间不是相互独立的，如求解第 n 行时需要用到 $n-1$ 行和 $n+1$ 行的值，如图 5-14 所示。因此，如果直接将雷诺方程求解域随机分配给 CPU 的 m 个线程并行求解，就会导致 CPU 读写混乱，使得程序无法收敛或收敛但无法得到正确结果。例如，采用两个线程对雷诺方程直接并行求解，当线程1求解 n 行时，线程2可能在求解 $n+1$ 行，这时线程1会读取 $n+1$ 行和 $n-1$ 行的数据，并将求解结果写入 n 行，而线程2会读取 n 行和 $n+2$ 行的数据，并将求解结果写入 $n+1$ 行。这样，当线程1在读取 n 行节点值时，线程2正在将新的求解结果写入 n 行，从而导致线程间的读写混乱，影响求解结果，甚至导致不收敛。

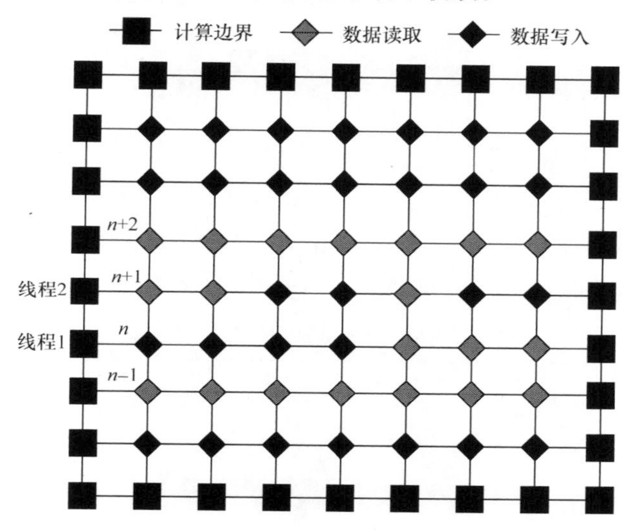

图 5-14　线程间数据争用示意图

因此，本书提出一种并行计算方法，如图5-15所示。将雷诺方程求解域分成相互独立的两个子求解域(红计算域和黑线求解域)，并依次将两求解区域并行求解(如先求解红计算域，再求解黑线求解域)。当CPU求解红计算域时只会用到

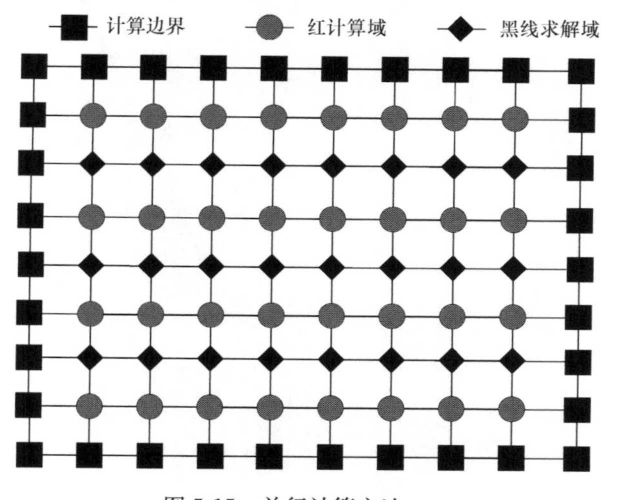

图 5-15　并行计算方法

黑线求解域的节点值，同样 CPU 求解黑线求解域时只会用到红计算域的节点值。这样红计算域和黑线求解域之间完全相互独立，互不影响，从而加快了雷诺方程的收敛速度。

此外，弹性变形和粗糙接触压力也同样采用并行计算方法求解，根据弹性变形与接触压力计算公式可知，各个节点的弹性变形和粗糙接触压力完全相互独立，因此这两部分可以直接并行求解。

5.4.2 并行速度与效率

并行计算所采用的工作站配置如表 5-3 所示。图 5-16(a)给出了本书提出的奇偶并行计算模型、Chan 等[24]采用的棋盘并行计算模型和 Wang 等[7]采用的非并行计算模型求解结果的比较，由图可以看出，奇偶并行计算模型与棋盘并行计算模型和非并行计算模型的求解结果非常吻合。此外，图 5-16(b)给出了奇偶并行计算

表 5-3 并行计算所采用的工作站配置

项目	工作站 1(HP Z420)	工作站 2(ThinkStation D30)
CPU	Intel Xeon E5-1650 v2	Intel Xeon E5-2630 v2
核数	6 核	12 核(两个 CPU)
主频	3. 5GHz	2. 6GHz
缓存	12MB	15MB
内存	16GB	32GB

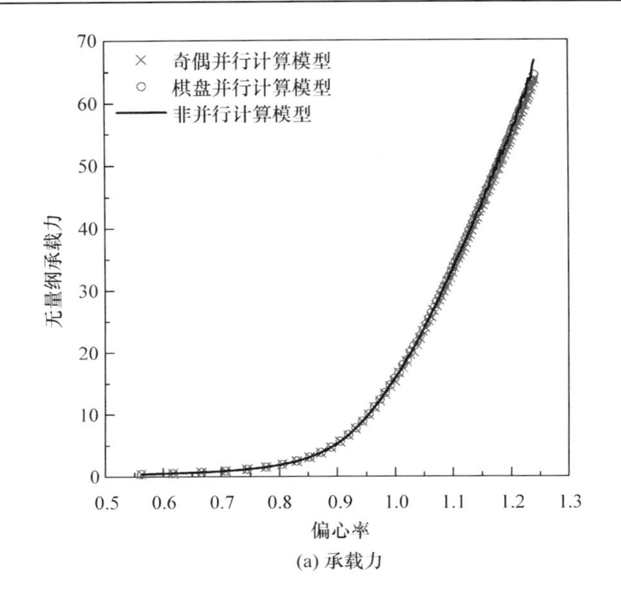

(a) 承载力

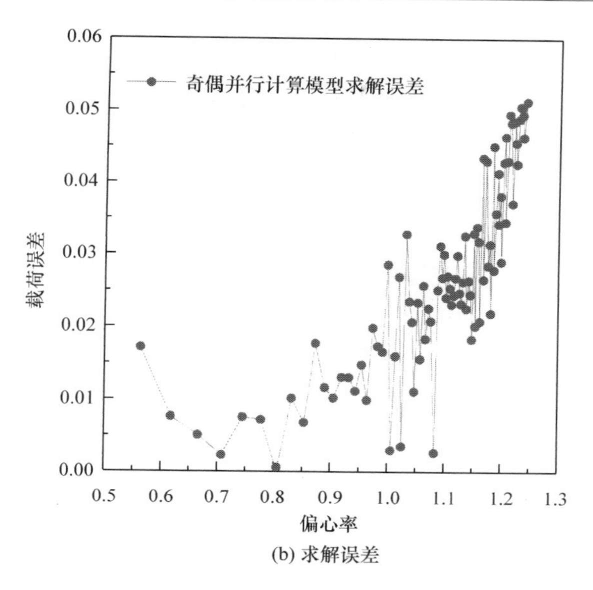

(b) 求解误差

图 5-16　奇偶并行计算模型验证

模型求解结果与非并行计算模型求解结果之间的相对误差,求解误差随着偏心率的增大呈现出增长趋势,但最大误差仅为 0.05%。

图 5-17 和图 5-18 给出了工作站配置、网格数量和并行计算核数对并行计算性能的影响。由图 5-17 可知,采用相同的核数进行计算,工作站 1 的计算速度比工作站 2 约高 43%,表明提高 CPU 主频能够显著加快 CPU 并行处理速度,提高计算效率。

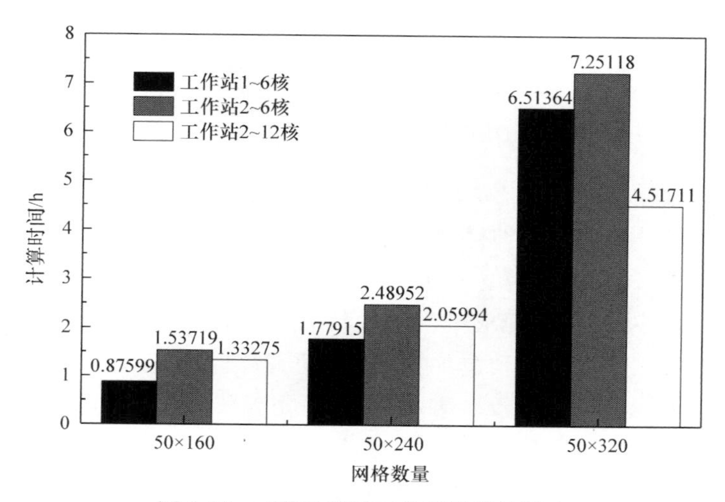

图 5-17　工作站配置对并行计算的影响

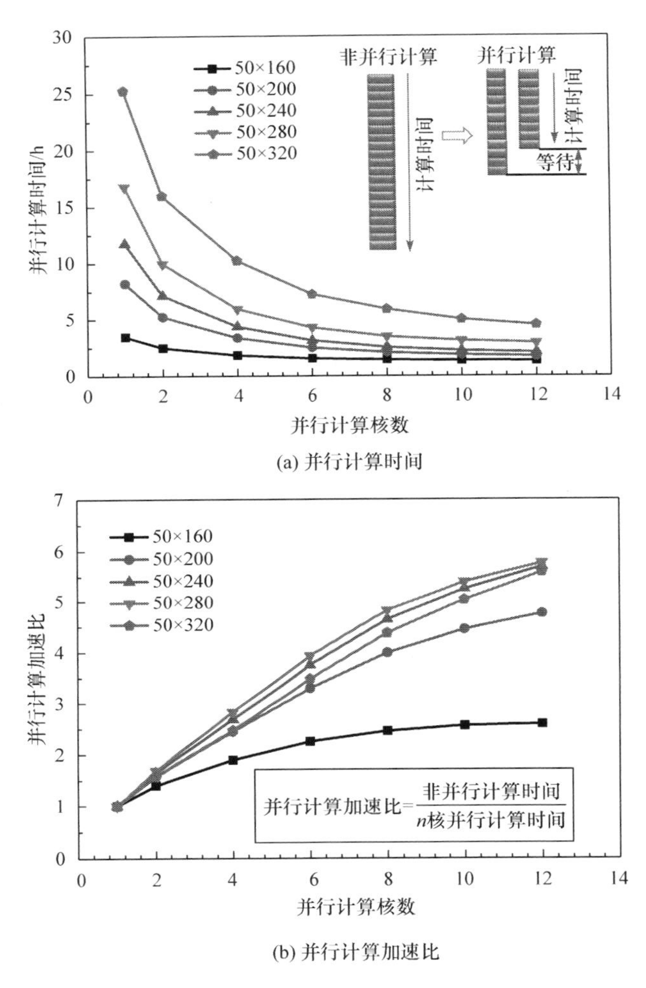

(a) 并行计算时间

(b) 并行计算加速比

图 5-18　网格数量与并行计算核数对并行计算性能的影响

当网格数量较小时，工作站 1 的满核（6 核）计算速度甚至高于工作站 2 的满核（12 核）计算速度，但这种优势随着网格数量的增加而减弱，且当网格数量较多时，工作站 2 的满核计算速度明显高于工作站 1 的满核计算速度。这是由于当网格数量较少时，程序完成一次迭代耗时较短，同时并行计算的核数越多，会使核与核之间因交换数据信息而消耗的时间占总时间的比例就越大，从而影响计算速度。但当网格数量较多时，由于程序完成一次迭代耗时较长，从而降低了核与核之间因交换数据信息而消耗的时间占总时间的比例，使计算速度相对提高。这表明多核并行计算尤其适用于多网格、难收敛和极耗时的复杂计算模型。

由图 5-18 可知，并行计算时间随着并行核数的增加而减少，加速比随着并行计算核数的增加而增大。但计算速度降低的幅度和加速比的增加幅度随着并行计算核数的增加而降低。其中，加速比为非并行程序计算时间与并行程序计算时间的比值。加速比的理想值等于所执行计算的 CPU 核数，如采用 2 核 CPU 计算的理想加速比为 2。但实际加速比小于理想加速比，且实际加速比的增幅随着计算核数的增加而减小，这是由于：①采用多核计算时，核与核之间的数据信息交换与传递将会消耗一部分时间，且并行计算核数越多，由数据信息交换与传递所带来的额外时间消耗就越多；②并行计算时，CPU 的每个核所分配到的计算量相同（网格节点数相同），但各个节点的收敛难易程度不相同，这将导致每个核完成各自计算任务所用的时间不同，从而使核与核之间产生一定的等待空闲时间；③计算程序中除了压力、变形、膜厚、载荷的计算程序采用并行处理，其余一些辅助程序均无法采用并行处理，仍然采用单核计算。此外，计算时间随着网格数量的增加而增加，加速比随着网格数量的增加先增大后减小。

图 5-19 给出了并行计算时间随偏心率变化的曲线（网格数为 50×320）。由图可知，与动压润滑区（全膜润滑区）相比，混合润滑区并行计算时间的波动较大，这是由于接触压力产生时程序的收敛程度发生了较大的变化。

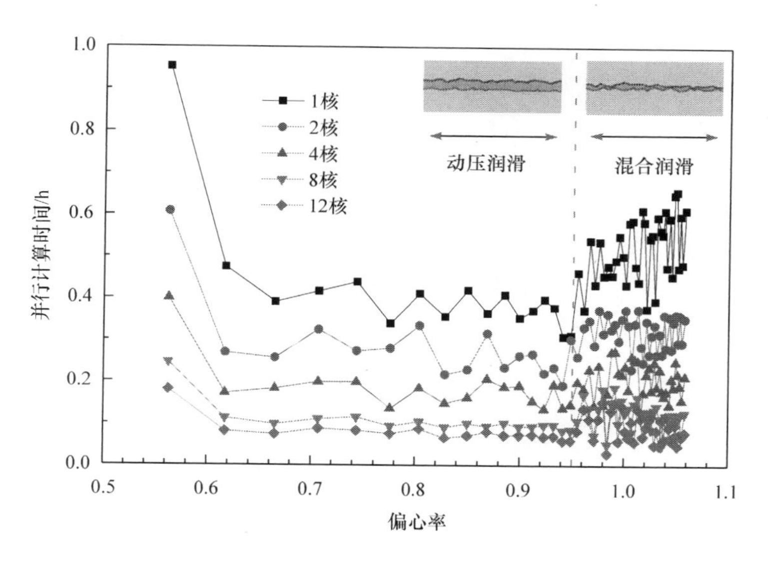

图 5-19　并行计算时间随偏心率的变化

5.5　数值计算方法

5.5.1　有限差分法

求解雷诺方程的方法有很多，有限差分法是最为常用的一种方法，其基本求解步骤为：①将所求的方程无量纲化，目的是减少自变量和应变量的数目，同时，用无量纲化的解具有通性；②将求解域划分成等距或者不等距的网格，网格的划分根据精度要求来定；③将方程写成线性形式。

1. 先展开后离散

对雷诺方程的左边进行先展开后离散的过程如下[14,25]：

$$\begin{aligned}
&\frac{\partial}{\partial x}\left(\frac{\rho h^3}{\eta}\frac{\partial P}{\partial x}\right)+\frac{\partial}{\partial y}\left(\frac{\rho h^3}{\eta}\frac{\partial P}{\partial y}\right)\\
&=\frac{\partial}{\partial x}\left(\frac{\rho h^3}{\eta}\right)\frac{\partial P}{\partial x}+\frac{\rho h^3}{\eta}\frac{\partial^2 P}{\partial x^2}+\frac{\partial}{\partial y}\left(\frac{\rho h^3}{\eta}\right)\frac{\partial P}{\partial y}+\frac{\rho h^3}{\eta}\frac{\partial^2 P}{\partial y^2}\\
&=\frac{\left(\frac{\rho h^3}{\eta}\right)_{i+1,j}-\left(\frac{\rho h^3}{\eta}\right)_{i-1,j}}{2\Delta x}\frac{P_{i+1,j}-P_{i-1,j}}{2\Delta x}+\left(\frac{\rho h^3}{\eta}\right)_{i,j}\frac{P_{i+1,j}-2P_{i,j}+P_{i-1,j}}{\Delta x^2}\\
&\quad+\frac{\left(\frac{\rho h^3}{\eta}\right)_{i,j+1}-\left(\frac{\rho h^3}{\eta}\right)_{i,j-1}}{2\Delta y}\frac{P_{i,j+1}-P_{i,j-1}}{2\Delta y}+\left(\frac{\rho h^3}{\eta}\right)_{i,j}\frac{P_{i,j+1}-2P_{i,j}+P_{i,j-1}}{\Delta y^2}\\
&=6U\frac{(\rho h)_{i+1,j}-(\rho h)_{i-1,j}}{2\Delta x}
\end{aligned}\tag{5-108}$$

采用中心差分法，雷诺方程可离散为如下形式

$$\begin{aligned}
&\frac{\left(\frac{\rho h^3}{\eta}\right)_{i+1,j}-\left(\frac{\rho h^3}{\eta}\right)_{i-1,j}}{2\Delta x}\frac{P_{i+1,j}-P_{i-1,j}}{2\Delta x}+\left(\frac{\rho h^3}{\eta}\right)_{i,j}\frac{P_{i+1,j}+P_{i-1,j}}{\Delta x^2}\\
&+\frac{\left(\frac{\rho h^3}{\eta}\right)_{i,j+1}-\left(\frac{\rho h^3}{\eta}\right)_{i,j-1}}{2\Delta y}\frac{P_{i,j+1}-P_{i,j-1}}{2\Delta y}+\left(\frac{\rho h^3}{\eta}\right)_{i,j}\frac{P_{i,j+1}+P_{i,j-1}}{\Delta y^2}\\
&=6U\frac{(\rho h)_{i+1,j}-(\rho h)_{i-1,j}}{2\Delta x}
\end{aligned}\tag{5-109}$$

采用中心差分法，展开后的雷诺方程的左边可表示为

$$\frac{\partial}{\partial x}\left(\frac{\rho h^3}{\eta}\frac{\partial P}{\partial x}\right)+\frac{\partial}{\partial y}\left(\frac{\rho h^3}{\eta}\frac{\partial P}{\partial y}\right)=\left(\frac{\rho h^3}{\eta}\right)_{i,j}\frac{2}{\Delta x^2}+\left(\frac{\rho h^3}{\eta}\right)_{i,j}\frac{2}{\Delta y^2}\tag{5-110}$$

然后所求节点 $P_{i,j}$ 的压力可表示为

$$P_{i,j}=\frac{A_{i,j}P_{i+1,j}+B_{i,j}P_{i-1,j}+C_{i,j}P_{i,j+1}+D_{i,j}P_{i,j-1}-F_{i,j}}{E_{i,j}} \tag{5-111}$$

其中

$$A_{i,j}=H^3_{i+1/2,j},\quad B_{i,j}=H^3_{i-1/2,j},\quad C_{i,j}=\left(\frac{\Delta x}{\Delta y}\right)^2 H^3_{i,j+1/2}$$

$$D_{i,j}=\left(\frac{\Delta x}{\Delta y}\right)^2 H^3_{i,j-1/2},\ E_{i,j}=A_{i,j}+B_{i,j}+C_{i,j}+D_{i,j},\ F_{i,j}=6\Delta x(H_{i+1/2,j}-H_{i-1/2,j})$$

2. 直接离散

无量纲雷诺方程形式如下：

$$\frac{\partial}{\partial\bar{x}}\left(\bar{h}^3\frac{\partial\bar{P}}{\partial\bar{x}}\right)+\left(\frac{D}{L}\right)^2\frac{\partial}{\partial\bar{y}}\left(\bar{h}\frac{\partial\bar{P}}{\partial\bar{y}}\right)=6\pi\frac{\partial\bar{h}}{\partial\bar{x}} \tag{5-112}$$

采用有限差分法直接离散为[27]

$$\frac{\partial}{\partial\bar{x}}\left(\bar{h}^3\frac{\partial\bar{P}}{\partial\bar{x}}\right)=\frac{\bar{h}^3_{i+1/2,j}\dfrac{\bar{P}_{i+1,j}-\bar{P}_{i,j}}{\Delta\bar{x}}-\bar{h}^3_{i-1/2,j}\dfrac{\bar{P}_{i,j}-\bar{P}_{i-1,j}}{\Delta\bar{x}}}{\Delta\bar{x}} \tag{5-113}$$

$$\frac{\partial}{\partial\bar{y}}\left(\bar{h}^3\frac{\partial\bar{P}}{\partial\bar{y}}\right)=\frac{\bar{h}^3_{i,j+1/2}\dfrac{\bar{P}_{i,j+1}-\bar{P}_{i,j}}{\Delta\bar{y}}-\bar{h}^3_{i,j-1/2}\dfrac{\bar{P}_{i,j}-\bar{P}_{i,j-1}}{\Delta\bar{y}}}{\Delta\bar{y}} \tag{5-114}$$

$$\frac{\partial\bar{h}}{\partial\bar{x}}=\frac{\bar{h}_{i+1/2,j}-\bar{h}_{i-1/2,j}}{\Delta\bar{x}} \tag{5-115}$$

将式(5-113)～式(5-115)代入雷诺方程(5-112)得

$$\begin{aligned}\frac{\partial}{\partial\bar{x}}\left(\bar{h}^3\frac{\partial\bar{P}}{\partial\bar{x}}\right)&=\frac{\bar{h}^3_{i+1/2,j}\dfrac{\bar{P}_{i+1,j}-\bar{P}_{i,j}}{\Delta\bar{x}}-\bar{h}^3_{i-1/2,j}\dfrac{\bar{P}_{i,j}-\bar{P}_{i-1,j}}{\Delta\bar{x}}}{\Delta\bar{x}}\\&\quad+\left(\frac{D}{L}\right)^2\frac{\bar{h}^3_{i,j+1/2}\dfrac{\bar{P}_{i,j+1}-\bar{P}_{i,j}}{\Delta\bar{y}}-\bar{h}^3_{i,j-1/2}\dfrac{\bar{P}_{i,j}-\bar{P}_{i,j-1}}{\Delta\bar{y}}}{\Delta\bar{y}}\\&=6\pi\frac{\bar{h}_{i+1/2,j}-\bar{h}_{i-1/2,j}}{\Delta\bar{x}}\end{aligned} \tag{5-116}$$

然后所求节点 $P_{i,j}$ 的压力可表示为

$$\bar{P}_{i,j}=a_0+a_1\bar{P}_{i+1,j}+a_2\bar{P}_{i-1,j}+a_3\bar{P}_{i,j+1}+a_4\bar{P}_{i,j-1},\quad i=1,\cdots,m;j=1,\cdots,n \tag{5-117}$$

其中

$$a_0=\frac{-6\pi\dfrac{\bar{h}_{i+1/2,j}-\bar{h}_{i-1/2,j}}{\Delta\bar{x}}}{\dfrac{\bar{h}^3_{i+1/2,j}+\bar{h}^3_{i-1/2,j}}{\Delta\bar{x}^2}+\left(\dfrac{D}{L}\right)^2\dfrac{\bar{h}^3_{i,j+1/2}+\bar{h}^3_{i,j-1/2}}{\Delta\bar{y}^2}}$$

$$a_1=\frac{\dfrac{\bar{h}^3_{i+1/2,j}}{\Delta\bar{x}^2}}{\dfrac{\bar{h}^3_{i+1/2,j}+\bar{h}^3_{i-1/2,j}}{\Delta\bar{x}^2}+\left(\dfrac{D}{L}\right)^2\dfrac{\bar{h}^3_{i,j+1/2}+\bar{h}^3_{i,j-1/2}}{\Delta\bar{y}^2}}$$

$$a_2=\frac{\dfrac{\bar{h}^3_{i-1/2,j}}{\Delta\bar{x}^2}}{\dfrac{\bar{h}^3_{i+1/2,j}+\bar{h}^3_{i-1/2,j}}{\Delta\bar{x}^2}+\left(\dfrac{D}{L}\right)^2\dfrac{\bar{h}^3_{i,j+1/2}+\bar{h}^3_{i,j-1/2}}{\Delta\bar{y}^2}}$$

$$a_3=\frac{\left(\dfrac{D}{L}\right)^2\dfrac{\bar{h}^3_{i,j+1/2}}{\Delta\bar{y}^2}}{\dfrac{\bar{h}^3_{i+1/2,j}+\bar{h}^3_{i-1/2,j}}{\Delta\bar{x}^2}+\left(\dfrac{D}{L}\right)^2\dfrac{\bar{h}^3_{i,j+1/2}+\bar{h}^3_{i,j-1/2}}{\Delta\bar{y}^2}}$$

$$a_4=\frac{\left(\dfrac{D}{L}\right)^2\dfrac{\bar{h}^3_{i,j-1/2}}{\Delta\bar{y}^2}}{\dfrac{\bar{h}^3_{i+1/2,j}+\bar{h}^3_{i-1/2,j}}{\Delta\bar{x}^2}+\left(\dfrac{D}{L}\right)^2\dfrac{\bar{h}^3_{i,j+1/2}+\bar{h}^3_{i,j-1/2}}{\Delta\bar{y}^2}}$$

3. 待定系数离散法

采用待定系数离散法可将一般形式的雷诺方程表示为

$$A\frac{\partial^2 P}{\partial x^2}+B\frac{\partial^2 P}{\partial y^2}+C\frac{\partial P}{\partial x}+D\frac{\partial P}{\partial y}=E \tag{5-118}$$

其中,A、B、C、D 和 E 为关于(x,y)的给定的函数。

根据差分方法,可将方程(5-118)离散为如下格式:

$$\begin{aligned}P_{i,j}=&-\frac{E\Delta x^2\Delta y^2}{2A\Delta y^2+2B\Delta x^2}+\frac{B\Delta x^2+\dfrac{D}{2}\Delta x^2\Delta y}{2A\Delta y^2+2B\Delta x^2}P_{i,j+1}+\frac{B\Delta x^2-\dfrac{D}{2}\Delta x^2\Delta y}{2A\Delta y^2+2B\Delta x^2}P_{i,j-1}\\&+\frac{B\Delta y^2+\dfrac{C}{2}\Delta y^2\Delta x}{2A\Delta y^2+2B\Delta x^2}P_{i+1,j}+\frac{A\Delta y^2-\dfrac{C}{2}\Delta y^2\Delta x}{2A\Delta y^2+2B\Delta x^2}P_{i-1,j}\end{aligned} \tag{5-119}$$

令

$$A_c=\left(\frac{B}{\Delta y^2}+\frac{D}{2\Delta y}\right)/K,\quad B_c=\left(\frac{B}{\Delta y^2}-\frac{D}{2\Delta y}\right)/K,\quad C_c=\left(\frac{A}{\Delta x^2}+\frac{C}{2\Delta x}\right)/K$$

$$D_c=\left(\frac{A}{\Delta x^2}-\frac{C}{2\Delta x}\right)/K,\quad E_c=-\frac{E}{K},\quad K=2\left(\frac{A}{\Delta x^2}+\frac{B}{\Delta y^2}\right)$$

因此，对于雷诺方程(5-112)，按照上述方法离散后可得到相应系数为

$$A=\left[\frac{1+\varepsilon\cos(2\bar{x})}{2}\right]^3,\quad B=\left(\frac{D}{L}\right)^2\frac{1+\varepsilon\cos(2\bar{x})}{2}$$

$$C=-\frac{3}{8}\varepsilon\left[1+\varepsilon\cos(2\bar{x})\right]^2\sin(2\bar{x})\tag{5-120}$$

$$D=0,\quad E=-6\pi\varepsilon\sin(2\bar{x}),\quad K=2\left(\frac{A}{\Delta\bar{x}^2}+\frac{B}{\Delta\bar{y}^2}\right)$$

5.5.2　多重网格法

1. 多重网格法简介[28-30]

采用有限差分法或有限元法等前面几种数值方法求解各种偏微分方程时，总是先将求解区域划分为网格，然后将偏微分方程离散，导出一组线性或非线性代数方程组，再直接或迭代解出该方程组。在上述过程中，选择合适的网格是比较困难的，使用稀疏的网格得到的解误差太大，而且对非线性问题常常得不到收敛的解；使用稠密的网格则会导致代数方程组过大，因而计算时间过长，从而对计算机硬件的运行速度要求较高。而使用多重网格法可以有效地克服上述困难，对硬件的要求较低且在获得相同精度时其运算速度较快，其缺点是该方法不容易掌握。

多重网格法是面向用迭代方法解大型代数方程组而提出的。在用迭代方法解代数方程组时，近似解与精确解之间的偏差可以分解为多种频率的偏差分量，其中高频分量在稠密的网格上可以很快地消除，而低频分量只有在稀疏的网格上才能很快地消除。多重网格法的基本思想就是，对于同一问题，轮流在稠密网格和稀疏网格上进行迭代，从而使高频偏差分量和低频偏差分量都能很快地消除，以最大限度地减少数值运算的工作量。其算法的基本原理如下：由于以上方程组为非线性方程组，因而采用多重网格算法的完全逼近格式(FAS)来解该方程组，其求解过程如下。

对于非线性方程：

$$LP=f,\quad u\in\Omega$$

在 M 层上的离散形式为

$$L^MP^M=f^M,\quad P^M\in\Omega^M\tag{5-121}$$

式中，L 为非线性微分算子；Ω 为求解域；L^M 为矩阵向量；Ω^M 为步长 h^M 剖分 Ω 的网格点集；P^M、f^M 为 Ω^M 上的列向量。为了求解式(5-121)，取一系列步长$\{h^k\}$(在这里 k 为上标)，使其满足 $h_1>h_2>\cdots>h^k>\cdots>h^M(1\leqslant k\leqslant M)$。

称以上从 k 层到 $k-1$ 层之间的数值转移过程为限制，从 $k-1$ 层到 k 层之间的数值转移过程为延拓。在任意 k 层网格 Ω^k 上，利用多重网格法中的 FAS 求解方程组 $L^kP^k=f^k$ 的详细步骤如下。

(1) 设定初始条件和判定条件。

(2) 以 $\overline{P}^k$ 为初始值对式(5-121)进行松弛迭代，得到近似解 $\widetilde{P}^k$，根据判定条件执行步骤(3)、步骤(4)或者结束。

(3) 限制过程：由第 k 层上计算所得的 $\widetilde{P}^k$ 算出第 $k-1$ 层网格的初值 $\widetilde{P}^{k-1}$ 为

$$\overline{P}^{k-1}=I_k^{k-1}\widetilde{P}^k \tag{5-122}$$

式中，I_k^{k-1} 为限制算子。

计算 $k-1$ 层网格上的右端向量 f^{k-1} 为

$$f^{k-1}=L^{k-1}(I_k^{k-1}\widetilde{P}^k)+I_{k-1}^k(f^k-L^k\widetilde{P}^k) \tag{5-123}$$

式中，I_{k-1}^k 为插值算子，I_k^{k-1} 为限制算子，并令 $k=k-1$（“=”为赋值），执行步骤(2)。

(4) 延拓过程：利用第 $k-1$ 层计算所得结果 $\widetilde{P}^{k-1}$，修正第 k 层网格上的值，得到下一次光滑松弛迭代的初值 $\overline{P}^k$ 为

$$\overline{P}^k=\widetilde{P}^k+I_{k-1}^k(\widetilde{P}^{k-1}-I_k^{k-1}\overline{P}^k) \tag{5-124}$$

令 $k=k+1$（“=”为赋值），执行步骤(2)。其中，L 为非线性微分算子，I_k^{k+1}、I_k^{k-1} 分别为延拓算子和限制算子。根据判定条件 γ 的取值不同，形成了多重网格算法的 V 循环($\gamma=1$)、W 循环($\gamma=2$)、FMV 循环，由于 W 循环的数值稳定较 V 循环好，同时为了使程序设计简单，本书采用 W 循环。

2. 算法的具体实现[28-30]

为了使该算法能通过编程计算，不仅要采取上述的离散过程，还必须根据上述的算法原理，写出各方程的缺陷方程。

1) 雷诺方程的缺陷方程

设已知第 k 层网格($k\neq1$)上雷诺方程的缺陷方程为

$$L^kP^k=F^k \tag{5-125}$$

式中，F^k 为右端函数向量，

$$F^k=[F_1^k\quad F_2^k\quad \cdots\quad F_{n^k-1}^k]^{\mathrm{T}} \tag{5-126}$$

只有在 $k=m$ 时 F^k 才是零向量。假设经过 V_1 次松弛迭代后得到式(5-125)的近似解 $\widetilde{P}^k$，则在第 $k-1$ 层网格上，由上述的算法原理可知，右端函数向量为

$$F^{k-1}=L^{k-1}(I_k^{k-1}\widetilde{P}^k)+I_k^{k-1}(F^k-L^k\widetilde{P}^k) \tag{5-127}$$

在得到式(5-127)后，即可令 $k=k-1$，把操作位置转到下一层网格上，在该层网格上需求解的方程仍具有式(5-125)的形式，其离散形式则为

$$\frac{1}{(\Delta^k)^2}\left[\varepsilon_{i-1/2}^k P_{i-1}^k-(\varepsilon_{i-1/2}^k+\varepsilon_{i+1/2}^k)P_i^k+\varepsilon_{i+1/2}^k P_{i+1}^k\right]-\frac{1}{\Delta^k}(\bar{\rho}_i^k H_i^k-\bar{\rho}_{i-1}^k H_{i-1}^k)=F_i^k \tag{5-128}$$

根据FAS计算流程可知，只有在把 $\widetilde{P}^k$ 刚刚限制到下一层网格时才需要使用式(5-127)计算右端函数向量 F，而在松弛迭代中 F 是作为常向量对待的。另外，在结束本层松弛迭代后，需将用过的 F 仍然保留，留待将来从低层网格延拓到本层网格时继续使用。

2) 无量纲膜厚的计算公式

对于膜厚，对离散形式的方程(5-121)进行讨论比对向量形式的方程进行讨论要容易一些，但讨论中有时仍需引用向量方程或使用向量符号。

假设在第 k 层网格上($k\neq1$)已得到了压力的近似解 $\widetilde{P}^k$，由缺陷方程的一般原理式(5-122)和式(5-123)的具体关系可写出节点 i 处膜厚的缺陷方程为

$$L_i^k H_i^k=H_i^k-H_0-\frac{X_i^2}{2}-\frac{1}{\pi}\sum_{j=0}^{n^k}K_{i,j}^k\widetilde{P}_j^k=f_i^k,\quad i=0,1,\cdots,n^k \tag{5-129}$$

式中，右端函数 f_i^k 是从上一层网格的结果传递下来的，在本层网格上保持不变，并且当 $k=m$ 时，即在最高一层网格上，$f_i^k=0$。

在把计算下一层网格右端函数的一般关系式(5-128)应用于式(5-129)时，可以看到，式(5-129)并不需要迭代求解，也不存在迭代偏差，因此必然有

$$f_i^k-L_i^k\widetilde{H}_i^k=f_i^k-L_i^k H_i^k=0 \tag{5-130}$$

所以正确的关系为

$$f_i^{k-1}=L_i^{k-1}\ (I_k^{k-1}H^k)_i \tag{5-131}$$

将式(5-122)所表达的离散关系式代入式(5-131)，得

$$f_i^{k-1}=(I_i^{k-1}H^k)_i-H_0-\frac{X_i^2}{2}-\frac{1}{\pi}\sum_{j=0}^{n^{k-1}}K_{i,j}^{k-1}(I_k^{k-1}\widetilde{P}^k)_j,\quad i=0,1,2,\cdots,n^{k-1} \tag{5-132}$$

式(5-132)给出了在 $k\neq m$ 的各层网格上计算膜厚的右端函数的方法。除非把新的压力值从上一层网格限制到本层网格，膜厚右端函数是不需要重新计算的。而且在把本层压力的近似解限制到下一层网格后仍需保存本层的膜厚右端函数向量，因为返回本层后还需要用到此向量。

由以上分析可知，在任何一层网格上，无量纲膜厚均可由式(5-133)计算：

$$H_i^k=H_0+\frac{X_i^2}{2}-\frac{1}{\pi}\sum_{j=0}^{n^k}K_{i,j}^k P_j^k+f_i^k,\quad i=0,1,\cdots,n^k \tag{5-133}$$

式中，f_i^k 或者等于0($k=m$)，或者由式(5-131)确定，但需注意式(5-132)中的 $k-1$ 与式(5-133)中的 k 限定的是同一层网格。

3) 各层网格上的载荷方程

离散形式的载荷方程事实上是关于节点压力 P 的代数方程。在第 k 层网格上其缺陷方程为

$$0.5\Delta^{k}\sum_{j=0}^{n^{k}-1}(P_{j}^{k}+P_{j+1}^{k})=g^{k} \tag{5-134}$$

式中,右端项或者等于 $\pi/2(k=m$ 时),或者由上一层网格上压力的近似解决定($k\neq m$ 时),总之与本层网格上压力的计算过程或计算结果无关。

在把第 k 层网格上节点压力的近似解限制到第 $k-1$ 层网格上时,根据文献资料可得

$$g^{k-1}=0.5\Delta^{k-1}\sum_{j=0}^{n^{k-1}-1}[(I_{k}^{k-1}\widetilde{P}^{k})_{j}+(I_{k}^{k-1}\widetilde{P}^{k})_{j+1}]+g^{k}-0.5\Delta^{k}\sum_{j=0}^{n^{k}-1}(\widetilde{P}_{j}+\widetilde{P}_{j+1}) \tag{5-135}$$

由式(5-134)算出 g^{k} 的数值后,如果令 $k=k-1$,将操作位置转移到原第 $k-1$ 层,则在该层载荷的缺陷方程仍如式(5-135)所示,但其中的 g^{k} 已具有了确定的值。

由以上求解三个基本方程的缺陷方程可得出如下结论:

(1) 在最高层以下的任一层网格上,需求解的数值方程的右端项总是由上一层网格上的结果决定,而在最高层,右端项总是已知的,即 $F_{i}^{m}=0(i=1,2,\cdots,n^{m}-1)$,$f_{i}^{m}=0(i=1,2,\cdots,n^{m})$,$g^{m}=\pi/2$。因此,右端项总是可以确定的。

(2) 在本层解方程组的过程中,右端项总是作为已知的不变量对待。在本层操作结束后,右端项的值仍需保留,留待以后延拓到本层时继续使用。

4) 算法的具体实施过程

(1) 网格的划分。为了便于编程,使程序较为简单,本书采用等距网格划分,共 6 层,见表 5-4。

表 5-4　每层划分网格节点数

层数	节点数
第 1 层	31
第 2 层	61
第 3 层	121
第 4 层	241
第 5 层	481
第 6 层	961

(2) 其计算过程的 W 循环图如图 5-20 所示。对于图 5-20 所示循环过程，给出如下解释：在最高一层网格上(第六层)，根据给定的无量纲压力分布初值 $\bar{P}(x)$ 求出无量纲膜厚分布 $H(x)$，再将 $H(x)$ 代入雷诺方程求出新值 $\tilde{P}(x)$，在各层上其迭代次数如图 5-20 所示；然后将 $\tilde{P}(x)$ 向下一个节点所在的层进行数值传递，重复上述迭代过程，如限制(向低层传递)时则需要计算出其误差损失，以便在延拓(向高一层进行数值传递)时进行补偿；而对 H_0 的初值则根据载荷平衡方程只在最低一层(第一层)网格上进行调整和修正。

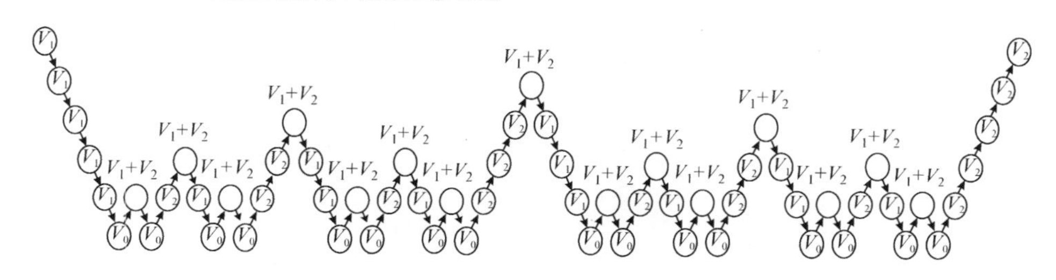

图 5-20　W 循环图

○表示松弛迭代；V_0、V_1、V_2、V_1+V_2 表示松弛迭代次数；↗表示延拓插值；↘表示限制转移

(3) 初值 H_0 的确定。初值 H_0 的确定有利于计算的稳定性，而关于水润滑橡胶轴承无量纲压力曲线和膜厚曲线的数值计算算例较少。作者在计算时发现，采用 Herrebrugh 最小膜厚公式的无量纲形式来计算 H_0 的初值，计算过程较为稳定，能迅速得到收敛解。其公式如下：

$$\begin{cases} H_0 = H_{\min} - E_c \\ H_{\min} = 2.32(uR)^{0.6} E'^{0.4} w^{-0.2} \\ E_c = -\dfrac{1}{4} - \dfrac{1}{2}\ln 2 \approx -0.59657 \end{cases} \tag{5-136}$$

(4) 在限制插值时，本书采用的是分片线性插值，延拓时采用的是完全加权法，其原理图如图 5-21 和图 5-22 所示，从而确定其限制算子 I_k^{k-1} 和插值(延拓)算子 I_{k-1}^k。

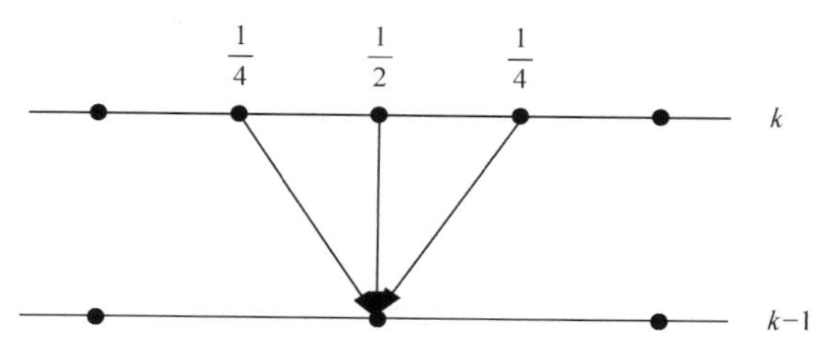

图 5-21　完全加权限制算子

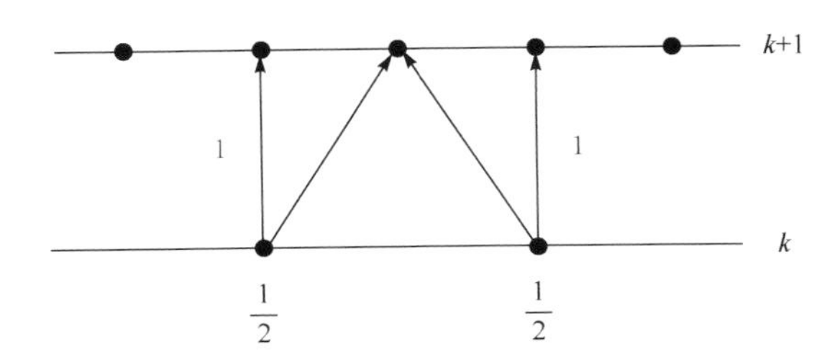

图 5-22 线性插值(延拓)算子

$$P^{k-1}=I_k^{k-1}P^k,\quad q^k=I_{k-1}^k q^{k-1}$$

$$P^{k-1}=[P_i^{k-1}],\quad I_k^{k-1}=\begin{bmatrix}\frac{1}{4} & \frac{1}{2} & \frac{1}{4}\end{bmatrix},\quad P^k=\begin{bmatrix}P_{2i-1}^k\\ P_{2i}^k\\ P_{2i+1}^k\end{bmatrix}$$

$$q^k=\begin{bmatrix}q_{2i}^k\\ q_{2i+1}^k\\ q_{2(i+1)}^k\end{bmatrix},\quad I_{k-1}^k=\begin{bmatrix}1 & 0\\ 0.5 & 0.5\\ 0 & 1\end{bmatrix},\quad q^{k-1}=\begin{bmatrix}q_i^{k-1}\\ q_{i+1}^{k-1}\end{bmatrix}$$

P^{k-1}、q^{k-1}表示第 $k-1$ 层上的分向量,P^k、q^k 表示第 k 层上的分向量。

(5) 收敛判定条件。

$$\frac{\sum_{j=0}^{n^m}|P_j^m-\bar{P}_j^m|}{\sum_{j=0}^{n^m}P_j^m}<0.001 \tag{5-137}$$

$$\frac{\left(\Delta h^M\sum_{j=0}^{n^m-1}|P_j^m|-\frac{\pi}{2}\right)}{\frac{\pi}{2}}\leqslant 0.005 \tag{5-138}$$

式中,P_j^m 为第 6 层网格上 W 循环结束时得到的节点压力;$\bar{P}_j^m$ 为开始 W 循环时的节点压力;式(5-137)和式(5-138)为对载荷方程的检验判据。

5.5.3 渐进网格加密法

渐进网格加密(PMD)算法的思想是将离散的润滑方程组在较小密度的网格(A 网格)上进行迭代(图 5-23),当达到设定的收敛精度后,立即跳转到较大密度的网格(B 网格)上进行迭代,在 B 网格根据 A 网格上迭代得到的油膜厚度和油膜压力,通过插值的方法确定其他未知节点的油膜压力和油膜厚度,并以此作为 B 网格上迭代的初值,当在 B 网格上迭代达到收敛精度后,再用上述方法进行跳转,直到在预先设定的最终网格(最密网格)上得到收敛解[31,32]。

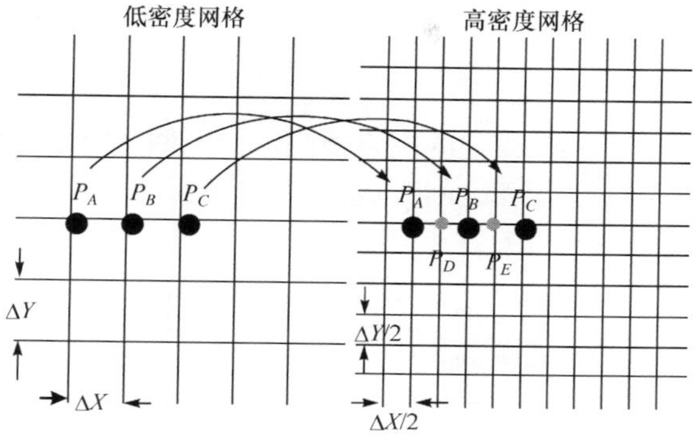

图 5-23　PMD 算法示意图

求解时,在每一个未知节点压力处,将雷诺方程组离散成一个差分方程,表达式为

$$A_{i,j}P_{i-1,j}+B_{i,j}P_{i,j}+C_{i,j}P_{i+1,j}=F_{i,j} \tag{5-139}$$

式中,$A_{i,j}$、$B_{i,j}$、$C_{i,j}$、$F_{i,j}$ 为已知项,由已经求解出的压力分布算出 $P_{i-1,j}$、$P_{i,j}$、$P_{i+1,j}$ 是本次迭代需求解的未知量。

首先将上述离散差分方程在低密度网格上进行迭代,将赫兹压力分布作为初始迭代压力,在低密度网格上迭代时的收敛精度可设置得高一些,以便为高密度网格迭代提供更好的初值,如取

$$\text{err}=\frac{\sum_{i=0}^{400}|\bar{P}_i^{m+1}-\bar{P}_i^m|}{\sum_{i=0}^{400}|\bar{P}_i^{m+1}|}<0.000001 \tag{5-140}$$

当达到收敛精度时,低密度网格上每个节点的油膜压力(如 P_A、P_B、P_C)和油膜厚度 $H_{i,j}$ 均已知,此时迭代跳转到高密度网格上,其迭代初值计算方法如下。未知节点 P_D 采用二次插值方法求出:

$$P_D=\frac{(X-X_1)(X-X_2)}{(X_0-X_1)(X_0-X_2)}P_A+\frac{(X-X_0)(X-X_2)}{(X_1-X_0)(X_1-X_2)}P_B+\frac{(X-X_0)(X-X_1)}{(X_2-X_0)(X_2-X_1)}P_C \tag{5-141}$$

式中,X、X_0、X_1、X_2 分别为 P_D、P_A、P_B、P_C 在高密度网格中的横坐标。未知节点 P_E 的计算方法与 P_D 相同。采用上述插值方法,可将高密度网格上各节点的油膜压力和油膜厚度全部计算出来,然后进行迭代,直到达到设定的收敛精度。设定的收敛精度可取为

$$\mathrm{err1}=\frac{\sum_{i=0}^{400}|\overline{P}_i^{m+1}-\overline{P}_i^{m}|}{\sum_{i=0}^{400}|\overline{P}_i^{m+1}|}<0.00001 \tag{5-142}$$

重复以上过程，直到达到设定的网格密度。由于网格密度每增加1倍，计算时间将会增加几倍，综合考虑计算时间和收敛精度，建议采用如图5-24所示的三种网格密度进行迭代。

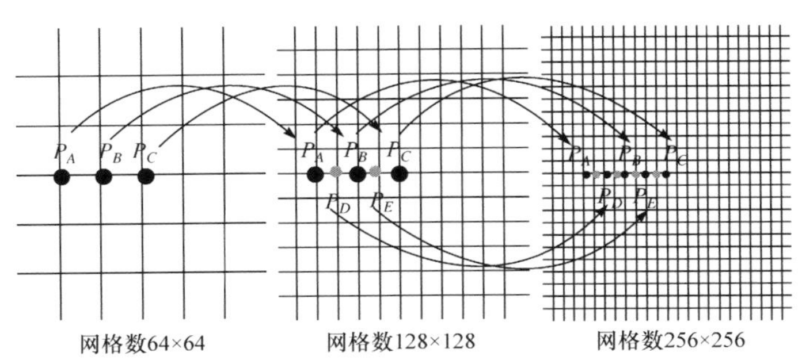

图5-24　网格密度

在迭代过程中，压力松弛因子 ω_p 一般取0.005～0.3，在载荷大、膜厚小的情况下，ω_p 应取相对小的值；H_0 的修正因子 ω_h 一般取0.001～0.01。

5.5.4　空穴模型

水润滑橡胶轴承混合雷诺方程可写为[33,34]

$$\begin{aligned}&\frac{\partial}{\partial x}\left(\frac{\phi_x\rho h^3}{\eta}\frac{\partial p}{\partial x}\right)+\frac{\partial}{\partial y}\left(\frac{\phi_y\rho h^3}{\eta}\frac{\partial p}{\partial y}\right)\\&=6\left[\phi_c\frac{\partial((u_a+u_b)\rho h)}{\partial x}+\phi_c\frac{\partial((v_a+v_b)\rho h)}{\partial y}\right]+12\frac{\partial(\rho h)}{\partial t}+6(u_b-u_a)\sigma\rho\frac{\partial\phi_s}{\partial x}\end{aligned} \tag{5-143}$$

方程的右边可表示为

$$\begin{aligned}右边=&6\underbrace{\phi_c\frac{\partial[(u_a+u_b)\rho h]}{r_a\partial\theta'}}_{(5)}+\underbrace{6\phi_c\frac{\partial[(v_a+v_b)\rho h]}{\partial y}}_{(6)}+\underbrace{6(u_b-u_a)\sigma\rho\frac{\partial\phi_s}{r_a\partial\theta'}}_{(7)}\\&+12\left[\frac{\rho_t(h_t-h_{t-\Delta t})}{\Delta t}+h_t\frac{\rho_t-\rho_{t-\Delta t}}{\Delta t}\right]\end{aligned}$$

式中

$$h=c+e\cos(\theta'-\Phi)+d_{\text{elastic}}+d_{\text{thermal}} \tag{5-144}$$

$$u_b=\omega_b r_b+\frac{\mathrm{d}e}{\mathrm{d}t}\sin(\theta'-\Phi)-e\frac{\mathrm{d}\Phi}{\mathrm{d}t}\cos(\theta'-\Phi) \tag{5-145}$$

$$u_a=\omega_a r_a \tag{5-146}$$

$$v_a=v_b=0\text{（假设轴向运动速度为 0）} \tag{5-147}$$

求解应该满足以下条件。

（1）载荷平衡方程：

$$\int_\Omega p\sin\theta \mathrm{d}\Omega=F_X,\quad \int_\Omega p\cos\theta \mathrm{d}\Omega=F_Y \tag{5-148}$$

（2）边界条件：

$$p=p^*,\quad \Gamma=\Gamma_p \tag{5-149}$$

$$p=p_{\text{cav}},\quad \text{空穴区域} \tag{5-150}$$

当 $p_{\text{cav}}=0$ 时，方程(5-150)就是雷诺边界条件。根据水润滑橡胶轴承的特性，当水膜从楔形收敛区域流向楔形发散区域时，会产生空穴现象，因此有必要引入空穴边界条件，从而使数值仿真结果更加准确。基于质量守恒准则的空穴模型为

$$\frac{\partial}{\partial x}\left(\frac{h^3}{\eta}\frac{\partial(F\phi)}{\partial x}\right)+\frac{\partial}{\partial y}\left(\frac{h^3}{\eta}\frac{\partial(F\phi)}{\partial y}\right)=\tilde{u}\frac{\partial((1+(1-F)\phi)h)}{\partial x} \tag{5-151}$$

式中，$\tilde{u}=6U/(p_a-p_c)$；h 为水膜厚度；η 为水的黏度；$U=U_1+U_2$，U_1 和 U_2 分别为轴承与轴径表面的速度；p_a 为环境压力；p_c 为空穴区域的压力；参数 ϕ 和 F 定义为

$$F\cdot\phi=\frac{p-p_c}{p_a-p_c},\quad F=\begin{cases}1, & \phi>0\\ 0, & \phi<0\end{cases} \tag{5-152}$$

水膜密度定义为

$$\frac{\rho}{\rho_c}=1+(1-F)\phi \tag{5-153}$$

式中，ρ_c 是全膜区域的水膜密度。目标方程可离散为

$$\widetilde{A}_N\phi_N+\widetilde{A}_S\phi_S+\widetilde{A}_E\phi_E+\widetilde{A}_W\phi_W-\widetilde{A}_P\phi_P=\widetilde{B}_P \tag{5-154}$$

式中

$$\widetilde{A}_N=\frac{\widetilde{K}_n\Delta x_{ij}F_N}{(\delta y)_n},\quad \widetilde{A}_S=\frac{\widetilde{K}_s\Delta x_{ij}F_S}{(\delta y)_s},\quad \widetilde{B}_P=\frac{6U\{h_e-h_w\}\Delta y_{ij}}{p_a-p_c}$$

$$\widetilde{A}_W=\frac{\widetilde{K}_w\Delta y_{ij}F_P}{(\delta x)_w}+\frac{6U(1-F_W)\Delta y_{ij}h_w}{p_a-p_c},\quad \widetilde{A}_E=\frac{\widetilde{K}_e\Delta y_{ij}}{(\delta x)_e}F_E$$

$$\widetilde{A}_P=\left(\frac{\widetilde{K}_n\Delta x_{ij}}{(\delta y)_n}+\frac{\widetilde{K}_s\Delta x_{ij}}{(\delta y)_s}+\frac{\widetilde{K}_e\Delta y_{ij}}{(\delta x)_e}+\frac{\widetilde{K}_w\Delta y_{ij}}{(\delta x)_w}\right)F_P+\frac{6U(1-F_P)\Delta y_{ij}h_e}{p_a-p_c}$$

求解流程如下：

(1) 设置初始值 $\phi^{(\text{old})}=\phi^{(\text{new})}=\phi^{(0)}$、$F^{(\text{old})}=F^{(\text{new})}=F^{(0)}$，以及 $\phi^{(0)}=F^{(0)}=1$。

(2) 求解方程获得 $\phi^{(\text{new})}$，并计算最大绝对误差 $\delta\phi_{\max}=\max|\phi^{(\text{new})}-\phi^{(\text{old})}|$ 和相对误差 $\delta\bar{\phi}=\|\phi^{(\text{new})}-\phi^{(\text{old})}\|/\|\phi^{(\text{new})}\|$，然后更新 $\phi^{(\text{new})}=\beta_\phi\phi^{(\text{new})}+(1-\beta_\phi)\phi^{(\text{old})}$ 并设 $\phi^{(\text{old})}=\phi^{(\text{new})}$，其中 $0<\beta_\phi<2$ 且 β_ϕ 的取值小于初始值。

(3) 引入判断条件

$$F^{(\text{new})}=\begin{cases}1, & \phi^{(\text{new})}\geqslant 0\\ 0, & \phi^{(\text{new})}<0\end{cases}$$

计算最大绝对误差 $\delta F_{\max}=\max|F^{(\text{old})}-F^{(\text{new})}|$，并更新 $F^{(\text{new})}=\beta_F F^{(\text{new})}+(1-\beta_F)F^{(\text{old})}$ 且设 $F^{(\text{old})}=F^{(\text{new})}$，其中 $0<\beta_F\leqslant 1$ 且 β_F 的取值比直接迭代法的取值要小。

(4) 重复第(2)步直到收敛，即 $\delta\phi_{\max}<\text{error}_1$，$\delta\bar{\phi}<\text{error}_2$ 和 $\delta F_{\max}<\text{error}_3$。

5.6　润滑特性影响因素分析

水润滑橡胶轴承在船舶推进系统中安装与工作原理如图 5-25 所示，轴承一般通过过盈配合或螺栓固定在推进系统艉轴轴承座上。水润滑橡胶轴承中水流的流动方向与船舶行驶方向相反，即水流从安装有螺旋桨的一端流出。由于水润滑橡胶轴承完全浸没在水中，且轴承两端没有安装密封装置，通过江河湖海的自然水流润滑。

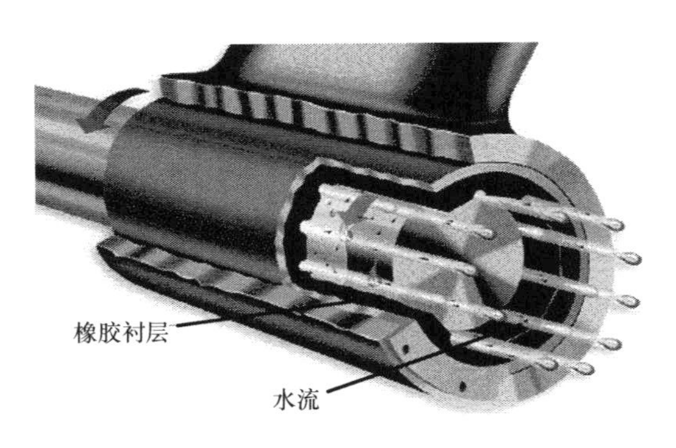

图 5-25　水润滑橡胶轴承在船舶推进系统中安装与工作原理图

图 5-26～图 5-28 分别给出了轻载与重载工况下水润滑橡胶轴承周向(轴向中截面)、轴向(径向水膜与橡胶衬层结合面)和径向(最高温度处沿径向的截面)温度分布图。

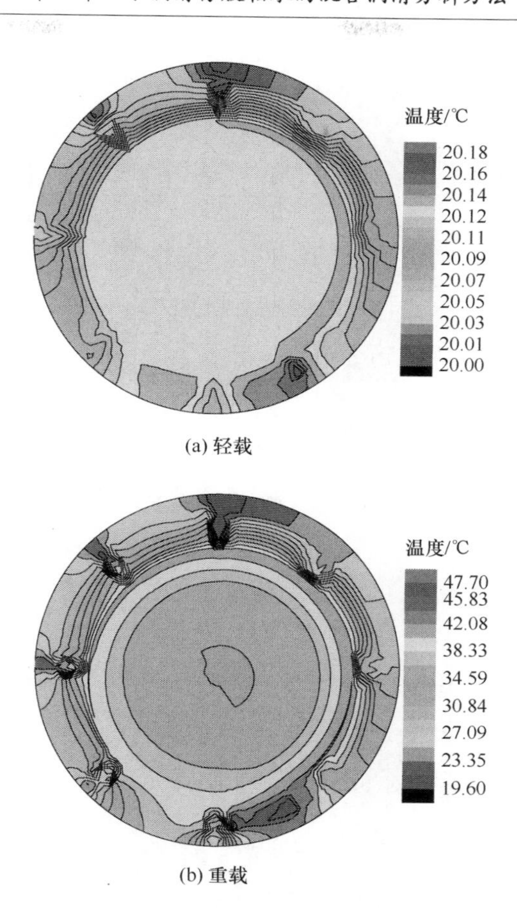

(a) 轻载

(b) 重载

图 5-26　周向温度分布

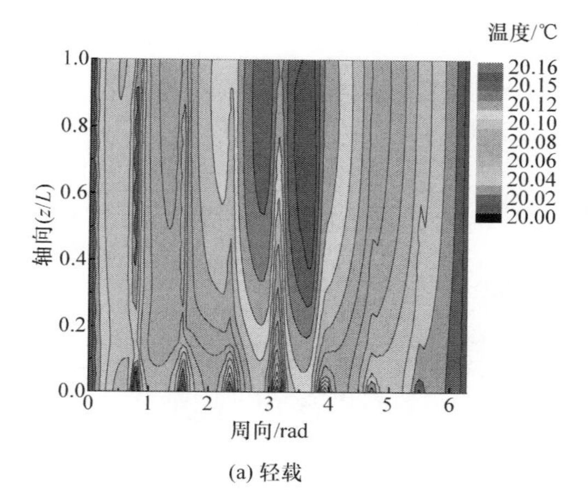

(a) 轻载

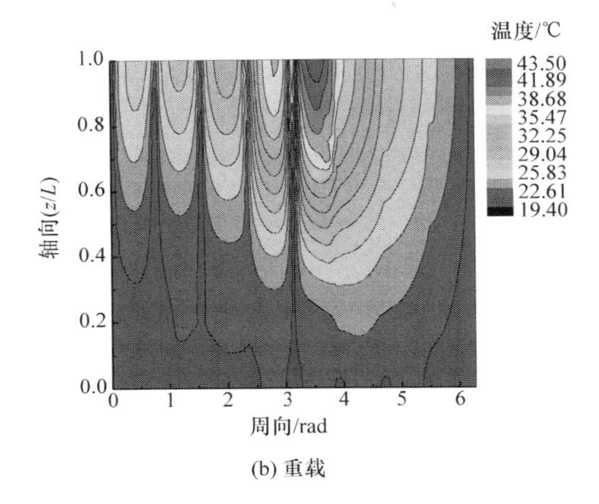

(b) 重载

图 5-27　轴向温度分布

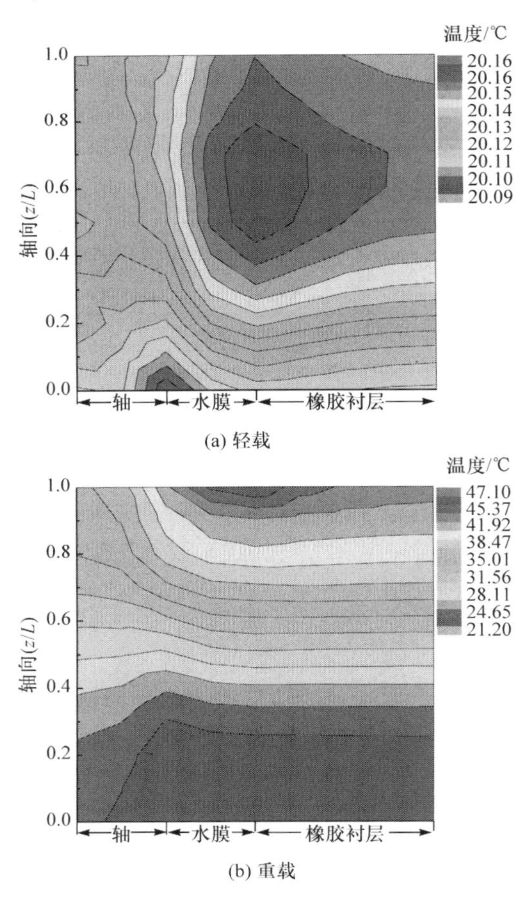

(a) 轻载

(b) 重载

图 5-28　径向温度分布

水润滑橡胶轴承的运转过程中引起温升的热源包含两部分：

(1) 动压水膜黏性剪切力产生的温升；

(2) 轴与橡胶衬层粗糙表面直接接触引起的摩擦生热。

当载荷较小时，轴与橡胶衬层间的粗糙接触力非常小，水润滑橡胶轴承基本处于全膜弹流润滑状态。此时的温升主要由动压水膜黏性剪切力产生，但水的黏度非常小(8.994×10^{-4}Pa · s)、比热容又非常大(4200J/(kg · ℃))，因此处于弹流润滑状态的水润滑轴承系统温升会非常小。在重载工况下，轴与橡胶衬层间发生非常大的粗糙接触压力，且橡胶的边界润滑摩擦系数相对较大，此时的水润滑轴承系统温升相对较高。此外，由于水润滑橡胶轴承的沟槽相对较深，沟槽区的流体动压力和接触压力均为 0，沟槽区的热源为 0，且供水水流流经沟槽区时会带走大量的热量。因此，沟槽区的温升非常小，轴承空穴区的沟槽部分温升基本为 0。其中，最上端的沟槽区出现温度低于供水温度的现象，这是由于此处处于空穴区的最末端，高压区对此处的温升影响基本降为 0，加上流体压缩功在空穴区为负值，出现空穴区末端沟槽区域温度低于供水温度的现象。

由图 5-27 和图 5-28 可以看出，水润滑橡胶轴承供水端温升明显低于出水端，这是由于沿轴向流动的水流会把供水端产生的热量带入出水端，使出水端的温度升高，较高的温度又会引起较大的热膨胀变形，使得出水端水膜厚度小于供水端，而较小的水膜厚度又会引起较大的流体动压力和粗糙界面接触压力，从而使此处的温升进一步升高，如此反复。此外，温升沿轴向分布的不对称性会随着载荷的增加而增加。

5.6.1　橡胶衬层形变分布

图 5-29 给出了轻载与重载工况下的橡胶衬层弹性变形三维分布图。弹性变形量由动压润滑压力和接触压力共同引起，因此弹性变形分布趋势与动压润滑压力和接触压力总的分布趋势相对应，最大弹性变形发生在压力峰所在位置。最大弹性变形量沿周向两侧出现了负弹性变形量(橡胶凹陷变形为正值，橡胶凸起变形为负值)。这是因为橡胶的泊松比为 0.47，非常接近 0.5，即橡胶基本上为不可压缩体，所以橡胶在最大压力峰处产生凹陷变形后，在凹陷变形沿周向两侧必然会产生凸起变形。

图 5-30 给出了轻载与重载工况下的橡胶衬层热变形三维分布图。热变形分布趋势与温度场分布趋势相对应，即温度越大的部位热变形量越大，沟槽区的热膨胀变形明显小于承载“脊”处的变形。在温度场的作用下，橡胶衬层会发生热膨胀，因此热变形量为负值(橡胶衬层向上凸起形变为负)。随着载荷的增加，热变形量的增加幅度大于弹性变形量的增加幅度。

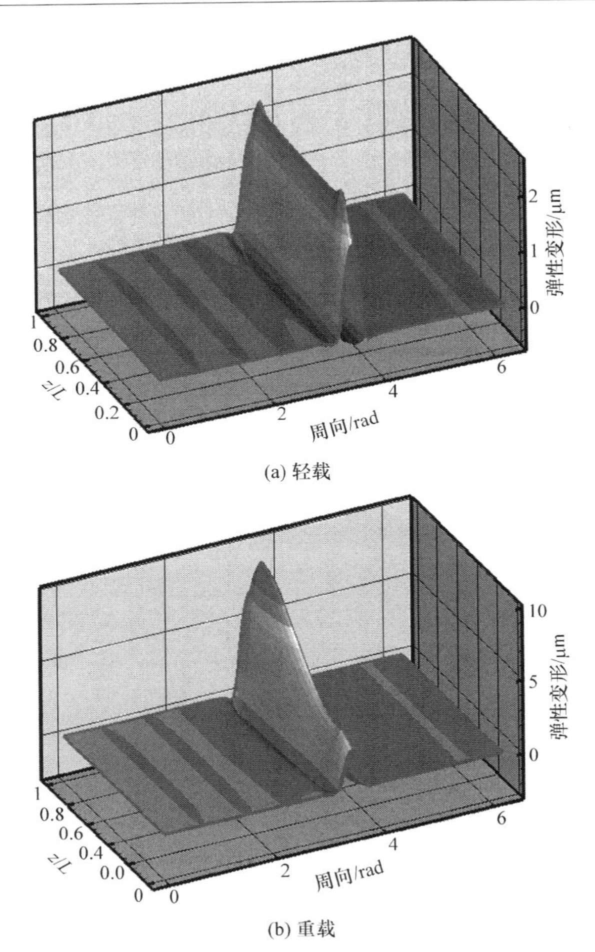

(a) 轻载

(b) 重载

图 5-29　橡胶衬层弹性变形分布

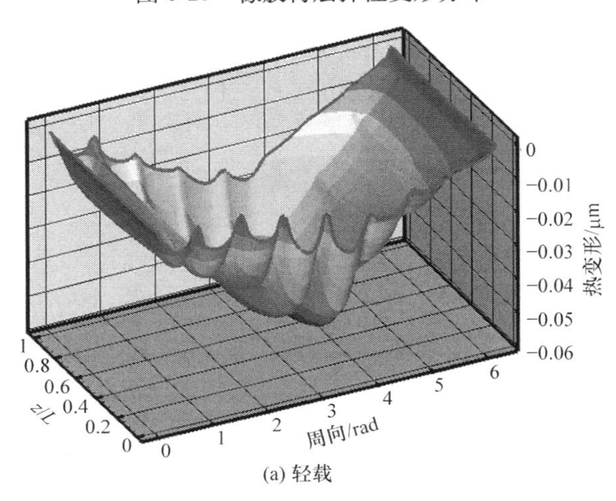

(a) 轻载

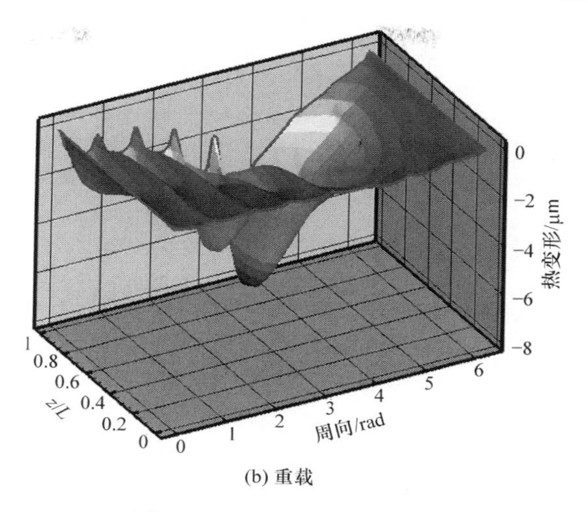

(b) 重载

图 5-30　橡胶衬层热变形分布

5.6.2　载荷对润滑性能的影响

图 5-31～图 5-34 分别给出了外载荷对水润滑橡胶轴承流固热耦合润滑特性的影响。图 5-31 给出了外载荷对接触载荷、动压载荷和最小膜厚的影响，可以看出，随着外载荷的增加，最小膜厚先急剧减小然后缓慢减小。当外载荷小于 500N 时，接触载荷非常小(几乎为 0)；当外载荷大于 870N 时，接触载荷随着外载荷的增加呈线性增长趋势。与接触载荷相反，当外载荷小于 870N 时，动压载荷随着外载荷的增加基本呈线性增长趋势，然后其增长趋势变缓。图 5-32 给出了橡胶衬层最大弹性变形与最大热变形随外载荷的变化曲线，由图可知，最大弹性变形随着外载荷

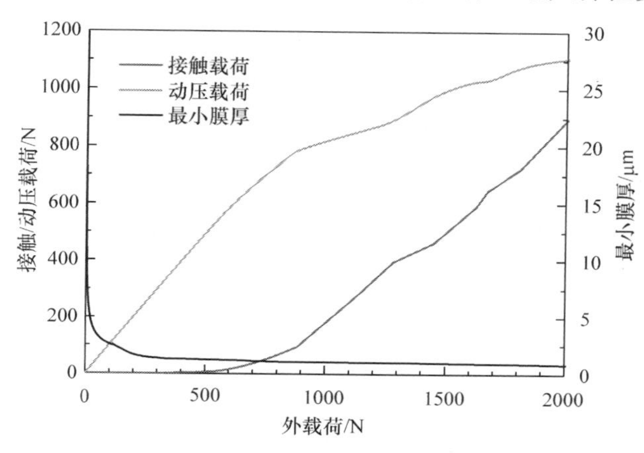

图 5-31　外载荷对接触载荷、动压载荷和最小膜厚的影响曲线

的增加而增加,基本呈线性变化。当外载荷小于 800N 时,温升引起的橡胶衬层最大热变形基本为 0,之后随着外载荷的增加而减小。

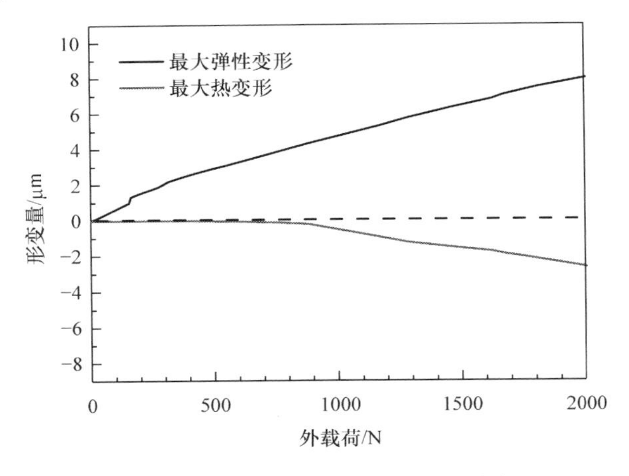

图 5-32　形变量与外载荷的关系分布

图 5-33 给出了外载荷对最大流体动压力、最大接触压力和最高温度的影响曲线,不难发现,最高温度与最大接触压力随外载荷的变化趋势非常相似,这一现象表明,水润滑橡胶轴承在运转过程中的温升主要由轴与橡胶衬层之间的摩擦生热引起。图 5-34 给出了水润滑橡胶轴承摩擦系数随外载荷的变化趋势,由图可知,摩擦系数的变化趋势与经典的 Stribeck 曲线基本一致,即当轴承转速和润滑介质的黏度为定值时,摩擦系数随着载荷的增加先降低后增加然后基本保持不变。本算例中,外载荷小于 500N 时可以认为水润滑橡胶轴承处于弹流润滑状态,之后转为混合润滑状态。

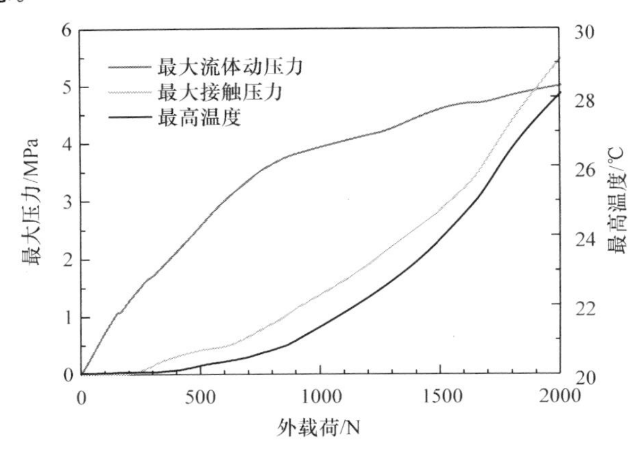

图 5-33　外载荷对最大流体动压力、最大接触压力和最高温度的影响曲线

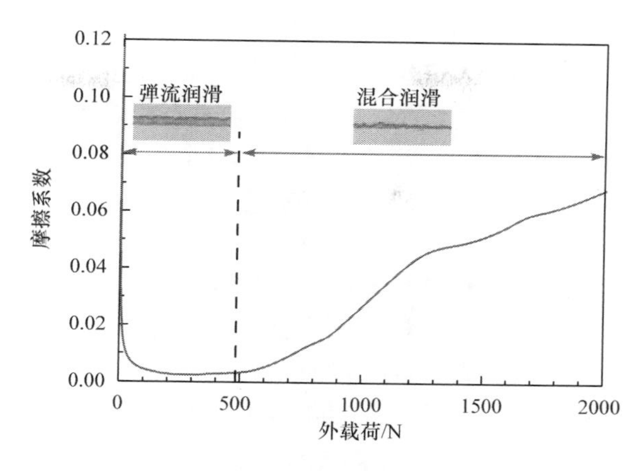

图 5-34　摩擦系数随外载荷的分布

5.6.3　转速对润滑性能的影响

图 5-35～图 5-38 给出了轴转速对水润滑橡胶轴承流固热耦合润滑特性的影响。图 5-35 给出了轴转速对接触载荷、动压载荷和最小膜厚的影响，可以看出，随着转速的增加，最小膜厚逐渐增大，动压载荷先迅速增加然后增长趋势趋于平缓，而接触载荷则随着转速的增加而减小。当轴转速为 100r/min 时，接触载荷高达 963N，起主要承载作用，说明此时的水润滑橡胶轴承处于混合润滑区的末端或边界润滑状态。当轴转速为 3000r/min 时，接触载荷仅为 1.2N，动压载荷高达 998.8N，据此可以判定此时的水润滑橡胶轴承基本处于混合润滑状态与全膜弹流润滑状态交界处。

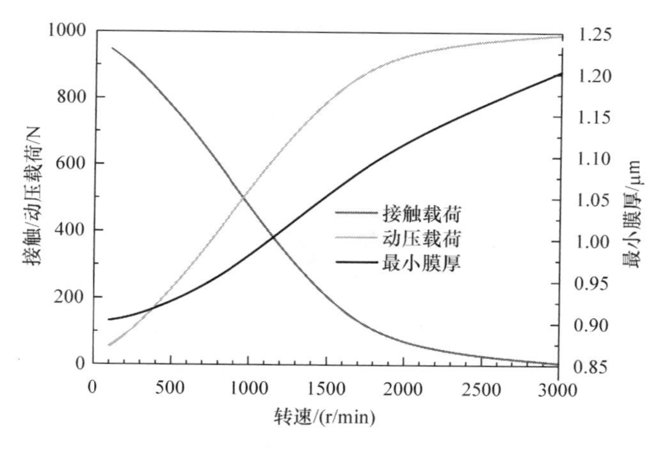

图 5-35　轴转速对接触载荷、动压载荷和最小膜厚的影响曲线

图 5-36 给出了最大弹性变形与最大热变形随转速的变化趋势，由图可知，随着转速的增加，橡胶衬层的最大弹性变形和最大热变形的变化趋势均为先缓慢增加再缓慢减小。最大弹性变形基本保持在 5μm 左右，结合图 5-32 可知橡胶衬层的弹性变形量与外载荷密切相关，转速对其的影响非常小。最大热变形则非常小(小于 1.8μm)，当转速大于 2000r/min 时基本为 0。图 5-37 给出了轴转速对最大流体动压力、最大接触压力和最高温度分布的影响曲线，由图可知，最大流体动压力、最大接触压力随转速的变化趋势与最大动压载荷和最大接触载荷的变化趋势相对应，最高温度的变化趋势与最热变形的变化趋势相似。值得注意的是，经前面分析，水润滑橡胶轴承的最主要热源为粗糙接触压力引起的摩擦生热，但接触载荷随着转速的增加而逐渐降低，而最高温度随转速的变化曲线在转速为 750r/min 左右时出现一个峰值。这是由于摩擦生热不仅与粗糙接触压力有关，还与接触界面间的相对运动速度相关。如果粗糙接触压力一定，接触界面间的相对运动速度越

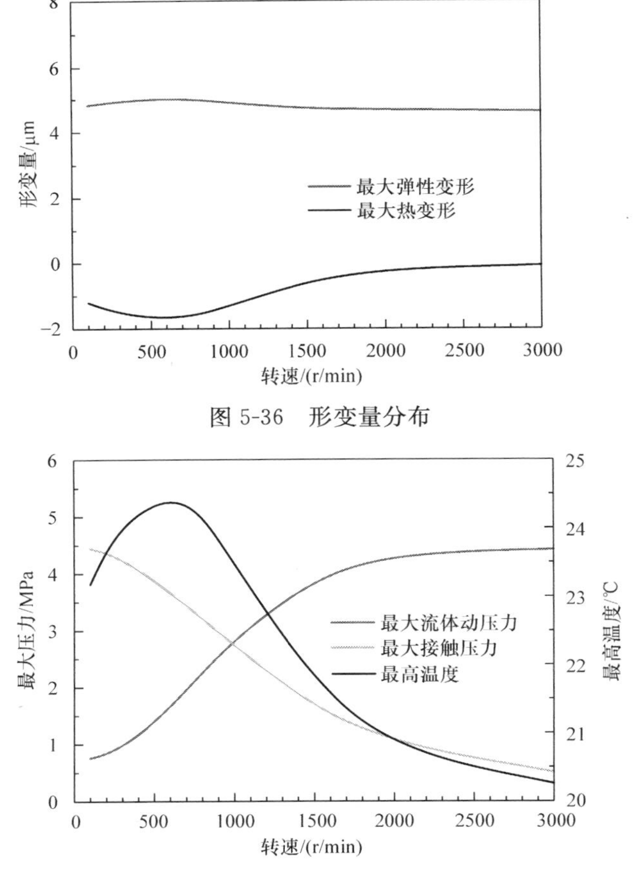

图 5-36　形变量分布

图 5-37　轴转速对最大流体动压力、最大接触压力和最高温度的影响曲线

大，摩擦生热越严重，如果接触界面间的相对运动速度一定，相对运动界面间的粗糙接触载荷越大，摩擦生热越严重。但在本算例中，随着转速的增加，相对运动界面间的粗糙接触载荷在减小，因此导致最高温度随转速的增加呈非线性变化。

图 5-38 给出的是摩擦系数随转速的变化趋势，由图可知，随着转速的增加，水润滑橡胶轴承的摩擦系数逐渐降低。因此，根据经典的 Stribeck 曲线可知，在 0～3000r/min 内，水润滑橡胶合金轴承均处于混合润滑状态。

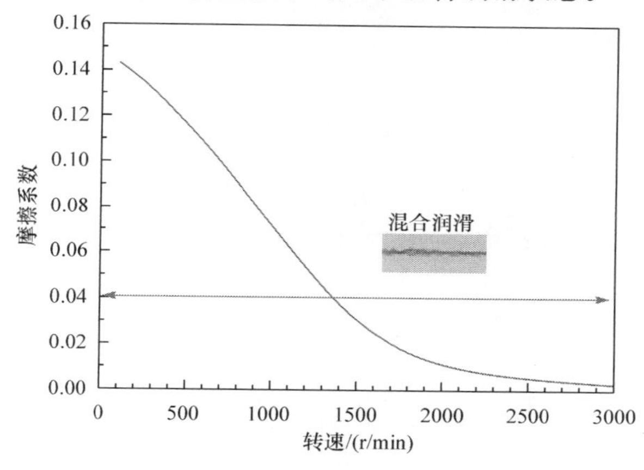

图 5-38　摩擦系数随轴转速的分布曲线

5.6.4　轴向倾斜度对润滑性能的影响

由螺旋桨、轴自重、安装误差等引起的轴向倾斜示意图如图 5-39 所示，如果轴向倾斜角 β 为 0.005°，则螺旋桨端由轴倾引起的水膜厚度变化量 $\Delta h \approx L \times \beta =$ 6.98μm，这个数值对于大偏心率(大于 1.0)下工作的水润滑橡胶轴承润滑性能的影响非常显著。图 5-40～图 5-43 给出了轴向倾斜度对水润滑橡胶轴承流固热耦合润滑特性的影响。由图 5-39～图 5-42 可以看出，极小的轴向倾斜会对水润滑橡胶轴承的流固热耦合润滑性产生极大的影响，这是由于极小的轴承倾斜度就会引起水膜厚度的显著变化。

图 5-40 给出了接触载荷、动压载荷和最小膜厚随轴向倾斜度的变化曲线，由图可知，随着轴向倾斜度的增加，最小膜厚总体呈下降趋势，而动压载荷先增加后减小，接触载荷的变化趋势则与动压载荷完全相反。结合图 5-43 可以得出轻度的轴向倾斜能够改善水润滑橡胶轴承的润滑性能的结论，而文献[35]研究表明，轴向倾斜会使滑动轴承的润滑性能变差。经分析，本算例中的轻度轴向倾斜可使水润滑橡胶轴承的润滑性能变好，这是因为当轴沿轴向发生倾斜后，在承载区，轴向供水水流会从楔形发散区流入楔形收敛区，这样供水水流也会产生一定的流体动压

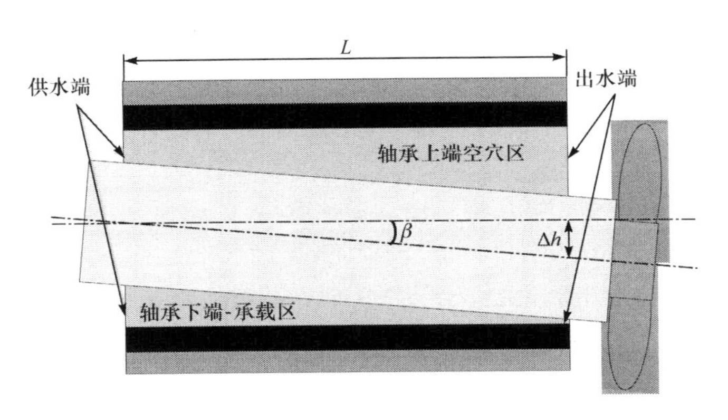

图 5-39 轴向倾斜示意图

力,从而改善润滑效果。随着轴向倾斜度的继续增大,供水水流产生的动压力不足以弥补因轴向倾斜减弱的动压力时,润滑性能就会随着轴向倾斜度的增大而变差。本算例中,最佳轴向倾斜度约为 0.003°。由图 5-41 可知,橡胶衬层的最大弹性变形和最大热变形没有像动压载荷和接触载荷那样随着轴向倾斜度的增加而出现峰值,而是单调增加。这是因为,随着轴向倾斜度的增加,最小膜厚区域逐渐变小,主要集中于轴承出水端很小的区域,这部分区域的局部润滑状况会变得非常差,局部流体动压力和接触压力会显著增大(图 5-42),局部温度明显升高,从而使得此区域的最大弹性变形和最大热变形显著增加。

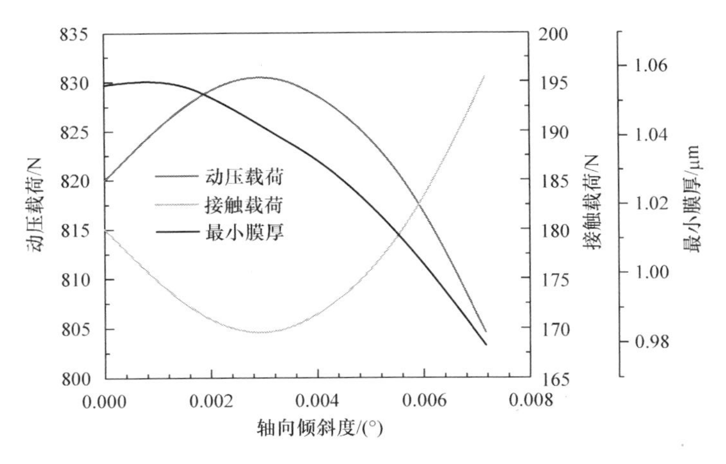

图 5-40 轴向倾斜度对接触载荷、动压载荷和最小膜厚的影响关系

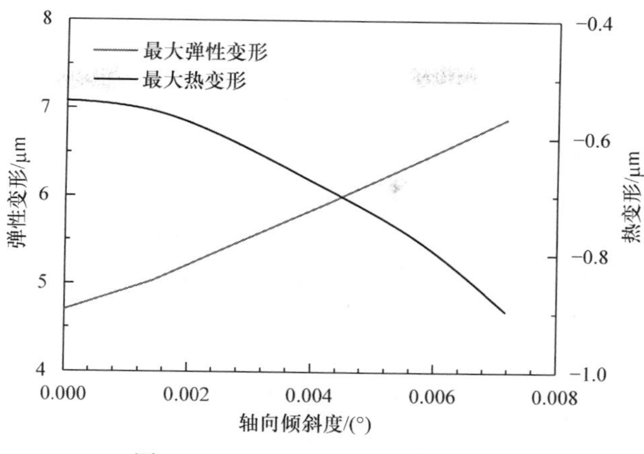

图 5-41　变形与轴向倾斜度的关系

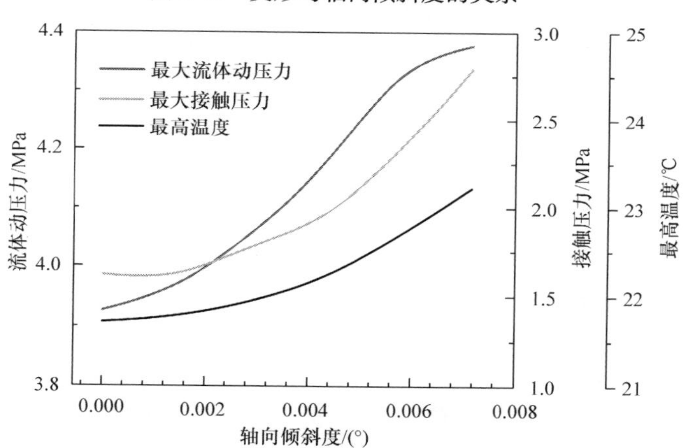

图 5-42　轴向倾斜度对最大流体动压力、最大接触压力和最高温度的影响曲线

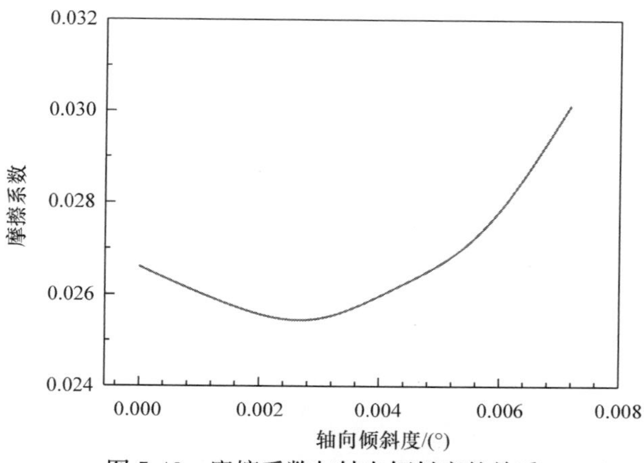

图 5-43　摩擦系数与轴向倾斜度的关系

5.6.5　沟槽数量对润滑性能的影响

图 5-44～图 5-47 给出了沟槽数量对水润滑橡胶合金轴承润滑性能的影响。由图可知，随着沟槽数量的增加，最高温度和最大热变形量先缓慢减小后增大，表明沟槽数量使单位时间内沿轴向流过轴承的水流量增加，从而有效地带走大量的热量。但是，像水润滑橡胶轴承这样的深沟槽会破坏动压润滑水膜的形成，沟槽数量的增加，会严重影响高压动压润滑水膜的形成，从而使得润滑性能降低。因此，随着沟槽数量的增加，动压载荷下降，接触载荷增加，摩擦系数上升。但沟槽的存在不仅可以带走大量的热量，还能起到排沙和海生物的作用。因此，对于本书的水润滑橡胶轴承结构尺寸，最佳沟槽数量为 6～8 个。

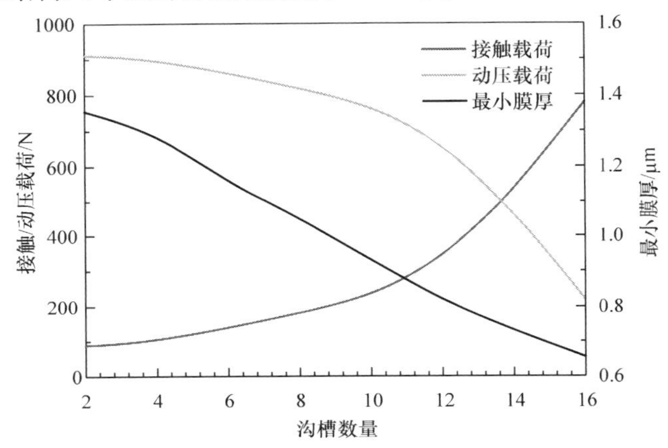

图 5-44　沟槽数量对接触载荷、动压载荷和最小膜厚的影响曲线

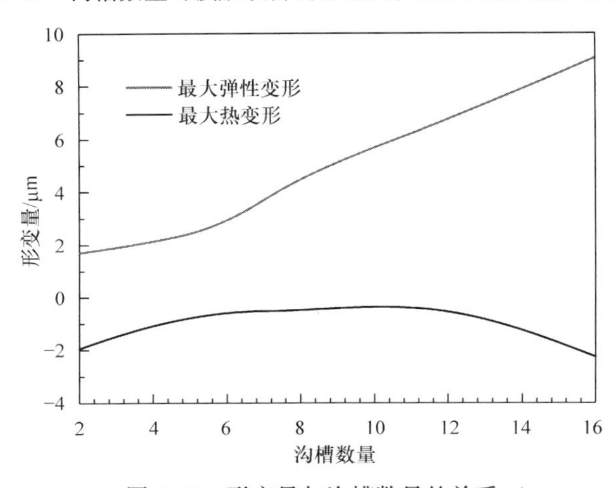

图 5-45　形变量与沟槽数量的关系

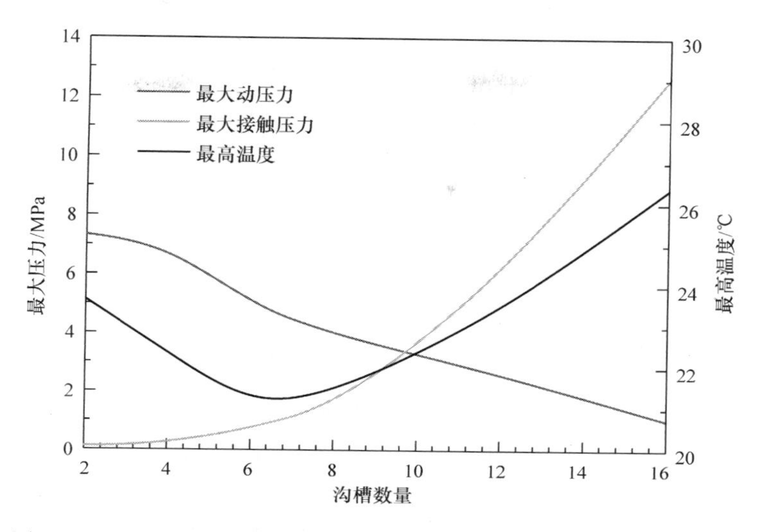

图 5-46　沟槽数量对最大动压力、最大接触压力和最高温度的影响曲线

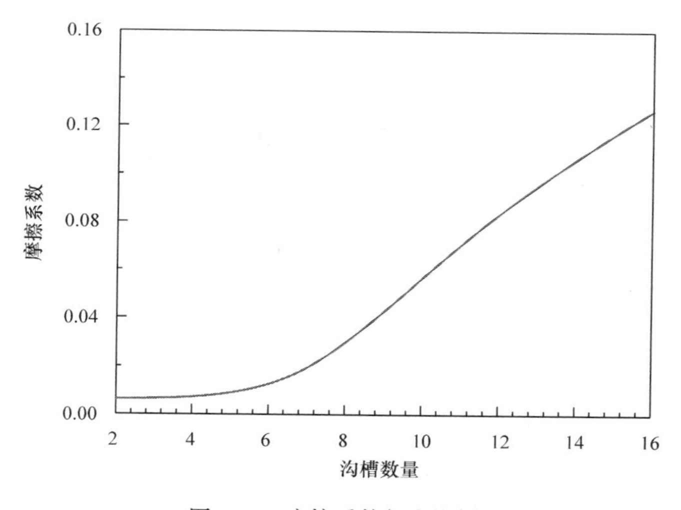

图 5-47　摩擦系数与沟槽数量的关系

5.6.6　沟槽宽度对润滑性能的影响

图 5-48～图 5-51 给出了沟槽宽度对水润滑橡胶轴承润滑性能的影响。由图可知，沟槽宽度对水润滑橡胶轴承润滑性能的影响与沟槽数量相似，仅仅是数值变化上有所不同。对于本书的水润滑橡胶轴承结构尺寸，最佳沟槽宽度为 1.5mm 左右。

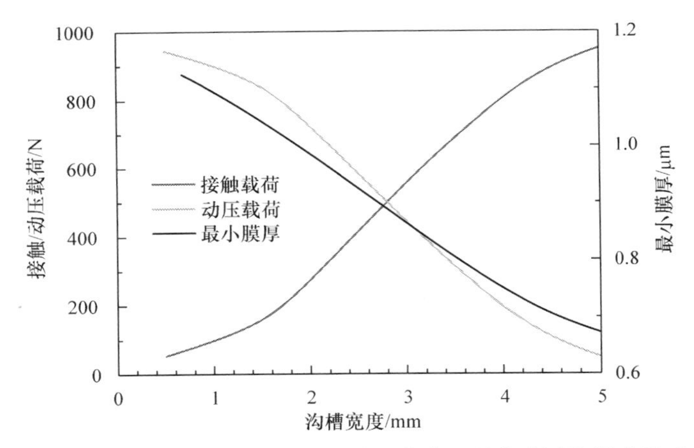

图 5-48　沟槽宽度对接触载荷、动压载荷和最小膜厚的影响关系

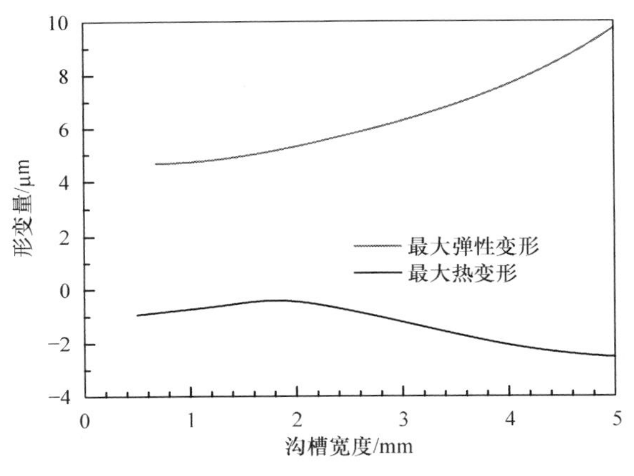

图 5-49　形变量与沟槽宽度的关系

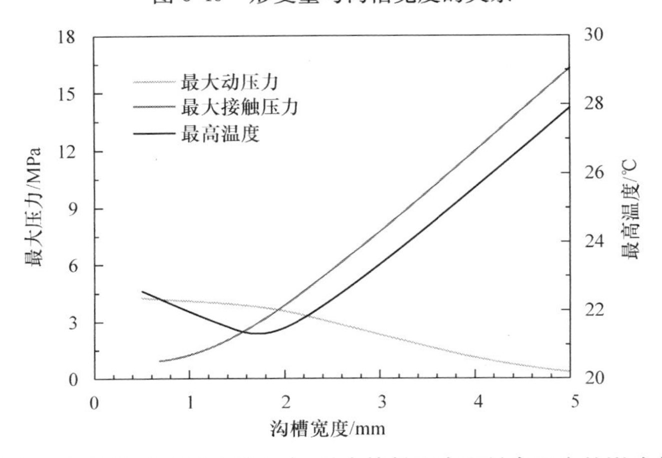

图 5-50　沟槽宽度对最大动压力、最大接触压力和最高温度的影响曲线

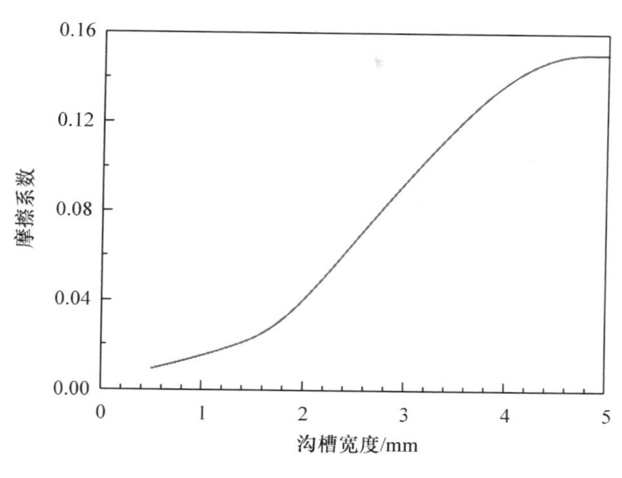

图 5-51 摩擦系数与沟槽宽度的关系

5.6.7 橡胶弹性模量对润滑性能的影响

图 5-52～图 5-55 研究了外载荷为 1000N、转速为 1500r/min、水流供给速度为 1.0m/s、轴承间隙为 0.3mm 时，橡胶衬层弹性模量对水润滑橡胶合金轴承润滑性能的影响。由图 5-52 可以看出，橡胶衬层弹性模量的增加会引起最小膜厚逐渐减小。逐渐减小的最小膜厚必然会引起最大水膜动压力和最大粗糙界面接触压力，但最大接触压力的增幅明显大于最大动压力的增幅(图 5-54)，致使随着橡胶衬层弹性模量的增加，接触载荷逐渐增大，而动压载荷逐渐减小，如图 5-52 所示。此外，随着橡胶弹性模量的增加，显著增大的粗糙接触载荷必然会引起显著的温升，使摩擦系数逐渐增大。对于水润滑橡胶轴承，由于水的黏度非常低，无法形成有效的弹流润滑膜，此时较软的橡胶衬层能够通过自身此起彼伏的形变，形成一些局部弹流润滑水膜，从而有效地改善水润滑橡胶轴承的润滑性能。因此，仅从润滑性能角度分析，在一定范围内，橡胶衬层的弹性模量越小越好。但较小的弹性模量会使橡胶衬层的形变量增大(图 5-53)，这会导致轴产生较大的径向位移而影响回转精度。因此，建议根据水润滑橡胶轴承的应用场合，综合考虑轴心回转精度、振动噪声等因素，尽量选择弹性模量较小的橡胶衬层，根据工程经验，橡胶衬层的弹性模量选取 15MPa 左右为宜。

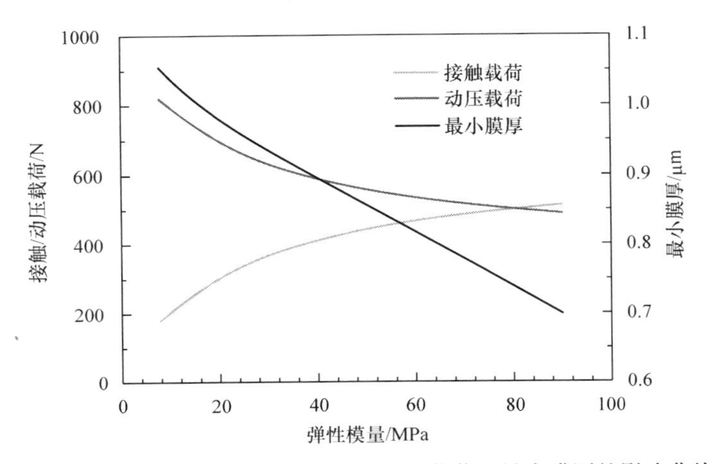

图 5-52　橡胶弹性模量对接触载荷、动压载荷和最小膜厚的影响曲线

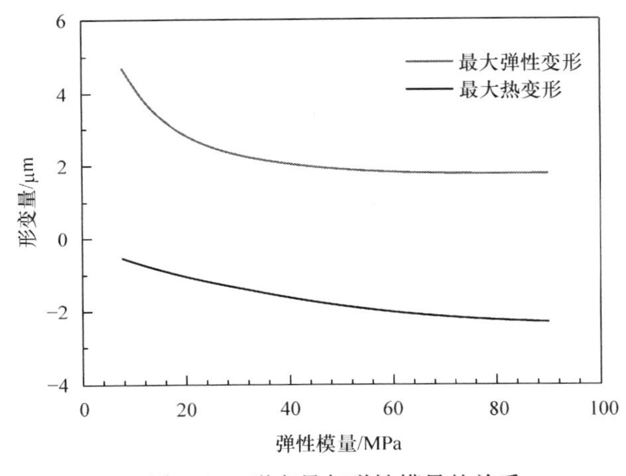

图 5-53　形变量与弹性模量的关系

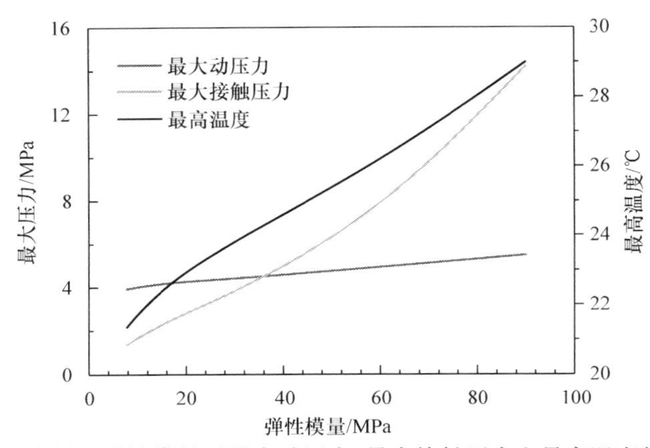

图 5-54　橡胶衬层弹性模量对最大动压力、最大接触压力和最高温度的影响曲线

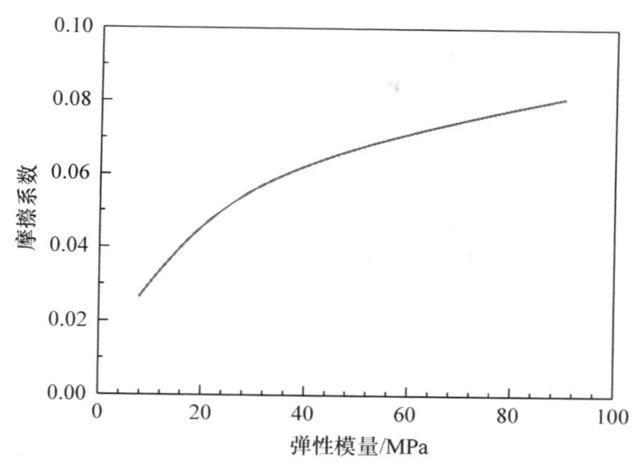

图 5-55　摩擦系数与弹性模量的关系

5.6.8　橡胶衬层厚度对润滑性能的影响

图 5-56～图 5-59 研究了外载荷为 1000N、转速为 1500r/min、水流供给速度为 1.0m/s、轴承间隙为 0.3mm 时，橡胶衬层厚度对水润滑橡胶合金轴承润滑性能的影响。图 5-56 表明，随着橡胶衬层厚度的增加，动压载荷和最小膜厚的变化趋势相似，均先增大再减小，不同的是动压载荷降低的幅度非常小，而接触载荷的变化趋势则与动压载荷的变化趋势相反。最大弹性变形和最大热变形均随着橡胶衬层厚度的增加而逐渐增大(图 5-57)，这种现象与弹性变形理论和热变形理论相吻合。从图 5-58 和图 5-59 可以看出，橡胶衬层厚度为 2.8mm 时最大接触压力最小，随着橡胶衬层厚度的增加，最大流体动压力在逐渐减小，最高温度基本保持不变，摩擦系数先减小后缓慢增大。综合图 5-56～图 5-59，对于本书研究的水润滑橡胶轴承结构尺寸和工况，最优橡胶衬层厚度为 3.0mm。

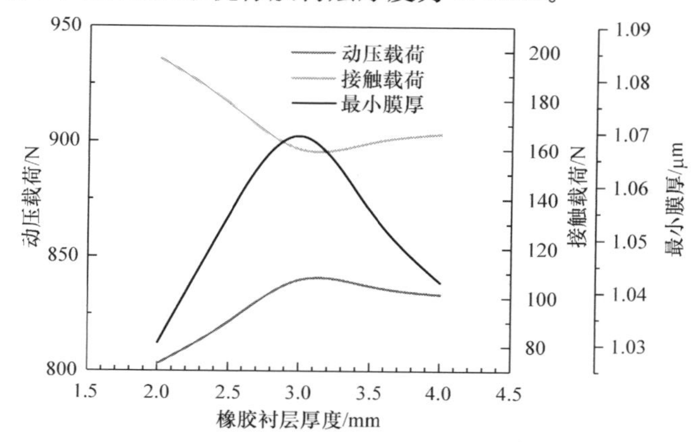

图 5-56　橡胶衬层厚度对接触载荷、动压载荷和最小膜厚的影响曲线

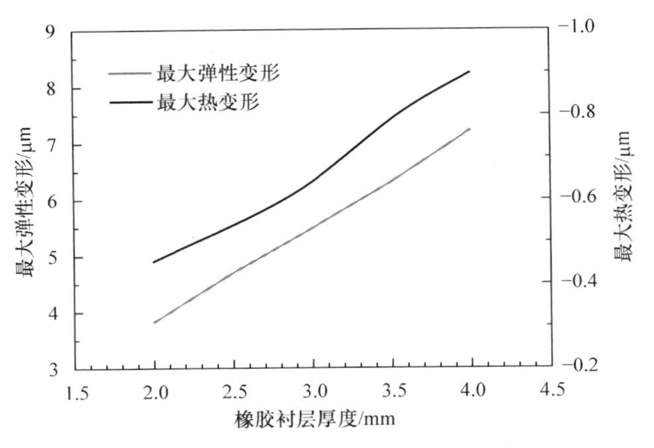

图 5-57　形变量与橡胶衬层厚度的关系

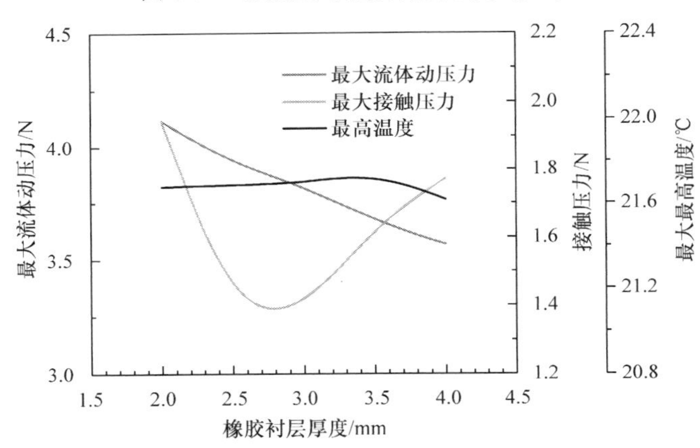

图 5-58　橡胶衬层厚度对最大流体动压力、最大接触压力和最高温度的影响曲线

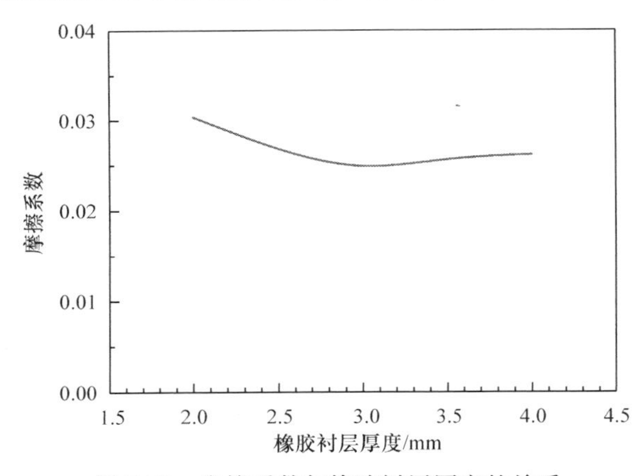

图 5-59　摩擦系数与橡胶衬层厚度的关系

参 考 文 献

[1] Patir N, Cheng H S. An average flow model for determining effects of three-dimensional roughness on partial hydrodynamic lubrication[J]. Journal of Lubrication Technology, 1978, 100(1): 12-17.

[2] Patir N, Cheng H S. Effect of surface roughness orientation on the central film thickness in EHD contacts[C]. Proceedings—Society of Photo-Optical Instrumentation Engineers, 1979: 15-21.

[3] Peklenik J. New development in surface characterization and measurement by means of radom process analysis[J]. Proceedings of the Institution of Mechanical Engineers, 1967, 182(3K): 108-126.

[4] Shi F. A mixed-thermal elastohydrodynamic lubrication modeling and analysis for journal-bearing conformal contact[D]. Miami: Florida International University, 1996.

[5] Lee S C, Ren N. Behavior of elastic-plastic rough surface contacts as affected by the surface topography, load, and material hardness[J]. Tribology Transactions, 1996, 39: 67-74.

[6] Shi F H, Wang Q J. A mixed-TEHD model for journal-bearing conformal contacts. Part I: Model formulation and approximation of heat transfer considering asperity contact[J]. Journal of Tribology, 1998, 120(2): 198-205.

[7] Wang Q J, Shi F H, Lee S C. A mixed-TEHD model for journal-bearing conformal contact. Part II: Contact, film thickness, and performance analyses[J]. Journal of Tribology, 1998, 120 (2): 206-213.

[8] Wang Q J, Shi F H, Lee S C. A mixed-lubrication study of journal bearing conformal contacts [J]. Journal of Tribology, 1997, 119(3): 456-461.

[9] Wang Y S, Zhang C, Wang Q J, et al. A mixed-TEHD analysis and experiment of journal bearings under severe operating conditions[J]. Tribology International, 2002, 35(6): 395-407.

[10] Wang Y S, Wang Q J, Lin C. Mixed lubrication of coupled journal-thrust bearing systems [J]. Computer Modeling in Engineering and Sciences, 2002, 3(4): 517-530.

[11] Wang Y S, Wang Q J, Lin C, et al. Development of a set of Stribeck curves for conformal contacts of rough surfaces[J]. Tribology Transactions, 2006, 49(4): 526-535.

[12] 周广武，王家序，王战江，等. 多沟槽水润滑橡胶合金轴承润滑特性研究[J]. 摩擦学学报，2013, 33(6): 630-637.

[13] 周广武. 水润滑橡胶合金轴承混合润滑分析与动力学性能优化[D]. 重庆：重庆大学博士学位论文，2013.

[14] Han Y, Xiong S, Wang J, et al. A new singularity treatment approach for journal-bearing mixed lubrication modeled by the finite difference method with a herringbone mesh[J]. Journal of Tribology, 2016, 138(1): 011704.

[15] Xiong S. Simulation of mixed lubrication of rigid plain journal bearing by finite difference method with a skewed discretisation mesh[J]. International Journal of Surface Science and Engineering,2016,10(2):116-146.
[16] 韩彦峰. 水润滑橡胶轴承多场多因素耦合分析与润滑界面改性研究[D]. 重庆:重庆大学博士学位论文,2015.
[17] Jang G H,Chang D I. Analysis of a hydrodynamic herringbone grooved journal bearing considering cavitation[J]. Journal of Tribology,1999,122(1):103-109.
[18] Vijayaraghavan D,Keith T G. Grid transformation and adaption techniques applied in the analysis of cavitated journal bearings[J]. Journal of Tribology,1990,112(1):52-59.
[19] Zirkelback N,San A L. Finite element analysis of herringbone groove journal bearings:A parametric study[J]. Journal of Tribology,1998,120(2):234-240.
[20] Wu J K,Li A F,Lee T S,et al. Operator-splitting method for the analysis of cavitation in liquid-lubricated herringbone grooved journal bearings[J]. International Journal of Numerical Methods in Fluids,2004,44:765-775.
[21] Chao P C P,Huang J S. Calculating rotordynamic coefficients of a ferrofluid-lubricated and herringbone-grooved journal bearing via finite difference analysis[J]. Tribology Letters,2005,19(2):99-109.
[22] 金跃. 基于 OpenMP 的热点级猜测并行化编译研究[D]. 杭州:浙江大学硕士学位论文,2015.
[23] Wang N,Chang S H. Parallel iterative solution schemes for the analysis of air foil bearings[J]. Journal of Mechanics,2012,28(3):413-422.
[24] Chan C W,Han Y F,Wang Z J,et al. Exploration on a fast EHL computing technology for analyzing journal bearings with engineered surface textures[J]. Tribology Transactions,2014,57(2):206-215.
[25] Han Y F,Chan C W,Wang Z J,et al. Effects of shaft axial motion and misalignment on the lubrication performance of journal bearings via a fast mixed EHL computing technology[J]. Tribology Transactions,2015,58(2):247-259.
[26] 韩彦峰,王家序,周广武,等. 滑动轴承混合润滑多线程并行计算数值方法[J]. 华中科技大学学报(自然科学版),2016,44(6):7-12.
[27] 张直明. 滑动轴承的流体动力润滑理论[M]. 北京:高等教育出版社,1986.
[28] 黄平,温诗铸. 多重网格法求解线接触弹流问题[J]. 清华大学学报(自然科学版),1992,(5):26-34.
[29] 黄平. 弹性流体动压润滑数值计算方法[M]. 北京:清华大学出版社,2013.
[30] 余江波. 高性能水润滑轴承摩擦学性能研究[D]. 重庆:重庆大学博士学位论文,2006.
[31] Pu W,Wang J X,Zhu D. Progressive mesh densification method for numerical solution of mixed elastohydrodynamic lubrication[J]. Journal of Tribology,2016,138(2):021502.

[32] 蒲伟,王家序,周广武,等. 卷吸速度方向与椭圆短轴成一夹角的弹流润滑渐近网格加密算法[J]. 西安交通大学学报,2014,48(9):95-100.

[33] Xiong S,Wang Q J. Steady-state hydrodynamic lubrication modeled with the Payvar-Salant mass conservation model[J]. Journal of Tribology,2012,134(3):031703.

[34] Payvar P,Salant R F. A computational method for cavitation in a wavy mechanical seal[J]. Journal of Tribology,1992,114(1):199-204.

[35] Wang Y S,Zhang C,Wang Q J,et al. A mixed-TEHD analysis and experiment of journal bearings under severe operating Conditions[J]. Tribology International,2002,35(6):395-407.

第6章　水润滑橡胶轴承的动态特性分析方法

在水润滑橡胶轴承工作中，水膜不仅起着承受载荷、减小摩擦、降低磨损的作用，而且从动力学角度来看，它是影响轴承转子系统动力学特性的重要组成部分。水膜的动力特性对整个轴承转子系统的动态特性有着重要影响。水膜还会影响轴承转子系统的稳定性，以及转子不平衡引起的自激振动等。这些问题中，水膜通常起着弹簧和阻尼的作用。当轴心振幅较小时，可采用线性化分析方法得到8个水膜刚度和阻尼系数。当轴颈在轴承中出现的振幅较大时，必须如实地考虑水膜的非线性力学特性。本章研究线性化的水膜刚度和阻尼，并且讨论不同载荷、速度以及润滑结构对水润滑橡胶轴承动力学特性的影响[1,2]。

6.1　动载荷下的水膜刚度和阻尼系数计算方法

6.1.1　不定常雷诺方程

水膜的动力学特性反映出轴颈偏离了静平衡位置并在该位置附近做变位运动时水膜承载力的相应变化情况[3]。

对于层流的不可压缩流体，其等温条件下的雷诺方程为

$$\frac{\partial}{\partial x}\left(\frac{\rho h^3}{12\eta}\frac{\partial p}{\partial x}\right)+\frac{\partial}{\partial z}\left(\frac{\rho h^3}{12\eta}\frac{\partial p}{\partial z}\right)=\frac{1}{2}(u_1+u_2)\frac{\partial(\rho h)}{\partial x}+\frac{\partial(\rho h)}{\partial t} \tag{6-1}$$

考虑到水的黏度η和密度ρ不随压力和温度变化，为常数，故将轴承固定，即$u_2=0$。式(6-1)可简化为

$$\frac{\partial}{\partial x}\left(h^3\frac{\partial p}{\partial x}\right)+\frac{\partial}{\partial z}\left(h^3\frac{\partial p}{\partial z}\right)=6\eta u_1\frac{\partial h}{\partial x}+12\eta\frac{\partial h}{\partial t} \tag{6-2}$$

令$\omega=\dfrac{u_1}{R}$，$C=R_2-R_1$，选取无量纲参数为$\theta=\dfrac{x}{R}$，$Z=\dfrac{z}{L/2}$，$T=\omega_j t$，$H=\dfrac{h}{C}$，$P=\dfrac{p}{p_s}$，则无量纲雷诺方程为

$$\frac{\partial}{\partial\theta}\left(H^3\frac{\partial P}{\partial\theta}\right)+\left(\frac{D}{L}\right)^2\frac{\partial}{\partial Z}\left(H^3\frac{\partial P}{\partial Z}\right)=\frac{\Lambda}{2}\frac{\partial H}{\partial\theta}+\Lambda\frac{\omega_j}{\omega}\frac{\partial H}{\partial T} \tag{6-3}$$

式中

$$\Lambda=\frac{12\eta\omega}{p_s}\left(\frac{R}{C}\right)^2$$

6.1.2 膜厚方程

如图 6-1 所示，考虑橡胶弹性变形的膜厚方程可由式(6-4)表示：

$$h(\theta,z,t)=h_{g}(\theta,z,t)+v(\theta,z,t) \tag{6-4}$$

式中，$h_{g}(\theta,z,t)$为几何方程，表示初始间隙；$v(\theta,z,t)$为两接触表面的总弹性变形量。

无量纲膜厚方程为

$$H(\theta,z,t)=H_{g}(\theta,z,t)+V(\theta,z,t) \tag{6-5}$$

水润滑橡胶轴承的几何方程可表示为

$$h_{g}(\theta,z,t)=C+e\cos(\theta-\psi_{0})+\Delta h_{ij},\quad i=1,\cdots,n;j=1,\cdots,5 \tag{6-6}$$

无量纲几何方程为

$$H_{g}(\theta,Z,t)=1+\varepsilon\cos(\theta-\psi_{0})+\frac{\Delta h_{ij}}{C},\quad i=1,\cdots,n;j=1,\cdots,5 \tag{6-7}$$

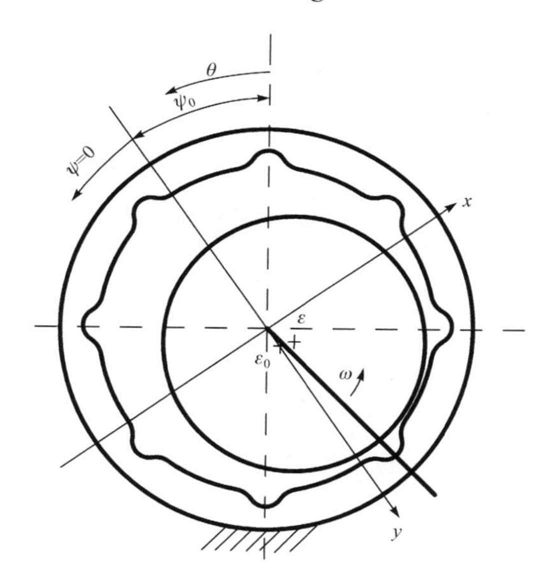

图 6-1　水润滑橡胶轴承简图

6.1.3 弹性变形方程

由弹性力学可知，点接触表面弹性变形实际上是求解半无限体表面任意分布压力下的变形。在弹流润滑中，由于水膜压力的作用，两个表面的法线位移之和即总弹性变形量。

$$v(x,z,t)=\frac{2}{\pi E'}\iint_{A}\frac{p(\xi,\zeta,t)}{\sqrt{(x-\xi)^{2}+(z-\zeta)^{2}}}\mathrm{d}\xi\mathrm{d}\zeta \tag{6-8}$$

式中，E'为两接触表面的当量弹性模量，有

$$\frac{1}{E'}=\frac{1}{2}\left(\frac{1-\upsilon_1^2}{E_1}+\frac{1-\upsilon_2^2}{E_2}\right) \tag{6-9}$$

选取无量纲参数 $\bar{\xi}=\dfrac{\xi}{R}$，$\bar{\zeta}=\dfrac{\zeta}{L}$，则无量纲弹性变形方程为

$$V(\theta,Z,\bar{t}) = \frac{Lp_s}{\pi CE'}\iint_A \frac{P(\bar{\xi},\bar{\zeta},\bar{t})}{\sqrt{(\theta-\bar{\xi})^2+(2L/R)^2\ (Z-\bar{\zeta})^2}}\mathrm{d}\bar{\xi}\mathrm{d}\bar{\zeta} \tag{6-10}$$

6.1.4 动态刚度和阻尼

轴颈在任意时刻的轴心位置由偏心率 ε 和偏位角 ψ 确定[4]。轴颈静平衡位置为(ε_0,ψ_0)，假设轴颈绕静态平衡位置有周期性微小扰动 E 和 Ψ，那么动态过程中任意时刻轴颈的位置为

$$\begin{cases}\varepsilon=\varepsilon_0+E=\varepsilon_0+E_0\mathrm{e}^{it}\\ \psi=\psi_0+\Psi=\psi_0+\Psi_0\mathrm{e}^{it}\end{cases} \tag{6-11}$$

式中，E_0 和 Ψ_0 分别为定义在复数范围内的扰动偏心率和偏位角幅值。

在微小扰动情况下，设动态水膜压力和水膜厚度为

$$P=P_0+Q_0\mathrm{e}^{it} \tag{6-12}$$

$$H=H_0+\widetilde{H}_0\mathrm{e}^{it} \tag{6-13}$$

将式(6-12)和式(6-13)代入式(6-3)且略去高阶项后，得

$$\frac{\partial}{\partial\theta}\left(H^3\frac{\partial P}{\partial\theta}\right)=\frac{\partial}{\partial\theta}\left[H_0^3\frac{\partial P_0}{\partial\theta}+\left(3H_0^2\widetilde{H}_0\frac{\partial P_0}{\partial\theta}+H_0^3\frac{\partial Q_0}{\partial\theta}\right)\mathrm{e}^{it}\right] \tag{6-14}$$

$$\left(\frac{D}{L}\right)^2\frac{\partial}{\partial Z}\left(H^3\frac{\partial P}{\partial Z}\right)=\left(\frac{D}{L}\right)^2\frac{\partial}{\partial Z}\left[H_0^3\frac{\partial P_0}{\partial Z}+\left(3H_0^2\widetilde{H}_0\frac{\partial P_0}{\partial Z}+H_0^3\frac{\partial Q_0}{\partial Z}\right)\mathrm{e}^{it}\right] \tag{6-15}$$

$$\frac{\Lambda}{2}\frac{\partial H}{\partial\theta}=\frac{\Lambda}{2}\left(\frac{\partial H_0}{\partial\theta}+\frac{\partial\widetilde{H}_0}{\partial\theta}\mathrm{e}^{it}\right) \tag{6-16}$$

$$\Lambda\frac{\omega_j}{\omega}\frac{\partial H}{\partial T}=\mathrm{i}\Lambda\frac{\omega_j}{\omega}\widetilde{H}_0\mathrm{e}^{it} \tag{6-17}$$

静态雷诺方程为

$$\frac{\partial}{\partial\theta}\left(H_0^3\frac{\partial P_0}{\partial\theta}\right)+\left(\frac{D}{L}\right)^2\frac{\partial}{\partial Z}\left(H_0^3\frac{\partial P_0}{\partial Z}\right)=\frac{\Lambda}{2}\frac{\partial H_0}{\partial\theta} \tag{6-18}$$

动态雷诺方程为

$$\begin{aligned}&\frac{\partial}{\partial\theta}\left(H_0^3\frac{\partial Q_0}{\partial\theta}\right)+\left(\frac{D}{L}\right)^2\frac{\partial}{\partial Z}\left(H_0^3\frac{\partial Q_0}{\partial Z}\right)+\frac{\partial}{\partial\theta}\left(3H_0^2\widetilde{H}_0\frac{\partial P_0}{\partial\theta}\right)\\&+\left(\frac{D}{L}\right)^2\frac{\partial}{\partial Z}\left(3H_0^2\widetilde{H}_0\frac{\partial P_0}{\partial Z}\right)=\frac{\Lambda}{2}\frac{\partial\widetilde{H}_0}{\partial\theta}+\mathrm{i}\Lambda\frac{\omega_j}{\omega}\widetilde{H}_0\end{aligned} \tag{6-19}$$

上述方程中，P_0 和 H_0 是静态已知量，而动态水膜压力 Q_0 和水膜厚度 $\widetilde{H}_0$ 为由扰动引起的待求复变量，它们均为扰动量 E 和 Ψ 的函数。

在动态时，水膜厚度的增量为

$$\widetilde{H}_0 = H_{gd0} + V_{d0} \tag{6-20}$$

式中，由于轴颈扰动所引起的动态几何间隙增量 H_{gd0} 为

$$H_{gd0} = E_0 \cos(\theta - \psi_0) + \varepsilon_0 \Psi_0 \sin(\theta - \psi_0) \tag{6-21}$$

而在动态时由于力扰动所引起的橡胶动态弹性变形 V_{d0} 为

$$V_{d0}(\theta, Z, \bar{t}) = \frac{Lp_s}{\pi CE'} \iint_A \frac{Q_0(\bar{\xi}, \bar{\zeta}, \bar{t})}{\sqrt{(\theta - \bar{\xi})^2 + (2L/R)^2 (Z - \bar{\zeta})^2}} \mathrm{d}\bar{\xi}\mathrm{d}\bar{\zeta} \tag{6-22}$$

在动态雷诺方程中，隐含了扰动量 E_0 和 Ψ_0，为了求得水润滑橡胶轴承水膜刚度和阻尼，采用偏导数法，令

$$Q_E = \frac{\partial Q_0}{\partial E_0}, \quad Q_\theta = \frac{1}{\varepsilon_0} \frac{\partial Q_0}{\partial \Psi_0}, \quad H_E = \frac{\partial \widetilde{H}_0}{\partial E_0}, \quad H_\theta = \frac{1}{\varepsilon_0} \frac{\partial \widetilde{H}_0}{\partial \Psi_0}$$

动态雷诺方程(6-19)对 E_0 求偏导，得

$$\frac{\partial}{\partial \theta}\left(H_0^3 \frac{\partial Q_E}{\partial \theta}\right) + \left(\frac{D}{L}\right)^2 \frac{\partial}{\partial Z}\left(H_0^3 \frac{\partial Q_E}{\partial Z}\right) + \frac{\partial}{\partial \theta}\left(3H_0^2 H_E \frac{\partial P_0}{\partial \theta}\right) + \left(\frac{D}{L}\right)^2 \frac{\partial}{\partial Z}\left(3H_0^2 H_E \frac{\partial P_0}{\partial Z}\right)$$
$$= \frac{\Lambda}{2} \frac{\partial H_E}{\partial \theta} + \mathrm{i}\Lambda \frac{\omega_j}{\omega} H_E \tag{6-23}$$

将式(6-23)代入静态雷诺方程(6-18)，进一步化简得

$$\frac{\partial}{\partial \theta}\left(H_0^3 \frac{\partial Q_E}{\partial \theta}\right) + \left(\frac{D}{L}\right)^2 \frac{\partial}{\partial Z}\left(H_0^3 \frac{\partial Q_E}{\partial Z}\right) + 3H_0^3 \frac{\partial P_0}{\partial \theta} \frac{\partial}{\partial \theta}\left(\frac{H_E}{H_0}\right) + \frac{3\Lambda}{2} \frac{H_E}{H_0} \frac{\partial H_0}{\partial \theta}$$
$$= \frac{\Lambda}{2} \frac{\partial H_E}{\partial \theta} + \mathrm{i}\Lambda \frac{\omega_j}{\omega} H_E \tag{6-24}$$

$$H_E = \cos(\theta - \psi_0) + \frac{Lp_s}{\pi CE'} \iint_A \frac{Q_E(\bar{\xi}, \bar{\zeta}, \bar{t})}{\sqrt{(\theta - \bar{\xi})^2 + (2L/R)^2 (Z - \bar{\zeta})^2}} \mathrm{d}\bar{\xi}\mathrm{d}\bar{\zeta} \tag{6-25}$$

联立方程(6-24)和方程(6-25)可得 Q_E。

同理，动态雷诺方程(6-20)对 Ψ_0 求偏导，得

$$\frac{\partial}{\partial \theta}\left(H_0^3 \frac{\partial Q_\theta}{\partial \theta}\right) + \left(\frac{D}{L}\right)^2 \frac{\partial}{\partial Z}\left(H_0^3 \frac{\partial Q_\theta}{\partial Z}\right) + 3H_0^3 \frac{\partial P_0}{\partial \theta} \frac{\partial}{\partial \theta}\left(\frac{H_\theta}{H_0}\right) + \frac{3\Lambda}{2} \frac{H_\theta}{H_0} \frac{\partial H_0}{\partial \theta}$$
$$= \frac{\Lambda}{2} \frac{\partial H_\theta}{\partial \theta} + \mathrm{i}\Lambda \frac{\omega_j}{\omega} H_\theta \tag{6-26}$$

$$H_\theta = \sin(\theta - \psi_0) + \frac{Lp_s}{\pi CE'} \iint_A \frac{Q_\theta(\bar{\xi}, \bar{\zeta}, \bar{t})}{\sqrt{(\theta - \bar{\xi})^2 + (2L/R)^2 (Z - \bar{\zeta})^2}} \mathrm{d}\bar{\xi}\mathrm{d}\bar{\zeta} \tag{6-27}$$

联立方程(6-26)和方程(6-27)可得 Q_θ。

当求得 Q_{E} 和 Q_{θ} 后，按式(6-28)和式(6-29)可以计算水膜动态刚度和阻尼系数：

$$\begin{bmatrix} K_{xx} & K_{xy} \\ K_{yx} & K_{yy} \end{bmatrix} = \frac{LRp_{\mathrm{s}}}{2C} \begin{bmatrix} \overline{K}_{xx} & \overline{K}_{xy} \\ \overline{K}_{yx} & \overline{K}_{yy} \end{bmatrix} \tag{6-28}$$

$$\begin{bmatrix} D_{xx} & D_{xy} \\ D_{yx} & D_{yy} \end{bmatrix} = \frac{LRp_{\mathrm{s}}}{2C\omega} \begin{bmatrix} \overline{D}_{xx} & \overline{D}_{xy} \\ \overline{D}_{yx} & \overline{D}_{yy} \end{bmatrix} \tag{6-29}$$

式中的无量纲动态刚度和阻尼系数分别为

$$\left.\begin{aligned} \overline{K}_{xx} &= \mathrm{Re}\left(-\iint_A Q_{\theta}\sin\theta \mathrm{d}\theta \mathrm{d}Z\right) \\ \overline{K}_{xy} &= \mathrm{Re}\left(-\iint_A Q_{\mathrm{E}}\sin\theta \mathrm{d}\theta \mathrm{d}Z\right) \\ \overline{K}_{yx} &= \mathrm{Re}\left(-\iint_A Q_{\theta}\cos\theta \mathrm{d}\theta \mathrm{d}Z\right) \\ \overline{K}_{yy} &= \mathrm{Re}\left(-\iint_A Q_{\mathrm{E}}\cos\theta \mathrm{d}\theta \mathrm{d}Z\right) \end{aligned}\right\} \tag{6-30}$$

$$\left.\begin{aligned} \overline{D}_{xx} &= \frac{\omega}{\omega_j}\mathrm{Im}\left(-\iint_A Q_{\theta}\sin\theta \mathrm{d}\theta \mathrm{d}Z\right) \\ \overline{D}_{xy} &= \frac{\omega}{\omega_j}\mathrm{Im}\left(-\iint_A Q_{\mathrm{E}}\sin\theta \mathrm{d}\theta \mathrm{d}Z\right) \\ \overline{D}_{yx} &= \frac{\omega}{\omega_j}\mathrm{Im}\left(-\iint_A Q_{\theta}\cos\theta \mathrm{d}\theta \mathrm{d}Z\right) \\ \overline{D}_{yy} &= \frac{\omega}{\omega_j}\mathrm{Im}\left(-\iint_A Q_{\mathrm{E}}\cos\theta \mathrm{d}\theta \mathrm{d}Z\right) \end{aligned}\right\} \tag{6-31}$$

6.2　数值求解方法

首先，按照结构参数和工况条件，根据静态雷诺方程求得水润滑橡胶轴承的静态解；然后根据动态雷诺方程求得动态水膜压力和水膜厚度的偏导数，在求解动态雷诺方程时，将方程的实部和虚部分开求解；最后分别对实部和虚部按相应的公式进行积分，从而求得水膜动态刚度和阻尼系数。本章采用直接迭代法，根据初始压力分布得到弹性变形初始估计值，从而获得膜厚，将膜厚代入雷诺方程，即可求解所有节点的压力。利用已知的压力分布，进而更新弹性变形和膜厚，然后在下一步迭代中重新获得压力分布，重复这一过程，直到得到的压力收敛。具体求解流程如图 6-2 所示[1]。

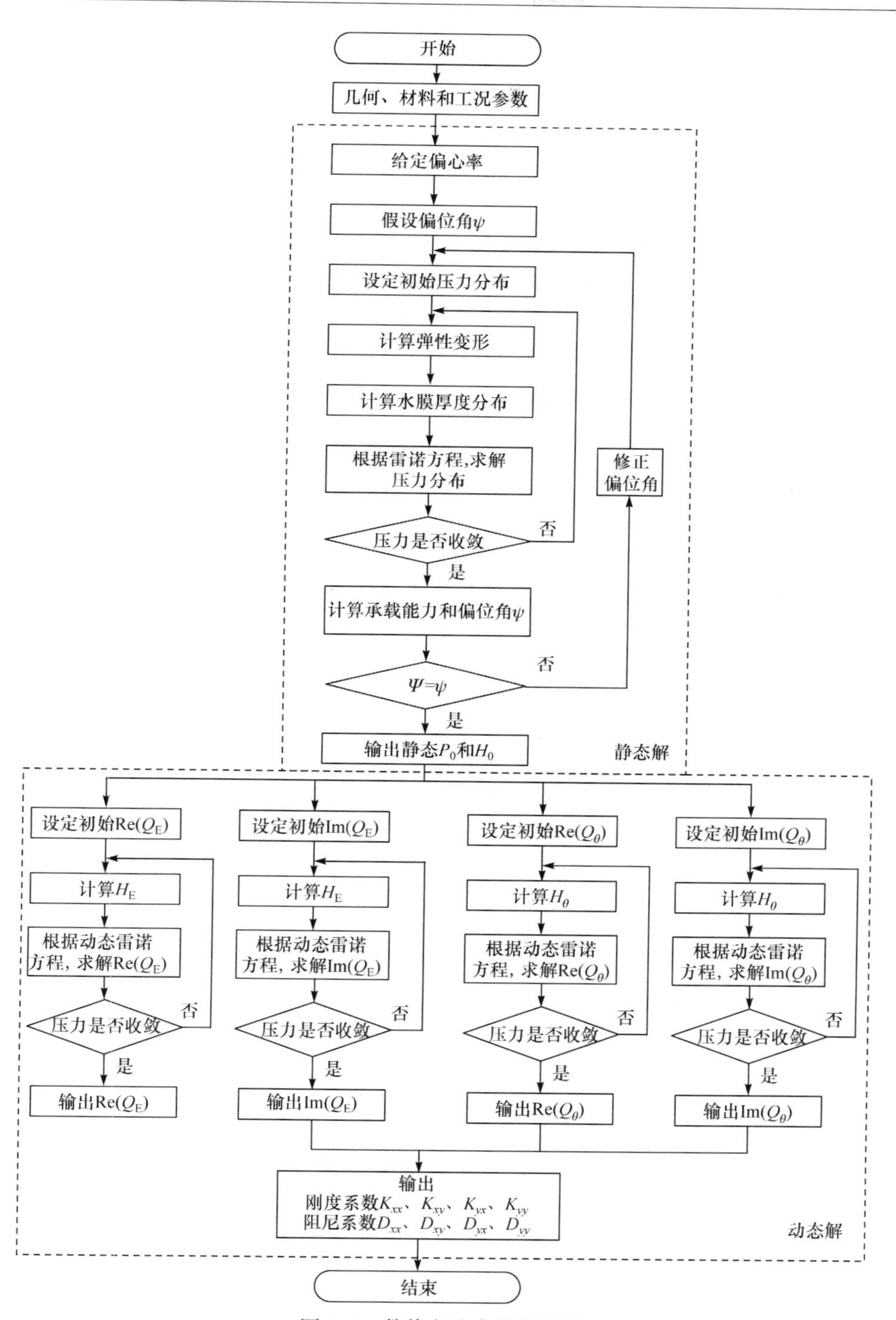

图 6-2　数值方法求解流程图

6.3　工况参数对动态刚度和阻尼系数的影响

6.3.1　速度对动态刚度和阻尼系数的影响

图 6-3 给出了相同载荷、不同速度对水润滑橡胶合金轴承动态刚度和阻尼系数的影响。从图 6-3 中可以看出，在低速时，支承刚度 K_{yy} 和载荷方向上的阻尼 D_{yy} 较大，而其他刚度项和阻尼项相对较小。随着速度的增大，支承刚度 K_{yy} 先减小后增大，支承刚度 K_{xx} 则逐渐增大，交叉刚度 K_{xy} 较小且几乎不变，而交叉刚度 K_{yx} 逐渐增大。低速条件下，水膜阻尼系数较大。随着速度增大，动态阻尼系数逐渐减小，特别是载荷方向上的阻尼 D_{yy} 急剧降低，表明在较大速度下，系统的减振效果下降，从而稳定性变差。

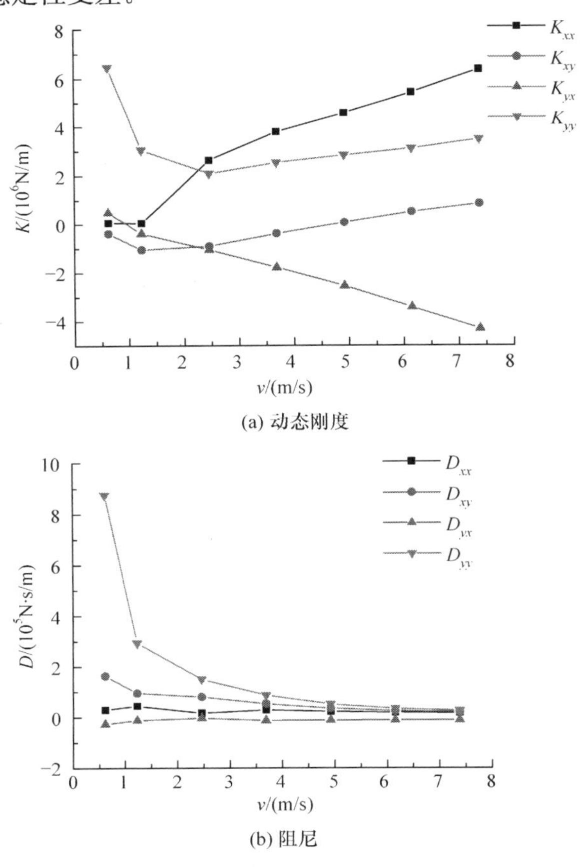

(a) 动态刚度

(b) 阻尼

图 6-3　速度对动态刚度和阻尼系数的影响

6.3.2　载荷对动态刚度和阻尼系数的影响

对于滑动轴承，偏心率越大，承载能力越强。由于分析计算时，通常是给定偏心率计算承载能力，方便起见，下面讨论偏心率对动态刚度和阻尼系数的影响。图 6-4 给出了不同偏心率对水润滑橡胶轴承动态刚度和阻尼系数的影响。当偏心率小于 0.8 时，动态刚度和阻尼系数均变化较小。但当偏心率大于 0.8 时，动态刚度和阻尼系数发生了较大变化。支承刚度 K_{yy} 和交叉刚度 K_{yx} 随着偏心率增大呈指数增大。支承刚度 K_{xx} 在偏心率为 0.95 和 0.975 时出现了两个拐点，即先小幅增大而后减小，然后迅速增大。交叉刚度 K_{xy} 先减小后急剧增大。在阻尼系数

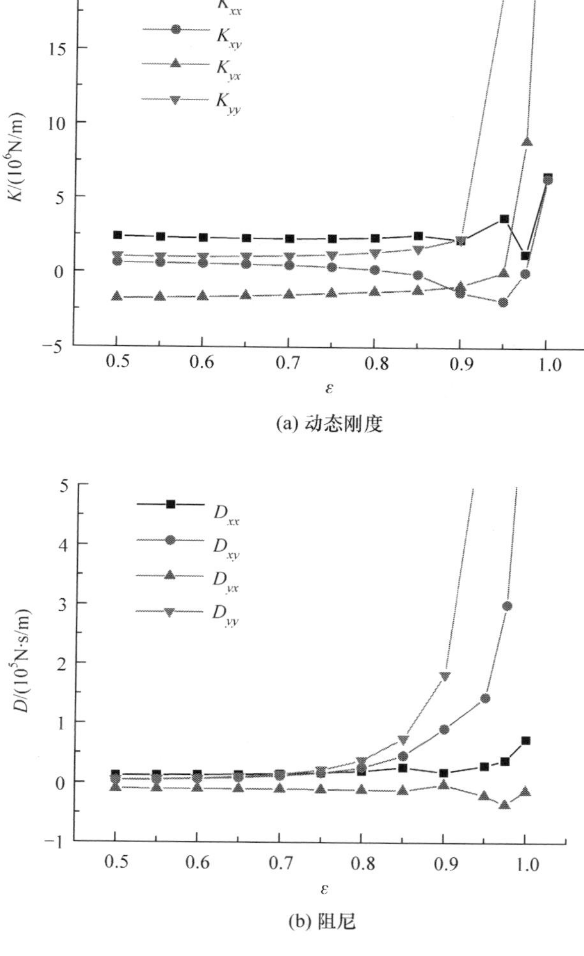

(a) 动态刚度

(b) 阻尼

图 6-4　偏心率对动态刚度和阻尼系数的影响

方面，载荷方向上的阻尼 D_{yy} 和交叉项阻尼 D_{xy} 急剧增大，而载荷方向上的阻尼 D_{xx} 和 D_{yx} 则出现了波动，增幅相比前两项较小。可见，当偏心率大于 0.8，尤其是在 0.9～0.975 范围内时，系统的动态刚度和阻尼系数变化显著，这段过渡期系统稳定性将受到影响。当偏心率接近于 1 时，轴承的动态刚度和阻尼系数均较大。

6.3.3　供水压力对动态刚度和阻尼系数的影响

图 6-5 给出了供水压力对水润滑橡胶轴承动态刚度和阻尼系数的影响。从图 6-5 中可以看出，水润滑橡胶轴承动态刚度随供水压力变化不大，阻尼系数随供水压力增大而略有减小，但减小的幅度很小。总之，动态刚度和阻尼系数基本不受供水压力影响。

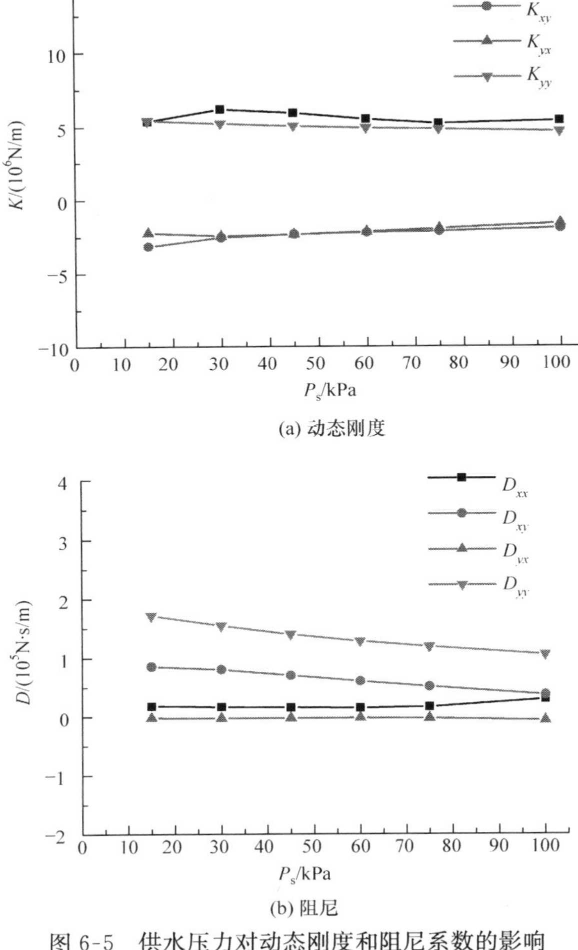

图 6-5　供水压力对动态刚度和阻尼系数的影响

6.4　结构参数对动态刚度和阻尼系数的影响

6.4.1　沟槽结构对动态刚度和阻尼系数的影响

前面章节已经介绍了水润滑橡胶轴承的多曲面多沟槽几何结构对润滑性能影响显著，下面讨论沟槽结构对动态刚度和阻尼系数的影响规律。

图 6-6 给出了不同沟槽数量对水润滑橡胶轴承动态刚度和阻尼系数的影响。动态刚度并不是随沟槽数量单调变化，而是存在最优沟槽数量。当沟槽数量为 8

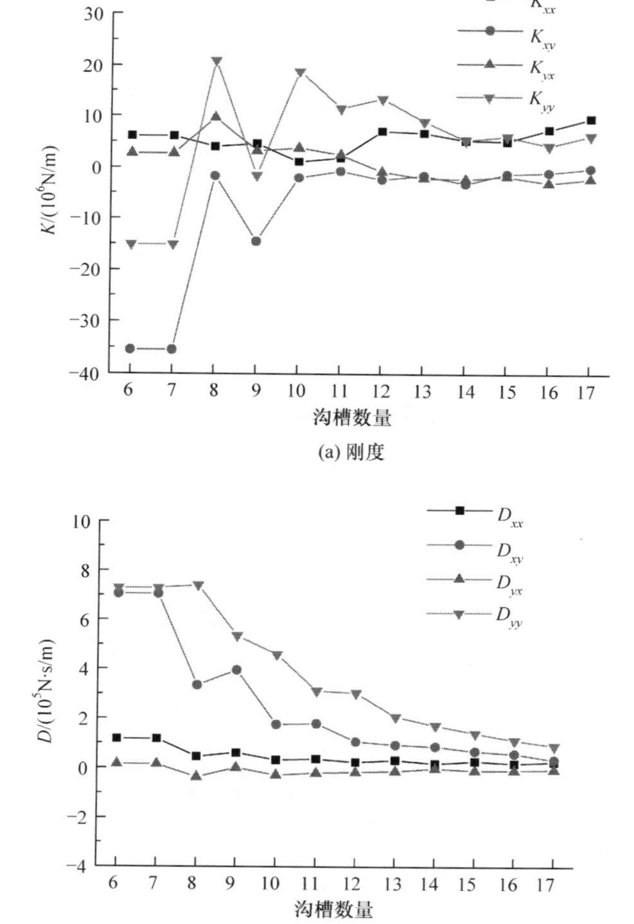

图 6-6　沟槽数量对动态刚度和阻尼系数的影响

和 10 时，系统的动态刚度较大，特别是支承刚度 K_{yy} 有最大值。当沟槽数量较少(小于 8)时，动态刚度较小；当沟槽数量大于 13 时，动态刚度逐渐趋于平稳。在阻尼系数方面，当沟槽数量小于 7 时，阻尼系数基本保持不变；当阻尼系数大于 8 时，随着沟槽数量逐渐增多，阻尼系数逐渐降低。上述研究表明，在设计轴承动态刚度时，为了获得较大的动态刚度，可以对沟槽数量进行优化设计。

图 6-7 给出了沟槽深度(半径 R_3)对水润滑橡胶轴承动态刚度和阻尼系数的影响。从图 6-7 中可以看出，随着沟槽半径增大，动态刚度先增大后减小并逐渐趋于平稳，而阻尼系数逐渐减小。可见，当沟槽半径为 2mm 时，存在最大支承刚度 K_{yy} 和 K_{xx}。因此，在设计轴承时，为了获得较大的动态刚度，应合理设计沟槽半径。

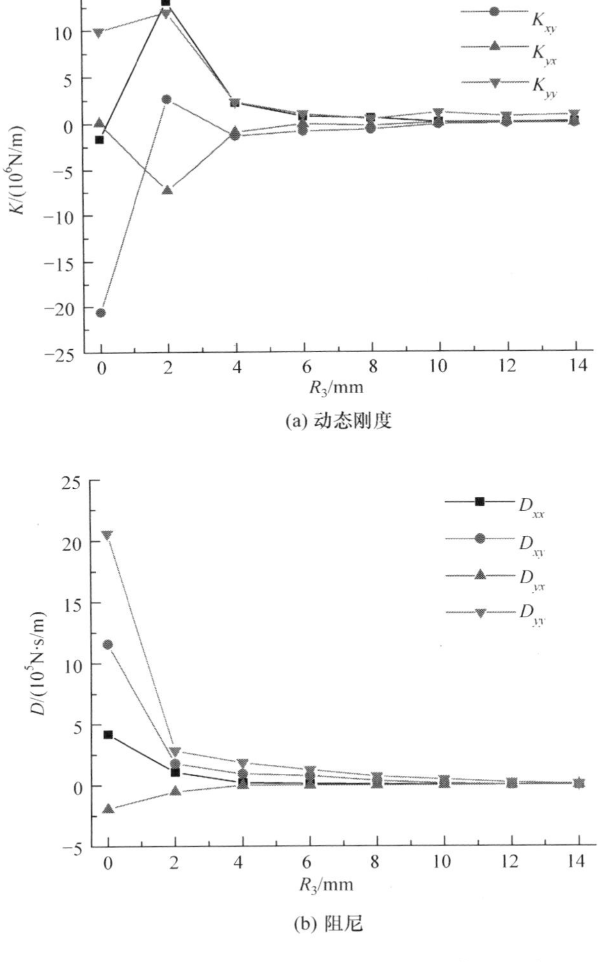

图 6-7　沟槽半径对动态刚度和阻尼系数的影响

图 6-8 给出了沟槽过渡圆弧半径 R_4 对水润滑橡胶轴承动态刚度和阻尼系数的影响。由图可知，随着过渡圆弧半径增大，动态刚度和阻尼系数均逐渐减小。因此，为了提高水润滑橡胶轴承动态刚度和阻尼系数，沟槽过渡圆弧半径不宜过大。

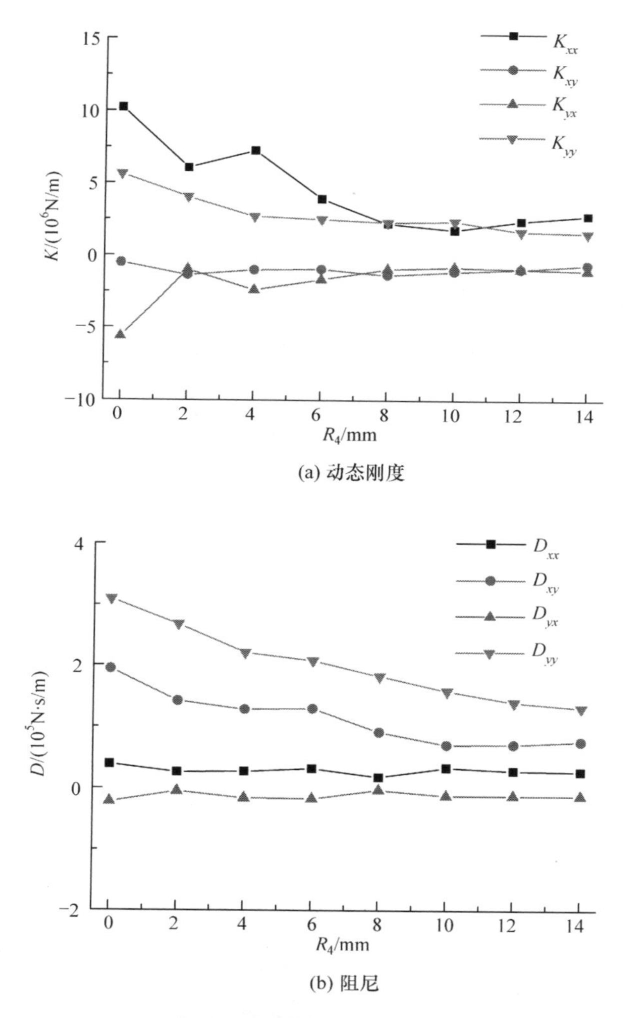

图 6-8　沟槽过渡圆弧半径对动态刚度和阻尼系数的影响

6.4.2　长径比对动态刚度和阻尼系数的影响

图 6-9 给出了长径比对水润滑橡胶轴承动态刚度和阻尼系数的影响。从图中可以看出，随着长径比增大，水膜动态刚度和阻尼系数均是先增大后减小。可见，增大轴承长径比，有利于提高轴承动态刚度和阻尼系数，但是当长径比增大到一定

值后，继续增大长径比，轴承动态刚度和阻尼系数反而会降低。图 6-9 中，在分析的长径比为 1～4 范围内，当长径比为 3.5 时，系统的动态刚度和阻尼系数为最大值。所以，在设计轴承时，为了获得较大的动态刚度和阻尼系数，建议选择的长径比为 3.5。

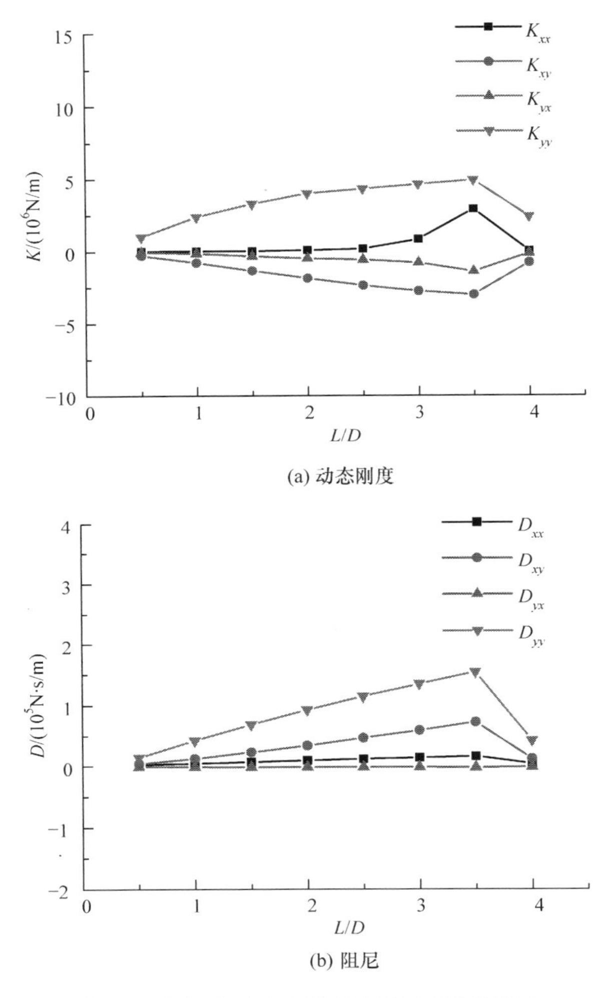

图 6-9　长径比对动态刚度和阻尼系数的影响

6.4.3　轴承间隙对动态刚度和阻尼系数的影响

图 6-10 给出了轴承间隙对水润滑橡胶轴承动态刚度和阻尼系数的影响。结果表明：轴承间隙增大，水膜动态刚度和阻尼系数呈指数减小。当轴承间隙大于 0.6mm 时，动态刚度和阻尼系数逐渐保持为某一恒定值。这是由于轴承间隙越

大，轴承静平衡位置处水膜厚度越大，而水膜压力越小，故动态刚度和阻尼系数变小。

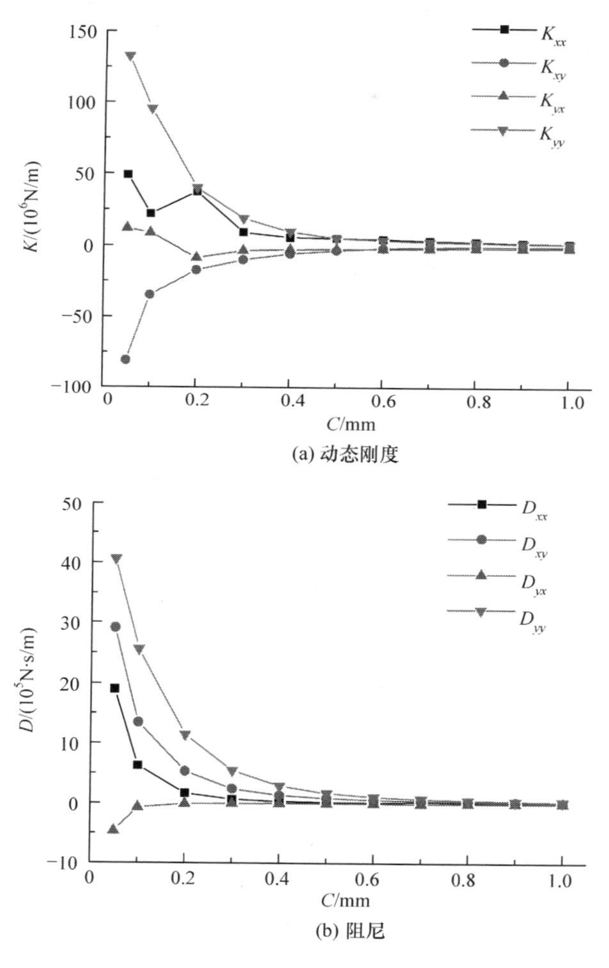

图 6-10　轴承间隙对动态刚度和阻尼系数的影响

参 考 文 献

[1] 周广武．水润滑橡胶合金轴承混合润滑分析与动力学性能优化[D]. 重庆：重庆大学博士学位论文，2013.

[2] Zhou G W，Wang J X，Han Y F，et al. Study on the stiffness and damping coefficients of water-lubricated rubber bearings with multiple grooves[J]. Proceedings of the Institution of Mechanical Engineers，Part J：Journal of Engineering Tribology，2016，230(3)：323-335.

[3] Majumdar B C, Pai R, Hargreaves D J. Analysis of water-lubricated journal bearings with multiple axial grooves[J]. Proceedings of the Institution of Mechanical Engineers, Part J: Journal of Engineering Tribology, 2004, 218(2): 135-146.

[4] 虞烈，戚社苗，耿海鹏. 弹性箔片空气动压轴承的完全气弹润滑解[J]. 中国科学：E辑，2005，35(7)：746-760.

第 7 章　水润滑橡胶轴承的振动噪声分析

7.1　振动噪声机理

7.1.1　振动与噪声的关系

当某种振源在空气介质的某个局部激起一种扰动时，该地区的空气质点离开平衡位置开始运动，一侧的空气质点被挤压而密集起来，另一侧则变得稀疏；当振源反方向运动时，原来质点密集的地方变为稀疏，原来稀疏的地方密集起来。振动使得空气时而密集，时而稀疏，从而带动邻近的空气质点由近及远地依次振动起来，这样就形成了一疏一密的“空气层”。随着这一层层的疏密相间的“空气层”不断地变化，声波就由近及远传播出去。大气压力的波动越大，表示声波的振幅越大，即声音越强。但并不是所有的振动都能引起人们的听觉，只有频率在 20～20000Hz 的机械波才能刺激听觉神经而产生声的感觉。这一频率范围内的机械波称为声波，低于 20Hz 的机械波称为次声波，高于 20000Hz 的机械波称为超声波[1]。

综上所述，振动是声波产生的根源，两者之间有着本质的联系。试验表明，噪声强度级基本上取决于振源表面振动速度的幅值。在振动速度减小数倍时，声压也减小相同的倍数。噪声的声压级与振动速度级有如下关系：

$$L_{\mathrm{y}}=L_{\mathrm{p}}=20\lg\frac{v}{v_0}=20\lg\frac{p}{p_0} \tag{7-1}$$

式中，L_{v} 和 L_{p} 分别为噪声的振动速度级和声压级，dB；v 和 p 分别为振动速度(m/s)和声压(Pa)；v_0 为基准振动速度，一般取 $v_0=1.0\times10^{-5}$ mm/s；p_0 为基准声压，$p_0=2.0\times10^{-5}$ Pa，这是人耳对 1000Hz 空气声所能感觉到的最低声压。

从式(7-1)可以看出，已知振动速度级之后，无须测量声压便可以指出由这些振动产生的噪声级。振动速度级降低多少分贝，噪声级也降低多少分贝。

摩擦过程中，相互摩擦的部件与空气的接触面将机械部件的振动传递给空气，从而导致摩擦噪声。当轴承以不稳定模态振动时，轴承系统的振动最为强烈。因此，在摩擦过程中，如果能够避免不稳定模态的出现，就能够大大降低轴承在低速重载下产生摩擦噪声的可能性。

7.1.2　摩擦引起的振动与噪声

当运动部件在一定压力作用下相互接触并做相对运动时，运动部件之间产生摩擦。摩擦力方向与运动方向相反，并且在接触面上作用于运动部件，从而激发运动部件振动而产生噪声。图 7-1 和图 7-2 分别为简化的摩擦力学模型和摩擦力与运动速度的关系[1]。

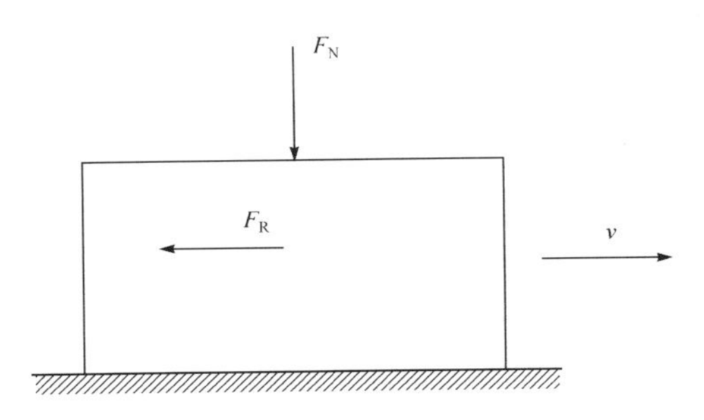

图 7-1　简化的摩擦力学模型

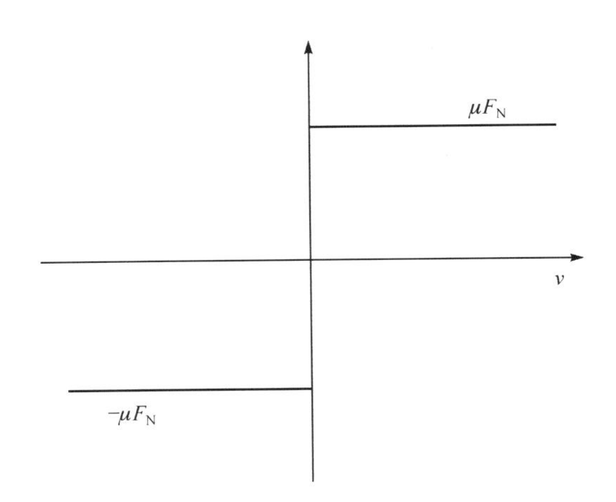

图 7-2　简化的摩擦力与运动速度的关系

运动部件之间产生的摩擦力与运动速度的关系可以简化为

$$\left.\begin{array}{ll} F_R=\mu F_N, & \dot{x}>0 \\ |F_R|\leqslant\mu F_N, & \dot{x}=0 \\ F_R=-\mu F_N, & \dot{x}<0 \end{array}\right\} \tag{7-2}$$

式中，F_N 为正压力；F_R 为摩擦力；μ 为动摩擦系数。

在许多情况下，摩擦力并非一个常数，而是随运动速度的波动而波动，这能激发运动部件的自激振动而产生噪声。当摩擦力引起运动部件的张弛振动时，能激发运动部件的振动而产生噪声。当激振频率与运动部件的固有频率一致时，由于共振而特别能激发振动，产生噪声。摩擦力也能激发运动部件的耦合振动，特别是当运动部件的不同固有频率靠近时，摩擦力能使模态耦合，从而激发强烈振动而产生噪声。

1. 摩擦噪声的张弛振动机理

一些运动界面具有特殊的性质，其静摩擦力大于动摩擦力，从而有可能导致摩擦黏滑效应。当摩擦黏滑效应发生时，运动部件的速度会由此产生单个或连锁跳跃，在一个很小值和一个很大值之间剧变，从而形成部件的张弛冲击振动。

图 7-3[2] 为测量得到的运动部件的摩擦系数随时间的变化曲线。运动部件的速度剧变构成对系统的冲击，进而形成部件的冲击振动噪声。

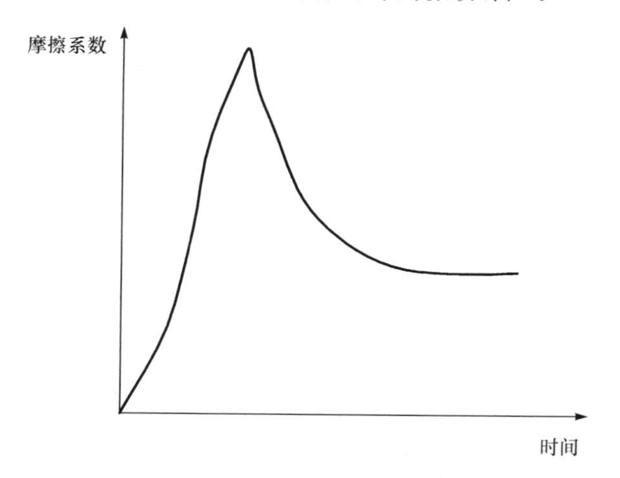

图 7-3　测量得到的运动部件的摩擦系数随时间的变化曲线[2]

为了减少一些不规则噪声，需要对一些摩擦副或连接副进行摩擦测试，以找出摩擦黏滑效应小的最佳配合。

2. 摩擦噪声的摩擦力-速度曲线负斜率机理

当摩擦力随运动速度的增加而增加或减小时，能激发运动部件的自激振动而产生噪声，即摩擦系数-速度曲线具有负斜率的情况。图 7-4[2] 为运动部件 a 与运动部件 b 的摩擦力随滑动速度的变化曲线，这些曲线具有负斜率。

考虑一个单自由度的振动系统受负斜率的摩擦力的作用，其运动方程为

$$m\ddot{x}+c\dot{x}+kx=\mu(v-\dot{x})F_{\mathrm{N}} \tag{7-3}$$

式中，m、c 和 k 为单自由度振动系统参数；F_{N} 为正压力；μ 为摩擦系数，是相对滑动速度 $v-\dot{x}$ 的函数；v 为稳定滑动速度。将摩擦力展开有

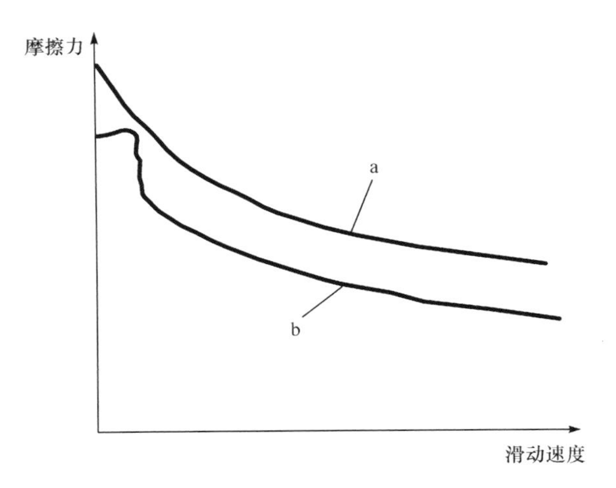

图 7-4　摩擦力随滑动速度的变化曲线[2]

$$\mu(v-\dot{x})F_{\mathrm{N}}=\mu(v)F_{\mathrm{N}}-\frac{\partial\mu(v-\dot{x})}{\partial v}\dot{x}F_{\mathrm{N}}+\frac{\partial^{2}\mu(v-\dot{x})}{\partial v^{2}}\dot{x}^{2}F_{\mathrm{N}}-\cdots \tag{7-4}$$

将式(7-4)代入运动方程(7-3),得

$$m\ddot{x}+F_{\mathrm{N}}\left[\frac{C}{F_{\mathrm{N}}}+\frac{\partial\mu(v-\dot{x})}{\partial v}\right]\dot{x}+kx=\mu(v)F_{\mathrm{N}}+\frac{\partial^{2}\mu(v-\dot{x})}{\partial v^{2}}\dot{x}^{2}F_{\mathrm{N}}-\cdots \tag{7-5}$$

如果忽略高阶项,可见系统在下面的情况会出现负阻尼

$$\frac{C}{F_{\mathrm{N}}}+\frac{\partial\mu(v-\dot{x})}{\partial v}<0 \tag{7-6}$$

负阻尼可导致系统不稳定。负阻尼仅在摩擦系数负斜率足够大时才能发生,这种负斜率摩擦力在实际中能激发运动部件的强烈自激振动而产生噪声。

3. 摩擦噪声的模态耦合机理

模态耦合理论认为,摩擦噪声是由摩擦力的存在导致的非对称的系统刚度矩阵诱发模态耦合引起的。

下面用一个二自由度的简单模型来说明模态耦合机理,该模型的自由振动运动方程为

$$\begin{bmatrix} m_1 & 0 \\ 0 & m_2 \end{bmatrix}\begin{pmatrix} \ddot{x}_1 \\ \ddot{x}_2 \end{pmatrix}+\begin{bmatrix} k_{11} & k_{12} \\ k_{21} & k_{22} \end{bmatrix}\begin{pmatrix} x_1 \\ x_2 \end{pmatrix}=\begin{pmatrix} -F_1 \\ -F_2 \end{pmatrix} \tag{7-7}$$

这里的 $k_{ij}(i,j=1,2)$是系统的刚度系数,它们通常满足以下条件:

$k_{11}>0,k_{22}>0$,　　正刚度

$k_{12}=k_{21}$,　　对称性

$k_{11}k_{22}-k_{12}k_{21}>0$,　　正定性

满足这组条件的系统是保守系统，不可能产生自激振动。现在假定系统分别受到激振力 F_1 和 F_2 的作用，并且假定激振力本身又受到振动位移 x_1、x_2 的控制：

$$F_1=\lambda_{11}x_1+\lambda_{12}x_2 \tag{7-8}$$

$$F_2=\lambda_{21}x_2+\lambda_{22}x_2 \tag{7-9}$$

代入式(7-7)有

$$\begin{bmatrix} m_1 & 0 \\ 0 & m_2 \end{bmatrix}\begin{Bmatrix} \ddot{x}_1 \\ \ddot{x}_2 \end{Bmatrix}+\begin{bmatrix} k_{11} & k_{12} \\ k_{21} & k_{22} \end{bmatrix}\begin{Bmatrix} x_1 \\ x_2 \end{Bmatrix}=\begin{bmatrix} -\lambda_{11} & -\lambda_{12} \\ -\lambda_{21} & -\lambda_{22} \end{bmatrix}\begin{Bmatrix} x_1 \\ x_2 \end{Bmatrix} \tag{7-10}$$

这里略去了系统本身的阻尼，而且假定只有位移反馈。式(7-10)经整理后得

$$\begin{bmatrix} m_1 & 0 \\ 0 & m_2 \end{bmatrix}\begin{Bmatrix} \ddot{x}_1 \\ \ddot{x}_2 \end{Bmatrix}+\begin{bmatrix} k_{11}+\lambda_{11} & k_{12}+\lambda_{12} \\ k_{21}+\lambda_{21} & k_{22}+\lambda_{22} \end{bmatrix}\begin{Bmatrix} x_1 \\ x_2 \end{Bmatrix}=\begin{pmatrix} 0 \\ 0 \end{pmatrix} \tag{7-11}$$

假设 $K_{ij}=k_{ij}+\lambda_{ij}\,(i,j=1,2)$，则式(7-11)可以改写为

$$\begin{bmatrix} m_1 & 0 \\ 0 & m_2 \end{bmatrix}\begin{Bmatrix} \ddot{x}_1 \\ \ddot{x}_2 \end{Bmatrix}+\begin{bmatrix} K_{11} & K_{12} \\ K_{21} & K_{22} \end{bmatrix}\begin{Bmatrix} x_1 \\ x_2 \end{Bmatrix}=\begin{pmatrix} 0 \\ 0 \end{pmatrix} \tag{7-12}$$

为判断此系统的稳定性，设形式解 $x_1(t)=A_1\mathrm{e}^{pt}$，$x_2(t)=A_2\mathrm{e}^{pt}$，其中 $p=\lambda+\mathrm{i}\omega$ 为复特征值，代入式(7-12)得

$$\begin{bmatrix} m_1p^2+K_{11} & K_{12} \\ K_{21} & m_2p^2+K_{22} \end{bmatrix}\begin{Bmatrix} A_1 \\ A_2 \end{Bmatrix}=\begin{pmatrix} 0 \\ 0 \end{pmatrix} \tag{7-13}$$

式(7-13)有非零解的条件为

$$\begin{vmatrix} m_1p^2+K_{11} & K_{12} \\ K_{21} & m_2p^2+K_{22} \end{vmatrix}=0 \tag{7-14}$$

展开得

$$m_1m_2p^4+(K_{11}m_2+K_{22}m_1)p^2+K_{11}K_{22}-K_{12}K_{21}=0 \tag{7-15}$$

设 $K_{11}>0$，$K_{22}>0$，$K_{11}/m_1=n_1^2>0$，$K_{22}/m_2=n_2^2>0$，则有

$$p^4+(n_1^2+n_2^2)p^2+(K_{11}K_{22}-K_{12}K_{21})/(m_1m_2)=0 \tag{7-16}$$

该式称为频率方程或特征方程。由方程(7-16)解得

$$\begin{aligned}(p^2)_{1,2}&=\frac{1}{2}\left[-(n_1^2+n_2^2)\pm\sqrt{(n_1^2+n_2^2)^2-4(K_{11}K_{22}-K_{12}K_{21})/(m_1m_2)}\right]\\&=\frac{1}{2}\left[-(n_1^2+n_2^2)\pm\sqrt{(n_1^2-n_2^2)^2+4K_{12}K_{21}/(m_1m_2)}\right]\end{aligned} \tag{7-17}$$

方程(7-17)有四个根，系统的稳定性取决于这四个根的数值。现在取 $m_1=m_2=1$，$K_{11}=K_{22}=2$，$K_{21}=1$，$K_{12}=1-\Delta$，则方程(7-17)可写为

$$(p^2)_{1,2}=-2\pm\sqrt{1-\Delta} \tag{7-18}$$

当 $1-\Delta>0$ 时，系统为一般的振动系统，系统的两个模态频率各不相同；当 $1-\Delta$ 趋近于零时，系统的两个模态频率趋于一致；当 $1-\Delta<0$ 时，方程(7-18)有两个共轭复

根，设为$(p^2)_{1,2}=-h\pm \mathrm{i}l$，再开方得 $p_{1,2,3,4}=\sqrt{(p^2)_{1,2}}$。若取 $\Delta=2$，则有 $p_{1,2,3,4}=\pm\sqrt{-2\pm \mathrm{i}}$，即

$$\begin{cases} p_1=-0.3436-1.4553\mathrm{i} \\ p_2=0.3436+1.4553\mathrm{i} \\ p_3=-0.3436+1.4553\mathrm{i} \\ p_4=0.3436-1.4553\mathrm{i} \end{cases} \tag{7-19}$$

此时，$x_1(t)$可写为

$$x_1(t)=A\mathrm{e}^{0.3436t}\sin(1.4553t)+B\mathrm{e}^{0.3436t}\cos(1.4553t)+C\mathrm{e}^{-0.3436t}\sin(1.4553t) +D\mathrm{e}^{-0.3436t}\cos(1.4553t) \tag{7-20}$$

式中，系数 A、B、C、D 是与振动初始状态有关的待定常数，前两项是自激振动项。随着时间增长，自激振动项将趋于无穷，即该系统是非稳定的，这就是模态耦合自激振动。同时，系统复特征值的正实部越大，系统位移就越容易发散，即系统的不稳定性随复特征值正实部的增大而增大。

该二自由度模型证明了由于引入摩擦而引起的刚度矩阵不对称，有可能使系统位移发散。对于类似该二自由度模型的简单算例，可以求得解析解。但对于高自由度的复杂模型，使用有限元方法进行数值求解是经常采取的一种手段。

7.1.3 振动噪声动力学理论

1. 四自由度轴-轴承模型[1]

图 7-5 为一个四自由度的轴-轴承模型。轴 m 有 y 方向的自由度 y_m 和 x 方向的自由度 x_m；轴承 M 有两个自由度，分别是 y 方向的 y_M 和 x 方向的 x_M。P 表示作用在轴上的压力。为模拟轴的圆周运动，取 m 的水平速度为 v。

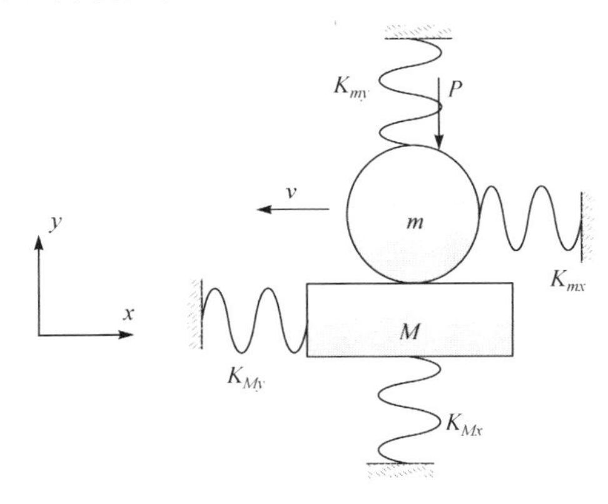

图 7-5　四自由度轴-轴承系统示意图

轴-轴承接触面之间的法向力为 N'，摩擦力为 $\mu N'$，其中 μ 为摩擦系数，四自由度轴-轴承系统法向接触关系如图 7-6 所示。

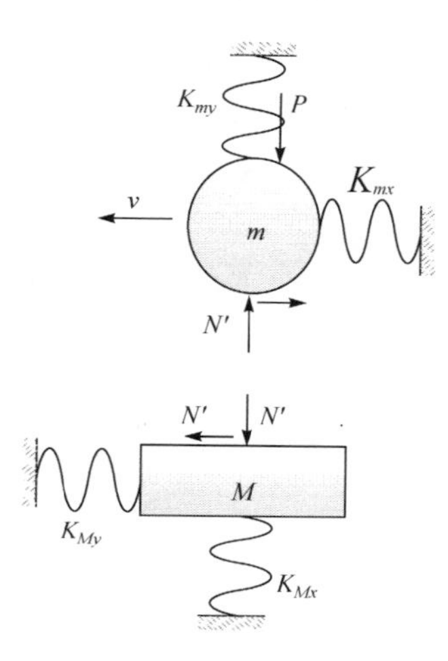

图 7-6　四自由度轴-轴承系统法向接触关系图

由图 7-5 和图 7-6 得到该轴-轴承系统的运动方程如下：

$$\begin{bmatrix} m & 0 & 0 & 0 \\ 0 & m & 0 & 0 \\ 0 & 0 & M & 0 \\ 0 & 0 & 0 & M \end{bmatrix} \begin{Bmatrix} \ddot{y}_m \\ \ddot{x}_m \\ \ddot{y}_M \\ \ddot{x}_M \end{Bmatrix} + \begin{bmatrix} K_{my} & 0 & 0 & 0 \\ 0 & K_{mx} & 0 & 0 \\ 0 & 0 & K_{My} & 0 \\ 0 & 0 & 0 & K_{Mx} \end{bmatrix} \begin{Bmatrix} y_m \\ x_m \\ y_M \\ x_M \end{Bmatrix} = \begin{Bmatrix} N'-P \\ \mu N' \\ -N' \\ -\mu N' \end{Bmatrix} \tag{7-21}$$

在式(7-21)的右端，除了压力 P，其他各项都是由系统响应决定的内力。假定在初始时刻系统处于稳定状态，轴匀速运动，并且整个系统也没有产生振动，则由该稳定状态得

$$\begin{bmatrix} K_{my} & 0 & 0 & 0 \\ 0 & K_{mx} & 0 & 0 \\ 0 & 0 & K_{My} & 0 \\ 0 & 0 & 0 & K_{Mx} \end{bmatrix} \begin{Bmatrix} y_m \\ x_m \\ y_M \\ x_M \end{Bmatrix} = \begin{Bmatrix} N_0-P \\ \mu N_0 \\ -N_0 \\ -\mu N_0 \end{Bmatrix} \tag{7-22}$$

现取 $\begin{Bmatrix} y_m \\ x_m \\ y_M \\ x_M \end{Bmatrix} = \begin{Bmatrix} Y_m \\ X_m \\ Y_M \\ X_M \end{Bmatrix} + \begin{Bmatrix} y_{m0} \\ x_{m0} \\ y_{M0} \\ x_{M0} \end{Bmatrix}$，并且 $N'=N_0+N$，则式(7-21)可改写为

$$\begin{bmatrix} m & 0 & 0 & 0 \\ 0 & m & 0 & 0 \\ 0 & 0 & M & 0 \\ 0 & 0 & 0 & M \end{bmatrix} \begin{Bmatrix} \ddot{Y}_m \\ \ddot{X}_m \\ \ddot{Y}_M \\ \ddot{X}_M \end{Bmatrix} + \begin{bmatrix} K_{my} & 0 & 0 & 0 \\ 0 & K_{mx} & 0 & 0 \\ 0 & 0 & K_{My} & 0 \\ 0 & 0 & 0 & K_{Mx} \end{bmatrix} \begin{Bmatrix} Y_m \\ X_m \\ Y_M \\ X_M \end{Bmatrix} = \begin{Bmatrix} N \\ \mu N \\ -N \\ -\mu N \end{Bmatrix} \tag{7-23}$$

假设轴与轴承在振动过程中并不分离，则 $Y_m=Y_M$，并且有

$$N=m\ddot{Y}_m+K_{my}Y_m \tag{7-24}$$

由此，式(7-23)可改写为

$$\begin{bmatrix} m+M & 0 & 0 \\ -\mu m & m & 0 \\ \mu m & 0 & M \end{bmatrix} \begin{Bmatrix} \ddot{Y}_m \\ \ddot{X}_m \\ \ddot{X}_M \end{Bmatrix} + \begin{bmatrix} K_{my}+K_{My} & 0 & 0 \\ -\mu K_{my} & K_{mx} & 0 \\ \mu K_{my} & 0 & K_{Mx} \end{bmatrix} \begin{Bmatrix} Y_m \\ X_m \\ X_M \end{Bmatrix} = \begin{Bmatrix} 0 \\ 0 \\ 0 \end{Bmatrix} \tag{7-25}$$

式(7-25)就是该轴-轴承系统的运动方程。可知，由于引入了摩擦力的作用，该系统运动方程的质量矩阵项与刚度矩阵项都为非对称矩阵。因此，该系统的特征值可能为复数，可以通过模态分析得到该系统的特征值。

由该四自由度模型的讨论可以发现，在对系统进行模态分析之前，需要进行非线性静力学分析，以便确定系统稳态滑动的状态，以及得到那些要被添加到质量、刚度矩阵的耦合项，正是这些耦合项导致矩阵非对称现象。同时，压力 P 对系统稳定性的影响也需要通过该非线性静力学分析步骤体现出来。

2. 轴承系统动力学方程的一般表达[1]

在四自由度模型的基础上，进一步讨论轴承系统动力学方程的一般表达形式。

首先对轴承系统进行如下简化：在模态频率小于 15000Hz 的情况下，惯性力对轴-轴承接触面间法向力的影响远小于弹性力的影响。因此，可以在系统运动方程中排除非对称项对质量矩阵的影响。

轴承系统的运动方程可表示为

$$[M]\{\ddot{x}\}+[C]\{\dot{x}\}+([K]-[K_f])\{x\}=\{0\} \tag{7-26}$$

式中，$[M]$、$[C]$和$[K]$分别为系统的质量矩阵、阻尼矩阵和刚度矩阵；$\{x\}$是位移向量；矩阵$[K_f]$是接触面间的非对称接触摩擦耦合刚度矩阵，它耦合了接触面之间的法向相对位移和切向摩擦力。

$[K_f]$是非对称矩阵，使得式(7-26)中的刚度项也是非对称矩阵。从物理意义上讲，刚度矩阵的不对称达到一定程度时，可能导致系统内部的能量馈入，从而使系统发散。从数学角度来看，刚度矩阵不对称意味着特征矩阵不对称，而不对称矩

阵的特征根和特征向量在一定条件下是复数。

设式(7-26)解的形式为$\{x\}=\{\Phi\}e^{\lambda t}$,则有

$$(\lambda^2[M]+\lambda[C]+[K]-[K_f])\{\Phi\}=\{0\} \tag{7-27}$$

式中,$\{\Phi\}$为特征向量;$\lambda=\alpha+i\omega$,为系统的特征值,其虚部ω反映了振动时的固有频率,实部α反映了系统运动的稳定性。若α为正数,说明该阶模态振幅随着时间的增加会越来越大,导致系统运动失稳,这样的模态称为不稳定模态,可能导致摩擦噪声。

7.1.4　轴承动力学模型

假设水润滑橡胶轴承各种材料是均匀的、各向同性的,忽略材料的阻尼,可以得到其力学模型。水润滑橡胶轴承的振动模型如图 7-7 所示[3],取柱坐标方程 z 方向为轴向方向,r 方向为径向方向,θ 为圆周方向,取橡胶厚度为 h,长度为 L,令橡胶和铜管之间的弹性刚度为 k_g,剪切刚度为 k_r。

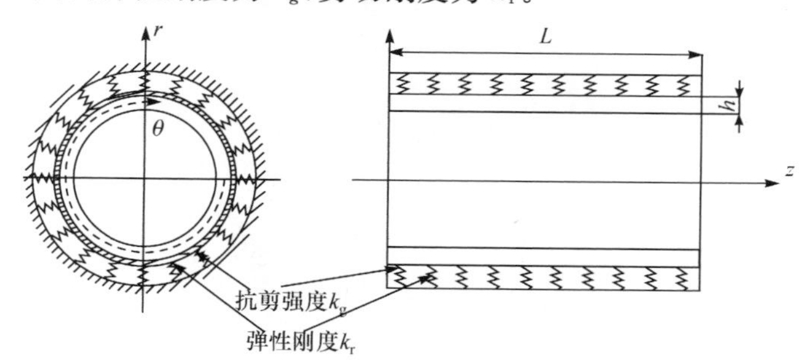

图 7-7　水润滑橡胶轴承振动模型

在柱坐标系下,整个系统的动能表达式如下[4]:

$$T=\frac{\rho}{2}\int_0^L\int_0^{2\pi}\int_{R_i}^{R_o}\left[\left(\frac{\partial^2 u}{\partial^2 t}\right)+\left(\frac{\partial^2 v}{\partial^2 t}\right)+\left(\frac{\partial^2 w}{\partial^2 t}\right)\right]r\,\mathrm{d}r\mathrm{d}\theta\mathrm{d}z \tag{7-28}$$

式中,ρ 为橡胶密度。其势能表达式为

$$\begin{aligned}V=&\frac{1}{2}\int_0^L\int_0^{2\pi}\int_{R_i}^{R_o}\{\bar{E}[\upsilon A_1^2+(1-2\upsilon)(A_2+0.5A_3)]\}r\,\mathrm{d}r\mathrm{d}\theta\mathrm{d}z\\&+\frac{1}{2}\int_0^L\int_0^{2\pi}(u\,|_{r=R_o})^2R_o\mathrm{d}\theta\mathrm{d}z+\frac{1}{2}\int_0^L\int_0^{2\pi}\left[\left(\frac{\partial w}{\partial z}\right)^2+\left(\frac{\partial w}{r\partial\theta}\right)^2\right]\Bigg|_{r=R_o}R_o\mathrm{d}\theta\mathrm{d}z\end{aligned} \tag{7-29}$$

式中,$A_1=\xi_{rr}+\xi_{\theta\theta}+\xi_{zz}$,$A_2=\xi_{rr}^2+\xi_{\theta\theta}^2+\xi_{zz}^2$,$A_3=\xi_{r\theta}^2+\xi_{rz}^2+\xi_{\theta z}^2$,$\bar{E}=\dfrac{E}{(1+\upsilon)(1-2\upsilon)}$,$E$ 为杨氏模量,υ 为泊松比。

由弹性力学理论,有

$$A_1=\xi_{rr}+\xi_{\theta\theta}+\xi_{zz},\quad A_2=\xi_{rr}^2+\xi_{\theta\theta}^2+\xi_{zz}^2$$
$$A_3=\xi_{r\theta}^2+\xi_{rz}^2+\xi_{\theta z}^2,\quad \bar{E}=\frac{E}{(1+\upsilon)(1-2\upsilon)} \tag{7-30}$$

沿 θ 方向,各位移分量可以写为[5]

$$\begin{cases}u(r,\theta,z,t)=U_m(r,z,t)\cos(m\theta),\\ v(r,\theta,z,t)=V_m(r,z,t)\sin(m\theta),\quad m=1,2,\cdots\\ w(r,\theta,z,t)=W_m(r,z,t)\cos(m\theta),\end{cases} \tag{7-31}$$

式中,m 代表圆周方向的弹簧数量,U_m、V_m 和 W_m 分别代表单元在 r 方向、θ 方向和 z 方向的位移,运用 Reddy 理论[6],有

$$\begin{cases}U_m(r,z,t)=\sum_{i=1}^{N_r}U_{im}(z,t)\psi_i(r)\\ V_m(r,z,t)=\sum_{i=1}^{N_r}V_{im}(z,t)V_i(r),\quad i=1,2,\cdots,N_r\\ W_m(r,z,t)=\sum_{i=1}^{N_r}W_{im}(z,t)\psi_i(r)\end{cases} \tag{7-32}$$

式中,$\psi_i(r)$表示沿 r 方向的全局插值算子;若用 N_m 表示径向的分层数量,N_l 表示每一层上节点的数量,则 $N_r=(N_l-1)N_m+1$ 表示全体的节点数量。

将式(7-31)和式(7-32)代入动能和势能表达式(式(7-28)和式(7-29)),运用拉格朗日方程,可以得到如下自由振动方程:

$$\begin{aligned}\delta U_{im}:\bar{E}\Big\{&\{C_{oo}^m[(1-\upsilon)(F_{ij}+C_{ij})+\upsilon(D_{ji}+D_{ij})]+\bar{\upsilon}S_{11}^{(m)}C_{ij}\}U_{jm}-\bar{\upsilon}C_{oo}^mB_{ji}\frac{\partial^2U_{jm}}{\partial z^2}\\&+\{C_{1o}^m[(1-\upsilon)C_{ij}+\upsilon D_{ij}]-\bar{\upsilon}S_{1o}^{(m)}(D_{ji}-C_{ij})\}V_{jm}+C_{oo}^{(m)}[\upsilon(E_{ij}+A_{ij})-\bar{\upsilon}E_{ij}]\frac{\partial W_{jm}}{\partial z}\Big\}\\&+C_{oo}^{(m)}\delta_{iN_r}\delta_{jN_r}R_ok_rU_{jm}-C_{oo}^{(m)}G_{ij}\frac{\partial^2U_{jm}}{\partial t^2}=0\end{aligned} \tag{7-33}$$

$$\begin{aligned}\delta V_{im}:\bar{E}\Big\{&\{C_{o1}^{(m)}[(1-\upsilon)C_{ij}+\upsilon D_{ij}]-\bar{s}_{1o}^{(m)}(D_{ij}-C_{ij})\}U_{jm}+[C_{11}^{(m)}(1-\upsilon)C_{ij}\\&+\bar{\upsilon}S_{oo}^{(m)}(F_{ij}+C_{ij}-D_{ji}-D_{ij})]V_{jm}-\bar{\upsilon}S_{oo}^{(m)}B_{ij}\frac{\partial^2V_{jm}}{\partial z^2}+(\upsilon C_{o1}^{(m)}+\bar{\upsilon}S_{1o}^{(m)})A_{ij}\frac{\partial W_{jm}}{\partial z}\Big\}\\&+C_{11}^{(m)}\delta_{iN_r}\delta_{jN_r}\frac{k_g}{R_o}V_{jm}-S_{oo}^{(m)}G_{ij}\frac{\partial^2V_{jm}}{\partial t^2}=0\end{aligned} \tag{7-34}$$

$$\delta W_{im}:\bar{E}\Big\{C_{oo}^{(m)}[\bar{\upsilon}E_{ij}-\upsilon(E_{ij}+A_{ij})]\frac{\partial U_{jm}}{\partial z}-\Big[(\upsilon C_{o1}^{(m)}+\bar{\upsilon}S_{o1}^{(m)})A_{ij}\frac{\partial V_{jm}}{\partial z}+S_{11}^{(m)}C_{ij}\Big]W_{ij}$$

$$+\bar{\upsilon}C_{oo}^{(m)}F_{ij}-(1-\upsilon)C_{oo}^{(m)}B_{ij}\frac{\partial^2 W_{jm}}{\partial z^2}\Bigg\}-C_{oo}^{(m)}\delta_{iN_r}\delta_{jN_r}R_o k_g\frac{\partial^2 W_{jm}}{\partial z^2}-C_{oo}^{(m)}G_{ij}\frac{\partial^2 W_{jm}}{\partial t^2}=0 \tag{7-35}$$

设空间激振力 $F(x',y',z')=\sum_{i=1}^{m}\sum_{j=1}^{N_l}F_{ij}$，将其投影到本系统坐标系下，有

$$\begin{cases} F_r=\sum_{i=1}^{m}\sum_{j=1}^{N_l}\left(F_{ij}\frac{\partial x'_{ij}}{\partial r}+F_{ij}\frac{\partial x'_{ij}}{\partial r}+F_{ij}\frac{\partial x'_{ij}}{\partial r}\right)\\ F_\theta=\sum_{i=1}^{m}\sum_{j=1}^{N_l}\left(F_{ij}\frac{\partial y'_{ij}}{\partial \theta}+F_{ij}\frac{\partial y'_{ij}}{\partial \theta}+F_{ij}\frac{\partial y'_{ij}}{\partial \theta}\right)\\ F_z=\sum_{i=1}^{m}\sum_{j=1}^{N_l}\left(F_{ij}\frac{\partial z'_{ij}}{\partial z}+F_{ij}\frac{\partial z'_{ij}}{\partial z}+F_{ij}\frac{\partial z'_{ij}}{\partial z}\right) \end{cases} \tag{7-36}$$

将式(7-36)分别代入式(7-33)～式(7-35)可得强迫振动方程：

$$\begin{aligned}\delta U_{im}:\bar{E}\Bigg\{&\{C_{oo}^{m}[(1-\upsilon)(F_{ij}+C_{ij})+\upsilon(D_{ji}+D_{ij})]+\bar{\upsilon}S_{11}^{(m)}C_{ij}\}U_{jm}-\bar{\upsilon}C_{oo}^{m}B_{ji}\frac{\partial^2 U_{jm}}{\partial z^2}\\ &+\{C_{1o}^{m}[(1-\upsilon)C_{ij}+\upsilon D_{ij}]-\bar{\upsilon}S_{1o}^{(m)}(D_{ji}-C_{ij})\}V_{jm}+C_{oo}^{(m)}[\upsilon(E_{ij}+A_{ij})-\bar{\upsilon}E_{ij}]\frac{\partial W_{jm}}{\partial z}\Bigg\}\\ &+C_{oo}^{(m)}\delta_{iN_r}\delta_{jN_r}R_o k_r U_{jm}-C_{oo}^{(m)}G_{ij}\frac{\partial^2 U_{jm}}{\partial t^2}=\sum_{i=1}^{m}\sum_{j=1}^{N_l}\left(F_{ij}\frac{\partial x'_{ij}}{\partial r}+F_{ij}\frac{\partial x'_{ij}}{\partial r}+F_{ij}\frac{\partial x'_{ij}}{\partial r}\right)\end{aligned} \tag{7-37}$$

$$\begin{aligned}\delta V_{im}:\bar{E}\Bigg\{&\{C_{o1}^{(m)}[(1-\upsilon)C_{ij}+\upsilon D_{ij}]-\bar{s}_{1o}^{(m)}(D_{ij}-C_{ij})\}U_{jm}+[C_{11}^{(m)}(1-\upsilon)C_{ij}+\bar{\upsilon}S_{oo}^{(m)}\\ &(F_{ij}+C_{ij}-D_{ji}-D_{ij})]V_{jm}-\bar{\upsilon}S_{oo}^{(m)}B_{ij}\frac{\partial^2 V_{jm}}{\partial z^2}+(\upsilon C_{o1}^{(m)}+\bar{\upsilon}S_{1o}^{(m)})A_{ij}\frac{\partial W_{jm}}{\partial z}\Bigg\}\\ &+C_{11}^{(m)}\delta_{iN_r}\delta_{jN_r}\frac{k_g}{R_o}V_{jm}-S_{oo}^{(m)}G_{ij}\frac{\partial^2 V_{jm}}{\partial t^2}=\sum_{i=1}^{m}\sum_{j=1}^{N_l}\left(F_{ij}\frac{\partial y'_{ij}}{\partial \theta}+F_{ij}\frac{\partial y'_{ij}}{\partial \theta}+F_{ij}\frac{\partial y'_{ij}}{\partial \theta}\right)\end{aligned} \tag{7-38}$$

$$\begin{aligned}\delta W_{im}:\bar{E}\Bigg\{&C_{oo}^{(m)}[\bar{\upsilon}E_{ij}-\upsilon(E_{ij}+A_{ij})]\frac{\partial U_{jm}}{\partial z}-\left[(\upsilon C_{o1}^{(m)}+\bar{\upsilon}S_{o1}^{(m)})A_{ij}\frac{\partial V_{jm}}{\partial z}+S_{11}^{(m)}C_{ij}\right]W_{ij}\\ &+\bar{\upsilon}C_{oo}^{(m)}F_{ij}-(1-\upsilon)C_{oo}^{(m)}B_{ij}\frac{\partial^2 W_{jm}}{\partial z^2}\Bigg\}-C_{oo}^{(m)}\delta_{iN_r}\delta_{jN_r}R_o k_g\frac{\partial^2 W_{jm}}{\partial z^2}-C_{oo}^{(m)}G_{ij}\frac{\partial^2 W_{jm}}{\partial t^2}\\ &=\sum_{i=1}^{m}\sum_{j=1}^{N_l}\left(F_{ij}\frac{\partial z'_{ij}}{\partial z}+F_{ij}\frac{\partial z'_{ij}}{\partial z}+F_{ij}\frac{\partial z'_{ij}}{\partial z}\right)\end{aligned} \tag{7-39}$$

式中，$\bar{\upsilon}=(1-2\upsilon)/2$，$\delta_{ij}$ 为克罗达克符号。

$$C_{\alpha\beta}^{(m)}=\int_0^{2\pi}m^{\alpha}m^{\beta}\cos^2(m\theta)\mathrm{d}\theta,\quad S_{\alpha\beta}^{(m)}=\int_0^{2\pi}m^{\alpha}m^{\beta}\sin^2(m\theta)\mathrm{d}\theta$$

$$A_{ij}=\int_{R_i}^{R_o}\psi_i\psi_j\mathrm{d}r,\quad B_{ij}=\int_{R_i}^{R_o}\psi_i\psi_j r\mathrm{d}r,\quad C_{ij}=\int_{R_i}^{R_o}\frac{\psi_i\psi_j}{r}\mathrm{d}r$$

$$D_{ij}=\int_{R_i}^{R_o}\psi_i'\psi_j\mathrm{d}r,\quad E_{ij}=\int_{R_i}^{R_o}\psi_i'\psi_j r\mathrm{d}r,\quad F_{ij}=\int_{R_i}^{R_o}\psi_i'\psi_j' r\mathrm{d}r,G_{ij}=\int_{R_i}^{R_o}\rho\psi_i\psi_j r\mathrm{d}r$$

几何边界条件如下：

在轴承 $z=0$ 和 L 处，

$$U_{im=0}\quad 或\quad F_r^{im}=\bar{E}\left(B_{ij}\frac{\partial U_{jm}}{\partial z}+E_{ji}W_{jm}\right)=0 \tag{7-40a}$$

或者

$$V_{im=0}\quad 或\quad F_\theta^{im}=\bar{E}\upsilon\left(S_{oo}^{(m)}B_{ij}\frac{\partial V_{jm}}{\partial z}-S_{1o}^{(m)}A_{ji}W_{jm}\right)=0 \tag{7-40b}$$

或者

$$W_{im=0}\quad 或\quad E_z^{im}=\bar{E}\left\{C_{oo}^{(m)}\left[(1-\upsilon)B_{ij}\frac{\partial W_{jm}}{\partial z}+\upsilon(E_{ji}+A_{ij})U_{jm}\right]+\upsilon C_{1o}^{(m)}A_{ij}V_{jm}\right\}$$
$$+C_{oo}^{(m)}C_{oo}^{(m)}\delta_{iN_r}\delta_{iN_r}R_o k_g=0 \tag{7-40c}$$

7.2　水润滑橡胶轴承摩擦噪声分析

当水润滑橡胶轴承在低速重载条件下时，轴与轴承处于混合润滑和边界润滑状态，甚至发生干摩擦。进行水润滑橡胶轴承摩擦噪声分析时，认为水润滑橡胶轴承处于干摩擦状态，此时的摩擦系数等效于混合润滑状态下的摩擦系数。那么，水润滑橡胶合金轴承的运动方程可表示为[7-9]

$$[M]\{\ddot{u}\}+[C]\{\dot{u}\}+([K]-[K_f])\{u\}=0 \tag{7-41}$$

式中，$[M]$、$[C]$和$[K]$分别为无摩擦系统的质量矩阵、阻尼矩阵和刚度矩阵；$[K_f]$为摩擦耦合刚度矩阵；$\{u\}$为位移向量。

通常对于摩擦系统，$[K_f]$为非对称矩阵，那么式(7-41)中的刚度项($[K]-[K_f]$)为非对称矩阵。从数学角度上看，刚度矩阵不对称意味着特征矩阵不对称，而不对称矩阵的特征根和特征向量在一定条件下是复数，那么有

$$(\lambda^2[M]+\lambda[C]+[K]-[K_f])\{\Phi\}=0 \tag{7-42}$$

式中，$\{\Phi\}$为复合特征向量；λ 为复合特征值。物理意义上，刚度矩阵的不对称达到一定程度时，可能导致系统内部的能量馈入，从而使系统发散。特征值虚部反映了振动时的频率，实部则反映了系统运动的稳定性。记阻尼比 $\xi=-\dfrac{2\mathrm{Re}(\lambda)}{|\mathrm{Im}(\lambda)|}$，若阻尼比为负值，代表该阶模态为不稳定模态，即使在微小的扰动下系统也可能出现振

幅越来越大的振动,从而出现摩擦尖叫噪声。

7.3　摩擦噪声影响因素分析

第 5 章已经介绍过转速、载荷、材料参数、几何结构对水润滑橡胶轴承的润滑性能有着重要的影响。同样,在研究水润滑橡胶轴承系统摩擦噪声时,有必要考虑上述影响因素。掌握轴承材料、结构设计参数、载荷、运动速度及环境条件等对水润滑轴承振动噪声的影响规律,才能提出水润滑橡胶轴承系统的减振降噪措施[7]。

7.3.1　摩擦系数对摩擦噪声的影响

摩擦是引起振动噪声的根源。同样,水润滑橡胶轴承系统的振动噪声正是由摩擦激励引起的。水润滑橡胶轴承在低速重载条件下运转时处于混合润滑状态,摩擦系数较大。图 7-8 为不同摩擦系数对水润滑橡胶轴承摩擦噪声的影响。分析时取名义载荷为 0.625MPa,转轴线速度为 0.2m/s。从图 7-8 中可知,系统的不稳定模态主要为 4000Hz 左右,次要模态在 2000Hz 左右。随着摩擦系数的增大,系

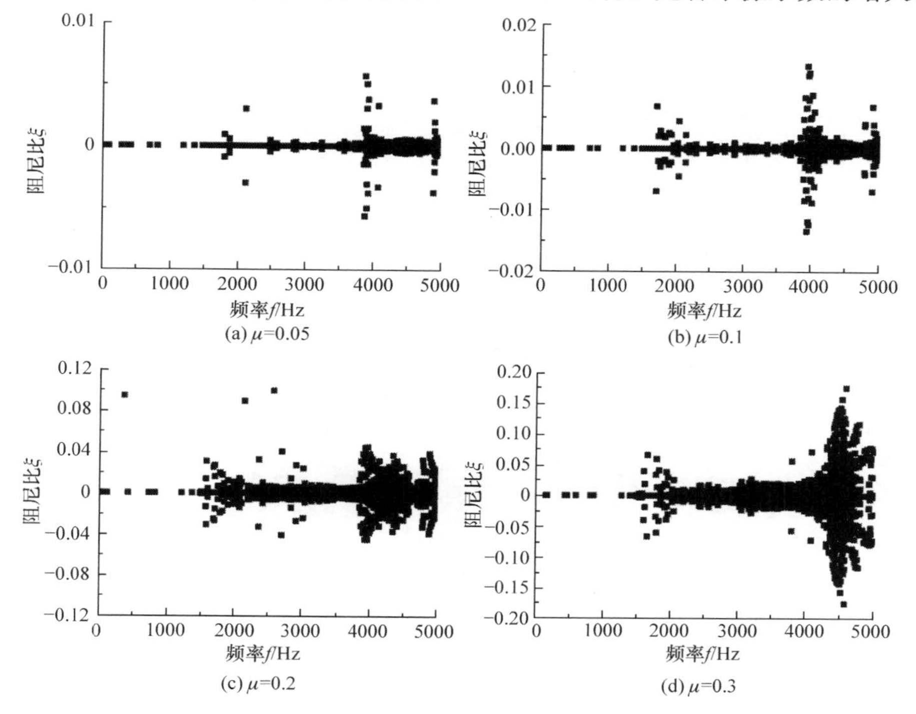

图 7-8　摩擦系数对摩擦噪声的影响

统的不稳定模态越多，耦合程度越高，并且不稳定模态频率下的负阻尼比越大，发生噪声的可能性也越大。摩擦系数为 0.05 和 0.1 时，主要的不稳定模态的频率为 3900Hz。当摩擦系数增大到 0.2 时，系统不稳定模态逐渐增多，特别是 3900～5000Hz 区域十分明显，该段区域发生摩擦噪声的可能性大大增强。当摩擦系数为 0.3 时，系统不稳定模态急剧增多，尤其是集中在 4500Hz 附近，并且阻尼比高达−0.18，容易产生摩擦噪声。

7.3.2　速度对摩擦噪声的影响

在水润滑橡胶轴承实际运行中，轴承的速度对轴承的摩擦系数有显著影响。考虑到有限元模态分析中，难以模拟实际工况中速度引起摩擦系数的变化，故忽略速度对摩擦系数的变化，只考虑速度对水润滑橡胶轴承的摩擦噪声的影响。图 7-9 为不同速度对水润滑橡胶轴承摩擦噪声的影响。分析时取名义载荷为 0.625MPa，摩擦系数为 0.1。结果表明，主轴速度对水润滑轴承系统的复模态特征值分布没有影响。也就是说，摩擦系数一定的情况下，增大主轴速度并不能降低水润滑橡胶轴承的摩擦噪声。

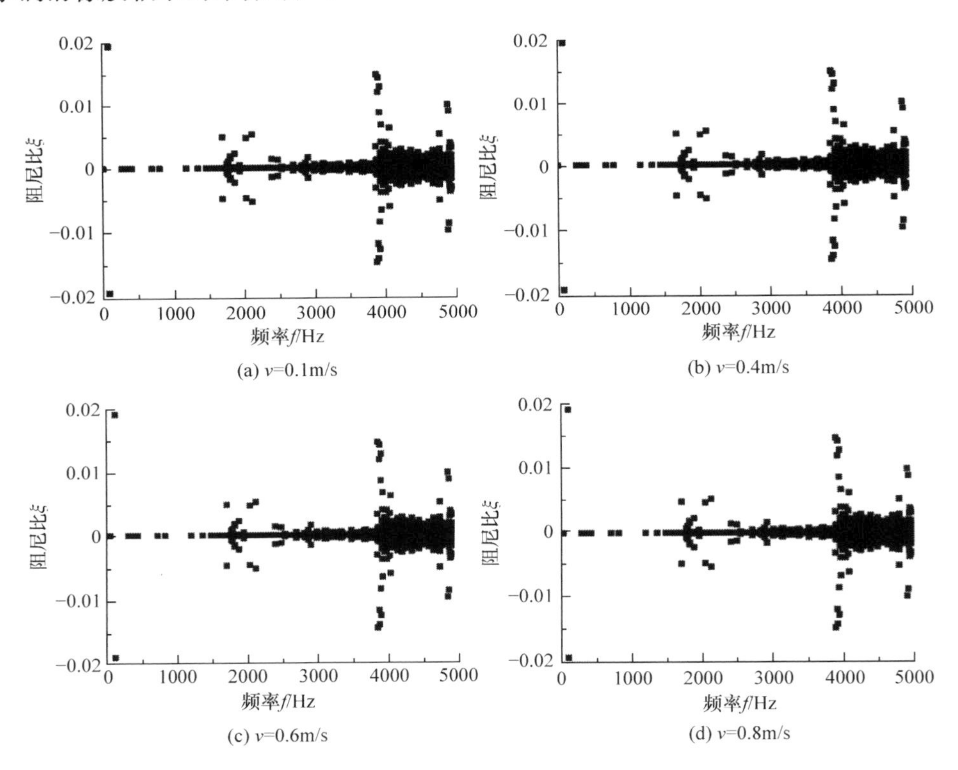

图 7-9　速度对摩擦噪声的影响

7.3.3　载荷对摩擦噪声的影响

实际工况中载荷与速度一样，会引起摩擦系数的变化，但在有限元模态分析中难以考虑载荷引起摩擦系数的改变。与速度对摩擦噪声影响不同的是，载荷会改变轴承的接触状态，如载荷增大，接触面积增大，这势必影响系统的复模态结果。图 7-10 为不同载荷对水润滑橡胶轴承摩擦噪声的影响。分析时取摩擦系数为 0.1，轴承速度为 0.2m/s。结果表明，在载荷为 0.156MPa 时，系统的不稳定模态较少，负阻尼比较小，故发生噪声的可能性也较小。随着载荷的增大，系统的不稳定模态逐渐增多，并且不稳定模态的频率主要为 4000Hz。当载荷增大到一定值后，系统的不稳定模态数量随载荷增大而趋于平缓。可见，水润滑橡胶轴承发生摩擦噪声时存在临界载荷。

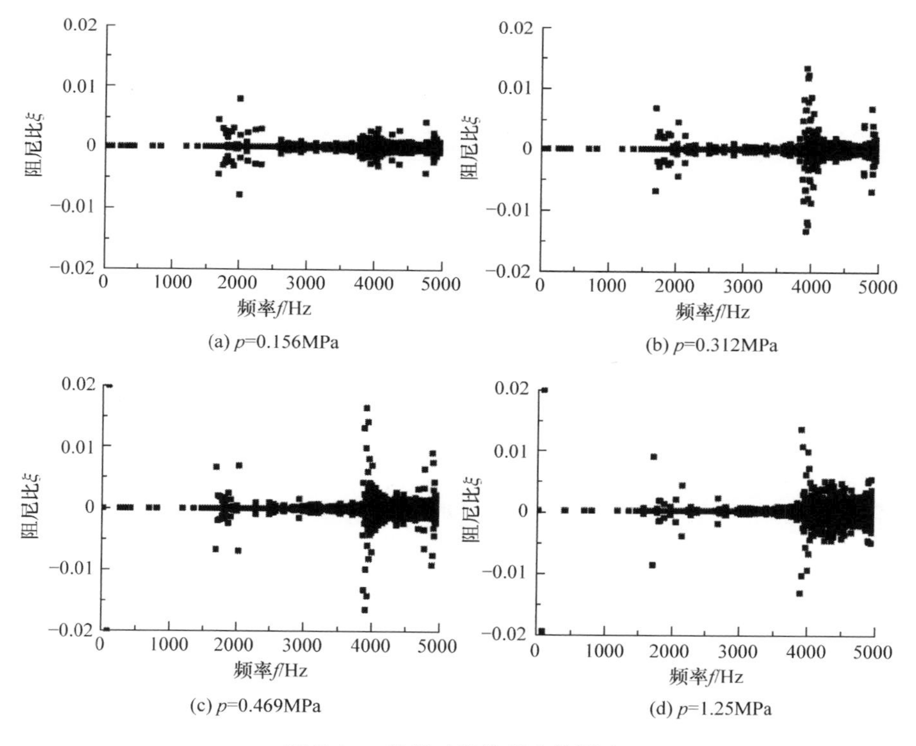

(a) p=0.156MPa　(b) p=0.312MPa　(c) p=0.469MPa　(d) p=1.25MPa

图 7-10　载荷对摩擦噪声的影响

7.3.4　橡胶硬度对摩擦噪声的影响

橡胶硬度是水润滑橡胶轴承的重要参数之一。不同橡胶硬度对水润滑橡胶轴承的摩擦磨损性能影响不同。橡胶硬度和橡胶弹性模量存在一定的联系。参考国际橡胶硬度等级与弹性模量之间的对应关系，本节给出了不同弹性模量即橡胶硬度对水润滑橡胶轴承系统的摩擦噪声影响，如图 7-11 所示。分析时取摩擦系数为 0.1，名义载荷为 0.625MPa，轴承速度为 0.2m/s。橡胶硬度越大，系统的不稳定模态数量越少。当橡胶硬度增大到 85(HA)时，在考察的频率范围即 0～5000Hz 内，系统的不稳定模态非常少，且负阻尼比也较小，表明系统在该频率范围内不会发生摩擦噪声。通过对比还发现，系统的不稳定模态随着橡胶硬度的增大，向高频率方向移动。上述研究表明，在优化设计时，增大橡胶硬度可以降低水润滑橡胶轴承的摩擦噪声，并且控制橡胶的硬度可以改变水润滑橡胶轴承产生摩擦噪声时的频率。

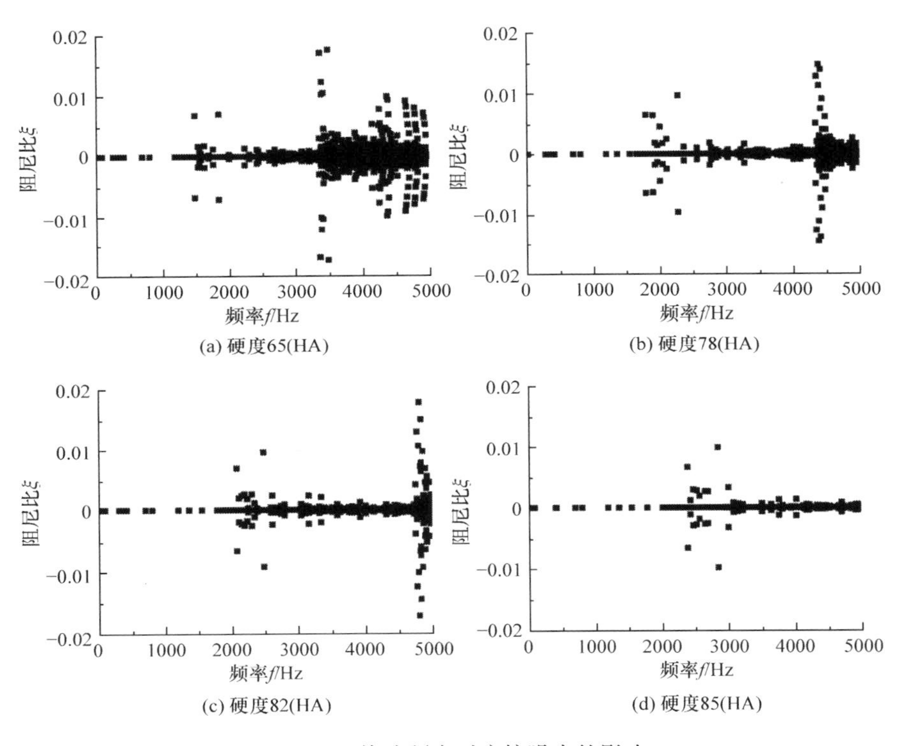

图 7-11 橡胶硬度对摩擦噪声的影响

7.3.5 几何结构对摩擦噪声的影响

1. 沟槽数量对摩擦噪声的影响

水润滑橡胶轴承采用多边圆弧曲面与多纵向凹槽相结合的润滑结构，具有排污、降温和增加润滑的作用。但是，在实际工程应用中，对沟槽数量和布局缺乏相关设计规范和手册。图 7-12 为不同沟槽数量对水润滑橡胶轴承摩擦噪声的影响。分析时取摩擦系数为 0.1,名义载荷为 0.625MPa,轴承速度为 0.2m/s。从图 7-12 中可知,当沟槽数量为 12 时,水润滑橡胶轴承系统不稳定模态数量最少,且负阻尼比也较小,产生摩擦噪声的可能性最小;沟槽数量为 16 的次之;而沟槽数量为 10 和 14 的水润滑橡胶轴承系统不稳定模态数量较多,并且负阻尼比较大,更容易产生摩擦噪声。可见,合理地设计水润滑橡胶轴承的沟槽数量有助于降低系统的摩擦噪声。

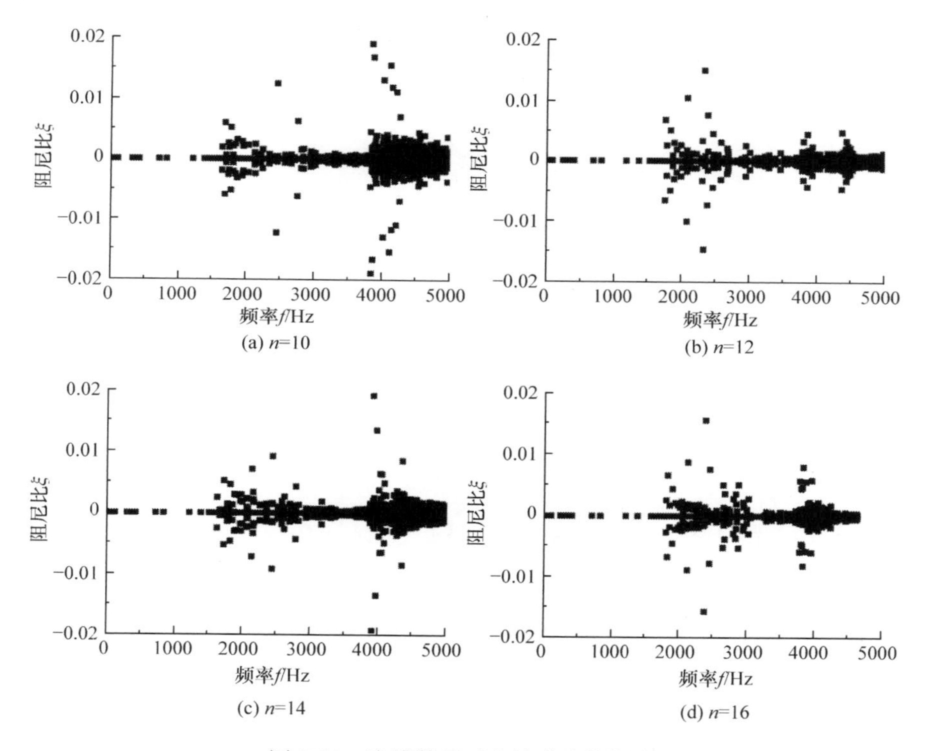

图 7-12　沟槽数量对摩擦噪声的影响

2. 橡胶厚度对摩擦噪声的影响

图 7-13 为不同橡胶厚度对水润滑橡胶轴承系统摩擦噪声的影响。分析时取摩擦系数为 0.1,名义载荷为 0.625MPa,轴承速度为 0.2m/s。从图 7-13 中可以看出,水润滑橡胶轴承系统的不稳定模态的数量随橡胶厚度增大而增多,并且不稳定模态处的负阻尼比越大,系统产生摩擦噪声的可能性也越大。当橡胶厚度为 1mm 时,该系统的不稳定模态负阻尼比几乎为零,表明系统不会产生摩擦噪声。

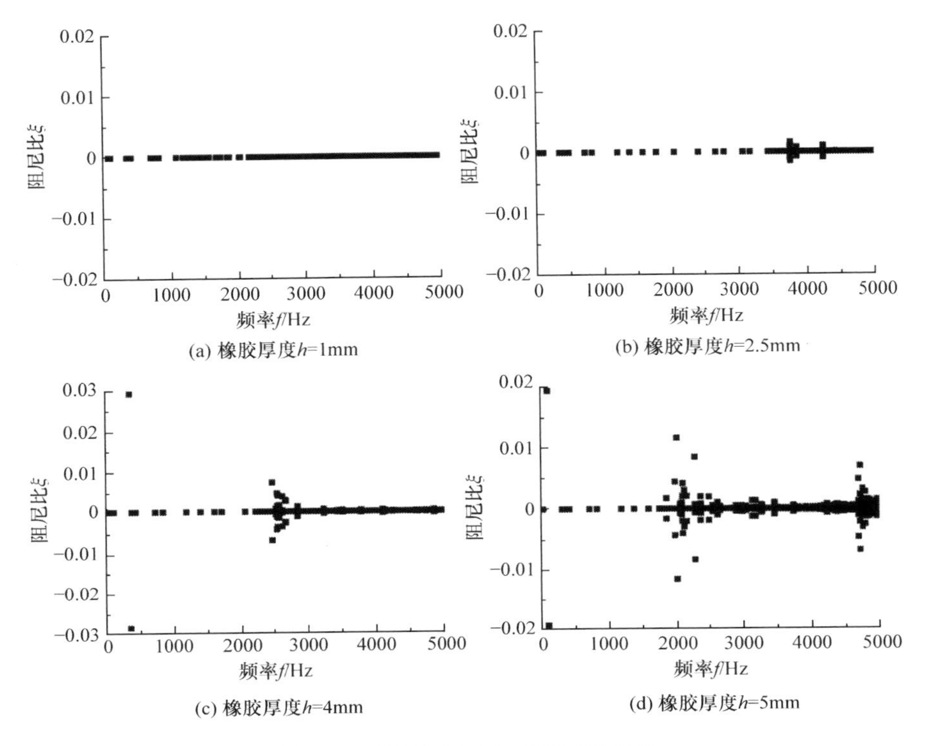

(a) 橡胶厚度h=1mm　(b) 橡胶厚度h=2.5mm

(c) 橡胶厚度h=4mm　(d) 橡胶厚度h=5mm

图 7-13　橡胶厚度对摩擦噪声的影响

因此，在低噪声水润滑橡胶轴承的优化设计中，可以适当减少橡胶厚度。特别是进行大尺寸高比压板条式水润滑橡胶轴承设计时，在保证轴承耐磨损的前提下，尽量减少板条橡胶厚度，以降低水润滑橡胶轴承的摩擦噪声。

参考文献

[1] 李功勋. 水润滑橡胶轴承系统摩擦噪声分析[D]. 重庆：重庆大学硕士学位论文，2011.

[2] 刘静. 水润滑橡胶合金轴承动态特性分析[D]. 重庆：重庆大学硕士学位论文，2011.

[3] 庞剑，谌刚，何华. 汽车噪声与振动——理论与应用[M]. 北京：北京理工大学出版社，2006.

[4] Malekzadeh P，Farid M. Three-dimensional free vibration analysis of thick cylindrical shell resting on two-parameter elastic supports[J]. Journal of Sound and Vibration，2008，313(3-5)：655-675.

[5] Soldatos K P，Hadjigeorgiou V P. Three-dimensional solution of the free vibration problem of homogeneous isotropic cylindrical shells and panels[J]. Journal of Sound and Vibration，1990，137(3)：369-384.

[6] Reddy J N. A generalization of two-dimensional theories of laminated composite plates[J]. Communications in Applied Numerical Methods，2010，3(3)：173-180.

[7] 周广武. 水润滑橡胶合金轴承混合润滑分析与动力学性能优化[D]. 重庆:重庆大学博士学位论文,2013.

[8] 刘文红. 水润滑橡胶合金轴承振动噪声分析与实验研究[D]. 重庆:重庆大学硕士学位论文,2012.

[9] 邱茜. 水润滑橡胶合金轴承的瞬态动力学仿真分析及试验研究[D]. 重庆:重庆大学硕士学位论文,2015.

第8章　水润滑橡胶轴承的摩擦学性能试验研究

8.1　湿磨粒磨损机理

在负荷作用下，固体的摩擦表面之间由液体介质和固体相接触而产生的一种磨粒磨损过程，称为湿磨粒磨损(wet abrasion 或 hydro-abrasion)。湿磨粒磨损作为一种独立的磨损形式还没有得到充分的研究，这种磨损正是水介质中工作的摩擦副早期失效的主要原因。

在含有沙粒的水中，金属、塑料或硬木轴承的磨损是指，沙粒夹入轴和轴承，在沙粒与轴和轴承接触的局部表面产生很高的接触应力，使得沙粒嵌入轴承表面内，但由于这些材料的硬度都比较高，沙粒只能是小部分嵌入，大部分外露，因此在轴与轴承运转过程中将轴划伤，而划伤后轴的粗糙表面又将轴承磨损。

对于橡胶轴承，由于硬度小，在含沙量不是很高的情况下，夹入轴和轴承之间的沙粒会由于轴的作用完全压入轴承表面内，使轴的划伤大为减少。橡胶材料本身具有弹性，轴承表面本身也不会受到损害。据有关研究资料表明：对于丁腈橡胶，与干磨粒磨损相比，在水润滑条件下的湿磨粒磨损的磨损率大幅度下降，至少下降到干磨粒磨损时的1/10，而其相应的摩擦力只减少了10%。

按照固相颗粒在液体介质中的位置是否固定，可将湿磨粒磨损分为两类，即自由磨粒作用下的湿磨粒磨损和固定磨粒作用下的湿磨粒磨损，前者是指固相颗粒在液体介质中的位置不固定的条件下产生的湿磨粒磨损，而后者一般是指在清水介质条件下橡胶与粗糙固体表面对磨而产生的一种湿磨粒磨损。橡胶轴承在含沙量较高的水介质中运转，其磨损形式属于自由磨粒作用下的湿磨粒磨损(三体磨损)，由于水是橡胶轴承最理想的润滑剂，橡胶轴承在清水和含沙量较低的水介质中的磨损是很小的，可以忽略不计，所以本书重点对橡胶轴承在含沙量较高的水介质中的湿磨粒磨损过程和磨损机理进行阐述[1-3]。

8.1.1　湿磨粒磨损的物理过程

本节在试验参数如表8-1所示条件下，对丁腈橡胶轴承自由磨粒作用下湿磨粒磨损的物理过程进行研究和分析。

表 8-1　自由磨粒作用下的湿磨粒磨损试验条件

试验参数 \ 试验序号	1	2
轴转速/(r/min)	500	1000
载荷/N	1000	2000
温度/℃	20	20
轴承尺寸	ϕ45mm×65mm×80mm	ϕ45mm×65mm×80mm

磨损表面形貌的基本特征是表面存在许多平行而间距不均匀的撕裂条纹和微观的层状表面结构(图 8-1)。在其他条件相同的情况下,其撕裂条纹的间距大体上随润滑水中含沙量的增加而减小(图 8-2),而其条纹的深度随法向载荷的增大而增加(图 8-3)。磨粒磨损后的橡胶表面上均有机械作用产生的凹坑和塑性断裂碎片,并且在磨损表面上有裂纹和表层脱落的剥离层。

为了进行对比,图 8-4 给出了在相同条件下以清水作为介质的湿磨粒磨损(即固定磨粒作用下的两体湿磨粒磨损)的表面形貌,由图可见,其表面也具有一些间距不均匀的平行的擦伤条纹和微观层状结构。在磨损表面上可以看到许多平行的、排列整齐的撕裂条纹以及条纹边缘的变形(图 8-5)。由此可见,丁腈橡胶在固定磨粒作用下,其湿磨粒磨损的主要物理过程仍然是磨粒的犁削作用所产生的微观撕裂,但与自由磨粒作用下的湿磨粒磨损相比,由于其磨粒的数量增多,而且位置固定,因而在磨损表面上产生的撕裂条纹的数量增加,而且排列也更加整齐和均匀。

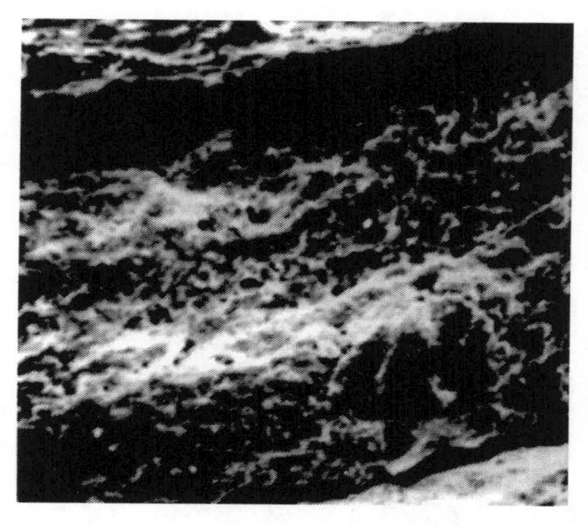

图 8-1　丁腈橡胶磨损花纹(含沙量为 2.0%(质量分数),载荷为 1000N)(×1500)

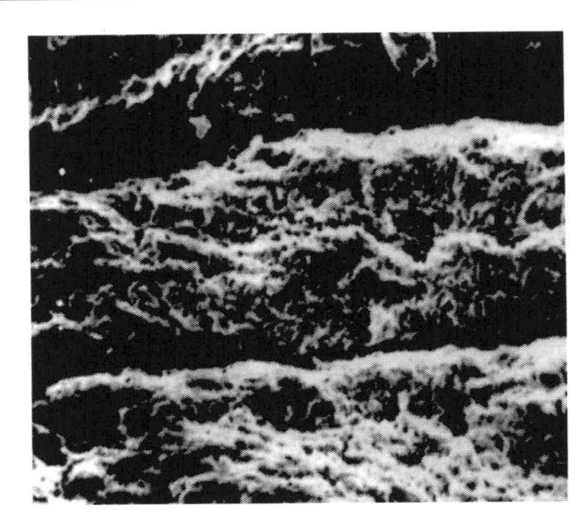

图 8-2　丁腈橡胶磨损花纹(含沙量为 5.0%(质量分数),载荷为 1000N)(×1500)

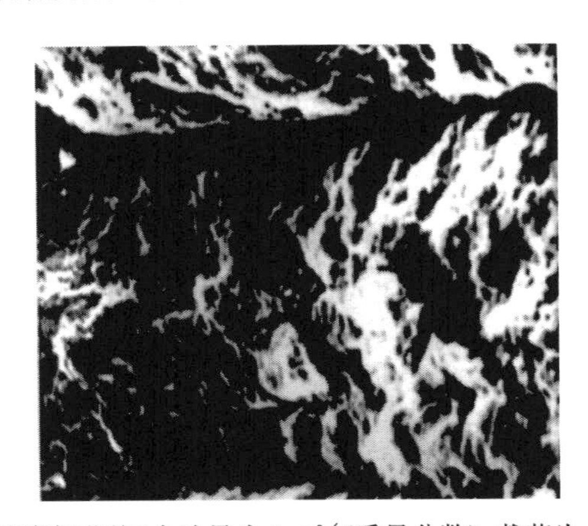

图 8-3　丁腈橡胶磨损花纹(含沙量为 5.0%(质量分数),载荷为 2000N)(×1500)

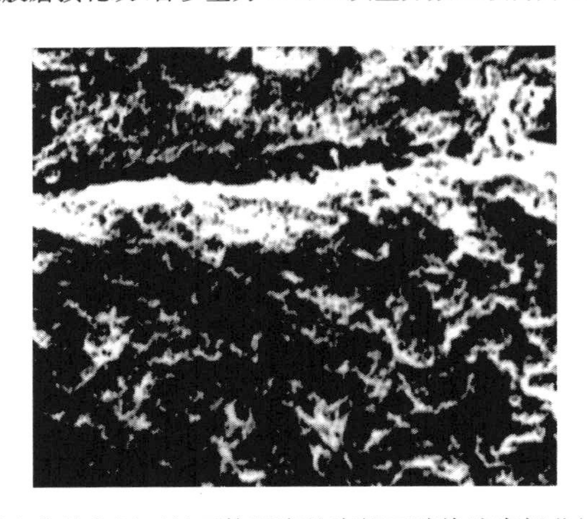

图 8-4　固定磨粒作用下的两体湿磨粒磨损丁腈橡胶磨损花纹(×1500)

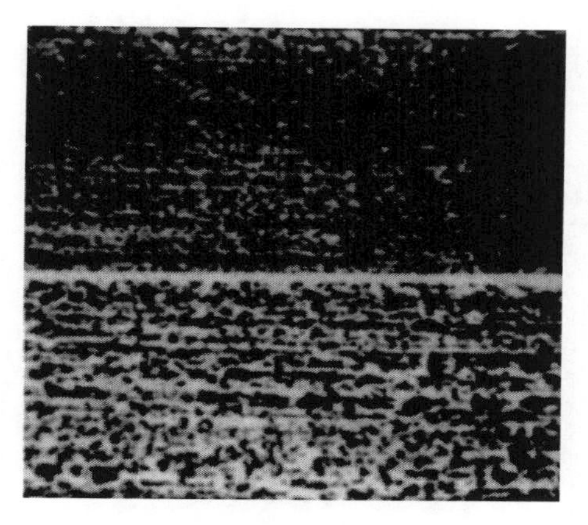

图 8-5　两体湿磨粒磨损条件下橡胶磨损花纹(×1000)

在较高的轴转速和较大的载荷下，以含沙的水为润滑介质，在磨损过程中有磨屑产生(图 8-6)，磨损后的丁腈橡胶表面上可以明显看到犁削产生的沟槽，而在沟底出现撕裂的层状结构(图 8-7)。

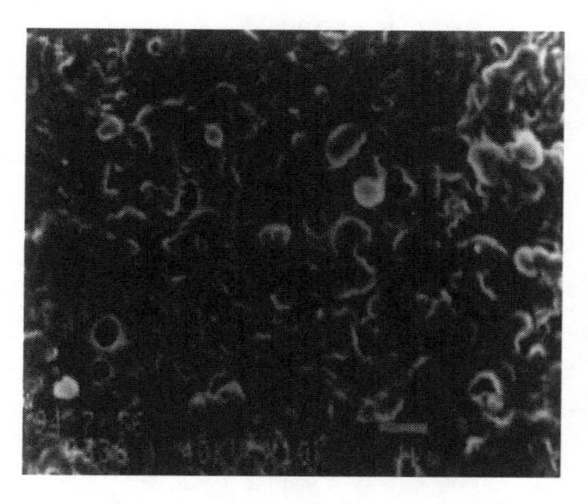

图 8-6　丁腈橡胶在含沙的水介质中磨损表面的形貌(×1500)

在含沙清水、PAM 溶液和碱液三种介质中，磨粒磨损后的丁腈橡胶的磨损表面上均有机械作用产生的凹坑和塑性断裂碎片。其中，在含沙清水和 PAM 溶液介质的情况下，磨损表面上有裂纹和表层脱落的剥离层(图 8-8 和图 8-9)，而在碱液介质的情况下，磨损表面没有发现明显的疲劳裂纹(图 8-10)。

图 8-9 和图 8-10 给出了在含沙的 PAM 溶液和含沙的碱液中的磨损表面的形貌。表明丁腈橡胶在清水和在 PAM 溶液中发生磨粒磨损时，以疲劳磨损为主；而在碱液中，由于丁腈橡胶水解程度很大，橡胶材料表面的力学性能下降，在颗粒的切削作用和液体的冲刷作用下，材料表面很快被磨损，疲劳裂纹来不及扩展，因而微切削是其主要的磨损机制，这可能也是丁腈橡胶在这种介质中磨损最严重的原因。

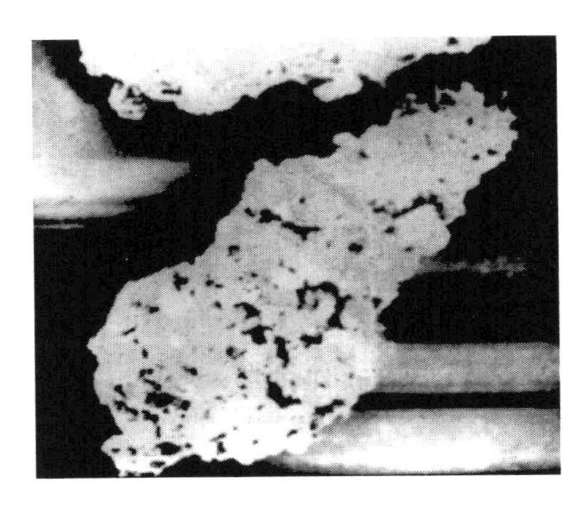

图 8-7　丁腈橡胶磨损表面的形貌(×3000)

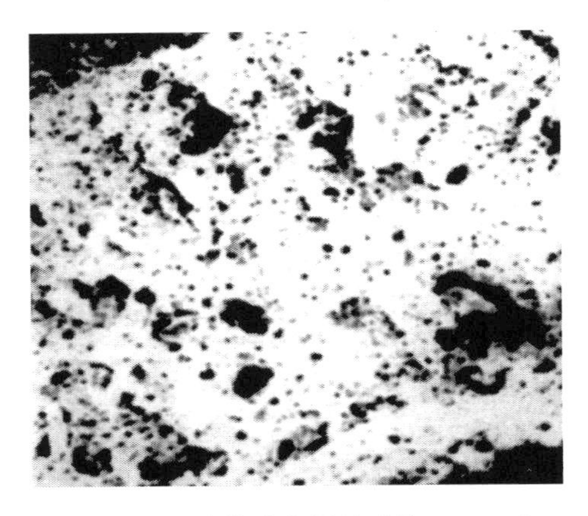

图 8-8　丁腈橡胶磨屑的形状(×3000)

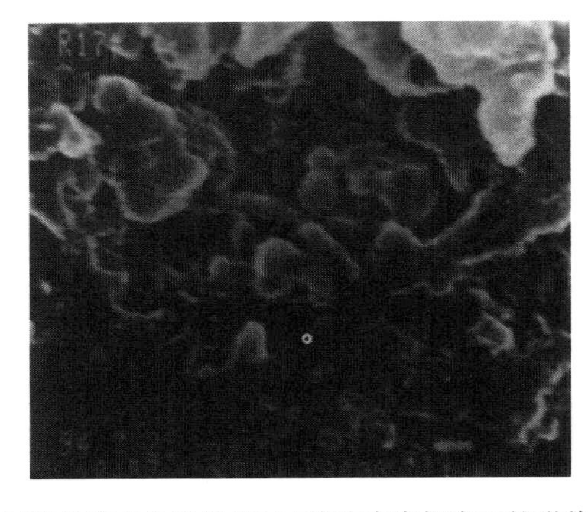

图 8-9　丁腈橡胶在含沙的 PAM 溶液中磨损表面的形貌(×1500)

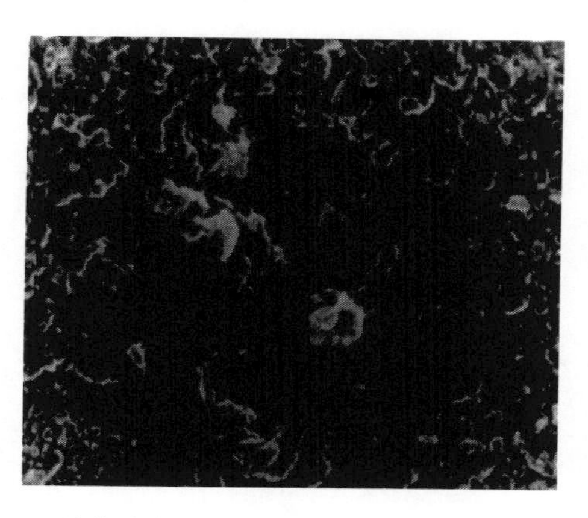

图 8-10　丁腈橡胶在含沙的碱液中磨损表面的形貌(×1500)

由磨损表面的表面形貌可以看出,自由磨粒作用下的湿磨粒磨损形成的撕裂条纹的边缘比图 8-4 所示擦伤条纹的边缘更不规则,由此可以推断,这些形状不规则的自由磨粒在摩擦表面上沿运动方向对橡胶表面产生的犁削作用,不仅是单一的滑动摩擦作用,而且存在滚动摩擦作用。

一般情况下,磨损表面的微观层状结构的磨损花纹生长的方向几乎与运动方向垂直(图 8-1 和图 8-2),然而,当法向载荷增加到某一极限值时,其磨损花纹生长的方向便与运动方向平行(图 8-3)。这是因为在重载荷接触的情况下,液体中沙粒的流动性更差,橡胶试件就好像与一个表面粗糙的丝网对磨,此时,微观层状结构沿滑动方向形成一种类似丁腈橡胶在聚酯丝网上对磨所形成的磨损花纹。

微观层状结构的细化程度表明磨损表面磨损的严重程度,表面微观脱层形成的机理可能是机械应力作用使微观分子断裂或分子链重复破坏所致[4-7]。

因此,可以得出以下结论:自由磨粒作用下的湿磨粒磨损的机理同时包括两种物理过程,即在粗大固相颗粒作用下产生的具有一定方向性的微观撕裂和在细小固相颗粒作用下产生的无方向性的微观脱层或抛光。

8.1.2　磨损率的影响因素

影响磨损率的主要因素有载荷、轴转速、磨粒粒度、磨粒浓度等。

1. 载荷

随着载荷的增大,沙粒压入橡胶表面的深度也增加,因而磨损速率增大,并按指数关系增长。不同含沙量的试验条件下,湿磨粒磨损试验结果如图 8-11 所示。

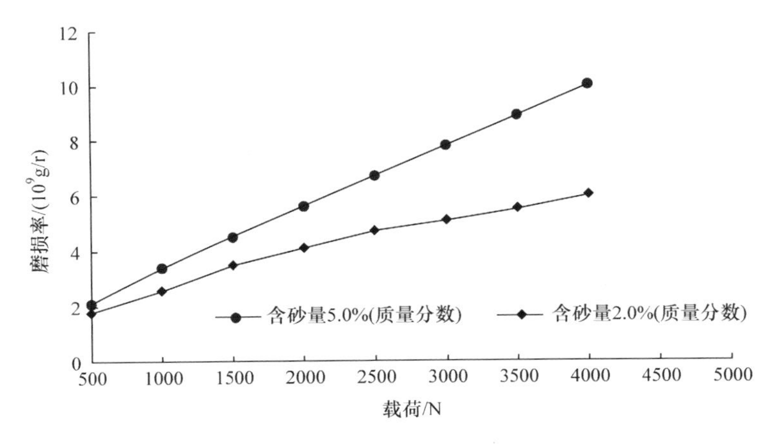

图 8-11　载荷对磨损率的影响

由图 8-11 可知，在含沙量为 2.0%的水介质中，磨损率随载荷的增大而增大的趋势比较平缓，这是因为轴承系统的动压润滑随载荷的增大而增强，在一定程度上抵消了沙粒对轴承的磨损作用。但在含沙量为 5.0%的水介质中，沙粒的磨损作用占主导地位，磨损率随载荷的增加而直线增大。

对试验数据进行拟合，可得到如下关系式。

在含沙量为 5.0%的水介质中：

$$A=0.0022W+1.2 \tag{8-1a}$$

在含沙量为 2.0%的水介质中：

$$A=-0.15\times10^{-9}W^3+0.93\times10^{-6}W^2+0.3375\times10^{-3}W+1.418 \tag{8-1b}$$

式中，A 为磨损率，g/r；W 为载荷，N。

2. 轴转速

随着轴转速的增加，一方面，沙粒对橡胶表面犁削的动能和作用频率增加，因而磨损速率加大，而且也按指数关系增长；另一方面，水膜厚度随转速的增加而变大，系统的润滑作用增强，磨损率随转速的增大而减小。因此，磨损率先随转速的增大而增大，然后随转速的增大而减小。载荷为 2000N 的试验条件下，在含沙量为 5.0%的水介质中，磨损率随转速变化的结果如图 8-12 所示。

对试验数据进行拟合，可得如下关系式。

当转速 $n\leqslant600$r/min 时，有

$$A=0.6\times10^{-5}n^2+0.764\times10^{-2}n+4.232 \tag{8-2}$$

当转速 $n>600$r/min 时，有

$$A=0.433\times10^{-11}n^3+0.625\times10^{-5}n^2-0.225\times10^{-1}n+22 \tag{8-3}$$

式中，A 为磨损率，g/r；n 为转速，r/min。

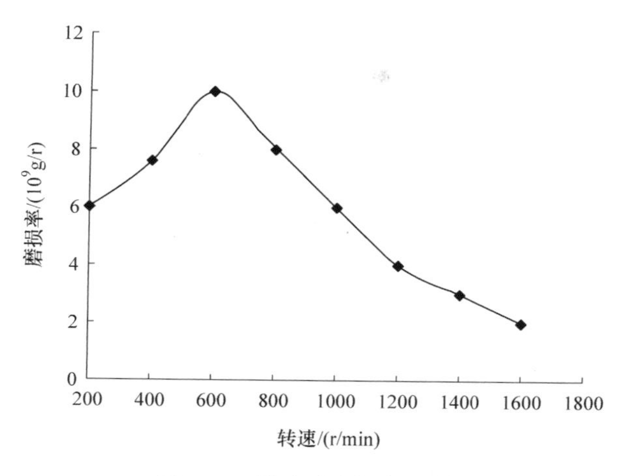

图 8-12　转速对磨损率的影响

3. 磨粒粒度

由图 8-13 可见，载荷为 2000N、转速为 1000r/min 的试验条件下，在含沙量为 5%(质量分数)的水介质中，磨损率随磨粒粒度的增加而增大。这是因为，磨粒粒度的增大，在轴转速一定的情况下，磨粒对橡胶轴承表面的冲击动能增加，从而加大了磨粒对材料表面的作用力。但增大到一定程度后，磨损速率的增长趋于平缓，因为随着磨粒粒度的进一步增大，在磨粒浓度不变的情况下，磨粒粒度的增大就意味着润滑液中所含磨粒的数量减少，从而使磨粒对橡胶轴承表面作用的次数减少，因此，当磨粒粒度增大到一定数值后，橡胶轴承的磨损率基本维持不变。

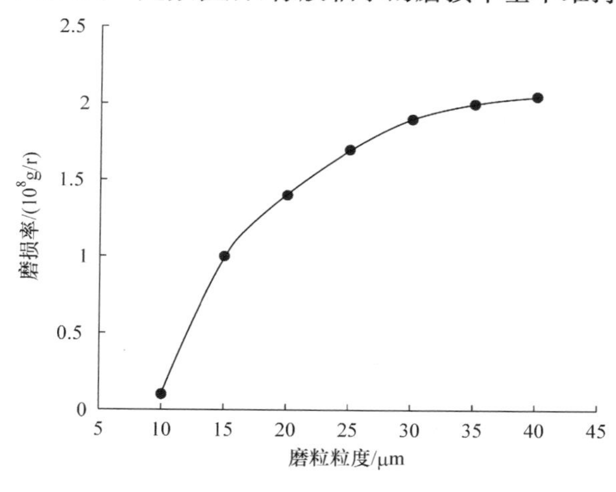

图 8-13　磨粒粒度对磨损率的影响

对试验数据进行拟合,可得如下关系式:

$$A=-0.433\times10^{-5}\theta^3-0.4\times10^{-2}\theta^2+0.25\theta-2 \tag{8-4}$$

式中,A 为磨损率,g/r;θ 为磨粒粒度,μm。

4. 磨粒浓度

载荷为 2000N、轴转速为 1000r/min 的试验条件下,磨粒浓度对橡胶轴承磨损率的影响如图 8-14 所示。一般情况下,浓度增加,磨粒数目增多,使磨损率增大,但浓度过大,磨粒之间的相互干扰增加,从而会减少磨粒对橡胶轴承表面的作用次数。因此,橡胶轴承的磨损率增长到一个最大值之后会逐渐下降。

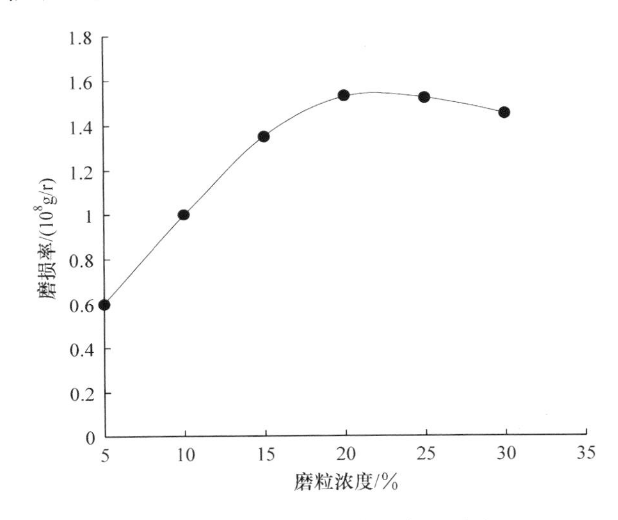

图 8-14　磨粒浓度对磨损率的影响

对试验数据进行拟合,可得如下关系式:

$$A=-0.293\times10^{-2}x^2+0.139x-0.07 \tag{8-5}$$

式中,A 为磨损率,g/r;x 为磨粒浓度,%。

8.2　水润滑橡胶轴承摩擦学性能试验标准

8.2.1　试样

试样为橡胶轴承和钢套组成的一对摩擦副,如图 8-15 所示。

水润滑橡胶轴承采用注塑或模压等方法成形,必要时可以机加工,要求试件表

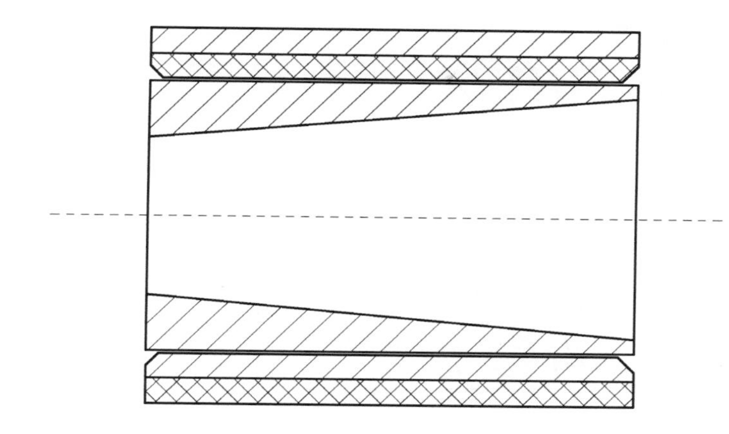

图 8-15　水润滑橡胶轴承和钢轴套

面光滑，表面粗糙度 R_a = 1.1～1.9μm（橡胶衬套硬度为 60（HA），表面粗糙度为 1.1μm；橡胶合金衬套硬度为 70（HA），表面粗糙度为 1.6μm；橡胶衬套硬度为 90（HA），表面粗糙度为 1.9μm），同时要求材质无气泡、裂纹、分层、明显杂质和加工损伤等缺陷。橡胶轴承内径的测量需装入轴承座后进行。钢轴套材料为 45＃钢，经淬火、回火，使表面硬度达 HRC43～47。此外，每组试样不少于 5 对。

8.2.2　仪器

使用具有下列结构和性能的滑动轴承试验机。

（1）传动系统：能保证钢轴套以给定的转速旋转，旋转精确度到 5％以内，并要求钢轴套安装部位轴的径向跳动小于 0.01mm。

（2）加载系统：能对试样施加稳定的径向载荷，精确到 2％以内。

（3）测定和记录系统：测定和记录磨损，其随机均方根差小于 3％；测定和记录摩擦力矩，其随机均方根差小于 2.5％；测定和记录温升，用直径 ϕ0.5mm 的铜-康铜热点偶装入橡胶轴承内，并距轴承内表面 0.5～1mm 处测温，误差小于 5℃。

8.2.3　试验步骤

（1）采取定速变载或定载变速的试验方法。

（2）将橡胶合金轴承安装到试验机的轴承座（图 8-16），拧动螺母压紧，用精度不低于 0.01mm 的量具测量并记录内径尺寸。

（3）将钢轴套安装到试验机的主轴上，拧动螺母压紧，用精度不低于 0.01mm 的量具测量并记录钢轴套外径尺寸，并用千分表测量钢轴套径向跳动，应小于 0.02mm。

(4) 用于橡胶轴承不发生化学作用的溶剂清除试样表面油污。

(5) 装有橡胶轴承的轴承座套在钢轴套上，如图 8-16 所示，用手转动试验机主轴，在旋转无障碍后启动电动机。

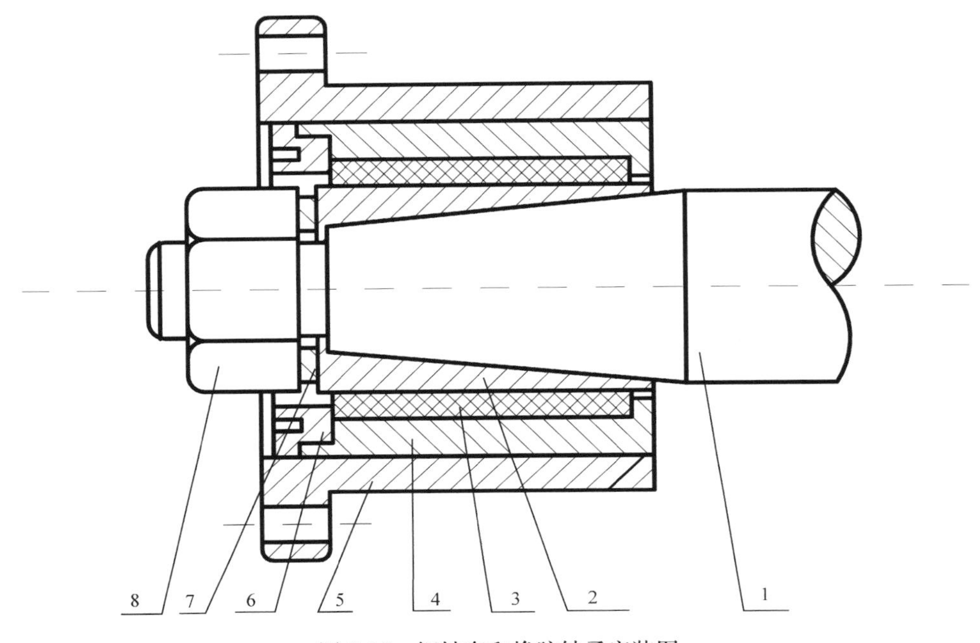

图 8-16　钢轴套和橡胶轴承安装图

1-主轴；2-钢轴套；3-轴承；4-轴承座 1；5-轴承座 2；6-垫圈；7-压紧螺母；8-螺母

8.2.4　计算结果

作用于轴承上的平均比压按式(8-6)计算：

$$p=\frac{W}{LD} \tag{8-6}$$

式中，p 为作用于轴承上的平均比压，Pa；L 为轴承长度，mm；D 为轴承内径，mm；W 为极限负荷，N。

作用于轴承上的平均比压(p)乘以轴承滑动速度(v，m/s)即得 pv 值，速度可按式(8-7)计算：

$$v=\frac{\pi dn}{60\times1000} \tag{8-7}$$

式中，d 为钢轴外径，mm；n 为主轴转速，r/min。

计算压强 p 和 pv 值的算术平均值。如果要求标准偏差 S，可按式(8-8)计算：

$$S=\sqrt{\frac{\sum_{i=1}^{\alpha}(X_i-\overline{X})^2}{\alpha-1}} \tag{8-8}$$

式中，X_i 为每个试样的测定值；$\overline{X}$ 为一组试样测定结果的算术平均值；α 为测定的试样个数。

8.3　水润滑橡胶轴承摩擦学性能试验

8.3.1　试验方法

1. 试验装置

试验采用 MPV-20B 屏显式摩擦磨损试验机，试验机由交流电机（13kW，2880r/min）拖动，油泵加载，试验数据的采集与处理均由计算机自动完成。摩擦系数可以通过计算机直接读出，试验机原理图如图 8-17 所示[8-10]。

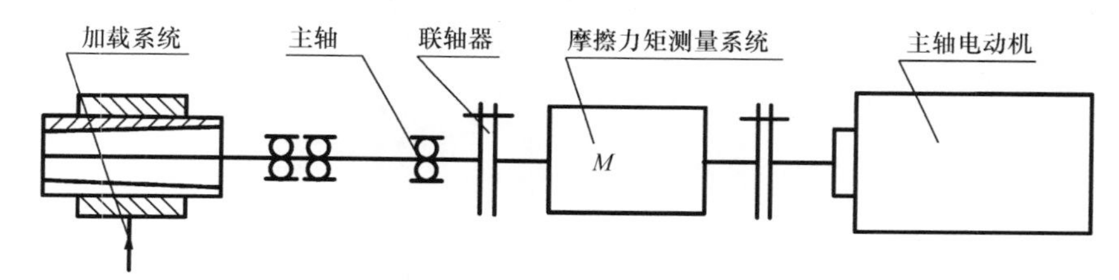

图 8-17　MPV-20B 型摩擦试验机原理图

在该试验装置中可测量的参数有：径向载荷 W、转速 n、摩擦力矩 M 和轴承间隙 C_0，以及轴承的内径 D、长度 L，轴承所承受的压强 p 的计算公式为

$$p=\frac{F}{D\times L} \tag{8-9}$$

摩擦系数 f 的计算公式为

$$f=\frac{2M}{F\times D} \tag{8-10}$$

2. 试验轴承、试验轴结构及参数

本试验用轴承结构和轴结构示意图如图 8-18 和图 8-19 所示。

试验轴采用 GCr15 制造，表面镀铬，通过镀铬层的厚薄来控制轴承的间隙。轴承外套用黄铜，内衬是橡胶材料。

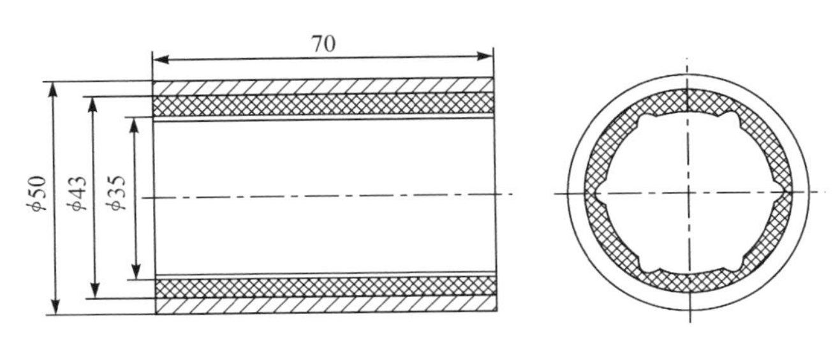

图 8-18 轴承试样结构(单位:mm)

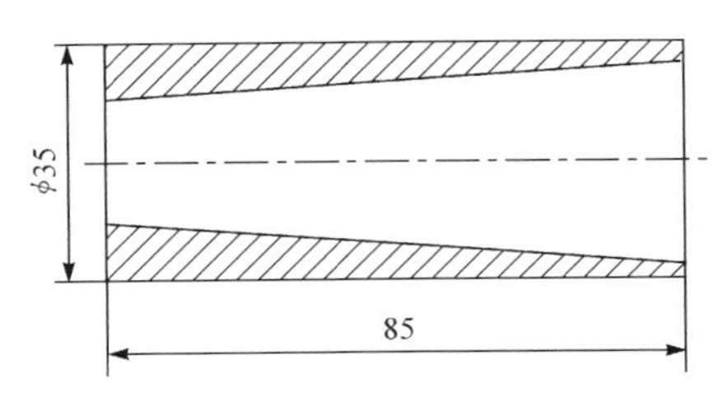

图 8-19 试验轴结构(单位:mm)

8.3.2 摩擦系数试验研究

1. 轴转速对摩擦系数的影响

这里以 $C_0=0.085$mm 为例,得到摩擦系数随轴转速变化的趋势如图 8-20 所示。从图 8-20 中可明显看出,在载荷一定时,随着转速的变大,摩擦系数明显减小,最后趋于平缓。

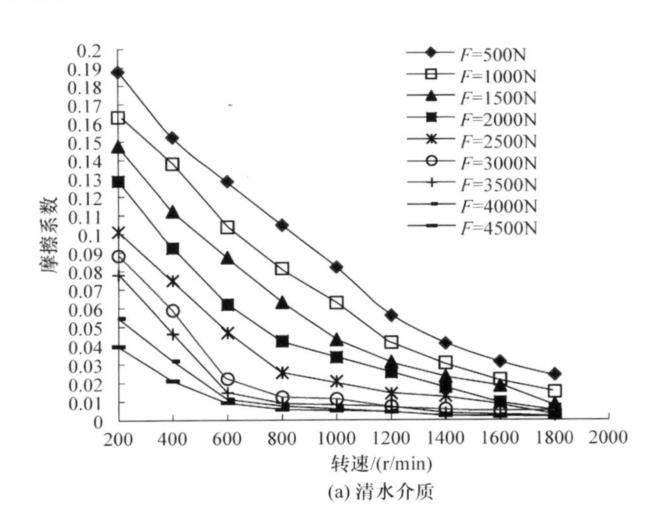

(a) 清水介质

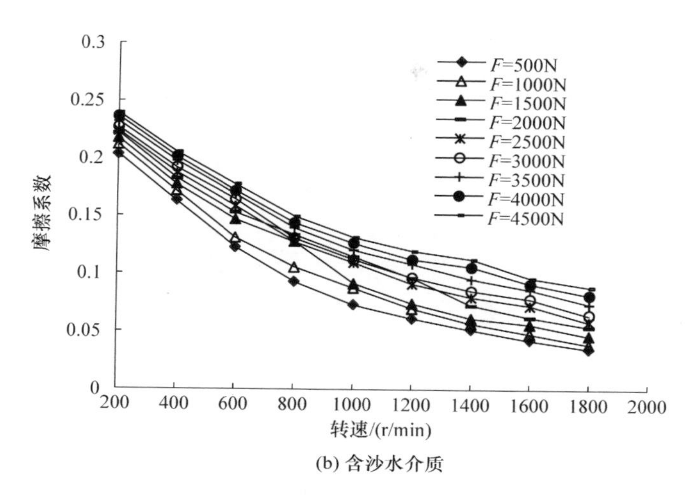

(b) 含沙水介质

图 8-20　摩擦系数随转速的变化

当轴承承受载荷以后，在转速很低的情况下，使吸附性水膜不能包容整个轴面，轴承与轴之间的润滑状态主要是干摩擦或边界润滑，所以摩擦系数较大。随着转速的增大，由于速度的抽吸作用，轴承与轴之间形成润滑水膜，转速增大，水膜变厚，润滑作用增强。同时，水膜的楔形效应使轴承的承载能力大大提高，摩擦系数大大降低。随着轴转速的继续增大，轴承与轴之间的动压效应进一步加强。

2. 载荷对摩擦系数的影响

这里以 $C_0=0.085$mm 为例，得到摩擦系数随载荷变化的趋势如图 8-21 所示。通过图 8-21(a)可以看出，在清水介质中，橡胶轴承的摩擦系数随载荷的增加而减小，最后逐渐平缓。在载荷较低时，轴承所受的压力较小，橡胶的弹性变形不起作用，此时的润滑状态只是处于边界润滑状态，而且橡胶材料具有良好的自润滑性能，因而摩擦系数较低。随着载荷的增大，边界膜破裂，两固相表面同时接触的面积增加，摩擦系数增大。当载荷达到一定程度时，轴承所受压力增加，局部的橡胶合金产生弹性变形形成润滑水膜，因而在轴承的界面上出现部分弹流润滑，也就是前所述的颈缩效应，从而摩擦系数下降。但当载荷无限增大时，润滑水膜不足以支承载荷，将会导致干摩擦，摩擦系数又会急剧升高。

通过图 8-21(b)可以看出，在含沙水介质中，橡胶轴承的摩擦系数随载荷的增加而线性增大。这是由于沙粒参与了摩擦磨损作用，载荷越大，沙粒的摩擦作用越强。因此，摩擦系数随载荷的增加而线性增大。

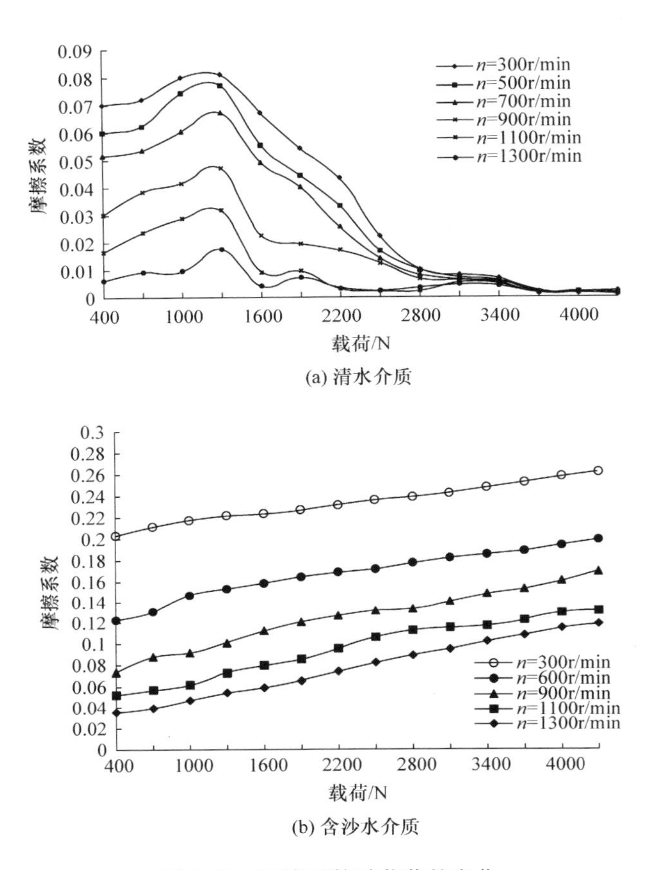

(a) 清水介质

(b) 含沙水介质

图 8-21 摩擦系数随载荷的变化

3. 轴承间隙对摩擦系数的影响

在载荷为 3000N 时,轴承间隙对摩擦系数的影响如图 8-22 所示。由图 8-22 可以看出,轴承间隙为 0.15mm 时,摩擦系数最小。

在间隙过大时,轴承与轴之间不容易形成动压效应,润滑状态属于边界润滑;而间隙过小时,由于橡胶的弹性变形,很容易导致两润滑表面直接接触,形成干摩擦,因而其摩擦系数最高。显然这个间隙值与轴承的内径有关,即轴承的内径越大,轴承间隙也应该越大,再加上轴承有受力后的弹性变形,因而水润滑橡胶轴承的定心精度一般没有金属轴承高。

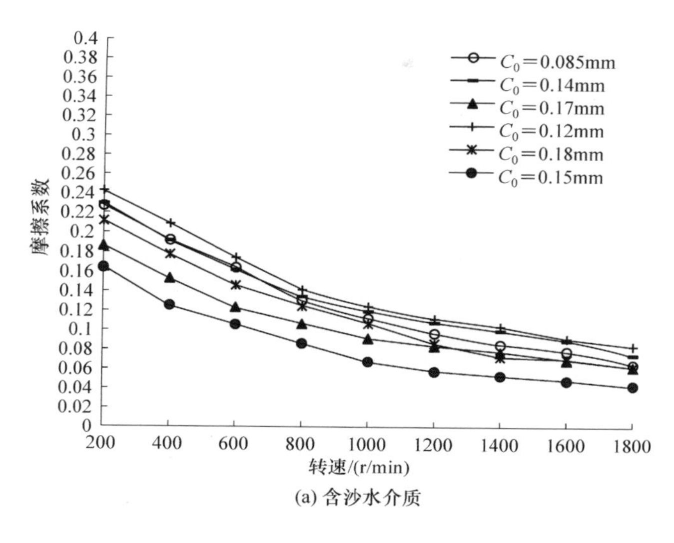

(a) 含沙水介质

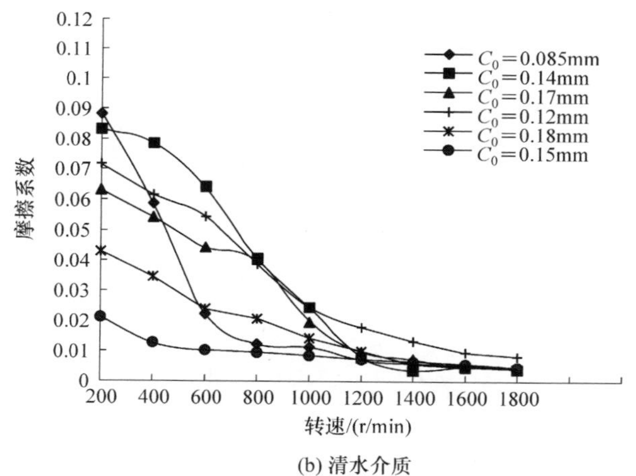

(b) 清水介质

图 8-22　不同轴承间隙下摩擦系数与转速的关系

4. 橡胶衬层硬度对摩擦系数的影响

图 8-23 给出了同种材料橡胶轴承在不同轴承比压、不同硬度下的摩擦特性曲线。结果表明，相同材料、不同硬度对轴承摩擦特性有较大影响，橡胶轴承越硬，其在低速下产生的摩擦系数越大。因此，在确定水润滑橡胶轴承材料时，必须考虑轴承硬度对摩擦特性的影响，选用硬度较低的轴承材料，使轴承在低速下有较好的摩擦特性。

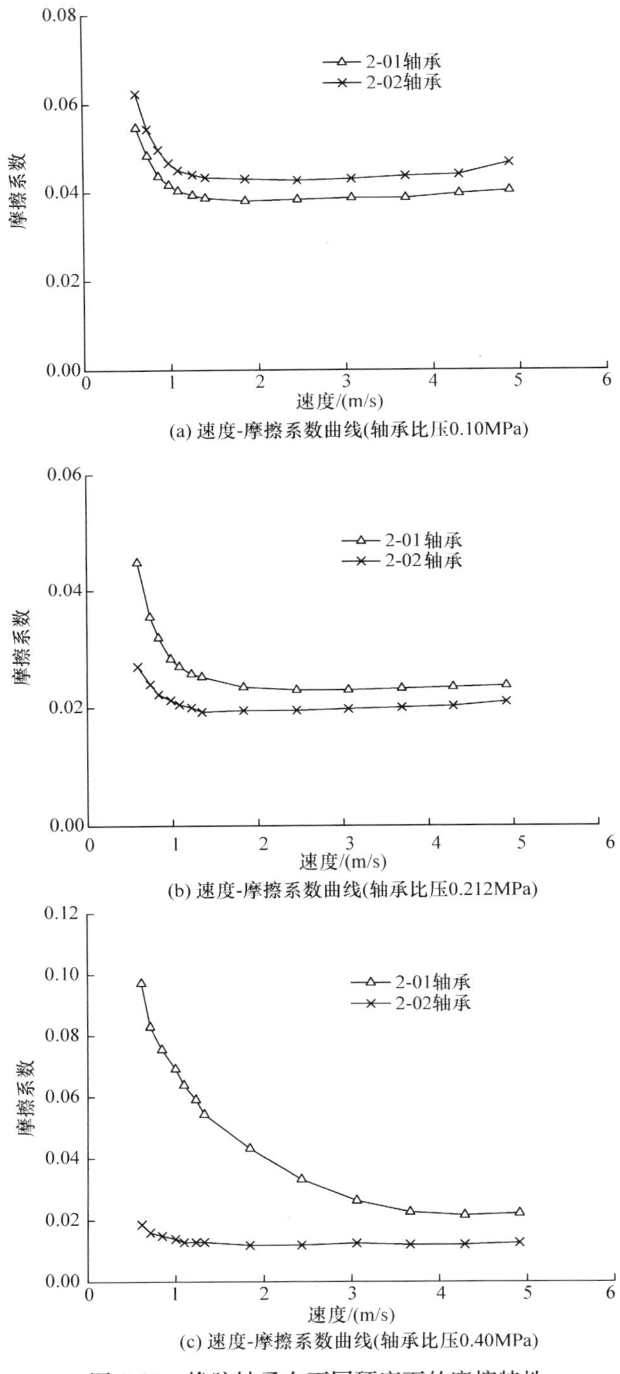

(a) 速度-摩擦系数曲线(轴承比压0.10MPa)

(b) 速度-摩擦系数曲线(轴承比压0.212MPa)

(c) 速度-摩擦系数曲线(轴承比压0.40MPa)

图 8-23　橡胶轴承在不同硬度下的摩擦特性

5. 橡胶衬层形状对摩擦系数的影响

水润滑轴承板条形状主要有凹面形和平面形两种。水润滑轴承建立水膜的唯一途径就是靠轴与轴承之间的相对运动，将液体带入楔形角中，而形成水膜的条件之一是要求楔形角要足够小。由于轴承要承受径向载荷，这个力会将流体挤出轴承的承载区，所以对于不同结构尺寸的水润滑轴承，都有一个建立润滑的最低转速。传统凹面形(弧形)弧形板条的边缘起到了类似于橡胶刮雨器的作用，将润滑液从轴上刮掉，使其形成液膜困难，从而大大增加了摩擦和磨损。因此，凹面形轴承建立水润滑所需的轴系转速要高于平面形轴承。图 8-24 给出了同种材料橡胶轴承在不同轴承比压、不同轴瓦形状下的摩擦特性曲线。

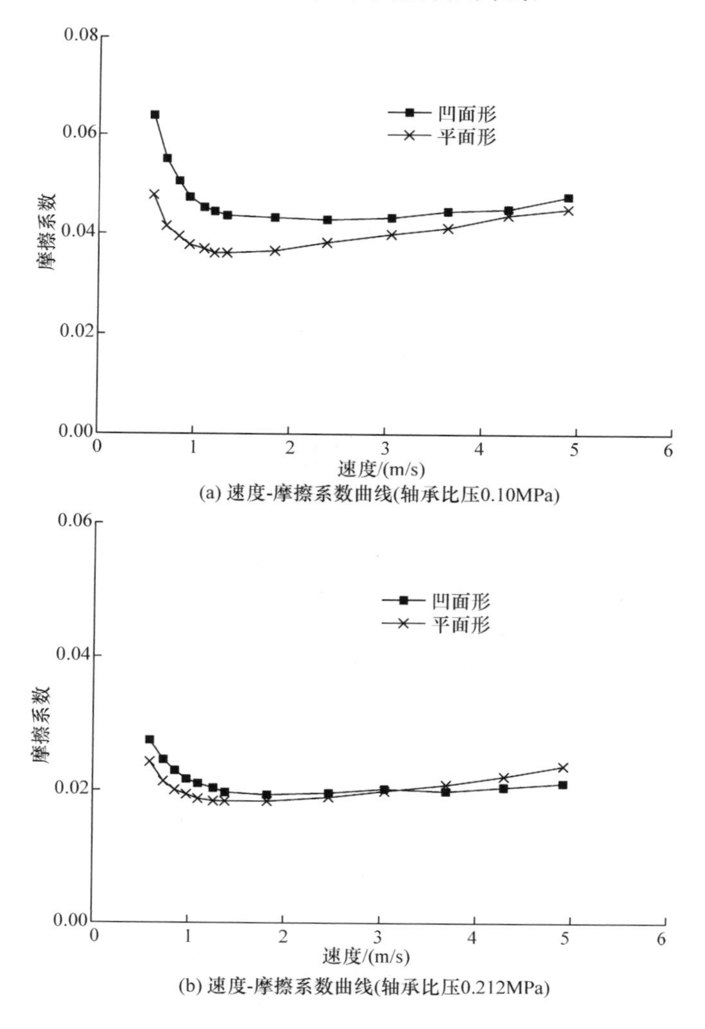

(a) 速度-摩擦系数曲线(轴承比压0.10MPa)

(b) 速度-摩擦系数曲线(轴承比压0.212MPa)

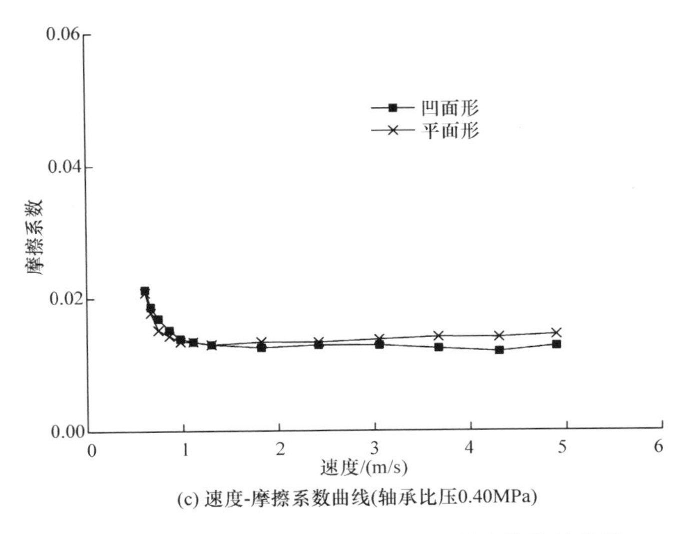

(c) 速度-摩擦系数曲线(轴承比压0.40MPa)

图 8-24　橡胶轴承在不同轴瓦形状下的摩擦特性曲线

6. 橡胶衬层厚度对摩擦系数的影响

橡胶衬层厚度与轴径大小有关，随着轴径的增加，冷却和润滑沟槽数量会相应增加，由于沟槽中心角减少，为保证冷却和润滑用水量，沟槽的深度会增加，橡胶层的厚度就要相应增加。在过去，轴承设计者为了减少摩擦噪声，增加轴承弹性，通常也是增加橡胶衬层厚度。现代分析和实践证明，橡胶轴承承载轴系运行时，本身具有泵压效应，转动的轴系将润滑液转入载荷区并增大压力。减少橡胶衬层厚度可以减少轴的下沉量，避免橡胶板条两边形成凸起并刮掉润滑液，同时可以减少轴与轴承之间的楔形角(橡胶表面和载荷接触区域切线之间的夹角)，更有利于轴承更快地建立液膜，从而减少摩擦、磨损。图 8-25 给出了同种材料橡胶轴承在不同轴承比压、不同橡胶衬层厚度下的摩擦特性曲线。试验和工程表明，大幅度降低摩擦力与减小橡胶衬层厚度是一致的，随着厚度减小，橡胶轴承的性能会优化。但是橡胶轴承的耐磨性能及寿命也是设计需要考虑的一个重要因素，厚度太小的橡胶轴承往往不能包容碎颗粒，不利于在复杂的海水环境中使用，使用寿命较低。因此，在设计轴承厚度时，需要综合考虑上述因素的影响。

7. 长径比对摩擦系数的影响

清水介质中长径比对摩擦系数的影响如图 8-26 所示，当长径比小于 2 时，摩擦系数随长径比的增大而减小。长径比大于 2 时，摩擦系数有增大的趋势，这是因为轴承在两端的承载能力较低，而在中部较高，增大长径比有利于提高其承载能力。提高轴承的长径比可以增大轴承的承载能力,但这并不意味可以随意使用大的长径比。在实际运行中,过高的长径比有产生更大的摩擦和拖力的趋势,这主要是因为轴承的前端没有起到支撑作用,并会因为与水接触而产生不必要的剪切力。同时,过大的长径比会导致安装上的困难和轴承工作状况恶化。此外,过大的长径比还会引起散热困难,容易导致烧胶等。因此,对橡胶轴承选择长径比时,$2<L/D<4$ 较优。

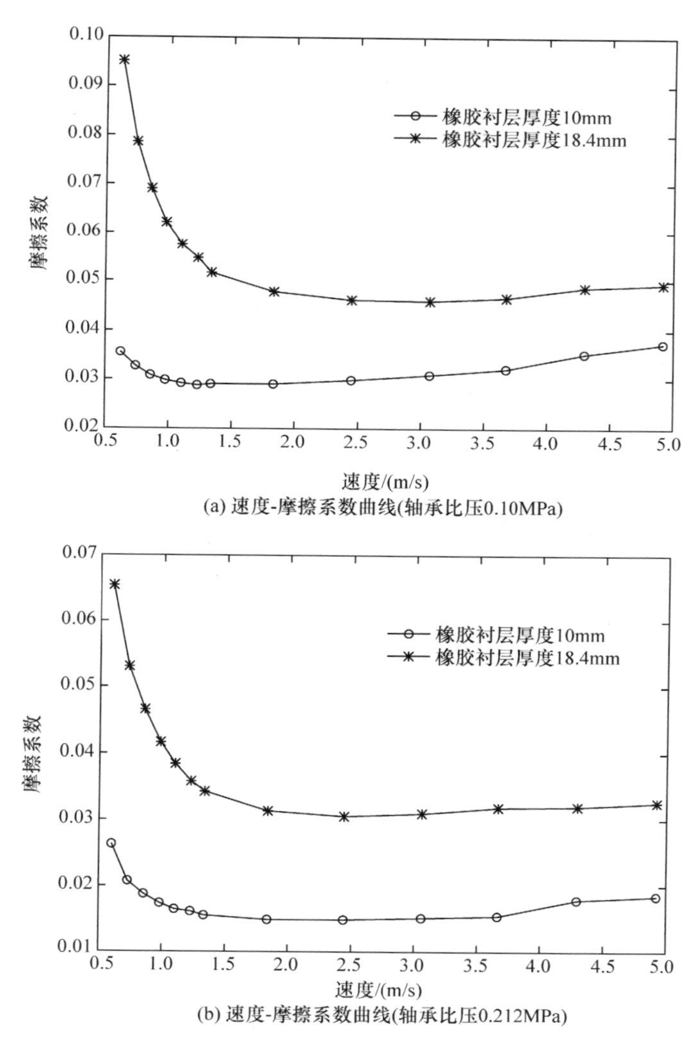

(a) 速度-摩擦系数曲线(轴承比压0.10MPa)

(b) 速度-摩擦系数曲线(轴承比压0.212MPa)

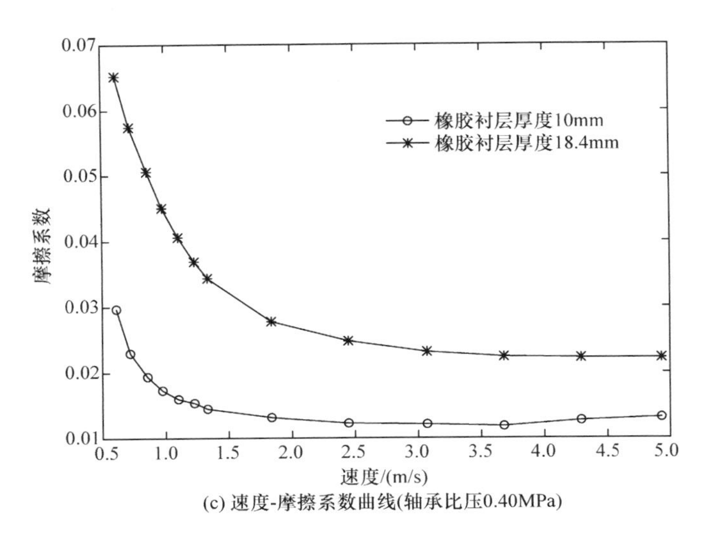

(c) 速度-摩擦系数曲线(轴承比压0.40MPa)

图 8-25　橡胶轴承在不同板条厚度下的摩擦特性

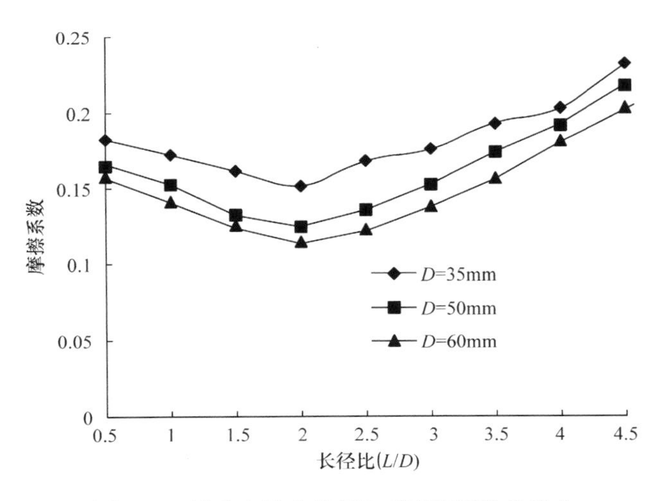

图 8-26　清水介质中长径比对摩擦系数的影响

8. 温度对摩擦系数的影响

在 $C_0=0.18\text{mm}$、$D=55\text{mm}$、$n=500\text{r/min}$、$W=2000\text{N}$ 的情况下，温度对摩擦系数的影响如图 8-27 所示。随温度的升高，摩擦系数和磨损率呈直线增大。这可从两个方面来解释：一方面是边界吸附水膜的吸附强度随温度升高而下降，达到一定温度后，吸附强度变得较弱，甚至脱吸，导致润滑性能降低；另一方面是橡胶材料的热膨胀系数较大，温度的升高造成橡胶衬里的体积膨胀，使轴承间隙变小，甚至将轴抱住或卡死，而轴承外圈的金属套束缚了橡胶向外扩张，导致轴承间隙减小，从而使两固相表面直接接触，破坏了动压效应形成的条件，使摩擦系数和磨损率急剧增大。当温度超过 70℃时，含沙水介质中橡胶轴承的摩擦系数的值在 0.3 以上，几乎相当于干摩擦状态。

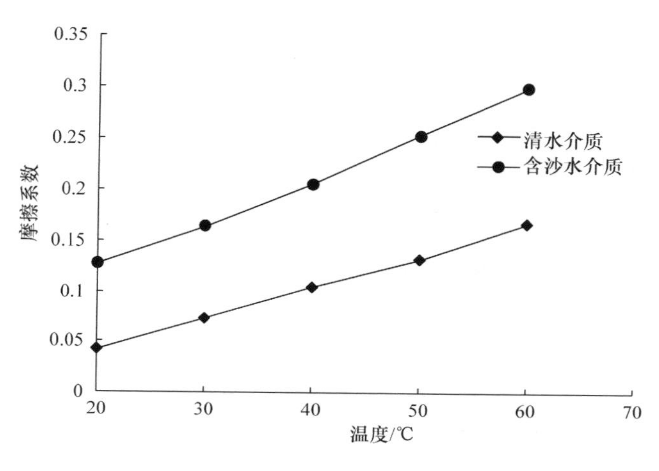

图 8-27　摩擦系数与温度的关系

9. 周向安装位置对摩擦系数的影响

轴承试验的初始周向安装位置如图 8-18 所示，轴承沿逆时针方向每旋转 5°测量一次，在轴承内径为 ϕ30mm、ϕ40mm 时的测量结果如图 8-28 和图 8-29 所示。

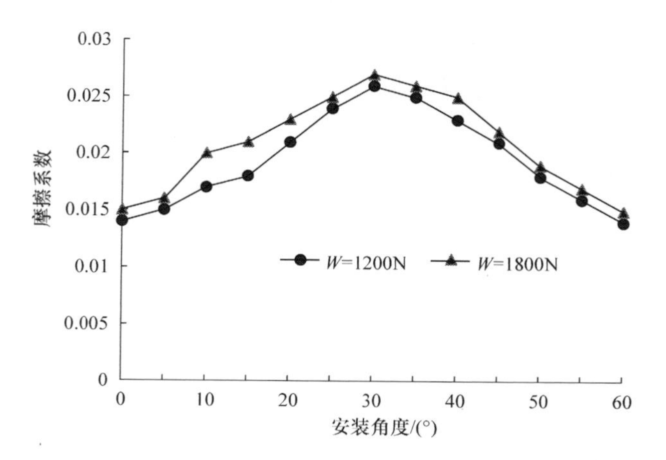

图 8-28　摩擦系数随周向安装位置的变化曲线(D=30mm)

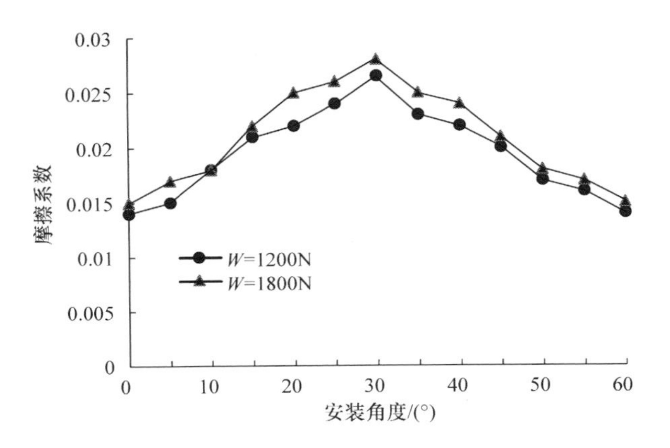

图 8-29 摩擦系数随周向安装位置的变化曲线(D=40mm)

从图 8-28 和图 8-29 中可以看出，当水润滑橡胶轴承的承载面处于正下方时，其摩擦系数较小。

8.3.3 磨损率试验研究

1. 转动速度对磨损率的影响

在载荷为 300N、试验时间为 10min 的条件下，转动速度对磨损率的影响如图 8-30 和图 8-31 所示。由于橡胶是由长链分子组成的高弹性材料，橡胶轴承表面与轴之间产生摩擦磨损的因素有两个：一个是表面之间的黏着现象，另一个是橡胶的滞后作用。其中黏着现象是一种表面效应，而滞后作用是一种与弹性体的弹性和黏弹性有关的综合现象。在清水中，速度越大，越容易形成润滑水膜，黏着效应随之减小；同时，滞后作用也因为速度高时压力分布均匀而降低。因此，速度增大，这两种作用都会下降，磨损率随之减小(图 8-31)。在含沙量为 0.15%的这类杂质浓度较高的水润滑介质中，磨损率先随速度的增大而增大，然后在一定速度范围内(如图 8-30 中的 1.5～2.5m/s)出现稳定值，最后磨损率继续随速度的增大而增大。这是因为，速度较小时，磨损主要是由沙粒的磨损作用产生的，速度增大，沙粒的动能增加，从而使材料在其作用下的变形速率增加，这相当于增大了材料的弹性模量，即弹性变小，降低了橡胶材料吸收冲击能的能力，因而磨损率增大。此外，速度增大也会增加沙粒对材料表面的作用频率，从而使材料的磨损率增大。因此，磨损率随速度的增大而增大，但随着速度的增大，橡胶轴承的磨损表面逐渐形成润滑水膜，动压效应增强，当速度达到一定值后，动压效应和橡胶的弹流效应与沙粒的磨损作用达到暂时的平衡，磨损率呈现稳定值，随着速度的继续增大，沙粒的磨损作用重新占主导作用，使得磨损率再次随速度的增大而增大。

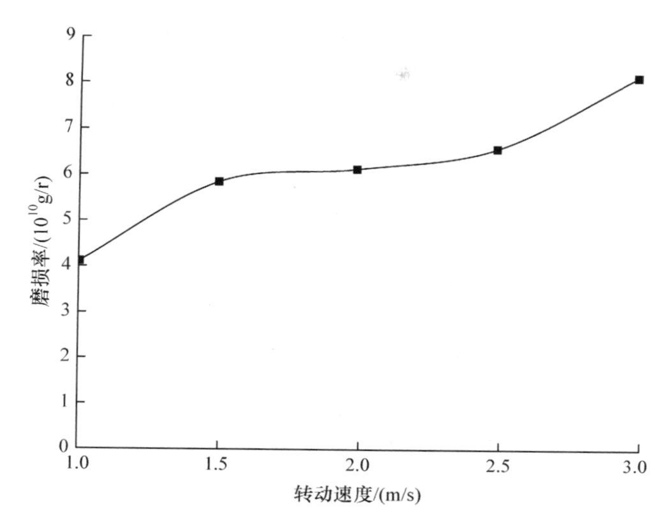

图 8-30　磨损率与转动速度的关系(含沙量 0.15%)

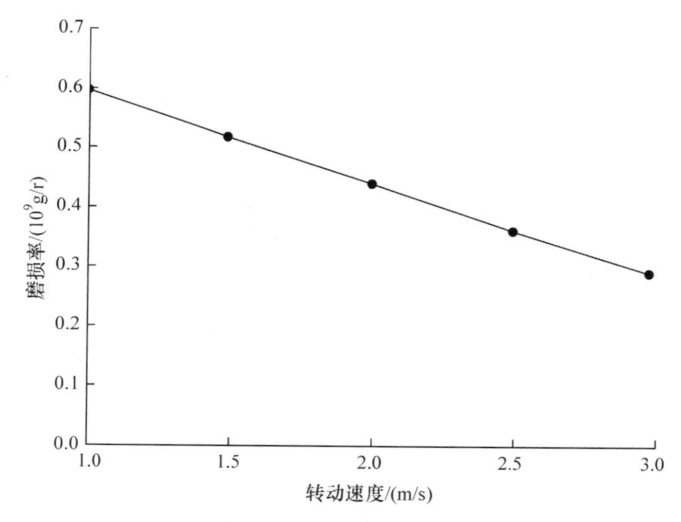

图 8-31　磨损率与转动速度的关系(含沙量 0.03%)

2. 载荷对磨损率的影响

在转动速度为 2.0m/s、时间为 10min 的试验条件下,载荷对磨损率的影响如图 8-32 所示。在清水环境和一定载荷条件下,橡胶轴承的磨损量是比较小的,磨损率随载荷的增大而降低。当轴在外载荷作用下挤压橡胶衬层时,由于橡胶的高弹性,润滑水中的沙粒被弹性地压入橡胶表面,最后被水流通过润滑水槽冲洗出去。因此,橡胶轴承在清水中的磨损量较低。另外,载荷越大,水膜动压效应和橡胶的弹流作用越强，所以磨损率随载荷的增大而降低。但对含沙量为 0.15%的这类杂质浓度较高的水润滑介质，橡胶的弹性变形不足以使杂质完全排出，沙粒直接参与了磨损过程，载荷越大，沙粒的磨损作用越强，结果磨损率随载荷的增大而增大。

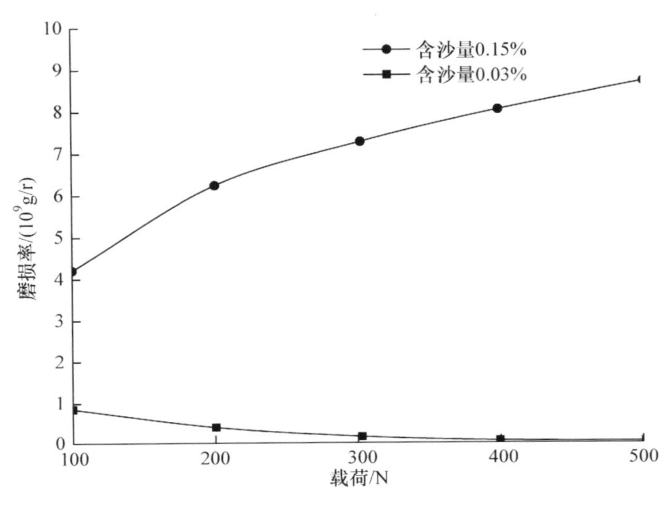

图 8-32　磨损率与载荷的关系

3. 运行时间对磨损率的影响

在转动速度为 2.0m/s、载荷为 300N 的试验条件下，运行时间对磨损率的影响如图 8-33 和图 8-34 所示，在含沙量为 0.15%和 0.03%的两种水润滑介质中，磨

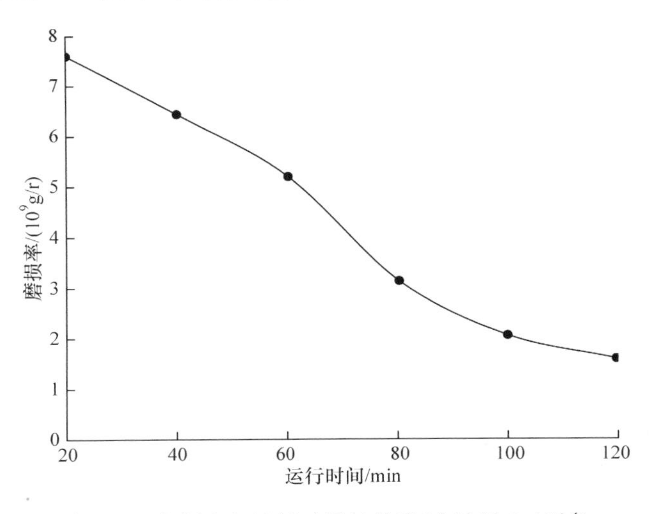

图 8-33　磨损率与运行时间的关系(含沙量 0.15%)

损率都随运行时间的增加而降低，这是由于刚启动时，橡胶轴承处于边界润滑状态，因而磨损率较高。随着运行时间的增加，橡胶轴承和轴之间逐渐形成了动压润滑水膜，磨损率随之降低。

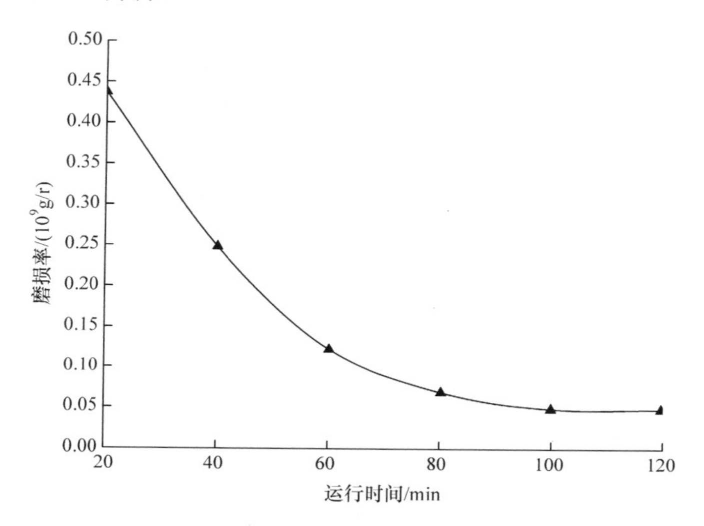

图 8-34　磨损率与运行时间的关系(含沙量 0.03%)

4. 水体含沙量对磨损率的影响

载荷为 300N、转动线速度为 2m/s、试验时间为 30min 时，轴瓦磨损率与含沙量的关系如图 8-35 所示。沙粒对橡胶衬层表面的冲击作用与含沙量成正比，因此

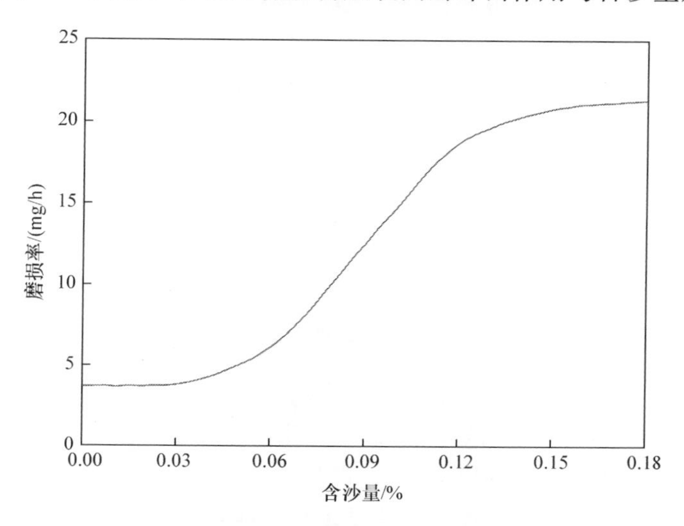

图 8-35　橡胶轴承磨损率与含沙量的关系

轴瓦磨损率随沙粒浓度增大而增大，但含沙量增大到一定程度后，由于沙粒之间的相互影响，沙粒对橡胶材料表面冲击作用不再增强。

8.3.4 改性材料摩擦学性能

对不添加和添加纳米氧化锌晶须的水润滑橡胶轴承进行摩擦系数试验研究，得到结果如图 8-36 和图 8-37 所示。

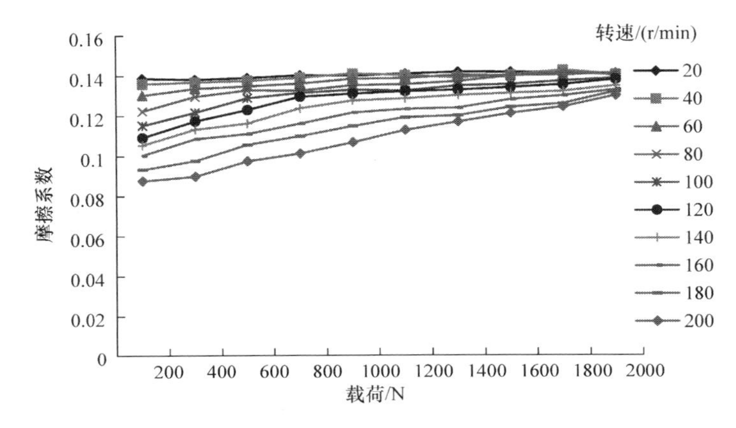

图 8-36 低速下未加纳米氧化锌晶须轴承摩擦系数在不同转速下随载荷变化曲线

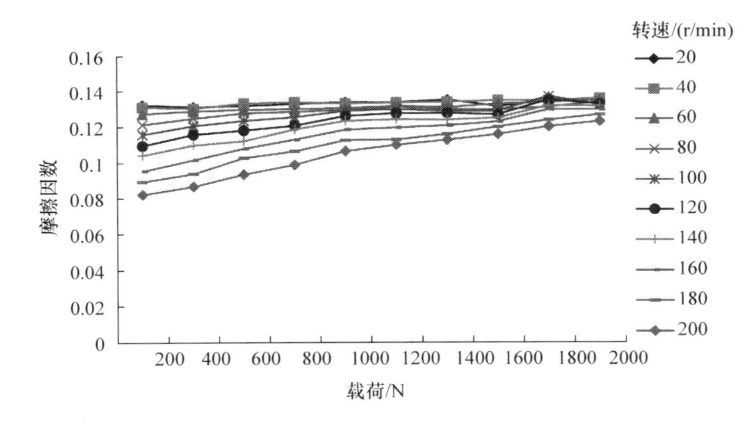

图 8-37 低速下加纳米氧化锌晶须轴承摩擦系数在不同转速下随载荷变化曲线

由图 8-36 和图 8-37 中可知，当在低速重载区（$n<60$r/min 时，如图 8-38 和图 8-39 的等值线所示），摩擦系数随载荷的增加不大，此时轴与轴承之间的摩擦属于干摩擦，轴与轴承内表面直接接触，这时的摩擦系数主要取决于材料的摩擦性能。当 $n>60$r/min 时，载荷不变，随着转速增加，摩擦系数有减小的趋势；转速不变，随着载荷的增加，摩擦系数有增大的趋势。

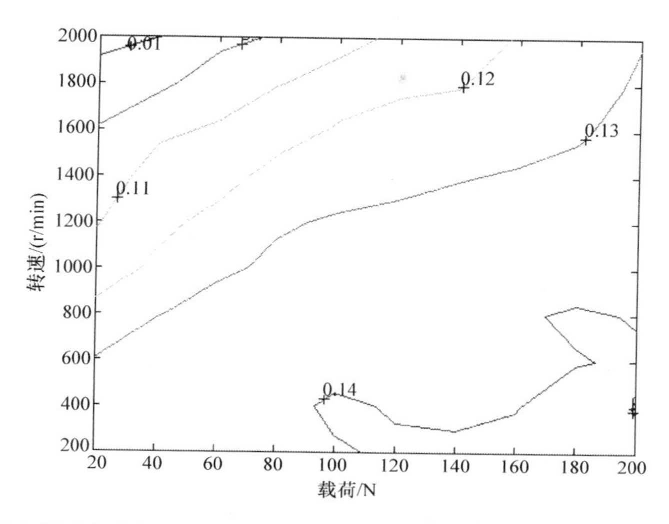

图 8-38　未加纳米氧化锌晶须轴承在低速下的摩擦系数随载荷、转速变化的等值线图

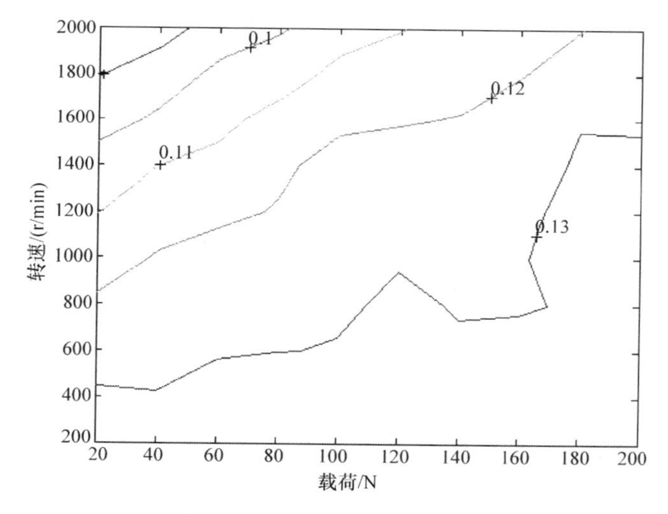

图 8-39　加纳米氧化锌晶须轴承在低速下的摩擦系数随载荷、转速变化的等值线图

在低速重载区，如图 8-38 和图 8-39 所示，当转速 n＝20r/min 时，摩擦系数的数值大小呈现振荡现象，因而取其均值作为摩擦系数，可知未加纳米氧化锌晶须轴承的摩擦系数为 0.139，加纳米氧化锌晶须轴承的摩擦系数为 0.133，加纳米氧化锌晶须轴承的摩擦系数比未加纳米氧化锌晶须轴承的摩擦系数小，如图 8-38 和图 8-39 所示，这是因为，干摩擦状态时，在摩擦力的作用下，橡胶产生热降解形成胶黏层进行润滑，由于加入纳米氧化锌晶须后橡胶合金的硫化更为充分，更有利于橡胶的降解产生胶黏层。另外，由于加入的纳米氧化锌晶须中锌的增加有利于橡

胶加强对水分子的吸附能力，从而润滑较好。

8.3.5 沟槽结构摩擦学试验研究

图 8-40 是清水润滑状态下直槽和螺旋槽水润滑橡胶轴承的 Stribeck 曲线。低转速下螺旋槽水润滑橡胶轴承处于边界润滑状态，摩擦系数为 0.18～0.33。随着转速增大，当转速为 70r/min 时，水润滑轴承逐渐过渡到混合润滑状态，摩擦系

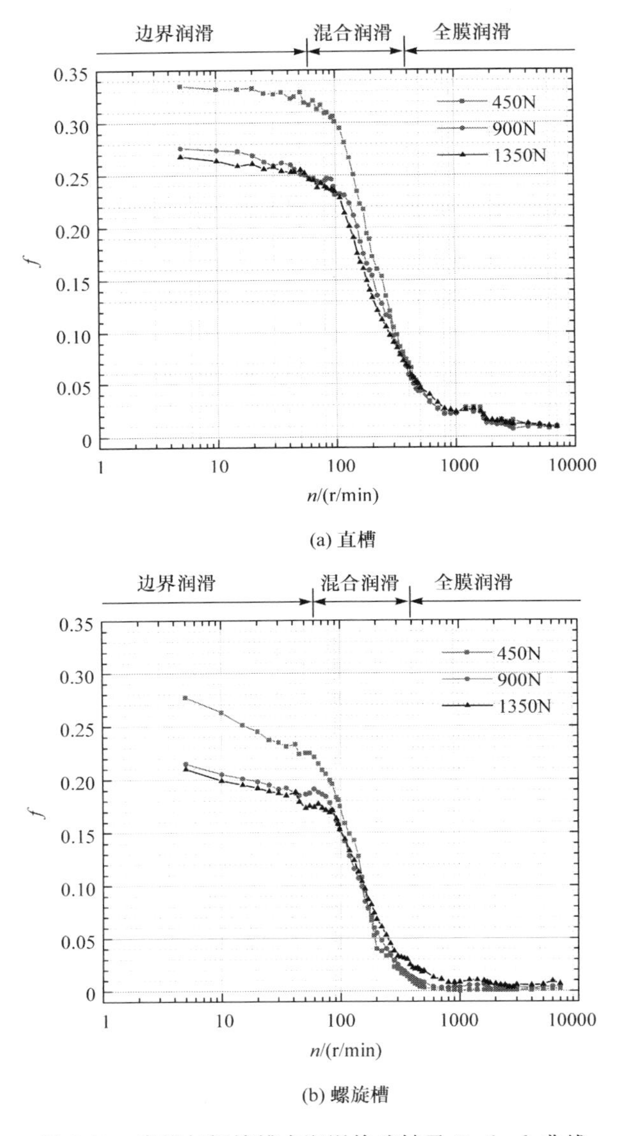

图 8-40 直槽与螺旋槽水润滑橡胶轴承 Stribeck 曲线

数逐渐降低。当速度增大到 400r/min 时，水润滑橡胶轴承处于全膜润滑状态，摩擦系数为 0.02～0.03。随着转速升高，水润滑橡胶轴承摩擦系数逐渐平稳，略有波动。

不同载荷条件下，水润滑橡胶轴承的摩擦系数变化规律是一致的。在边界润滑和混合润滑状态下，载荷越大，摩擦系数越小，而全膜润滑状态下，载荷对摩擦系数影响较小。这是因为，低速下，载荷增大，但摩擦力增大的幅度小于载荷增大的幅度，因此摩擦系数反而减小。同时，相比直槽，螺旋槽水润滑橡胶轴承在同等工况条件下，摩擦系数更小。可见，螺旋槽结构更有利于轴承润滑。

图 8-41 和图 8-42 分别为不同含沙量对直槽和螺旋槽水润滑橡胶轴承摩擦系数的影响。其中河沙粒径为 0.25mm，含沙量分别为 0.27%和 3.38%的润滑水。

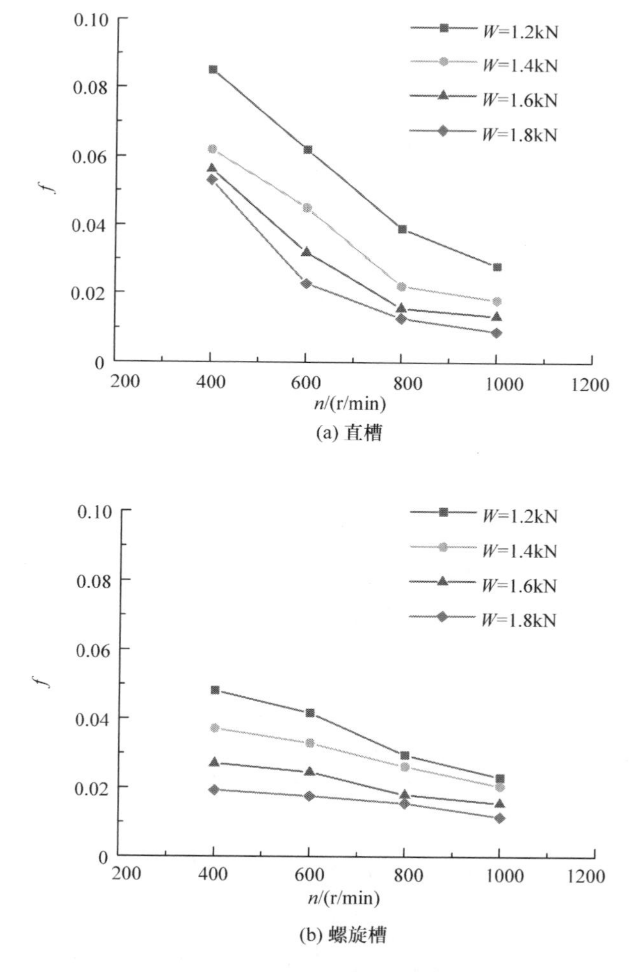

图 8-41　含沙量为 0.27%时摩擦系数随转速变化曲线

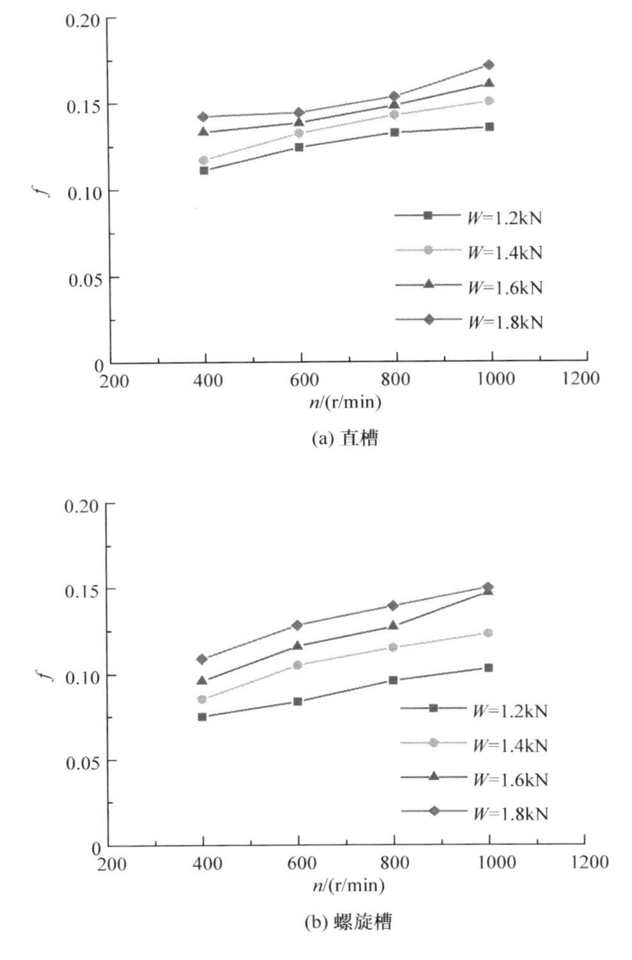

图 8-42　含沙量为 3.38%时摩擦系数随转速变化曲线

图 8-41 为含沙量为 0.27%时的试验结果。与无泥沙环境下一致,两种结构的水润滑橡胶合金轴承摩擦系数随着转速增大而减小。螺旋槽水润滑橡胶合金轴承内的残余沙较少,且分布于橡胶螺旋沟槽内,而橡胶承载面上几乎没有泥沙;直槽水润滑橡胶合金轴承内的残余泥沙较多,分布于橡胶沟槽内和橡胶承载面上。由于螺旋槽的润滑结构具有漩涡效应,更有利于排沙,并形成弹性流体动压润滑水膜,减小摩擦。

图 8-42 为含沙量为 3.38%时的试验结果。与无泥沙和含沙量为 0.27%环境下相反,两种结构的水润滑橡胶合金轴承摩擦系数随着转速增大而增大,随着载荷增大而增大。这是因为在含沙量大的环境下,泥沙易进入橡胶承载面上,导致轴与泥沙直接接触而产生摩擦,故摩擦系数增大。同时,随着主轴转速提高,单

位时间内轴与泥沙接触的机会越大，故摩擦力越大，摩擦系数越大。随着载荷增大，轴承的承载面积增大，轴与泥沙的接触面积增大，摩擦越显著，故摩擦系数越大。图 8-43 给出了含沙量为 0.27%时，试验后沙粒在轴承内的分布。

(a) 直槽

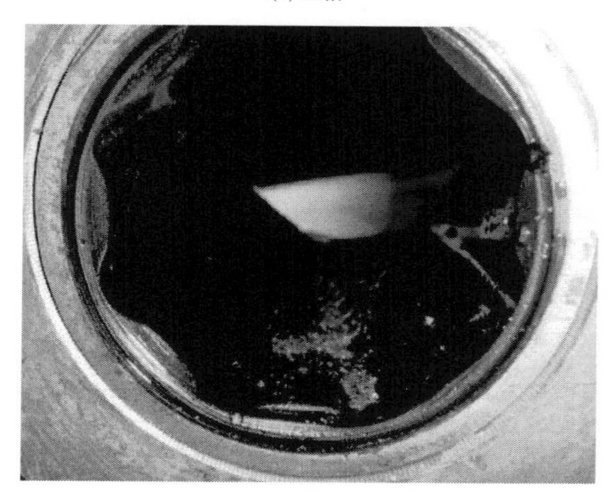

(b) 螺旋槽

图8-43　含沙量为 0.27%时，试验后沙粒在轴承内的分布

参 考 文 献

[1] 张嗣伟. 橡胶磨损原理[M]. 北京：石油工业出版社，1998.

[2] 陈战. 水润滑轴承的摩擦磨损性能及润滑机理的研究[D]. 重庆：重庆大学博士学位论文，2003.

[3] 彭晋民. 水润滑塑料合金轴承润滑机理及设计研究[D]. 重庆：重庆大学博士学位论文，2003.

[4] Cartledge H C Y，Baillie C，Wing M Y. Friction and wear mechanisms on a thermoplastics com-

posite GF/PA6 subjected to different thermal histories[J]. Wear,1996,194:178-184.

[5] Friedrich K,Karger-Kocsis J. On the sliding wear performance of polyether nitrile composites[J]. Wear,1992,158(1-2):157-170.

[6] Cirino M,Friedrich K,Pipes R B. The effect of fiber orien-tation on the abrasive wear behavior of polymer composite materials[J]. Wear,1988,121:127-136.

[7] Cirino M,Friedrich K,Pipes R B. Evaluation of polymer composites for sliding and abrasivewear applications[J]. Composites,1988,19(5):383-392.

[8] Verma A P,Vishwanath B,Rao K C V S. Effect of resin modification on friction and wear of glass phenolic composites[J]. Wear,1996,193:193-198.

[9] Bahadur S,Gong D. The action of fillers in the modification of the tribological behavior of polymers[J]. Wear,1992,158(1-2):41-59.

[10] Hooke C J,Kukureka S N,Liao P,et al. Wear and friction of nylon-glass fibre composites in non-conformal contact under combined rolling and sliding[J]. Wear, 1996, 197(1-2): 115-122.

第9章　水润滑橡胶轴承试验平台设计

9.1　水润滑橡胶轴承综合性能试验系统研制

9.1.1　系统总体方案设计

当前技术中针对水润滑橡胶轴承及传动系统的综合性能测试手段不完善，没有真实完整地模拟水润滑橡胶轴承及传动系统实际工况的检测系统，特别是激振加载，并且没有先进的测试设备和测试方法来进行水润滑橡胶轴承及传动系统的性能测试，特别是无法准确地测量水膜压力，从而不能真正地掌握水润滑橡胶轴承的承载机理、润滑机理以及磨损机理等规律。

例如，武汉理工大学研制的SSB-100型船舶艉轴承试验机[1]如图9-1所示，该试验台加载部分为千斤顶加载，采用倒置结构，对试验舱中部加载。它的加载方式单一，且为恒定加载力。试验对象轴径规格小，不能真实地模拟船舶水润滑艉轴承，特别是大型船舶水润滑轴承受力和润滑工况。同时，该试验台试验内容单一，只能进行水润滑橡胶摩擦系数测试。

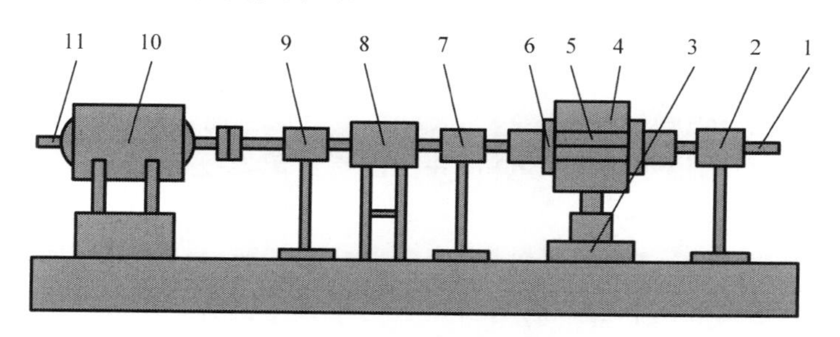

图9-1　SSB-100型船舶艉轴承试验机结构示意图

1-主轴；2,7,9-支承轴承；3-垂向加载液压油缸；4-试验轴承外壳；5-轴承；6-密封装置；8-转速转矩仪；10-变频电机；11-转速传感器

中国船舶重工集团公司第719研究所研制的船舶水润滑艉轴承试验装置[2]，其试验台采用的是正置结构，加载装置采用的是垂向恒定力液压加载方式。加载方向只有单一的垂向方向，并且不能施加不同频率的动态激振力，无法测试水润滑橡胶轴承的动态特性，如刚度和阻尼。同时，该试验台还无法测试水膜压力和水膜厚度，从而不能真正地掌握水润滑橡胶轴承的承载机理、润滑机理以及磨损机理等规律。

因此，为了完善水润滑橡胶轴承及传动系统的各项性能检测，以便于评价水润滑橡胶轴承及传动系统的综合性能，掌握水润滑摩擦副的承载、失效机理与演化规律、摩擦学性能与动态服役行为等，开发出低噪声、高可靠、长寿命、高效节能的水润滑橡胶轴承及传动系统提供关键科学技术依据，作者设计了一种能模拟水润滑橡胶轴承及传动系统复杂工况下的综合性能的试验平台[3-7]。该试验平台能满足水润滑橡胶合金轴承与轴构成的滑动摩擦副在激振力、不同转速、水介质环境下，进行摩擦系数、水膜压力、水膜厚度、轴心轨迹、动态刚度和阻尼、振动噪声等试验项目[5]。其总体设计方案如图 9-2 所示。

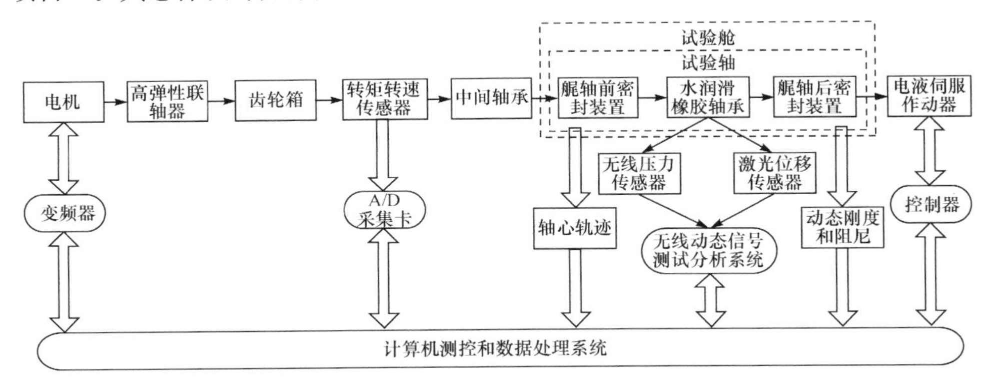

图 9-2　总体方案设计图

该试验台由五个部分组成，分别为驱动部分、机械传动部分、加载部分、控制测试部分以及辅助部分。

驱动部分采用电机拖动，而不是柴油机或汽油机拖动。因为电机拖动具有响应速度快、效率高、运行平稳等优点，而柴油机或汽油机适合航行的船舶，但不适合实验室。其中电机选用变频调速电机，并标配有编码器反馈接口、通信模块，能够准确实现调速功能。

机械传动部分包括高弹性联轴器、船用齿轮箱、试验主轴、中间轴承、水润滑橡胶轴承、艉轴前密封装置和艉轴后密封装置等。其中高弹性联轴器用于连接电机输出轴和船用齿轮箱输入轴，起减振和缓冲作用。采用固定传动比的船用齿轮箱，起降低转速、增大扭矩的作用。中间轴承布置于水润滑橡胶轴承和转矩转速传感器之间，主要承受额外的径向力，防止转矩转速传感器和船用齿轮箱承受由于试验轴加载的径向力。由于在实验室进行试验，故采用闭式水润滑机械传动系统。艉轴前后密封装置分别布置于水润滑橡胶合金轴承的前端和后端，主要起水润滑机械传动系统的密封作用。

加载部分采用液压加载方案，选用两个直线电液伺服作动器，并配备两通道全数字液压伺服协调加载控制系统，实现两个相互垂直方向的独立加载。该加载系统分为静态加载和动态加载。静态加载是施加任意方向和大小恒定不变的试验力，而动态加载为两个相互垂直方向上独立的不同频率的激振力。动态加载波形可以为正弦波、三角波、方波、半正弦波、半三角波、半方波、斜波、随机波以及外部输入波形等。两通道电液伺服协调加载系统分别实现载荷和位移控制。

控制测试部分包括工控机及控制系统、转矩转速传感器、无线压力传感器、力传感器、高精度称重仪等，实现输出转矩、输出转速、摩擦系数、水温、运行时间、水膜压力、轴心轨迹、摩擦功耗、水膜的动态刚度系数和阻尼系数以及磨损量等测试。水膜动态刚度系数和阻尼系数的测试通过对试验主轴上施加两个相互垂直方向的激振力来实现，其中激振力的频率是相互独立的。

辅助部分主要包括循环水系统、支座以及配套工装等。其中循环水系统由水箱、水泵、过滤器、阀门、加热管、温度传感器、压力传感器、流量传感器以及 PLC 触摸屏控制器等组成。该循环水系统具有液位、水温、水压、流量及误差等参数自动检测及故障报警等多重保护功能。

试验台主要参数如表 9-1 所示，控制系统界面如图 9-3 所示。

表 9-1　试验台主要参数

序号	名称	性能参数
1	电机转速	0～3000r/min
2	船用齿轮箱传动比	4
3	输出端转矩传感器	量程为 0～5000N · m，测试精度±0.1%
4	输出端转速传感器	量程为 0～750r/min，测试精度±0.1%
5	润滑介质	闭式循环水，水温为室温至 80℃，精度为±1℃ 水压为 50～100kPa 最小流速为 0.3L/(min×mm^2)
6	静态加载力	量程为 0～150kN
7	动态加载力	两通道独立加载系统，量程为 0～120kN 激振频率为 0.01～20Hz 加载波形为正弦波、三角波、方波、半正弦波、半三角波、半方波、斜波、随机波以及外部输入波形
8	水膜压力传感器	量程为 0～2MPa，精度为 0.2%
9	轴心轨迹	量程为 0～5mm，分辨率为 0.005%，最大误差<0.2%
10	极限试验时间	300h

9.1.2　试验台结构设计

图 9-4 为所设计的试验台系统结构示意图。该试验台包括铸铁平台以及安装

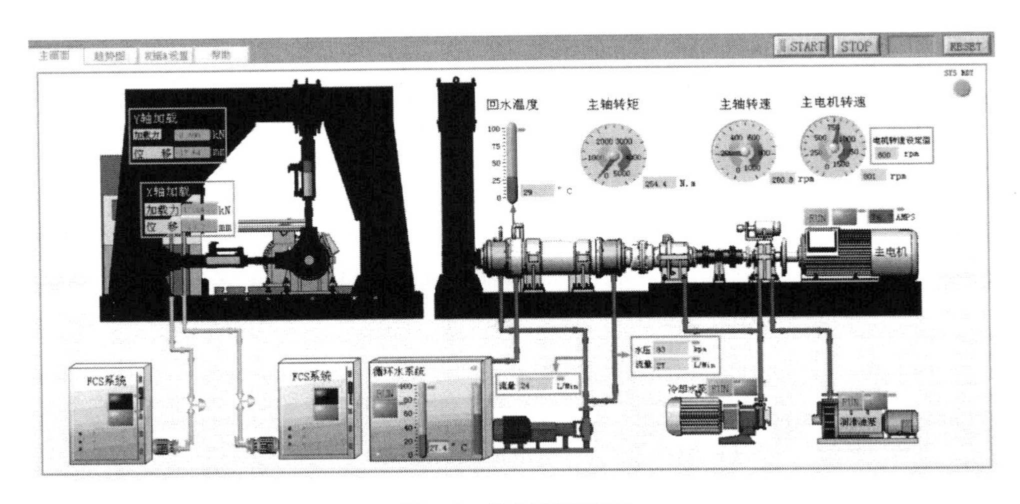

图 9-3　控制系统界面

在铸铁平台上的变频电机、船用齿轮箱、中间轴承、试验舱、加载框架、轴端夹具和作动器。通过管道将循环水系统与试验舱相连。同时，为了冷却中间轴承和船用齿轮箱，设置了冷却循环系统。

研制的水润滑橡胶轴承系统综合性能试验台实物如图 9-5 所示。

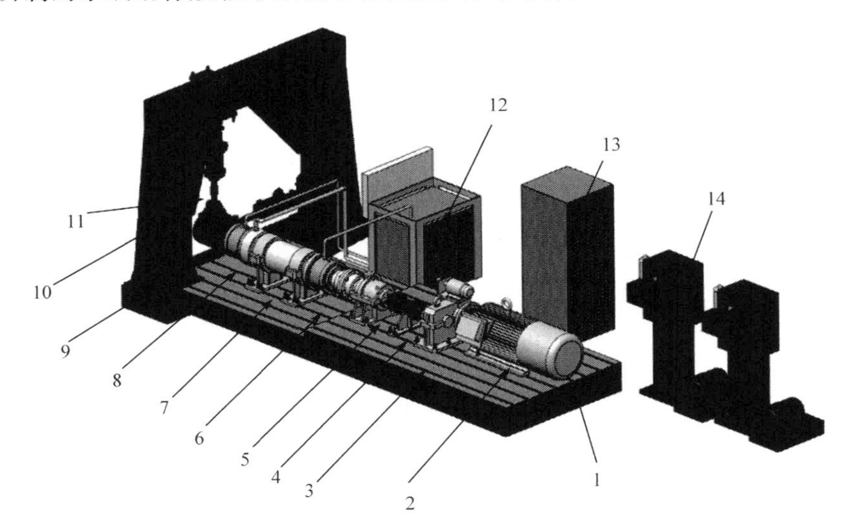

图 9-4　试验台系统结构示意图

1-铸铁平台；2-变频电机；3-船用齿轮箱；4-转矩转速传感器；5-中间轴承；6-前置密封装置；7-试验舱；8-后置密封装置；9-轴端夹具；10-加载框架；11-作动器；12-循环水系统；13-变频器；14-液压站

图 9-5　水润滑橡胶轴承系统综合性能试验平台实物图

9.1.3　测试原理与数据处理方法

1. 摩擦系数

摩擦系数是摩擦力与正压力的比值，它是滑动轴承的一个重要指标，摩擦系数 f 的计算表达式如下：

$$f=\frac{2(M-M_0)}{F_B d} \tag{9-1}$$

式中，M 为摩擦力矩；M_0 为空载摩擦力矩；d 为轴颈直径；F_B 为径向力。

对水润滑橡胶轴承台架系统进行受力分析，如图 9-6 所示，由图可知，水润滑橡胶合金轴承承受的径向力 F_B 为

$$F_B=\frac{F(l_1+l_2)}{l_2} \tag{9-2}$$

式中，F 为径向加载力。

通过两通道电液伺服协调加载系统对试验轴分别施加水平方向的径向加载力 F_x 和垂直方向的径向加载力 F_y，则合力 F 为

$$F=\sqrt{F_x^2+F_y^2} \tag{9-3}$$

2. 水膜压力

目前，测试滑动轴承水膜压力的方法主要有两种。第一种是在轴承壳体上的

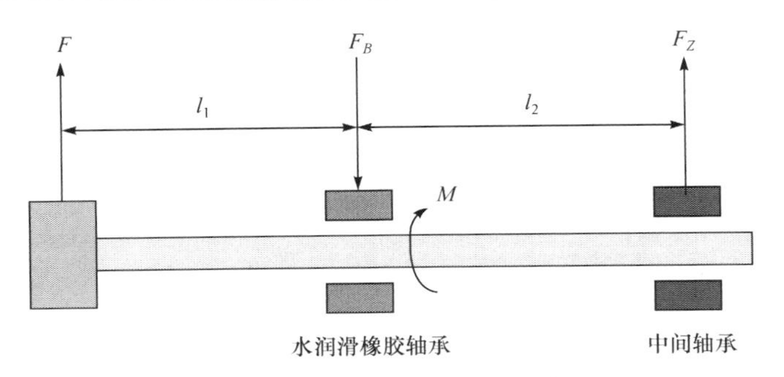

图 9-6　水润滑橡胶轴承受力分析

不同位置打孔，将压力传感器安装在孔中。这种方法简单，易操作；缺点是只能测试圆周方向若干点的压力，无法获取整个轴承一周方向的压力，更无法获得连续的压力分布。对于弹性轴承，该方法不可取，因为它根本无法考虑轴承的弹性变形。第二种方法是在转轴上打孔，并通过导流孔将水压或油压引出。在引出口位置安装压力传感器，通过电刷式集流环将信号引出，进行测量和分析。这种方法能获得轴承整个圆周方向上的连续压力。其缺点是集流环本身接触会产生干扰信号，在轴承高速旋转中集流环存在动平衡和可靠性等问题。

可采用的方法是在旋转轴上打孔，直接将水压力传感器安装在孔上，而不需要采用导流孔进行导流。一个传感器可以测量轴承一个截面，如果在轴承轴向位置多布置几个传感器，将可以实现轴承的三维压力分布测量。该方法能动态测试轴承上各点的水膜压力，同时考虑到了水润滑橡胶轴承内衬橡胶的弹性变形对压力的影响，大大提高了测试数据的准确性。

图 9-7 为试验台安装方案。水膜压力传感器(图 9-8)安装在空心的试验主轴上，并通过信号电缆连接无线网络节点。无线网络节点即信号发射装置安装在轴尾端，将测试信号发射给信号接收装置。

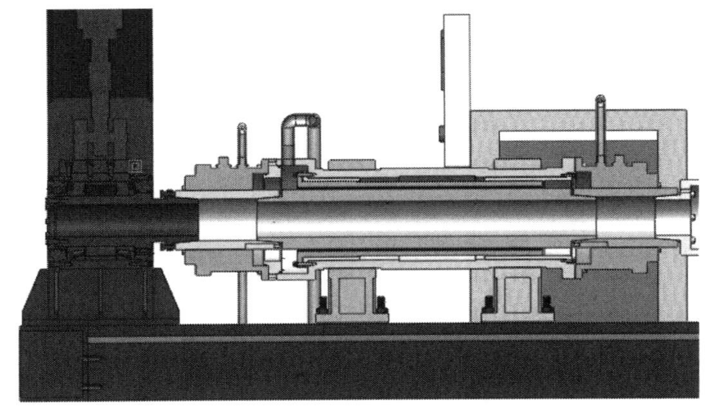

图 9-7　安装布置方案

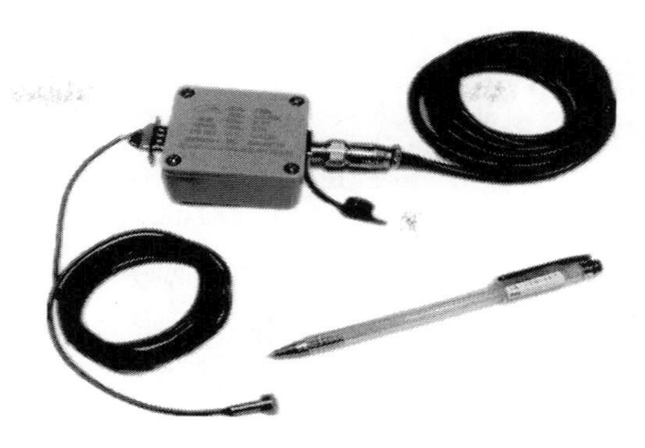

图 9-8　水膜压力传感器及放大器

3. 水膜厚度

水膜厚度是轴承润滑中的一个重要参数。求解水膜厚度的常见方法有电阻法、放电电压法、电容法、位移法、X 射线透射法以及光干涉法。其中,电容法和光干涉法被认为是最有效的方法。电容法的缺点主要是测量精度容易受试件与机架、导线之间寄生电容的影响。光干涉法是在透明的玻璃盘或者透明的圆柱体上,利用光干涉原理测量透明体与被测物体之间的距离。

图 9-9 为作者等提出的水润滑橡胶轴承水膜厚度测试方案。首先,将玻璃块

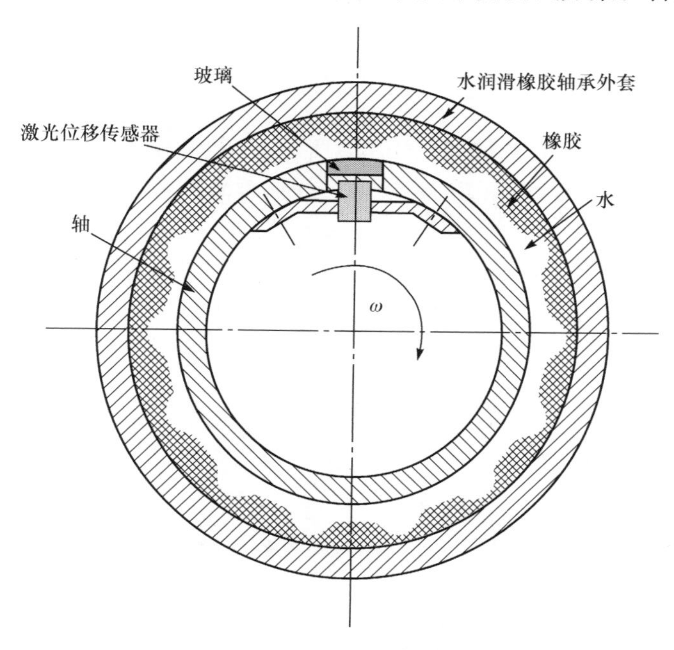

图 9-9　水膜厚度测试方案

安装在旋转的空心轴上，并且玻璃块外部形状打磨成与主轴相同的圆弧曲线，避免破坏轴承工作面的润滑状态，从而减少测量误差。然后，将激光位移传感器固定安装在主轴内部，测头紧贴着玻璃块。测试时，先要标定激光传感器测头的原始位置，用一块标准工件紧贴着玻璃块外圆，记录该测量值，即初始位置。激光透过玻璃块测试橡胶与玻璃块外圆之间的距离，即可得到水膜厚度。由于主轴是旋转的，而激光位移传感器与主轴相对静止，那么该方案还可动态测试水润滑橡胶轴承水膜厚度。类似于水膜压力无线测试方案，通过无线网络节点将采集的信号发射出来，可以实现实时采集和数据处理。另外，激光位移传感器也可配备离线采集和数据存储装置，实现水膜厚度的测试。该方案拟选用的激光位移传感器为基恩士公司的LK-H050，具体参数如下：工作距离为(50±10)mm，重复精度为0.025μm，线性度为全量程的±0.02%。

4. 水膜动态刚度和阻尼系数

水润滑橡胶轴承的动力特性可以用动态刚度和阻尼系数进行表征，因此寻找一种合适的测量方法是计算其动态刚度和阻尼系数的关键。

在测试滑动轴承油膜动力特性方面，常用的方法有影响系数法、动态激振法和频谱分析法[8]。通过比较发现，前两种方法在计算时无法避免在实际测试过程中混杂的多元信号，这些干扰信号可能来自环境，也可能来自机械设备或测试仪器。在时域中处理与分离排除这些干扰信号是相当困难的，但是，在频域中处理这些信号就变得十分简单。因此，本节选用频谱分析法计算水润滑橡胶轴承动力特性。

设有一个线性定常系统如图9-10(a)所示，在某激振点输入单位脉冲激振力$\delta(t)$时，另一响应点有位移响应$h(t)$输出。分别对输入输出信号进行傅里叶变换，则有

$$\begin{cases} F(\omega)=\int_0^{\infty}\delta(t)\mathrm{e}^{-\mathrm{i}\omega t}\mathrm{d}t=1 \\ X_0(\omega)=\int_0^{\infty}h(t)\mathrm{e}^{-\mathrm{i}\omega t}\mathrm{d}t=H(\omega) \end{cases} \tag{9-4}$$

频率响应函数$H(\omega)$只与系统本身的动态特性及激振频率有关，可以用来描述实际的线性定常系统。$H(\omega)$一般是复数，可写为

$$H(\omega)=|H(\omega)|\mathrm{e}^{\mathrm{i}\Phi(\omega)} \tag{9-5}$$

式中，$|H(\omega)|$为系统增益因子，表示输出位移振幅和输入激振力振幅之比；$\Phi(\omega)$为系统相位因子，表示输出对于输入的相位差。

当输入激振力$T(t)$(频率为ω)时，输出位移响应为$\xi(t)$，则

$$X(\omega)=H(\omega)T(\omega) \tag{9-6}$$

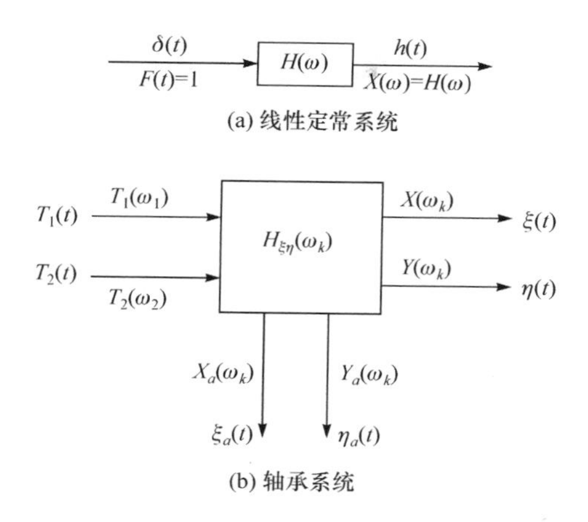

(a) 线性定常系统

(b) 轴承系统

图 9-10　线性定常系统和轴承系统

式中，$X(\omega)=\int_0^{\infty}\xi(t)\mathrm{e}^{-\mathrm{i}\omega t}\mathrm{d}t$ 为输出位移 $\xi(t)$ 的傅里叶变换；$T(\omega)=\int_0^{\infty}T(t)\mathrm{e}^{-\mathrm{i}\omega t}\mathrm{d}t$ 为输入激振力 $T(t)$ 的傅里叶变换。

同时，存在以下关系：

$$\dot{X}(\omega)=\mathrm{i}\omega X(\omega),\quad \ddot{X}(\omega)=-\omega^2 X(\omega) \tag{9-7}$$

式中，$\dot{X}(\omega)$、$\ddot{X}(\omega)$分别为$\dot{\xi}(t)$、$\ddot{\xi}(t)$的傅里叶变换。

由此可知，线性定常系统都具有频率保持性，不会引起任何频率变化。如果输入 $T(t)$是某一频率 ω_1 的简谐函数或某些频率 $\omega_1,\omega_2,\cdots$的简谐函数的复合，则输出 $\xi(t)$等也一定是频率为 ω_1 的简谐函数，或者频率相应为 $\omega_1,\omega_2,\cdots$的简谐函数的复合。但 $T(t)$、$\xi(t)$经傅里叶变换成 $T(\omega)$、$X(\omega)$，可用离散的频谱来表示。各种不同频率的成分都被分离。从频谱上可以清楚地了解响应信号的频率结构，有助于分析某种频率响应的来源。获得系统的输入信号和输出响应信号的频谱，就可以确定该系统中对应于各种频率成分的频率响应函数。

水润滑橡胶轴承试验台从试验轴到支承轴承可视为一个线性定常系统[9]。当对轴承系统输入激振力 $T_1(t)$时(频率为 ω_1)，即采用激振器 I 激振，可获得输出位移响应 $\xi_1(t)$、$\eta_1(t)$、$\xi_{a1}(t)$和 $\eta_{a1}(t)$。由于本试验平台为正置结构的试验台，所以支承轴承的此处的绝对位移为零。

系统的运动方程为

$$\begin{bmatrix}k_{\xi\xi} & k_{\xi\eta}\\ k_{\eta\xi} & k_{\eta\eta}\end{bmatrix}\begin{bmatrix}\xi_1(t)\\ \eta_1(t)\end{bmatrix}+\begin{bmatrix}b_{\xi\xi} & b_{\xi\eta}\\ b_{\eta\xi} & b_{\eta\eta}\end{bmatrix}\begin{bmatrix}\dot{\xi}_1(t)\\ \dot{\eta}_1(t)\end{bmatrix}=\begin{bmatrix}T_1(t)\sin\theta_1\\ T_1(t)\cos\theta_1\end{bmatrix}-m\begin{bmatrix}\ddot{\xi}_{a1}(t)\\ \ddot{\eta}_{a1}(t)\end{bmatrix} \tag{9-8}$$

对式(9-8)进行傅里叶变换，得

$$\begin{bmatrix} k_{\xi\xi} & k_{\xi\eta} \\ k_{\eta\xi} & k_{\eta\eta} \end{bmatrix}\begin{bmatrix} H_{\xi1}(\omega_1) \\ H_{\eta1}(\omega_1) \end{bmatrix}+\mathrm{i}\omega_1\begin{bmatrix} b_{\xi\xi} & b_{\xi\eta} \\ b_{\eta\xi} & b_{\eta\eta} \end{bmatrix}\begin{bmatrix} H_{\xi1}(\omega_1) \\ H_{\eta1}(\omega_1) \end{bmatrix}=\begin{bmatrix} \sin\theta_1 \\ \cos\theta_1 \end{bmatrix}+m\omega_1^2\begin{bmatrix} H_{\xi a1}(\omega_1) \\ H_{\eta a1}(\omega_1) \end{bmatrix} \tag{9-9}$$

式中，θ_1 为激振力与 y 轴方向的夹角；m 为主轴质量。

当采用激振器Ⅱ激振时，对轴承系统输入激振力 $T_2(t)$（频率为 ω_2），可获得输出响应 $\xi_2(t)$、$\eta_2(t)$、$\xi_{a2}(t)$和 $\eta_{a2}(t)$，它们分别和 $\xi_1(t)$、$\eta_1(t)$、$\xi_{a1}(t)$和 $\eta_{a1}(t)$复合在一起。但经过傅里叶变换，它们在频域中可以被完全分离开。因此和单独激振一样，存在下面方程：

$$\begin{bmatrix} k_{\xi\xi} & k_{\xi\eta} \\ k_{\eta\xi} & k_{\eta\eta} \end{bmatrix}\begin{bmatrix} H_{\xi2}(\omega_2) \\ H_{\eta2}(\omega_2) \end{bmatrix}+\mathrm{i}\omega_2\begin{bmatrix} b_{\xi\xi} & b_{\xi\eta} \\ b_{\eta\xi} & b_{\eta\eta} \end{bmatrix}\begin{bmatrix} H_{\xi2}(\omega_2) \\ H_{\eta2}(\omega_2) \end{bmatrix}=\begin{bmatrix} \sin\theta_2 \\ \cos\theta_2 \end{bmatrix}+m\omega_2^2\begin{bmatrix} H_{\xi a2}(\omega_2) \\ H_{\eta a2}(\omega_2) \end{bmatrix} \tag{9-10}$$

式中，θ_2 为 T_2 与 y 轴方向的夹角。

式(9-11)中分离虚部和实部，经整理可得

$$[U]\{K_1\}=\{S_1\},\quad [U]\{K_2\}=\{S_2\} \tag{9-11}$$

式中

$$[U]=\begin{bmatrix} H_{\xi1}^{\mathrm{R}}(\omega_1) & H_{\eta1}^{\mathrm{R}}(\omega_1) & -\omega_1 H_{\xi1}^{\mathrm{I}}(\omega_1) & -\omega_1 H_{\eta1}^{\mathrm{I}}(\omega_1) \\ H_{\xi1}^{\mathrm{I}}(\omega_1) & H_{\eta1}^{\mathrm{I}}(\omega_1) & \omega_1 H_{\xi1}^{\mathrm{R}}(\omega_1) & \omega_1 H_{\eta1}^{\mathrm{R}}(\omega_1) \\ H_{\xi2}^{\mathrm{R}}(\omega_2) & H_{\eta2}^{\mathrm{R}}(\omega_2) & -\omega_2 H_{\xi2}^{\mathrm{I}}(\omega_2) & -\omega_2 H_{\eta2}^{\mathrm{I}}(\omega_2) \\ H_{\xi2}^{\mathrm{I}}(\omega_2) & H_{\eta2}^{\mathrm{I}}(\omega_2) & \omega_2 H_{\xi2}^{\mathrm{R}}(\omega_2) & \omega_2 H_{\eta2}^{\mathrm{R}}(\omega_2) \end{bmatrix}$$

$$[K_1]=\begin{bmatrix} k_{\xi\xi} \\ k_{\xi\eta} \\ b_{\xi\xi} \\ b_{\xi\eta} \end{bmatrix},\quad [K_2]=\begin{bmatrix} k_{\eta\xi} \\ k_{\eta\eta} \\ b_{\eta\xi} \\ b_{\eta\eta} \end{bmatrix}$$

$$[S_1]=\begin{bmatrix} \sin\theta_1+m\omega_1^2 H_{\xi a1}^{\mathrm{R}}(\omega_1) \\ m\omega_1^2 H_{\xi a1}^{\mathrm{I}}(\omega_1) \\ \sin\theta_2+m\omega_2^2 H_{\xi a2}^{\mathrm{R}}(\omega_2) \\ m\omega_2^2 H_{\xi a2}^{\mathrm{I}}(\omega_2) \end{bmatrix},\quad [S_2]=\begin{bmatrix} \cos\theta_1+m\omega_1^2 H_{\eta a1}^{\mathrm{R}}(\omega_1) \\ m\omega_1^2 H_{\eta a1}^{\mathrm{I}}(\omega_1) \\ \cos\theta_2+m\omega_2^2 H_{\eta a2}^{\mathrm{R}}(\omega_2) \\ m\omega_2^2 H_{\eta a2}^{\mathrm{I}}(\omega_2) \end{bmatrix}$$

进行水润滑橡胶轴承动态刚度和阻尼系数试验时，只需记录加载力和位移信号，然后送入计算机，按式(9-11)即可求得所需的 8 个动力特性参数。

9.2　试验内容及方法

9.2.1　试验对象

试验对象为水润滑橡胶轴承，轴承规格为内径 235mm，外径 300mm，长度

940mm,如图 9-11 所示。

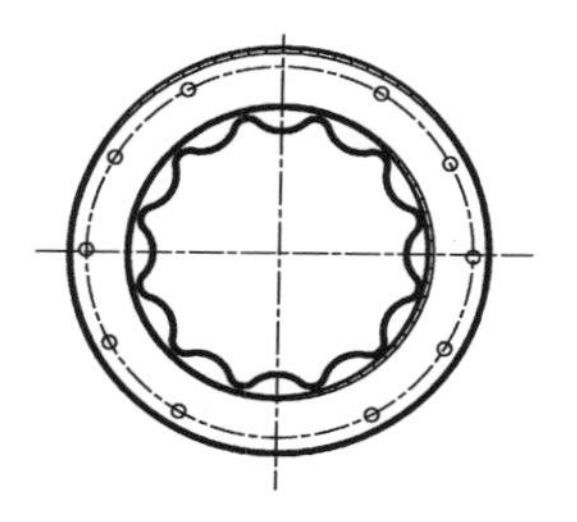

图 9-11　水润滑橡胶轴承

9.2.2　试验内容

试验的主要内容如下：

(1) 研究转速和载荷对水润滑橡胶轴承摩擦系数的影响。

(2) 研究多沟槽水润滑橡胶轴承的水膜压力分布情况。

(3) 研究水润滑橡胶轴承轴心轨迹。

(4) 研究水润滑橡胶轴承水膜动态刚度和阻尼系数。

(5) 研究不同工况下的水润滑橡胶轴承振动噪声。

9.2.3　试验方法及步骤

参考美国军用标准 MIL-DTL17901C(2005),结合国内外相关文献,制定相应的试验方法。

在自主研制的水润滑橡胶轴承综合性能试验平台上进行相关试验。首先,启动辅助设备如齿轮箱润滑油和循环水系统,调节循环水系统压力和流量,直到满足试验要求;然后启动变频电机,拖动试验主轴运转,记录空载摩擦力矩;最后,通过两通道电液伺服协调加载系统对试验轴加载,加载力既可以为静态力,也可以为动态力。针对不同试验要求,选择合理的试验加载力。在进行动态加载时,可根据需要选择相应的波形,如正弦波、三角波、方波、半正弦波、半三角波、半方波、斜波、随机波以及外部输入波形等,并进行幅值、频率以及作用次数等设定。试验过程中,从高转速向低转速变化,并记录相应的摩擦力矩。

测试水润滑橡胶轴承水膜压力分布时,提前做好水膜压力无线测试系统的调试,并进行零位校准,待试验主轴旋转稳定后,再进行测试。试验轴轴心轨迹采用电涡流传感器进行测试。

进行水润滑橡胶轴承刚度和阻尼试验时,应合理选择激振频率,以避开可能发生干扰的频率。试验过程中记录相应的加载力和位移信号,然后利用频谱分析法就可求得其水膜动力特性,包括四个动态刚度系数和四个阻尼系数。

在轴承座相应测点布置安装三轴加速度传感器，然后通过振动噪声测试仪，测量其振动信号。采用频谱分析仪，对振动信号进行 1/3 倍频程分析，从而得到水润滑橡胶合金轴承的摩擦噪声频率。

9.3　试验结果分析与讨论

9.3.1　摩擦系数

图 9-12 为载荷和转速对水润滑橡胶轴承摩擦系数的影响。由图 9-12 可知，水润滑橡胶轴承在低速重载条件下摩擦系数较大，表明此时处于混合润滑状态，即同时存在弹性流体动压润滑和干摩擦，并且速度越低或者载荷越大，水膜承载量比例越小，而接触载荷比越大，这一试验结果与理论分析一致。随着速度增大，水润滑橡胶轴承摩擦系数逐渐减小，当速度达到一定值后，摩擦系数趋于平稳，表明在速度提高到一定值后，水润滑橡胶轴承才可能建立起全膜弹流润滑，此时，摩擦系数较小。

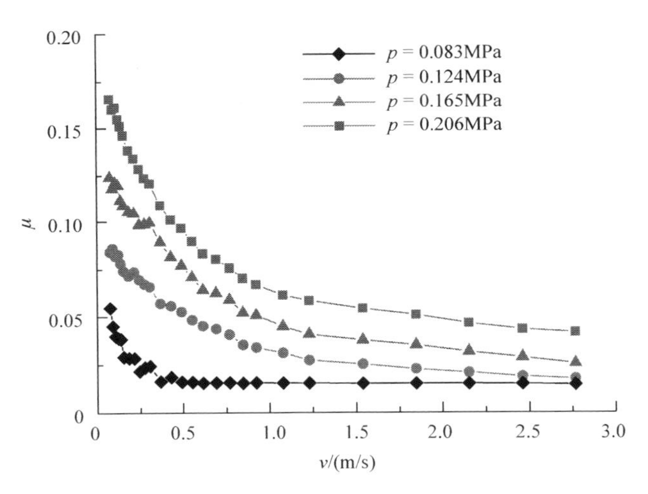

图 9-12　载荷和速度对摩擦系数的影响

图 9-13 为不同频率激振力作用下水润滑橡胶轴承的摩擦系数曲线。试验时，轴转速为 40r/min。在激振力作用下，水润滑橡胶轴承摩擦系数呈周期性变化，频率为 1.5s，即主轴转频，这是由主轴在滑动轴承内的偏心运动引起的。研究发现，激振频率对轴承的摩擦系数影响不大。但是，当激振力频率为 5Hz 时，摩擦系数曲线出现许多毛刺，这可能是激振频率与轴承的自激振动频率接近，出现了轻微的共振现象。

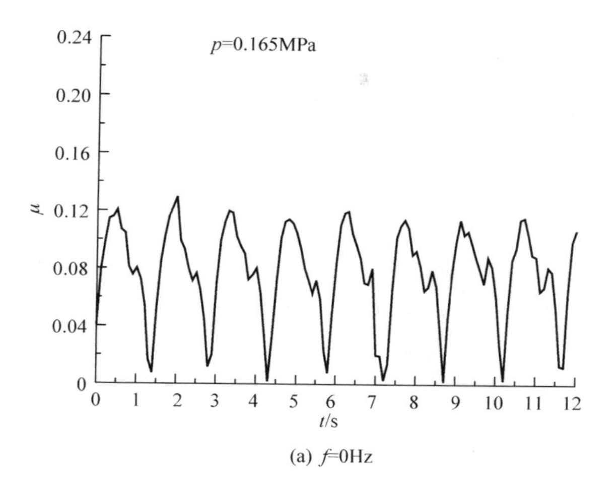

(a) f=0Hz

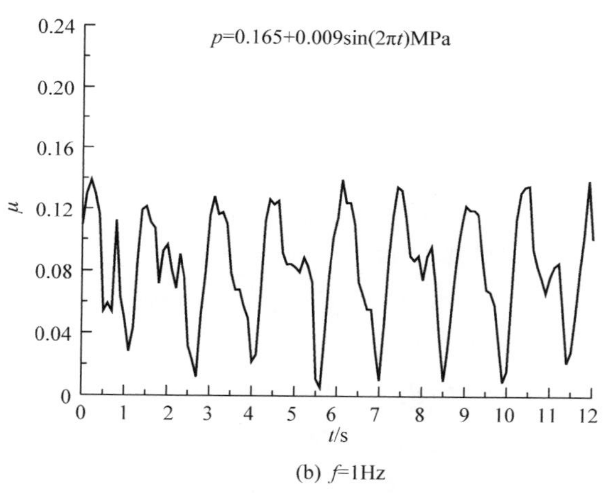

(b) f=1Hz

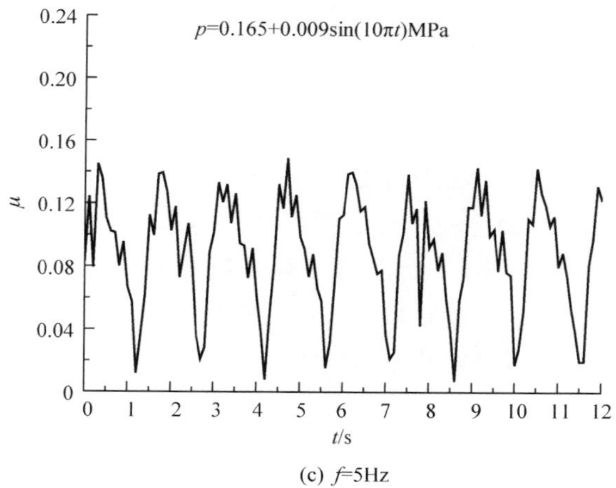

(c) f=5Hz

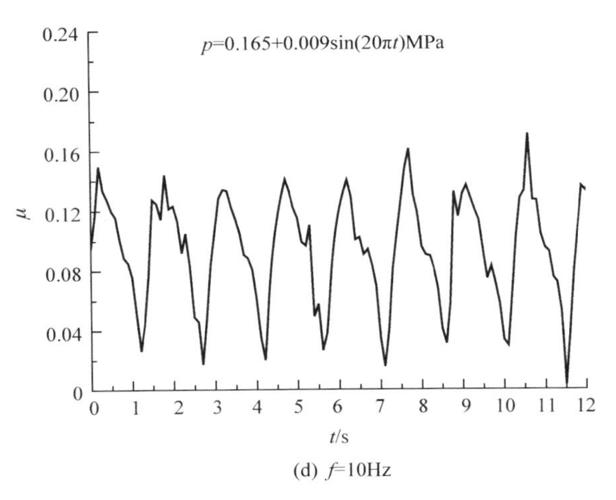

(d) f=10Hz

图 9-13　不同频率激振力对摩擦系数的影响

9.3.2　水膜压力

图 9-14 为速度对水润滑橡胶轴承中截面水膜压力分布的影响。为了便于观察水膜压力周期性变化以及周向位置处的压力，同时采用中截面压力时域信号图和压力极坐标图给出。试验中供水压力为 78kPa，载荷为 0.148MPa。从图 9-14 中可以看出，沟槽对水膜压力分布影响较大，轴承圆弧面承载区出现不等的压力峰，而沟槽处压力较小。如图 9-14(a)所示，在低速条件下，水润滑橡胶轴承周向压力差较小，弹性流体动压润滑效果不明显。但是轴承下方的压力仍大于其他部分，与经典的滑动轴承压力分布一致，表明此时水润滑橡胶轴承处于混合润滑状态，同时存在弹性流体动压润滑和表面微凸体接触。速度越低，流体压力越小，则流体承担载荷的比例越小，与此同时微凸体接触面积将扩大，承担载荷的比例也将增大。随着速度增大，轴承动压效应逐渐增强，水膜压力随之增大，同时周向压力差也逐渐增大，轴承圆弧面承载区压力较大，而凹槽处的水膜压力较低，并呈交替变化。如图 9-14(b)和(c)所示，在承载区形成了多个压力峰。由于各承载区的最大压力出现在橡胶承载区中心，而橡胶具有低弹性模量易产生变形，形成水囊，但是在中心两侧的节点由于变形隆起，从而在各承载区两侧出现两个压力峰，并且速度越大，水膜压力越大，橡胶弹性变形越显著，形成的水囊数量越多，压力双峰数量越多。从图 9-14 中还可以得知，水膜压力呈周期性变化，其变化频率与主轴转频一致。

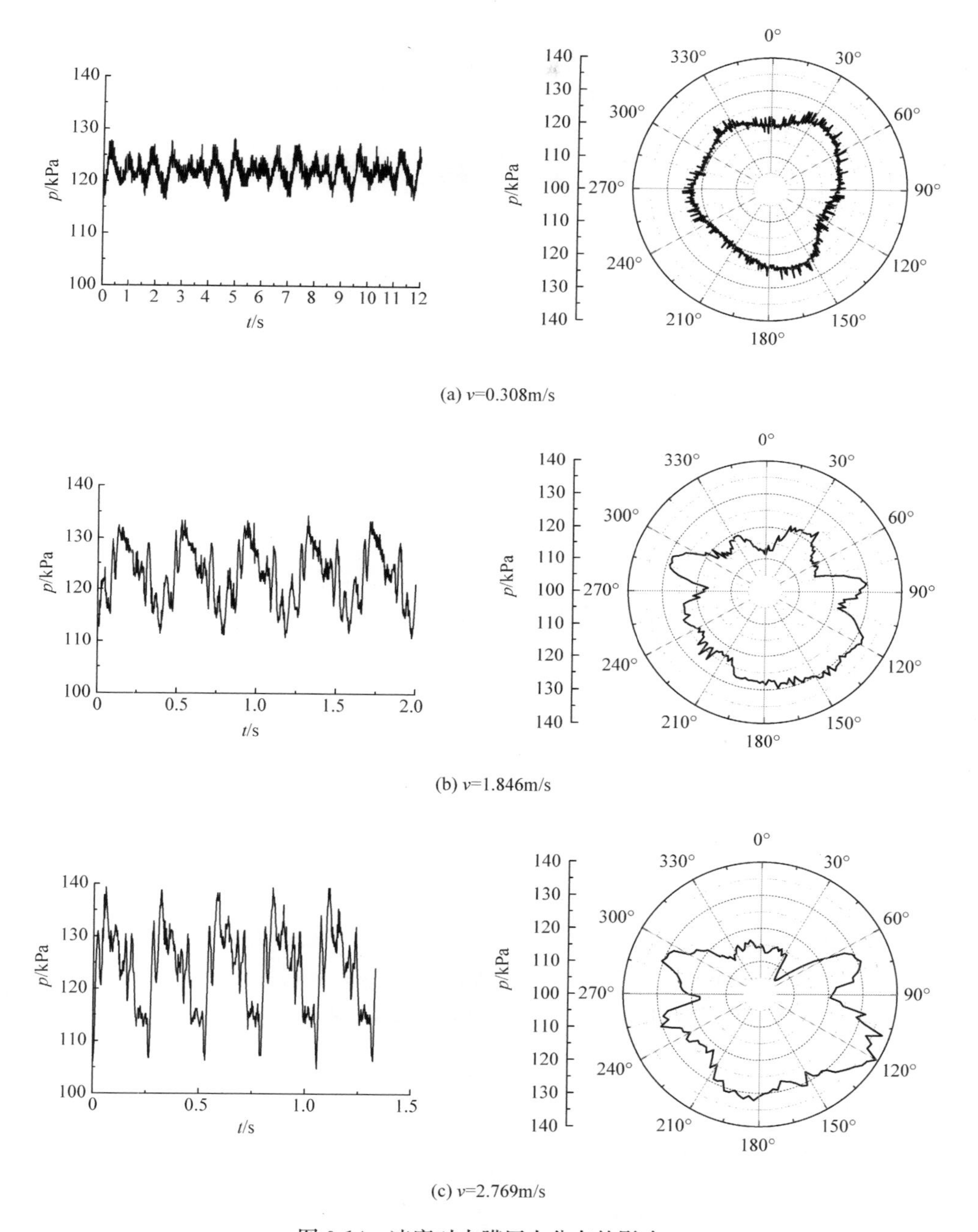

(a) v=0.308m/s

(b) v=1.846m/s

(c) v=2.769m/s

图 9-14　速度对水膜压力分布的影响

与理论分析结果对比，水润滑橡胶轴承水膜压力处于相同数量级，都为 10^5 kPa，只不过理论研究表明沟槽处膜厚较大，水膜压力较低，仅在轴承下方 2～3

块板条承载区有较大的水膜压力，而试验结果表明，水膜压力在整周均有分布，并且呈交替分布。以上误差可能是沟槽处水膜厚度远远大于无沟槽处水膜厚度，在求解雷诺方程时，膜厚相对很大时，其压力几乎为零。虽然与理论分析稍有偏差，但是压力分布趋势是一致的。

图 9-15 为速度与水膜压力峰值的关系曲线。从图中可知，水润滑橡胶轴承水膜压力峰值为 10^5 Pa 级。在低速阶段，水膜压力峰值缓慢增大。当速度达到一定值后，水膜压力峰值随速度呈指数关系增大。可见，速度对水润滑橡胶轴承润滑性能影响显著，速度越高，轴承润滑性能越好。而在低速时，难以形成弹性流体动压润滑，处于混合润滑状态。为了降低水润滑橡胶轴承在低速工况下的摩擦磨损，可以在制备轴承时添加固体润滑材料，或者在主轴上涂敷减摩材料。

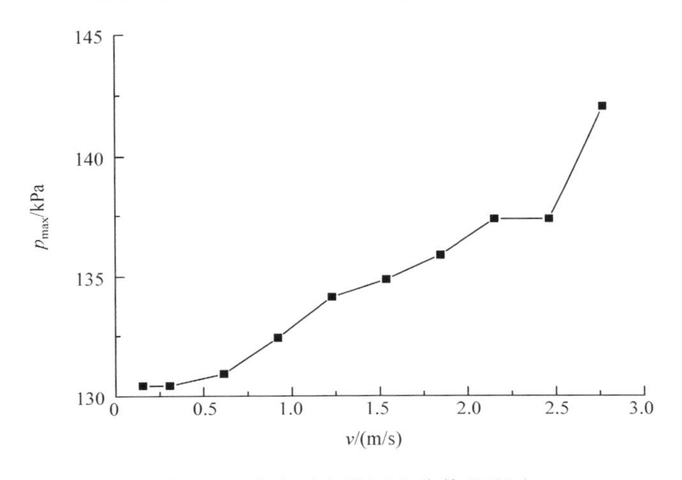

图 9-15　速度对水膜压力峰值的影响

图 9-16 为载荷对水润滑橡胶轴承中截面水膜压力分布的影响。试验中供水压力为 78kPa，速度为 0.922m/s，载荷越大，水膜压力越大，并且周向压力差逐渐增大。在水润滑橡胶轴承下方，水膜压力较大，为主要承载区。可见，在一定速度条件下，水润滑橡胶轴承能形成有效的流体动压润滑膜。

图 9-17 为供水压力对水膜压力分布的影响。供水压力分别为 62kPa、78kPa、97kPa 和 110kPa，速度为 1.23m/s，载荷为 0.124MPa。从图中可以看出，供水压力越大，水膜压力越大，但是供水压力并不影响水膜压力分布的总体趋势，即承载区和凹槽处水膜压力交替变化，轴承下方水膜压力较大。图 9-18 为不同激振力频率对水膜压力分布的影响。激振力会引起主轴扰动，从而改变水膜压力分布。激振力频率越大，扰动越大，水膜压力总体分布略有增大，这是由于挤压作用有利于水膜压力形成。

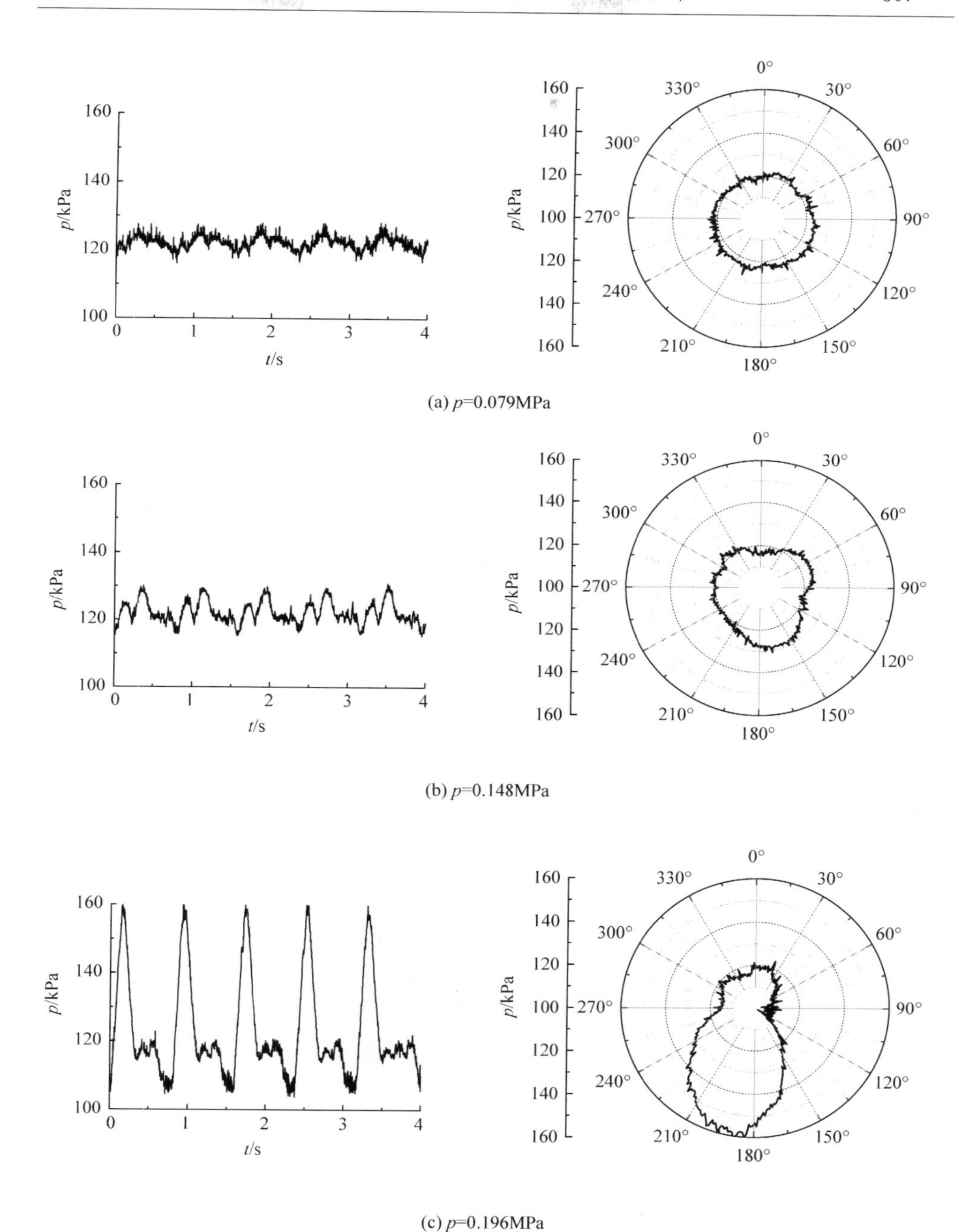

图 9-16 载荷对水膜压力分布的影响

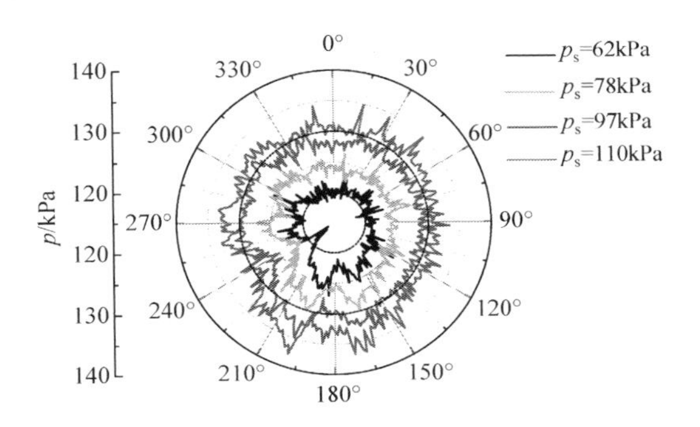

图 9-17　供水压力对水膜压力分布的影响

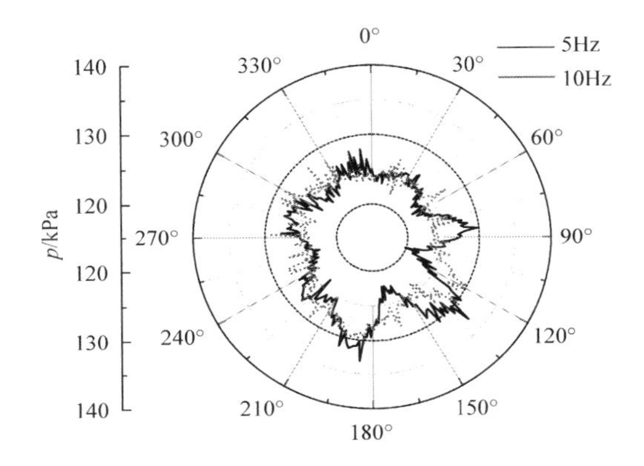

图 9-18　激振力频率对水膜压力分布的影响

9.3.3　轴心轨迹

图 9-19 为不同速度下的轴心轨迹图。试验中，载荷为 0.165MPa，主轴线速度分别 0.185m/s、0.554m/s、0.733m/s 和 1.248m/s(对应的轴转速分别为 15r/min、45r/min、60r/min 和 100r/min)。从图中可以看出，当主轴速度较低时(图 9-19(a))，轴心轨迹为大环套小环，表明轴承发生摩擦。随着速度提高，小环逐渐消失，轴心轨迹图形逐渐变小，当速度达到一定值后(图 9-19(d))，轴心轨迹为长、短轴较小的一个椭圆，并且重复性相当好。从这个角度证明水润滑橡胶合金轴承在低速下处于混合润滑状态，随着速度提高，轴承逐渐过渡到弹性流体动压润滑。

图 9-20 为不同载荷下的轴心轨迹图。试验中，主轴速度为 2.215m/s(对应转速 60r/min)，载荷分别为 0.083MPa、0.124MPa、0.206MPa 和 0.247MPa。从图中可以看出，当载荷较小时，轴心轨迹为长、短轴较小的一个椭圆，并且处于几何中心附近。随着载荷逐渐增大，轴心轨迹逐渐偏离几何中心，形状也越来越大，特别是在重载时，出现了大环套小环的现象，表明轴心系统发生了摩擦行为。同样，该

试验研究结果表明水润滑橡胶轴承在重载条件下处于混合润滑状态，并且载荷越大，混合润滑状态中的摩擦行为越显著。

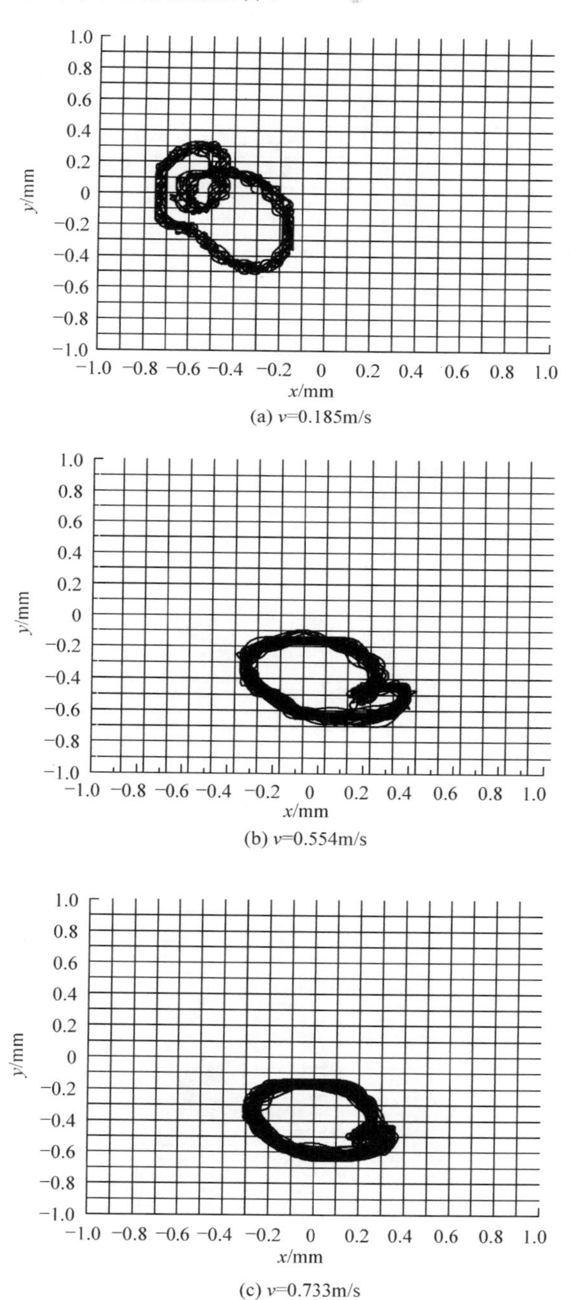

(a) v=0.185m/s

(b) v=0.554m/s

(c) v=0.733m/s

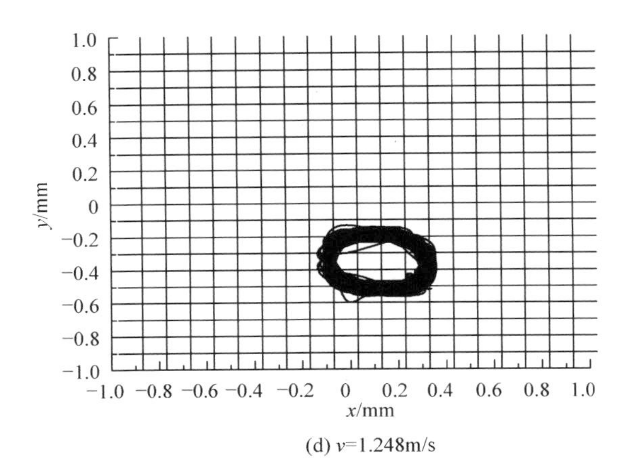

(d) v=1.248m/s

图 9-19　速度对轴心轨迹的影响

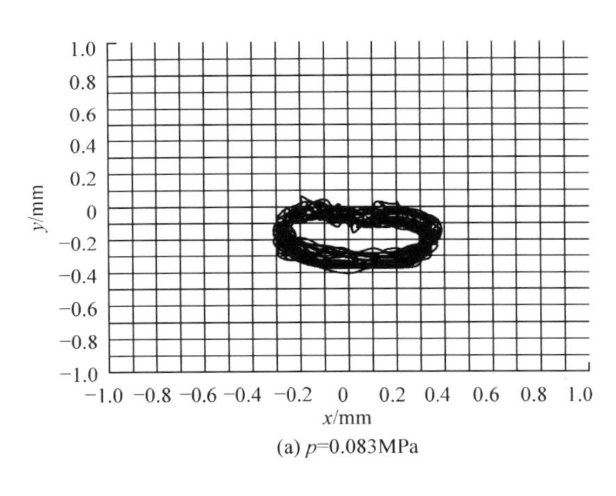

(a) p=0.083MPa

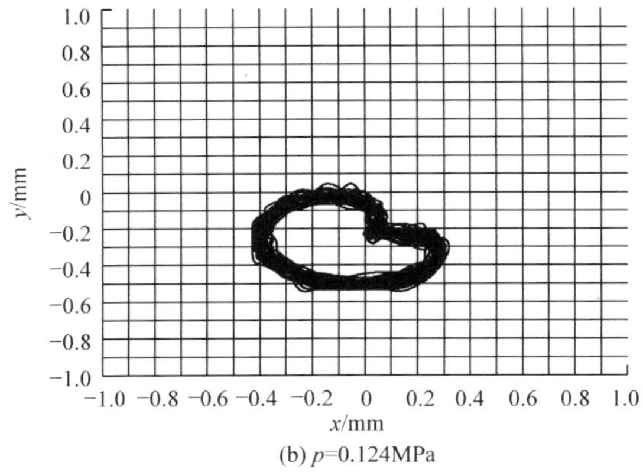

(b) p=0.124MPa

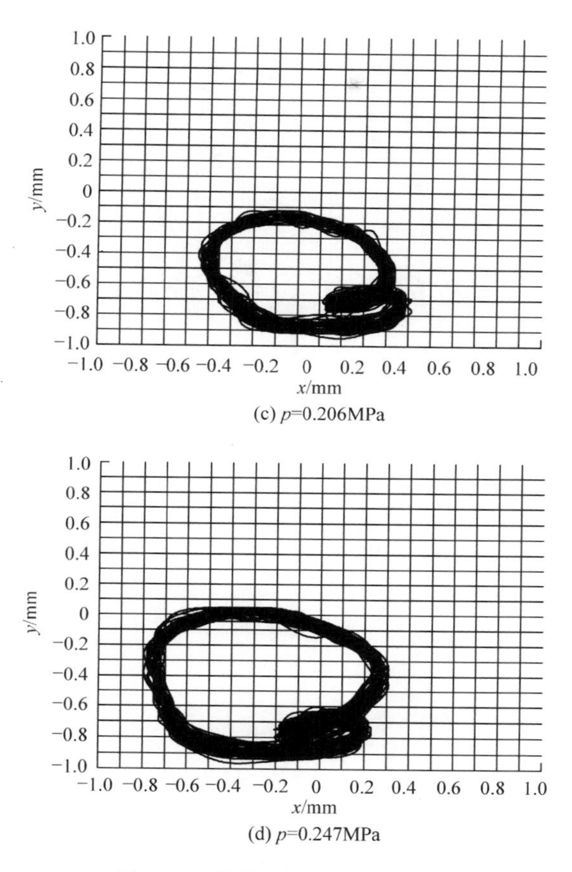

(c) p=0.206MPa

(d) p=0.247MPa

图 9-20　载荷对轴心轨迹的影响

轴心轨迹的试验结果表明，水润滑橡胶轴承在低速重载条件下处于混合润滑状态。该试验结果为前述的理论研究提供了依据。

9.3.4　动态刚度和动态阻尼

图 9-21 给出了水润滑橡胶轴承动态刚度试验结果。从图中可以看出，水润滑橡胶轴承的动态刚度为 10^6 N/m 数量级，与理论分析结果一致。并且，随着载荷增大，支承刚度 K_{xx} 和 K_{yy} 逐渐增大。这是由于载荷增大，水膜压力增大，所以刚度增大。在相同载荷下，支承刚度 K_{xx} 和 K_{yy} 随速度降低而增大，这是由于水润滑橡胶轴承在低速条件下可能发生混合润滑，即有微凸体接触，故支承刚度将大幅增加，而交叉刚度 K_{xy} 和 K_{yx} 相对主刚度较小，并且随转速和载荷基本不变。

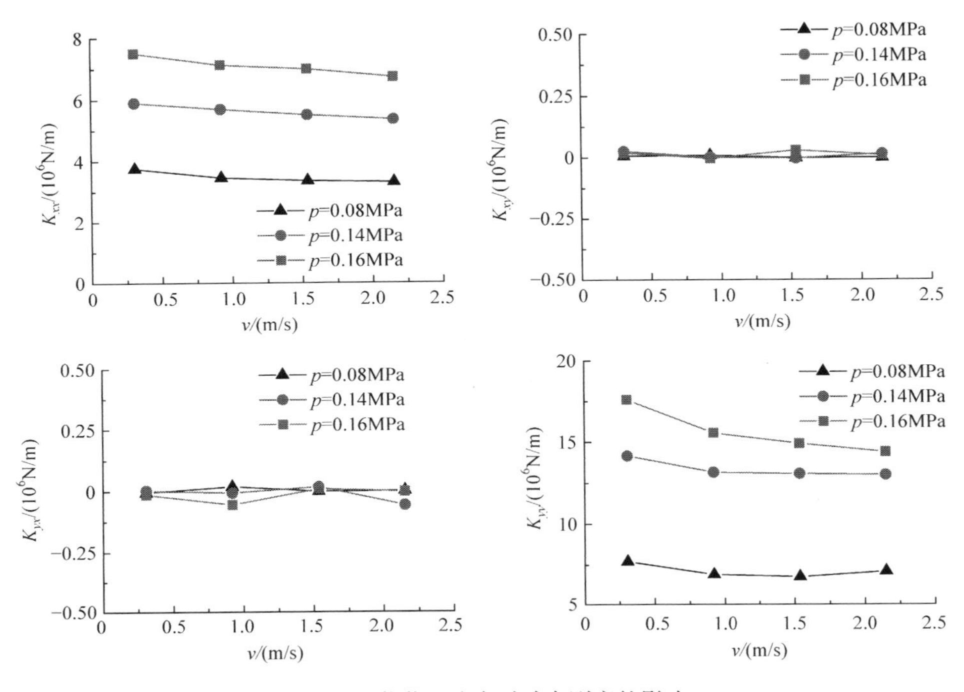

图 9-21　载荷和速度对动态刚度的影响

图 9-22 给出了水润滑橡胶轴承动态阻尼试验结果。从图中可以看出，水润滑橡胶轴承的动态阻尼为 10^5 N · s/m 数量级，小于刚度值，与理论分析结果一致。支承阻尼 D_{yy} 在速度较大时随载荷增大略有增大，但变化很小，但是在低速时，支撑阻尼 D_{yy} 随载荷增大而急剧增大。这是由于水润滑橡胶轴承处于混合润滑状态，发生主轴与橡胶微凸体接触，而橡胶本身就是阻尼较大起减振的材料。所以，低速下支撑阻尼 D_{yy} 急剧增大，其他阻尼项随载荷变化均不大。同样，支承阻尼 D_{xx} 和 D_{yy} 随速度增大而降低，这是由于从低速到高速，水润滑橡胶轴承由混合润

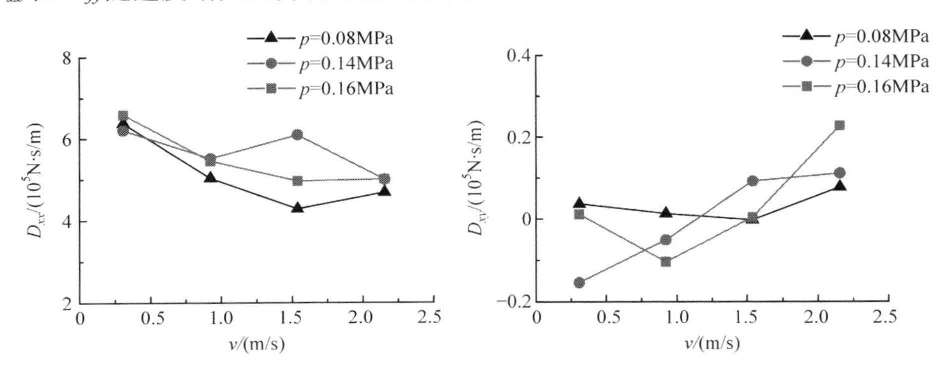

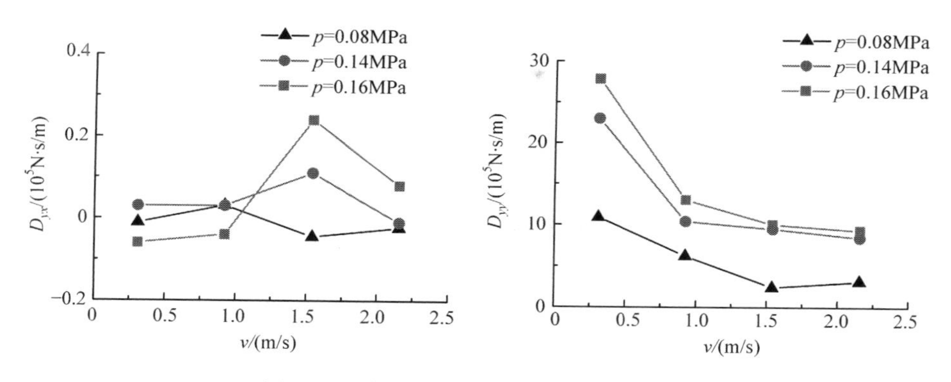

图 9-22　载荷和速度对动态阻尼的影响

滑状态过渡到弹流润滑状态,轴与轴承橡胶接触区域逐渐减小,故阻尼也逐渐减小。

9.3.5　振动噪声

不同工况下,对水润滑橡胶轴承系统进行振动噪声试验,其结果如表 9-2 所示。

表 9-2　不同工况下水润滑橡胶轴承的振动加速度

速度 v/(m/s)	名义载荷 p/MPa	摩擦系数 μ	振动频率 f/Hz	振动加速度		
				x 方向 a_x/(m/s²)	y 方向 a_y/(m/s²)	z 方向 a_z/(m/s²)
0.15	0.469	0.18	3910	0.141	0.146	0.181
	0.625	0.20	3910	0.146	0.154	0.191
	0.781	0.26	3910	0.166	0.175	0.213
	0.938	0.32	3910	0.179	0.191	0.232
0.2	0.469	0.17	3910	0.113	0.122	0.142
	0.625	0.18	3910	0.143	0.149	0.184
	0.781	0.25	3910	0.16	0.168	0.209
	0.938	0.27	3910	0.147	0.156	0.188
0.3	0.469	0.13	3910	0.102	0.113	0.125
	0.625	0.15	3910	0.138	0.149	0.177
	0.781	0.17	3910	0.153	0.161	0.196
	0.938	0.21	3910	0.139	0.148	0.175

从表 9-2 中可以看出，在速度小于 0.3m/s、载荷大于 0.469MPa 时，水润滑橡胶轴承的振动频率与仿真分析结果一致，其振动加速度幅值随速度降低而略有增大，随载荷增加也略有增大，并且在 z 方向的振动幅值最大，因为 z 方向为轴承径向方向。结果还表明，在水润滑橡胶轴承低速重载条件下运行时，摩擦系数较大，此时载荷和速度的改变对水润滑轴承摩擦噪声的影响较小。

图 9-23 为速度 0.2m/s 和载荷 0.625MPa 时轴承测点的振动时域和频域图。该工况下轴承在三个方向的振动一致，特别是在频率为 3910Hz 处的振动幅值较大，这主要是由水润滑橡胶轴承与轴的摩擦激励引起的。该试验结果与第 7 章仿真分析结果吻合。

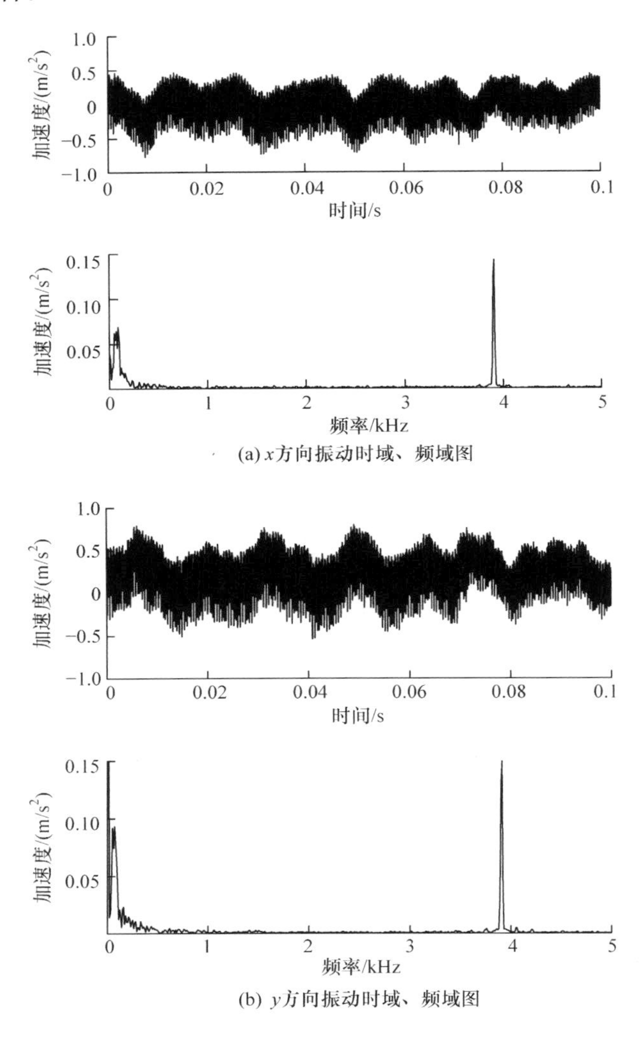

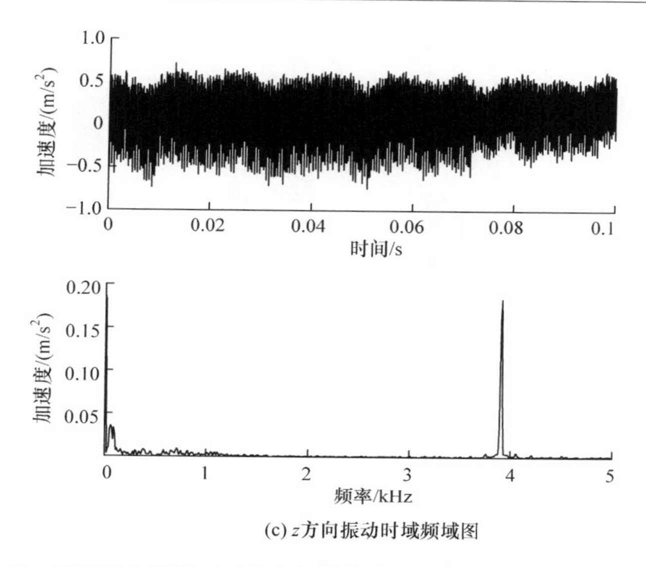

(c) z方向振动时域频域图

图 9-23　轴承测点的振动时域和频域曲线(v=0.2m/s，p=0.625MPa)

对上述水润滑橡胶轴承振动加速度信号进行 1/3 倍频程频谱分析，得到其结构噪声，如图 9-24 所示。从图中可以看出，水润滑橡胶轴承结构噪声在 x、y、z

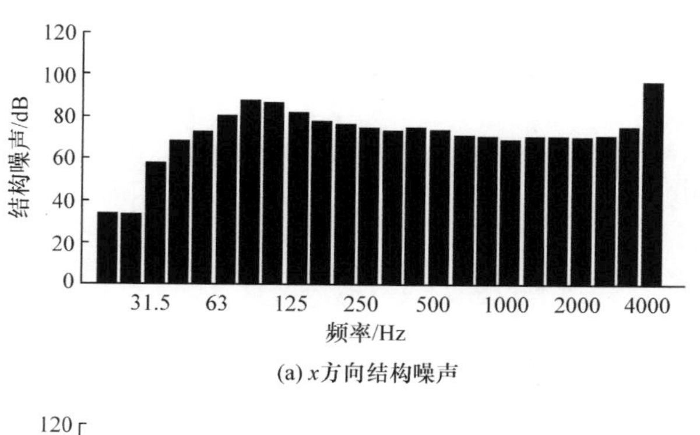

(a) x方向结构噪声

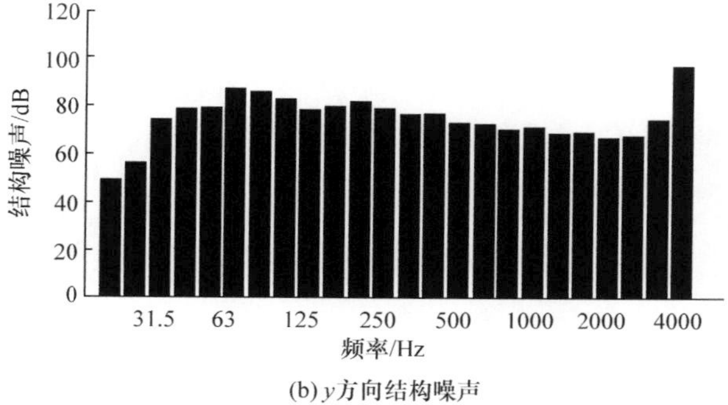

(b) y方向结构噪声

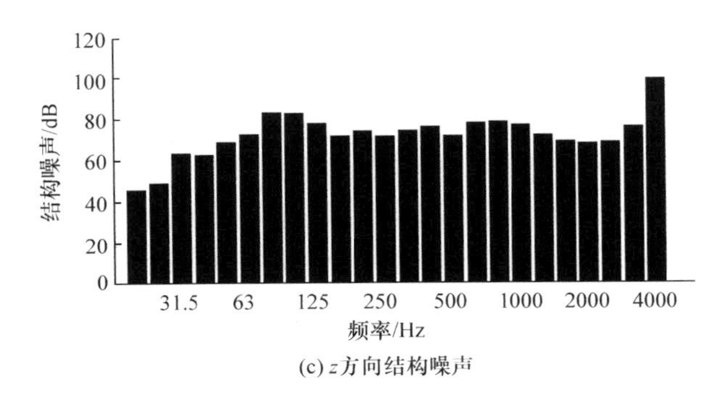

(c) z方向结构噪声

图 9-24 轴承测点的结构噪声($v=0.2\text{m/s}$, $p=0.625\text{MPa}$)

三个方向中心频率 4000Hz 段较大,分别为 97.59dB、98.01dB 和 99.71dB。上述中心频率与振动频率一致,主要是由水润滑橡胶轴承和轴摩擦引起的。

参 考 文 献

[1] 周建辉,刘正林,朱汉华,等. 船舶水润滑橡胶尾轴承摩擦性能试验研究[J]. 武汉理工大学学报 (交通科学与工程版),2008,32(5):842-844.

[2] 姚世卫,杨俊,张雪冰,等. 水润滑橡胶轴承振动噪声机理分析与试验研究[J]. 振动与冲击,2011,30(2):214-216.

[3] 王家序,周广武,秦毅,等. 水润滑轴承及传动系统综合性能实验平台:CN102269654A[P]. 2001

[4] 周广武,王家序,李俊阳,等. 多功能摩擦学性能实验系统:CN102628747A[P]. 2012.

[5] 周广武. 水润滑橡胶合金轴承混合润滑分析与动力学性能优化[D]. 重庆:重庆大学博士学位论文,2013.

[6] 袁佳. 水润滑轴承及传动系统综合性能实验平台设计与开发[D]. 重庆:重庆大学硕士学位论文,2013.

[7] 袁佳,王家序,周广武,等. 水润滑艉轴承综合性能实验平台研究[J]. 机械设计与研究,2012,28(6):111-114.

[8] 张直明,张言羊,谢友柏,等. 滑动轴承流体动力润滑理论[M]. 北京:高等教育出版社,1986.

[9] 周广武,王家序,周忆,等. 水润滑橡胶轴承动态刚度和阻尼测试方法研究[J]. 四川大学学报(工程科学版),2014,46(3):193-198.

第 10 章　水润滑橡胶合金轴承的精密成形方法

水润滑橡胶合金轴承在机械传动特别是船舶等推进系统中应用广泛，它采用水作为润滑介质，能够很好地解决节约资源和环境友好问题。

水润滑橡胶合金轴承采用外圈加水润滑橡胶材料内衬的结构，在现有制造技术中，存在一些比较明显的缺陷。本章主要介绍现在比较先进的水润滑橡胶合金轴承的制造方法。

10.1　水润滑橡胶合金轴承的成形工艺

10.1.1　橡胶的硫化

要使生橡胶转变为具有特定性能、特定形状的橡胶制品，要经过一系列的复杂加工过程，这个过程包括橡胶的配合及加工。橡胶的配合是指根据成品的性能要求，考虑加工工艺性能和成本等因素，把生胶与各种配合剂组合在一起的过程，这个过程也是成分设计过程。对于不同的制品，橡胶的加工工艺过程不相同，对于一般橡胶，无论做什么样的制品，均必须经过炼胶及硫化两个加工过程。大部分制品还必须经过压延、压出两个加工过程，因而橡胶加工中最基础的加工过程包含塑炼、混炼、压延、压出及硫化五个工艺过程。橡胶配合设计好后，其中最重要的加工过程就是硫化，这一过程是对橡胶性能影响最大的过程，也是橡胶生产加工过程中最后的一道工序。下面就对这一过程进行详细的论述[1-4]。

硫化是指橡胶的线型大分子链通过化学交联而构成三维网状结构的化学变化过程，相应的胶料的物理性能及其他性能都发生根本变化。这一过程所赋予橡胶的各种宝贵物理性能，使橡胶成为应用广泛的工程材料[1-4]。

1. 橡胶硫化的反应过程

一个完整的硫化体系主要由硫化剂、活化剂、促进剂组成，如表 10-1 所示。

表 10-1　完整的硫黄硫化

组分	质量份	作用
纯橡胶	100	功能
硫黄	0.5～4.0	硫化剂
促进剂	0.5～2.0	促进剂
氧化锌	2.0～1.0	活化剂
脂肪酸	1～4	

硫化反应是一个多元组分参与的复杂的化学反应过程，它包含橡胶分子与硫化剂及其他配合剂之间发生的一系列化学反应。在形成网状结构时伴随着发生各种副反应，其中橡胶与硫黄的反应占主导地位，它是形成空间网络的基本反应。一般来说，大多数含有促进剂——硫黄硫化的橡胶，大致经历如图 10-1 所示的硫化过程。

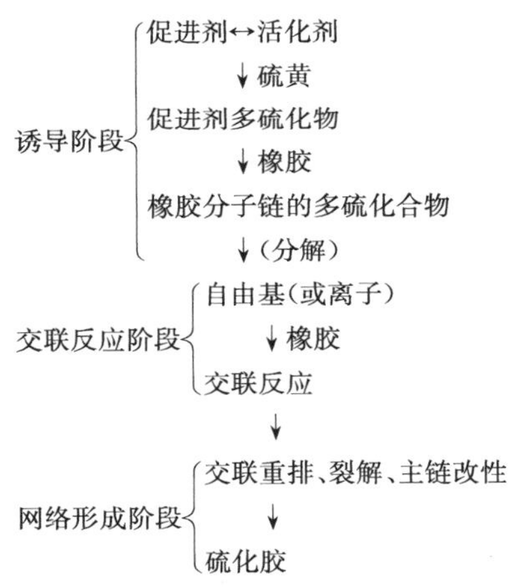

图 10-1　橡胶硫化过程

如图 10-1 所示，硫化过程可分为三个阶段。第一阶段为诱导阶段，在这个阶段中，先是硫黄、促进剂、活化剂的相互作用，使氧化锌在胶料中溶解度增加，活化促进剂使促进剂与硫黄之间反应生成一种活性更大的中间产物，然后进一步引发橡胶分子链，产生可交联的橡胶大分子自由基(或离子)。第二阶段为交联反应阶段，即可交联的自由基(或离子)与橡胶分子链产生反应，生成交联键。第三阶段为网络形成阶段，此阶段的前期交联反应已趋完成，然后形成的交联键发生短化、重排和裂解反应，最后网络趋于稳定，获得网络相对稳定的硫化胶[5-7]。

2. 硫化历程图

在硫化过程中，橡胶的各种性能随硫化时间而变。将橡胶的某一种性能的变化与硫化时间作曲线图,即得硫化历程图,如图 10-2 所示。图中,前部 ab 段是门尼焦烧曲线,后部 cd 段是强度曲线,曲线之间不衔接。

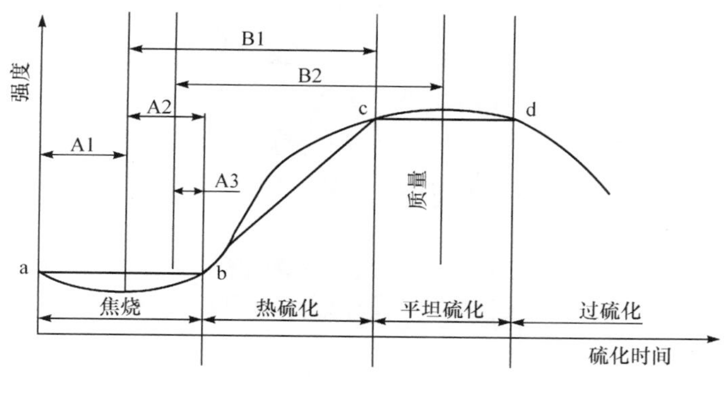

图 10-2　硫化历程图

根据硫化历程分析,硫化历程可分为四个阶段,即焦烧阶段、热硫化阶段、平坦硫化阶段和过硫化阶段[5-7]。

1) 焦烧阶段

图 10-2 中 ab 段是硫化反应中的诱导期,又称焦烧时间。胶料成分和促进剂会影响焦烧时间的长短。

由于橡胶具有热积累的特性,所以胶料的实际焦烧时间包括操作焦烧时间 A1 和剩余焦烧时间 A2。操作焦烧时间是指橡胶加工过程中由于热积累效应所消耗掉的焦烧时间(取决于加工条件,如胶料混炼、热炼及压延、压出等工艺条件)。剩余焦烧时间是指胶料在模型中加热时保持流动性的时间。在操作焦烧时间与剩余焦烧时间之间无固定界限,它随胶料操作和停放条件而变化。一个胶料经历加工次数越多,其操作时间越长(图 10-2 中 A1),从而缩短了剩余焦烧时间(图 10-2 中 A2),也就是减少了胶料在模型中的流动时间。因此,一般的胶料都应尽量避免经受多次机械作用。

2) 热硫化阶段

图 10-2 中 bc 段为硫化反应中的交联阶段,该阶段逐渐产生网络结构,使橡胶弹性和扯断强度急剧上升。其中 bc 段曲线的斜率大小代表硫化反应速率的快慢,斜率越大,硫化反应速率越快,生产效率越高。温度越高,促进剂用量越多,硫化速率也越快。

3) 平坦硫化阶段

图 10-2 中 cd 段相当于硫化反应中分子交联网络形成的前期,这时交联反应已基本完成,继而发生交联键的重排、裂解等反应,胶料强力曲线出现平坦区。这段时间称为平坦硫化时间,其长短取决于胶料成分(主要是促进剂及防老剂)。由

于这个阶段硫化橡胶保持最佳的性能，所以作为选取正硫化时间的范围。

4）过硫化阶段

图 10-2 中 d 以后的部分相当于硫化反应中网构形成的后期，存在着交联的重排，但主要是交联键及链段的热裂解反应，因此胶料的强力性能显著下降。

在硫化历程图中，从胶料开始加热至出现平坦期所经过的时间称为产品的硫化时间，也就是通常所说的“正硫化时间”，所以胶料在模型中加热的时间应为 B1，即模型硫化时间，它等于剩余焦烧时间 A2 加上热硫化时间 C1。然而每批胶料的剩余焦烧时间有所差别，其变动范围为 A1～A2。

另一种描述硫化历程的曲线是采用硫化仪测定的硫化曲线。形状和硫化历程图相似，是一种连续曲线，如图 10-3 所示，从图中可以直接计算各阶段所对应的时间。

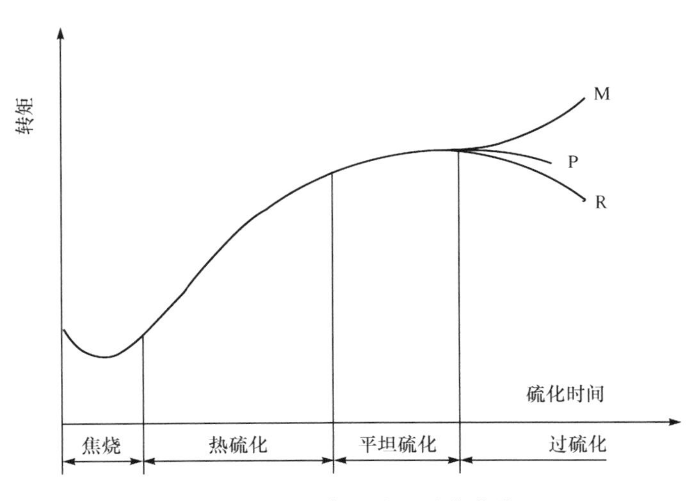

图 10-3　硫化仪测定的硫化曲线

由硫化曲线可以看出，胶料硫化在过硫化阶段可能出现三种形式：第一种曲线继续上升，如图 10-3 中曲线 M，这种状态是由过硫化阶段中产生结构化作用所致，通常非硫黄硫化的丁苯橡胶、丁腈橡胶、氯丁橡胶和乙丙橡胶都可能出现这种现象；第二种情形是曲线保持较长平坦期，通常用硫黄硫化的丁苯橡胶、丁腈橡胶、乙丙橡胶等都会出现这种现象；第三种曲线下降，如图 10-3 中曲线 R 所示，这是由胶料在过硫化阶段发生网络裂解所致，如天然橡胶的普通硫黄硫化体系就是一个明显的例子。

5）理想的橡胶硫化曲线

在硫化反应开始前，胶料必须有充分的迟延作用时间以便进行混炼、压延、压出、成形及模压时充满模型。一旦硫化开始，反应要迅速。理想的硫化曲线如

图 10-4 所示。

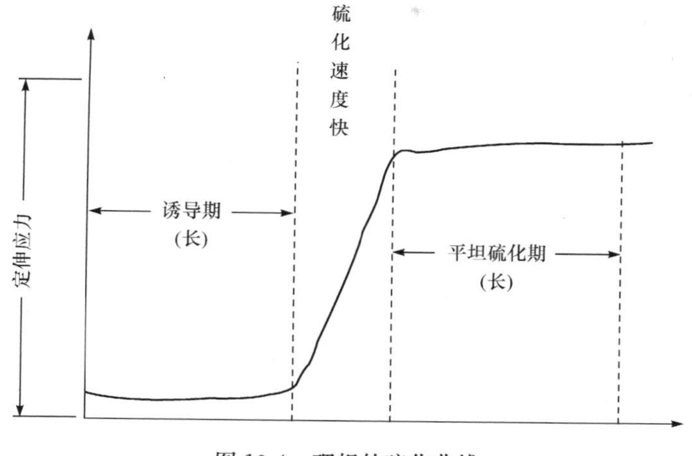

图 10-4　理想的硫化曲线

理想硫化曲线满足下列条件：

(1) 硫化诱导期要足够长，充分保证生产加工的安全性。

(2) 硫化速度要快，提高生产效率，降低能耗。

(3) 硫化平坦期要长。

因而必须正确选择硫化条件和硫化体系，以实现上述条件。

10.1.2　水润滑橡胶合金轴承的硫化工艺

在水润滑橡胶合金轴承的制备中，橡胶合金复合材料的成分设计好后，最重要的工序就是硫化，这直接关系到轴承的性能，在复合材料进行硫化前一般要将复合材料在开式炼胶机上进行回炼，以使复合材料变软，增强流动性，便于模压成形。水润滑橡胶合金轴承是在专用硫化机中模压成形后再在一定的温度、时间和压力下硫化成形的，在模具设计时，考虑了复合材料的收缩率。温度、时间和压力三个要素直接关系到硫化后橡胶合金的性能，在硫化过程中必须对其进行控制。

1. 硫化温度和硫化时间

硫化温度是橡胶合金复合材料发生硫化反应的基本条件，它直接影响硫化速度和产品质量。硫化温度高，硫化速度快，生产效率高；反之，硫化速度慢，生产效率低。硫化温度高低应取决于复合材料成分，其中最重要的是取决于复合材料中基体材料橡胶种类和硫化体系。但应注意的是，高温易引起橡胶分子链裂解，乃至发生硫化还原现象，结果导致拉伸性能下降(尤其是天然橡胶和氯丁橡胶最为显著)，因此硫化温度不宜过高。

硫化时间是完成硫化反应过程的条件，由复合材料成分、硫化温度和压力决定。对于给定的复合材料，在一定的硫化温度和压力条件下，有一个最适宜硫化时间(即正硫化时间)，时间过长产生过硫，时间过短产生欠硫。过硫和欠硫都将使制品性能下降。

硫化温度和硫化时间是相互制约的，它们的关系可用式(10-1)表示：

$$\frac{\tau_1}{\tau_2}=K^{\frac{t_2-t_1}{10}} \tag{10-1}$$

式中，τ_1 为温度 t_1 时的硫化时间，min；τ_2 为温度 t_2 时的硫化时间，min；K 为硫化温度系数(通常取 $K=2$)。

式(10-1)表明硫化温度与硫化时间互为指数关系。若取 $t_2-t_1=10$，$K=2$，则式(10-1)变为

$$\frac{\tau_1}{\tau_2}=K^{\frac{t_2-t_1}{10}}=2^{\frac{10}{10}}=2$$

这说明，硫化温度相差10℃，硫化时间则相差2倍。或者说，温度增加10℃，硫化时间缩短1倍；温度降低10℃，硫化时间延长1倍。在不同温度下达到相同硫化效果的时间称为等效硫化时间(又称等价硫化时间、当量硫化时间)，利用式(10-1)可方便地计算出不同硫化温度下的等效硫化时间。

在生产实际中，复合材料硫化条件的确定常常因设备或工艺条件等的改变而改变，目的就是期望在不同的硫化条件下，都能制得具有相同物理力学性能的硫化制品。这个问题可以用等效硫化时间来解决，但也可以用硫化效应方法即相等硫化程度来解决。根据硫化理论，硫化胶的性能取决于硫化程度，即交联程度。只要产品获得相同硫化程度，就能制得具有相同物理性能的硫化胶。硫化程度的大小，工艺上用硫化效应衡量。只要制品保持相等的硫化效应，其硫化条件可根据实际情况而变。

硫化效应等于硫化强度与硫化时间的乘积，即

$$E=I\tau \tag{10-2}$$

式中，E 为硫化效应；I 为硫化强度；τ 为硫化时间，min。

硫化强度是指复合材料在一定温度下，单位时间所取得的硫化程度，它与硫化温度系数和硫化温度有关。

$$I=K^{\frac{t-100}{10}} \tag{10-3}$$

式中，K 为硫化温度系数；t 为硫化温度，℃。

将式(10-3)代入式(10-2)，得

$$E=K^{\frac{t-100}{10}}\tau \tag{10-4}$$

应用式(10-2)或式(10-4)就可任意换算硫化条件，从而确定硫化温度和硫化

时间。

由以上分析可知，为了提高复合材料硫化的效率，减少硫化时间，通常在工艺条件允许的情况下，希望硫化的温度尽可能高。水润滑橡胶合金轴承中，防焦剂、促进剂、防老化剂等添加剂的加入，提高了其硫化所允许的最高温度，通过大量的生产实践表明，其最合理的硫化温度范围为 160～200℃，硫化时间范围为 20～140min，其温度和硫化的时间随规格的增大而增加。

2. 硫化压力

一般橡胶制品，在硫化时要施以压力，目的在于：

(1) 防止制品在硫化过程产生气泡，提高胶料的致密性；

(2) 使胶料易于流动和充满模槽；

(3) 提高胶料与铜套的黏着力；

(4) 有助于提高硫化胶的物理力学性能。

胶料硫化时，由于胶料中包含的水分蒸发以及所包含空气的释出会产生一种内压力，这种内压力使胶料产生气孔。为了防止这种现象的产生，硫化时就必须施加大于胶料可能发生内压力的硫化压力。若单从防止产生气孔的角度来考虑，也可以在胶料中加入如石膏、氧化钙等物质作吸水剂，以实现常压硫化。试验表明，施加较高的硫化压力不仅能消除气泡，而且还能提高胶料的致密性。表 10-2 列出了硫化压力与胶料密度的关系。

表 10-2　硫化压力与胶料密度的关系

硫化压力/Pa	胶料密度/(g/mL)	硫化压力/Pa	胶料密度/(g/mL)
70	1.1603	3500	1.1611
1400	1.1613	7000	1.1609

为使复合材料能够充分流动并充满模槽，硫化压力应足够高。试验表明，若对胶料在 100～140℃温度范围内压模，必须施用 20～50Pa 的压力，这样才能保证充满压模以及获得复杂的花纹轮廓。若在 40～50℃温度进行压模(如注压充模定型)，则压力必须相应地提高到 500～800Pa。

硫化时，硫化压力有利于提高橡胶合金复合材料与铜套在胶黏剂作用下的黏结强度，保证复合材料与铜套内表面完全接触。随着硫化压力的增加，硫化复合材料的许多物理力学性能(如强度、动态模数、耐疲劳性、耐磨性等)都相应提高。硫化压力对硫化胶耐磨性能的影响如图 10-5 所示。

增加硫化压力能提高复合材料的许多力学性能，延长制品的使用寿命。但是，过高的压力对复合材料的性能也不利，由图 10-5 可知，压力过高，反而会使

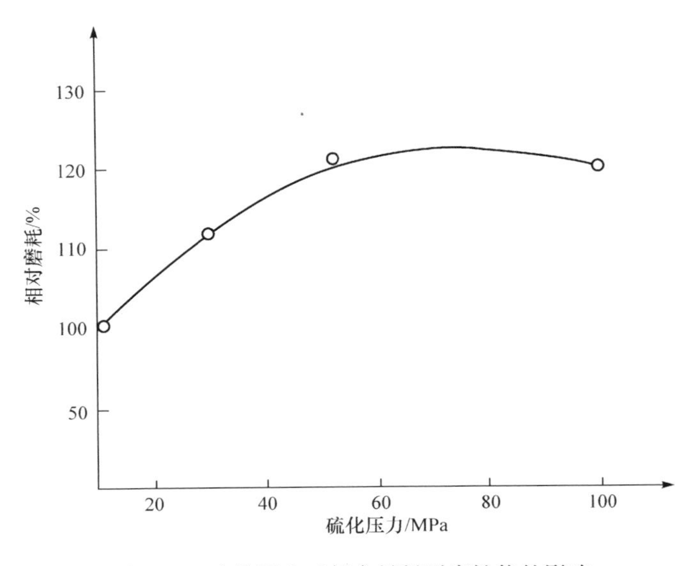

图 10-5　硫化压力对复合材料耐磨性能的影响

复合材料的性能降低，这是因为高压如同高温一样会加速复合材料中橡胶分子的热降解作用。通常，对硫化压力的选取应根据复合材料的成分、可塑性、产品结构等来决定。在工艺上遵循的原则是：塑性大，压力宜小；产品厚、层数多、结构复杂，压力宜大；薄制品宜低，甚至可用常压。几种硫化工艺所采用的硫化压力如表 10-3 所示。

表 10-3　几种硫化工艺所采用的硫化压力

硫化工艺	加压方式	压力/MPa
汽车外胎硫化	水胎过热水加压	2.2～4.8
	外模加压	15
模型制品硫化	平板加压	24.5
传动带硫化	平板加压	0.9～1.6
运输带硫化	平板加压	1.5～2.5
注压硫化	注压机加压	120～150
汽车内胎蒸汽硫化	蒸汽加压	0.5～0.7
胶管直接蒸汽硫化	蒸汽加压	0.3～0.5
胶鞋硫化	热空气加压	0.2～0.4
胶布直接蒸汽硫化	蒸汽加压	0.1～0.3

硫化加压的方式通常有下列四种：一是用液压泵通过平板硫化面把压力传递给模型，再由模型传递给复合材料；二是由硫化介质直接加压（如蒸汽加压）；三是以压缩空气加压；四是由注压机注压等。

根据表 10-3 及水润滑轴承的结构特点可知，水润滑橡胶合金轴承所采用的压力约为 24.5MPa。这种方式容易保证压力，将胶料注入模型完成后即加压并加热硫化，工艺过程较为简单。

10.1.3　水润滑轴承橡胶合金材料与瓦背的黏结工艺

水润滑橡胶合金轴承采用外圈加水润滑橡胶材料内衬的结构，轴承的综合性能指标，如承载能力、抗振能力以及摩擦系数等，都与水润滑橡胶材料内衬的性能有直接关系，而内衬与轴承黏结及水润滑轴承瓦背的黏结工艺是决定轴承性能的重要因素。而黏结工艺所采用的胶黏剂至关重要，下面主要介绍丁腈橡胶胶黏剂。

1. 丁腈橡胶胶黏剂组成与结构

丁腈橡胶胶黏剂是以丁腈橡胶为基料，与硫化剂、促进剂、填料、增强树脂、溶剂、防老剂等组分配制而成的胶黏剂（基本组成见表 10-4）。丁腈橡胶胶黏剂有溶剂型和乳液型两类。

表 10-4　丁腈橡胶胶黏剂的基本组成

组分	配方		
	1(一般丁腈胶)	2(丁腈-18)	3(丁腈-26 或丁腈-40)
丁腈橡胶	100	100	100
氧化锌	5	5	5
硬脂酸	0.5	1.5	1.5
硫黄	2	2	1.5
促进剂 M 或 DM	1	1.5	0.8
炭黑		50	45

丁腈橡胶是丁二烯与丙烯腈乳液共聚的产物。丁腈橡胶的性能受丙烯腈含量的影响，随着丙烯腈含量增加，丁腈橡胶的拉伸强度、耐热性、耐油性、气密性、硬度都会提高，但弹性和耐寒性降低。国产丁腈橡胶产品主要有丁腈-18、丁腈-26 和丁腈-40 三种型号。胶黏剂用丁腈橡胶的丙烯腈含量较高。

增强树脂：丁腈橡胶结晶性差，内聚力小，纯丁腈橡胶作为胶黏剂是不适宜的。通常加入一些与丁腈橡胶相容性优良的树脂如环氧树脂、酚醛树脂、聚氯乙烯树脂、氯化橡胶、松香胶或香豆酮树脂等，以提高胶黏剂的黏结强度，用量一般为橡胶的30%～100%，过多会降低胶膜弹性，过少则改性不明显。

填料：填料可以提高胶黏剂的性能，降低成本，常用填料有炭黑、二氧化锌和二氧化钛等。

硫化剂及促进剂：硫化剂使橡胶分子产生交联，提高胶黏剂的耐热等性能。常用的硫化剂有硫黄、秋兰姆、二氧化硫、二异丙苯过氧化物等。为加速硫化速度，常需配合促进剂，如硫化剂二硫化二苯基噻唑。如使用超促进剂MC（环己胺与二硫化碳的反应物）、乙基苯基二硫化代氨基甲酸锌等，可制得在室温下硫化的双组分耐油丁腈橡胶胶黏剂。

防老剂：用于防止胶黏剂受空气中氧、紫外线和热作用而老化。

增塑剂：为提高丁腈橡胶胶黏剂的耐寒性和工艺性，需要加入增塑剂或软化剂。常用的增塑剂有邻苯二甲酸二丁酯、邻苯二甲酸二辛酯、磷酸三苯酯、液体丁腈橡胶、煤焦油、古马龙树脂等，用量一般为橡胶的5%～20%。

溶剂：常用的溶剂有丙酮、丁酮、甲基异丁酮、醋酸乙酯、醋酸丁酯、氯苯等或它们的混合物，选择溶剂时需综合考虑其溶解性、相容性、干燥速度以及溶剂毒性等因素。溶剂的用量以配制含量为15%～30%的胶液计算。

2. 丁腈橡胶胶黏剂性能与改性

丁腈橡胶为灰白色至浅黄色块状弹性体，相对密度为0.95～1.0，具有优异的耐油性，优良的耐热、耐磨、耐老化、耐化学介质性和气密性。耐热性优于丁苯橡胶和氯丁橡胶，可在120℃长期工作。气密性仅次于丁基橡胶。丁腈橡胶的性能与丙烯腈含量密切相关，随着丙烯腈含量增加，丁腈橡胶的黏结强度、拉伸强度、耐热性、耐油性、气密性、硬度提高，但弹性和耐寒性降低。

丁腈橡胶胶黏剂的主要缺点是：原始黏力不够大，单组分胶需加压、加温固化；耐寒性、耐臭氧性、电绝缘性较差；在光和热的长期作用下容易变色。

共聚改性：在丁腈橡胶共聚体系中，可加入其他单体如甲基丙烯酸甲酯、丙烯酸乙酯、苯乙烯、丙烯酸、甲基丙烯酸等进行共聚改性。例如，用丙烯酸共聚改性可制备羧基丁腈胶乳，进一步增加胶的极性和黏结性能；用甲基丙烯酸甲酯共聚改性的丁腈橡胶可以配制高强度结构胶黏剂。

共混改性：用线形酚醛树脂或环氧树脂改性后的丁腈橡胶可作为结构胶黏剂使用。酚醛树脂改性的丁腈橡胶胶黏剂，可用于汽车刹车片、离合器和金属构件的胶结。再进一步用有机硅改性可提高耐热老化性，可在300℃下长期使用。环氧树脂改性的丁腈橡胶胶黏剂可用于金属材料的黏结、无孔金属蜂窝结构材料的制造和胶结等。

丁腈胶乳胶黏剂：胶乳型胶黏剂可以避免溶剂的毒害性和安全问题，其主要的缺点是干燥缓慢、胶结强度较低。常选用具有较好的黏结性能的羧基丁腈胶乳，在配胶时再添加松香、酚醛树脂、间苯二酚甲醛树脂、脲醛树脂、三聚氰胺甲醛树脂、氯化橡胶、酪素等可进一步改善其性能。该胶黏剂用于织物、纸张、塑料薄膜等的黏结和浸渍。

3. 丁腈橡胶胶黏剂应用及配方

丁腈橡胶胶黏剂主要用于丁腈橡胶布、皮革与金属的黏结，尼龙织物、帆布与铝基合金的黏结以及金属自身的黏结。常用的几种丁腈橡胶胶黏剂配方如表 10-5～表 10-7 所示。

表 10-5　CH-501 胶配方

配方	质量份
丁腈橡胶(NBR2717)	100
过氯乙烯树脂	50
溶剂(醋酸乙酯：醋酸丁酯＝9：1)	660～680

注：适用于软 PVC 人造革和丁腈橡胶制品的黏结。

表 10-6　JX-7 胶黏剂配方

配方	质量份
丁腈混炼胶醋酸乙酯溶液	100
间苯二酚甲醛树脂乙醇溶液	10
E-44 环氧树脂醋酸乙酯溶液	5

注：用于丁腈橡胶制品、尼龙、玻璃钢、有机玻璃、铝合金等的黏结。

表 10-7　JX-8 胶黏剂配方

甲组分		乙组分	
成分	质量份	成分	质量份
丁腈橡胶(NBR3604)	100	间苯二酚甲醛树脂	75
氧化锌	5	乙醇	适量
促进剂 TMTD	4		
气相白炭黑	12.5		
醋酸乙酯	适量		

注：适用于棉帆布、有机玻璃、铝合金等的黏结。

10.2　水润滑橡胶合金轴承模具

现有技术中，特别是水润滑橡胶合金轴承普遍采用通过模具在轴承外圈内硫化成形固定轴承橡胶合金衬套的方式进行制造。硫化成形模具采用模具芯和模具体的结构,在模具芯与模具体间的间隙内注入橡胶,实现硫化成形。这种方式虽然能够制造出水润滑橡胶合金轴承,但是由于模具没有定位功能,无法保证尺寸偏差和硫化成形的衬套与轴承外圈的同轴度,因此需要二次加工,破坏硫化后的衬套结构;无法保证衬套的精度,影响轴承的使用寿命和传动效率。

因此,需要一种水润滑橡胶合金轴承的成形模具,能够实现模体和模芯的轴向定心定位,产品一次性成形后就能够达到规定的尺寸精度,能增强经过热压硫化成形后的产品的致密性。

10.2.1　水润滑橡胶合金轴承精密成形模具的初步设计

传统的水润滑橡胶合金轴承硫化成形工艺过程是先用开炼机或密炼机对胶料和相关助剂进行混炼,然后把经炼胶机炼热、变软的胶料剪成合适的形状,放入挤胶料盒并装配好橡胶制品模具,手工把橡胶制品模具和挤胶料盒按设计要求装配在一起,放置在平板硫化机的下加热平板,按动“合模”按钮,在油泵电机的作用下,柱塞顶动下加热平板自下向上运动,在压力作用下,开始挤胶成形,当发现胶料挤满时,按下“开模”按钮,当下平板下降到适当位置,停止下降,取下挤胶料盒,罩上相应模具,按下“合模”按钮,下平板上升,油压升到规定值后,即按动“停止”按钮,电动机停止,此时进入“保压硫化”过程,硫化结束,按动“开模”按钮,平板下降,从模具中取出制品,进行脱模,对制品进行车磨处理及检验[8]。

在这个过程中需要先手工装配注胶盒和上胶盖,然后需要用工具将上胶盖和模体分离,胶盒和柱塞分离;在脱模中,需要手工将上模与中模撬开,用行车把模芯和轴承吊走,然后在专门的脱模架上将模芯脱出。这种工艺过程存在多次手工操作、操作强度大、安全可靠性差、生产效率低的问题,而且利用平板加热又存在受热不均匀的问题。

为此,针对以上问题,采用一套具有自动脱模功能的工程复合材料精密成形模具注压机,并初步设计出了水润滑橡胶合金轴承精密成形模具的结构方案。

模具的材料选择范围很大,从一般的合金结构钢、碳素结构钢、合金工具钢、碳素工具钢、弹簧钢、不锈耐热钢、高速工具钢到适应特殊模具场合需要的高温合金、粉末高速钢、钢结硬质合金、增强塑料等。其中,应用最广的模具材料是合金工具钢中的合金模具钢。

国内外将模具材料根据用途分为三种:冷作模具材料、热作模具材料和塑料模具材料。

(1) 冷作模具材料主要用于成形常温状态下的工件压制的模具,如冷冲裁模具、冷冲压模具、冷拉深模具、冷镦模具、压印模具、螺纹压制模具和冷挤压模具等。

(2) 热作模具材料主要用于制造对高温状态下的工件进行压力加工的模具,

如热锻模具、热镦锻模具、压铸模具等。常用的材料有中、高碳含量的添加铬、钨、钼等合金元素的合金模具钢。特殊模具需要的热作模具材料有高合金奥氏体耐热模具钢、高温合金、难熔合金制造等。

(3) 塑料模具材料的应用已经越来越广泛。随着塑料制品的日益广泛使用，塑料模具材料的使用情况已经在模具制造业中居于首位。塑料模具材料的种类有很多，常用的有碳素结构钢、预硬型塑料模具钢、耐蚀塑料模具钢、精密抛光用塑料模具钢等。

选择模具材料时，一般会考虑三种基本性能，即钢的耐磨性、韧性、硬度和红硬性，因为这三种指标可以比较全面地反映模具材料的综合性能，决定材料的应用范围，同时结合材料的导热性来选择。

橡胶模具用钢的材料选择要点如下：

(1) 模具材料要易于得到，并具有良好的机械加工性能和点蚀加工性能。

(2) 模具材料要有良好的热处理性能和表面处理性能(即易于金属镀层的附着)。

(3) 模具材料应具有良好的导热性能。

(4) 由于橡胶在硫化过程中会产生腐蚀性气体，所以要求模具材料具有良好的抗腐蚀性能。

(5) 模具材料应具有足够的机械强度等综合性能及耐磨性能。

(6) 模具材料经机械加工和电蚀加工后，其变形量小，研磨抛光性能好，表面粗糙度值低。

(7) 花纹图案的刻蚀性能好，并有良好的焊接性能。

(8) 材料组织应均匀，无气孔、缩孔、夹渣及其他缺陷。

(9) 材料的热膨胀系数较小。

常用的橡胶模具钢的各种性能比较如表 10-8 所示。

表 10-8　常用的橡胶模具钢

钢号		使用硬度(HRC)	耐磨性	抛光性能	淬火后变形倾向	硬化深度	可加工性	脱碳敏感性	耐蚀性能
类别	牌号								
渗碳型	20	30～45	差	较好	中等	浅	中等	较大	差
	20Cr	30～45	差	较好	较小	浅	中等	较大	较差
淬硬型	45	30～50	差	差	较大	浅	好	较小	差
	40Cr	30～50	差	差	中等	浅	较好	小	较差
	CrWMn	58～62	中等	差	中等	浅	中等	较大	较差
	9SiCr	58～62	中等	差	中等	中等	中等	较大	较差
	9Mn2V	58～62	中等	差	小	浅	较好	较大	尚可

续表

钢号		使用硬度(HRC)	耐磨性	抛光性能	淬火后变形倾向	硬化深度	可加工性	脱碳敏感性	耐蚀性能
类别	牌号								
预硬型	5CrNiMnMoVSCa	40～45	中等	好	小	深	好	较小	中等
	3Cr2NiMnMo	32～40	中等	好	小	深	好	中等	中等
	3Cr2Mo	40～58	中等	好	较小	较深	好	较小	较好
	8Cr2MnWMoVS	40～42	较好	好	小	深	好	较小	中等
	2Cr13	30～40	较好	较好	小	深	中等	小	好
	1Cr18Ni9Ti	30～40	较好	较好	小	深	中等	小	好

3Cr2Mo 型钢是由美国 AISI 的 P20 型钢转化而来的预硬型塑料模具钢，已纳入国家标准(GB/T 1299—2014)，可在 29.5～35HRC 的硬度状态下供应，有良好的继续加工性能和极好的抛光性能，是世界各国应用较广泛的一种塑料模具钢。在生产实践中，该钢用于橡胶模具钢的制造取得了良好的技术效果，特别是橡胶注射模具和压注模具，其拉伸强度为 950～1100MPa。目前，生产实践中模体材料大多采用 P20 型钢(图 10-6)。

图 10-6　P20 型钢

10.2.2　螺旋槽水润滑橡胶合金轴承脱模装置

螺旋槽水润滑橡胶合金轴承属于水润滑橡胶合金轴承的一种新型轴承，因存在螺旋槽结构，采用传统直顶脱模工艺，但无法将模芯从轴承中脱出。为此，作者等发明了一种螺旋槽水润滑橡胶合金轴承的脱模装置，采用端面轴承实现水润滑橡胶合金轴承在脱模中产生直线运动变旋转运动的自动脱模。同时，将脱模装置集成在原有630_{D}^{Q}-SY 型平板硫化机上，使工程复合材料精密成形数字制造装备脱模装置可以不用离开工作平台就让设备自动脱模，具有结构设计巧妙、设备紧凑投资少、装拆工件快速、脱模工艺简便等优点。

图 10-7 是工程复合材料精密成形数字制造装备脱模装置原理图。该装置的工作原理为：模芯下端面通过顶杆顶压在下面端面轴承座上，螺旋槽水润滑橡胶合金轴承上端面顶压在上面端面轴承座上，当由下向上顶出模芯时，模芯和螺旋槽水润滑橡胶合金轴承将能满足相对旋转运动，同时模芯轴向被顶出螺旋槽水润滑橡胶合金轴承，实现螺旋槽水润滑橡胶合金轴承的直线运动变旋转运动的自动脱模。

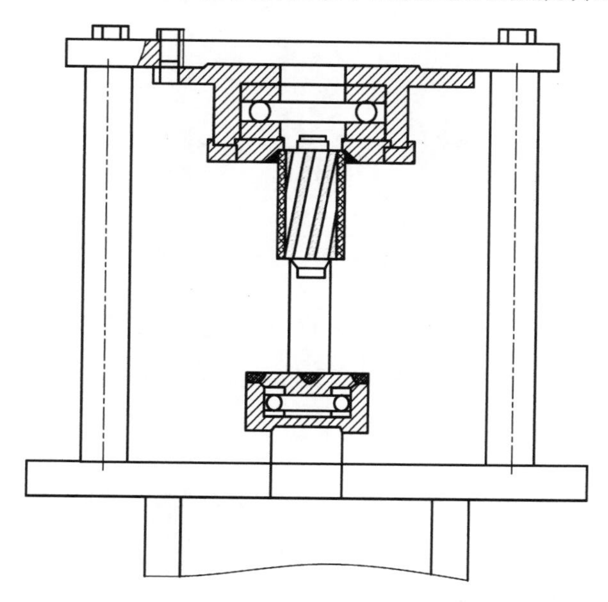

图 10-7　工程复合材料精密成形数字制造装备脱模装置原理图

10.3　水润滑橡胶合金轴承精密成形数字制造装备

10.3.1　精密成形数字制造装备简介

为了发展高科技，实现产业化，使水润滑橡胶合金轴承、高弹性联轴器、水润滑机械传动系统等具有自主知识产权并达到国际先进水平的科技成果尽快发展成为资源节约与环境友好的经济增长点，本书针对目前国内外现有平板硫化机存在的问题，设计出了一种新型工程复合材料精密成形数字制造装备。

工程复合材料精密成形数字制造装备的实物图如图 10-8 所示，该设备的产品生产过程控制面板如图 10-9 所示，初始状态为顶模芯油缸下降到位，托模架油缸上升到位，移模、注胶和开模退到位。整个硫化过程已基本实现自动化，能减轻劳动强度，提高工作效率。图 10-10 为水润滑橡胶合金轴承自动化精加工装备。

图 10-8　工程复合材料精密成形数字制造装备实物图

图 10-9　工程复合材料精密成形数字制造装备控制面板

图 10-10　自动化生产精加工装备

10.3.2　工程复合材料精密成形电感应热压模具设计

工程复合材料精密成形数字制造装备所制造的产品包括水润滑橡胶合金轴承、动密封装置、高弹性联轴器等。这些产品是由一种自适应天然水作为润滑介质的特种橡胶合金材料与各种金属或非金属外壳套管通过模压硫化精密成形黏结复合组成，并已经成功运用于水润滑机械传动系统等工程领域的设备中，如图 10-11 所示。

针对这些产品设计了一套工程复合材料精密成形电感应热压模具。该模具使得复合材料模压快速硫化成形过程中各部位热压均匀，模压硫化时间大大缩短，热量得到充分利用，提高了生产效率，实现了高效节能。该模具包括感应器和模体两部分。

(a) 水润滑橡胶合金轴承

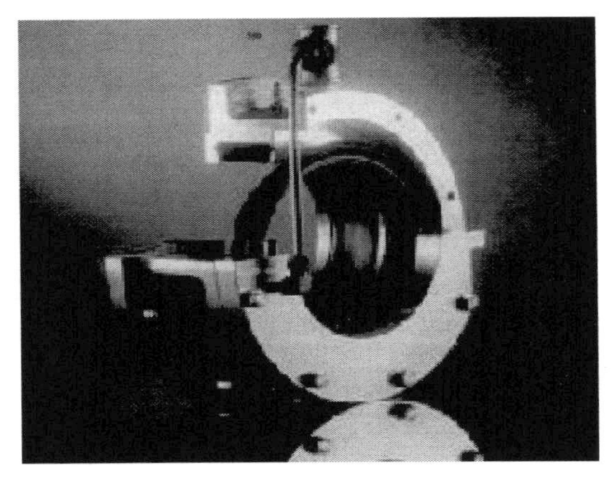

(b) 动密封装置

(c) 高弹性联轴器

图 10-11　工程复合材料精密成形件

10.3.3　成形装备计算机控制

该系统应用软件部分是在 Windows 视窗操作系统的基础上，基于工控组态软件 Genie 开发而成的，主要功能是进行温度、压力、时间等效硫化的控制。该软件具有人机接口，有总体控制界面、工况显示控制界面、工艺参数预置界面、历史事件曲线界面、运行状态显示界面、数据查询打印界面等，各个界面之间可相互切换，如图 10-12 所示。

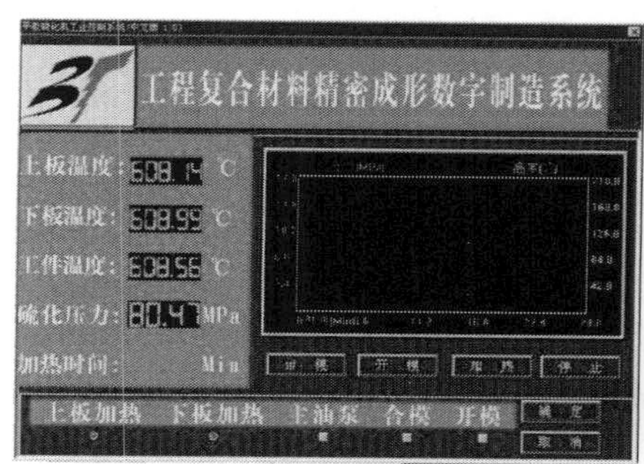

(a) 总体控制界面

(b) 工况显示控制界面

(c) 工艺参数预置界面

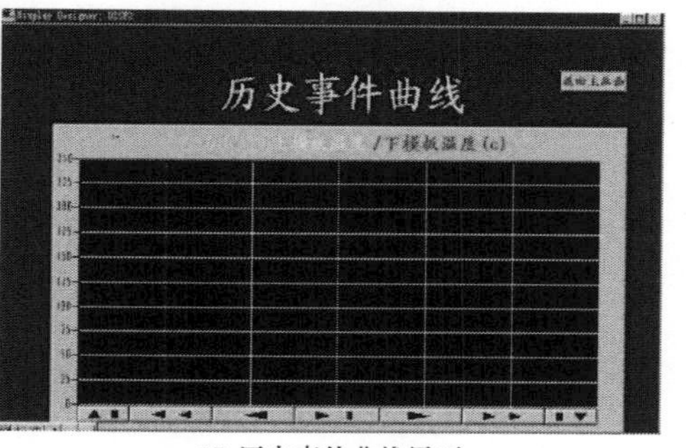

(d) 历史事件曲线界面

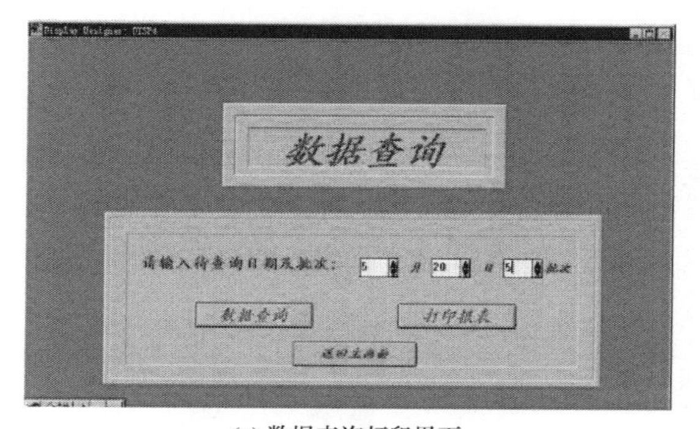

(e) 数据查询打印界面

图 10-12　成形装备控制软件界面

参 考 文 献

[1] Steven C. Computer-aided optimization of the vulcanization process[J]. Journal of Elastomers and Plastics,1994,26(3):212-236.

[2] 陈战. 水润滑轴承的摩擦磨损性能及润滑机理的研究[D]. 重庆:重庆大学博士学位论文,2003.

[3] 彭晋民. 水润滑塑料合金轴承润滑机理及设计研究[D]. 重庆:重庆大学博士学位论

文,2003.
[4] 贺仁生. 平板硫化机的现状与发展趋势[J]. 橡胶技术与装备,1995,(5):22-28.
[5] 李纪生. 我国平板硫化的技术进步与市场分析[J]. 橡胶技术与装备,1997,(1):7-10.
[6] Buckiey J. Modern controls for plastics & rubber extrusion[C]. The 41th Annual Conference of Electrical Engineering Problems in the Rubber and Plastics Industries,1989:56-61.
[7] Bhowmick A K,De S K. Dithiodimorpholine-based accelezator system in tire tread compound for high-temperature vulcanization[J]. Rubber Chemistry and Technology,1979,52(5):985-995.
[8] 王少丽. 水润滑橡胶合金轴承精密成型模具的优化设计[D]. 重庆:重庆大学硕士学位论文,2011.

第 11 章　水润滑轴承系统简介

水润滑轴承系统是一种基于新型工程复合材料的水润滑机械传动系统，包括高弹性联轴器、密封装置、前置水润滑轴承、前置轴承座、后置水润滑轴承、后置轴承座和供水系统等(图 11-1)，并以自然水作为润滑介质，从而极大地解决了传统艉轴动力传动装置所产生的摩擦、磨损、振动、噪声、无功能耗、可靠性差等问题，同时从根本上解决了润滑油污染问题，节省大量矿物油和 70%左右的贵重金属材料等战略资源，在低速重载与极端环境下比传统的金属摩擦副及其传动系统的使用寿命提高 5 倍以上，可实现动力传动系统的高效节能与环境友好。

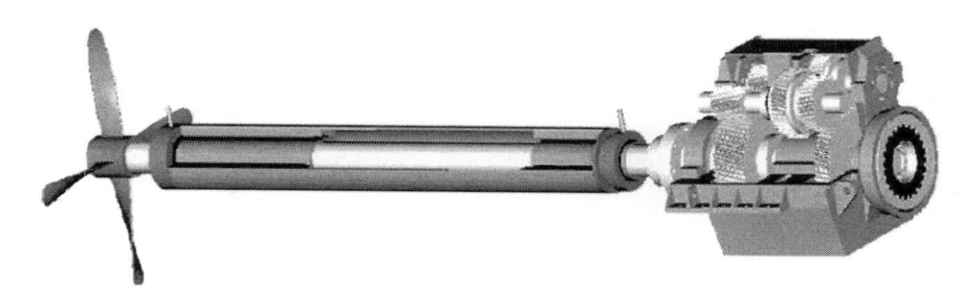

图 11-1　水润滑轴承系统

根据供水方式，水润滑轴承系统可分为开式结构和闭式结构。

11.1　开式结构的水润滑轴承系统

开式结构的水润滑轴承系统可分为全开式和半开式两种类型，其结构形式分别如图 11-2 和图 11-3 所示。船舶的螺旋桨轴与后置轴承之间无密封装置，图 11-2 所示的全开式水润滑轴承系统中后置轴承直接裸露在水中；图 11-3 所示的半开式水润滑轴承系统中前置轴承有密封装置，而后置轴承尾部无密封装置，裸露在水中。

图 11-2 所示的全开式水润滑轴承系统依靠船速和轴卷吸带动水流直接对轴承进行润滑和冷却；图 11-3 所示的半开式水润滑轴承系统利用水泵直接将海水泵入水润滑前置轴承，并且水经后置轴承排出，达到润滑和冷却的目的。

开式结构的水润滑轴承系统结构简单，附属设备少，无需艉轴套管本体。由于直接采用海水润滑，水中难免含有泥沙杂质，这对轴承及轴颈的磨损有一定影响。开式结构的水润滑轴承系统在内河已得到广泛应用，如进口的“仙娜”、“仙婷”涉外旅游客船及从俄罗斯进口的“水星”水翼高速客船也都采用开式结构的水润滑轴承系统。

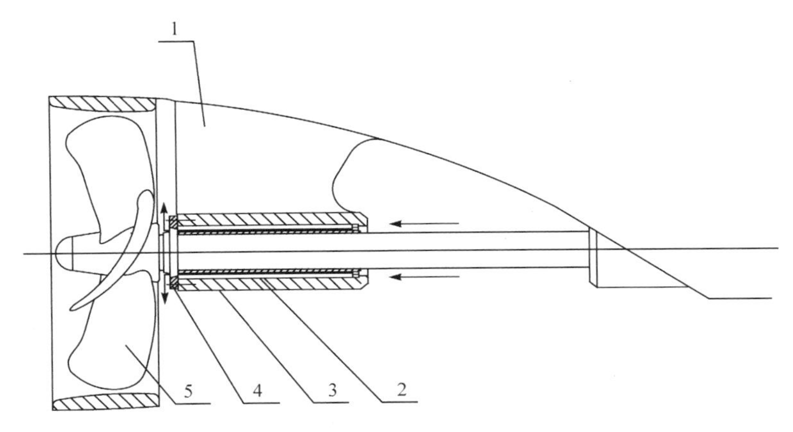

图 11-2　全开式水润滑轴承系统

1-船体；2-后置轴承；3-后置轴承座；4-压头；5-螺旋桨

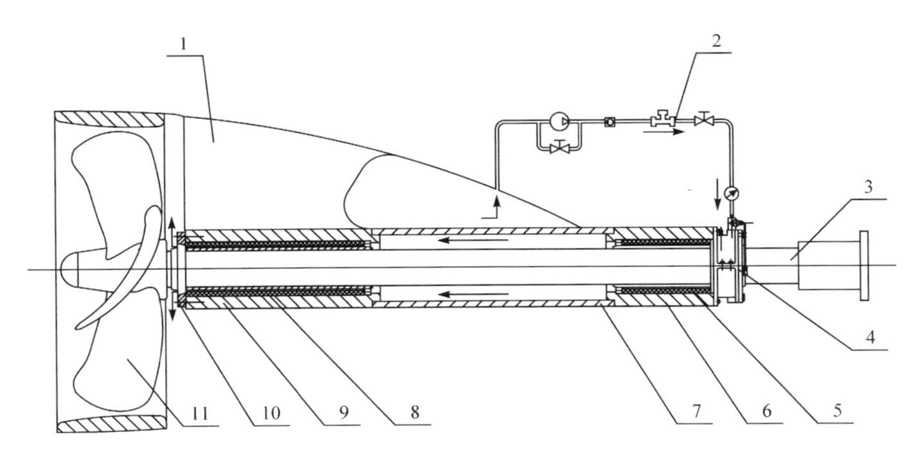

图 11-3　半开式水润滑轴承系统[1]

1-船体；2-供水系统；3-主轴；4-前置密封体；5-前置轴承；6-前置轴承座；7-中间连接套筒；8-后置轴承；9-后置轴承座；10-压头；11-螺旋桨

11.2　闭式结构的水润滑轴承系统

闭式结构的水润滑轴承系统的结构形式如图 11-4 所示，与采用油润滑的结构相似，但其在水润滑循环系统中增加了一套冷热交换系统。艉轴的前置轴承与后置轴承轴段之间用艉轴套管本体将其密闭，前后轴承均设有密封装置。

闭式结构的水润滑轴承系统设有淡水循环系统和海水(江水)热交换系统。将淡水或加有润滑剂的水灌入交换器中，循环系统工作时，润滑水由水泵泵入前置轴承后，再经艉轴套管流入后置轴承对前后轴承进行润滑和冷却，然后回到交换器由海水（或江水）进行降温冷却；海水（或江水）热交换系统同时开启，海水泵经过滤装置吸入海水（或江水）并泵入交换器，冷却润滑水后排出船舶舷外。淡水泵和海水泵在排量足够时可使用闸阀控制互为备用。

相比开式结构的水润滑轴承系统，闭式结构的水润滑轴承系统结构复杂，需另设热交换系统、艉轴套管及后轴承密封装置等，在内河船舶上使用该结构的很少。但是，由于采用强制循环润滑，这种结构润滑效果好，对轴承及轴颈的磨损也较小，特别是在水质恶劣的水域中行驶的船舶采用该结构具有显著的优势。

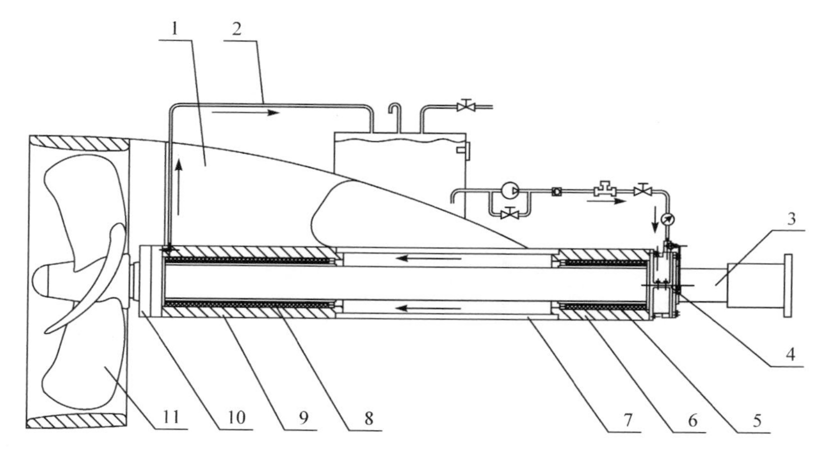

图 11-4　闭式水润滑传动系统[1]

1-船体；2-供水系统；3-主轴；4-前置密封体；5-前置轴承；6-前置轴承座；7-中间连接套筒；8-后置轴承；9-后置轴承座；10-压头；11-螺旋桨

11.3　闭式结构的水润滑轴承系统密封装置

11.3.1　密封装置结构

艉轴尾管的前端或后端应有密封装置以防止尾管漏水。选择何种形式的艉轴密封装置要根据艉轴承材料、艉轴密封材料来源和用船部门使用经验而定。要求艉轴密封装置，特别是油润滑艉轴承的尾端密封装置要严密可靠，寿命长，通过艉轴密封装置漏油量越少越好，力求结构紧凑、简单、制造维修方便和成本低廉。大多数密封件为易损件，应保证互换性，尽量实现标准化和系列化[2-4]。

图 11-5 是橡胶轴承的首端密封装置图，该结构一般都有进水管引入江水润滑和冷却橡胶轴承。配水环的作用是使进入橡胶轴承的水沿尾管截面的整合圆周均

匀分配，防止形成涡流，减少泥沙沉积和轴承磨损。

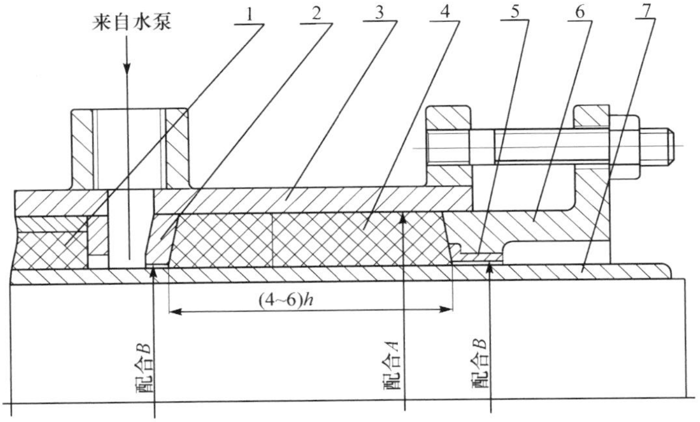

图 11-5　橡胶轴承的首端密封装置图

1-橡胶轴承；2-配水环；3-前轴承套；4-填料；5-压套；6-压盖；7-铜轴套

11.3.2　密封装置填料函安装要求

密封装置各部的装配间隙如表 11-1 所示。

表 11-1　填料函装配间隙表　　(单位：mm)

轴颈 $D_A(D_B)$	配水环、压盖与前轴承的间隙 A	配水环、压盖与前轴承的间隙 B	极限间隙	
			A	B
<100	0.1～0.15	2～2.5	0.8	5
>100～180	0.15～0.25	2.5～3	0.9	6
>180～260	0.2～0.35	3～3.5	1	7

(1) 装填料时，每圈的长度应使两端刚好接拢，各道填料搭口应互相错开，从装入第一圈填料开始，应尽可能压紧，然后一圈一圈逐个压紧，最后才用压盖压紧。压盖压入的深度一般为一根填料的高度，但不得小于 5mm。

(2) 填料压盖前后移动灵活。

(3) 填料装妥后检查压盖法兰与尾管法兰平面的间距要相等。

(4) 压套与轴套间隙，上、下、左、右方向相等。

11.3.3　试航验收要求

在试航中，允许有少量尾管内的水流出，无过热现象：温度<60℃。填料函的

优点是填料价格很低，结构简单、制造方便。当随时发现密封处溺水过多时，稍增加压盖压力即可消除。当需要更换填料时，退出压盖即可更换。其缺点是对轴颈磨损较大，密封能力欠佳，要随时调整比较麻烦，一般用于橡胶轴承的首端密封。

4412kW 推船艉轴承是橡胶轴承，其首端密封装置如图 11-6 所示。

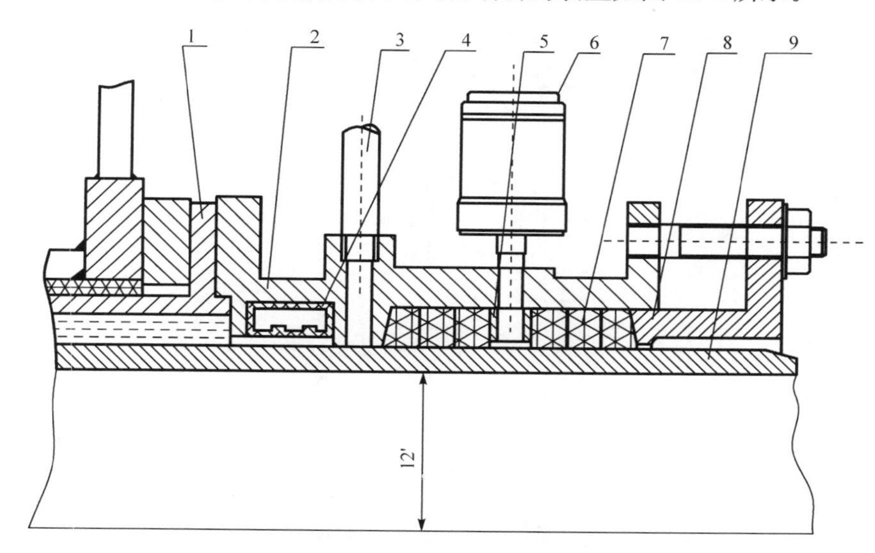

图 11-6　4412kW 推船的首端密封装置

1-橡胶轴承；2-密封外壳；3-进水管；4-气胎；5-油环；6-自动给油脂器；7-填料；8-压盖；9-轴

11.4　水润滑动密封橡胶合金轴承简介

水润滑动密封橡胶合金轴承由金属或非金属组成的外壳与由特种橡胶合金内衬套和动密封体结合为一体的内部结构组成。特种橡胶合金内衬套具有多曲面和圆弧凹槽内表面相结合的润滑结构，在外壳的径向方向设计了注水孔，在动密封体上可以安装多个轴线分布的旋转式动密封。该水润滑动密封橡胶合金轴承具有无污染、超低噪声、超低磨损、高效节能、动密封性能好、优化轴系结构、装拆维修简便、性能价格比高等优点[5]。

11.4.1　水润滑动密封橡胶合金轴承基本结构

水润滑动密封橡胶合金轴承(图 11-7)由金属或非金属构成的外壳 12 与由特种橡胶合金内衬套 13 和动密封体结合为一体的内部结构组成。动密封体包括旋转式动密封 1、第一挡圈 2、第二挡圈 4 和动密封座 3。动密封座 3 和外壳 12 通过在圆周均匀分布的 4 个螺钉 7 连接在一起，在动密封座 3 和外壳 12 之间压紧了第一静密封圈 5 和第二静密封圈 6,动密封座 3 的上端面 8 与外壳 12 和内衬套 13 断面紧密接触。在动密封座上安装多个轴线分布的旋转式动密封 1。在水润滑动密封橡胶合金轴承的圆周上,均匀分布有 4 个径向的注水孔 11。第三静密封圈 9 和第四静密封圈 10 装在外壳 12 外表面圆周凹槽里。在外壳 12 的端面上均匀分布四个通孔 14。在特种橡胶合金内衬套 13 上开设了圆弧形的水道槽 15。在相邻两个水道槽 15 之间的工作曲面是由多个圆弧曲面共同组成的。轴径尺寸范围是 20～250mm;轴承长度尺寸是轴径尺寸的 2～4 倍。

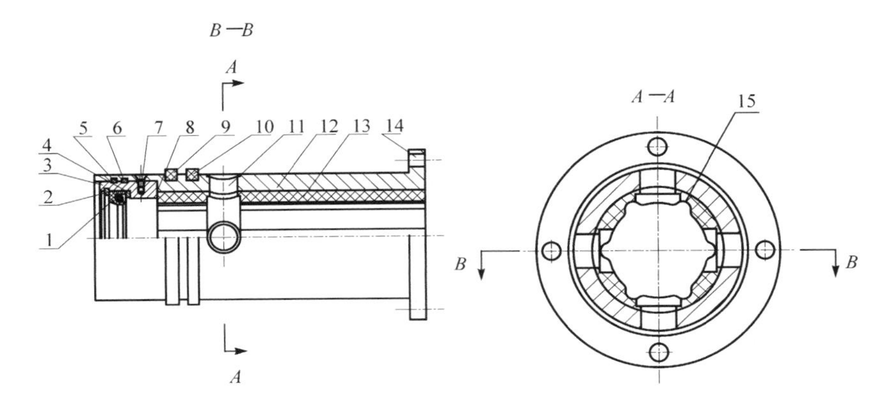

图 11-7 水润滑动密封橡胶合金轴承[6]

1-旋转式动密封;2-第一挡圈;3-动密封座;4-第二挡圈;5-第一静密封圈;6-第二静密封圈;7-螺钉;8-上端面;9-第三静密封圈;10-第四静密封圈;11-注水孔;12-外壳;13-内衬套;14-通孔;15-水道槽

11.4.2 水润滑动密封橡胶合金轴承工作原理

水润滑动密封橡胶合金轴承将具有多曲面和圆弧凹槽内表面润滑结构的轴承,与具有自动对中能力和适应横向、轴向振动的高压旋转式动密封体等部件有机地组合在一起,从而使水润滑动密封轴承提供二次自适应密封。一方面旋转式动密封自身具有对应传动轴的跟随性,另一方面橡胶合金轴承具有吸收传动轴振动的作用,当动密封结与橡胶合金轴承结合为一体时,传动轴可以减小对于动密封整体的振动,从而可以更好地使动密封体自动跟随传动轴机械面实现密封。这不仅保证了轴承与密封面有充足的水润滑,且又非常可靠地起着防止水进入设备的作用,同时具有高效节能、动密封性能好、优化轴系结构、延长设备寿命、装拆维修简便等优点。

参考文献

[1] 王家序,田凡,王帮长,等.水润滑机械传动系统:CN1821602[P].2006.

[2] 周建辉，刘正林，朱汉华，等. 船舶水润滑橡胶尾轴承摩擦性能试验研究[J]. 武汉理工大学学报(交通科学与工程版)，2008，32(5)：842-844.
[3] 王家序，陈战. 水润滑橡胶轴承的摩擦磨损特性及机理研究[J]. 润滑与密封，2002，(4)：21-23.
[4] 王家序，陈战，秦大同. 水润滑橡胶轴承的磨粒磨损特性及机理研究[J]. 润滑与密封，2002，(3)：30-31.
[5] 王家序，田凡，王帮长. 水润滑橡胶合金轴承：CN101334069A[P]. 2008.
[6] 王家序，王帮长，肖科. 水润滑动密封橡胶合金轴承：CN1719058[P]. 2006.

第12章　硬质高分子复合材料水润滑轴承

12.1　简　　介

由于橡胶合金材料的高弹特性，水润滑橡胶合金轴承具有在一定条件下产生变形和变形力消除后立即复原的能力，还能隔离机械传动系统的振动、噪声和冲击，所以被广泛应用于船舶、舰艇、工程机械装备等领域。但是由于橡胶材料弹性模量较低，其承载能力有限，所以有时在重载情况下采用硬质高分子复合材料替代橡胶合金材料作为水润滑轴承衬层。目前，常用于水润滑轴承衬层的硬质高分子复合材料主要有赛龙(Thordon)、飞龙(Feroform)、Vesconite、Orkot、Railko 等，其中水润滑赛龙轴承在我国得到广泛应用。这几种硬质高分子复合材料都具有一定的自润滑性能，摩擦学性能较好，但都是热凝和热塑性材料，会随着温度的增加变软(最终软化失效)，限制了其使用范围。下面将详细介绍这几种硬质高分子复合材料水润滑轴承的特性。

12.1.1　水润滑赛龙轴承

水润滑赛龙轴承(下称赛龙轴承)如图 12-1 所示，其在工作时轴承表面通常易受环境温度的影响且摩擦时容易发热。由于传导性不高，不像金属轴承那样表面容易散热，所以赛龙轴承工作温度上极限为 107℃，超过这个温度，轴承表面会变柔软，导致摩擦系数增大，乃至产生故障。赛龙轴承工作温度下极限为－65℃。但是赛龙轴承冷缩安装时，可以承受－196℃的处理而不会发脆。赛龙轴承浸入水中或水溶液中其温度极限不超过 60℃，如果超过这个温度就会产生水解作用使得轴承表面变柔软，最后发生故障。赛龙轴承工作时，冷却水温度一般要求为 50℃以下，这是赛龙轴承最致命的弱点，也是制约其推广应用的关键因素。而水润滑橡胶合金轴承的工作温度为－28～90℃，因此水润滑橡胶合金轴承的应用和市场远远大于赛龙轴承[1-4]。

根据赛龙材料的特性和成形工艺，水润滑赛龙轴承可以分为以下几类[1-4]。

1) 标准赛龙 XL 轴承

13-赛龙 XL 轴承的颜色为黑色，轴径尺寸范围为 20～1000mm，该轴承上铸有使水流过的水槽，一般加工为半成品，即可供安装和按特别要求进行机械加工以符合机轴与机壳的尺寸的半成品。该半成品内外径均具有加工余量，以便符合各种机轴和机壳的尺寸变化。干摩擦工况下，赛龙 XL 轴承材料设计压力高达 750psi (1psi＝6.895kPa)。

图 12-1　水润滑赛龙轴承

2）赛龙 SXL 轴承

赛龙 SXL 轴承是颜色为白色、轴径约为 1000mm 的圆管。在干摩擦工况下，赛龙 SXL 轴承材料的设计压力高达 500psi。在水润滑工况下，赛龙 SXL 轴承材料的设计压力高达 1000psi。

3）新型赛龙轴承

新型赛龙轴承的颜色为橘红色，该轴承的特点为长度与直径之比为 2∶1，它只需标准轴承的一半长度，兼有 SXL 级别的低摩擦特性。

4）赛龙 STAXL 板条

赛龙 STAXL 板条的每一段产品都是半成品，可使用于轮机轴承的轴径范围为 270～740mm。所有赛龙 STAXL 板条均为长 1m，6 个切面。赛龙 STAXL 板条设计的优点为容易装配，大多数的装嵌步骤只需要加工最后一节，有的外径需要修整以便符合机壳的弧度。它可以用手工加工，也可用锯、刨、铣等方法加工，以节省加工沟槽的工序。

一旦赛龙 STAXL 板条装上安位件，内径就可以像铁梨木或酚醛树脂等镗至准确尺寸，包括所需的运行间隙，方法为选用直线镗孔法。

12.1.2　水润滑飞龙轴承

英德公司飞龙超级船用轴承适用于各种船舶的许多不同方面，该种材料具有通用性，一种基本系列（T14）材料可以与各种液体配合使用，如清水、高抗磨损的介质、油脂、油以及各种燃油和化学制品。对于干式自润滑轴承，干式启动及缺乏润滑或无噪声运转的情况下，在基本材料中加入石墨（T11）或二硫化钼（T12）可以满足这些特殊要求。

这些先进新技术的组合建立了船舶轴承有关抗磨损性、多用途性和可靠性的新标准，因此更能为船东、操作者、船厂及船舶设计带来显著的经济效益。

在某些情况下，例如，当速度很低不至于产生过热时，飞龙 T11 和 T12 可在无润滑状态下使用。

飞龙材料主要为含有酚醛树脂的无石棉合成纤维，并根据实际工程应用需求加入二硫化钼、石墨等填料。按照飞龙材料的成分构成，其牌号可分为 T14、T11、T12、F36、F363、F21 和 F24。各系列船用飞龙材料均为注入酚醛树脂的无石棉合成纤维，如图 12-2 所示。

图 12-2　水润滑飞龙轴承

1）飞龙 T14

飞龙 T14 是液体润滑通用型材料，是众多船舶中应用最广泛的一种润滑材料，船上所有油、润滑脂、水或化学品均可用作润滑。

2）飞龙 T11

本体附加混合均匀扩散的石墨填充物，T11 能够和水润滑配合使用，特别是低运行速度的设备，这时以边界润滑为主。该系列可以干式（无润滑）工作，具有低摩擦，高负荷特性，pv 值可达 0.2MPa · m/s。

3）飞龙 T12

飞龙 T12 均匀地将二硫化钼混合在本体中，以便在高压甚至干式使用时产生低摩擦现象。通常要求低速、低噪声或干式启动的使用场合如军舰等经常选用 T12，如和涂上石墨的材料一起使用，T12 能使用于具有电解腐蚀的场合。干式运行情况下，其 pv 值不应超过 0.233MPa · m/s。

4）飞龙 F36

飞龙 F36 特别适用于高温场合，其轴承和耐磨材料温度可达 200℃。它使用了高温酚醛树脂，加入了刚果黄麻（aramid）合成纺织加强材料。

5）飞龙 F363

飞龙 F363 与飞龙 F36 相似，但飞龙 F363 中加入了石墨，能在高压和高温下产生低摩擦作用。飞龙 F36 和飞龙 F363 也展示出高工作压力的能力，分别为 85MPa（12301bf/in^2）及 75MPa（109001bf/in^2），适用于具有高压、高温和低摩擦的设备。

6）飞龙 F21

飞龙 F21 是将含有自然纤维的酚醛树脂与石墨均匀混合而制成，它具有较低的摩擦系数和良好的耐磨性，是通用的耐磨轴承材料，一般不用于水浸式设备，而是适用甲板机械设备。

7）飞龙 F24

飞龙 F24 主要由酚醛树脂直接制成，其主要成分中没有摩擦调节剂，常用于要求低摩擦系数的甲板机械等设备。

12.1.3　水润滑 Vesconite 轴承

Vesconite 材料是法国著名化学家雷杰发明的一种特殊材料。Vesconite 材料公司是南非历史上最古老的一家非金属合成材料制造厂。Vesconite 材料具有出色的抗磨损性、高刚性、低水胀性、尺寸稳定性。在许多恶劣环境下，Vesconite 材料的使用寿命超过酚醛树脂、青铜、巴氏合金、不锈钢、铁梨木、尼龙橡胶等其他非金属材料。因此，它更能为船东、操作者、船厂及船舶设计者带来明显的经济效益。

Vesconite 轴承（图 12-3）要求最小水流量应为 0.15L/(min · mm)。该水流量适于各种转速在高速状态下，较少的水流量也能形成动压润滑膜，从而降低由摩擦产生的热量。

图 12-3　水润滑 Vesconite 轴承

Vesconite 轴承具有耐高温特性，并且不易被水解，因而可以用柴油机冷却水来润滑艉轴轴承。

12.1.4　水润滑 Orkot 轴承

Orkot 有限公司是 BRIDON 集团内众多的专业制造厂家之一，它是应工业界需要而成立和发展的，成立于 20 世纪 50 年代，专门生产水润滑的滚子轴颈轴承以供钢铁滚轴制造厂使用。

Orkot 有限公司发明了一种特殊材料，它不但能在十分脏、有尘且有腐蚀作用的环境下工作，而且能抵受巨压和高温。

Orkot 产品是一种以天然或编制合成纤维加固的热固性混合物，因此它是一种具有良好整体强度、耐冲击且尺寸稳定的材料。Orkot 产品的精密制造随特殊应用场合的不同会有所改变，其所有种类都具有突出的物理、化学和力学性能。Orkot 有限公司生产的水润滑轴承如图 12-4 所示。

图 12-4　水润滑 Orkot 轴承

Orkot 还具有良好的耐热、耐腐蚀以及对电和辐射的抵抗能力，甚至能抵御 γ 射线，不同类型的 Orkot 产品在特定的条件都能提供最佳的性能，事实上，Orkot 产品的应用是广泛的，在一般工程、运输、农业、地质运动、矿业、海运、食品加工、污水处理、化学工程和在许多恶劣条件的情况下，Orkot 产品都显示出了巨大的优越性。

Orkot 是一种聚酯松香联结合成的纤维轴承材料，它归为热固塑衬，因此当发生化学放热时材料就会无效。Orkot 材料与其他物质接触不会产生合成反应，但这种材料会受氢氧化铀、强碱和氯化溶剂的化学侵蚀。它在海水中的实际膨胀率小于 1%，可被大多数液体润滑，包括酸性物质(酸性液体)。

12.1.5　水润滑 Railko 轴承

即使在边界润滑工况，Railko 材料也能维持润滑，增强其耐磨性。这些材料在载荷的作用下，在其多孔结构中吸收了约占其质量 7%的矿物油，该油可流入摩擦面进行润滑，如果要求所使用的轴承长期运转而不出故障，则 Railko 舵轴和转向轴承必须要有良好的润滑。与金属轴承相比，即使在完全没有润滑的情况下，Railko 舵轴轴承和转向机构轴承的摩擦力相当小，磨损少，这一点对用户非常重要。在不良润滑的情况下，采用 Railko 轴承不会有“黏着”的危险，而用金属轴承，金属与金属交接面之间会焊合在一起。对于使用寿命长的 Railko 轴承，良好的嵌容性是其另一特点。在其相对较软的基体上，能吸收相当数量的磨料，因此大大减小了轴承和其配合零件的磨损。

该类轴承具有优良的加工性和尺寸(形状)稳定性，在环境温度为－160～

+150℃ 工作时完全可靠。

用于船舶的加强塑性材料有三种等级，其强度和耐久性源自石棉或有机纤维，这三种等级的轴承都能吸收 SAE10 矿物油，以便在没有润滑的情况下改善共摩擦和磨损特性。所有 Railko 产品的全部制造工序中都经过严格质量控制，包括树脂的配方、精加工等。标准的检验技术包括超声波检验。

所有类型的 Railko 材料均为热塑性材料。本书着重介绍 AL、WA、NF 和 CY 四类轴承，它们在许多工况均能完善地工作。无论所使用的场合是重载还是低速，只有油脂润滑、边界润滑还是全部浸入水中或油中，这些材料的工作性能均比金属轴承好得多，并且价格低廉。所有这些材料具有抗压强度高、杨氏模量低等特点，并具有优良的抗冲击性且对环境要求不高。水润滑 Railko 轴承的外观、结构等如图 12-5 所示。

图 12-5　水润滑 Railko 轴承

AL 类：是石棉类材料中强度最高的材料，由浸渍酚醛树脂的石棉布组成。一些材料中含有石墨，石墨均匀地弥散在材料的分子结构中。这些材料有棒材、管材、板材并成模压或机加工成形。

WA 类：这类材料的成分为浸渍有酚醛树脂的石棉，只能以管材的形式提供。它们的抗压强度比 AL 类材料要低一些，但这些材料具有更高的圆周强度。根据所要求的长度，可生产直径达 1500mm 的部件。其中一类材料专门用于制造用油润滑的推进轴轴承，即 WA82H 型材料。其他类型的材料用于制造水润滑推进轴轴承、水泵轴承和舵轴轴承。例如，WA82S 型材料可用于舵轴轴承，WA80H 型材料用于半成品轴承，以便在紧急情况替换推进器上的巴氏合金轴承。

NF 类：该型号产品也是以“无树脂”的 Railko 加固塑性材料制成的，现有棒式、管式、板式，也可特别模制或加工。无论是“Pametroda”形状或是 160 剖开式套筒的 Railko NF，都特别适于海船上的水润滑轴承的制造。

CY 类：这是一种使用“无石棉”材料的新开发产品，该型号产品在性质上与极为成功的 WA 型产品极为相似。

12.2　轴承力学特性

12.2.1　耐磨性

图 12-6 为赛龙 SXL、赛龙 XL、赛龙 FDA/SXL、普通赛龙、橡胶、尼龙 612、铁梨木、石墨等材料的 24h 体积磨损对照图。测试水环境为:泥沙含量 6%,黏土含量 6%,皂图含量 2%,水含量 86%;水流量约为 2L/min。从图 12-6 中可以看出赛龙轴承具有较好的耐磨性[5-7]。

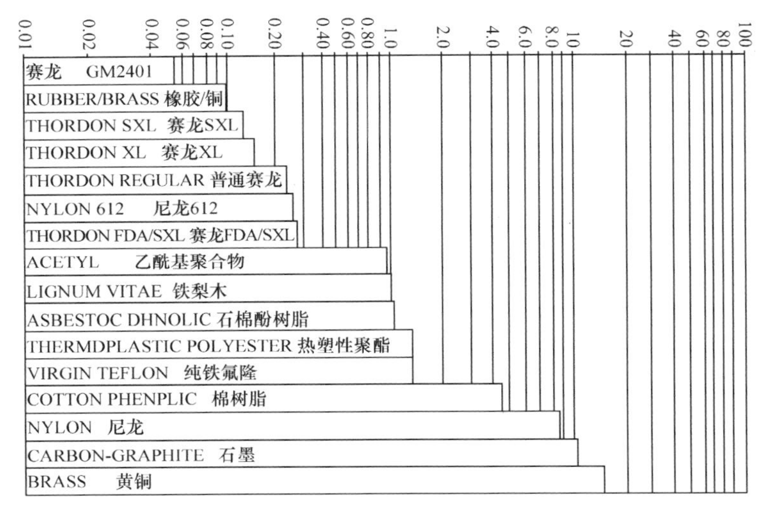

图 12-6　水润滑轴承材料 24h 体积磨损对照图

12.2.2　热膨胀性

飞龙材料的热膨胀系数如表 12-1 所示。赛龙轴承随温度升高体积膨胀,随温度下降体积缩小。赛龙 XL 与赛龙 SXL 的热膨胀性分别如图 12-7 和图 12-8 所示[5-7]。

表 12-1　飞龙材料的热膨胀系数　　(单位:10^{-4} m/℃)

材料级别	径向	轴向
F12/F24	60	20
F363	45	15
F36	41	13
F61	16	8
F71	100	100
T11/T12/T14	50	45

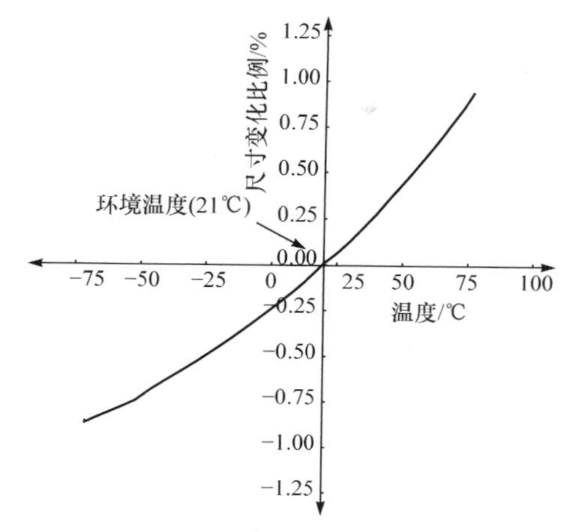

图 12-7　赛龙 XL 热膨胀性

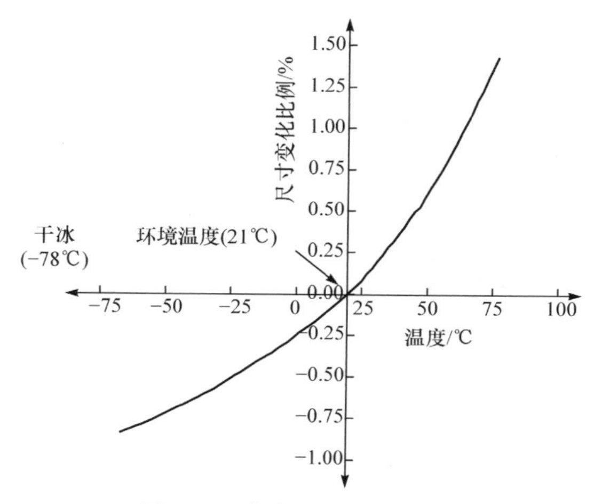

图 12-8　赛龙 SXL 热膨胀性

表 12-1 中数据是这些材料通常工作在最高工作温度时的典型数据。T11/T12/T14 在＋20～70℃温度范围内的热膨胀系数(径向)为 20×10^{-6}/℃。

12.2.3　吸水性

赛龙轴承浸入水中,体积膨胀,随着时间的增加,其吸水膨胀率逐渐下降,吸水量会随着时间的增加达到饱和状态。赛龙 XL 的吸水膨胀性变化如图 12-9 所示。图 12-10 给出了室温条件下水润滑飞龙轴承浸没在冷水或热水中的典型水胀特性。

12.2.4　物理力学性能

表 12-2 给出了赛龙 XL、赛龙 SXL、普通赛龙、填充尼龙、乙烯聚合物、铁氟龙、

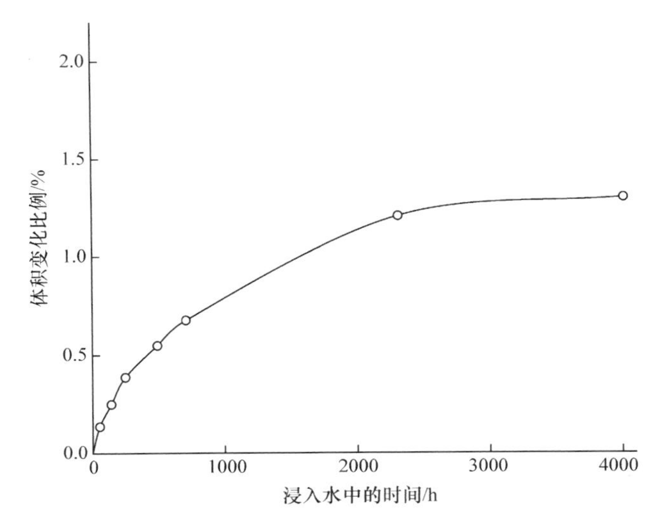

图 12-9　室温条件下赛龙轴承吸水性曲线图

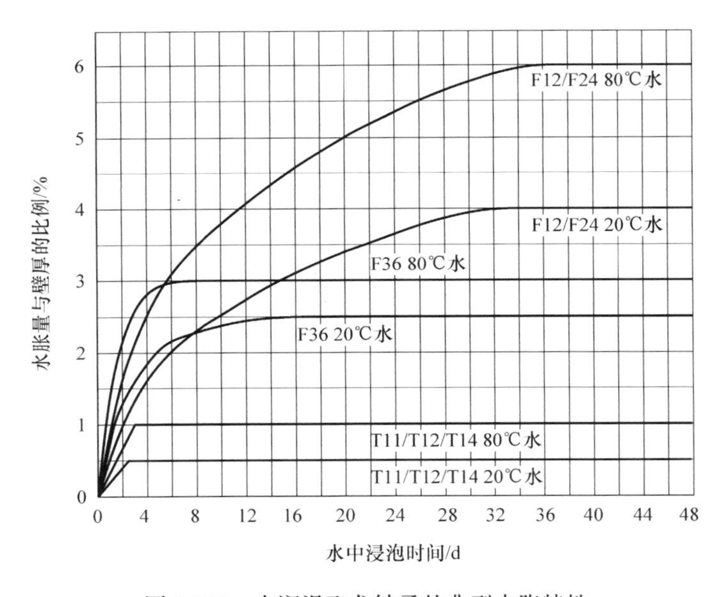

图 12-10　水润滑飞龙轴承的典型水胀特性

层压板、碳钢与青铜的抗拉强度、剪切强度、极限拉伸强度、冲击强度、热导性、热膨胀系数、水胀(体积)、油胀、密度、可燃性、硬度、绝缘强度、运行温度、耐磨性和 pv 极限值等物理力学性能。由表 12-2 可知,赛龙轴承具有较好的综合物理力学性能,适用于水润滑轴承材料[8-11]。水润滑 Orkot 轴承的物理力学性能如表 12-3 所示,水润滑 Railko 轴承的物理力学性能如表 12-4 所示。

表 12-2 赛龙轴承的物理力学性能表

特性	试验方法	单位	普通赛龙	赛龙 XL	赛龙 SXL	充填尼龙	乙烯聚合物	铁氟龙	层压板	碳钢	青铜
抗拉强度	ASTMD-412-68	kg/cm^2	408	352	342	785	229	289	356	528	2460
剪切强度	ASTMD-732-73	kg/cm^2	444	461	334	738	—	—	598	不适用	1968
极限拉伸强度	ASTMD-412-68	%	254	219	374	91.5	390	36.5	8.96	8.5	48
冲击强度	ASTMD-412-73	cm·kg/cm	48.4	26.5	23.4	5.9	6.66	24.3	21.6	4.4	22.10
热导性	两块板试验方法	10^4W/(℃·cm)	2.4	2.4	2.4	68	10	5.60	15.8	41.2	62.8
热膨胀系数	衬里测量	10^{-5}/℃	14.76	15.3	23.0	6.48	37.8	10.0	1.7	0.234	1.78
水胀(体积)	13in 长的样品测量	%	1.3	1.3	1.3	6.5	0	0	1.6	0	0
油胀		%	0	0	0	6.5	0	0	1.6	0	0
密度/(g/cm^3)	—	—	1.2	1.2	1.2	1.14	9	2.17	1.7	1.84	8.83
硬度	ASTMD-2240-68	肖氏硬度	70	68	63	83	64	60	90	80	86
绝缘强度	ASTMD-149-64	V/mm	37.40	33.464	37.401	13.778	19.685	19.685	669	导体	导体
运行温度	—	℃	−62/107	−62/107	−62/107	−40/150	−75/87	−30/240	−25/188	−23/260	−100/100
耐磨性(轴对氧化铝)	LFW-6	mg/100 REV.	0.01426	0.0695	0.1424	0.259	0.0741	2.28	3.99	6.76	1.8
pv 极限值(30min)		$kgf/cm^2 \cdot m/s$	不能干运转	4.3	7.2	5.2	6.0		2.7	迅速磨损	不能干运转

表 12-3　水润滑 Orkot 轴承物理力学性能

名称		数值	单位
拉伸强度		60	MPa
抗压强度(垂直于迭层)		346	MPa
抗压强度(平行于迭层)		92	MPa
剪切强度		83	MPa
冲击强度(垂直于迭层)		122	MPa
最高工作温度		130	℃
最高工作温度(在水中)		100	℃
硬度		100	HRM
密度		1.3	g/cm^3
在水中膨胀率(壁厚百分比)		0.1	%
热膨胀系数	平行于迭层	5～6	$20\times10^{-5}\sim100\times10^{-5}/℃$
	垂直于迭层	9～10	$20\times10^{-5}\sim100\times10^{-5}/℃$
热传导率		0.293	W/(m·K)
载荷为 15MPa 时的干摩擦系数(摩擦副为不锈钢)		0.13	—

表 12-4　水润滑 Railko 轴承物理力学性能

	性质		单位	AL	WA	NF	CY160LS
力学性能	抗压强度	垂直于层状方向	kg/cm^2	2400	1250	1800	1400
		平行于层状方向	—	1680	1100	1050	1300
	横向破裂强度		kg/cm^2	770	—	—	830
	冲击强度,12.7mm,无缺口		kJ/m^2	3.5	6	12	40
	在压缩状态下的弹性模量		$10^3kg/cm^2$	35/70	16.5	4.0	20
	最大的工作压缩应力(径向)		kg/cm^2	600	315	450	350
耐热性能	线性热膨胀率	垂直于层状方向	$10^{-5}/℃$	4.1	4.4	4.3	2.6
		平行于层状方向	—	2.8	3.0	3.4	1.7
	最高工作温度(连续)		℃	150	175	100	100
	最高工作温度(断续)		℃	175	200	120	120
其他	密度		g/cm^3	1.55	1.50	1.64	1.58
	在水中的膨胀率(在垂直于层状方向测量或环向方向测量)		%	1.8	1.0	1.0	1.0

12.3　轴承设计与分析

12.3.1　*pvT* 曲线

p、v 和 T 分别代表压力、速度和时间，当分析轴承材料时，只考虑单个因素是不行的。一般水润滑轴承工作过程中摩擦产生的热可由式(12-1)计算：

$$H = pv\mu T \tag{12-1}$$

式中，H 为热量或温度增量；p 为压力；v 为速度；μ 为摩擦系数；T 为时间。

图 12-11～图 12-14 给出了赛龙 XL 轴承和赛龙 SXL 轴承在干摩擦、水润滑状态下的 pvT 曲线图。pvT 曲线的测试过程为：在指定的工作压力、滑动速度下，测定温度达到一定值所需的时间，干摩擦工况下的温度上限设为 82℃，在水润滑工况下温度上限设定为 60℃，以免产生水解作用。在试验过程中达到温度极限时，就要停止试验，记录时间。在另一速度下重复进行试验之前，试验的温度应降到环境温度。

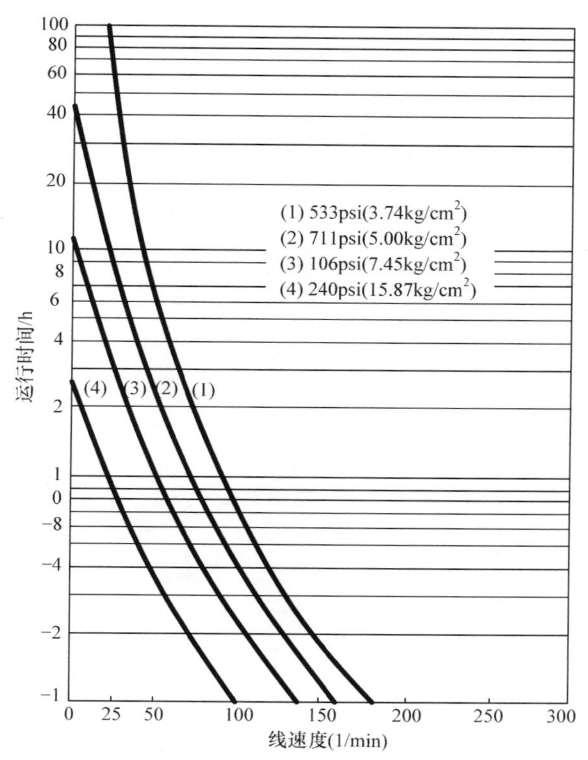

图 12-11　干运转情况下赛龙 XL 轴承的 pvT 曲线

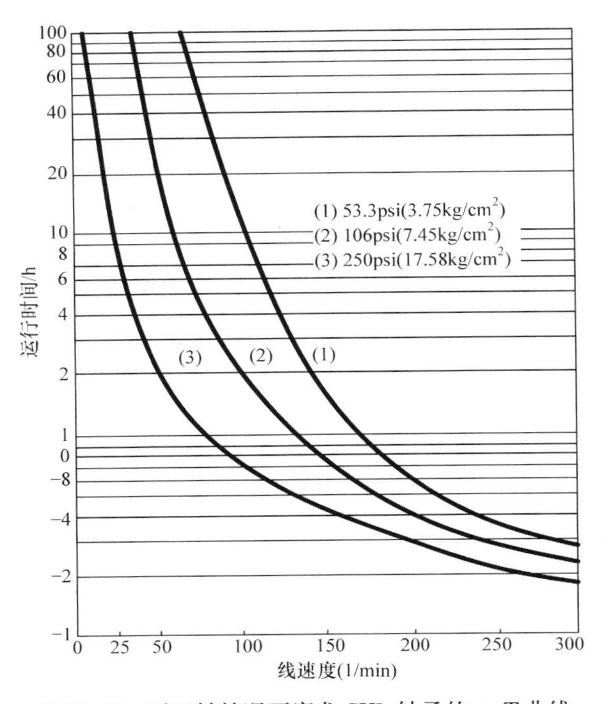

图 12-12　干运转情况下赛龙 SXL 轴承的 pvT 曲线

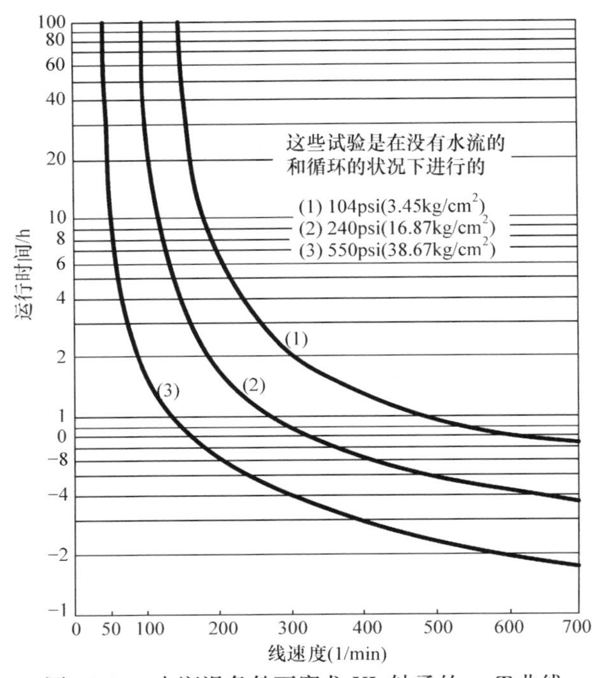

图 12-13　水润滑条件下赛龙 XL 轴承的 pvT 曲线

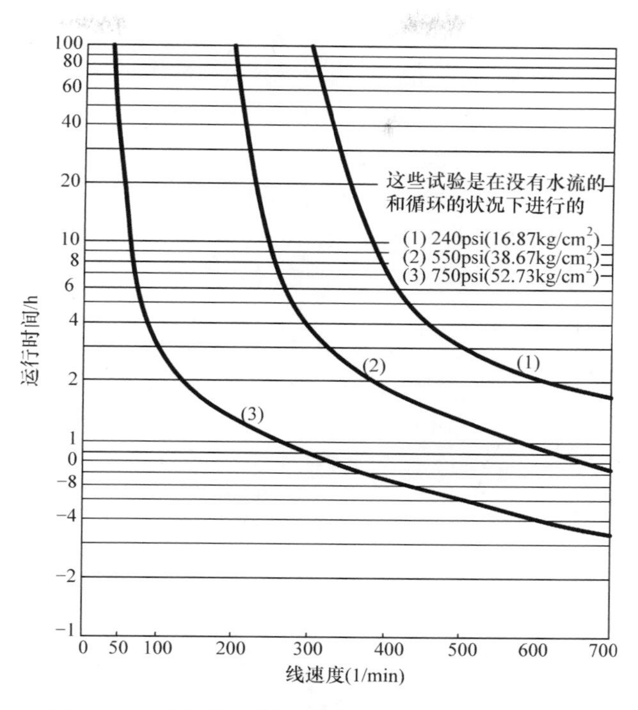

图 12-14　水润滑条件下赛龙 SXL 轴承的 pvT 曲线

对于飞龙艉轴承，其 pv 值可以超过 100MPa · m/min，如果是开式润滑系统，飞龙“T”系列产品可以承受的最大 pv 值为 200MPa · m/min。

此外，水润滑 Vesconite 轴承的 pv 极限推荐值如表 12-5 所示。

表 12-5　水润滑 Vesconite 轴承的 pv 极限推荐值

运行条件	pv 极限值/(MPa · m/min)
干摩擦	5
水润滑	200

12.3.2　轴承壁厚设计

硬质高分子复合材料水润滑轴承通常可以直接安装在轴承座中，无须外加铜管等外壳。为了使水润滑轴承有较好的散热性，在满足轴承支撑刚度的情况下，尽可能减小轴承的壁厚，这样会使其在轴承座中散热更好，承受的比压更大。一般极薄壁赛龙轴承会采用 TG4 或 TG9 和 Thordon 黏结剂将其黏结在轴承座中。为了确保在边缘处黏结牢固，TG4 或 Thordon 胶带应黏结在一起。另一种减小壁厚的方法在于在轴上安装一个套筒,同时避免对轴的损坏。增加了轴承的内径就减小了轴承上的比压,这就是附加的优点。另外,在低频冲击的情况下,就要求厚壁衬套具有缓冲作用。此外,在轴承被认为“失效”之前的允许磨损度也是影响壁厚的一个标准,但是这取决于影响对中、间隙等外部因素。图 12-15 为赛龙轴承壁厚设计曲线。因为 Thordon 材料的特性,在轴承座中 Thordon 轴承整个面上都承受载荷,而未起支撑作用的轴承实际上不承受载荷。对大直径的赛龙轴承,维持压力装配最小壁厚由公式计算:壁厚 $W=0.435\times$内径。

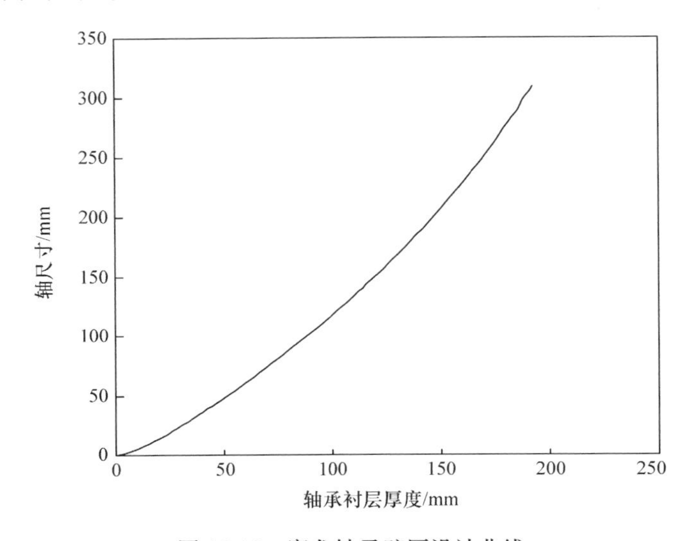

图 12-15　赛龙轴承壁厚设计曲线

对于飞龙水润滑轴承,最佳壁厚值为 $0.0625D+2.5$mm(式中 D 为轴径,单位是 mm)。在特殊情况下,如果需要尽可能小的壁厚,建议最小壁厚为 $0.05D$,此时不建议再在轴承上开设轴向沟槽,否则会影响轴承的承载能力。图 12-16 给出了最佳壁厚及当壁厚大于最佳尺寸时产生的内圆收缩余量。水润滑 Orkot 轴承壁厚尺寸如表 12-6 所示。

表 12-6　水润滑 Orkot 轴承壁厚尺寸设计表

轴的尺寸/mm	最小壁厚/mm
30～60	8
61～100	9
101～150	10
151～200	12
201～250	14

续表

轴的尺寸/mm	最小壁厚/mm
251～300	14
301～350	16
351～400	16
401～450	20
451～500	20
501～550	22
551～600	22

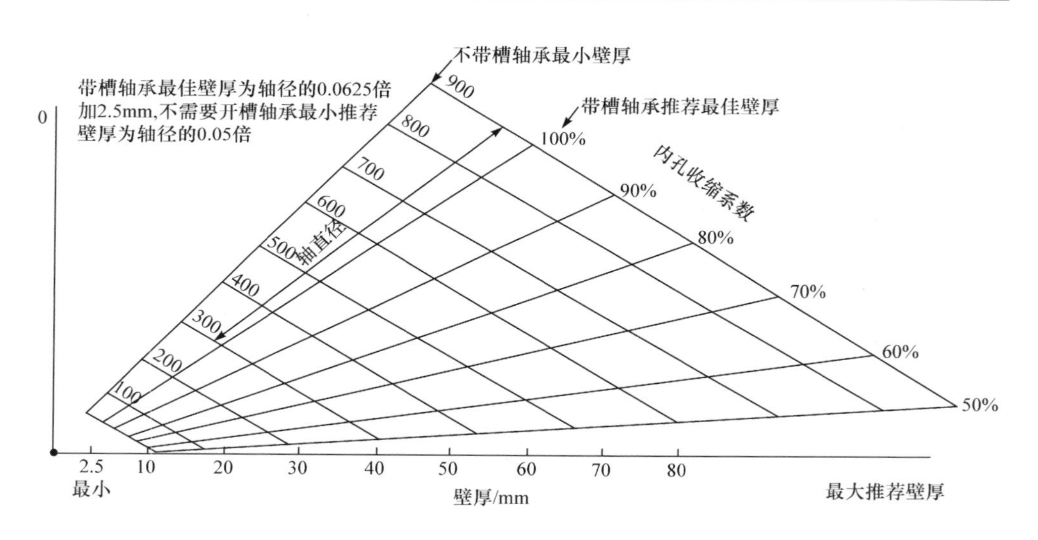

图 12-16　最佳壁厚与内孔收缩余量

由于 Railko 材料具有弹性，当将衬套压入轴承座中时，就要确定出现的收缩量，其取决于轴承座孔直径和壁厚的比值。对于 Railko 轴承，其最佳的壁厚为 $1.75+0.05d$(式中 d 为轴径)。轴承在轴承座孔中经受的收缩量与其外圆的过盈程度成正比。若轴承的壁厚大于最佳值，则收缩量可能就要小一些。

12.3.3　轴承长径比设计

在大多数使用场合，轴承承受的载荷是均匀的，较高的长径比 L/D，将减小轴承承受的压力，改善性能。在水润滑的艉轴系统中，通常采用的比值为 2∶1 和 4∶1；对于舵承，通常采用的比值是 1.8∶1～2∶1。但在运行中，大的长径比趋向于在轴上增大摩擦力或阻力，这是因为轴承的前端没有支承轴，导致水的必要剪切作用。对长径比为 2∶1 和 4∶1 的轴承在同样的试验情况下进行了试验，结果发现，长径比小的轴承产生的摩擦力也小，如图 12-17 所示。但对于硬质高分子复合材料，由于其弹性模量较大，承载能力强，所以可以适当地降低长径比。飞龙 T 系列材料能够在很高压力(>60MPa)下工作。Vesconite 材料是一种高强度、低蠕变的材料，在屈服点的 Vesconite 轴承压力强度超过 90MPa。在刚性外壳的支撑作用下，其设计静负荷可大至 30MPa(300kg/cm^2)。在水润滑的艉轴系统中典型比值为 2∶1；在水润滑的舵承系统中典型比值为 1∶1。

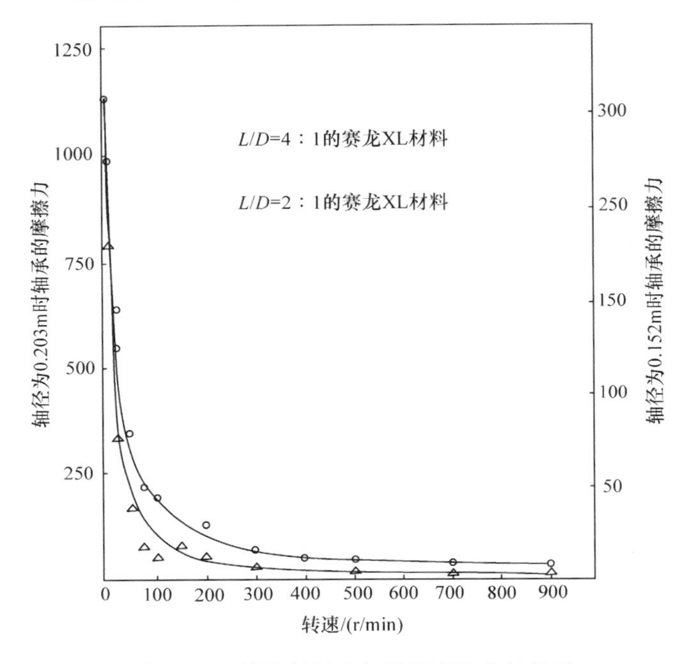

图 12-17　轴承长径比与轴承摩擦力的关系

12.3.4　槽结构设计

与水润滑橡胶合金轴承相似，硬质高分子复合材料水润滑轴承也需要设计轴向沟槽，用于供水、散热与排沙等。沟槽横截面建议采用圆形，槽深不应超过轴承壁厚的一半。Vesconite 水润滑轴承沟槽的结构尺寸如表 12-7 所示，水润滑 Orkot 轴承沟槽的结构尺寸设计如表 12-8 所示。

表 12-7　Vesconite 水润滑轴承沟槽的结构尺寸

轴直径/mm	槽数	槽角/(°)	槽宽/mm	槽深/mm
20～79	4	72	6	0.33W/T
80～159	5	60	10	0.33W/T
160～239	6	51	15	0.33W/T
240～319	7	45	15	0.33W/T
320～399	8	40	20	0.33W/T
400～479	9	36	20	0.33W/T
480～559	10	33	25	0.33W/T
560～639	11	30	25	0.33W/T
640～719	12	27	25	0.33W/T
720～799	13	25	25	0.33W/T
800～879	14	24	25	0.33W/T
880～959	15	22	25	0.33W/T
960～1000	16	21	25	0.33W/T

注：$W/T=0.006d+2$mm。

表 12-8　水润滑 Orkot 轴承沟槽的结构尺寸设计表

轴的尺寸/mm	槽数	槽角/(°)	槽宽/mm	槽深/mm
0～60	4	72	8	4
61～100	5	60	8	4
101～150	6	51.4	10	6
151～200	7	45	10	6
201～250	8	40	12	7
251～300	9	36	12	7
301～350	10	32.7	14	8
351～400	11	30	14	8
401～450	12	27.7	16	10
451～500	13	25.7	16	10
501～550	14	24	18	11
551～600	15	22.5	18	11

12.4　成形工艺与方法

12.4.1　轴承结构形式

与水润滑橡胶轴承相似，硬质高分子复合材料水润滑轴承的结构形式一般有整体式、剖分式、法兰盘式、板条式等。

各种结构均可以精加工成成品形式或由船厂进行精加工的半成品形式。当轴和轴承座尺寸为已知时(如新造船舶),可以采用精加工后的成品轴承。对于要进行修改重新加套筒或清除腐蚀的轴和轴承座,应采用半成品轴承,当轴和轴承座直径确定后,船厂进行最后精加工。

1. 整体式(圆柱)轴承

整体式是通常推荐使用的结构,因为使用这种结构,加工安装和固定较为容易,只涉及一个部件。例如,加工基本上只有两道工序——外径和内径的加工。固定只采用简单的过盈配合,安装只用自由装配式,这种结构通常应用于舵和艉轴轴承。

2. 剖分式轴承

这种轴承适合在要求更换轴承而又不能拆轴的场合使用。在采用机械紧固方法或过盈配合方法时,要采取措施防止过盈机械性失效,如可以同时使用斜键。

如果轴承铣切开口,通常使用垫片填充切口。然而,可以生产无缝对开轴衬,方法是:将半成品管切开(如内径和外径分别大和小 3～5mm),利用无氧黏合剂黏合并进行机械捆扎,再用正常方法加工外径和内径,然后再将黏结部分分开。

如果需要,这种对开轴承可以用过盈配合方法固定。

3. 法兰盘式轴承(对开或整体轴承)

该轴承可用于采用法兰定位、机械固定或承受轴向轻微负荷的设备。高轴向负荷应该由一分离式推力环承受。考虑需要法兰进行定位、紧固及拆除方便的要求,这是一种较廉价的方法。

4. 板条式轴承

轴承的板条结构起初是经硬枫木(铁梨木)为轴承流动材料时发展起来的,为了尽可能多地利用木材,轴承由一系列条块组成(即板条)。边角要能够使板条一个靠一个地排起来,形成完整的轴承。另外,经常在三点钟和九点钟的位置上另加轴向定位条,以简化安装和固定程序。有一种结构是使用楔形接合轴承座(即开槽的轴承座)。板条安装后,需要直线镗削以达到正确的内径。

12.4.2　轴承的加工方法

硬质高分子复合材料是一种易于加工的轴承材料,常用的加工方法有车、削、钻、刨、绞、铣、攻丝、研磨等。

1. 车削

一般来说，加工硬质高分子复合材料的方法类似于加工黄铜、铝或铁梨木。但在加工 Orkot 轴承时，不能使用冷却剂。对于大壁厚的轴承，内径和外径应一起加工以减小振动。不同的轴径应该采用不同的切削速度(表 12-9)，从而达到最佳工作面。

表 12-9　Orkot 轴承最佳切削速度

直径/mm	0～50	50～100	100～150	150～200	200～300	300～400
切削速度/(r/min)	2100	1000	700	650	350	250
直径/mm	400～500	500～600	600～700	700～800	800～900	900～1000
切削速度/(r/min)	200	175	150	130	120	100

当车削大直径或薄壁筒状轴承时，应在卡盘爪端部的孔中加一个替代中心物以防止管变形。在轴承管的顶针座端采用一个紧固的“塞子”或旋转中心块。大直径管可以用适当的定位器支撑，但是由于定位器可能留下痕迹，所以最好在外径上留有余量以便随后清除痕迹。在对材料进行精加工之前，应将其放置冷却到环境温度，使在粗切削时产生的摩擦热散失掉。注意精加工应保证 1mm 的最小切削量，而不使其产生摩擦。

如果采用冷却剂(水)，可以将车削速度加快约 50%，但这几乎不会使成品表面有所改进，只是能延长刀具的寿命。加工 Orkot 轴承的最佳进给速度如表 12-10 所示。

表 12-10　Orkot 轴承的最佳进给速度　(单位：mm/r)

加工方式	粗加工	精加工
旋转加工	0.7	0.25
镗孔	0.5	0.20
切除	0.4	0.2

赛龙轴承车削建议采用如下数据：

(1) 切削线速度 1.3～1.8m/s。

(2) 切削进料速度 0.0011～0.0015m/s。

(3) 粗车削时进刀深度 0.38～0.51mm。

(4) 精车削时进刀深度 0.25mm。

对于飞龙与 Vesconite 轴承，车削外表面和内表面(外径和内径)的建议参数如表 12-11 和表 12-12 所示。

表 12-11　每分钟转数

成品直径/mm	≤50	≤100	≤150	≤200	≤250	≤150	≤300	≤350	≤400	≤450	≤500	≤550	≤600	≤650	≤700
转速/(r/min)	1400	1000	500	400	430	320	220	180	160	140	120	80	70	60	50

表 12-12　进给速度　(单位:mm/r)

加工方式	粗加工	标准加工	精加工
外径＋内径	0.4	0.2	0.1
刮面	0.25	0.1	0.08
切断	0.1	0.08	0.06

2. 铣削

铣削加工也应采用硬质合金刀具。当采用侧平两用铣刀时,应用顺铣法进行加工。

侧平两用铣刀的建议参数如表 12-13 所示。为了加工槽形、半槽形以及条状飞龙 T14,可采用平面铣削,且建议使用螺旋齿刀具,参数如表 12-14 所示。对于端铣削和铣槽,建议使用带有直刃或螺旋刃的固体硬质合金刀具或镶有硬质合金的刀具,还是采用顺铣法。典型数据如表 12-15 所示。

表 12-13　侧平两用铣刀的建议参数

切削宽度/mm	最大切削深度/mm	转速/(r/min)	进给速度/(mm/r)
0～12	25	600	0.60
12～25	20	450	0.50
25～40	12	350	0.25
40～50	6	300	0.15

表 12-14　平面铣削的建议参数

刀具外径/mm	切削宽度/mm	转速/(r/min)	进给速度/(mm/r)
75	75	300	0.40
100	75	250	0.25

表 12-15　端铣削和铣槽建议加工参数

刀具外径/mm	最大切削深度/mm	转速/(r/min)	进给速度/(mm/r)
6	10	600	0.40
12	20	500	0.25
20	40	400	0.25
25	60	300	0.25

3. 磨削

硬质高分子复合材料水润滑轴承材料可以砂磨或湿磨到所需厚度(湿磨效果更佳)。建议加工参数如表 12-16 和表 12-17 所示。

表 12-16　砂磨建议加工参数

带状磨料规格	磨削量/mm	进给速度/(m/min)	表面粗糙度/μm
P36	每行程 0.25	3	12
P80	每行程 0.12	5	6

表 12-17　湿磨建议加工参数

石状磨料规格	磨削量/mm	进给速度/(m/min)	表面粗糙度/μm
36	每次 0.25	3	1

4. 钻孔

采用标准高速钢麻花钻头进行钻孔,可以得到满意的钻孔质量。尽可能地使用大锥度、排屑槽深的麻花钻头。当用加工体积来衡量价格是否合算时,采用带硬质合金刀头的钻头或埋头钻头。当钻孔速度很高时,为了避免过热,应该快速进给。Orkot 轴承推荐的旋转速度和进给速度如表 12-18 所示。

表 12-18　Orkot 轴承推荐的旋转速度和进给速度

孔的直径/mm	转速/(r/min)	进给速度/(mm/min)
5	1600	300
10	800	400
15	600	400
20	400	400
25	350	400
30	300	400

切削深度:粗加工时建议为 10mm,精加工时建议为 3mm。如果切削量太小

可能导致刀具摩擦引起磨损且在精加工表而产生过多的热量。

5. 铰孔

利用通常的高速钢铰刀即可使用机床铰孔或人工铰孔。若为重复铰孔工作，建议采用硬质合金刀头。轴转速和进给速度主要取决于要求的精度和铰刀的状况。一般建议轴转速为30～45m/min，进给速度为0.25～0.40mm/r，采用这些切削参数，可以得到满意的铰孔质量。在加工过程中，Railko材料可能会出现轻微的压缩变形，导致铰孔的尺寸过小。钝头铰刀总是使此效应更严重。

6. 锯削

普通的高速钢开槽锯特别容易由于慢速和切削轮的两侧面高速摩擦引起过热。如果可能，应尽量使用尖刃锯条以便减小过热。在要锯的位置应支撑好，以免锯断时造成Railko轴承材料撕裂。表12-19给出了Railko轴承的一些加工参数，对于25mm厚的材料，应该可以接受。最好使用10～18齿/25mm的锯条。

表12-19 锯削建议加工参数

硬质合金刀头	1	2	3
进给速度/(mm/min)	660	500	400
切削速度/(m/min)	400	340	275
高速钢	1	2	3
进给速度/(mm/min)	400	330	250
切削速度/(m/min)	137	100	76

7. 轴承纵向槽的加工

轴承纵向槽的加工方法与工艺参数如表12-20所示。在开槽后进行最终镗孔以便改善加工效果(总切削量0.5mm)。如果采用横向进刀方式，先向前然后向后倒回来，根据每次切削的情况进行适当深度的切削直到达到所希望的深度。

表12-20 轴承纵向槽的加工方法与工艺参数

建议方法	第1种代替方法	第2种代替方法
机械设备——垂直镗孔刀具，直角刀具	牛头刨床	车床
刀具——螺旋槽刀头(镶硬质合金)	特别加长的刀体，660mm，镶硬质合金，焊接成90°，刀头在各方面都有最大5°间隙角，需要配合经过改进的工件夹头	参照对第一种代替方法的要求

续表

建议方法	第 1 种代替方法	第 2 种代替方法
切削深度——每次切削达到 6.4mm 深度	每冲程 0.5～1mm(0.02～0.04in)	同上
主轴转速 500r/min	冲程速度 9.5mm/min	同上
进给速度 0.25mm/r		

建议螺旋槽采用直角刀头进行加工，该刀头装在带有帅旋式或直式槽钻的立式镗床上。关于切削速度、轴转速、进给速度、切削深度等数据见端面加工、铣槽。用单刃刀具加工的螺旋槽可以在车床上进行。但是必须特别注意，在进行浅度切削时，保证使用锋陡的切削刀刃。

8. 手工精加工

挫磨：硬质高分子复合材料水润滑轴承可以很容易地使用较新的中档挫进行挫磨。

金刚石砂布：用金刚石砂布可以改善表面粗糙度，特别是采用 400 目以上的砂布进行“干磨”或打磨的效果更佳。

参 考 文 献

[1] Department of Defense. Bearing Components, Bonded Synthetic Rubber, Water Lubricated [S]. MIL-DTL-17901C(SH). Washington: United States Department of Defense, 2005.
[2] Thordon Bearings Inc. Thordon bearings[Z]. http://thordonbearings.com[2017-1-5].
[3] 佳珑. 赛龙轴承材料[J]. 军民两用技术与产品，2003，(6)：24.
[4] 汪剑，胡毅，刘祎. SXL 型赛龙小尺寸轴承设计及加工、安装工艺探讨[J]. 科技与管理：武汉，2011，(2)：37-39.
[5] 吴鸿琪. 赛龙轴承(XL)在渔船尾轴管上的应用及选型设计分析[J]. 渔业现代化，1993，(6)：13-15.
[6] 于全虎. 赛龙轴承在船舶上的应用[J]. 江苏船舶，2000，(5)：28-32.
[7] 王文双. 内河船舶赛龙轴承应用浅析[J]. 中国科技纵横，2010，(14)：124.
[8] 王优强，李鸿琦，佟景伟. 水润滑赛龙轴承[J]. 轴承，2004，(2)：39-41.
[9] 王优强，李鸿琦，佟景伟. 水润滑赛龙轴承综述[J]. 机械工程师，2002，(11)：3-6.
[10] 黄建，李亚鹏. 赛龙轴承在泵站贯流泵上的应用[J]. 水泵技术，2006，(6)：41-42.
[11] 罗飞. 基于轴向和径向载荷的水润滑赛龙轴承的摩擦磨损特性及其测试系统的研究[D]. 深圳：深圳大学硕士学位论文，2007.

第 13 章　水润滑陶瓷轴承

13.1　水润滑陶瓷轴承简介

水润滑轴承材料所需满足的主要技术要求为：摩擦系数小、导热性好、热容量高、足够的疲劳强度、良好的磨合性能、耐腐蚀性好、一定的自润滑性能、能吸收磨损物或润滑液中的污物、耐磨性好、磨损物中不含毒性物质。

随新型工程材料陶瓷在工程领域的不断推广应用，进入 20 世纪 90 年代，美国、瑞典、日本等发达国家竞相研制陶瓷轴承，用于代替金属轴承应用于高速、高温、腐蚀等特种工作环境的场合。而现代旋转机械要求轴承具有良好的承载能力、高可靠性及长寿命。水润滑陶瓷轴承正是在这一条件下开发出来的[1,2]。

水润滑陶瓷轴承具有以下优点[3]。

(1) 高速：陶瓷的质量仅为同体积钢质量的 40%，这样能减少离心载荷和打滑，使陶瓷轴承比传统轴承转速提高 20%～40%。

(2) 高刚性：陶瓷的弹性模量比钢的高 50%，因此能提高刚度 15%～20%，从而减轻机床的振动。

(3) 长寿命：陶瓷材料比钢的硬度高得多，一般为 75～80HRC，硬度高能减少磨损。此外，陶瓷还具有较高的抗压强度，根据特定材料和试验类型，是钢的 5～7 倍。当轴承中有杂质时，陶瓷轴承很少产生剥落失效(点蚀)，因此陶瓷轴承通常具有更长的寿命。

(4) 低发热：陶瓷的摩擦系数约是钢的 30%，因此陶瓷轴承产生的热量较少，这样可延长轴承使用寿命。

(5) 低热膨胀：氮化硅的热膨胀约是钢的 20%，故有益于在温度变化大的环境中使用。但是其轴和轴承座选用钢材时，必须采取相应措施以适应其配合的变化。

(6) 边界润滑：水润滑陶瓷轴承在温度高、水量少的条件下，陶瓷材料不会产生冷焊，避免了高速重载情况下的磨损失效。

(7) 耐腐蚀：陶瓷材料不活泼的化学特性使陶瓷具有耐腐蚀性。

(8) 绝缘：陶瓷材料不导电，可使轴承免遭电弧损伤。

(9) 耐高温：全陶瓷轴承允许工作温度为 1090℃，陶瓷材料即使在高温下强度和硬度也不会降低，所以对于用在高温环境的轴承，该材料是非常有利的。

(10) 无污染，环保。

目前，陶瓷材料已被成功用来制造机床的滚动轴承、水泵的滑动轴承等装备。例如，应用于水泵中的陶瓷滑动轴承，由于陶瓷轴承能够在含有泥沙类固相颗粒的液体中运转，对于直接输送海水的船用泵，具有特别重要的意义；再加上其良好的导热性能，使泵在一定的干运转期间，不会因过高的温升而发生烧毁，其使用温度可达 40～500℃。

用于制造轴承的陶瓷材料可分为氧化物陶瓷和非氧化物陶瓷两大类。这两类材料在干摩擦、水润滑等相同或不同的工作条件下的摩擦磨损性能、机理都有着较大的区别。氧化物陶瓷轴承主要包括氧化铝(Al_2O_3)、氧化锆(ZrO_2)陶瓷等材料。对于氧化物陶瓷摩擦磨损的报道有两种相反的结果[4,5]：一种结果是水作为润滑介质能够降低其摩擦磨损；另一种结果是水可以增大其摩擦磨损。对于这两种现象目前尚存在争论。针对水降低氧化物陶瓷摩擦磨损的情况，磨损以摩擦化学机理为主，在摩擦过程中，氧化物与水反应生成氢氧化物而使摩擦磨损率降低。而针对水增大氧化物陶瓷摩擦磨损的情况，磨损以应力腐蚀断裂机理为主，例如，Michalske 等[6]提出的水吸附诱导的应力腐蚀断裂模型，水分子通过氢键作用吸附于氧化物陶瓷表面促进其裂纹的生成与扩展，因而增大了其摩擦磨损。

文惠文等[7]研究氧化锆的摩擦磨损性能发现：在水润滑作用下，氧化锆与5210 钢球对磨时，氧化锆的摩擦系数由干摩擦时的 0.55～0.68 下降到 0.35，同时磨损率也有所下降；在水润滑下氧化锆的磨损机理为微裂纹和微犁削，在干摩擦下则为面断裂和磨粒磨损。余歆尤等[8]对比氧化锆和氧铝的磨损性能发现：氧化铝的摩擦系数与磨损率都低于氧化锆，表现出较好的摩擦磨损性能。

非氧化物陶瓷主要包括碳化物陶瓷和氮化物陶瓷，如碳化硅(SiC)、TiC 金属陶瓷、四氮化三硅(Si_3N_4)、氮化硼(BN)、氮化铝(AlN)陶瓷等。针对非氧化物陶瓷，尽管材料的组成及试验方法和试验条件都不相同，但与干摩擦试验结果相比，水润滑都能降低其摩擦和磨损。研究表明[4,9,10]：氮化硅陶瓷在水中的磨损机理为摩擦化学磨损，在速度为 0.2cm/s 的条件下，摩擦系数达 0.7，属于边界润滑；当速度变化于 0.2～5.0cm/s 时，摩擦系数低于 0.02，属于流体润滑。而与氮化硅陶瓷明显不同，当速度在 0.2～20.0cm/s 时，碳化硅陶瓷的摩擦系数与速度无关，其磨损为摩擦化学和断裂点蚀的混合磨损。水可以有效地润滑硅基陶瓷，原因是水分子与陶瓷表面发生以下摩擦化学反应而形成了具有润滑性的反应膜：

$$Si_3N_4+6H_2O \longrightarrow 3SiO_2+2N_2\uparrow+6H_2\uparrow \tag{13-1}$$

$$SiC+O_2+H_2O \longrightarrow SiO_2+CO\uparrow+H_2\uparrow \tag{13-2}$$

$$SiO_2+2H_2O \longrightarrow Si(OH)_4 \tag{13-3}$$

在干摩擦条件下，SiC 陶瓷无法满足 Czichos 等[11]提出的摩擦学材料的摩擦系数小于 0.2、磨损系数小于 $10^{-6}mm^3/(N\cdot m)$的工程应用要求。与干摩擦相似，水润滑可以降低 SiC 陶瓷的摩擦系数和磨损系数，甚至在磨痕上形成超光滑表面，实现以摩擦系数小于0.05为特征的流体动压润滑。李剑锋等[12]研究了增韧SiC在蒸馏水润滑下的摩擦学特性，试验证明，增韧SiC在蒸馏水润滑下滑动SiC与水发生化学反应，在磨损表面形成一层由SiO_2和$Si(OH)_4$组成的表面膜：在SiC/SiC和SiC/Cr_2O_3摩擦副中，SiC陶瓷的磨损均主要表现为表面氧化物的不断水解，在磨痕形成超光滑表面，显示出磨损系数小于$10^{-6}mm^3/(N \cdot m)$的优异耐磨性能，并在SiC/SiC摩擦副中实现了摩擦系数为0.01的流体动压润滑。Si_3N_4陶瓷具有密度小、强度硬度高、热膨胀系数小和摩擦系数小等特点，是理想的陶瓷轴承材料，已被成功地用来制造机床的滚动轴承、水泵的滑动轴承等。美国和联邦德国率先开展了Si_3N_4陶瓷轴承的研究，由于Si_3N_4陶瓷的性能及其制造工艺的不断提高，Si_3N_4陶瓷轴承已经在高速车床、航空航天发动机、化工机械和设备等许多领域得到了应用，不少企业已在生产和供应Si_3N_4陶瓷轴承。例如，美国的诺顿公司已将Si_3N_4陶瓷轴承应用在航天飞机的液压泵上，比钢轴承减重60%，提高轴承运转速度50%～100%，而且在运转时可以少用或不用润滑油。美国宇航工业使用的陶瓷轴承的使用温度已达800℃。德国的KGM工厂制造的氮化硅轴承适用的领域包括高温、水、酸、硫介质（如电镀）、摄影业、水下作业、饮料工业、酸处理工厂、化工医药设备以及印染、渔业设备。航空航天领域将钢-陶瓷组合轴承和全陶瓷轴承在飞机发动机上进行了试验。

表13-1为上述四类材料的性能比较。

表13-1　高性能陶瓷材料的性能比较

性能	氮化硅基	碳化硅基	氧化铝基	氧化锆基
断裂韧性/$(MN \cdot m^{3/2})$	5～6	4	5	8～10
硬度/GPa	18～20	28	20	13
弹性模量/GPa	310	410	385	205
密度/$(10^3 kg/m^3)$	3.2	3.1	4	5.6
断裂模数/MPa	700	450	550	600～900
最高使用温度/℃	1100	1400	1000	800～900
耐蚀能力	高	高	高	高
失效方式	剥落	断裂	断裂	剥落

表13-2　几种陶瓷的力学性能比较[8]

类型	Sialon	ZrO_2	Al_2O_3
密度/(g/cm^3)	3.23	6.05	3.88
抗弯强度/MPa	1080	1180	490
杨氏模量/GPa	315	210	370

续表

类型	Sialon	ZrO_2	Al_2O_3
泊松比	0.27	0.31	0.23
维氏硬度(HV)	1700	1250	1650
热导率/(W/(m·K))	17	1.7	32
热膨胀系数/(10^{-6}/K)	3.0	10.0	8.1

Sialon 陶瓷是 Si_3N_4 陶瓷的一个变种，是在 Si_3N_4 陶瓷基础上，结合 Al_2O_3 陶瓷的性能特点混合而成的一种优质耐磨陶瓷。Sialon 陶瓷具有较低的热膨胀系数和弹性模量，在 1000℃以上的高温下仍具有较高的硬度，因而具有较好的抗热振性、优异的耐磨性和抗蠕变能力。此外，Sialon 陶瓷还可以通过无压烧结而致密，与 Si_3N_4 陶瓷相比可大大降低其加工要求和成本。张文光等[13]研究了(Ca,Mg)-Sialon 陶瓷与 GCr15 轴承钢球摩擦副在空气及水中的摩擦学特性。结果表明，Sialon 陶瓷在水中比在空气中具有更低的摩擦系数，但具有较高的磨损体积损失。在干摩擦下，Sialon 陶瓷主要发生了断裂磨损和磨粒磨损，而在水润滑下则主要发生了摩擦化学磨损，水对 Sialon 陶瓷具有化学抛光作用。余歆尤等对表 13-2 中的三种陶瓷材料研究表明[8]，无论是干摩擦还是水润滑状态，Sialon 陶瓷的摩擦系数与磨损量都小于 ZrO_2 和 Al_2O_3 陶瓷材料。表 13-3 给出了几种陶瓷材料在相同滑动速度下的滑动磨损试验结果。

表 13-3　各种陶瓷材料滑动磨损试验结果(0.4m/s)

轴承材料	轴承载荷/kN	滑动距离/km	磨损系数		磨损率/($10^{-6}mm^3$/(N·m))	表面粗糙度/μm	
			初期	磨损稳定后		磨损前	磨损后
Al_2O_3 97.5%	1.3	162	0.21	0.01	0.02	1.40	0.54
Al_2O_3 97.5%	0.6	20	0.24	0.36	9.00	1.40	1.40
Al_2O_3 94%	0.8	330	0.19	0.01	0.02	1.30	0.55
Al_2O_3 94%	1.3	485	0.25	0.25	0.41	1.30	0.70
ZTA	0.8	231	0.23	0.01	0.01	0.64	0.31
ATA	1.3	42	0.22	0.88	14.70	0.64	1.30
PSZ	0.5	0.1	0.69	0.69	1070.00	0.09	2.30
SiC	4.8	156	0.1	0.01	0.00	0.16	0.02
SiC/Si	3.5	53	0.15	0.01	0.06	0.30	0.01
Sialon	0.5	0.6	0.46	0.85	58.00	0.14	2.70

比较而言，在所有用来制作轴承的陶瓷材料中，非氧化物陶瓷由于其化学磨损可以降低摩擦系数和磨损量，而明显优于氧化物陶瓷，其中 Si_3N_4 陶瓷与 Sialon 陶瓷由于具有较为优良的综合性能，是最适合制作轴承的陶瓷材料。但在材料制造

的工艺难度上，非氧化物陶瓷要复杂一些，且制造成本较高。

13.2 氧化物陶瓷材料的水润滑性能

13.2.1 ZrO_2-Al_2O_3 陶瓷的水润滑性能[14,15]

图 13-1 和图 13-2 分别给出了 ZrO_2-Al_2O_3 层状及单层复合陶瓷的摩擦系数

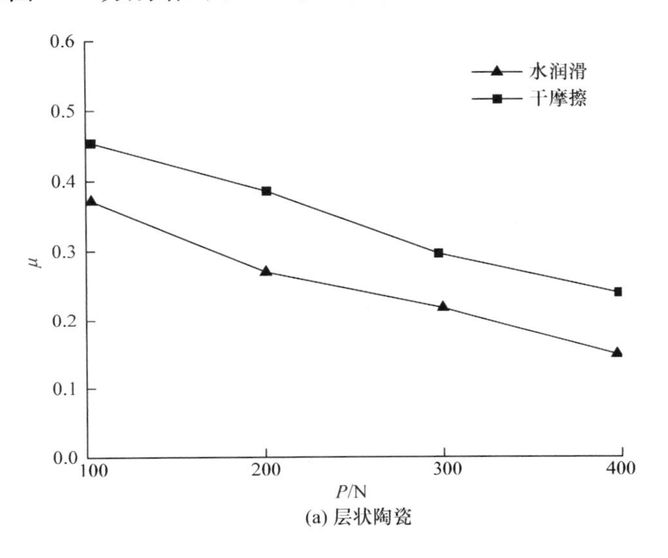

(a) 层状陶瓷

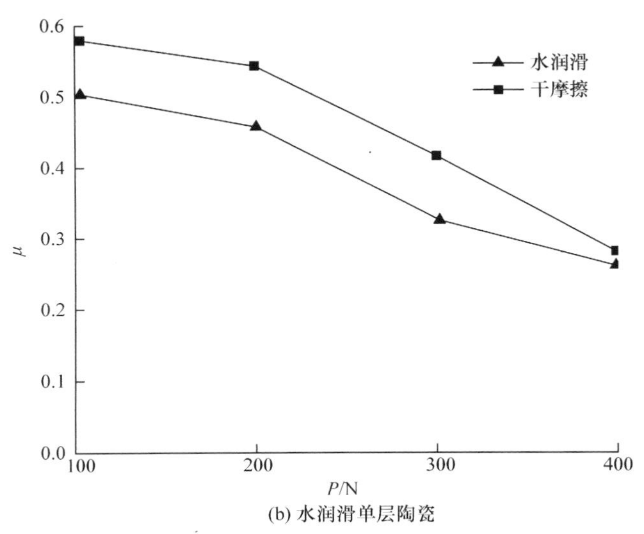

(b) 水润滑单层陶瓷

图 13-1 ZrO_2-Al_2O_3 层状及单层复合陶瓷的摩擦系数与载荷的关系

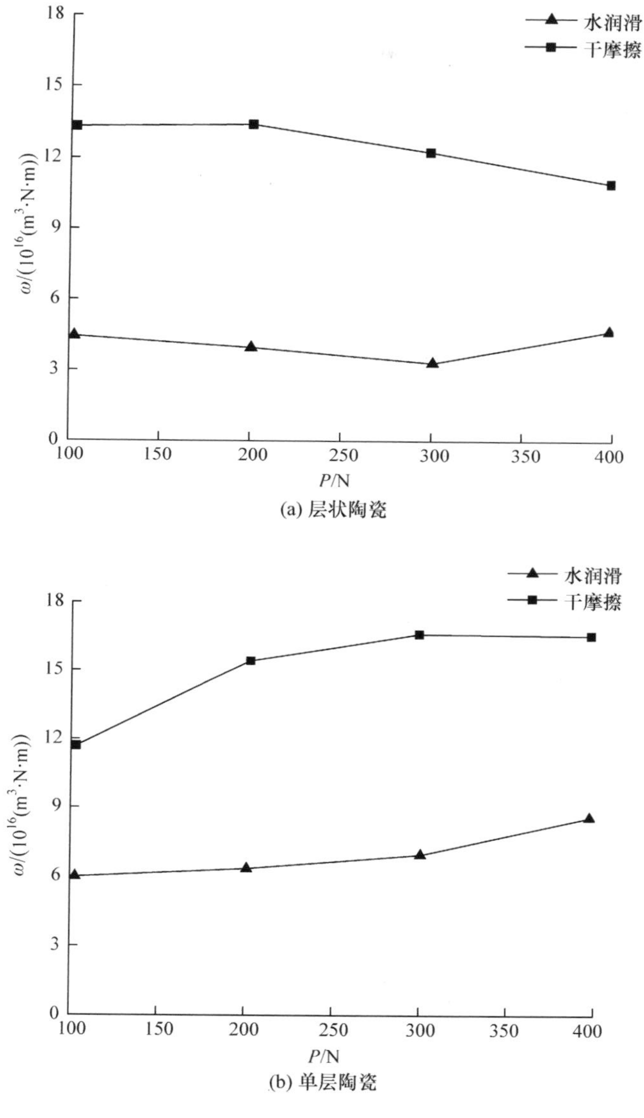

图 13-2　ZrO_2-Al_2O_3 层状及单层复合陶瓷的磨损率与载荷的关系

和磨损率与载荷的关系。在相同条件下，分析发现：①ZrO_2-Al_2O_3 层状复合陶瓷的摩擦系数均小于单层复合陶瓷的摩擦系数，层状陶瓷的摩擦系数变化范围为 0.15～0.46，单层陶瓷的摩擦系数变化范围为 0.25～0.58；②水润滑状态下层状及单层陶瓷的摩擦系数均小于干摩擦下陶瓷的摩擦系数；③随着载荷的增加，层状及单层复合陶瓷的摩擦系数均呈下降趋势；④ZrO_2-Al_2O_3 层状陶瓷的磨损率总体小于单层陶瓷的磨损率；⑤水润滑状态下层状及单层陶瓷的磨损率均小于干摩擦状态下陶瓷的磨损率；⑥随着载荷的增加，单层陶瓷的磨损率总体呈上升趋势，而层状陶瓷的磨损率变化的规律性较差。

图 13-3 和图 13-4 表示滑动轴承的摩擦系数和磨损量与滑动距离的关系。从图 13-3 可以看到，与 ZrO_2 轴承相比，Sialon 和 Al_2O_3 轴承的摩擦系数和磨损量

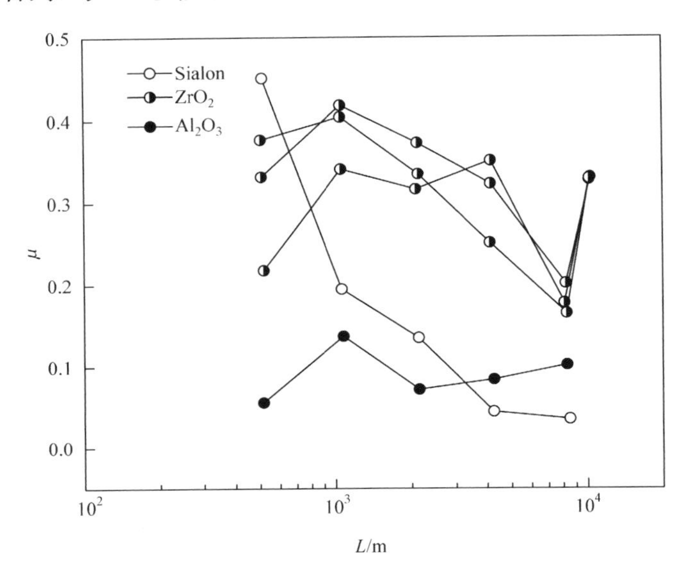

图 13-3　滑动轴承的摩擦系数与滑动距离的关系

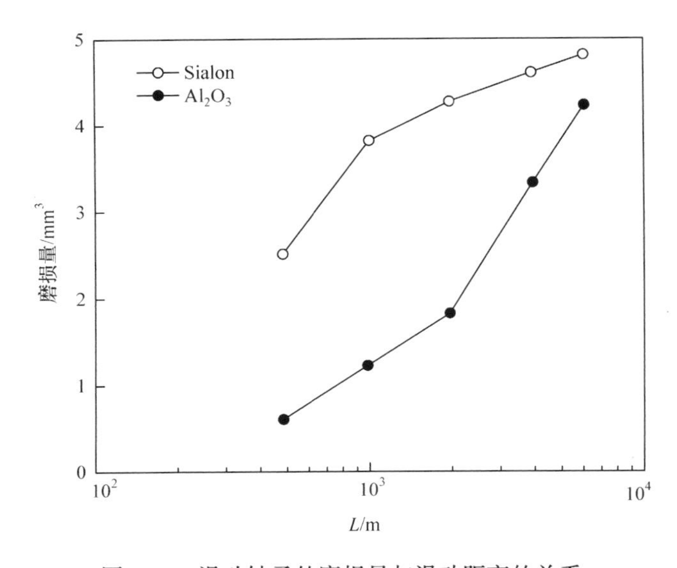

图 13-4　滑动轴承的磨损量与滑动距离的关系

小，Al_2O_3 轴承的摩擦系数较稳定，Sialon 轴承的摩擦系数随着滑动距离的增加而减小，当滑动距离大于 5×10^3m 后，摩擦系数减小到 0.02 以下，表现出 Sialon 材料在水中的良好滑动特性。与此相反，ZrO_2 轴承摩擦系数和磨损量却较大，特别是磨损量的增大非常显著[8]。

13.2.2　Al_2O_3-TiO_2 复合陶瓷的水润滑性能[16]

1. 摩擦系数

图 13-5 为当润滑剂为含沙水时，各种摩擦副在不同的滑动速度下的平均稳态摩擦系数。当速度为 1.2m/s 时，Al_2O_3-3%TiO_2/Si_3N_4、Al_2O_3-13%TiO_2/Si_3N_4、Al_2O_3-40%TiO_2/Si_3N_4 和 TiO_2/Si_3N_4 的摩擦系数分别为 0.003、0.010、0.014 和 0.019。当速度为 0.6m/s 时，对应的稳态摩擦系数分别为 0.007、0.012、0.198 和 0.209。试验结果表明，无论滑动速度的大小如何，Al_2O_3-TiO_2 涂层的摩擦系数随着 TiO_2 的含量的增加而增加。除此之外，各种 Al_2O_3-TiO_2/Si_3N_4 摩擦副的摩擦系数随着速度的增加而减少。

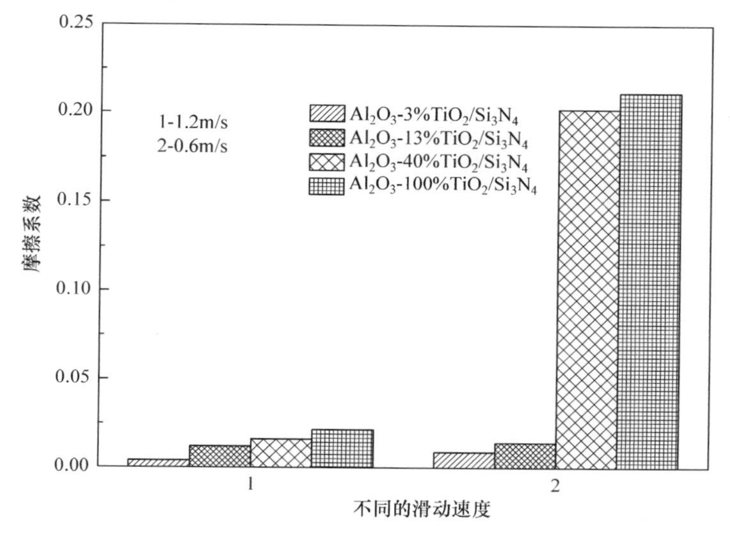

图 13-5　泥沙水润滑下不同 TiO_2 成分下的摩擦系数

图 13-6 和图 13-7 分别表示滑动速度在 1.2m/s 时和 0.6m/s，摩擦副分别在自来水与含沙水润滑条件下的稳态摩擦系数。比较两者发现，Al_2O_3-TiO_2/Si_3N_4 摩擦副在含沙水润滑条件下获得的摩擦系数低于自来水润滑条件下的摩擦系数。

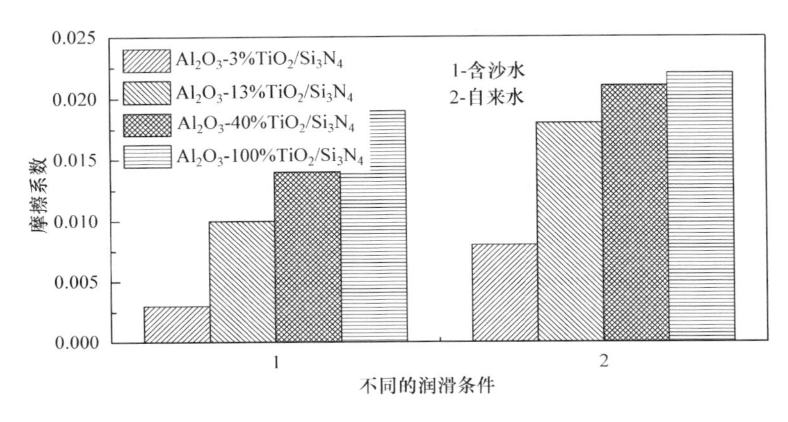

图 13-6　泥沙和清水润滑下滑动速度为 1.2m/s 时不同 TiO_2 成分的摩擦系数

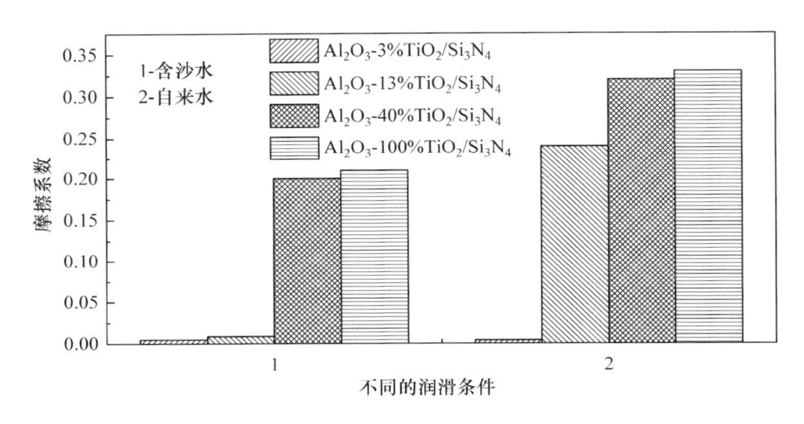

图 13-7　泥沙和清水润滑下滑动速度为 0.6m/s 时不同 TiO_2 成分下的摩擦系数

试验结果表明，各种摩擦副的摩擦学性能受 TiO_2 质量分数与运转条件的显著影响。最低的摩擦系数为 0.003，最高的摩擦系数为 0.331。当摩擦副在没有显著扰动的工况下运转时，其稳态摩擦系数几乎都小于 0.022。各种摩擦副摩擦系数之间的差异可归因于不同的运转条件下润滑状态的改变。通过试验可以观察到一个典型的现象：摩擦副在全膜润滑条件下的摩擦系数小于在边界润滑与混合润滑条件下得到的摩擦系数。

2. 磨损率

图 13-8 和图 13-9 分别表示各种不同的摩擦副在含沙水与自来水润滑条件下的磨损率。观察可以发现，即使试验条件相同，不同的摩擦副的磨损率也表现出很大的差异。然而，磨损率与 TiO_2 的质量分数的关系却不确定。当速度为 1.2m/s 时，所有涂层(摩擦副)种类中 Al_2O_3-13%TiO_2 涂层的磨损率最小，在含沙水与自来

水润滑中的值分别为 $6.8\times10^{-11}cm^3/(N\cdot m)$ 和 $1.18\times10^{-11}cm^3/(N\cdot m)$。当速度为 0.6m/s 时，在含沙水润滑条件下的最小磨损率仍然是 Al_2O_3-13%TiO_2 涂层所取得，然而在自来水润滑条件下的最小磨损率是由 Al_2O_3-3%TiO_2 涂层所取得。这一试验结果表明，在含沙水润滑条件下，相比于其他涂层类型，Al_2O_3-13%TiO_2 涂层的耐磨性最好。尽管滑动表面在载荷作用下紧密地贴合在一起，但悬浮的沙粒仍然可以浸入两表面之间，其主要原因有两点：①含沙水的沙粒尺寸足够小，大多数沙粒的粒径都小于 10μm；②试件的平面度与平行度公差都大于 10μm；③其中一个表面在另外一个表面滑动时可能发生位置的轻微浮动。

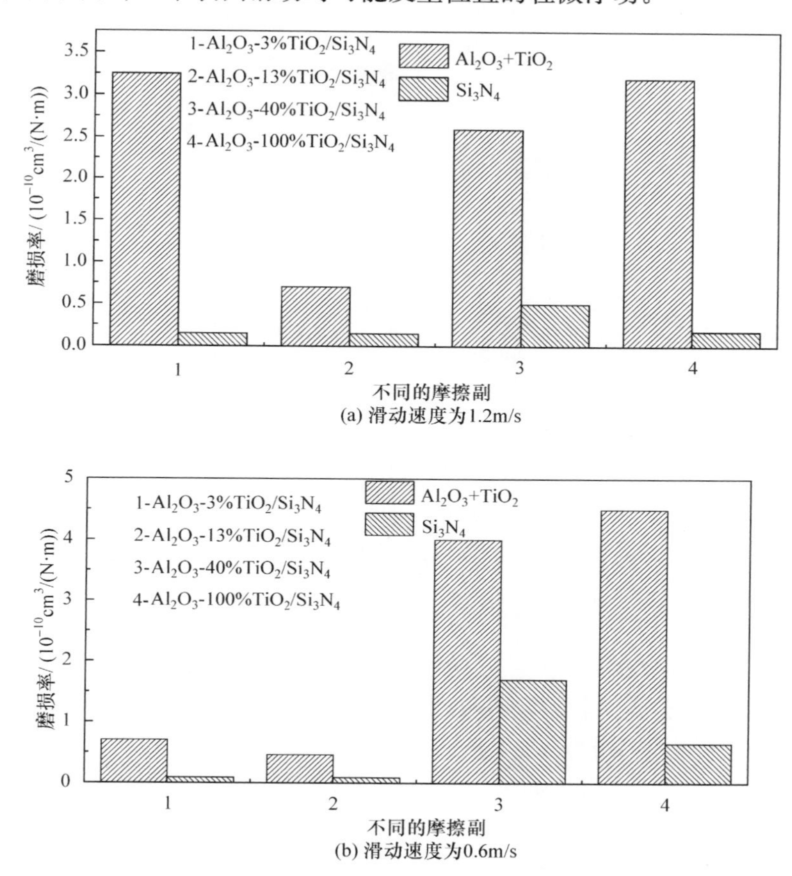

(a) 滑动速度为1.2m/s

(b) 滑动速度为0.6m/s

图 13-8　泥沙水润滑下的磨损率

试验观察得到的主要现象为：当涂层在低摩擦系数下稳定滑动时，含沙水润滑条件下的磨损率大于自来水润滑条件下的磨损率。然而，在低速状态摩擦系数较高的状况下，摩擦副的相互作用较为剧烈，在含沙水润滑条件下涂层磨损率更低。这些现象可能是因为在流体润滑状态下，由于水膜的厚度更大，沙粒进入摩擦副表

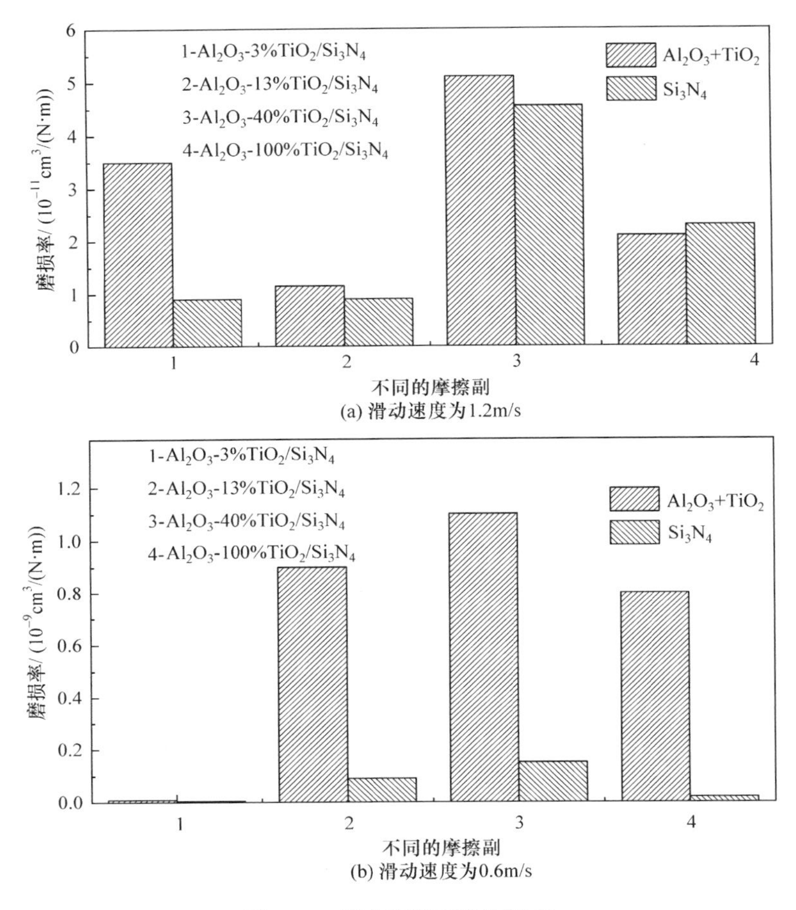

图 13-9　清水润滑下的磨损率

面的概率越大，从而更容易产生三体磨损的现象。然而，在混合以及边界润滑状态下，摩擦副表面水膜厚度较薄，使得沙粒很难进入表面间隙，于是产生较为严重的黏着磨损并发展为主要的失效机制。

3. 磨损形貌

为了进一步研究 TiO_2 的质量分数对 Al_2O_3-TiO_2 涂层摩擦与磨损性能的影响，本研究用 FEI 量子 200 型扫描电子显微镜观察磨损前后的 Al_2O_3-13% TiO_2 涂层、纯 TiO_2 涂层以及 Si_3N_4 材料，这些试件都是在含沙水润滑条件下进行测试的。表面形貌如图 13-10 和图 13-11 所示，除此之外，表面粗糙度通过 PGI830 型表面轮廓综合测量仪测得。如图所示，Al_2O_3-13% TiO_2 涂层的磨损后的表面比磨损前更加光滑，并且未出现明显的划痕。磨损后的表面粗糙度为 R_a = 0.13μm，而

原始表面粗糙度 $R_a = 0.24\mu m$。磨损是滑动表面在机械犁沟、摩擦化学分解以及裂纹扩展耦合作用下的一个连续的累积过程。对于 TiO_2 涂层，磨损后的表面留下了较多尺寸较大的凹坑。Al_2O_3-13%TiO_2 涂层相比于纯 TiO_2 涂层具有更低的断裂韧性和更高的硬度。

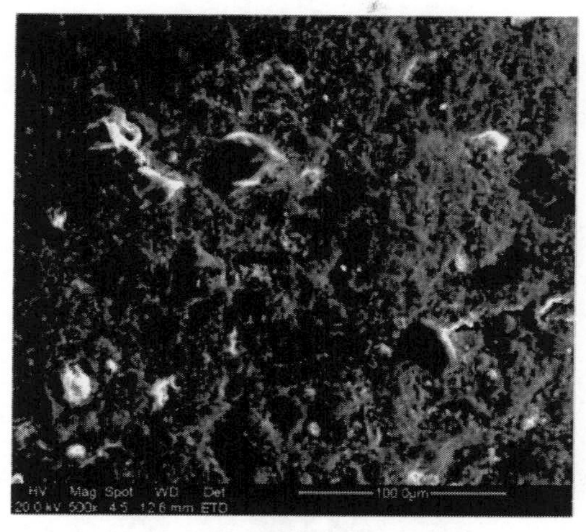

(a) 原始形貌

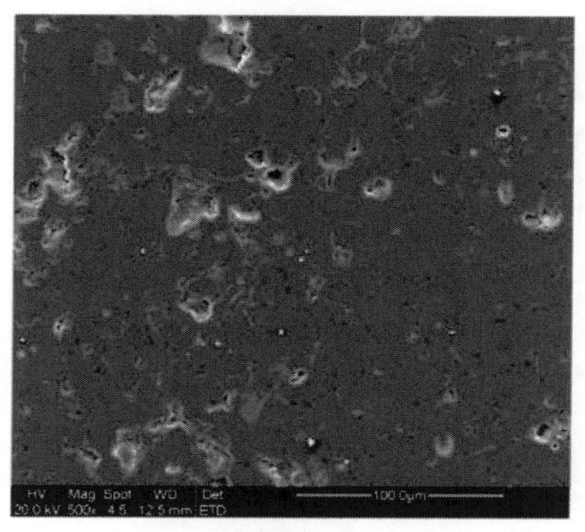

(b) 磨损后的形貌

图 13-10　Al_2O_3-13%TiO_2 摩擦面的磨损形貌

Al_2O_3-13%TiO_2 涂层由于韧性较低，所以在横向刮擦力下很容易形成微裂纹。因为重复刮擦作用在滑动接触表面的下方形成了损伤累积，当刮擦次数达到临界点时，次表面裂纹的横向扩展引起了磨损作用的加剧，使得表面材料发生剥离，从而形成磨损磨粒。TiO_2 涂层由于硬度相对较低，接触表面的粗糙峰以及悬浮于水的沙粒容易对其产生犁沟作用，如图 13-11(a)所示。磨损后表面的凹坑很可能是由于表面纹理的分层剥离所致，而这种分层剥离现象是由附近基体材料的遗失所引起的。对于基体材料的遗失现象可以归因于表面粗糙峰以及水中悬浮颗粒的犁沟作用。由于表面独立纹理的剥离优先顺序有差别，最终形成的表面形貌呈现阶梯状。

(a) 原始形貌

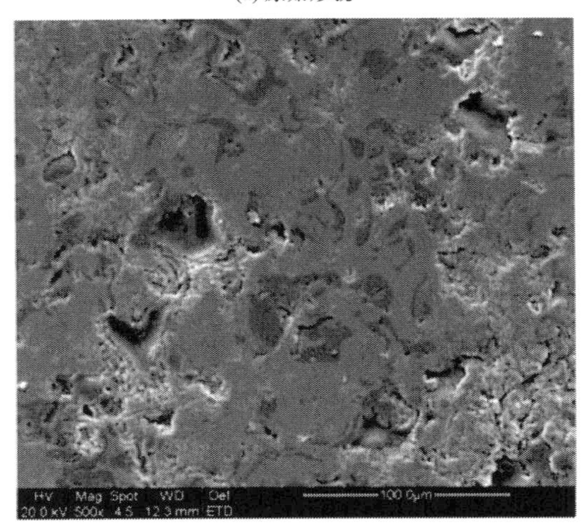

(b) 磨损后的形貌

图 13-11 TiO_2 摩擦面的形貌

13.2.3 Cr_2O_3 陶瓷的水润滑性能

图 13-12 为 Cr_2O_3 薄膜在干摩擦及水润滑的情况下摩擦系数的变化趋势。由

图 13-12 可知，在干摩擦状态下，Cr_2O_3 薄膜的摩擦系数保持在 0.4 左右。而在水润滑的情况下，摩擦副间的摩擦系数明显降至 0.25，水介质的润滑作用非常明显。在摩擦过程中接触界面上有润湿性较好的液膜（如水膜）存在时，表面能的作用会使接触或非接触微凸体上出现凹形弯月面，表面张力在弯月面内产生负的拉普拉斯压力而形成一定引力。压力差与微凸体的浸没面积之积等于黏着力，称为弯月面力[17]。如果接触面完全浸入液体中发生摩擦时，就不存在弯月面力，而只是发生液膜剪切，此时的摩擦系数就非常小[18]。

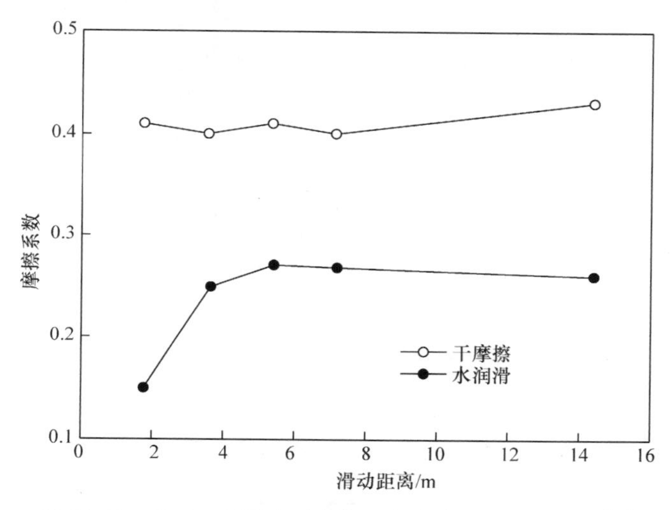

图 13-12　Cr_2O_3 薄膜在干摩擦及水润滑下的摩擦系数[18]

图 13-13 为 Cr_2O_3 陶瓷薄膜的磨损率随着滑动距离变化的曲线。由图可知，

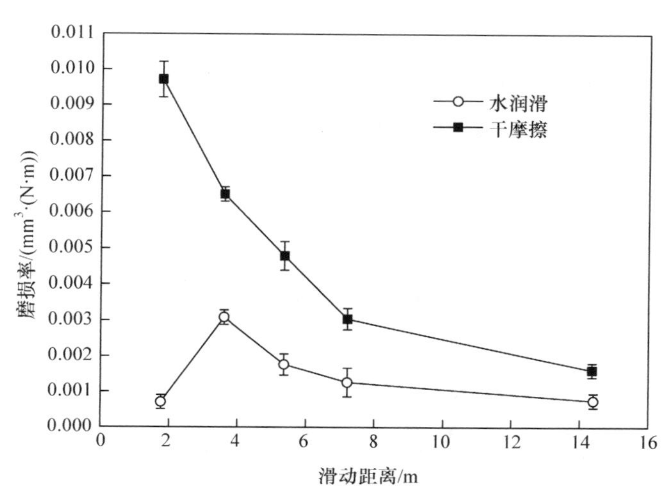

图 13-13　Cr_2O_3 薄膜在干摩擦及水润滑下的磨损率变化曲线[18]

磨损率随着滑动距离的增大呈下降趋势，摩擦副间处于平稳磨损阶段。在滑动距离相同的条件下，Cr_2O_3 薄膜的磨损率在水润滑状态下比干摩擦状态下低[18]。

13.3 非氧化物陶瓷材料的水润滑性能

13.3.1 Si_3N_4 陶瓷的力学性能

Si_3N_4 是强共价键原子化合物，其原子扩散系数低，导致烧结致密化困难，而 Si_3N_4 在 1850℃常压下会分解，常需添加烧结助剂或施加压力促进烧结。氮化硅的常见烧结方式及对应性能参数见表 13-4[19,20]，常用的烧结助剂及其作用机理见表 13-5[21,22]。

表 13-4 不同烧结方式氮化硅制品的性能参数[19,20]

性能	反应烧结	常压烧结	热压烧结	气压烧结	热等静压
相对密度/%	70～88	95～99	99～100	97～99.6	99～100
抗弯强度/MPa	150～350	600～950	450～1200	600～1000	600～1200
弹性模量/GPa	120～250	280～300	300～320	290～320	300～320
断裂韧性/($MPa \cdot m^{1/2}$)	1.5～3	3～6	4～7	6～8	4～7
硬度(HRA)	83～85	88～91	91～93	90～92	91～93
线膨胀系数/(-10^{-6}/℃)	2.5～3.0	2.8～3.2	3.0～3.5	2.8～3.3	—

表 13-5 氮化硅常用烧结助剂及其作用机理[21,22]

烧结助剂		作用效果	备注
MgO		可以保障液相形成和制得高致密氮化硅材料	液相形成是氧化镁与氧化硅相互作用的结果
稀土氧化物		形成高耐火度和黏度的玻璃晶界相	稀土多存在于晶界处，经热处理易析出二次小晶粒
复合添加剂	Y_2O_3-Al_2O_3	可使氮化硅获得最佳烧结，制得高强度氮化硅	在该相参与下，氮化硅烧结最充分
	MgO-CeO_2	可提高材料的高温性能，使材料具有优异的常温性能	烧结初期，形成液相；烧结后期，MgO 析晶减少玻璃相

陶瓷通常表现为脆性断裂，一般需要通过添加第二相如晶须、纤维等实现增韧。而氮化硅具有“自增韧”的特性，原因在于 Si_3N_4 有两种晶型（α-Si_3N_4 和 β-Si_3N_4），其中 β-Si_3N_4 为长柱状，在断裂过程中可以分散裂纹扩展能力，实现增韧。同时，β 相氮化硅硬度大于 α 相，故通常高性能氮化硅制品要求高含量的 β-Si_3N_4。

13.3.2 温度与载荷对 Si_3N_4 陶瓷摩擦磨损的影响

温度和载荷是对陶瓷摩擦磨损性能影响最大的外部因素，不同的试验方式及不同的载荷阶段，磨损率随载荷增加的程度通常也不同，目前还没有得到统一的关系式。

Dong 等[23] 绘制了氮化硅在不同温度和载荷下的摩擦磨损特性曲线(图 13-14)。选用的氮化硅由热等静压制备，摩擦磨损试验为空气中干摩擦(无润滑)。由图 13-14 可以看到 5 个区和 1 个过渡区，结合相关测试表明，每个区的摩擦、磨损系数和控制机理都不同。当温度低于 400℃时，Si_3N_4 与吸附的环境中的水蒸气反应生成平滑的氢氧化硅膜，此时的摩擦系数为 0.3，磨损率为 10^{-4} 量级；在400～700℃的较低载荷下，夹杂物 WC 发生选择氧化，在陶瓷表面生成氧化钨膜，摩擦系数为 0.45，磨损率为 10^{-4} 量级；在 700～900℃、较低载荷下，晶间相 Mg^{2+} 由热扩散与表面活性硅生成硅镁化合物，此时表面的膜由氧化钨与硅镁化合物组成，摩擦系数为 0.67，磨损率为 10^{-3} 量级，晶界相无定形硅酸镁的析晶沉淀控制着磨损过程；在更高温度下，氮化硅的氧化主导着磨损过程。当温度在 900～1000℃时，Si_3N_4 被氧化生成极易去除的 SiO_2，因而 Si_3N_4 表面比较粗糙，此时的摩擦系数为 0.7，磨损率为 10^{-3} 量级；当载荷高于 10N 时，Si_3N_4 磨损的主要原因是微断裂，此时摩擦系数与温度无关，而磨损率则随着温度的升高而增大，摩擦系数为 0.8，磨损率为 10^{-2} 量级。

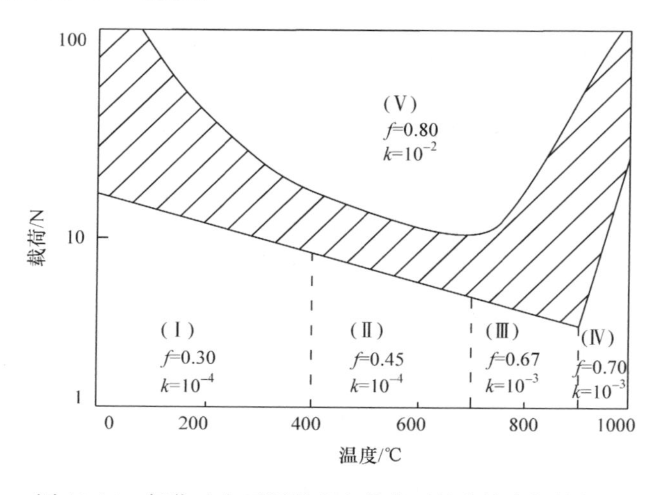

图 13-14　氮化硅在不同温度和载荷下的摩擦磨损特性图

13.3.3 Si_3N_4 陶瓷的水润滑摩擦学性能

在同等情况下，与干摩擦试验结果相比，水润滑能有效降低硅基非氧化陶瓷的摩擦系数和陶瓷的磨损率。Saito 等[24]研究了 Si_3N_4/Si_3N_4 摩擦副在空气和水润滑条件下的摩擦学性能，如图 13-15 所示，在载荷为 11.4N、速度为 0.13m/s 时，随着滑移距离的变化，Si_3N_4/Si_3N_4 摩擦副在水中的摩擦系数从 0.8 降低到 0.01，明显低于空气中的摩擦系数 0.9。

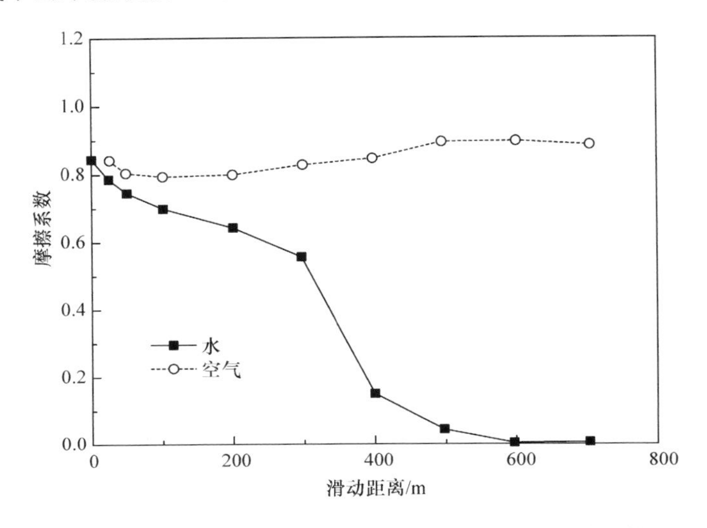

图 13-15　空气和水润滑条件下 Si_3N_4/Si_3N_4 的摩擦系数

1. 载荷对摩擦学性能的影响[25]

图 13-16 为 Si_3N_4 与四种摩擦副的磨合曲线，由图可知，金属摩擦副不会出现

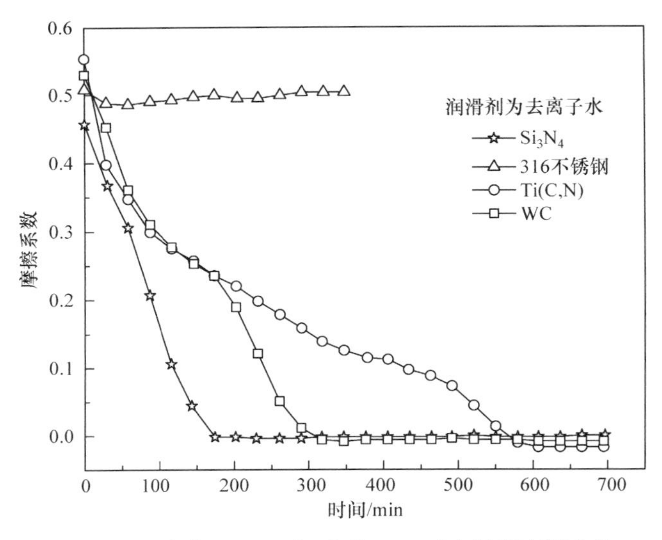

图 13-16　速度 200mm/s、载荷 10N 时水润滑摩擦曲线

减摩现象，其余四种摩擦副在磨合一定时间后均出现减摩现象。Ti(C,N)、WC 和 Si_3N_4 三种材料的磨合时间以 Si_3N_4 最快，只需要约 170min，WC 的磨合时间为 280min 左右。Ti(C,N)所需时间最长，需要 560min。最终进入流体润滑状态后，它们的稳定摩擦系数统一为 0.003±0.002。

图 13-17 表示不同载荷对去离子水中摩擦副的影响，可以看到载荷的增加对 Si_3N_4 球/ Si_3N_4 盘和 Si_3N_4 球/316 不锈钢盘摩擦副的磨合过程基本没有影响。对 Si_3N_4 球/WC 盘摩擦副初始摩擦系数在高载荷下增大，但磨合时间相差很小，说明摩擦副在 200mm/s 速度时临界载荷大于 10N，相同的润滑膜厚度能承受更大的接触压力。Si_3N_4 球/Ti(C,N)盘摩擦副载荷变化时受到的影响最大，不仅初始

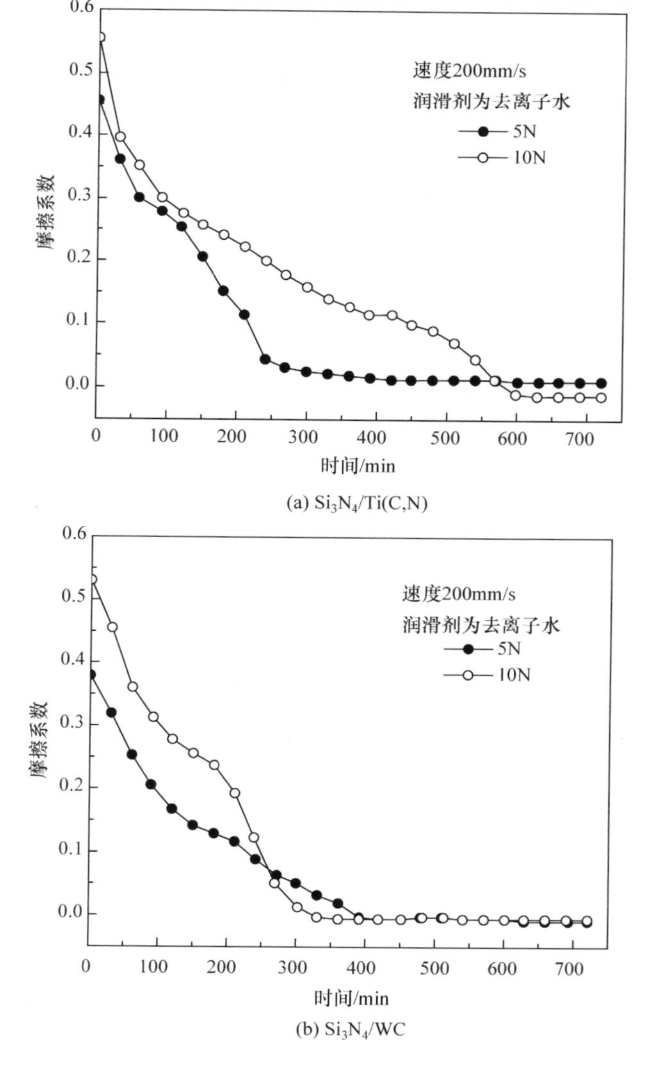

(a) Si_3N_4/Ti(C,N)

(b) Si_3N_4/WC

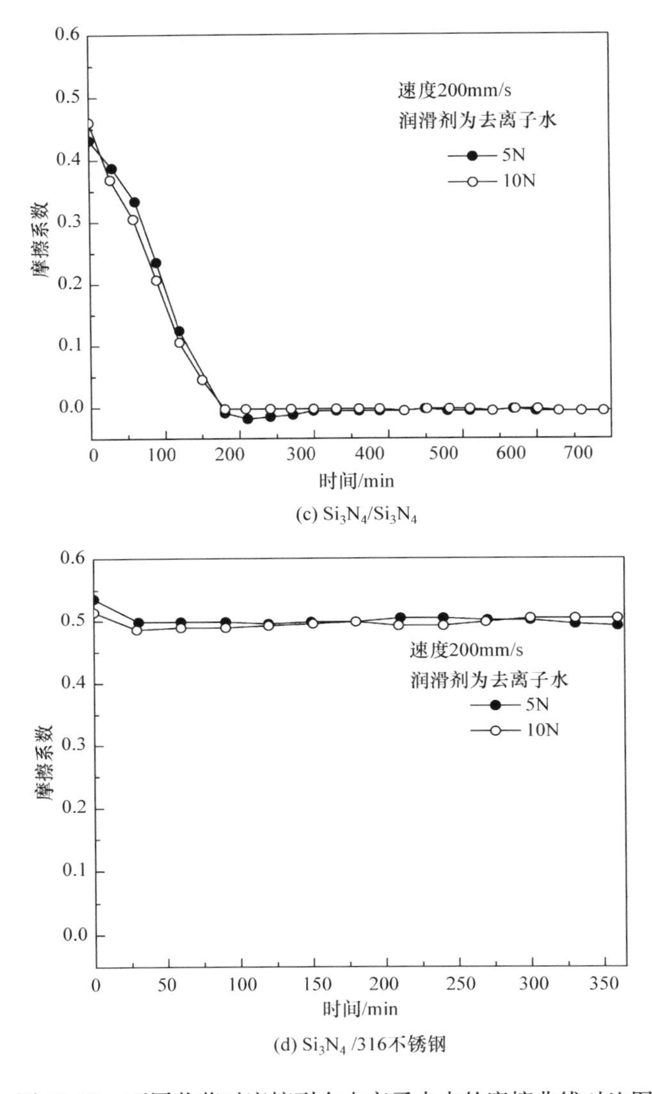

(c) Si_3N_4/Si_3N_4

(d) Si_3N_4 /316不锈钢

图 13-17　不同载荷时摩擦副在去离子水中的摩擦曲线对比图

压力增加，而且磨合时间延长了 1 倍以上。这说明高载荷时，摩擦副间需要产生更厚的润滑膜，磨合所需要的时间也相应增加。但是随着膜厚的增加，最终到达稳定状态时的摩擦系数能够降得更低，具有更好的减摩效果。

图 13-18 是四种摩擦副的磨损对比图。由图 13-18 中可见，在高载荷情况下 Si_3N_4 球/Ti(C,N)盘摩擦副的总磨损最小，其次是 Si_3N_4 球/WC 盘摩擦副。Si_3N_4 球/Si_3N_4 盘摩擦副中，Si_3N_4 球的磨损量为 0.654mm^3，是前者的 3 倍多。Si_3N_4 盘的磨损量为 0.192mm^3，比 Ti(C,N)盘的磨损量大 13 倍。

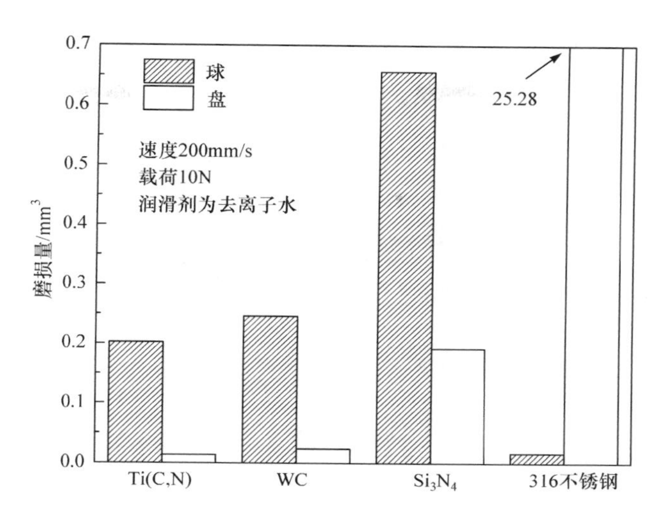

图 13-18　载荷 10N 时摩擦副在去离子水中的磨损图

2．滑动速度对摩擦学性能的影响[25]

图 13-19 是在去离子水中不同滑动速度下摩擦曲线的对比图，低速下的 Si_3N_4/Ti(C，N)初始摩擦系数比高速条件下的要高，而且后期摩擦系数没有下降的趋势。Si_3N_4/WC 摩擦副低速时初始摩擦系数有少许提高，随着滑行速度的降低进入流体润滑状态所需要的磨合时间增加，但最后仍然能够降到和高速时相当的水平。

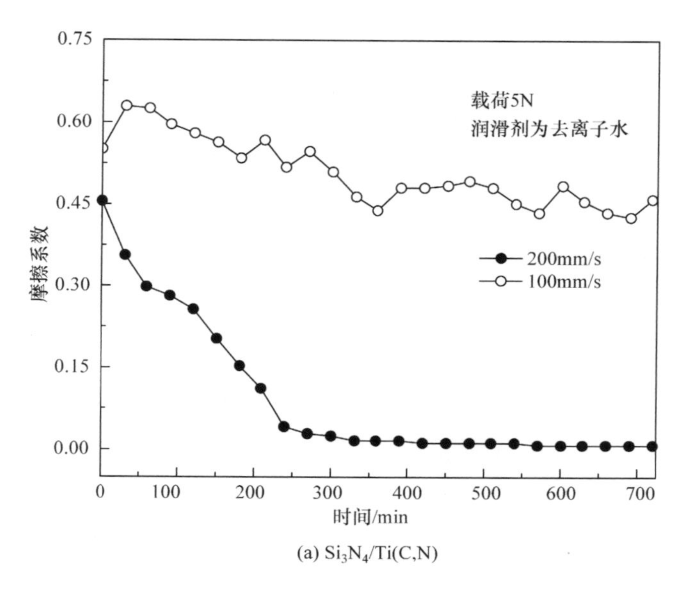

(a) Si_3N_4/Ti(C,N)

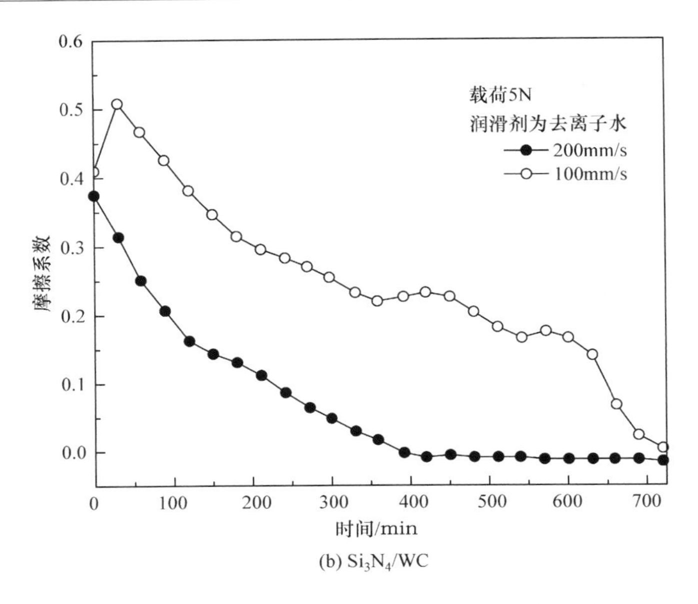

(b) Si_3N_4/WC

图 13-19　在去离子水中不同滑动速度的摩擦曲线对比图

低速条件下两种摩擦副的磨损对比如图 13-20 所示，由于 Si_3N_4/Ti(C,N)摩擦副的摩擦系数没有降低，Ti(C,N)盘的磨损量高于 WC 盘。但由于 Si_3N_4 球的消耗更大，Si_3N_4/WC 摩擦副的总磨损量仍然高于 Si_3N_4/Ti(C,N)摩擦副。Si_3N_4/Ti(C,N)摩擦副的磨损量比 200mm/s 时都有所下降，而 Si_3N_4/WC 摩擦副的球磨损量上升，盘磨损量下降。

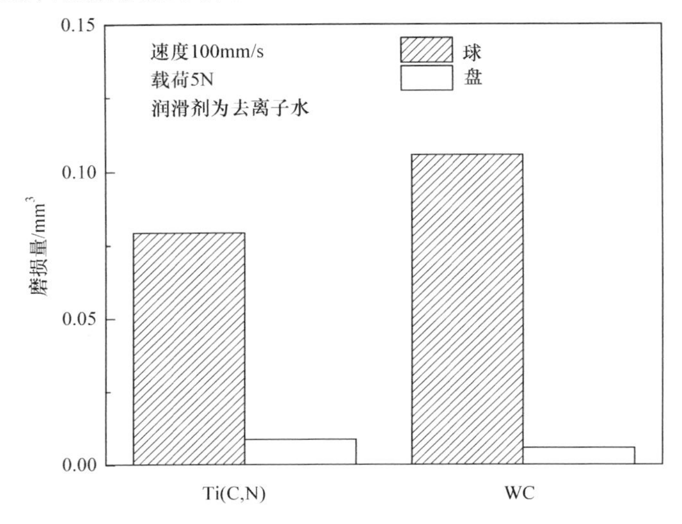

图 13-20　速度 100mm/s 时摩擦副在去离子水中的磨损图

此外，Chen 等[26]也研究了水润滑条件下滑动速度和载荷对摩擦系数的影响。由图 13-21 和图 13-22 可知，水润滑条件下，在滑动速度为 30～120mm/s、载荷为 1～14N 时，当载荷达到临界载荷时，两种自配副陶瓷的摩擦系数随滑动速度的降低、载荷的增加而不断增加；当载荷低于临界载荷时，摩擦系数则与施加的载荷无关。

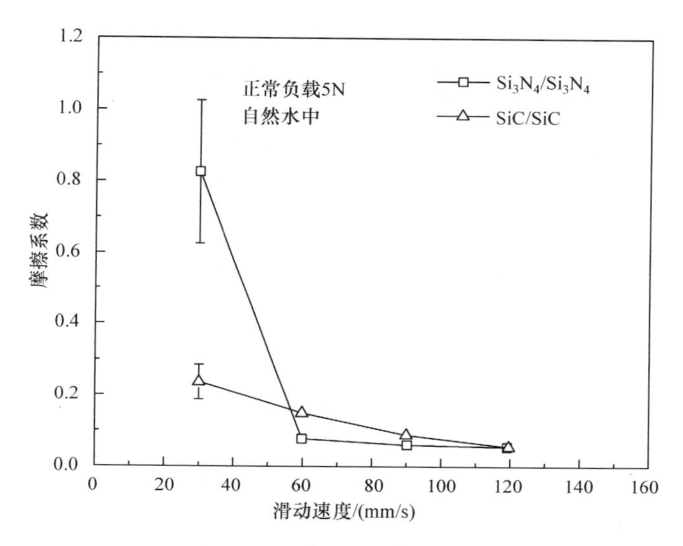

图 13-21　速度对 Si_3N_4 和 SiC 摩擦学性能的影响

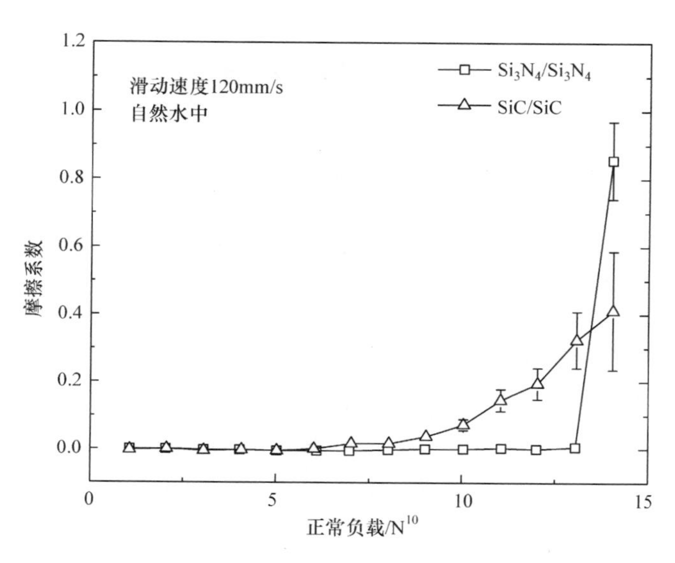

图 13-22　载荷对 Si_3N_4 和 SiC 摩擦学性能的影响

13.3.4　Si_3N_4 陶瓷的超润滑现象

超滑作为摩擦学的一个新领域，是指两个物体表面之间的滑动系数在 0.001 量级或者更小的润滑状态，可大大提高运动系统的能源利用效率。1987 年，日本学者 Tomizawa 和 Fischer[27] 发现氮化硅陶瓷（Si_3N_4）在用水作润滑剂的条件下，经过一段磨合期，其最后的摩擦系数小于 0.002，这是首次发现用水作润滑剂可以实现超滑，如图 13-23 所示。相关试验表明，发生摩擦化学反应：

$$Si_3N_4 + 6H_2O \xlongequal{} 3SiO_2 + 4NH_3 \tag{13-4}$$

$$SiO_2 + 2H_2O \xlongequal{} Si(OH)_4 \tag{13-5}$$

$$Si(OH)_4 = H^+ + H_3SiO_4^- \tag{13-6}$$

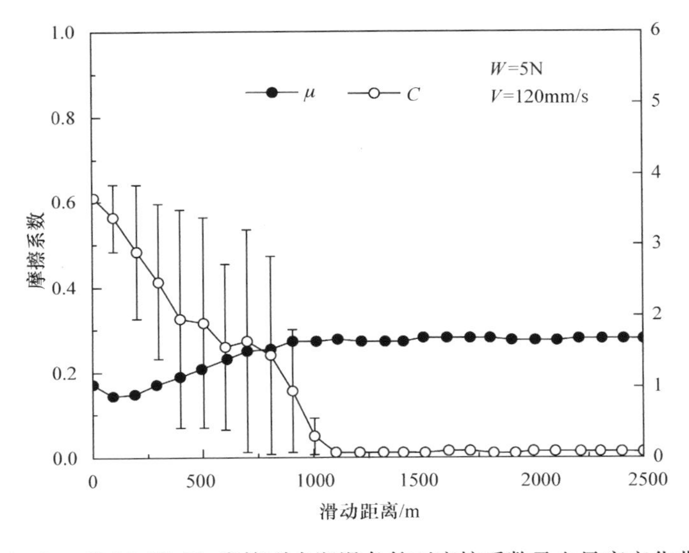

图 13-23　Si_3N_4/Si_3N_4 摩擦副水润滑条件下摩擦系数及电导率变化曲线

这样在摩擦副表面就形成了一层带负电的硅溶胶。在电荷的作用下，硅溶胶表面会形成 Stern 层和双电层[26,28]。当硅溶胶之间相互接触时，其剪切强度很低，从而导致边界润滑的摩擦系数很小。由于液体动压效应的存在，在硅溶胶之间还会形成一层水膜，水的黏度很低，所以形成的流体动压润滑的摩擦系数也很小[29]。因此，他们认为陶瓷摩擦副形成超滑时位于混合润滑区域（边界润滑和流体润滑），这样就可以实现很低的摩擦系数[28,30]。除了液体超滑，还有固体超滑，包括 MoS_2、石墨、类金刚石膜（DLC）和碳氮膜（CN_x）都能实现超低的摩擦系数，磷酸溶液可对氮化硅陶瓷实现较好的超润滑[32]。虽然超滑技术还在起步阶段且对于超滑的机理研究仍不太清楚，但其能够实现比常规润滑剂小一个数量级的摩擦系数，超滑技术在未来必将得到极大的发展。超滑技术颠覆了人们对摩擦的传统认识，开拓了摩擦学领域,液体超滑、固体超滑虽处于起步,但对于优化 Si_3N_4 陶瓷轴承润滑性能具有重要作用,是需要重视的发展方向[33]。

13.3.5　SiC 陶瓷的水润滑性能[25]

试验在球盘摩擦磨损试验机上进行,在每次滑动试验之前,8mm 直径的 SiC 球和两种盘要在丙酮和乙醇溶液中利用超声波清洗 30min。SiC 陶瓷的力学特性如表 13-6 所示。接触点被设计在距离旋转运动中心偏心距 7mm 处,旋转运动在盘表面产生了一个直径为 15mm 的磨损痕迹。总滑动距离为 10368m。所有试验均在 23℃下、浸泡于正常大气环境下的蒸馏水中进行。

表 13-6　SiC 陶瓷的物理性能

材料	SiC	a-CN_x
添加剂	0.7%C+0.082%B+0.038%Al	—
加工方式	HIP	—
密度 $\rho/(10^3 kg/m^3)$	3.1	—
维氏硬度 H_{nu}/GPa	24	36±5
杨氏模量 E/GPa	430	450± 46
断裂韧性 $K_{IC}/(MPa/m^{1/2})$	3	—
泊松比	0.19	—

图 13-24 显示了含 a-CN_x 涂层的 SiC 盘在水中时,在不同的滑动速度的滑动循环下与 SiC 球接触时的摩擦系数变化。SiC/SiC 摩擦副的初始摩擦系数为 0.325,高于 a-CN_x/SiC 摩擦副的摩擦系数(0.107)。当滑动速度为 120mm/s 时,随着滑动循环次数的增加,SiC/SiC 系统的摩擦系数逐渐从较高的初始值 0.325 减小到 0.1。在 125000 次滑动循环后,摩擦系数在 0.07～0.1 的范围内变化。而对于 a-CN_x/SiC 摩擦副,随着滑动循环,摩擦系数突然从 0.107 减小到 0.05,在 15000 次滑动循环后,摩擦系数最终达到稳定值,通常在 0.03～0.05 范围内。当滑动速度增大到 160mm/s 时,SiC 自接触系统的摩擦系数从 0.325 减小到小于 0.02。在 35000 次滑动循环后,摩擦系数通常在 0.005～0.02 范围内变化。但是对于 a-CN_x/SiC 摩擦副,在 10000 次滑动循环后,摩擦系数从 0.107 减小到 0.019,并在 0.01～0.02 范围内变化。

图 13-25 为了两种摩擦副在水中时不同的正常负载下滑动循环的摩擦系数变化。当正常负载为 3～10N 时,SiC/SiC 系统的摩擦系数逐渐从较高的初始值(0.325)减小到稳定状态值(0.010～0.058),但对于 a-CN_x/SiC 系统,其摩擦系数迅速从 0.107 减小到稳定状态值(0.02～0.051)。

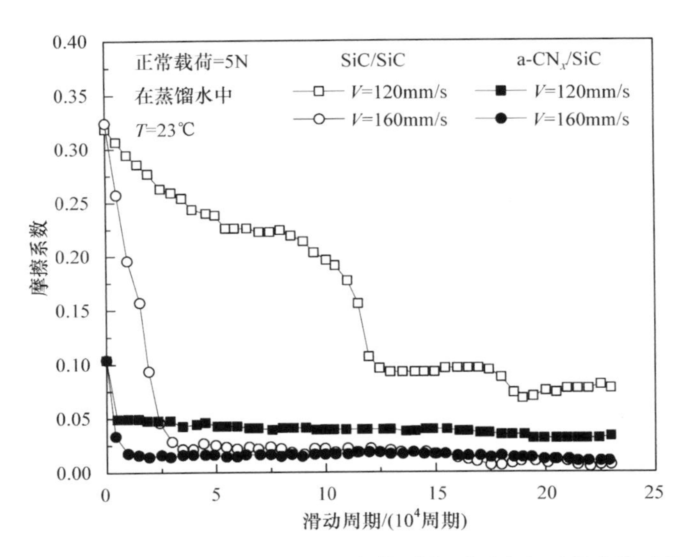

图 13-24　SiC/SiC 和 a-CN_x/SiC 摩擦副在不同速度下的摩擦系数

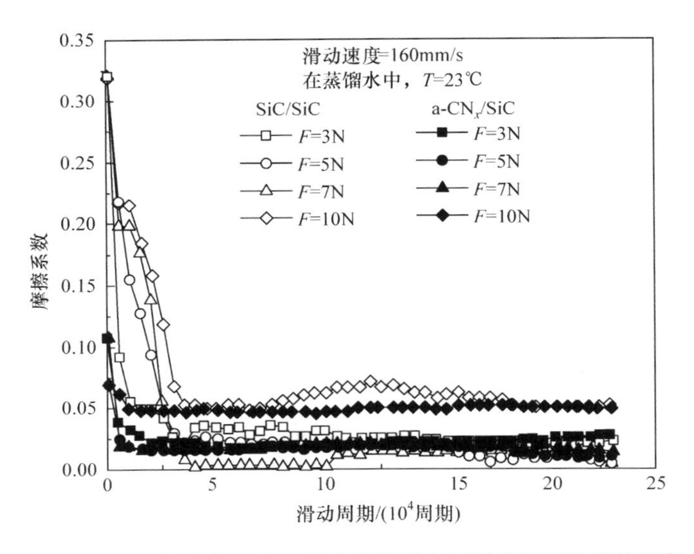

图 13-25　SiC/SiC 和 a-CN_x/SiC 摩擦副在不同载荷下的摩擦系数

为了研究这两种摩擦副在水中滑动时的润滑机理，绘制了图 13-26 所示的 Stribeck 曲线。图 13-26 中的平均稳态摩擦系数与 Sommerfeld 量 $\eta N/P$（P 为平均接触压力，N 为滑动速度，η 为润滑剂黏度）之间的关系表明：SiC/SiC 摩擦副存在一个临界 Sommerfeld 量；a-CN_x/SiC 的 Sommerfeld 量小于 SiC/SiC。随着 Sommerfeld 量的增大，a-CN_x/SiC 系统的摩擦系数逐渐降低到约 0.02，然后保持一个恒定值。而对于 SiC/SiC 系统，摩擦系数则突然减小到最小值 0.01，然后增大到 0.028。这表明 SiC/SiC 系统的润滑机理从 BL 变化到 ML，然后转变为 HL，反之，CN_x/SiC 的润滑机理随着 Sommerfeld 量的增大，从 BL 转变为 HL。

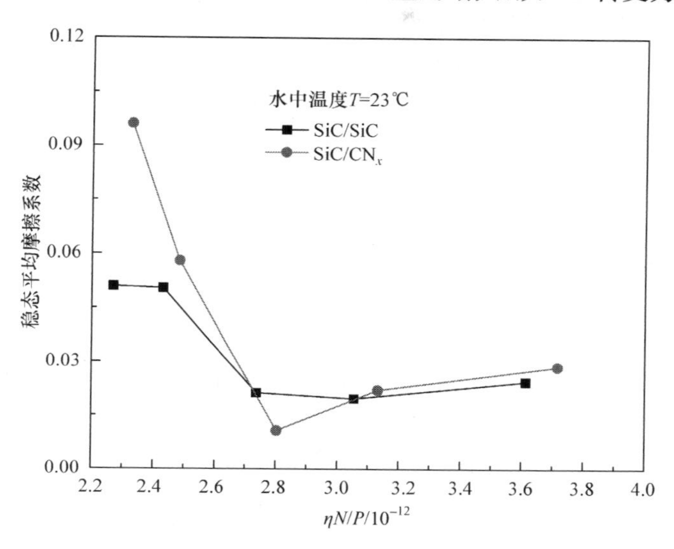

图 13-26　SiC/SiC 和 a-CN_x/SiC 摩擦副 Stribeck 曲线

图 13-27 给出了负载为 5N 工况下，SiC 球与 a-CN_x 涂层的 SiC 盘在 120mm/s 和 160mm/s 的滑动速度下的磨损率。120mm/s 时，a-CN_x 涂层和 SiC 球的磨损率分别为 $1.21\times10^{-8}mm^3/(N\cdot m)$和 $1.45\times10^{-9}mm^3/(N\cdot m)$，而 SiC/SiC 系统的

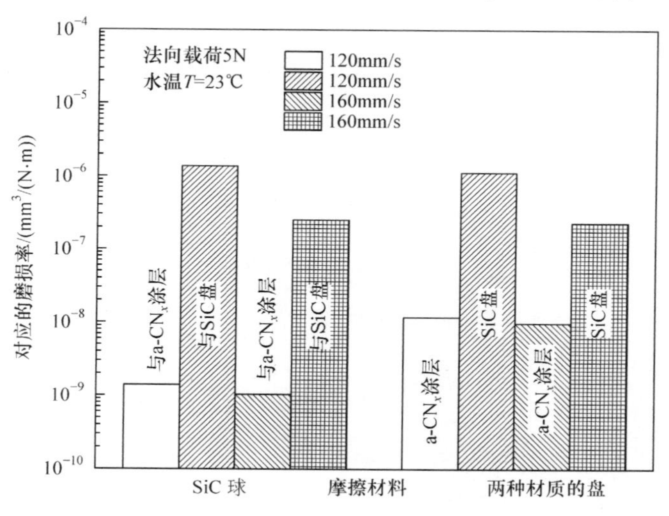

图 13-27　不同滑动速度下 SiC/SiC 和 a-CN_x/SiC 摩擦副磨损率

SiC 盘和 SiC 球的磨损率为 $1.22\times10^{-6}\text{mm}^3/(\text{N}\cdot\text{m})$ 和 $1.46\times10^{-6}\text{mm}^3/(\text{N}\cdot\text{m})$。当滑动速度增大到 160mm/s 时，a-$CN_x$/SiC 系统的 a-$CN_x$ 涂层和 SiC 球的磨损率分别减小到 $1.05\times10^{-8}\text{mm}^3/(\text{N}\cdot\text{m})$ 和 $1.05\times10^{-9}\text{mm}^3/(\text{N}\cdot\text{m})$，而 SiC/SiC 系统的 SiC 盘和 SiC 球磨损率也减小为 $2.3\times10^{-7}\text{mm}^3/(\text{N}\cdot\text{m})$ 和 $2.73\times10^{-7}\text{mm}^3/(\text{N}\cdot\text{m})$。以上结果表明，a-$CN_x$/SiC 系统中涂层和球的磨损率要比 SiC/SiC 小。对于 SiC/SiC 系统，SiC 球的磨损率比 SiC 盘的稍大一点，但在 a-CN_x/SiC 系统中，SiC 球的磨损率比 a-CN_x 涂层的 10 倍稍小。对比在水中与 SiC 盘接触的 SiC 球的磨损率，与 a-CN_x 涂层滑动接触的 SiC 球的磨损率显著减小。

图 13-28 给出了当滑动速度恒定为 160mm/s 时，正常负载下，10368m 的滑动距离之后 SiC 球、a-CN_x 涂层和 SiC 盘的磨损率。对于 a-CN_x/SiC 摩擦副，SiC 球和 a-CN_x 涂层的磨损率随负载线性增大。而对于 SiC/SiC 系统，存在转变负载(7N)。即当正常负载低于 7N 时，球和圆盘的磨损率一般随负载线性减小，然而，当负载增大到 7N 时，两者的磨损率显著增大。对比在水中与 SiC 盘接触的 SiC 球，与 a-CN_x 涂层接触的 SiC 的磨损抗性显著增强。

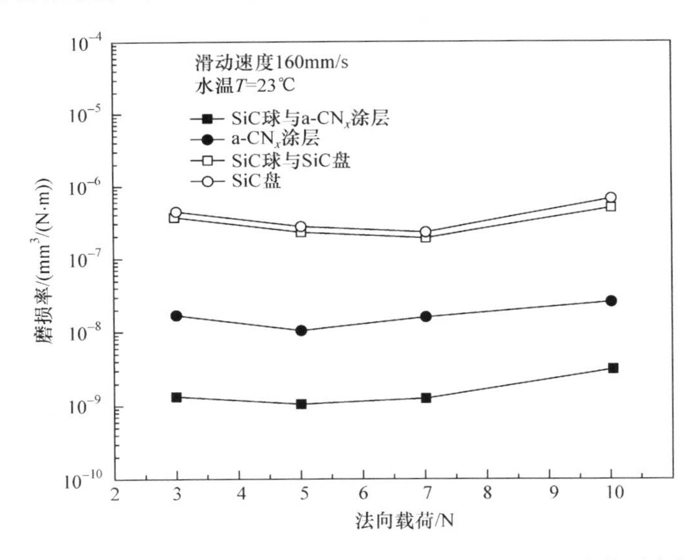

图 13-28 滑动速度为 160mm/s 时 SiC/SiC 和 a-CN_x/SiC 摩擦副磨损率

参考文献

[1] 张树荫. 日本近期水润滑陶瓷推力轴承研究介绍[J]. 水泵技术，1990，(3)：54-60.

[2] 周泽华，王家序. 陶瓷在水润滑轴承中的应用[J]. 陶瓷工程，2000，(6)：29-31.

[3] 王优强，李鸿琦，佟景伟. 水润滑陶瓷轴承研究进展[J]. 润滑与密封，2003，(6)：92-94.

[4] 薛群基,魏建军. 陶瓷润滑研究的发展概况[J]. 摩擦学学报,1995,15(1):90-94.

[5] Gee M G. The formation of aluminium hydroxide in the sliding wear of alumina[J]. Wear, 1992,153(1):201-227.

[6] Michalske T A, Freiman S W. A molecular mechanism for stress corrosion in vitreous silica[J]. Journal of the American Ceramic Society,1983,66(4):284-288.

[7] 刘惠文,薛群基,林立. 氧化锆陶瓷的摩擦磨损行为与机理[J]. 摩擦学学报,1996,16(1):6-13.

[8] 余歆尤,罗松承. 水润滑陶瓷轴承的试验研究[J]. 润滑与密封,1997,(3):49-51.

[9] Woydt M, Schwenzien J. Dry and water-lubricated slip-rolling of Si_3N_4-and SiC-based ceramics[J]. Tribology International,1993,26(3):165-173.

[10] Fischer T E, Mullins W M. Chemical aspects of ceramic tribology[J]. The Journal of Physical Chemistry,1992,96(14):5690-5701.

[11] Czichos H, Klaffke D, Santner E, et al. Advances in tribology: The materials point of view[J]. Wear,1995,190(2):155-161.

[12] 李剑锋,黄静琪,谭寿洪,等. 增韧 SiC 陶瓷在蒸馏水润滑下的摩擦学特性[J]. 硅酸盐学报,1998,(3):305-312.

[13] 张文光,徐洮. (Ca,Mg)-Sialon 陶瓷在空气及水润滑条件下的磨损机理研究[J]. 摩擦学学报,1998,(2):97-102.

[14] 周泽华,丁培道,陈蓓,等. 干摩擦及水润滑下氧化锆-氧化铝层状复合陶瓷的摩擦学行为[J]. 硅酸盐学报,2003,31(4):346-350.

[15] Zhou Z, Wang Z, Liu L, et al. Friction and wear properties of ZrO_2-Al_2O_3, composite with three layered structure under water lubrication [J]. Tribology Letters, 2013, 49(1): 151-156.

[16] Wu D, Liu Y, Zhao X, et al. The tribological behaviours of different mass ratio AlO-TiO coatings in water lubrication sliding against SiN[J]. Tribology Transactions, 2015, (2): 1-41.

[17] 布尚 B,葛世荣. 摩擦学导论[M]. 北京:机械工业出版社,2007.

[18] 罗飞,高克玮,陶春虎,等. 干摩擦及水润滑下氧化铬陶瓷薄膜的摩擦学性能[J]. 材料研究与应用,2009,3(1):14-18.

[19] 谢志鹏. 结构陶瓷[M]. 北京:清华大学出版社,2011.

[20] Lange F F. Relation between strength, fracture energy, and microstructure of hot-pressed Si_3N_4[J]. Journal of the American Ceramic Society,2010,56(10):518-522.

[21] 邹强,徐廷献,郭文利,等. Si_3N_4 陶瓷烧结中烧结助剂的研究进展[J]. 硅酸盐通报,2004,23(1):81-84.

[22] Marchi J, Silva J G E, Chavessilva C, et al. Influence of additive system (Al_2O_3-RE_2O_3, RE=Y, La, Nd, Dy, Yb) on microstructure and mechanical properties of silicon nitride-based ceramics[J]. Materials Research,2009,12(12):145-150.

[23] Dong X, Jahanmir S. Wear transition diagram for silicon nitride[J]. Wear,1993,165(2):

169-180.

[24] Saito T, Imada Y, Honda F. Chemical influence on wear of Si_3N_4, and hBN in water[J]. Wear, 1999, 236(s1-2): 153-158.

[25] 徐扬. 水润滑条件下陶瓷类复合材料摩擦学性能的研究[D]. 南京：南京航空航天大学硕士学位论文, 2010.

[26] Chen M, Kato K, Adachi K. Friction and wear of self-mated SiC and Si_3N_4, sliding in water[J]. Wear, 2001, 250(1-12): 246-255.

[27] Tomizawa H, Fischer T E. Friction and wear of silicon nitride and silicon carbide in water: Hydrodynamic lubrication at low sliding speed obtained by tribo chemical wear[J]. Tribology Transactions, 1986, 30(1): 41-46.

[28] Zhou F, Adachi K, Kato K. Friction and wear property of a-CN_x, coatings sliding against ceramic and steel balls in water[J]. Diamond & Related Materials, 2005, 14(10): 1711-1720.

[29] 李津津, 雒建斌. 人类摆脱摩擦困扰的新技术——超滑技术[J]. 自然杂志, 2014, 36(4): 248-255.

[30] Zhou F, Adachi K, Kato K. Sliding friction and wear property of a-C and a-CN_x coatings against SiC balls in water[J]. Thin Solid Films, 2006, 514(1-2): 231-239.

[31] Li J, Zhang C, Deng M, et al. Investigations of the superlubricity of sapphire against ruby under phosphoric acid lubrication[J]. Friction, 2014, 2(2): 164-172.

[32] 文怀兴, 孙建建, 陈威. 氮化硅陶瓷轴承润滑技术的研究现状与发展趋势[J]. 材料导报, 2015, 29(17): 6-14.

[33] Zhou F, Kato K, Adachi K. Friction and wear properties of CN_x/SiC in water lubrication[J]. Tribology Letters, 2005, 18(2): 153-163.

第 14 章　水润滑轴承试验方法和规范

在前面的章节中讨论了水润滑轴承的工作原理、结构与材料设计、摩擦学与振动特性分析以及相关试验研究等，并论述了水润滑轴承的使用条件和生产制造方法，但即使采用了理想的材料，经过了良好的加工制造过程，轴承的化学性能、使用寿命等各方面还是会存在很多不定因素，这为轴承的验收和选用带来了很大的不便。本章根据国内外的一些试验现状和试验方法，参照相关的美国军用标准、机械行业标准及国家标准，介绍适合水润滑轴承的性能测试试验方法，通过使用本章中介绍的各试验设备，按照相应的试验步骤，即可检测出一个成品的水润滑轴承的摩擦学性能、耐磨损度、老化温度及使用寿命等，通过比较分析，便可以为使用提供依据。

14.1　水润滑轴承相关标准与规范

目前我国还没有关于水润滑轴承的国家标准，本节内容主要为参考美国军用规范(标准)MIL-DTL-17901C(SH)和中华人民共和国船舶行业标准《船用整体式橡胶轴承》(CB/T 769—2008)等编制的水润滑轴承相关技术规范，供水润滑轴承领域相关科研人员与技术人员参考。

14.1.1　适用范围与分类

本规范包括具有合成橡胶层的板条式轴承和圆柱形轴承以及赛龙等硬质高分子复合材料轴承，主要分为以下 4 类：

Ⅰ类——圆柱形轴承，圆柱形金属瓦背内衬有模压橡胶；

Ⅱ类——板条式轴承，使用非金属瓦背；

Ⅲ类——圆柱形轴承，圆柱形非金属瓦背内衬有模压橡胶；

Ⅳ类——由内衬黏结有模压橡胶的半圆柱形非金属瓦背组成的圆弧形轴承。

14.1.2　相关标准与规范

本规范所涉及或引用的相关国家标准与规范如下。

1. 我国国标与船舶行业标准

GB/T 191—2008　《包装储运图示标志》

GB/T 528—2009 《硫化橡胶或热塑性橡胶 拉伸应力应变性能的测定》

GB/T 531—1999 《橡胶袖珍硬度计压入硬度试验方法》

GB/T 1034—2008 《塑料 吸水性的测定》

GB/T 1447—2005 《纤维增强塑料拉伸性能试验方法》

GB/T 1449—2005 《纤维增强塑料弯曲性能试验方法》

GB/T 1451—1983 《玻璃纤维增强塑料简支梁式冲击韧性试验方法》

GB/T 1689—1998 《硫化橡胶耐磨性能的测定（用阿克隆磨耗机）》

GB/T 1690—1992 《硫化橡胶液体试验方法》

GB/T 3512—2001 《硫化橡胶或热塑性橡胶 热空气加速老化和耐热试验》

GB/T 7759—1996 《硫化橡胶、热塑性橡胶 常温、高温和低温下压缩永久变形测定》

GB/T 7760—2003 《硫化橡胶或热塑性橡胶与硬质板材黏合强度的测定 90°剥离法》

GB/T 8737—1988 《铸造黄铜锭》

GB/T 13384—2008 《机电产品包装通用技术条件》

CB 1146.2—1996 《舰船设备环境试验与工程导则 低温》

CB 1146.3—1996 《舰船设备环境试验与工程导则 高温》

CB 1146.4—1996 《舰船设备环境试验与工程导则 湿热》

CB 1146.11—1996 《舰船设备环境试验与工程导则 霉菌》

CB 1146.12—1996 《舰船设备环境试验与工程导则 盐雾》

2. 美国标准与规范

联邦技术规范 QQ-B-639 《海军黄铜：扁平轧材（板材、棒材、片材和带材）》

联邦标准 FED-STD-791 《润滑剂、液体燃料和有关产品的试验方法》

国防部规范 MIL-P-18324 水或油脂润滑轴承用的层压酚醛塑料材料

ANSI B74.12 《规范磨料的粒度-砂轮，抛光和一般工业用途》

ASTM B21 《海军黄铜标准杆材、棒材和型材规格》

ASTM B584 《一般铜合金砂型铸件的标准规范》

ASTM D256 《确定悬臂型塑料耐冲击性的标准试验方法》

ASTM D412 《硫化橡胶和热塑性弹性体的标准拉伸试验方法》

ASTM D471 《橡胶性能的标准试验方法-液体影响》

ASTM D570 《塑料吸水性的标准试验方法》

ASTM D638 《塑料抗张性能的标准试验方法》

ASTM D790 《对于未增强及增强塑料和电气绝缘材料的标准弯曲性能试验方法》

ASTM D1141　《海水制备的标准方法》
ASTM D2240　《用硬度计测定橡胶和塑料的硬度的标准试验方法》
ASTM D3183　《从标准硫化橡胶材料中制备试验用的试件》
ISO 2230　《橡胶制品储存指南》

14.1.3　相关要求

1. 轴承材料和标识

每类轴承都应包含如下信息。

(1) Ⅱ类：制造商标识、生产日期、尺寸(外径和内径)。字母应至少 2.5mm 高，通过冲压、蚀刻或雕刻制成，并便于肉眼观察。标识不得影响轴承的安装和使用性能，法兰轴承应在法兰的末端标注，而滑动轴承则应标注在外圆上。

(2) Ⅲ类：制造商标识、生产日期、截面大小、批次号以及特殊信息。字母应至少 10mm 高，并便于肉眼观察。从板条式轴承的一端开始，沿轴承每间隔 2in 刻上上述标识，不得影响轴承的安装和使用性能。

(3) Ⅳ类：制造商标识、生产日期、尺寸(外径和内径)。字母应至少 2.5mm 高，通过印制、蚀刻或雕刻制成，并便于肉眼观察。标识应标注在轴承外圆上，不得影响轴承安装和使用性能。

(4) Ⅴ类：制造商标识、生产日期、内径、外径、长度和产品序列号。所有标识利用永久性墨水或刻入轴承背面，至少 12mm 高。标识不得影响轴承的安装和使用性能。

2. 轴承内衬材料的物理性能要求

轴承内衬材料必须是合成橡胶，并应符合表 14-1 所示的物理性能要求。

表 14-1　轴承内衬材料的物理性能要求

物理性能	第Ⅱ类	第Ⅲ类	第Ⅳ类	第Ⅴ类
老化前的拉伸强度/MPa	≥16	≥12	≥16	≥12
老化前的拉伸率/%	≥350	≥150	≥350	≥150
硬度(邵氏 A)	≥65 ≤75	≥80 ≤90	≥65 ≤75	≥80 ≤90

续表

物理性能	第Ⅱ类	第Ⅲ类	第Ⅳ类	第Ⅴ类
老化后的拉伸强度/MPa	≥12	≥9	≥12	≥9
老化后的拉伸率/%	≥260	≥180	≥260	≥180
磨耗量(阿克隆)/(cm^3/1.61km)	≤0.4	≤0.4	≤0.4	≤0.4
压缩永久变形(100℃×22h)/%	≤40	≤30	≤40	≤30
表面粗糙度(R_a)	≤0.8	≤0.8	≤0.8	≤0.8

3. Ⅱ类轴承的金属瓦背材料

Ⅱ类轴承的金属瓦背材料应为海军黄铜铸件或管材，依据 GB/T 8737—1988 及美国 ASTM B271、B505 或 B584(静态、离心式或连续铸造)。

4. Ⅲ类板条式轴承、Ⅳ类圆柱轴承、Ⅴ类部分圆弧形轴承的非金属瓦背材料

Ⅲ类板条式轴承、Ⅳ类圆柱轴承、Ⅴ类部分圆弧轴承的非金属瓦背材料应符合表 14-2 所示的物理性能要求。

表 14-2 非金属瓦背材料的物理性能要求(仅针对Ⅲ类、Ⅳ类和Ⅴ类轴承)

性质	第Ⅲ类要求测试值	第Ⅳ类要求测试值	第Ⅴ类要求测试值
硬度(邵氏 D)	≥64 ≤85	≥70 ≤100	≥70 ≤100
拉伸强度/MPa	≥27	≥165	径向≥103 轴向≥17
屈服强度/MPa	≥18	—	—
弯曲模量/MPa	≥310	≥310	≥310
冲击韧性	≥30	≥30	≥30
吸水性(体积分数)	≤0.2%	≤1.0%	≤0.2%
吸油性(体积分数)	≤1.0%	≤1.0%	≤1.0%

5. 橡胶与铜或非金属材料黏结强度

将橡胶衬层黏结到轴承瓦背上的胶黏剂应在轴承的使用寿命内保持良好的黏结效果，不能出现边缘分离或明显的脱层迹象。老化前、加热老化后、浸油后、浸泡海水后、热循环后橡胶与铜或非金属材料黏结强度不小于 10.0kN/m。

6. 体积变化

在水或油中浸泡后，橡胶衬层和非金属背衬的体积增大率不得超过 5%，而且

不允许产生体积收缩。

7. 性能一致性

相同类别、型号和尺寸的轴承,应在物理性能和使用性能上都具有互换性。如果设计是对称的,则轴承应可以换向使用。

14.1.4 检验

检验一般分为合格性检验和一致性检验两类。

1. 合格性检验

应按照 14.1.3 节的相关要求和规定,进行初步的合格性检查和试验,其中,第Ⅱ类、Ⅳ类和Ⅴ类轴承不需要进行摩擦试验。轴承检查合格以后,任何涉及制造工艺、材料或生产程序发生更改时,都要对轴承重新进行合格性鉴定。使用更改后的制造工艺、生产程序和材料(包括检查和测试方法)进行合格性测试时,应适用于所有轴承。已鉴定合格的轴承生产工艺,每隔五年要求重新鉴定,检查和试验时应包括以上相同的测试项目,材料的性能应以批准的测试结果作为依据。如果从鉴定之日起或从鉴定试验预先核准之日起,五年期满之前,鉴定持续试验的结果均未被接受,核准应被取消,该产品应从“合格产品目录”中删掉。

1) 外观、尺寸和硬度检验

按照 14.1.3 节的相关要求和规定,根据 14.1.2 节相关标准与规范,对轴承进行外观、尺寸和硬度检验。

2) 非金属背衬/轴承检测

仅针对第Ⅲ类、Ⅳ类和Ⅴ类轴承,非金属支背衬/轴承必须接受合格性试验。应满足 14.1.3 节的相关要求和规定。

3) 合成橡胶衬层材料

应根据 14.1.2 节相关标准与规范,对合成橡胶衬层材料应进行拉力、延伸率、脱层和体积变化试验。

4) 轴承黏结力试验样品

应根据 14.1.2 节相关标准与规范,进行黏结力试验。要求使橡胶衬层从黏结面剥离下来所需的力应满足 14.1.3 节的相关要求和规定。Ⅴ类轴承只需要进行老化前黏结力试验。

2. 一致性检验

对批量生产的轴承进行一致性检验。

(1) 对于板条轴承(Ⅲ类)的检查应包括外观检验、尺寸检验和硬度测试。

(2) 对于圆柱形轴承(Ⅱ类和Ⅳ类)的检查应包括外观检验、尺寸检验和硬度测试,并进行黏结力试验(只针对Ⅳ类),不要求对试样进行加速老化测试的情况除外。对于Ⅱ类,不要求进行黏结力试验。

(3) 对于部分圆弧形轴承(Ⅴ类)的检验应包括弯曲模量的检验、外观检验、尺寸检验和硬度检验,轴承的每部分(如轴承半壳)都需要进行检验。不要求对试样进行加速老化测试的情况除外。黏结力测试应符合 14.1.3 节的相关要求和规定。

14.1.5　轴承样品的选择和试样的准备

1. 样本抽样

当要求对批量生产轴承进行外观、尺寸和硬度检验时,样品应当通过统计抽样获得。从每一批量中选择的轴承数目应根据表 14-3 来进行。对轴承进行外观检验、尺寸检验和硬度检验,以便确认其是否符合规范的要求。

表 14-3　外观、尺寸和硬度检验的取样

批量轴承的数量	抽样样品的数量
＜15	7
16～40	10
41～110	15
111～300	25
301～500	35
501～800	50
801～1300	75
＞1301	110

注意:除非另有规定,任何轴承/样品中包含一个或更多的外观、尺寸或硬度缺陷的产品即视为不合格,所有特定授权的轴承/板条应 100%进行检验。

2. 用于进行合格性试验的轴承样品的选择和试验样品的准备(仅限板条式轴承,Ⅲ类)

板条式轴承样本在选择时应进行外观、尺寸和硬度的检验,样本的准备应包括以下内容。

1) 外观、尺寸和硬度测试样本

从 40 个或更多的轴承中按照表 14-3 随机抽样,外观、尺寸、硬度试验分别按照 14.1.4 节的规定进行。除非另有规定,否则样品中检测出一个或更多存在外观、尺寸或硬度缺陷的产品时，所有轴承都应进行检验。

2）用于进行拉伸强度和延伸率试验的样品和标本

用于拉伸试验和延伸率试验的橡胶试样，可从三个板条式轴承样品的衬层材料获得。按照 1)所述的规范选择三个样本板条，分成 150mm 长的小段，从第一件上切下的每小段标上数字 1，从第二件上切下的每小段标上数字 2，从第三件上切下的每小段标上数字 3。从这三件样品中分别选出一小段构成第一组，并标明用于老化前的试验，再从每件中分别选出一小段构成第二组，并标明用于老化后的试验。用于拉伸试验和延伸率试验用的橡胶，是通过带状锯从长板轴承衬层上切下来的，并磨至厚度为 1.5～3.0mm，按照 ASTM D412 的规定进行抛光。余下的 150mm 长的小段将用于后续试验。

3）脱层试验用的样品和试样

用于脱层试验的橡胶试样，是从 2）中所述的 150mm 长的板条式轴承小段中获得的，从每件样品中各选出一小段，共选择三段剥离黏结界面得到橡胶，将这三段橡胶分别切成 75mm×25mm×橡胶衬层厚度的试验样本。

4）样品和试样的体积变化试验

用于测试体积变化的橡胶试样，是从 2)中所述的 6in 长的板条式轴承小段中获得，从三种轴承段中各选择一小段，标明用于浸水试验。同样选出第二组轴承段，标明用于浸油试验。从这 6 个轴承段的每一个衬层切下一个 50mm×25mm 且厚度不超过 1.5mm 的样本。这些样品可用于浸水和浸油的老化试验。

5）用于黏结试验的样品和标本

对于第Ⅲ类板条，从上述 2)中选出样品，切成试验样品。板条轴承的橡胶衬层必须抛光，达到 6mm 的均匀厚度(见 ASTM D3183 中的抛光程序)。将每个轴承切成 150mm 长的小段，从第一个轴承上切下来的每一段标上数字 4，从第二个轴承上切下来的每一段标上数字 5，从第三个轴承上切下来的每一段标上数字 6。测试每个类型的试验要求必须从不同的轴承标本中选取。为进行黏结拉力测试，试验样品需取自于不同的板条轴承。切口应完全贯穿橡胶衬层，位于中心条带两侧的橡胶沿黏结面从背壳上剥离下来。这样，每个试样就剩下一个宽为 12mm 的中心橡胶长条带，用于黏结试验。

3. 合格试验样品轴承的选择和试样的准备——圆柱形轴承(仅限Ⅱ类、Ⅳ类和Ⅴ类)

用作合格试验的圆柱形轴承，其内径应大于等于 150mm，长度大于等于 450mm。进行外观、尺寸检验和硬度试验的样品轴承的选择以及试验准备应按以下顺序进行。

1）试样的外观、尺寸检查和硬度试验试样

从Ⅱ类和Ⅳ类轴承中取出 8～15 个，从Ⅴ类轴承中取出 1 个或更多。除非另有规定，样本中含有 1 个或更多的外观、尺寸或硬度缺陷的轴承都应当被认为是不合格的，并对所有的轴承进行外观、尺寸和硬度检查。外观、尺寸和硬度检查通过后，留下一个样本轴承，用于提供所需要的全部试样。轴承应切成环形小段，每段长度为 150mm。再沿着圆柱轴承的长度方向纵向切割，贯穿整个轴承的轴心线和衬层凹槽的中心。对于Ⅴ类轴承试件应取自制造过程中被切下的延伸部分。完成全部试验需要 25 个Ⅱ类和Ⅳ类轴承，以及 30 个Ⅴ类轴承。

2）拉伸、延伸率及硬度试验用的试样

从支承轴承的样品中选用 6 块试样。用于测试拉伸强度和伸长率的橡胶，应当采用细齿带锯从橡胶衬层上切割下来，并根据 ASTM D412（或 D3183）将其磨成厚度为 1.5～3.0mm 的试样。

3）剥离试验试样

选择 1)所述的 3 块试样。剥离试验用的橡胶是从黏结衬层瓦背上剥离下来的。将每块橡胶切成 75mm×25mm 的橡胶试样。

4）体积变化试验试样

体积变化试验所需的橡胶试样，应从 6 个轴承段衬层切出尺寸为 50mm×25mm、厚度不超过 1.5mm 的试样。然后将每段轴承的橡胶衬层表面磨平，用于老化试验。

5）黏结试验试样

选择 10 个Ⅱ类、Ⅳ类轴承以及 15 个Ⅴ类轴承用于试验，将表面磨至厚度为 6mm（见美国 ASTM D3183 抛光程序）。沿轴承表面切削会通过橡胶衬层进入约 1.5mm 深的背壳。位于中心条带两侧的橡胶沿黏结面从背壳上剥离下来。这样，每个试样就剩下一个宽为 12mm 的中心橡胶长条带，用于黏结试验。

4. 质量一致性检验所需的样品选择和试样制备（仅供第Ⅲ类轴承采用）

质量一致性检验所需的样品选择和试样制备应遵循以下规定：

(1) 轴承样品应根据表 14-3 的规定从每一批次中随机选择。对于样品中的每一个轴承，应分别进行外观、尺寸检查和硬度试验，在进行黏结试验前应首先进行以上测试。除非另有规定，样品中有 1 个或多个轴承存在外观、尺寸或硬度缺陷就应视为此批轴承不合格。

(2) 如果抽取的样品通过了上述检查，则从样品轴承中选择三件，剥离其橡胶衬层，使其厚度为 6mm（见美国 ASTMD3183 的抛光程序）。然后从每个轴承的端部切下一段 150mm 长的试件，用以制作试验标本。

将上述 150mm 长的橡胶层切成长带状，完全贯穿橡胶层，并切入瓦背深处的 1.5mm 处。在距离边缘 12mm 处切开，再在两边间距各为 12mm 处切出边缘条。将中心和边缘条之间的橡胶从瓦背上剥离下来。这样试样即可用于试验，如果不对试样进行加速老化试验，轴承试样侧面角度不应该改变。

5. 质量一致性检验用的样品选择(仅用于圆柱形轴承，Ⅱ和Ⅳ类)

样本轴承应当按照表 14-3 中的规定来选取，对这些轴承进行质量一致性检验。第Ⅱ类圆柱轴承的质量一致性检验，不要求进行黏结测试(由于有优良的黏结性能)。因此，不需要将轴承切割成试样。

(1) 对于Ⅳ类轴承，选择三个黏结力测试轴承试样，并沿切割轴承沟槽线取试样。每个试样的皮质饰面取厚度为 6mm(±1.5mm)(见 ASTM D3183 抛光过程)。每个试样各自有两个面的纵向切割，使中心线以间隔 12mm(±0.75mm)分开。要求切削完全贯通橡胶面层并进入约 1.5mm 深的背壳。位于中心条带两侧的橡胶沿黏结面从背壳上剥离下来。这样，每个试样就剩下一个宽为 12mm 的中心橡胶长条带。对测试样品按所规定的规则进行试验。

(2) 分别对每一个样品轴承进行外观、尺寸检验和硬度试验，要求达到Ⅱ类和Ⅳ类轴承的质量一致性要求。除非另有规定，任何轴承样品中含有一个或多个的外观、尺寸或硬度缺陷，就应当被视为不合格样品。

6. 用于质量一致性检验样品的选择(限于圆弧形轴承，Ⅴ类)

(Ⅴ类轴承)样品的选择及符合检验的测试样品获取的规定如下。

1) 分别进行外观、尺寸和硬度检验

在质量一致性检验通过前，应将试样进行黏结力检验。在检验不合格的情况下，厂商应找出产生次品的原因，消除缺陷后重新生产出来的批量轴承才可用于新一轮的检验。

2) 样品黏结力测试

试样应选取通过延伸试验检测的轴承。由于每一个独立检验所需的样品都是使用过的，或三个用于试验的三个试样都是使用过的，剥离试验样品采用使用过的轴承。试样通过机械加工被切割成一个 150mm 长、12mm 宽的长条。对于三个试样条，为了防止在试验过程中由于意外损坏产生额外力，在每一条试样之间应保持至少 6mm 的空间。试样纸条半径等于其延长部分，采用机械加工或切除的方法以方便黏结，所以在测试中只有 12mm 宽的橡胶条承受黏结拉力，不需要进行样本老化试验。

3) 试样的弯曲模量测试

试样的制备应根据 ASTM D790 中的规范表Ⅱ，但以下情况除外：试样是通过延伸试验检测合格的轴承；该样品由弯曲的平面来代替，曾有与生产得到的成品相同的半径。测试样本(即跨度与深度之比)的长度应遵守 ASTM D790 的规定。但是，如果可以延伸足够的长度，尽量保证跨度与深度之比不受到生产模具的限制

(如没有足够的顶杆长度),另外短样品也要进行检验。应当注意在任何情况下试样跨度与深度之比至少为1∶8。

14.1.6 检验实施

1) 外观检验

在强光下检验样品轴承表层橡胶与背壳界面处的分离情况,如果存在分离现象,则该样品不合格。轴承表面材料的起伏不平、孔、切口、擦伤、铸造缺陷或破损,均意味着该轴承的制造工艺差或质量低劣,这些问题都是造成产品不合格的原因。除了气泡,只要其覆盖面积不到总数的1%,直径小于0.4mm或深度小于0.12mm的缺陷可以忽略,而直径小于6mm或深度小于0.12mm的小压痕也是可以接受的。对于橡胶材料缺陷面积大小的影响可以不考虑,只要无气泡或嵌入污染物都是可以接受的。任何表面缺陷,除非有气泡或嵌入污染物,只要符合表面粗糙度要求,则可认为是合格的。检验员应对适宜性问题在现场做出最终决定。

2) 尺寸检验

对第Ⅱ类、Ⅲ类、Ⅳ类轴承的样品尺寸进行检验,确定其是否符合规定的要求。第Ⅴ类轴承应符合指定尺寸的要求。作为最低限度的要求,在环境空气温度为(25±2)℃的情况下,应对每一个样品进行以下方面的测量和记录:

(1) 对于Ⅲ类——轴承的总厚度、耐磨橡胶厚度、长度、侧角、侧角背壳半径或倒角、轴承面的表面粗糙度。

(2) 对于Ⅱ类和Ⅳ——孔、外径、法兰尺寸、长度和轴承面的表面粗糙度。

(3) 对Ⅴ类,每个部分都(如轴承半壳)应检查其所有尺寸、特征控制面的表面粗糙度是否符合所指定的采购订单和更改注意事项的要求。

3) 轴承面的表面粗糙度测量

橡胶表面粗糙度的测量应在最大作用力1.0mN的情况下进行。测量设备应为等级高于粗糙度检查仪或同等级的仪器,并必须有一个90°、四边、锥形、钻石触针,其尖端的宽度为0.0025mm。如果表面粗糙度与粗糙度检查仪的标定范围相同,其他表面粗糙度的测量设备也是可以接受的,其中包括粗糙度R_a为0.8的检测项。测量前后应用粗糙度标准器校准设备。长度为0.80mm的切割段或粗糙度抽样均可使用。对于Ⅲ类轴承,要进行三次测量,每次都应顺着橡胶的长度方向并与其垂直进行,每次测量不能超过0.8μm。对于第Ⅱ类和Ⅳ类轴承,橡胶面的表面粗糙度应至少在三个平面延纵向测量看是否符合要求。对于第Ⅴ类轴承,橡胶面的表面粗糙度应至少在三个平面延纵向测量看是否符合要求。每次测量不超过0.8μm。

14.1.7　试验方法

除非在试验中另外说明，否则试样进行试验之前，应在室温(25±3)℃下经过至少 4h 适应性处理，试样的准备不计入时间。

1．橡胶表层和非金属瓦背的硬度测试

轴承表面和瓦背的硬度应根据 ASTM D2240 的规定进行测量。A 型硬度计应当用于轴承表面的测量，D 型硬度计应用于第Ⅲ类、第Ⅳ和第Ⅴ类轴承瓦背的测量。

2．拉伸和延伸率试验

拉伸和延伸率试验是根据 ASTM D412 中的方法 A 在橡胶面层材料的平直型试样上进行的。试验应在老化和未老化两种试样上进行(适用于第Ⅱ类、第Ⅲ、Ⅳ或Ⅴ类试样)。

3．加热老化后的拉伸和延伸率试验

将橡胶面层试样置于温度为(70±1)℃的空气中 96h。拉伸和延伸率试验是根据 ASTM D412 中的方法 A，将试样从 70℃的环境中取出后的 20～48h 内在平直型试样上进行的。

4．橡胶面层的脱层测试

在橡胶面材料应进行脱层形式试验时，将切割出来的试样在温度为(25±3)℃的甲基、乙基酮中浸泡(22±1/4)h 后，在强光下用眼睛检验试样分离面层的现象，并用手去检测分离面层。

5．橡胶面层和非金属瓦背的体积变化试验

对于橡胶面层和非金属瓦背的体积变化试验，应将两个试样分别浸入水后和油后进行测量。

1) 确定试样体积变化的步骤

每个试样的体积用水置换法测量，样品质量须在空气(W_1)中和室温下的蒸馏水(W_2)中精确测量到毫克(mg)级。当在水中称重时，应注意使试样不含黏附的气泡，必要时，应首先在稀释为 95%的乙醇中进行浸油，然后用蒸馏水彻底清洗。经过称量，用滤纸将试样抹干，完全浸入 100mL 的油中(根据 FED-STD-791：903 的 IRM 和 ASTM D471 中的用油规定)，在室温为(25±3)℃的条件下浸泡(46±1/4)h，将试样浸在 95%的乙醇中浸油，用滤纸轻轻涂抹，并放置在一个已知重量的瓶中称重(W_3)。然后把试样从瓶子中取出，并在蒸馏水中立即称重(W_4)，最后的称重应在试样从油中取出后的 3min 内完成。体积的增加应按如下公式计算：

体积增加的百分比$=[(W_3-W_4)-(W_1-W_2)\times 100]/(W_1-W_2)$

2) 浸水老化

试样的体积变化测试之前，试样应在蒸馏水中浸泡一个星期。除了浸泡时间和浸泡液体(蒸馏水)，确定体积变化的过程应按 1)中的规定进行。

3) 浸油老化

橡胶面层浸油老化和非金属瓦背浸油试验后体积变化应按如下规定进行：

试验样品的体积变化试验应在室温为(25±3)℃的环境下进行，按 FED-STD-791 规定的下列属性的油中浸泡(46±1/4)h(在美国 ASTM D471 指定的 IRM 903 号油满足这个测试流体所需的要求)：

黏度为(33±1)St(在 40℃时测得)；

苯胺点为(70±0.5)℃；

闪点为(165±3)℃。

6. 黏合力测试

橡胶面层和背底材料之间的黏结力应通过测量牵引试验条所需的拉力而确定。该试验机应是电力驱动的，并具有一个能连续记录将橡胶带从基座上拉离所需的拉力的绘图仪(至少每秒记录 3 个点)，该记录仪的精度应在实际拉力的±2%以内。称重传感器的等级应为 100～250lb(1lb≈0.45kg)，精度误差在正负 2%以内或更高。试验基地活动夹应以 50.8mm/min 的速度移动。该装置能自动或手动操作，以保证拉力始终与基座保持垂直。如果橡胶界面弯曲，试样可沿平行于其长轴自由旋转，以确保牵引在直角处弯曲。加载前，应用锋利的刀子在一端将橡胶从基座上剥离，其长度为 25.4mm。然后放置在夹具中，在以 50.8mm/min 的移动速度向下施加稳定的载荷，直至橡胶完全分离。在这个过程中，自动记录仪用图像显示试样总的黏合力，同时分离黏合所需的平均拉力也被记录下来。从该图形数据中得到的各个拉力数据应记录在认证测试报告中。应当分开记录黏结拉力最低要求。最低黏结力值应不断从图形数据中获取，直到试样结束后初始峰值达到最低读数。所得最低值应必须满足 3.4 节的要求，除了切割时的磨损橡胶如若再施预力，讨论如下。

(1) 如果橡胶面材料开始撕裂，应在结合界面处剥离。用锋利的小刀沿黏结线使橡胶材料与黏结界面分离，这种情况下拉力可能暂时降到最低，同降低黏结接口或拉带再施预力。在此情况下，应当注意自行记录数据。数据值短暂的下跌应被排除在最低要求之外，但应注意在图上表示出来。

(2) 如果橡胶条带保持撕裂而不是从黏结面层上分离下来，则应将撕裂开始发生时的平均载荷记录下来，并用符号来表示这种情况。如果橡胶条带的撕裂强度小于给定黏结强度的最小值，则表明该试样不符合规范要求。

1）加热老化

黏结试验用的试样，应置于温度（70±0.5）℃的环境中 96h，随后进行黏结性试验，加热老化后的标本不得用于黏结力测试。

2）油浸老化

黏结试验用的试样，应在室温（25±3）℃下浸泡在以石油为基质的油中（46±1/4）h（应符合 ASTM 中规定的 IRM 903 号油的要求）：

黏度为（33±1）St（在 40℃时测得）；

苯胺点为（70±0.5）℃；

闪点为（165±3）℃。

浸油老化后，应对试样进行黏结力的黏结试验。

3）浸海水老化

黏结试验用的试样，应在室温（25±3）℃条件下在海水中浸泡 45d，所用海水应与 ASTM D1141 中所述一致（不含重金属）。海水浸泡老化后，再将试样进行黏结性试验。

4）热循环老化

黏结试验用的试样，应在温度为 0～2℃中放置（8±0.5）h，然后取出在（25±3）℃的室温下放置（16±1/2）h。该循环重复进行 30 次，每星期完成 5 个循环，在周末使试样保持在室温状态，完成热循环过程后，即可对试样进行黏结性试验。

7. 运转性能试验

对装配好的轴承或者试样，都要进行下述运转性能试验，以考察磨损速度及静、动态摩擦系数，从而确定轴承材料和设计是否适当。对于Ⅲ类轴承，需进行对磨损和摩擦系数都进行测试。对于Ⅱ类、Ⅳ类和Ⅴ类轴承，仅须进行磨损试验。测试样品和轴承组件要求如下：

（1）除了Ⅴ类轴承，指定制造商采用的材料是单独生产的；

（2）设计规定的尺寸应符合规范；

（3）表面粗糙度满足要求。

用于这些试验的试样应该体现出在本规范要求下提供给政府的产品的特征。试验必须在指定的位置进行。如果轴承试验中关于性能测试部分有任何错误，或性能测试的任何部分有问题，则轴承试样不合格。

1）磨损试验

准备三个试样，每个试样背面做上永久性标记。采用非接触式三坐标仪测量主轴承材料和轴颈的磨损。同一轴颈应当用于三个样本测试，每个样本测试前应保证磨损方向的厚度测试精确到 25.4μm，该轴颈的直径测量也精确到 25.4μm。

每个试样必须在轴颈中心位置接触。该轴颈的速度、润滑剂、润滑油流量按 MIL-P-18324 中的规定设定。试样接触载荷为 8N。磨料和润滑剂应均匀地分布在整个试样宽度的表面上。磨料应为市售的棕刚玉氧化铝磨粒，磨粒应满足 ANSI B74.12 的相关要求。废弃的磨砂应通过最后一轴颈样品的接触区域。润滑剂应符合 MIL-P-18324 的规定，温度维持在(25±3)℃，每个试样的试验时间为 10h±10min。每个试样试验结束后，在磨损最厉害的区域，轴颈的直径的量度应精确到 25.4μm。每个试样的最小厚度也应精确到 25.4μm。磨损可从最初量度减去最终量度计算出来。

(1) 磨损试验用试样的准备。磨损试验用试样必须是从实际轴承中切割下来的，并根据如下要求进行准备。

Ⅲ类轴承：磨损试样应是从用作摩擦试验的 1 号尺寸板条式轴承上切割下来的。从随机选择出来的轴承中部切出三个试样，尺寸为 25mm×25mm×面层厚度。平滑的轴承表面将用来考察磨损特征，并要提交轴承样品给政府。

Ⅱ类和Ⅳ类轴承：从一个完整模压成形轴承的中部切下三个尺寸为 25mm×25mm 的样品，橡胶表面的厚度至少应为 6mm。橡胶层面应机械削平，而且应提交轴承样品给政府。

Ⅴ类轴承：从随机选择出来的轴承中部切出三个试样，尺寸为 25mm×25mm，橡胶表面的厚度至少应为 6mm，在轴承表面进行磨损试验。橡胶层面应机械削平，而且应提交轴承样品给政府。

(2) 磨损试验要求。试样的平均磨损可从三个已测试的样品中计算出来，以轴颈外壳为基本直径。轴承试样的平均磨损不得超过 2.5mm，轴颈的总磨损不得超过 0.75mm。

2) 摩擦试验(仅用于Ⅱ类)

试验应在 5～400r/min 的速度范围内进行。为给支承轴承的平衡转矩和密封予以补偿，采用 30%～70%铜镍铜合金制成的外径为 150～20mm 的轴颈进行摩擦试验。该轴颈的表面粗糙度 R_a 应低于 0.4。在测试前和其后的所有静态和动态试验中，轴承应浸泡在(25±3)℃清洁自来水中。在轴承上进行的初始转速为 60r/min 时，以 70kPa 的增量增加径向轴承载荷，直至达到基于投影轴承面积的 280kPa 的试验负载。加载速度取决于轴承的摩擦特性和驱动系统的限制。应在转矩不超过 3500kPa 的条件下施加负载。如果在 8h 的磨合准备阶段内，由于高摩擦转矩负载超过 2200N，试验载荷无法达到 280kPa，则主轴承被认为发生故障，将不再进行试验。一旦达到 60r/min、280kPa 的加载条件，则旋转轴承应在这些条件下连续运行 25h。在这 25h 的磨合过程中，应定时记录转矩。在磨合过程之后，负荷应被卸掉，驱动电机应关闭，轴系保持松弛状态，以测定并记录扭矩测量仪的零点漂移。立即重新启动测试，将轴颈的速度提高到 400r/min，之后施加

280kPa 的负载。观察和记录到的扭矩和负载值应达到 400r/min 和 280kPa，在这种状况下运转 15min。转矩和负载的数值应以 1min 为时间间隔来确定。选取 15min 这段时间内的转速和负荷值的中位数来计算摩擦。运转 15min 后系统应再次停下来，测量和记录零位移。这一过程应按以下的速度重复进行：250r/min、100r/min、60r/min、40r/min、30r/min、20r/min、10r/min 和 5r/min。采用平衡转矩和零位修正，以测量转矩值。在考虑机械密封和轴承摩擦力矩情况下，采用零位修正计算转矩测量仪中的移位。整个测试过程中，机器应平稳地运作，并且在试验范围内的任何速度下，没有震颤现象发生。在 400r/min、250r/min、100r/min、60r/min、40r/min、30r/min、20r/min、10r/min 和 5r/min 的动态条件下的摩擦系数应当按如下计算公式计算：

$$T = fPR \tag{14-1}$$

式中，T 为修正后的轴承转矩；f 为摩擦系数；P 为沿正向施加的轴承径向载荷；R 为轴颈半径。

在动态摩擦试验之后，静态摩擦系数值则应通过对静止状态的轴颈施加 280kPa 的负载后测量得出。转矩可施加到直角齿轮变速箱的输入轴上。在转矩上升和消失的过程中，用直方图记录仪来记录转矩。在扭矩使用轴旋转之前，施加负荷的时间应长达 3h。该试验应重复进行三次，并确定出三次试验中的转矩测定值的平均值。相应的平均静态摩擦系数使用上述的计算公式计算。

(1) 摩擦试验用的试样。将轴承板条切割成约 146mm 长的 15 个小块，用于摩擦和磨损试验，并将 12 块样块装配在外径为 170mm 的轴承套内，测量装配后的轴承的内径，误差应小于 25.4μm。

(2) 摩擦试验要求。在不同转速条件下运转 15min 后，其动态摩擦系数应不得超过以下数值，见表 14-4。

表 14-4　滑动摩擦系数

速度/(r/min)	最大摩擦系数
400	0.020
250	0.020
100	0.020
60	0.020
40	0.030
30	0.040
20	0.090
10	0.160
5	0.250

如果一个或多个值超过最大允许值，应在未加负载的半个轴承上再一次进行试验。对于磨合和动态试验的整个过程都应在这一次试验中重复。如果有一个或多个动态摩擦系数值再次超过最大允许值，则轴承将被视为不满足动态试验要求。

平均静摩擦系数不得超过 0.8。

14.2　海水配制方法和规范

14.2.1　适用范围

本规范为按比例配制含无机盐的代替海水的溶液，用于水润滑轴承摩擦学性能和吸水性等试验。由于不同的取样地点，海水的浓度不同，这里所采用的是几个样本的平均值，没有包括微量元素(一般其浓度在 0.005mg/L 以下的微量元素)。

本规范提供三种标准溶液，对每种溶液均进行了相对的浓缩，但在储藏时是稳定的。配制替代海水时，将一定量的前两种溶液和需添加的盐一起在较大的容器内混合，通过在该混合液中添加少量的第 3 种标准溶液即可精确地调整重金属浓度。

该标准可能会涉及有害的材料、操作及设备，但并不打算着重强调与其应用有关的所有安全问题。在应用之前制定合适的安全和健康规程是用户的责任。

14.2.2　主要事项

当需要具有重复性的模拟海水的溶液时，这种替代海水可用来进行实验室试验，如钠的含量试验、脱垢能力试验以及腐蚀性试验等。

由于这种溶液缺少有机物、悬浮物和海洋生物，所以不允许用将来经鉴定认可的试验结果来代替天然海水的特性，在涉及腐蚀问题时，从实验室试验中得到的结果不一定会和在天然试验条件下得出的结果很好地吻合，特别是当考虑到速度、盐质成分或有机成分的影响时，而且在低浓度下出现的起反应的元素的迅速损耗也要求在直接应用结果时小心谨慎。

14.2.3　所需试剂

1）试剂纯度

试剂等级化学物将用在所有试验中。除非另外说明，所有试剂均符合美国化学学会分析试剂委员会规范。在这些规范存在的情况下，也可能会采用其他等级，但必须首先确定该试剂具有足够高的纯度，以保证不会降低测试的精确性。

2）水纯度

除非另外说明，提到的水是指符合 D 1193Ⅱ型的试剂水。

3）氢氧化钠

配制及标准化参见 E200。

4）1 号标准溶液

将下列盐类按指定数量溶解在水中，并稀释至总体积为 7L，储存在盖紧的玻璃容器中（表 14-5）。

表 14-5　1 号标准溶液

盐	浓度
$MgCl_2 \cdot 6H_2O$	3889.0g(555.6g/L)
$CaCl_2$(无水的)	405.6g(57.9g/L)
$SrCl_2 \cdot 6H_2O$	14.8g(2.19/ L)

5）2 号标准溶液

将下列盐类按指定数量溶解在水中，并稀释至总体积为 7L，储存在盖紧的琥珀（加硫着色）玻璃容器中（表 14-6）。

表 14-6　2 号标准溶液

盐	浓度
KCl	486.2g(69.5g/L)
$NaHCO_3$	140.7g(20.19/L)
KBr	70.4g(10.0g/L)
H_3BO_3	19.0g(2.7g/L)
NaF	2.1(0.3g/L)

6）3 号标准溶液

将下列盐类按指定数量溶解在水中，并稀释至总体积为 10.0L，储存在盖紧的玻璃容器中（表 14-7）。

表 14-7　3 号标准溶液

盐	浓度
$Ba(NO_3)_2$	0.994g
$Mn(NO_3)_2 \cdot 6H_2O$	0.546g
$Cu(NO_3)_2 \cdot 3H_2O$	0.390g
$Zn(NO_3)_2 \cdot 6H_2O$	0.151g
$PbC(NO_3)_2$	0.066g
$AgNO_3$	0.0049g

要在上述溶液中添加 $AgNO_3$ 时，将 0.0049g $AgNO_3$ 溶在水中并稀释至 1L，在 3 号标准溶液稀释至 10L 以前，将 100mL $AgNO_3$ 溶液加入其中。

14.2.4　海水配制

要配制 10L 代用海水，将 245.34g 氯化钠(NaCl)和 40.94g 硫酸销(Na_2SO_4)在体积为 8～9L 的水中溶解。随后慢慢地先注入 200mL 1 号标准溶液，后注入 100mL 2 号标准溶液，在注入这些溶液的同时要用力搅拌。然后稀释至 10L，用 0.1mol/L 氢氧化钠(NaOH)溶液将 pH 调到 8.2，所用 NaOH 溶液应该只有几毫升。在配制溶液和调整 pH 后应马上使用。

14.2.5　含重金属的代用海水的配制

将 10mL 3 号标准溶液注入 10L 如 14.2.4 节方法配置的海水中，在注入的同时要用力搅拌。

14.2.6　配置海水的成分

根据 14.2.4 节所述方法配制的海水组成如表 14-8 所示，而报据 14.2.5 节中所述方法配制的含重金属的海水，其成分如表 14-9 所示。该代用海水的含氯量为 19.38g/L，pH 为 8.2(用 NaOH 溶液调整后)。

表 14-8　海水的化学成分

成分	浓度/(g/L)
NaCl	24.53
$MgCl_2 \cdot 6H_2O$	5.20
Na_2SO_4	4.09
$CaCl_2$	1.16
KCl	0.695
$NaHCO_3$	0.201
KBr	0.101
H_3BO_3	0.027
$SrCl_2 \cdot 6H_2O$	0.025
NaF	0.003

表 14-9　含重金属海水的化学成分

成分	浓度/(g/L)
$NaCl$	24.53
$MgCl_2 \cdot 6H_2O$	5.20
Na_2SO_4	4.09
$CaCl_2$	1.16
KCl	0.695
$NaHCO_3$	0.201
KBr	0.101
H_3BO_3	0.027
$SrCl_2 \cdot 6H_2O$	0.025
NaF	0.003
$Ba(NO_2)_2$	0.0000994
$Mn(NO_2)_2$	0.0000340
$Cu(NO_3)_2$	0.000038
$Zn(NO_3)_2$	0.0000096
$Pb(NO_3)_2$	0.0000066
$AgNO_3$	0.00000049

第 15 章　水润滑轴承在工程中的应用

水润滑轴承用水作润滑剂的特性还可从根本上解决船舶推进系统和其他工业设备润滑油泄漏污染水资源及环境的问题，节约润滑油和贵重金属材料资源。本章对水润滑轴承在工程上的应用展开讨论，并就此分析其发展趋势[1-4]。

15.1　在船舶推进系统中的应用

水润滑橡胶轴承采用新型高分子复合材料，既能保证轴承有很大的承载能力，又有一定的回弹性，特别适合用于各种水作润滑介质的设备中，如各种船舶、舰艇、潜艇及其他水中兵器的推进轴系，如图 15-1 所示。BTG 水润滑橡胶合金轴承成功应用于我国自主研制的第一条高速水翼船 YZ110R80“远舟 1 型”、我国引进的长江 26004 号顶推船、往返于武汉和上海的长集 1001 号等船舶推进系统中。

(a) 高速水翼船YZ110R80“远舟1型”

(b) 我国引进的长江26004号顶推船

图 15-1　水润滑橡胶轴承在船舶中的应用

BTG 水润滑橡胶轴承有较长的使用寿命，一般在 5 年以上。例如，长集 1001 号船从 1989 年第一季度正式投入营运到 1994 年 9 月更换新的橡胶轴承，共 5 年零 6 个月，航行约 2 万 h。该船于 1990 年 10 月第一次进坞抽轴检查，橡胶轴承磨损为 0.4mm，但螺旋桨轴铜套磨损严重，尤其是盘根密封部位，最大磨损量达到 5mm，决定更换铜套，改盘根密封为橡胶圈密封。1993 年 8 月第二次进坞抽轴检查，橡胶轴承最大磨损量为 2.3mm(直径方向)，螺旋桨轴铜套最大磨损量为 1.2～3mm。由于轴承运转间隙未超过使用许用极限，决定继续使用。1994 年 9 月第三次进坞抽轴检查，水润滑橡胶艉管后轴承最大 2.88mm，平均 2.35mm(最大)，前轴承最大磨损 1.5mm，平均 0.9mm(最大)，螺旋桨轴铜套磨损 0.85～0.9mm，与橡胶密封圈接触的铜套最大磨损 2mm 左右。靠近螺旋桨端的橡胶轴承下部发现有脱层和老化小块剥落，轴系的运转一直正常。鉴于水润滑橡胶轴承已使用 5 年多，因此决定更换水润滑橡胶轴承。

如果艉管系统采用油润滑装置，5 年多时间最低限度也要漏油 15t 左右，将会造成极大的损失和环境污染。

此外，图 15-2 给出了部分最早采用水润滑轴承的船舶型号。

(a) 鲁海号

(b) 大连牡丹山号

(c) 天昌号

(d) 珠海-香港客船

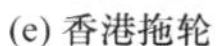

(e) 香港拖轮

(f) 大连海发号

(g) 天淮号　　(h) 汕遠鱼供101号

(i) 香港-蛇口高速客艇迎宾号　　(j) 桂拖307号

(k) 黄埔船厂制造——希腊“SOUTHERN NAVIGATOR”号　　(l) 公边178号

(m) GIANT号(超大马力拖轮)　　(n) GIANT号艉轴

图 15-2　部分最早采用水润滑轴承的船舶型号

15.2　在机械装备系统中的应用

15.2.1　在水轮机上的应用

20 世纪初，水轮机广泛用作水力发电机组的原动机，其主轴导轴承主要采用稀油润滑巴氏合金轴承。这种轴承为防止水浸入油中，在下部需设密封装置。密封装置故障频繁，难以保证长期可靠运行，尤其是轴流式水轮机，轴承下部空间窄小，安装维护难度更大。为简化密封结构，多数采用甘油润滑轴承。直至 20 世纪中叶，欧洲、日本等国家生产的转桨式水轮机仍采用甘油润滑轴承。用过的润滑油不能收回，泄入水中，污染河流，引起人们的非议。

美国最先把船用螺旋桨的水润滑轴承移植到水轮机上。后来，苏联由于当时密封材质欠佳，水轮机应用稀油润滑轴承矛盾突出，因而进行了大量应用研究，初期采用铁梨木、桦木叠层塑胶板等天然材料作为轴承材料，但因这两种木材吸水膨胀和对泥沙磨损敏感，后来采用橡胶。水润滑橡胶轴承在 20 世纪 50～70 年代是苏联大、中、小型水轮机导轴承的主导结构方案。早在 1935 年列宁格勒金属工厂在为莫斯科运河卡拉美舍夫电站提供的 1350kW 转桨式水轮机，首先安装了直径为 380mm 的水润滑橡胶轴承[1]。水润滑橡胶轴承的广泛应用是对稀油润滑轴承改造成功之后，由于其环保和结构简单的优势才得以推广。对水润滑橡胶轴承和稀油润滑巴氏合金轴承进行比较可知，采用水润滑橡胶轴承时，取消了下转动油盆，使轴承布置更靠近转轮，减小了转轮的悬臂伸长度，增加了运行稳定性。稀油润滑巴氏合金轴承由很多个零件构成，质量大，而水润滑橡胶轴承的零件较少，质量较轻，节省了大量的加工工时。此外，还节省了大量润滑油和运行中油的清理、再生处理等耗费，更重要的是减少了对河流的污染。水润滑橡胶轴承也是国际上水轮机最通用的一种结构形式，具有可以接受的耐磨性能、较低的摩擦系数和良好的运行质量，使用寿命约 17～20 年。国际上已积累了丰富的设计制造和运行维护经验。在我国 20 世纪 50～70 年代，水润滑轴承在水轮机上得到了广泛应用，成为水轮机导轴承的主要形式之一[2]。例如，单机容量 300MW 的白山水电站，采用水润滑橡胶轴承，轴承规格为 ϕ1620mm×880mm，运行至今，情况良好。

美国最先在水轮机上采用水润滑橡胶轴承。后来，苏联针对水轮机上的稀油润滑轴承所存在的摩擦学问题开展了大量研究，并首先在汽轮机中采用铁梨木、桦木叠层塑胶板等水润滑轴承。随着合成橡胶工业的发展，以及合成橡胶在水润滑方面表现出的优越特性，水润滑橡胶轴承逐步取代了铁梨木等水润滑轴承的地位，成为苏联大、中、小型水轮机导轴承的主导结构方案。如建立于 1935 年的莫斯科运河卡拉美舍夫电站，所有的 1350kW 转桨式水轮机均采用直径为 380mm 的水润滑橡胶轴承[3]。1967年，哈尔科夫透平厂为普朗文水电站研制的水轮机上采用了石墨-橡胶混合物的水润滑分块瓦导轴承[4,5]，如图15-3所示。我国从20世纪50～70年代开始，也将水润滑橡胶轴承作为水轮机导轴承的主要形式之一[4]。如单机容量300MW的白山水电站，采用了 ϕ1620mm×880mm的水润滑橡胶轴承。此外，水润滑分块瓦导轴承省去了复杂的密封装置，在生产制造、安装调整、运行维护都优于筒式导轴承。水润滑分块瓦导轴承在大型水电机组的应用，不但缩小了机组高度，而且节约了电站建筑成本，如图15-4所示。

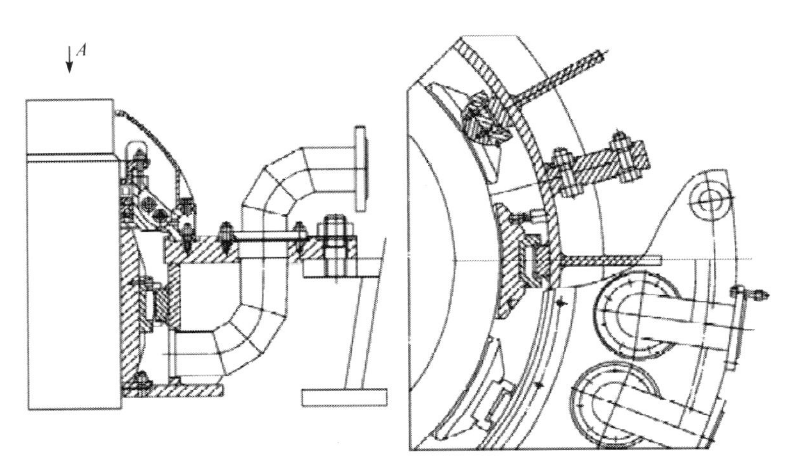

图15-3　普朗文水电站水轮机轴承

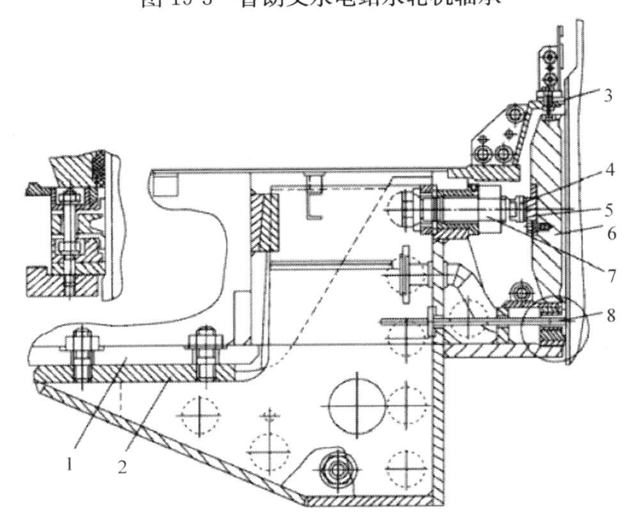

图15-4　水润滑橡胶自调整分块瓦导轴承

1-顶盖；2-轴承体；3-上密封；4-支柱螺丝；5-扇形支撑板；6-分块瓦；7-支撑螺帽；8-下密封

在我国水质较好的水电站水轮发电机组水润滑橡胶轴承上大量应用水润滑橡胶轴承。根据相关文献统计，电站容量 25MW 及单机 10MW 以上机组全国有 39 个水电站，119 台机组安装有水润滑橡胶轴承，其中白山水电厂有三台单机容量 300MW、轴颈 ϕ1620mm 的机组，是国内也是从现在资料能见到的世界上使用橡胶轴承最大的机组[4]。

我国研制的水润滑弹性金属塑料轴承在 2000 年 4 月正式安装在新安江水力发电厂九号水轮发电机组上。该机组在 2000 年 4 月 4 日投入运行，经过空载、过速度、带负荷、甩负荷等各种工况试验，水导进水温度 11℃，出水温度最高为 14.8℃，最大温差 3.8℃，水导空载摆度计算机自动测量为 0.02mm，人工测量为 0.05mm，过速度（额定转速的 141%）计算机自测量为 0.28mm，人工测量为 0.13mm，满负荷（90MW）时，计算机自动测量值为 0.28mm，人工测量为 0.13mm，瓦温为 15℃。到 2001 年 3 月 31 日共运行 8072h，摆度和瓦温均无明显变化。2001 年 11 月对新水导进行拆出检查，磨损轻微，原精加工痕迹清晰可见[4]。

此外，丰满发电厂 6 台（2、3、5、6、7、8 号）水轮机导轴承均为水润滑轴承[5]。

15.2.2　在水泵中的应用

水润滑轴承在离心泵、轴流泵、混流泵和立式结构泵以及某些大负荷、高转速、大流量和多级泵中采用，它在下列几个方面具有明显的优点[6]。

(1) 采用泵本身输送的水液润滑，从而免除了输送的水液被采用油润滑轴承时的润滑油所污染。

(2) 采用水润滑，可以省去油润滑的油路系统及冷却系统，从而使泵结构大大简化。

(3) 采用水润滑轴承可以使泵在高转速下运转，从而大大缩小泵的尺寸。

(4) 在立式泵中采用水润滑轴承，可以降低首级叶轮的安装高度，有利于改善泵的汽蚀性能。在船舰上，由于立式泵能够减小占地面积和空间，有利于机舱布置而更凸显其优点。

(5) 水润滑轴承结构简单，便于安装、拆卸和维修保养，节省了维修费用；水润滑轴承的消耗功率也低于油润滑轴承。

在船用离心泵和轴流泵中采用以自身泵送液体润滑的水润滑滑动轴承，这已经成为当今船用泵专业技术发展的一个方向，对于船用立式离心泵和轴流泵尤其是这样。

众所周知，对于在船舶上使用的离心泵和轴流泵，由于轮廓尺寸、占地面积安装条件和吸入性能等方面的要求十分偏向于采用立式结构，特别是对于轮廓尺寸较大的大流量泵或多级泵。如果将这些船用泵中的油润滑轴承替换为水润滑轴承,就可以直接用泵自身所泵送的水作为润滑剂,同时省去了一套采用油润滑滑动轴承所需的复杂供油系统,从而极大地简化了机组和轴承部件的结构。

例如,在船舶蒸汽动力装置中的汽轮给水泵机组结构中采用水润滑轴承,不仅可以取消汽轮机与给水泵之间的转轴密封和润滑油供给系统,使机组尺寸大为缩小,结构更加紧凑,而且还可以允许采用一个较短的刚性轴,使汽轮机叶轮和给水泵叶轮都采用悬臂结构。由于汽轮给水泵机组在船舶蒸汽动力装置中始终是布置在除氧器的给水箱以下,所以可以利用水位的高度差或采用其他可行措施来保证轴承的强制润滑[7]。卧式汽轮给水泵水润滑轴承的布置见图 15-5。

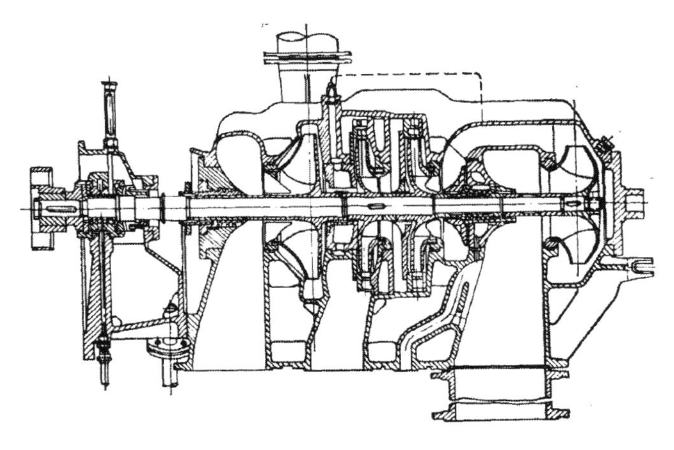

图 15-5 卧式汽轮给水泵水润滑轴承的布置[7]

我国从 20 世纪 50 年代中期开始在船用离心泵和轴流泵中采用水润滑轴承,60 年代初期开始进行该方面的理论探索和试验研究工作。由于国内当初采用的水润滑轴承材料仅为铁梨木、夹布胶木和橡胶等,所以使其推广应用遇到了一定的困难。在船用立式离心泵中,国内也采用金属水润滑轴承。这种轴承的允许滑动速度一般不超过 5m/s,通常采用的配用材料是钢对巴氏合金、青铜对巴氏合金(冷水)、不锈钢对铅青铜,直径方向上的间隙为 0.1～0.15mm。

随着塑料工业的迅速发展,用聚四氟乙烯作为水润滑轴承的材料于 20 世纪 50 年代初期在英国首先应用于汽轮给水泵结构中。从 60 年代初期开始,塑料及其复合制品作为水润滑轴承的材料已逐渐在我国应用于船用离心泵结构中。另外,用石墨和金属塑料作为水润滑轴承的材料也得到了应用,例如,在立式多级冷凝水泵的级间曾采用以尼龙 9 材料制成的水润滑轴承(图 15-6);在立式舱底水泵的下端曾采用以尼龙 1010 材料制成的水润滑轴承,在立式多级给水泵的下端曾采用以聚四氟乙烯材料制成的水润滑轴承;在离心污水泵结构中采用的以聚酸亚胺材料制成的水润滑轴承;在四级立式离心屏蔽泵和两级并串联屯式消防兼舱底泵结构中采用石墨水润滑轴承；在高参数立式多级和卧式单级船用锅炉给水泵以及立式单级双吸循环泵结构中采用的金属塑料水润滑轴承。金属塑料轴承在转速高达 8000～10000r/min 的情况下使用近 10 年，可仍然保持良好的运转性能[7]。

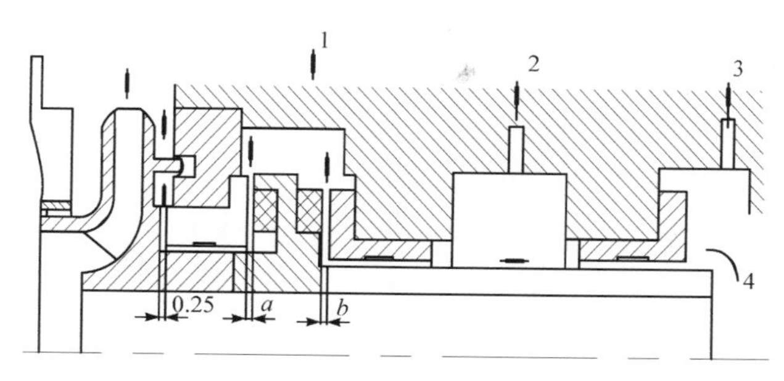

图 15-6　冷凝泵的级间轴承[7]

1-前腔压力；2-中腔压力；3-末腔压力；4-透平排气胶

江苏省秦淮新河闸管理所位于南京市雨花台区经济开发区天后村秦淮新河入江口处，是秦淮河流域主要控制工程之一，具有防洪、排涝、灌溉、引水、改善水环境等多种功能。2002 年抽水站进行加固改造，采用了省内较少见的 1700ZWSQ10-2.5 型卧式轴流泵，其导轴承除了采用常见的稀油润滑巴氏合金滑动轴承，还采用了新型的水润滑弹性金属塑料滑动轴承。抽水站共 5 台机组，其中 3 台泵（3＃、4＃、5＃）采用稀油润滑的滑动轴承，1＃、2＃（其中 2＃是 2010 年由油润滑改造为水润滑）采用水润滑的滑动轴承，轴瓦材料为弹性金属塑料，采用外加压力清水润滑，轴承体及轴瓦均为轴向分半结构，轴瓦与轴承体采用球面接触，使轴瓦在轴承体内可以轴向摆动，具有自调功能，润滑水由前锥管外通过引水管引入轴承内部起润滑作用，润滑水应清洁、干净，由专门供水系统供入，每台泵需水量为 1.0L/s，水压力为 0.20MPa。两种轴承的轴承体在结构上能够互换[8]。

此外，沈阳水泵厂 60 万 kW 锅炉循环泵和 220kW 屏蔽泵、成都水泵厂 40kW 屏蔽泵均采用水润滑轴承。

水泵导轴承是水泵的关键部件之一，其使用寿命直接关系到水泵运行可靠性、大修周期和运行成本。对长期运行的泵站，其使用寿命显得更为重要。目前，水泵轴承按照润滑方式不同，可分为油润滑轴承和水润滑轴承两大类。油润滑巴氏合金金属轴承（以下简称金属轴承）具有承载能力强的显著特点，但也存在结构复杂、造价高、易产生密封失效和修复工作量大的问题。水润滑轴承按材质不同，分为橡胶轴承、聚氨醋轴承、赛龙轴承、P23 酚醛树脂轴承、F101 轴承等多种。水润滑轴承结构简单、易于维护，一般采用自润滑，但承载能力相对较小。经多年实践经验探索，水润滑轴承渐趋成熟，但使用寿命一般在 10000～20000h[9,10]。近年来，水润滑轴承在水轮机上已成功运用，寿命可达 30000h 以上[4]。

江都三站建成于1969年，安装ZLl3.5-8型立式轴流泵10台，叶轮直径2m，配TDL1600kW立式同步电动机，单机流量13.5m^3/s。单机年平均运行近3000h，累计运行10000h以上，全站总抽水量330亿m^3。2006年，对江都三站实施更新改造，更新改造后的江都三站规划年平均运行时间在5000h以上，最大年运行时间为8000h。为此，相应要求水泵轴承的使用寿命应达到25000～30000h。改造前，江都三站为油润滑金属轴承。考虑到江都三站叶轮直径为2m，且润滑水含沙量较小，经调研和论证，均采用水润滑轴承[11,12]。

南京秦淮新向泵站安装1700ZWSQ10-2.5双向卧式轴流泵5台，叶轮直径1.7m，配630kW异步电动机，单机流量10m^3/s，采用塑料轴承，清水润滑，至今已运行13000h以上[12]，经检查，几乎未见明显磨损，由现轴承磨损量推算，使用寿命可达65000h。

15.3　在工程中的应用前景

水润滑轴承的逐步推广应用，改变了长期以来机械传动系统中都是以金属构件组成摩擦副的传统观念，不仅节省了大量油料和贵重的有色金属，而且简化了轴系结构，避免了因油泄漏污染水环境的状况。由于用水作润滑介质，所以水润滑轴承有无污染、来源广泛、节省能源、安全、难燃等优点。因此，研究水润滑轴承对于提高机械的效率，减少摩擦、磨损等有着重要的意义。如何利用天然水替代矿物油作为各种机械传动和流体动力系统的工作介质，以达到高效节能和环境保护的目的，是机械传动系统研究领域的前沿，已引起普遍关注，并成为工业发达国家竞相研究的一个热点。据我国船检部门调查报告称：目前我国使用油润滑艉轴轴承的所有中型船只，每年从艉轴轴承中泄漏出的润滑油总量约有312t。在长江中航行的大小船只有数万条，每年向长江泄漏的润滑油多得惊人，将会对长江水系造成严重的污染。又如，目前锅炉用的除渣设备ZKG型重型除渣机的铜套轴承，长期浸在灰水中工作，磨损和腐蚀非常严重，必须经常更换轴承和其铜套。若替换成水润滑的尼龙轴承，则能正常工作多年而不需要更换轴承。因此，通过对水润滑轴承的系统研究，优化轴承系统润滑结构，提高水润滑轴承的润滑性能和承载能力，大幅度地减少或降低其摩擦、磨损、振动、噪声、无功能耗等，将为我国船舶、水轮机、水泵等产品的更新换代创造必要的配套技术和配套装备[13-19]。

根据不同的使用条件，水润滑轴承的应用可归纳为以下几种：

（1）在高速、低负荷条件下应用，如泵用轴承、船艉管轴承、水轮发动机主轴承及其密封材料。

（2）在低速、高负荷条件下应用，如堤坝、水闸用轴承（滚柱用轴承、支点部分用轴承），水轮发电机导叶用轴承，阀用轴承。

(3) 在中低速、中负荷条件下应用，如水处理机械用轴承(絮凝器轴承)、输送机用轴承、船用舵轴承(船销轴承) 等。

(4) 其他应用场合。美国在高速机床主轴中采用了水润滑静压轴承，主轴直径为 80mm，转速达 40000r/min，采用 55℃的纯水润滑。由于水的比热容大，故轴承在高速运转下的温升低，以保证机床主轴在高速下的高精度。据报道，美国航天飞机上也使用了高速水润滑静压轴承。

15.4　水润滑轴承的工程应用指南

15.4.1　工作环境

水润滑轴承的平稳运作、低磨损和使用寿命都依赖于良好的润滑环境。

1. 润滑环境

为了使水润滑轴承工作在良好的润滑环境下，应尽可能地使其浸没在水中工作。如果水润滑轴承无法一直浸没在水中，或供水不足、水质较差、泥沙较多等特殊与极端工况下(垂直透平泵、水平透平泵，许多沙、砾石和其他洗涤器、扬沙泵、传输机等)，建议采用泵润滑。

当水润滑轴承长期浸没在水环境下工作时，如安装在船螺旋桨艉轴、垂直透平泵与开线轴、搅拌器、浸没的滚筒以及类似的装备中的水润滑轴承，通常不需要泵润滑。

此外，除水以外的润滑剂也可用作水润滑轴承的润滑剂，如矿物油、化学溶液和盐水中，水润滑轴承均具有良好的摩擦学性能。

2. 热量与磨损控制

水润滑轴承的润滑衬层一般是高分子材料，相对于油润滑轴承的巴士合金衬层，其耐热性较差，一般工作温度不宜超过 90°(其中赛龙轴承在水环境下的最高工作温度为 60°)。因此，水润滑轴承的温度控制至关重要。在散热不良的工作环境下，如密闭水循环系统、高速重载等工况下，建议选用轴向沟槽较多的水润滑轴承，以便加快热量循环，降低水润滑轴承衬层的温升。

对于开式水润滑轴承系统，如船舶艉轴推进系统中的水润滑轴承，往往具有较好的散热性，因此建议选用较少轴向沟槽的水润滑轴承，以便提高水润滑轴承的承载能力。但对于泥沙较重的江河湖海水域，由于泥沙会进入水润滑轴承系统中，水润滑轴承衬层发生严重的侵蚀磨损，甚至会擦伤轴和阻塞轴承沟槽，进而引起较高的温升。因此，在泥沙流域，即使是开式水润滑轴承系统，也建议采用轴向沟槽较多的水润滑轴承，特别是螺旋槽式水润滑轴承，从而加快泥沙的排泄，改善润滑性能。

3. 供水量

通过控制供水量可以合理地控制温升、改善润滑性能和降低摩擦磨损。通常每毫米轴直径需要 0.15L/min 的水流量。在某些设备中，循环水需要流过两个轴承(如船头和船尾轴承中)，此时，每毫米轴直径需要约 0.3L/min 的水流量。下面通过一个例子说明水流量变化对温度的影响。

轴承直径为 254mm，轴长为 762mm，载荷为 26.7kN，转速为 400rad/min，水流速为 11L/min，结果水温上升约 48℃。在相同条件下，水流速变为 3.7L/min，温升为 93℃。显而易见，流速越大，传递的热量越大(散热越快)。

4. 防腐蚀

腐蚀是一种表面变质的物化过程，会改变工作表面的力学性能。在一个水润滑轴承中，套管、轴承衬层和轴上均可能会发生腐蚀。

一般水润滑轴承外壳由海军黄铜或抗盐水腐蚀的玻璃纤维尼龙制成。玻璃纤维尼龙外壳除具有优良的抗腐蚀性能，还有另一个优点——非导体，非导体可以防止电化学腐蚀。在某些腐蚀性的环境中，推荐使用钢、不锈钢、铝、铁或蒙乃尔高强度及高延性的合金钢。

对于船舶艉轴水润滑轴承，在船舶停靠港口时，很容易被海生物腐蚀。在水润滑轴承沟槽内，经常会布满海生物，严重影响轴承的润滑性能。在水润滑轴承衬层中加入防海生物的添加剂，就可以有效地防止海生物腐蚀，延长轴承的使用寿命。

5. 适当的防护

为延长水润滑轴承的使用寿命，必须加以保护以防轴承衬层压缩永久变形、时效硬化、过冷、过热等。当转轴停止转动时，水润滑轴承将承受不变的集中载荷，如果长时间在同一位置承受集中载荷，就可能会使水润滑轴承衬层发生压缩永久变形，从而影响润滑性能和使用寿命。例如，船舶停靠港口期间，装在螺旋桨部位的水润滑艉轴承在螺旋桨的悬臂集中载荷作用下有可能发生压缩永久变形。这种情况可以采用适当的支撑设备，或定期启动转轴，防止类似现象的发生。

时效硬化是指环境压力及污染物使水润滑轴承衬层破坏的现象。可以在衬层表面涂上抗降解剂以防氧气、污染物和臭氧氧化发生，且应远离高压电力设备，将臭氧作用减至最小。此外，用浸过沥青纸包裹轴承座两端以防紫外线的损坏，而且环境温度应低于 48℃。

15.4.2　轴承的装配

水润滑轴承必须与装配轴精确配合并具有适当的间隙，以便实现动压水润滑。黄铜外套需经机械加工并磨光，以便与轴承座配合安装。对于用于小型船舶艉轴的水润滑轴承，由于船舶艉轴具有轴承支架，可以将轴承做成薄壁产品。轴承的安装通常采用轻度压入配合，并采用具有锥形尖端的止动螺钉固定。

分体式轴承的安装及更换都很方便。在取下船艏轴管轴承时，必须将填料密封箱向前移动，这就需要有足够的间隙宽度。规定的间隙宽度应等于前轴管轴承与填料密封箱两者的结合长度加上约 50mm。分体式轴承的衬套允许对内外表面进行进一步的加工车削，但是削去的深度不得超过润滑槽深度的 70%，除去压入配合，衬套还必须用定位螺钉进行机械固定。

需要注意的是，在采用冷装备工艺装配时，制冷温度不应低于−28℃。降温可采用制冷机或普通冰来进行，尽量不要采用干冰来制冷，因为急速冷却会使内衬与外套脱离。敲打或碰撞冷却状态下的轴承，也可能使内衬与外套脱离。

尽管水润滑轴承衬层具有一定的弹性，可以自适应调节轴线，但安装不正确会引起轴承与轴周期性地接触，使水润滑轴承磨损不均匀，影响润滑性能和使用寿命。经过正确安装水润滑轴承，在清洁的水中运行时，其磨损较慢；但在泥沙严重的江河湖海流域，磨损就越快。因此，裸露轴承应该至少一年检查一次，或在每一运程中都要检查实际的磨损情况。

在使用钢轴的船用设备处，常用青铜、蒙乃尔高强度抗蚀合金和离心铸造的不锈钢套筒套在钢轴上，起保护钢轴的作用。在特殊应用中，还会使用陶瓷套筒。无论是何种材料的套筒，都必须研磨和抛光。

1. Railko 水润滑轴承装配

对于舵轴和枢轴轴承的安装，Railko 套筒直接压入轴承座孔内，故节省了采用中间青铜衬套的花费。在轴承座孔内应涂上一层防锈剂，轴承座不能处于严重腐蚀状态，应在其上支撑 Railko 轴承。

通常供应的 Railko 轴承经过加工，其内径、外径和长度的精加工由船厂或制造厂完成。当要求的轴承长度大于其直径时，可能要在两个短轴承中插入衬套，舵轴、枢轴轴承就是这种情况。这就允许采用短的压力机并使替换部分轴承成为可能。

当将两个衬套装在一起构成所需要的轴承长度时，建议轴承座孔加工成阶梯形，即内孔直径增加 2mm，其长度等于插入的第二个衬套的长度，这样装配第一个衬套就要容易些。

在轴承的两端要限制衬套的轴向窜动，锁紧环的厚度至少为衬套的厚度的一半。对枢轴、销钉、紧固螺钉和锥孔或位置没有进行规定。所有的 Railko 轴承都要有合适的倒角,该倒角也要进入轴承座内,以便允许轴承装入,减少在压力装配 Railko 轴承的过程中擦伤的可能性。衬套的外径必须精确计算,以便在将其装入轴承座孔中时有最佳的过盈量,建议轴承座孔的公差为 H7。

1) 壁厚与孔隙度

由于 Railko 材料具有弹性,当将衬套压入轴承座中时,就要确定出现的收缩量,其取决于轴承座孔直径和壁厚的比值。对于 Railko 轴承,其最佳的壁厚为 $1.75+0.05d$(式中,d 为轴径)。轴承在轴承座孔中经受的收缩量与其外圆的过盈程度成正比,若轴承的壁厚大于最佳值,收缩量可能就要小一些。

2) 与轴的配合面

在 Railko 轴承部分或全部浸入海水中时,轴颈表面必须涂上一层防腐蚀材料以避免加速磨损。不锈钢、磷青铜和炮铜都是与 Railko 轴承配合的最佳材料。应该避免采用镍铅青铜,因为它与 Railko 轴承不相容。

在采用轴承的场合,轴颈表面应尽可能地光滑,不能有棱角和深的刻痕。一般情况下,轴颈表面粗糙度 R_a 为 1.6μm。

2. Orkot 水润滑轴承装配

Orkot 轴承可用液压千斤顶进行压力安装,用干冰或液氮进行冷冻时可在轴承和套罩间获得较好的间隙。

若使用大的过盈配合,将不适宜用干冰。尽管干冰的温度可以降至−79℃,但快速的温度回升将使轴承无法充分贴紧套罩。

在使用干冰或液氮时应特别小心以免严重烧伤,且应有适当的通风设备,因为在限定的空间发生汽化时,氧气就会耗尽。应有足够的时间使它们能充分收缩,时间将随直径和壁厚的不同而不同,建议:对于液氮,可用 20～30min;对于干冰,可用 1.25～1.75h。若轴承用压力安装,安装人员应确保他们的设备能传递足够的应力以使轴承充分进入套罩。重要的是,安装前轴承应与孔径平行,套罩应有足够的倒角,以免挤压轴瓦。

3. 飞龙水润滑轴承装配

1) 过盈配合法

一般整体式无法兰盘轴承采用过盈配合进行装配,因为用这种方法不仅能快速方便地安装,而且还具有下列优点:①适当的过盈配合量既不会使轴承在正常运行条件下旋转,也不会产生轴向运动;②过盈配合使轴承座和轴承之间达到紧密接触,从而减少了进水的可能性,因此能防止轴承座内壁的腐蚀;③当轴承以一定的过盈量进行安装时,相应会产生一定的内壁收缩量。在温度降低的情况下,会引起收缩，相应会减少一些过盈量。这就意味内径收缩量有所减少，内径收缩量减少通常会增加内径，但这大致可以被热膨胀效应相平衡，因此运行间隙大致保持恒定，也就是说，它不会明显地随着温度降低而变化。

2）机械方式

可以采用传统的机构固定方法，这些机械方法应保证轴承不出现旋转或轴向的运动。例如，为了防止旋转，使用防转键（用于整体轴承）或纵向保持条（用于板条结构轴承）；为了防止轴向运动力，使用端部保持环和前行止挡。法兰则用螺栓锁住，使用阶梯状轴承座和端部保持环。

3）黏结

此外，水润滑轴承也可以黏结固定在轴承座上，但由于黏结使拆卸更加困难，所以不推荐这种固定方法。但在下列情况下必须采用此种方法：

（1）壁厚不足以允许采用过盈配合进行固定；

（2）为弥补已被腐蚀或已失圆的轴承座。

在采用黏结安装时，通常采用一种两组分的冷固性环氧胶黏剂。环氧填塞化合物（如 Chockfast Orange、Epocast 或 Belzona）能够填充大的缝隙，而且能够容易地注入轴承座和轴承之间。因此通过把轴承定位然后用填塞化合物填充轴承与轴承座之间的缝隙可以很容易地进行找正。另一种方法是在灌注和成形时可以采用仿型轴承代之，其外层涂脱膜剂。当填塞化合物完全干固时，可以将仿型轴承拆下，然后采用冷却收缩方法将飞龙轴承进行过盈装配。

4. 安装方法

赛龙圆筒轴承的安装方法有过盈法安装和黏结法安装，其中过盈法安装又分为压入法和冷冻法。

赛龙板条安装：根据壳体内径选择适合的板条，确定出圆周各段内的过盈量，将板条依次排列好，采用 3%～5%斜势的板条及确定的过盈量将其圆周胀紧而后镗孔。

15.4.3　尺寸公差

水润滑轴承主要应用于船舶艉轴推进系统，且常采用开放式润滑。由于水润滑橡胶轴承的尺寸公差与水环境温度息息相关，且世界各地水域以及同一水域不同季节的水温相差很大，水润滑轴承的尺寸公差设计非常困难。因此，必须根据水润滑轴承的实际应用环境精确设计尺寸公差。轴颈表面应尽可能地光滑，不能有棱角和深的刻痕。一般情况下，轴颈表面粗糙度 R_a 为 1.6μm。

对于水润滑橡胶轴承，橡胶弹性模量较低，无法采用量具精确测出轴承内径尺寸，使得尺寸公差的控制极为困难。此外，橡胶衬层也很难通过磨削加工达到所需尺寸。因此，通常需要精确控制模芯尺寸公差、硫化温度和硫化压力来实现橡胶内径的精密成形。

由于商用船舶和军用舰艇对水润滑轴承的润滑性能、振动噪声的要求有所不同，下面将分别介绍这两种船型。

1. 商用船舶

商用船舶轴系与军舰和潜艇等轴系相比，对水润滑轴承的润滑性能和振动噪声的要求较低。因此，商用船舶对水润滑轴承公差要求较低，这样可以降低水润滑轴承的加工成本，从而降低商用船舶的造价。根据美国船舶和舰艇协会的相关标准，商用船舶尺寸公差计算示例如下：

最小轴承内径 ID＝艉轴直径＋轴与轴承间的最小间隙

例如，艉轴直径为 88.9mm，则水润滑轴承最小内径 ID＝88.9mm＋0.1778mm＝89.0778mm。

轴与轴承间的最小间隙＝轴承超过一般轴的最小间隙－轴的公差，轴与轴承之间的最大间隙＝轴承超过轴一般尺寸的最小间隙＋轴承允许的制造误差＋轴的负公差。

又如，艉轴尺寸公差为 88.9mm±0.0508mm，则最小间隙＝0.1778mm－0.0508mm＝0.127mm；最大间隙＝0.1778mm＋0.1778mm＋0.0508mm＝0.4064mm。

2. 军用舰船

随着水声探测技术的日趋先进，对军用舰艇水润滑轴承的减振降噪提出了更苛刻的要求，水润滑轴承的尺寸公差控制非常严格。根据美国相关军用标准，军用舰船尺寸公差计算示例如下：

最小轴承内径 ID＝艉轴直径＋直径公差＋轴与轴承间的最小间隙

例如，艉轴直径为 88.9mm，则水润滑轴承最小内径 ID＝88.9mm＋0.127mm＋0.1778mm＝89.2048mm。轴与轴承的最大间隙＝轴径公差＋轴与轴承间的最小间隙＋轴承允许的制造公差＋轴的负公差。

又如，艉轴直径为 88.9mm，则最大间隙＝0.127mm＋0.1778mm＋0.1778mm＋0.0254mm＝0.508mm。

参考文献

[1] 王鉴，王春雷. 水轮机水润滑轴承的应用及展望[J]. 大电机技术，2011，(4)：51-54.

[2] 哈尔滨大电机研究所. 水轮机设计者手册[M]. 北京：机械工业出版社，1976.

[3] Майзель Ю. П. 关于水轮机橡胶轴承的设计和运行经验[J]. 赵光明，译. 国外大电机，

2008,(1):68-71.
[4] 王焕栋. 水润滑弹性金属塑料水导轴承的研制与应用[C]//第十六次中国水电设备学术讨论会论文集,2007.
[5] 冯艳蓉,李奎生. 新型水润滑水轮机轴承的开发与应用[J]. 水电站机电技术,2005,28(4):13-14.
[6] 吴仁荣,林志强,吴书朗. 泵用水润滑轴承的研发和应用[J]. 水泵技术,2012,(1):1-7.
[7] 吴仁荣. 水润滑轴承在船用泵中的应用[J]. 流体机械,1989,(5):34-39.
[8] 王磊,徐啸. 水润滑弹性金属塑料滑动轴承在大型卧式轴流泵中的应用[J]. 江苏水利,2011,(7):24-26.
[9] 仇宝云,魏强林,林海江,等. 大型水泵导轴承应用研究[J]. 流体机械,2006,34(11):12-15.
[10] 林海江,仇宝云,汤正军. 大中型水泵导轴承材料比较选用研究[J]. 水泵技术,2005,(6):22-26.
[11] 雍成林,黄海田. 水润滑弹性金属塑料轴承在大型水泵中的应用探讨[J]. 水泵技术,2014,(2):35-37.
[12] 杨洪群,吴玲玲. 泵站机组水导轴承的研究[J]. 排灌机械工程学报,2004,22(3):22-24.
[13] 秦红玲,周新聪,王浩,等. 舰船水润滑橡胶尾轴承的结构设计[J]. 润滑与密封,2012,37(6):96-98.
[14] 陶邵佳,丛国辉,李中双,等. 核主泵水润滑径向轴承研究现状及发展趋势[J]. 水泵技术,2015,(3):14-16.
[15] 仇宝云,黄海田,魏强林,等. 大型立式水泵油轴承改水轴承的应用研究[J]. 流体机械,2000,28(1):35-37.
[16] 梁强,刘正林,周建辉,等. 华龙水润滑艉轴承综合性能研究[J]. 船海工程,2009,(4):63-65.
[17] 赵李福,张巧英,裘鸿兴,等. 深井潜水电机用水润滑止推轴承应用试验研究[J]. 电机与控制应用,1982,(5):11,25-27.
[18] 张霞,王新荣,牛国玲,等. 水润滑轴承的研究现状与发展趋势[J]. 装备制造技术,2008,(1):107-108.
[19] 汪宽华,马利江. 水润滑轴承的特点、材料现状和在 ASG 泵组的应用和分析[J]. 工业汽轮机,2012,(4):8-11.